U0873549

普通高等教育"十二五"规划教材

石油化工工艺学

封瑞江　时维振　主编

中国石化出版社

内 容 提 要

本书从石油化工的基础原料石油和天然气讲起，重点介绍了由此出发的三烯、三苯、乙炔、合成气等基本有机原料的生产，以及由这些基本有机原料为基础原料生产的一系列化工产品的典型化工过程，并对高分子化工、精细化工、绿色化工作了简单介绍，最后以实例的方式介绍了化工过程的物料与热量计算。其内容力求体现加强基础、面向实际、便于自学，可用作化学工程与工艺专业及相关专业的本科教材和从事化工过程的生产、设计、研究及科技人员的参考书。

图书在版编目(CIP)数据

石油化工工艺学 / 封瑞江,时维振主编 .
—北京:中国石化出版社,2011. 3(2019. 1 重印)
ISBN 978-7-5114-0833-4

Ⅰ. ①石… Ⅱ. ①封… ②时… Ⅲ. ①石油化工-工艺学 Ⅳ. ①TE65

中国版本图书馆 CIP 数据核字(2011)第 036232 号

中国石化出版社出版发行
地址:北京市朝阳区吉市口路 9 号
邮编:100020 电话:(010)59964500
发行部电话:(010)59964526
http://www. sinopec-press. com
E-mail:press@ sinopec. com
北京柏力行彩印有限公司印刷
全国各地新华书店经销
*
787×1092 毫米 16 开本 25. 25 印张 622 千字
2019 年 1 月第 1 版第 4 次印刷
定价:58. 00 元

前　　言

随着教学内容与教学方法改革的不断深入，石油化工院校的化学工程与工艺专业教学应从转变传统教育思想出发，体现石油化工特色，在拓宽专业范围的同时，增强专业学习的针对性。因此，现有的《基本有机化工工艺学》、《有机合成工艺学》和《化学工艺学》教材已不太适于新形势下的化学工程与工艺专业。为了构筑以乙烯生产工艺为主线的石油化工生产原理与过程知识体系，培养学生的专业素质与能力，提高学生的适应能力，精选课程内容，编写了化学工程与工艺专业的本科教材《石油化工工艺学》。本书内容力求体现加强基础、面向实际、便于自学、引导思维、启发创新的原则，在使学生获得广博的化工工艺知识的同时，培养学生理论联系实际的能力，为其将来从事化工过程的生产、设计、研究和科学管理打下牢固的化工工艺基础。

本书从石油化工的基础原料石油和天然气讲起，重点介绍了由此出发的三烯、三苯、乙炔、合成气等基本有机原料的生产，特别是乙烯的生产过程以及由这些基本有机原料为基础原料生产的一系列化工产品的典型化工过程，为了拓宽学生的知识面，还加入了高分子化工基础、精细化工概论、绿色化工导论等章节作为学生自学内容，最后以实例的方式对化工过程的物料计算与热量计算进行了介绍。本书做到知识面与深度相结合，注重理论联系实际，强调工艺特点。尤其介绍近年来的新工艺、新技术和新方法，指出这些工艺过程的发展趋势。书中重点放在分析和讨论生产工艺、反应原理、影响因素、确定工艺条件的依据、反应设备的结构特点、流程的组织等内容上。同时，对工艺路线、流程的技术经济指标、能量回收利用、副产物的回收利用及废物处理也做了一定的论述。各章均留有思考题，以便学生自学和总结本课程的主要知识点。鉴于本门课程的教学时数有限，只针对性地选择了有代表性的化工工艺过程，其中的一部分工艺过程来自于现场实际。本书可用作化学工程与工艺专业及相关专业的本科教材和从事化工过程的生产、设计、研究及科技人员的参考书。

本书由辽宁石油化工大学编写，全书共分十二章。其中：第一章绪论、第二章石油化工基础知识、第四章烃类热裂解制烯烃、第八章乙炔及其系列产品、第十二章化工过程的物料与热量计算等由封瑞江编写；第三章石油及其加工、第七章碳一化学、第九章高分子化工基础、第十章精细化工概论、第十一章绿色化工导论等由时维振编写；第五章烯烃系列产品、第六章芳烃转化及芳烃衍生物等由李文深老师编写；王璐璐老师参加了第三章的部分编写工作。

由于编者水平及资料掌握的局限性，书中错误和缺点不可避免，恳请读者批评指正。

目　　录

第一章　绪　　论

第一节　石油化工工艺学的研究范畴

以石油和天然气为原料，通过一系列物理、化学加工过程最终生产出化工产品的工业称做石油化学工业简称石油化工，它属于化学工业的一部分。石油化工工艺学是研究实现这一过程的生产技术、方法、原理、设备、催化剂、工艺流程、能量利用、三废(废气、废液、废渣)处理，解决单元间的匹配、链接、优化操作条件等的一门学科。它包括实现这种转变的全部的物理和化学变化过程，它是实现技术上先进、经济上合理、生产上安全可靠的化工生产工艺的学科。

在早期，人类进行化工生产仅处于感性认识的水平，随着生产规模的发展，各种经验的积累，特别是许多化学定律的发现和各种科学原理的提出，人们从感性认识提升到理性认识的水平，利用这些定律和原理来研究和指导化工生产，从而产生了石油化工工艺学这门学科。

化工工艺具有个别生产的特殊性，即生产不同的化工产品可采用不同的工艺路线，即使生产相同产品时，由于原料路线的不同，也可能要采用不同的化工工艺。尽管如此，石油化工工艺学所涉及的范畴大致是相同的，一般包括原料的选择和预处理，生产方法的选择及方法原理，设备的作用、结构和操作，催化剂的选择和使用，操作条件的影响和确定，流程组织，生产控制，产品和副产物的分离与利用，能量的回收和利用，对不同工艺路线和流程的技术经济评价等问题。

石油化工工艺学与化学工程学都是化学工业的基础学科。前者主要研究以石油和天然气为原料的化工生产工艺，范畴如前所述；后者主要研究化学工业和其他过程工业生产中所进行的化学过程和物理过程的共同规律，它的一个重要任务就是研究有关工程因素对过程和装置的效应，特别是放大中的效应。石油化工工艺学与化学工程相配合，可以解决化工过程开发、装置设计、流程组织、操作原理及方法等方面的问题；此外，解决化工生产实际中的问题也需要这两门学科的理论指导。化学工业的发展促进了这两门学科不断发展和完善，它们反过来能更加促进化学工业迅速发展和提高。

现在化学工业有 80% 以上都是以石油和天然气为原料，也就是说石油化工工艺学在现在的化学工业中占有举足轻重的地位。掌握了石油化工工艺学的学习方法，在工作实际中，如果遇到其他无机化工工艺，应用此分析方法去学习，也会变得轻松自如。

石油按其加工和用途来划分包括两大分支，一是石油炼制体系，将石油加工成各种燃料油、润滑油、石蜡、沥青等产品；二是石油化工体系，将石油通过分馏、裂解、分离、合成等一系列过程生产各种石油化工产品。

石油化工是一个庞大而复杂的工业部门，其产品举不胜数，要将其描绘清楚，需要一本小百科全书。这里，不妨从石油的加工过程和产品类别这两方面认识一下石油化工概貌，如图 1－1 所示。

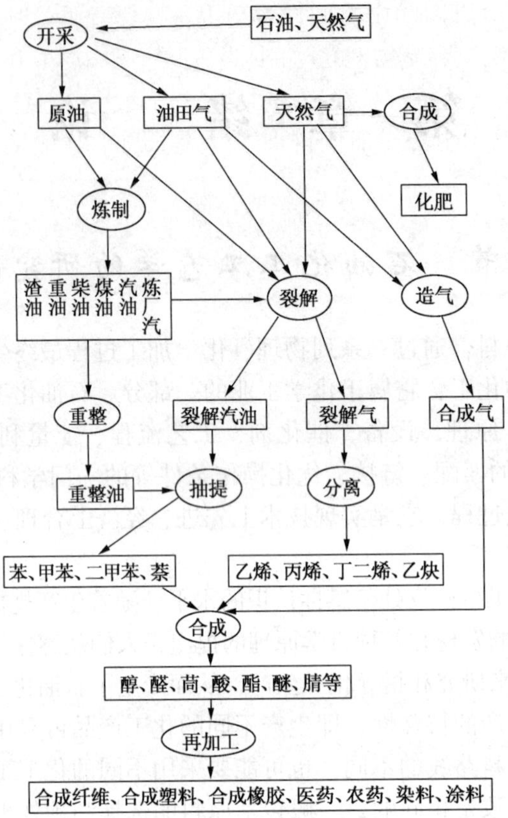

图 1－1　石油化工概貌

石油化工主要包括以下三大生产过程：

(1) 基本有机化工生产过程　以石油和天然气为起始原料，经过炼制、热裂解、分离等步骤制得三烯(乙烯、丙烯、丁二烯)、三苯(苯、甲苯、二甲苯)、乙炔和萘等基本有机原料的生产过程。

(2) 有机化工生产过程　在“三烯、三苯、乙炔、萘”的基础上，通过各种合成步骤制得醇、醛、酮、酸、酯、醚、酚、腈、卤代烃等有机原料的生产过程。

(3) 高分子化工生产过程　在以上基本有机原料和有机原料的基础上，通过各种聚合、缩合步骤制得合成纤维、合成塑料、合成橡胶等最终产品及医药、农药、染料、涂料、香料、胶黏剂等高分子化工产品的生产过程。

石油化工工艺学主要介绍以上三大生产过程，此外，精细石油化工、生物化工、绿色化工等也占有一定比例。

第二节　石油化工的特点和发展方向

一、石油化工的特点

石油化工具有以下几个特点：

① 原料、生产方法具有灵活性，石油化工的产品具有多样性。

② 石油化工向大型化、综合化发展，精细化率也在不断提高。

③ 多学科合作、形成生产技术密集的石油化工生产企业。

④ 炼油－化工一体化(深加工)。

⑤ 重视能量合理利用，积极采用节能新工艺和新方法。

⑥ 资金密集，投资回收速度快，利润高。

⑦ 石油化工生产涉及易燃、易爆、有腐、有毒等问题。

石油化工是每个国家的最重要的支柱产业之一，石油化工产品遍布各行各业，石油化工的发展同时受到各国政府部门的高度重视。

二、石油化工的发展方向

随着人类生活和生产的不断发展，也带来了市场竞争激烈、自然资源和能源减少、环境污染日益加剧等问题，化学工业同样面临着这些问题的挑战，要走可持续发展的道路，必须大力发展石油化工，具体体现在以下几方面：

① 面向市场竞争激烈的形势，积极开发高新技术和新产品，缩短新技术、新产品、新工艺工业化的周期，加快产品更新和升级换代的速度。

② 最充分、最彻底地利用现有资源。除了发展大型的综合性生产企业，使原料、产品和副产品得到综合利用外，提倡设计和开发原子经济性反应。

③ 大力发展绿色化工。主要包括采用无毒、无害的原料、溶剂和催化剂；应用反应选择性高的工艺和催化剂；将副产物或废物转化为有用的物质；采用原子经济性反应，提高原料中原子的利用率，节能减排，尽量实现零排放；淘汰污染环境和破坏环境生态平衡的产品，开发和生产环境友好产品等。

④ 化工过程尽量向高效、节能和智能化发展。

⑤ 实施废弃物的再生利用工程。

⑥ 大力开发可再生资源。

⑦ 发展低碳经济，开发低碳产品。

⑧ 大力开发天然气的化工利用。

欲将以上几方面付诸实现，需要所有化学家和化学工程师的艰苦努力，也需要多学科、多部门的精诚合作，更需要依赖科学的不断进步和高新技术的发展。

思 考 题

1－1 何为石油化工？

1－2 石油化工的研究范畴？

1－3 了解石油化工的重要性。

1－4 现代石油化工的有何特点？

1－5 现代石油化工发展的方向是什么？

第二章　石油化工基础知识

第一节　化工生产过程及工艺流程

一、化工生产过程

一个化工生产过程一般包括原料预处理、化学反应和产品分离及精制等三大部分（有的还包括原料储运）。

1. 原料预处理

原料预处理的主要目的是使初始原料达到反应所需要的状态和规格。例如，固体需要破碎、过筛，液体需要加热或汽化，有的需要干燥，有些反应物要预先脱除杂质，或配制成一定浓度的溶液。在多数主产过程中，原料预处理本身就很复杂，要用到许多物理和化学的方法和技术，有些原料预处理成本占总生产成本的大部分。

2. 化学反应

通过该步骤完成由原料到产物的转变，是化工生产过程的核心。反应温度、压力、浓度、催化剂（多数反应需要）或其他物料的性质以及反应设备的尺寸和技术水平等各种因素对产品的数量和质量有重要影响，是石油化工工艺学研究的重点内容。

（1）化学反应类型　化学反应类型繁多，若按反应特性分，有氧化、还原、加氢、脱氢、歧化、异构化、烷基化、脱基化、分解、水解、水合、偶合、聚合、缩合、酯化、磺化、硝化、卤化、重氮化等反应；若按反应体系中物料的相态分，可分为均相反应和非均相反应（多相反应）；若根据是否使用催化剂来分，可分为催化反应和非催化反应。

（2）反应器种类　实现化学反应过程的设备称为反应器，工业反应器的类型众多，不同反应过程所用的反应器形式不同。反应器若按结构特点分，有管式反应器（可装填催化剂，也可是空管）、床式反应器（装填催化剂，有固定床、移动床、流化床及沸腾床等）、釜式反应器和塔式反应器等；若按操作方式分，有间歇式、连续式和半连续式反应器；若按换热状况分，有等温反应器、绝热反应器和变温反应器；若按换热方式分，有间接换热和直接换热的反应器。

3. 产品的分离和精制

化工生产的目的是获取符合规格的产品，并回收、利用副产物。在多数反应过程中，由于诸多原因，致使反应后产物是包括目的产物在内的许多物质的混合物，有时目的产物的浓度甚至很低，因此，必须对反应后的混合物进行分离、提浓和精制才能得到符合规格的产品，同时要回收剩余反应物，以提高原料利用率。在石油化工生产中产品分离、精制、未反应的反应物回收、副产物利用、三废处理等不论是从设备数量上，还是从投资费用上都占有绝大部分比例，其操作好坏，对经济效益起着至关重要的影响。

分离和精制的方法和技术是多种多样的，通常有冷凝、吸附、吸收、冷冻、萃取、闪蒸、精馏、渗透膜分离、结晶、过滤和干燥等，到目前为止，应用最多、最广泛的是精馏。不同生产过程可以有针对性地采用相应的分离和精制方法。并将分离出来的副产物和三废加以利用或处理。

二、化工生产工艺流程

1. 工艺流程和流程图

原料需要经过包括物质和能量转换的一系列加工过程，方能转变成所需产品，实施这些转换需要有相应的功能单元来完成，按物料加工顺序将这些功能单元有机地组合起来，则构筑成工艺流程，用图的形式描绘出来就叫做工艺流程图。将原料转变成化工产品的工艺流程称为化工生产工艺流程。工艺流程(图)可描述为将一个过程的主要设备、机泵、控制仪表、工艺管线等按其内在联系结合起来，实现从原料到产品的过程所构成的图。

化工生产中的工艺流程是多姿多彩的，不同产品的生产工艺流程固然不同，同一产品用不同原料来生产，工艺流程也大不相同；有时即使原料相同，产品也相同，若采用的工艺路线或加工方法不同，在流程上也有区别。

在石油化工工艺学教科书中主要采用工艺流程示意图，它简明地反映出由原料到产品过程中各物料的流向和经历的加工步骤，从中可了解每个操作单元或设备的功能以及相互间的关系，掌握能量的传递和利用、副产物和三废的排放及其处理方法等重要工艺和工程知识。

2. 化工生产工艺流程的组织

工艺流程的组织或合成是化工过程的开发和设计中最重要、最复杂的环节，也是变数最多、最难掌握的内容，它贯穿着整个设计过程。组织工艺流程需要有化学、物理的理论基础以及工程知识，还要结合生产实践，借鉴前人的经验，同时，要运用推论分析、功能分析、形态分析等方法论来进行化工工艺流程的设计。要设计好一个工艺流程，难度非常大，设计出的工艺流程没有最好，只有更好。本书仅就化工工艺流程的设计方法做简要的介绍，详细内容可阅读化工设计类有关书籍。

(1) 推论分析法　推论分析法是从目标出发，寻找实现此目标的前提，将具有不同功能的单元进行逻辑组合，形成一个具有整体功能的系统。该方法可用“洋葱”模型来表示，见图2-1所示。

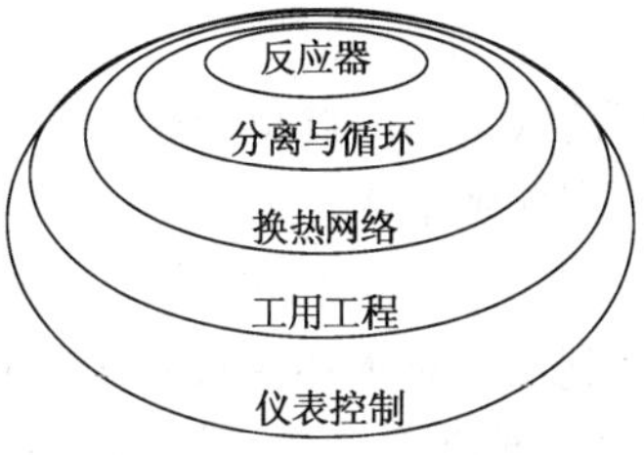

图2-1　化工工艺流程的洋葱模型

通常化工过程设计以反应器为核心开始作为洋葱模型的最内层；由反应器产生的未反应的原料、产品、副产品这一混合物需要进一步分离和循环再利用，反应器的设计决定了分离与再循环系统所涉及要解决的问题，由此紧接反应器设计的就是产物分离与未反应原料的再循环设计，这就构成了洋葱模型的第二层；反应器的设计和分离与再循环设计决定了全过程的冷、热负荷，因此洋葱模型第三层就是换热网络设计；经过热量回收而不能满足的冷、热负荷决定了外部公用工程(水、电、汽等)的选择与设计，这就出现了洋葱模型的第四层；最外层是仪表控制系统设计(主要由仪表控制专业人员完成)。

推论分析法采用的是洋葱模型逻辑结构，整个过程可由图2-1洋葱模型图形象地表示出来，只是通常的工艺流程图或教科书中所看到的工艺流程图不含公用工程与仪表控制，只有内三层主工艺所构成的流程图。

(2) 功能分析法　功能分析法是缜密地研究每个单元的基本功能和基本属性，然后组成几个方案以供选择参考。因为每个功能单元的实施方法和设备型式通常有许多种可供选择，因而可组织出具有相同整体功能的多种流程方案。

(3) 形态分析法 形态分析法是对每种可供选择的方案进行精确的分析和评价，择优汰劣，选择其中最优方案。评价需要有判据，而判据是针对具体问题来拟定的，原则上应包括：①是否满足所要求的技术指标；②技术资料的完整性和可信度；③经济指标的先进性；④环境、安全等。

3. 化工生产工艺流程设计

(1) 化工生产工艺流程设计的任务　化工生产工艺流程设计的主要任务包括两个方面，一是确定生产流程中各个生产过程的具体内容、顺序和组合方式，完成由原料制得所需产品的目的；二是绘制工艺流程图，要求以图解的形式表示。主要描绘出在生产过程中，当原料经过各个单元操作过程制得产品时，物料和能量发生的变化及其流向以及采用了哪些化工过程和设备。

为了使设计出来的工艺流程能够实现优质、高产、低消耗和安全，化工生产工艺流程中应主要解决以下问题。

① 确定整个流程的组成　工艺流程反映了由原料制得产品的全过程，应确定采用多少生产过程或工序来构成全过程，确定每个单元过程的具体任务(即物料通过时要发生什么物理变化、化学变化以及能量变化)以及每个生产过程或工序之间是如何连接的；同时确定出每个过程或工序的组成，应采用多少设备和由哪些设备来完成这一生产过程，以及各种设备之间应如何连接，并明确每台设备的作用和它的主要工艺参数等。

② 确定操作条件　为了使每个过程、每台设备正确地起到预定作用，应当确定整个生产工序或每台设备的各个不同部位要达到和保持的操作条件。

③ 控制方案的确定　为了正确保持各生产工序和每台设备本身的操作条件及生产过程之间、各设备之间的正确联系，需要确定正确控制方案，选用合适的控制仪表。

④ 合理利用原料及能量　计算出整个装置的技术经济指标，应当合理地确定各个生产过程的效率，由此得出全装置的总收率，同时要合理地做好能量回收与综合利用，降低能耗。据此确定水、电、蒸汽的消耗，决定公用工程的配套措施。

⑤ 制定“三废”的治理方法　除了产品和副产品外，对全流程中所出现的“三废”要尽量综合利用，对于那些暂时无法回收利用的，则须进行妥善处理。

⑥ 制定安全生产措施　应当对设计出来的化工装置在开车、停车、长期运转以及检修过程中，可能存在哪些不安全因素进行认真分析，再遵照国家的各项有关规定，结合以往的经验教训，制订出切实可行的安全措施，例如，设置安全阀、阻火器和事故储槽等。

⑦ 保温、防腐的设计　这是在工艺流程设计中的最后一项工作，也是施工安装时最后一道工序。流程中应根据介质的温度、特性和状态以及周围环境状况决定管道和设备是否需要保温和防腐。一般具有下列情况之一的场合均应保温：

a. 凡设备或管道表面温度超过50℃，需要保温减少热损失；

b. 设备内或输送管道内的介质要求不结晶、不凝结，需要保冷；

c. 制冷系统的设备和管道中介质输送时要保冷；

d. 介质的温度低于周围空气露点温度，要保冷；

e. 季节变化大，有些常温湿气或液体冬季冻结需要保冷，有些介质在夏季易引起蒸发、汽化需要保温。

保温的任务就是选择合适的保温材料，确定一个经济合理的保温厚度，即最佳经济厚度，同时根据所选保温材料确定保温结构。

设备和管道的防腐处理：化工生产中的物料介质大多数都具有或轻或重的腐蚀性，因此所选用的设备和管道应选用能够抵抗介质侵蚀的耐腐蚀材料，除此之外，还要采用衬里和涂层等防腐措施。

(2) 化工生产工艺流程设计方法与实例　一个优秀的化工工艺流程只有在多种流程方案的比较中才能产生。进行流程方案比较时工程上常用的判据有目的产物收率、原材料单耗、能量单耗、产品成本、工程投资等。此外，也要考虑环保、安全、占地面积等因素。进行化工生产工艺流程方案比较的基本前提是保持原始信息不变。这里应强调指出，过程的操作参数如温度、压力、流速、流量等原始信息，设计者是不能变更的。设计者只能采用各种工程手段和方法，保证实现工艺规定的操作参数。

下面用两个工程实例来阐述流程方案比较这一基本设计方法。

例 2－1　用混酸硝化氯苯制备混合硝基氯苯。已知混酸的组成(摩尔分数，下同)为：$HNO_3$47%、$H_2SO_4$49%、H_2O 4%，氯苯与混酸中 HNO_3 的摩尔配比为 1∶1.1，硝化温度 80℃，硝化时间 3h，硝化废酸中含硝酸 <1.6%，含混合硝基氯苯为获得混合硝基氯苯量的 1%。试用“方案比较”的方法，确定最适宜的硝化及其后处理工艺流程。

解：首先选定氯苯和硝酸的单位消耗作为方案比较的判据，其次在保证原始数据不变的前提下，选取最适宜的工艺流程。

第一方案为硝化－分层方案，其流程如图 2－2 所示。

硝化－分层方案，虽然可以保证在原始数据不变的条件下，生产出合格的混合硝基氯苯，但这一方案存在通过废酸层硝酸和硝基氯苯的流失，造成硝酸和氯苯单位消耗提高的问题。为了克服这一缺点，可以采取第二方案。

第二方案的判据还是硝酸和氯苯的单位消耗，硝化的操作参数同第一方案，只是硝化－分层之后，增加一个萃取罐。第二方案的工艺流程如图 2－3 所示。原料氯苯和废酸同时加入萃取罐中，废酸中残留的硝酸与氯苯在萃取罐中进行硝化反应，生成硝基氯苯，回收了废酸中的硝酸，从而降低了硝酸的单耗。氯苯还能萃取废酸中的残留硝基氯苯，从而降低了氯苯和硝酸的单耗。

由以上两个方案的比较可以看出，第二个方案优于第一方案。

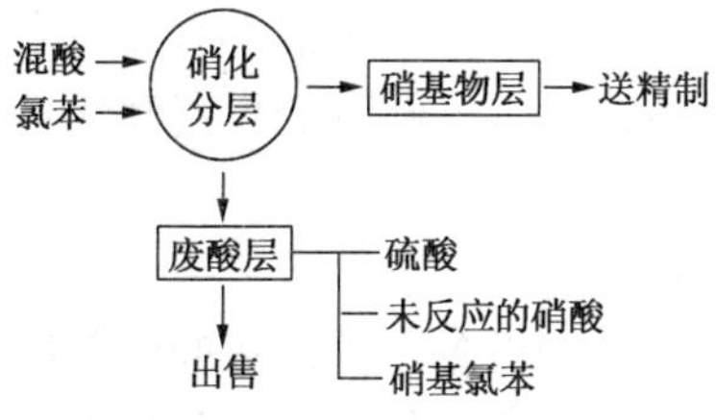

图 2－2　硝化－分层方案

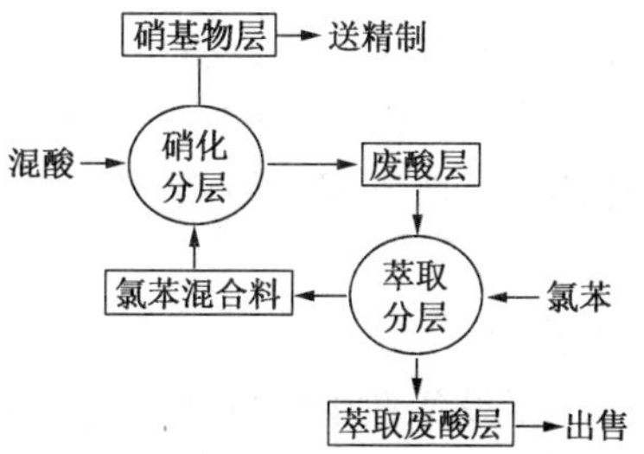

图 2－3　硝化－分层－萃取方案

工业生产中，一个过程往往可以有多种方案来实现，例如液固混合物的分离，可以用离心、沉降、压缩和真空过滤等方法；含湿固体的干燥，可以用气流、滚筒、沸腾等干燥方法，这些也都需要进行方案比较，因地制宜地选择一种最佳工程方案。

例2－2 合成氨工艺中原料气脱硫系统的工艺流程设计。

设计出的工艺流程如图2－4所示。半水煤气自气柜用罗茨鼓风机1从底部鼓入脱硫塔2底部，稀氨水自氨水罐3用氨水泵4－1从脱硫塔顶部打入，用来吸收半水煤气中的硫化氢。由脱硫塔2底部出来的废氨水，经废氨水泵4－2打入再生塔6的顶部，用鼓风机5由再生塔下部向塔内吹进空气使废氨水解吸。解吸出来的硫化氢随空气经塔顶排入大气。由再生塔底部出来的再生氨水由氨水泵4－1送往脱硫塔循环使用。脱硫后的半水煤气经除尘塔7除尘后，去往下一个压缩工段进行压缩。

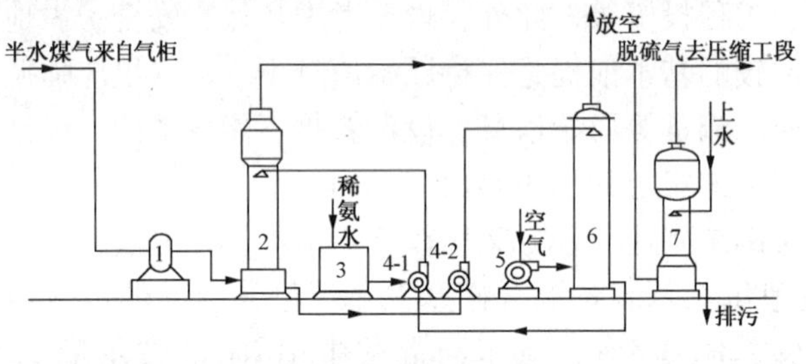

图2－4 半水煤气脱硫系统工艺流程图

1—罗茨鼓风机；2—脱硫塔；3—氨水罐；4－1、4－2—氨水泵；5—空气鼓风机；6—再生塔；7—除尘塔

第二节 化工过程的主要技术指标

一、生产能力、生产强度和开工因子

1. 生产能力

生产能力是指一个设备、一套装置或一个工厂在单位时间内生产的产品量，或在单位时间内所处理的原料量。其单位为：kg/h 或 t/d 或 kt/a 等。如10Mt/a的炼油厂，1Mt/a的乙烯化工厂，其中10Mt指该厂每年的原油加工能力，指原料；而1Mt指该厂每年的乙烯生产能力，指产物，这些均指该厂的生产能力。

化工生产过程包括化学反应和能量、质量、动量的传递过程，在许多设备中可能同时进行上述几个过程，需要分析每个过程的影响，然后进行综合和优化，找出最佳操作条件，使总过程速率加快，有效地提高设备生产能力。设备或装置在最佳条件下可以达到的最大生产能力称为设计能力。一般装置的实际生产能力低于设计能力。由于技术水平所限，同类设备或装置的设计能力一般不同，使用设计能力大的设备或装置能够降低投资和成本，提高设备的生产率。

2. 生产强度

生产程度是指设备在单位特征几何量上生产能力。即设备单位体积的生产能力，或单位面积的生产能力。其单位为：$kg/(h \cdot m^3)$ 或 $kg/(h \cdot m^2)$ 等。生产强度主要用于比较那些相同反应过程或物理加工过程的设备或装置的优劣。设备中进行的过程速率高，其生产强度就高。

在分析对比催化反应器的生产强度时，通常要看在单位时间内，单位体积催化剂或单位质量催化剂上所获得的产品量，亦即催化剂的生产强度，有时也称为时空收率或空时得率。单位为：kg/(h · m^3催化剂)或 kg/(h · kg 催化剂)。

3. 有效生产周期

工厂的有效生产周期经常用开工因子来表示，开工因子通常在 0.9 左右，开工因子大意味着停工检修时间短，设备先进可靠，催化剂寿命较长，一般效益好。开工因子可表示为式(2-1)。

$$开工因子 = 全年开工生产天数/365 \tag{2-1}$$

二、化学反应的效率指标

1. 原子经济性

原子经济性的概念是由美国 Standford 大学的 B. M. Trost 教授提出的，曾获 1998 年美国“总统绿色化学挑战奖”的学术奖，见式(2-2)。

$$原子经济性\ AE = \frac{\sum_{i=1}^{n}(P_iM_i)}{\sum_{j=1}^{m}(F_jM_j)} \times 100\% \tag{2-2}$$

式中　P_i——目的产物分子中各类原子数；

F_j——反应原料中各类原子数；

M——相应各类原子的相对质量。

例 2-3　制取苯乙烯的方法有甲苯为原料合成苯乙烯和苯直接合成苯乙烯等，试比较以下两种方法的原子经济性。

解：

(1) 甲苯为原料合成苯乙烯反应式为：

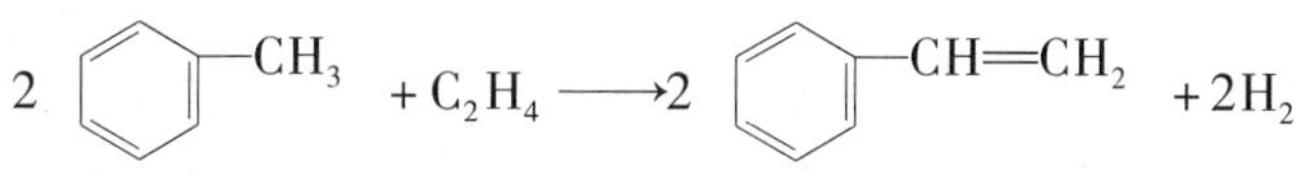

其原子经济性 AE_1 为：

$$\frac{2M_{C_2H_5CHCH_2}}{2M_{C_6H_5CH_3} + M_{C_2H_4}} \times 100\% = \frac{104 \times 2}{92 \times 2 + 28} \times 100\% = 98\%$$

(2) 苯直接合成苯乙烯反应式为：

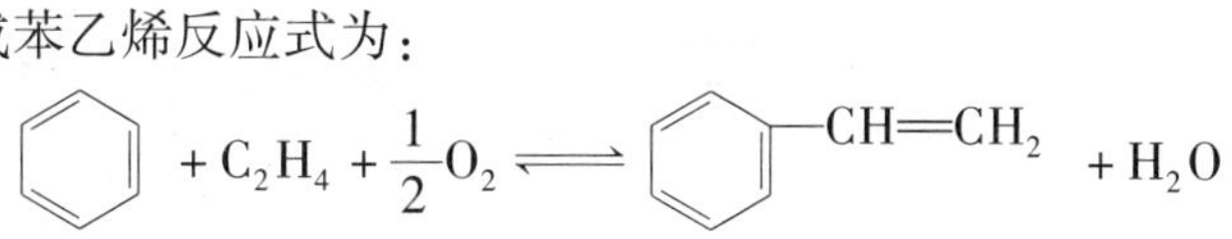

其原子经济性 AE_2 为：

$$\frac{M_{C_2H_5CHCH_2}}{M_{C_6H_6} + \frac{1}{2}M_{O_2} + M_{C_2H_4}} \times 100\% = \frac{104}{78 + 16 + 28} \times 100\% = 85\%$$

由以上计算可以看出，甲苯为原料合成苯乙烯这种合成方法的原子经济性更高一些。

2. 环境因子 E

环境因子 E 由荷兰化学家 Sheldon 提出，可由式(2-3)表示。

$$E = 废物质量/目标产物质量 \tag{2-3}$$

原子经济性 *AE* 和环境因子 *E* 从本质上反映了其合成工艺是否最大限度地利用了资源，避免了废物的产生和由此带来的环境污染。

三、转化率、选择性和收率

化工总过程的核心是化学反应，提高反应的转化率、选择性和产率是提高化工过程效率的关键。

1. 转化率

转化率是指某一反应物参加反应而转化的数量占该反应物起始量的百分率，其定义式为：

$$转化率 = (转化掉的原料量/投入反应器的总原料量) \times 100\% \tag{2-4}$$

转化率表征原料的转化程度，反映了反应进度。对于同一反应，若反应物不只一个，可以计算某个反应物组分的转化率，也可计算原料的总转化率，不同反应组分的转化率在数值上可能是不同的。对于下面的反应：

$$\gamma_A \mathrm{A} + \gamma_B \mathrm{B} \longrightarrow \gamma_R \mathrm{R} + \gamma_S \mathrm{S}$$

反应物 *A* 的转化率

$$= (转化掉 A 原料的量/投入反应器 A 的总原料量) \times 100\% \tag{2-5}$$

反应物 *B* 的转化率

$$= (转化掉 B 原料的量/投入反应器 B 的总原料量) \times 100\% \tag{2-6}$$

人们常常对关键反应物的转化率感兴趣，所谓关键反应物指的是反应物中价值最高的组分或说希望都反应掉的那个组分，为使其尽可能转化，常使其他反应组分过量。对于不可逆反应，关键组分的转化率最大为 100%；对于可逆反应，关键组分的转化率最大为其平衡转化率。

计算转化率时，反应物起始量的确定很重要。对于间歇过程，以反应开始时装入反应器的某反应物料量为起始量；对于连续过程，一般以反应器进口物料中某反应物的量为起始量。在计算过程中要注意计算公式中分子、分母单位一致，因为转化率是无量纲的。

在实际生产中，由于受到平衡转化率或副反应等的影响，好多反应物都不能一次性全部反应，都要将其分离再循环反应，如图 2-5 所示。

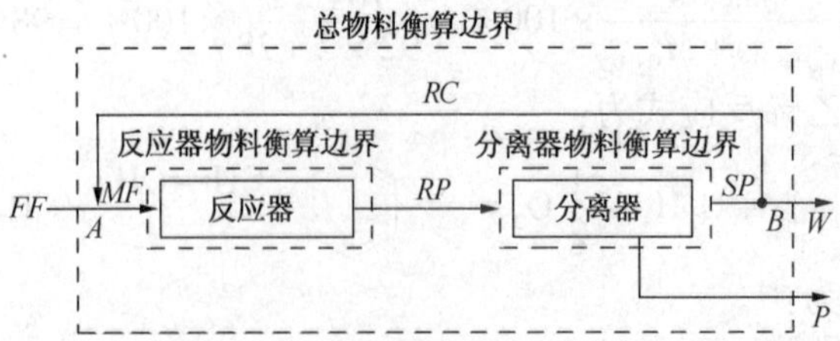

图 2-5 具有循环过程的流程示意图

图中 *FF* 指新鲜进料，*RC* 指循环进料，*MF* 指混合进料，*P* 指产物，*W* 指排放物，*RP* 指中间物料，*A*、*B* 为结点。在稳定状态下，循环物料总是以不变的组成和数量在反应系统中循环。根据质量守恒定律，各物料流的关系如下：

$$MF = FF + RC$$

$$MF = RP$$

$$RP = RC + P + W$$

$$FF = W + P$$

其中，SP、RC 和 W 的组成相同。在循环过程中循环比是一个重要参数，一般用 RC/FF 表示，但也有用 RC/MF、RC/W、RC/P 的。在循环过程中必须有部分放空（防止惰性物积累）。

对于上述情况就出现了单程转化率和全程（总）转化率的概念。单程转化率系指原料每次通过反应器的转化率，全程转化率又称总转化率，系指新鲜原料进入反应系统到离开该系统所达到的转化率。原料中组分 A 的单程转化率和总转化率分别表示为：

反应物 A 的单程转化率

=（原料 A 在反应器中转化掉的量/反应器进口物料中 A 的总量）×100%　(2-7)

反应物 A 的全程转化率

=（原料 A 在反应器中转化掉的量/反应器进口物料中新鲜 A 的量）×100%　(2-8)

式中，反应器进口物料中 A 的总量 = 新鲜原料中组分 A 的量 + 循环物料中组分 A 的量。

转化率可以对任何反应时间内进行计算，考查反应的程度。对于可逆反应，还存在平衡转化率，也就是在此条件下的最大转化率，在后面介绍。

2. 选择性

对于复杂反应体系，同时存在有生成目的产物的主反应和生成副产物的许多副反应，只用转化率来衡量是不够的。因为尽管有的反应体系原料转化率很高，但大多数转变成副产物了，目的产物很少，意味着许多原料浪费了。所以需要用选择性这个指标来评价反应过程的效率。选择性是指体系中转化成目的产物的某反应物量与参加所有反应而转化的该反应物总量之比，是对产物来说的，其定义式表示为：

选择性

=（生成目的产物所消耗的原料量/转化掉的原料量）×100%　(2-9)

或写成：

选择性 =（实际生成目的产物的量/理论目的产物的量）×100%　(2-10)

式(2-10)中的分母即理论目的产物的量是指按主反应式的化学计量关系来计算的，并假设转化掉的所有反应物全部转变成目的产物。

在复杂反应体系中，产物的选择性是个很重要的指标，它表达了主、副反应进行程度的相对大小，能确切反映原料的利用是否合理。

3. 收率

产物的收率亦称为产率，是从产物角度来描述反应过程的效率。其定义式可表示为：

收率 =（生成目的产物所消耗的原料量/投入反应器的总原料量）×100%　(2-11)

或写成：　收率 = 转化率 × 选择性 ×100%　(2-12)

有循环物料时，也有单程收率和总收率之分。与转化率相似，对于单程收率而言，式(2-11)中的分母系指反应器进口处混合物中的该原料量，即新鲜原料与循环物料中该原料量之和。而对于总收率，式(2-11)中分母系指新鲜原料中该原料量。

4. 质量收率

质量收率的定义是指投入单位质量的某原料所能生产的目的产物的质量，其定义式可表示为：

质量收率 =（生成目的产物的质量/投入反应器的原料质量）×100%　　(2-13)

质量收率主要针对复杂反应，难以写出定量反应式的过程的计算，如乙烯厂乙烯收率的计算一般均采用质量收率。

例 2-4　乙烷脱氢生产乙烯时，原料乙烷处理量为8000kg/h，产物中乙烷为4000kg/h，获得产物乙烯为3200kg/h，求乙烷转化率、乙烯的选择性及收率。

解：乙烷的转化率 =（8000 - 4000）/8000 ×100% =50%

乙烯的选择性 =（3200 ×30/28）/4000 ×100% =85.7%

乙烯的收率 =50% ×85.7% ×100% =42.9%

乙烯的质量收率 =3200/8000 ×100% =40%

例 2-5　将纯乙烷裂解制乙烯，已知乙烷的单程转化率为60%，每小时进入裂解炉100kg乙烷，获得乙烯46.4kg，裂解气经分离后，未反应的乙烷大部分循环回裂解炉继续反应，在产物中除乙烯和其他气体外，还含有4kg的乙烷。求生成乙烯的选择性、乙烷的全程转化率、乙烯的单程收率、乙烯的全程收率、乙烯的全程质量收率。

解：反应式为：　$C_2H_6 \longrightarrow C_2H_4 + H_2$

乙烷相对分子质量为30，乙烯相对分子质量为28

乙烷转化掉60kg/h

剩余40kg/h，循环（40 - 4）=36kg/h

新鲜进料为（100 - 36）=64kg/h

生成乙烯选择性 =（46.4 ×30/28）/60 ×100% =82.86%

乙烷的全程转化率 =60/64 ×100% =93.75%

乙烯的单程收率 =（46.4 ×30/28）/100 ×100% =49.71%

乙烯的全程收率 =（46.4 ×30/28）/64 ×100% =77.68%

乙烯的全程质量收率 =46.4/64 ×100% =72.5%

四、平衡转化率和平衡收率的计算

可逆反应达到平衡时的转化率称为平衡转化率，此时所得产物的收率（产率）为平衡收率（产率）。平衡转化率和平衡产率是可逆反应所能达到的极限值（最大值），但是，反应达平衡往往需要相当长的时间。因为随着反应的进行，正反应速率降低，逆反应速率升高，所以净反应速率不断下降直到零。在实际生产中应保持较高的净反应速率，不能等待反应达平衡，故实际转化率和产率比平衡值要低一些。若平衡产率高，则可获得较高的实际产率。工艺学的任务之一是通过热力学分析，寻找提高平衡产率的有利条件，并计算出平衡产率。在进行这些分析和计算时，必须用到化学平衡常数，它的定义及其应用在许多化学、化工书籍中都有论述，此处仅写出其定义式。

对于反应　$v_A A + v_B B \longrightarrow v_R R + v_S S$

若为气相反应体系，其标准平衡常数表达式为：

$$K_p = \frac{\left(\frac{P_R}{P^\ominus}\right)^{v_R}\left(\frac{P_S}{P^\ominus}\right)^{v_S}}{\left(\frac{P_A}{P^\ominus}\right)^{v_A}\left(\frac{P_B}{P^\ominus}\right)^{v_B}} \tag{2-14}$$

式(2－14)中 P_A、P_B、P_R、P_S分别为反应物组分 A、B 和产物 R、S 的平衡分压(其单位与 $P^{\ominus}$相同)(纯固体或液体取 1)；v_A、v_B、v_R、v_S分别为组分 A、B、R、S 在反应式中的化学计量系数；$P^{\ominus}$为标准态压力。

值得注意的是，现在国际上规定标准态压力 $P^{\ominus}$为 100kPa，过去曾定为 101.325kPa，因此它们对应的标准平衡常数值是略有区别的，在计算时要注意。另外，在较早出版的书刊文献中，压力单位多用“标准大气压”，所以组分的平衡分压单位也用大气压，标准态压力 $P^{\ominus}$为 1 大气压，此时平衡常数的表达式见式(2－15)。

$$K_p = \frac{P_R^{v_R} P_S^{v_S}}{P_A^{v_A} P_B^{v_B}} \tag{2-15}$$

因此，在查找文献和手册中的平衡常数时，一定要注意 K_p 的表达式是何种形式。理想气体的 K_p 只是温度的函数，与反应平衡体系的总压和组成无关；在低压下或压力不太高(3MPa 以下)和温度较高(200℃以上)的条件下，真实气体的性质接近理想气体，此时可用理想气体的平衡常数及有关平衡数据，即可忽略压力与组成的影响。

在高压下，气相反应平衡常数应该用逸度商来表达，详细情况与具体计算参考有关物理化学的书籍。

若为理想溶液反应体系，其平衡常数 K_c的表达式见式(2－16)。

$$K_c = \frac{\left(\frac{C_R}{C^{\ominus}}\right)^{v_R}\left(\frac{C_S}{C^{\ominus}}\right)^{v_S}}{\left(\frac{C_A}{C^{\ominus}}\right)^{v_A}\left(\frac{C_B}{C^{\ominus}}\right)^{v_B}} \tag{2-16}$$

式(2－16)中 C_A、C_B、C_R、C_s分别为组分 A、B、R、S 的平衡浓度，mol/L(纯溶剂取 1)；$C^{\ominus}$为标准浓度，统一规定为 1mol/L。

真实溶液反应体系的平衡常数式形式与(2－16)相似，但式中各组分浓度应该用活度来替代。只有当溶液浓度很稀时，才能用式(2－16)来计算平衡常数。

平衡常数可通过实验测定，现在许多化学、化工手册、文献资料及计算机有关数据库中收集有相当多反应体系的平衡常数，或有与温度的关系图表，有的也给出了相应的计算公式。但查找时一定要注意适用的温度、压力范围及平衡常数的表达形式。

例如设某气相反应为 $A + 2B \longrightarrow R$，反应前组分 A 有 $a$mol，组分 B 有 $b$mol，无组分 R，反应达平衡时组分 A 的平衡转化率为 X_A，则 A 的转化量为 aX_Amol。那么平衡体系中组分 A 的量为$(a - aX_A)$mol、组分 B 的量为$(b - 2aX_A)$mol 和组分 R 的量为 aX_Amol，体系总量为$(a + b - 2aX_A)$mol；总压 P。则各组分的平衡摩尔分数 y_i和平衡分压 P_i分别为：

$$y_A = (a - aX_A)/(a + b - 2aX_A) \qquad P_A = y_A P$$

$$y_B = (b - 2aX_A)/(a + b - 2aX_A) \qquad P_B = y_B P$$

$$y_R = (aX_A)/(a + b - 2aX_A) \qquad P_R = y_R P$$

所以有：

$$K_p = \frac{\frac{P_R}{P^{\ominus}}}{\frac{P_A}{P^{\ominus}}\left(\frac{P_B}{P^{\ominus}}\right)^2} = \frac{y_R}{y_A y_B^2}\left(\frac{P}{P^{\ominus}}\right)^{-2} = \frac{aX_A\ (a + b - 2aX_A)^2}{(a - aX_A)(b - 2aX_A)^2}\left(\frac{P}{P^{\ominus}}\right)^{-2}$$

根据反应温度和总压可从有关手册或文献中查得对应的平衡常数 K_p，上式中 a 和 b 是已知的反应物起始量，由此可计算出 X_A，继而可算出平衡组成。应注意，上式中总压 P 与标准态压力 $P^{\ominus}$ 的单位应相同。

对于本例，每转化 1mol 反应物 A 生成 1mol 产物 R，则产物 R 相对于原料 A 的平衡产率为：

$$\text{产物 R 相对于原料 A 的平衡产率} = (aX_A)/a = X_A$$

然而，每转化 2mol 反应物 B 生成 1mol 产物 R，则产物 R 相对于原料 B 的平衡产率为：

$$\text{产物 R 相对于原料 B 的平衡产率} = (2aX_A)/b = X_B$$

例 2-6 已知正丁烷在 1000K 温度下脱氢反应的标准吉布斯函数变 ΔG_0 为 -5.94kJ/mol，系统压力为 1atm(1atm = 101325Pa)，标准压力 $P^{\ominus}$ 为 1atm，求其平衡常数 K_p 和平衡转化率 x。

解：$\Delta G_0 = -RT\ln(K_p)$

$-5940 = -8.314 \times 1000 \times \ln(K_p)$

$\ln(K_p) = 0.714$

$K_p = 2.042$

$P = 1\text{atm}$，$P^{\ominus} = 1\text{atm}$

$$C_4H_{10} \longrightarrow C_4H_8 + H_2$$

开始：1　　　0　　0

平衡：$1-x$　　x　　x　总摩尔数为 $(1+x)$

$$K_p = \frac{\left(\frac{x}{1+x}P\right)^2}{\frac{1-x}{1+x}P} = \frac{x^2}{1-x^2}P$$

$$K_p = 2.042$$

代入解得：$x = 82\%$

第三节　反应条件对化学平衡和反应速率的影响

反应温度、操作压力、反应物浓度、反应时间、原料的纯度和配比等众多条件是影响反应平衡和反应速率的重要因素，关系到生产过程的效率。在本书其他各章中均有具体过程的影响因素分析，此处仅着重介绍以下几个重要因素的影响规律。

一、温度的影响

1. 温度对化学平衡的影响

对于不可逆反应不需考虑化学平衡，而对于可逆反应，其平衡常数与温度的关系由式(2-17)表示。

$$\log K = \frac{-\Delta H^{\ominus}}{2.303RT} + C \qquad (2-17)$$

式中　K——平衡常数；

$\Delta H^{\ominus}$——标准反应焓差，kJ/mol；

R——通用气体常数；

T——反应温度，K；

C——积分常数。

对于吸热反应，$\Delta H^{\ominus}>0$，K 值随着温度升高而增大，有利于反应，产物的平衡产率增加；

对于放热反应，$\Delta H^{\ominus}<0$，K 值随着温度升高而减小，平衡产率降低。故只有降低温度才能使平衡产率增高。

2. 温度对反应速率的影响

反应速率是指单位时间、单位体积某反应物组分的消耗量，或某产物的生成量。反应速率方程通常可用浓度的幂函数形式来表示，例如对于反应：

$$a\mathrm{A}+b\mathrm{B}\longrightarrow d\mathrm{D}$$

其反应速率方程为：

$$r=k_{正}C_{\mathrm{A}}^{a}C_{\mathrm{B}}^{b}-k_{逆}C_{\mathrm{D}}^{d} \tag{2-18}$$

式中 $k_{正}$——正反应速率常数；

$k_{逆}$——逆反应速率常数；

C_{A}、C_{B}、C_{D}——分别为 A、B、D 的浓度，mol/L；

a、b、d——分别为 A、B、D 的化学计量系数。

反应速度常数与温度的关系可用如下的阿累尼乌斯方程表示。

$$k=A\exp\left(\frac{-E}{RT}\right) \tag{2-19}$$

式中 k——反应速度常数；

A——指前因子或频率因子；

R——通用气体常数；

T——反应温度，K；

E——反应活化能。

由上式可知，k 总是随温度的升高而增加的（有极少数例外者），一般反应温度每升高 10℃，反应速率常数增大 2～4 倍，在低温范围增加的倍数比高温范围大些，活化能大的反应其速率随温度升高而增长更快些。

对于不可逆反应，逆反应速率忽略不计，故产物生成速率总是随温度的升高而加快；对于可逆反应而言，正、逆反应速率之差即为产物生成的净速率。温度升高时，正、逆反应速率常数都增大，所以正、逆反应速率都提高，净速率是否增加呢？经过对速率方程式的分析得知：对于吸热的可逆反应，净速率 r 总是随着温度的升高而增高的；而对于放热的可逆反应，净速率 r 随温度变化有如下三种可能性，即：

$$\left(\frac{\partial r}{\partial T}\right)_{c}>0,\quad \left(\frac{\partial r}{\partial T}\right)_{c}=0,\quad \left(\frac{\partial r}{\partial T}\right)_{c}<0$$

当温度较低时，净反应速率随温度的升高而增高；当温度超过某一值后，净反应速率开始随着温度的升高而下降。净速率有一个极大值，此极大值对应的温度称为最佳反应温度，亦称最适宜反应温度。

二、浓度的影响

根据反应平衡移动原理，反应物浓度越高，越有利于平衡向产物方向移动。当有多种反应物参加反应时，往往使价廉易得的反应物过量，从而可以使价贵或难得的反应物更多地转化为产物，提高其利用率。从反应速率式(2－18)可知，反应物浓度愈高，反应速率愈快。一般在反应初期，反应物浓度最高，反应速率最大，随着反应的进行，反应物逐渐消耗，反应速率逐渐下降。

提高溶液浓度的方法有：对于液相反应，采用能提高反应物溶解度的溶剂，或者在反应中蒸发或冷冻部分溶剂等；对于气相反应，可适当压缩或降低惰性物的含量等。

对于可逆反应，反应物浓度与其平衡浓度之差是反应的推动力，此推动力愈大则反应速率愈快。所以，在反应过程中不断从反应区域取出生成物，使反应远离平衡，既保持了高速率，又使平衡不断向产物方向移动，这对于受平衡限制的反应来说，是最有利于提高产率的有效方法。近年来，反应－精馏、反应－膜分离、反应－吸附(或吸收)等新技术、新过程应运而生，这些过程使反应与分离一体化，产物一旦生成，立刻被移出反应区，因而反应始终是远离平衡的，可使转化率和产率大大提高，理论上可使转化率达到100%。

三、压力的影响

一般来说，压力对液相和固相反应的平衡影响较小。气体的体积受压力影响大，故压力对有气相物质参加的反应的平衡影响很大，其规律为：

① 对分子数增加的反应，降低压力可以提高平衡产率；

② 对分子数减少的反应，压力升高，产物的平衡产率增大；

③ 对分子数没有变化的反应，压力对平衡产率无影响。

在一定的压力范围内，加压可减小气体反应体积，且对加快反应速率有一定好处，但效果有限，压力过高，能耗增大，对设备要求高，反而不经济。究竟采用多高压力，要以实际而定。

惰性气体的存在，可降低反应物的分压，对反应速率不利，但有利于分子数增加的反应的平衡。是否添加惰性组分，添加多少，也要根据实际而定。

四、停留时间的影响

停留时间是指物料从进入设备到离开设备所需要的时间，若有催化剂存在指物料与催化剂的接触时间(反应时间)，单位一般用秒(s)表示。

一般停留时间越长，原料转化率越高，产物的选择性越低，设备的生产能力越小，空速越小；反之亦然。

五、空速的影响

空速为停留时间的倒数，一般空速越大，停留时间越短，原料转化率越低，产物的选择性越高，设备的生产能力越大；反之亦然。

六、原料配比的影响

对于有多个反应物参加的反应，一般实际原料配比与理论配比是不一样的。实际中总是使那些廉价易得的、易回收的、无毒的、无腐蚀的、无污染的反应物过量(大于理论配比)，以提高另外一个或几个昂贵的、难回收的反应物的转化率。过量太多会降低设备的生产能力、增加分离、回收的费用，过量太少，效果不明显，究竟过量多少要由实验来决定。

此外原料纯度、催化剂的种类、用量等对反应都有影响，此处就不一一介绍了。

第四节　催化剂的性能及使用

据统计，当今90%以上的化学工业中均包含有催化过程，催化剂在化工生产中占有相当不可替代的重要地位。

所谓催化剂就是指能改变化学反应速度而其本身的量和性质在反应前后均不发生变化的物质。能加速化学反应速度的催化剂称做正催化剂；能减缓化学反应速度的叫负催化剂或阻化剂；有些反应所产生的某种产物也会使反应迅速加快，这种现象称为自催化作用。工业上用得最多的是加快反应速率的催化剂。

1. 催化剂的基本特征

在一个反应系统中因加入了某种催化剂而使化学反应速率明显加快，主要是因为它能与反应物生成不稳定的中间化合物，改变了化学反应途径，使反应的活化能得以降低。由阿累尼乌斯公式可知，活化能降低可使反应速率常数增大，从而加速了反应。催化剂有以下三个基本特征。

① 催化剂是参与了化学反应的，但反应终了时，催化剂本身未发生化学性质和数量的变化。因此催化剂在生产过程中可以在较长时间内使用。

② 催化剂只能缩短达到化学平衡的时间(即加速作用)，但不能改变平衡。也就是悦，当反应体系的始末状态相同时，无论有无催化剂存在，该反应的自由能变化、热效应、平衡常数和平衡转化率均相同。由此特征可知：催化剂不能使热力学上不可能进行的反应发生；催化剂是以同样的倍率提高正、逆反应速率的，能加速正反应速率的催化剂，也必然能加速逆反应。

③ 催化剂具有明显的选择性，特定的催化剂只能催化特定的化学反应。催化剂的这一特性在有机化学反应领域中起了非常重要的作用，因为有机反应体系往往同时存在许多反应，选用合适的催化剂，可使反应向需要的方向进行。

2. 催化剂的主要作用

催化剂的作用主要体现在以下几方面。

(1) 提高反应速率和选择性　有许多反应虽然在热力学上是可行的，但反应速度太慢或选择性太低，没有实用价值，一旦发明并使用了催化剂，则可以投入工业应用，为人类生产出重要的化工产品。例如，合成氨工业，就是以催化剂为基础建立起来的。近年来合成氨的催化剂性能不断改善，提高了产率、降低了操作条件和能耗。再如环氧乙烷的生产，不用催化剂乙烷会被氧化成二氧化碳和水，而采用了银催化剂使乙烷会被选择性地氧化成环氧乙烷。

(2) 改变操作条件　采用合适的催化剂会使操作条件变缓和、降低能耗、提高化学反应效率。如乙烯聚合反应若以有机过氧化物为引发剂，要在200～300℃及100～300MPa下进行，采用烷基铝－四氯化钛配位化合物催化剂后，反应只需在85～100℃及2MPa下就可进行，使反应条件大大降低。高选择性的催化剂可以明显提高过程效率，因为副产物大大减少，降低了环境污染，从而提高了过程的原子经济性，简化了分离流程。

(3) 有助于开发新反应　例如工业上甲醇羰基化合成乙酸就是一个成功的例子。工业乙酸以前是由乙醛氧化法生产，原料昂贵，生产成本高。在20世纪60年代，德国BASF公司借助钴配位化合物催化剂，开发出以甲醇和一氧化碳为原料，羰基化合成乙酸的新工艺；美国孟山都公司于20世纪70年代又开发出铑配位催化剂，使该反应条件变得更温和，乙酸收率高达99%，成为当今世界上生产乙酸的主要工艺。

(4) 在能源开发与环境友好方面作用显著　催化剂在石油、天然气、煤的综合利用方面都起着重要作用，借助催化剂从这些基础资源出发，可以生产出数量多、用途广、质量好的二次原料；一些新能源的开发也需要借助催化剂的作用。例如光分解水获取氢能源，其关键是催化剂；燃料电池中的电极也是由具有催化作用的镍、银等金属细粉附着在多孔陶瓷上做成的。

高选择性催化剂的开发与应用，从根本上减少了废物的生成量，是从源头上减少污染的最重要的方法，在现有污染物的治理中，催化剂也起着举足轻重的作用。例如，汽车尾气的催化净化，有机废气的催化燃烧，废水的生物催化净化和光催化分解等工艺都离不开催化剂。

3. 工业催化剂使用中的有关问题

在采用催化剂的化工生产过程中，正确地选择并使用催化剂是个非常重要的问题，关系到生产效率和效益。通常对工业催化剂有以下几种性能要求。

(1) 工业催化剂的使用性能指标

① 活性　催化剂的活性是指在给定的温度、压力和反应物流量(或空速)下，催化剂使原料转化的能力。活性越高则原料的转化率愈高。或者在转化率及其他条件相同时，催化剂活性愈高则需要的反应温度愈低。工业催化剂应有足够高的活性，一般用原料的转化率来表示催化剂的活性。

② 选择性　催化剂的选择性是指反应所消耗的原料中有多少转化为目的产物。选择性愈高，生产单位量目的产物的原料消耗定额愈低，也愈有利于产物的后处理，故工业催化剂的选择性应较高。当催化剂的活性与选择性难以两全其美时，若反应原料昂贵或产物分离很困难，宜选用选择性高的催化剂；若原料价廉易得或产物易分离，则可选用活性高的催化剂。一般用产物的选择性来表示催化剂的选择性。

如以乙醇为原料，在不同的催化剂下可得到不同的产品。如以铜为催化剂得到乙醛，以氧化铝为催化剂得到乙烯，以硫酸为催化剂得到乙醚，以氧化锌和氧化铬为催化剂可获得丁二烯。

③ 寿命　催化剂的寿命是指其使用期限的长短，寿命的表征是生产单位量产品所消耗的催化剂量，或在满足生产要求的技术水平上催化剂能使用的时间长短，有的催化剂使用寿命可达数年，有的则只能使用数月。虽然理论上催化剂在反应前后化学性质和数量不变，可以反复使用，但实际上当生产运行一定时间后，催化剂性能会衰退，导致产品产量和质量均达不到要求的指标，此时，催化剂的使用寿命结束，应该更换催化剂。催化剂的寿命受以下几方面性能影响。

化学稳定性：是指催化剂的化学组成和化合状态在使用条件下发生变化的难易。在一定的温度、压力和反应组分长期作用下，有些催化剂的化学组成可能流失，有的化合状态变化，都会使催化剂的活性和选择性下降。

热稳定性：是指催化剂在反应条件下对热破坏的耐受力。在热的作用下，催化剂中的一些物质的晶型可能转变；微晶逐渐烧结，络合物分解，生物菌种和酶死亡等，这些变化导致催化剂性能衰退。

机械稳定性：是指固体催化剂在反应条件下的强度是否足够。若反应中固体催化剂易破裂或粉化，使反应器内流体流动状况恶化，严重时发生堵塞，迫使生产非正常停工，经济损失重大。

耐毒性：是指催化剂对有毒物质的抵抗力或耐受力。多数催化剂容易受到一些物质的毒害，中毒后的催化剂活性和选择性显著降低或完全失去，缩短了它的使用寿命。常见的毒物有砷、硫、氯等的化合物及铅等重金属，不同催化剂的毒物是不同的。在有些反应中，特意加入某种物质去毒害催化剂中促进副反应的活性中心，从而提高催化剂的选择性。

④ 其他 如廉价、易得、无毒、易分离等。

(2) 催化剂的活化 许多固体催化剂在出售时的状态一般是较稳定的，但这种稳定状态不具有催化性能，催化剂在反应前必须对其进行活化，使其转化成具有活性的状态。不同类型的催化剂要用不同的活化方法，有还原、氧化、酸化、硫化、热处理等，每种活化方法均有各自的活化条件和操作要求，应该严格按照操作规程进行活化，才能保证催化剂发挥良好的作用。如果活化操作失误，轻者使催化剂性能下降，重则使催化剂报废，经济损失巨大。

(3) 催化剂的失活和再生 引起催化剂失活的原因较多，对于络合催化剂而言，主要是超温，大多数络合物在250℃以上就分解而失活；对于生物催化剂而言，过热、化学物质和杂菌的污染、pH 值失调等均是失活的原因；对于固体催化剂而言，其失活原因主要有：

① 超温过热，使催化剂表面发生烧结，晶型转变或物相转变；

② 原料气中混有毒物杂质，使催化剂中毒；

③ 有污垢或积炭覆盖催化剂表面。

原料中能使催化剂活性严重下降的微量物质叫催化剂毒物，这种现象叫催化剂中毒。

催化剂中毒有暂时性中毒和永久性中毒两种情况。暂时性中毒是可逆的，也就是可以通过再生使催化剂逐渐恢复活性，如 CO、H_2O 对铁的中毒就属于此种情况；永久性中毒则是不可逆的，也就是不能再生，如 S、A_S对 Pt 的中毒就属于此种情况。

催化剂积炭可通过烧炭再生。但无论是暂时性中毒后的再生还是积炭后的再生，均会引起催化剂结构的损伤，致使活性下降。

因此，应严格控制操作条件，采用结构合理的反应器，使反应温度在催化剂最佳使用温度范围内合理地分布，防止超温；反应原料中的毒物杂质应该预先加以脱除，使毒物含量低于催化剂耐受值以下；在有析碳反应的体系中，应采用有利于防止析碳的反应条件，并选用抗碳性能高的催化剂。

(4) 催化剂的运输、储存和装卸 催化剂一般价格较贵，要注意保护。在运输和储藏中应防止其受污染和破坏；固体催化剂在装填于反应器中时，要防止污染和破裂。装填要均匀，避免出现“架桥”现象，以防止反应工况恶化。许多催化剂使用后在停工卸出之前，需要进行钝化处理，尤其是金属催化剂一定要经过低含氧量的气体钝化后，才能暴露于空气中，否则遇空气剧烈氧化自燃，烧坏催化剂和设备。

4. 催化剂的分类

催化剂按反应体系的相态可分为均相催化剂和非均相催化剂。

催化剂按反应类别可分为加氢、脱氢、氧化、还原、裂化、水合、缩合、聚合、烷基化、脱烷基化、异构化、芳构化、羰基化、硝化、硫化、卤化等催化剂。

催化剂按反应机理可分为氧化还原型和酸碱型催化剂。

催化剂按反应条件下的物态可分为金属催化剂、氧化物催化剂、硫化物催化剂、酸催化剂、碱催化剂、配位化合物催化剂、生物催化剂等。

按催化剂的相态可分为固态催化剂、液态催化剂。

另外还可分为金属催化剂与非金属催化剂，配位催化剂与非配位催化剂等。

当前在石油化工、石油炼制、有机化工、精细化工、无机化工、环境保护等领域应用最多的是金属催化剂、氧化物和硫化物等固态催化剂。

5. 固体催化剂的组成与制备方法

一般一种固体催化剂的性能不仅与催化剂的种类、结构有关，还与催化剂的组成、制备方法等有关。一般一种固体催化剂由主体和载体组成。

催化剂主体是指主要起催化作用的部分，也是催化剂的活性部分，约占催化剂的10% ~ 30%。催化剂主体又包括主催化剂、助催化剂和阻化剂三部分。

催化剂的载体是指催化剂中起支承作用的部分，一般是多孔性物质，它可增加催化剂的活性表面、机械强度、耐酸碱性、延长催化剂的使用寿命等，约占催化剂的 70% ~90%。常用的催化剂载体有硅胶、活性炭、活性氧化铝、分子筛等。目前最常用的是分子筛类。

固体催化剂的常规制备方法有如下几种。

沉淀法：制备单组分催化剂和多组分催化剂的常用方法；

煅烧法：制备氧化物催化剂的常用方法；

还原法：制备活性金属催化剂的常用方法；

溶解法：制备骨架催化剂的常用方法；

熔融法：制备混合氧化物催化剂的常用方法；

浸渍法：制备载体催化剂的常用方法；

另外还有滤沥法、水热法等。

思 考 题

2-1　什么是工艺流程？何为生产能力、生产强度？

2-2　什么是原子经济性和环境因子？

2-3　什么是转化率、选择性、收率？

2-4 丙烷脱氢生产丙烯时，原料丙烷处理量为3000kg/h，丙烷单程转化率为70%，丙烯选择性为96%，求丙烯产量。

2-5　由乙烷裂解制乙烯，投入反应器的乙烷为5000kg/h，裂解气中乙烷为3000kg/h，获得乙烯量为1500kg/h，试求乙烷的转化率，乙烯的选择性及收率。

2-6　乙烷在1000K下脱氢反应的标准吉布斯函数变 $\Delta G^{\ominus}$ 为8.87kJ/mol，系统压力为1大气压，标准压力 $P^{\ominus}$ 为1大气压，求其平衡转化率。

2-7　将纯乙烷通入管式裂解炉制取乙烯，已知乙烷的单程转化率为52%，进入裂解炉的乙烷为100kg/h，获得乙烯35kg/h，裂解气经分离后，未反应的乙烷大部分循环回裂解炉继续反应，在产物中除乙烯和其他气体外，还含有5kg/h的乙烷。求生成乙烯的选择性、乙烷的全程转化率、乙烯的单程收率、乙烯的全程收率、乙烯的全程质量收率。

2－8　什么是催化剂的活性、选择性、寿命？

2－9　解释催化剂的中毒及原因。

2－10　概述固体催化剂的组成和每部分的作用。

第三章　石油及其加工

第一节　石油及其产品的性质

一、石油的一般性状及化学组成

1. 石油的一般性状

石油(或称原油)是一种从地下深处开采出来的黄色、褐色乃至黑色的可燃性黏稠液体，它常与天然气并存。

世界各地所产的石油在外观性质上有不同程度的差异。从颜色看，大部分石油是黑色的，也有暗绿或暗褐色的，少数呈赤褐、浅黄色。相对密度一般在0.80～0.98之间，个别原油如伊朗石油相对密度高达1.016，美国加利福尼亚州的石油相对密度低至0.707。与国外原油相比，我国主要油区原油的凝点及蜡含量较高、沥青质含量低、相对密度在0.85～0.95之间，属偏重的常规原油。近年来，国内外相继对蕴藏较为丰富的重质原油进行开采。这类原油相对密度一般大于0.93，黏度较高。石油这些外观性质的差异反映了其化学组成的不同。

2. 石油的元素组成

尽管世界上的原油性质差别很大，但主要是由碳(C)和氢(H)两种元素组成。其中碳含量一般为83.0%～87.0%，氢含量为11.0%～14.0%，两者合计为95%～99%。由碳和氢两种元素组成的碳氢化合物称为烃，在石油化工生产过程中它们是加工和利用的主要对象。除此之外，石油中还含有少量其他元素，这些非碳氢元素含量一般为1%～5%。少数石油中的硫含量较高，如墨西哥原油含硫量在3.6%～5.3%之间，委内瑞拉石油含硫高达5.5%。大多数石油含氮量较低，约千分之几到万分之几，但也有个别石油如美国加利福尼亚石油含氮量高达1.4%～2.2%。由碳和氢两种元素与其他元素组成的化合物称为非烃类，它们的存在对于石油加工过程和石油产品质量有很大影响，必须充分重视。与国外原油相比，我国原油含硫量较低，除了少数原油含硫量高于1%外，大多数原油含硫量低于1%，而我国原油的含氮量偏高，一般在千分之三以上，即从元素组成上看，我国原油的特点是含硫量低、含氮量高。

除硫、氮、氧三种主要非碳氢元素之外，石油中还含有微量的金属元素和非金属元素，如钒、镍、铁、铜、砷、氯、磷、硅等，它们的含量一般为万分之几甚至十亿分之几，虽然含量甚微，但它们对石油加工，特别是对石油催化加工过程有很大影响。

3. 石油的馏分组成

石油是多组分的复杂混合物，其中的每个组分都有其各自不同的沸点，从常温一直到500℃以上。炼油厂加工的第一步就是初馏，即按照石油中各组分沸点的差别，用蒸馏的方法，使石油得到初步的分离。初馏时，通常把石油按沸点不同“切割”成几个“馏分”。“馏分”意为馏出的部分，即在蒸馏过程中得到的某一温度范围内的混合物，其所含组分数比原油少得多。而每个馏分的沸点范围简称为沸程或馏程。从原油直接蒸馏得到的馏分称为直馏馏分。

通常将原油从常压蒸馏开始馏出的温度（初馏点）到200℃（或180℃）之间的轻馏分称为汽油馏分或低沸点馏分；常压蒸馏200℃（或180℃）到350℃之间的中间馏分称为煤柴油馏分；大于350℃的馏分称为常压渣油或常压重油馏分。由于原油从350℃开始即有明显的分解现象，所以对于沸点高于350℃的馏分，需在减压条件下进行蒸馏。一般将相当于常压下350～500℃的减压馏分称为润滑油馏分、减压瓦斯油馏分或高沸点馏分；而大于500℃的馏分称为减压渣油馏分。

必须清楚的是，馏分常冠以汽油、煤油、柴油、润滑油等石油产品的名称，但它并不是真正的石油产品。石油产品必须达到相应产品的质量要求标准，通常馏分油要经过进一步加工才能成为石油产品。此外，同一沸点范围的馏分也可以因目的不同而加工成不同产品。例如，喷气燃料的馏分范围是150～280℃，灯用煤油是200～300℃，轻柴油是200～350℃。减压馏分油既可以加工成润滑油产品，也可以作为裂化的原料。

4. *石油的烃类组成*

石油的主要成分是烃类，石油中究竟有多少种烃，至今尚无法证明。但已确定石油中的烃类主要是由烷烃、环烷烃和芳香烃这三种烃类构成。天然石油中一般不含烯烃，只有在二次加工产品和煤或页岩焦油中才含有烯烃。在不同的石油中，各族烃类含量相差较大；在同一种石油中，各族烃类在各个馏分中的分布也有很大差异。

（1）烷烃　烷烃是组成石油的主要成分之一。随着相对分子质量的增加，烷烃分别以气、液、固三态存在于石油中。在常温常压下，C_1～C_4的烷烃为气态，是天然气和炼厂气的主要成分。常温下，C_5～C_{15}的烷烃为液态，主要存在于汽油和煤油馏分中，其中C_5～C_{10}的烷烃在原油蒸馏时多进入汽油馏分中，而C_{11}～C_{15}的烷烃多进入煤油馏分中。常温下，C_{16}以上的烷烃为固态，一般多以溶解状态存在于石油中，但当温度降低时，就会以结晶的形式析出，工业上称这种固体烃类为蜡。通常在柴油和润滑油馏分中才含有蜡，含蜡量的多少对油品低温性能影响很大。蜡又分为石蜡和地蜡。石蜡主要由正构烷烃组成，是板状或带状结晶，而地蜡的主要成分是环烷烃，呈针状结晶。

烷烃在一般条件下，化学性质较为安定，不易与其他物质发生反应，但在光照、加热或催化剂等作用下，也会发生氧化、卤化、硝化或裂化等反应。

（2）环烷烃　环烷烃是环状的饱和烃，也是石油的主要组分之一。石油中的环烷烃主要是环戊烷和环己烷及其衍生物，其中六元环多于五元环。环烷烃在石油馏分中的含量一般随馏分沸点的升高而增多，但在沸点较高的润滑油馏分中，由于芳烃含量的增加，环烷烃含量逐渐减少。通常来说，汽油馏分中的环烷烃主要是单环环烷烃，煤柴油馏分中除含有单环环烷烃以外，还出现了双环及三环环烷烃，而高沸点馏分中还含有三环以上的环烷烃。

环烷烃的抗爆性能较好、凝点低。环少而链长的环烷烃具有较好的黏温性能和润滑性能，是汽油、喷气燃料及润滑油的良好组分。

环烷烃的化学性质与烷烃相近，但稍活泼，在一定条件下可发生氧化、卤化、硝化、热分解等反应，环烷烃在一定条件下还能脱氢生成芳香烃。

（3）芳香烃　芳香烃是指分子中含有苯环的烃类，一般苯环上带有不同的烷基侧链，它也是石油的主要组分之一。芳香烃在石油中的含量一般比烷烃和环烷烃少。同一种原油中，随着馏分沸程的升高，芳香烃的含量逐渐增多。在汽油馏分中主要含有单环芳香烃，煤柴油馏分中不但含有单环芳香烃，还含有双环及三环芳香烃，高沸点馏分中还含有多环及稠环芳香烃。

芳香烃具有良好的抗爆性，是汽油的良好组分。但它也会影响煤油和喷气燃料的燃烧性能，因此需限制其中的芳香烃含量。润滑油馏分中的多环短侧链芳香烃的黏温性能很差，并易氧化生成胶质，因此必须通过精制除去。

芳香烃的化学性质较烷烃稍活泼，可与浓硫酸反应生成苯磺酸，因而可用于从石油中分离芳香烃和油品精制。在不同的催化剂作用下，芳香烃和烯烃可进行烷基化反应，这是制取高辛烷值汽油的重要方法。在一定条件下，芳香烃上的侧链会被氧化成有机酸，进一步氧化可生成胶状物质，这是油品氧化变质的一个重要原因。

(4) 烯烃　石油和直馏产品一般不含烯烃。烯烃主要存在于石油的二次加工产品中。烯烃的物理性质与相应烷烃相似，密度和折射率稍大一些。

烯烃分子中因含有双键，化学性质较活泼，它可与多种物质发生反应。烯烃在空气中易氧化生成酸性物质和胶质，特别是二烯烃和环烯烃更易氧化，因此油品的安定性与烯烃含量有关。

5. 石油的非烃类组成

石油中的非烃化合物主要指含硫、氮、氧的化合物和胶状沥青状物质。组成石油的元素除碳和氢外，硫、氮、氧等杂元素总含量虽仅占1%～5%，但因它们均以化合物的形态存在，所以石油中非烃化合物的含量相当可观。非烃化合物在石油各馏分中的分布是不均匀的，大部分集中在重质馏分和残渣油中。非烃化合物对油品的使用性能和石油加工过程影响很大，需要除去。但如适当处理，综合利用，可以变害为利，生产一些重要的化工产品。

(1) 含硫化合物　硫是石油中常见的组成元素之一，在石油馏分中的含量随其沸点范围的升高而增加，原油中约90%的硫集中在占原油40%～60%的渣油中。由于硫对石油加工和产品质量影响很大，所以含硫量常作为评价石油的一项重要指标。通常将石油中含硫量小于0.5%的称为低硫石油，大于2.0%的称为高硫石油，介于0.5%～2.0%之间的称为含硫石油。含硫原油和高硫原油约占世界石油总产量的75%，其中半数产自中东地区。我国主要石油如大庆原油属低硫石油，胜利原油属含硫石油。

硫在石油中大都以有机硫化物的形式存在。已确定的硫化物的形态有：元素硫(S)、硫化氢(H_2S)、硫醇(RSH)、硫醚(RSR')、二硫化物(RSSR')、噻吩等。其中，元素硫、硫化氢和硫醇能和金属直接作用而腐蚀金属设备，因而被称为活性硫化物。硫醚、二硫化物等则被称为非活性硫化物，其本身并不能与金属发生反应。

含硫化合物的主要危害有：

① 腐蚀设备　元素硫、硫化氢和低分子硫醇都能与金属作用而腐蚀设备和管线。硫醚、二硫化物等本身对金属并无作用，但受热后会分解生成腐蚀性较强的硫醇等活性硫化物，从而腐蚀设备。特别是在260～480℃范围内，硫化物对一般钢材的腐蚀最为严重，而此温度恰好是一般炼油装置的操作温度范围。因此，在相关部位需使用合金钢等耐腐蚀材料，在操作中采用注碱、注氨、注缓蚀剂等措施来减轻腐蚀。

② 影响石油产品质量　汽油中的含硫化合物会影响油品的燃烧性能，使气缸积炭增多、

发动机腐蚀和磨损加剧。硫化物还会使油品的储存安定性变坏，不仅发生恶臭，还会显著促进胶质的生成。

③ 污染环境　含硫石油加工时生成硫化氢和低分子硫醇等具有恶臭的有毒气体，含硫油品燃烧后生成二氧化硫、三氧化硫，它们遇水生成亚硫酸和硫酸，强烈腐蚀设备和严重污染环境。

④ 使催化剂中毒　在炼油各种催化加工过程中，硫是某些催化剂的毒物，会造成催化剂中毒，使其丧失催化活性。

因此，含硫石油的加工是炼油生产中的一个重要课题。针对不同油品，需采用不同方法，如采用酸碱精制、催化加氢、催化氧化等方法除去油品中的硫化物。

(2) 含氮化合物　石油中的氮含量一般小于1%，通常在0.05%～0.5%范围内。我国石油含氮量偏高，在0.1%～0.5%之间。石油中的含氮量一般随馏分沸点升高而增加，主要集中在渣油中。我国大多数原油的渣油集中了约90%的氮。而在煤油以前的馏分中，只有微量的氮化物存在。

石油中的含氮化合物可分为碱性氮和非碱性氮化物两大类。所谓碱性氮是指在苯和冰醋酸的样品溶液中能够被高氯酸滴定的含氮化合物，而不能被高氯酸滴定的含氮化合物是非碱性氮化物。碱性氮化物主要有吡啶类、喹啉类及其衍生物，吡咯类属于弱碱性氮化物，非碱性氮化物主要有咔唑类、吲哚类及其衍生物。目前已检测到的石油含氮化合物，无论碱性或非碱性氮化物，其氮原子均处在环结构中，为氮杂环系化合物，在石油中很少发现脂肪族含氮化合物。

油品中的含氮化合物不稳定，易氧化生成胶质，使油品颜色变深，气味变臭，它是导致石油二次加工油品颜色变深和产生沉淀的主要原因。氮化物也是某些石油加工过程中催化剂的毒物。因此，必须通过精制除去油品中的氮化物。

(3) 含氧化合物　石油中的氧含量一般都很少，约千分之几，只有个别石油中氧含量高达2%～3%。石油中的氧含量随馏分沸点升高而增加，主要集中在胶状沥青状物质中。这里只讨论胶质、沥青质以外的含氧化合物。这些含氧化合物分为酸性氧化物和中性氧化物两类，其中以酸性氧化物为主。

酸性氧化物包括环烷酸、脂肪酸和酚类，总称石油酸。中性氧化物包括醛、酮和酯类等，它们在石油中含量极少。含氧化合物中以环烷酸和酚类最重要，特别是环烷酸，约占石油酸总量的90%，而且在石油中的分布也很特殊，主要集中在中间馏分中，而在低沸点馏分或高沸点馏分中含量都比较低。

纯的环烷酸是一种油状液体，有特殊的臭味，具有腐蚀性，对油品使用性能有不良影响。酚类也有强烈气味，具有腐蚀性。因此必须通过精制除去含氧化合物。

(4) 胶状沥青状物质　胶质、沥青质是石油中结构最复杂，相对分子质量最大的物质，在其组成中除含碳、氢外，还含有硫、氮、氧以及微量元素。它们在石油中的含量相当可观，从百分之几到几十，绝大部分存在于减压渣油中。

胶质和沥青质的组成和分子结构都很复杂，两者有差别，但并没有严格的界限。胶质一般能溶于低分子正构烷烃和苯，沥青质不溶于低分子正构烷烃而溶于苯。

胶质是由芳香环、环烷环和杂环等稠环用不太长的烷基桥联形成的复杂化合物。胶质中的分子大小不同，平均相对分子质量约为1000～2000，一般为褐色至暗褐色的黏稠液体。

胶质具有极强的着色力，质量分数为0.005%的胶质就能使无色汽油变为草黄色，所以油品的颜色主要是由胶质的存在而引起。胶质受热氧化时，会转变成沥青质。胶质是道路沥青、建筑沥青、防腐沥青等沥青产品的重要组分之一，它能提高石油沥青的延展性。但在油品中含有胶质，会使油品在使用时生成炭渣，造成机器零件磨损和输油管路系统堵塞。一般需要采用精制方法脱除石油馏分中的胶质。

沥青质是无定形、脆性的黑色固体。它是石油中相对分子质量最大，结构最为复杂，含杂原子最多的物质，其平均相对分子质量为2000~6000。沥青质加热不熔融，没有挥发性。当温度升高到350℃以上时，会分解为气态、液态物质以及缩合为焦炭状物质。石油中的沥青质全部集中在减压渣油中。沥青是主要的石油产品之一，是房屋、道路、水利设施等的重要黏结、密封、防水材料，也可作电缆等用的绝缘材料。

二、石油及其产品的物理性质

石油及其产品的物理性质是生产和科研中评定油品质量、衡量储运水平、控制加工过程的主要指标，也是设计和计算石油加工过程的必要依据。

石油和油品的物理性质与其化学组成密切相关，因此通过物理性质可以大致判断油品的化学组成。由于石油和油品都是复杂的混合物，它们的物理性质是组成它的各种化合物性质的综合表现。石油和油品的分子组成难以准确地确定，很多性质没有加和性，为了便于比较和对照，石油和油品的某些理化性质通常采用条件性试验来测定。所谓条件性试验，是指在严格规定的仪器、方法和条件下进行的试验，如果改变其中某些条件，将会得到不同的测定结果。

石油和油品性质测定方法都规定了不同级别的统一标准，其中有国际标准(简称ISO)、国家标准(简称GB)、中国石油化工总公司行业标准(简称SH)、企业标准(简称QB)等等。有些试验方法的国家标准与国际标准不同，为了适应对外开放的需要，我国正逐步全面采用国际标准。

石油及其产品的主要理化性质有蒸发性质、密度、流动性质、燃烧性质、热性质、表面性质和溶解度等。

1. 蒸气压

在一定温度下，液体与其液面上方蒸气呈平衡状态时，该蒸气所产生的压力称为饱和蒸气压，简称蒸气压。蒸气压表示该液体在一定温度下蒸发和汽化的能力，蒸气压愈高，说明液体愈容易汽化。蒸气压是石油加工和设备设计的重要基础物性数据，也是轻质油品的质量指标。

纯烃的蒸气压只随液体温度而变化，温度升高，蒸气压增大。烃类混合物的蒸气压不仅取决于温度，同时也与其化学组成有关。在一定温度下，只有烃类混合物的气相、液相或整体组成一定，其蒸气压才是定值。石油及其馏分是各种烃类的混合物，单体烃的组成难以测定，且不同的石油其烃类组成也有所不同，因而无法计算其总蒸气压。因而石油及其馏分的蒸气压同样是温度和组成的函数。在一定温度下，馏分越轻，越容易挥发，其蒸气压也越大。馏分的组成随汽化率不同而改变，一定量的油品在汽化过程中，由于轻组分易挥发，因而当汽化率增大时，液相组成逐渐变重，其蒸气压也会随之降低。

油品的蒸气压通常有两种表示方法：一种是雷德蒸气压，是在规定条件(38℃、气相体积与液相体积之比为4∶1）下测定的油品蒸气压，主要用于评价汽油的使用性能。另一种是工艺计算中常用的真实蒸气压，也称为泡点蒸气压，即汽化率为0时的蒸气压。它在工艺计算中常用于计算气液相组成，换算不同压力下烃类的沸点或计算烃类的液化条件。一般来说，真实蒸气压要比雷德蒸气压高。

2. 馏程与平均沸点

（1）沸点与馏程　纯物质在一定外压下，当加热到某一温度时，其饱和蒸气压等于外界压力，此时在气液界面和液体内部同时出现汽化现象，这一温度称为该物质在该外压下的沸点。外压一定时，纯物质的沸点是一个定值。但是当液体为若干化合物的混合物时，在一定外压下其沸点并不是恒定的，随汽化过程中液相里较重组分的不断富集，其沸点会逐渐升高。因此，对于石油馏分这类组成非常复杂的混合物，在一定外压下，油品的沸点不是一个固定值，而是一个温度范围，称为沸程或馏程。通过沸程或馏程可以表征油品的蒸发及汽化性能。

石油馏分沸程的数值因所用的蒸馏设备不同而有所差异。对同一种油样，当采用分离精确度较高的蒸馏设备时，其沸程较宽，反之则较窄。因此，需通过条件性试验测定油品的沸程。恩氏蒸馏测定法即是这样一种测定油品馏程的条件性试验方法。将100mL试油放入规定仪器中进行蒸馏，经过加热、汽化、冷凝等过程，油品中低沸点组分逐渐蒸发出来，随着蒸馏温度的不断提高，较多的高沸点组分也相继蒸出。在蒸馏过程中，流出第一滴冷凝液时所对应的气相温度称为初馏点，馏出物的体积依次达到10%、20%、30%……90%时所对应的气相温度分别称为10%馏出温度（T_{10}）、20%馏出温度（T_{20}）……90%馏出温度（T_{90}），蒸馏过程中气相温度升高到一定数值，不再上升而开始回落，这个最高的气相温度称为终馏点（或干点）。从初馏点到终馏点这一温度范围称为油品的沸程或馏程。蒸馏温度与馏出量（体积分数）之间的关系称为油品的馏分组成，它是油品质量的重要指标。

各类油品的馏程大致如下：汽油：40～200℃；煤油：200～300℃；喷气燃料：130～250℃；柴油：250～350℃；润滑油：350～520℃；重质燃料油：>520℃。

根据恩氏蒸馏馏分组成数据，以馏出温度为纵坐标，馏出体积百分数为横坐标作图，得到油品的恩氏蒸馏曲线。恩氏蒸馏曲线的斜率表示从馏出量10%到馏出量90%之间，每馏出1%，沸点升高的平均度数。斜率体现了馏分沸程的宽窄，斜率越大说明馏分沸程越宽。

通过馏程可以判断石油馏分的组成，常用于生产控制、产品质量标准及工艺计算，馏程是汽油、喷气燃料、柴油、灯用煤油等的重要质量指标。但由于恩氏蒸馏是粗略的蒸馏设备，它不能代表馏出物的真实沸点范围，所以它只能用于油品的相对比较，或粗略地判断油品中轻重组分的相对含量。

（2）平均沸点　馏程和馏分组成主要用于评价油品质量，在工艺计算中不能直接应用。为此引入平均沸点的概念。石油馏分平均沸点的定义有以下5种：

① 体积平均沸点

$$t_{体} = \frac{t_{10} + t_{30} + t_{50} + t_{70} + t_{90}}{5} \qquad (3-1)$$

式中　$t_{体}$——体积平均沸点，℃；

t_{10}、t_{30}、t_{50}、t_{70}、t_{90}——恩氏蒸馏10%、30%、50%、70%、90%的馏出温度，℃。

② 质量平均沸点

$$t_w = \sum W_t t_t \tag{3-2}$$

式中 t_w——质量平均沸点，℃；

W_t——各组分的质量分数，%；

t_t——各组分的沸点，℃。

③ 实分子平均沸点

$$t_{分} = \sum N_t t_t \tag{3-3}$$

式中 $t_{分}$——实分子平均沸点，℃；

N_t——各组分的分子分数，%；

t_t——各组分的沸点，℃。

④ 立方平均沸点

$$t_{立} = (\sum V_i t_i^{\frac{1}{3}})^3 \tag{3-4}$$

式中 $t_{立}$——立方平均沸点，K；

V_i——各组分的体积分数，%；

t_i——各组分的沸点，K。

⑤ 中平均沸点

$$t_{中} = \frac{t_{分} + t_{立}}{2} \tag{3-5}$$

式中 $t_{中}$——中平均沸点，℃。

这五种平均沸点各有其相应的用途，涉及平均沸点时必须注意到是何种平均沸点。体积平均沸点用于求其他难以直接求得的平均沸点；当采用图表求取油品的真临界温度时要用到质量平均沸点；当用图表求烃类混合物或油品的假临界温度和偏心因数时需用实分子平均沸点；用图表求取油品的特性因数和运动黏度时用立方平均沸点；中平均沸点用于求油品氢含量、特性因数、假临界压力、燃烧热和平均相对分子质量等。上述各平均沸点中，体积平均沸点最容易求得，可根据油品恩氏蒸馏数据计算得到，其他几种都难以直接计算。因此，通常是先求得体积平均沸点，然后再从体积平均沸点利用图表求出其他各种平均沸点。

3. 密度和相对密度

油品的密度和相对密度是石油和石油产品的重要特性之一，它在石油生产、使用、计量和设计等方面是一个重要指标。以油品相对密度为基础，可关联出油品的其他重要性质参数，建立实用的数学模型。

在规定温度下，单位体积内所含油品的质量称为密度，单位是 g/cm^3 或 kg/cm^3，用符号 ρ_t 表示。我国规定油品在20℃时的密度为其标准密度，用 ρ_{20} 表示。

油品的相对密度是某温度下油品的密度与规定温度下水的密度之比。通常以4℃水为基准，将温度为 t℃时油品的密度与4℃时水的密度之比称为相对密度，用 d_4^t 表示，它在数值上等于油品在 t℃时的密度，但相对密度无单位。

我国常用的相对密度是 d_4^{20}，欧美各国则常用 $d_{15.6}^{15.6}$（即60℉油品的密度与60℉水的密度之比），两者之间的换算关系可在相关手册中查到。

美国石油协会还常用比重指数(°API)来表示油品的相对密度，它与相对密度之间的关系为：

$$°API = \frac{141.5}{d_{15.6}^{15.6}} - 131.5 \qquad (3-6)$$

显然，°API 数值愈大，相对密度愈小。

温度升高油品受热膨胀，体积增大，密度和相对密度减小。在 0～50℃温度范围内，不同温度(t℃)下的油品相对密度可按式(3－7)换算。

$$d_4^t = d_4^{20} - \gamma(t-20) \qquad (3-7)$$

式中　γ——油品体积膨胀系数或相对密度的平均温度校正系数，即温度改变 1℃时油品相对密度的变化值。

当温度变化范围较大时，可根据 GB/T 1885—1998 将测得的油品密度换算成标准密度，如果对相对密度数值的准确性只要求满足一般工程上的计算时，可以查相关图表进行换算。

液体受压后体积变化很小，压力对液体油品密度的影响通常可以忽略。只有在几十兆帕的极高压力下才考虑压力的影响。

油品相对密度与其化学组成和馏分组成有关。表 3－1 为原油及其馏分相对密度的一般范围。对同一原油的不同馏分油，随沸点范围升高，相对分子质量增大，相对密度也增大。表 3－2 为不同原油各馏分的相对密度。若原油性质不同，相同沸程的两个馏分的相对密度会有较大差别，这主要是由于它们的化学组成不同所致。环烷基原油的馏分中含有较多的环烷烃和芳香烃，因而相对密度大于相应的石蜡基原油。沸点范围相近的石油馏分，含芳香烃愈多，密度愈大；含烷烃愈多，密度愈小。

表 3－1　原油及其馏分相对密度的一般范围

原油及其馏分	原油	汽油	喷气燃料	轻柴油	减压馏分	减压渣油
相对密度(d_4^{20})	0.8～0.98	0.74～0.77	0.78～0.83	0.82～0.87	0.85～0.94	0.92～0.98

表 3－2　不同原油各馏分的相对密度(d_4^{20})

馏分(沸程)/℃	大庆原油	胜利原油	孤岛原油	羊三木原油
初馏点～200	0.7432	0.7446		0.7650
200～250	0.8039	0.8206	0.8625	0.8630
250～300	0.8167	0.8270	0.8804	0.8900
300～350	0.8283	0.8350	0.8994	0.9100
350～400	0.8368	0.8606	0.9149	0.9320
400～450	0.8574	0.8874	0.9349	0.9433
450～500	0.8723	0.9067	0.9390	0.9483
>500	0.9221	0.9698	1.0020	0.9820
原油	0.8554	0.9005	0.9495	0.9492
原油基属	石蜡基	中间基	环烷－中间基	环烷基

在工程计算中，若已知石油馏分的特性因数(K)、相对密度($d_{15.6}^{15.6}$)和中平均沸点之中任意两个参数，即可由图 3－1 查得该石油馏分任一温度下的密度。

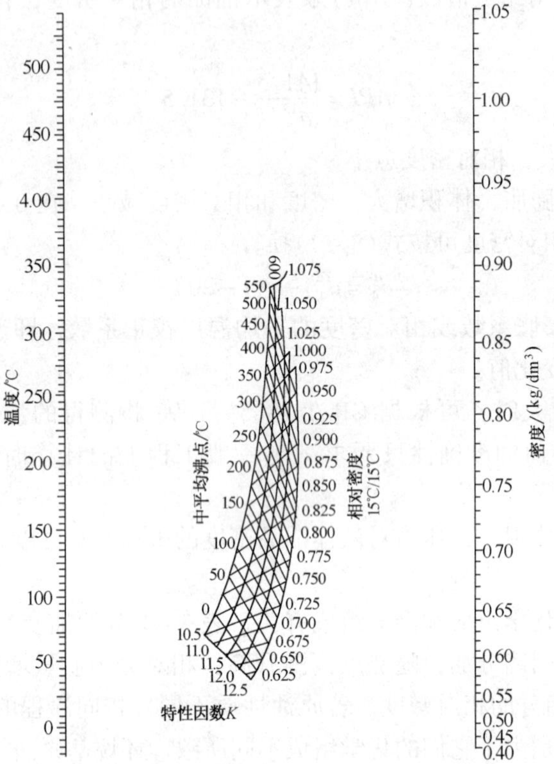

图3-1 常压下石油馏分液体密度图

4. 特性因数

特性因数(K)是反映石油或石油馏分化学组成的一种特性数据，它是油品的平均沸点和相对密度的函数。人们根据大量的数据，将石油及其馏分的相对密度、平均沸点、特性因数关联起来，得出特性因数的数学表达式：

$$K=\frac{1.216T^{\frac{1}{3}}}{d_{15.6}^{15.6}} \tag{3-8}$$

式中 T——油品平均沸点的绝对温度，K，最早是实分子平均沸点，后改用立方平均沸点，现在一般使用中平均沸点。

表3-3是某些烃类的特性因数。对同一族烃类，沸点高相对密度也大，所以同一族烃类的特性因数很接近。不同族烃类的特性因数有一定差异。当相对分子质量相近时，K值大小顺序为：烷烃>环烷烃>芳香烃。

表3-3 某些纯烃的特性因数

化合物	特性因数(K)	化合物	特性因数(K)	化合物	特性因数(K)
正己烷	12.81	环己烷	10.98	苯	9.72
正庚烷	12.71	甲基环己烷	11.32	甲苯	10.14
正辛烷	12.67	乙基环己烷	11.36	乙苯	10.36
正壬烷	12.66	正丙基环己烷	11.52	正丙基苯	10.62
正癸烷	12.67	正丁基环己烷	11.64	正丁基苯	10.83

由于石油及其馏分是以烃类为主的复杂混合物，所以也可以用特性因数(K)大致表示它们的化学组成。含烷烃多的石油馏分，特性因数(K)约为12.5~13.0；含芳香烃多的石油馏分，特性因数(K)约为10.0~11.0。

在工艺计算中，根据图3-2由相对密度、比重指数、中平均沸点、苯胺点、碳氢比、相对分子质量中任意两个参数均可求定石油馏分的特性因数。只要已知图中任意两个数据，将该两点连成一线，与特性因数列线的交点即为所求特性因数(K)，但其中碳氢比这条线准确性相对较差。

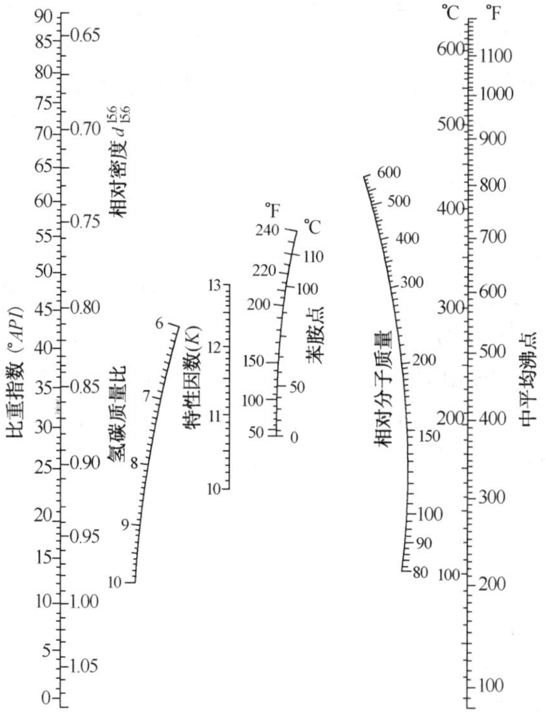

图3-2 石油馏分相对分子质量特性因数图

特性因数(K)应用非常广泛，不仅可以用来判断石油及其馏分的化学组成特性，而且可以用来求油品的其他理化性质，如分子量、热焓等。同时，对于石油的分类及确定原油的加工方案也是相当有用的。

5. 平均相对分子质量

由于石油馏分是多种化合物的复杂混合物，所以其相对分子质量是其中各组分相对分子质量的平均值，因而称其为平均相对分子质量。

石油及其产品的平均相对分子质量常用来计算油品的汽化热、油蒸气的体积和分压以及石油馏分的化学性质等，是工艺计算的重要基础参数。

石油馏分的平均相对分子质量随馏分沸程的升高而增大。各种油品的平均相对分子质量大致为：汽油100~120，煤油180~1200，轻柴油210~1240，低黏度润滑油300~1360，高黏度润滑油为370~1500。

同一沸点范围的石油馏分若来自不同原油其相对分子质量亦不相同。例如石蜡基原油

(如大庆原油)的相对分子质量最大，中间基原油(如胜利原油)的次之，而环烷基原油(如欢喜岭原油)的最小。这是由于馏分的烃类组成、化学组成和结构不同所致。因此，计算平均相对分子质量不但要考虑平均沸点，同时也要考虑其化学组成。

在工艺计算中通常用查图来求石油及其馏分的相对分子质量。对于原油的轻质馏分，一般只要知道比重指数和中平均沸点或苯胺点及特性因数，就可以求得相对分子质量。而对于相对分子质量较大的重馏分或原油，可以用黏度和比重指数来求得相对分子质量。

6. 黏度和低温流动性能

任何真实的流体，当其内部分子之间作相对运动时都会因流体分子之间的摩擦而产生内部阻力。黏度值就是表示流体流动时分子间摩擦阻力大小的指标。

黏度是评价原油及油品流动性能的指标，是喷气燃料、柴油、重油和润滑油的重要质量标准之一，特别是对各种润滑油产品的分级、质量鉴别和用途具有决定意义。在油品流动及输送过程中，黏度对流量、压降等参数影响很大，因此黏度也是工艺计算中重要的物性参数。

(1) 黏度的表示方法

① 动力黏度　又称绝对黏度。表示液体在一定剪切应力下流动时内摩擦力的量度，其值为所加于流动液体的剪切应力和剪切速率之比。其物理意义为：两液体层垂直相距 1m，其面积各为 $1m^2$，以 1m/s 的相对速度运动时所产生的内摩擦力。在我国法定单位制中以帕·秒(Pa·s)表示，习惯上用厘泊(cP)为单位，$1cP = 10^{-3}Pa \cdot s$。

② 运动黏度　运动黏度是绝对黏度与同温同压下该液体的密度之比，在石油产品质量标准中常采用运动黏度。

$$v_t = \frac{\mu_t}{\rho_t} \tag{3-9}$$

式中　v_t——运动黏度，m^2/s；

μ_t——动力黏度，Pa·s；

ρ_t——t℃时液体的密度，kg/m^3。

在法定单位制中以 m^2/s 或 mm^2/s 作为运动黏度的单位，在物理单位制中用斯(St)或厘斯(cSt)表示，换算关系为：

$$1m^2/s = 10^6 mm^2/s = 10^6 cSt = 10^4 St$$

③ 条件黏度　在石油产品质量标准中，还有各种条件黏度指标。如恩氏黏度、赛氏黏度、雷氏黏度等。它们都是在一定温度下、一定仪器中使一定体积的油品流出，以油品流出时间(s)或油品流出时间与同体积水流出时间之比作为其黏度值。

条件黏度不具有任何物理意义，只是一个公称值，但可以相对衡量油品的流动性。

(2) 黏度与化学组成的关系　由于黏度反映了液体内部的分子摩擦阻力大小，因此它必然与分子的大小和结构有密切关系。

一般来说，石油馏分愈重，沸点愈高，黏度愈大。也就是说，当油品中烃类相对分子质量增大时，则黏度增加。馏程相同的油品，因原油性质不同，其化学组成不同，从而其黏度也有所差异。含烷烃多的油品黏度较小，而含环烷烃多的油品黏度较大。油品的黏度与密度、平均沸点及特性因数有关，因此，可以由油品的比重指数、立方平均沸点及特性因数来求油品的黏度。

（3）黏度与温度的关系　温度是影响黏度的重要因素。油品的黏度随温度升高而减小，油品黏度随温度变化的这种性质称为黏温特性。

黏温性质是润滑油的重要指标之一，为了保证润滑油在温度变化的条件下能起润滑作用，要求润滑油具有良好的黏温性质。黏度随温度变化的幅度越小，说明润滑油的黏温性质越好。

常用的油品黏温性质的表示方法有两种，即黏度比和黏度指数(VI)。

黏度比：即采用两个不同温度下的黏度之比来表示油品的黏温性质。最常用的是50℃与100℃运动黏度的比值，但它只能表示50～100℃之间油品的黏温性质，不能反映出低温下的情况，因而也有用－20℃与50℃运动黏度的比值。黏度比越小，表示油品的黏温性质越好。油品黏度大，其黏度随温度的变化就大。因此，黏度比只适用于比较黏度相近的油品的黏温性质，对于两种黏度相差较大的油品，用黏度比不能判断其黏温性质的优劣。

黏度指数：黏度指数是目前世界上通用的表示润滑油黏温性质的指标。油品的黏度指数越高，说明其黏温特性越好。

油品的黏温性质是由其化学组成所决定的。烃类中以正构烷烃的黏温性质最好，带有少分支长烷基侧链、少环烃类和分支程度不大的异构烷烃较好，而多环短侧链的环烷烃的黏温性质最差。

（4）黏度与压力的关系　当液体所受的压力增大时，其黏度增大。对于石油产品而言，只有当压力增大至20MPa时对黏度的影响比较显著。

（5）低温流动性能　燃料和润滑油通常需要在冬季、室外、高空等低温条件下使用、储存和运输，所以油品在低温时的流动性是评价其使用性能的重要指标。

油品在低温下失去流动性的原因有两种。对于含蜡很少或不含蜡的油品，随着温度降低，油品的黏度迅速增大，当黏度增大到某一程度时，油品就变成无定形的黏稠状物质而失去流动性，这种情况常称为“黏温凝固”。这种凝固，并不是真正的凝固，在油品刚刚失去流动性时的温度下，其事实上是一种可塑性物质。另一种原因是由于蜡的影响。对含蜡油品而言，当温度降低时，油品中的固体蜡就会逐渐结晶出来，先是产生少量极微细的结晶，当温度进一步下降时，结晶大量析出，并相互连结形成网状结构，从而把此温度下还处于液态的油包在其中，使整个油品失去流动性，即所谓“构造凝固”。这种凝固，也并不是真正的凝固，由于在蜡结晶网中还包含有液态的油品，而其硬度离“固”也还差得很远。

由于不同的石油产品采用不同的评定方法，因此有浊点、冰点、结晶点、倾点、凝点和冷滤点等多种流动性指标。

浊点、结晶点和冰点：浊点是在规定条件下冷却油品，至清晰的液体油品出现雾状或浑浊时的最高温度。浊点是煤油的重要质量指标。

结晶点是在规定条件下冷却油品，直到油品中出现肉眼可见晶体时的最高温度。在结晶点时，油品仍为可流动的液态。燃料中出现结晶，会堵塞供油系统的滤网，影响发动机正常供油，对高空飞行来说是极其危险的。

油品中出现结晶后再使其升温，使原来形成的烃类结晶消失时的最低温度称为冰点。同一油品的冰点比结晶点稍高1～3℃。结晶点和冰点是航空汽油和喷气燃料的重要质量指标。

一般来说，欧美国家多用冰点作为质量标准，我国航空汽油和 1 号、2 号以及 4 号喷气燃料以结晶点为标准，3 号和 5 号喷气燃料已改用冰点作为质量标准。

凝点、倾点和冷滤点：油品的“凝点”，是在规定条件下冷却至停止流动时的最高温度。倾点是指在油品冷却过程中，能从规定仪器中流出的最低温度，也称为流动极限。

凝点和倾点的物理意义基本相同，均可决定油品的低温使用性能，也决定了储运条件。一般情况下要求原油的使用温度要高于凝点，因此凝点(或倾点)又可以表明油品的使用和输送温度的最低值。所以它在评价原油及生产、运输、使用等方面都具有重要意义。

凝点和倾点都不能直接表征油品在低温下堵塞发动机滤网的可能性，因此提出“冷滤点”来直接表示柴油在低温下堵塞滤网的可能性。冷滤点是指在规定的压力和冷却速度下，测定 20mL 试油开始不能通过 363 目/平方英寸过滤网时的最高温度。

我国正逐步采用以倾点代替凝点、冷滤点取代柴油凝点，目前三者并存。

油品的低温流动性与其化学组成有密切关系。油品的沸点愈高，特性因数愈大或含蜡量愈多，其倾点或凝点就愈高，低温流动性愈差。

7. 闪点、燃点和自燃点

油品是易着火的物质。因此测定它们与爆炸、着火、燃烧有关的性质如闪点、燃点和自燃点，对于油品的生产、储存、运输以及应用过程中的安全都有重要意义。

油品蒸气与空气的混合气在一定的浓度范围内遇到明火就会发生闪火或爆炸。混合气中油气的浓度低于这一范围，油气不足，而高于这一范围，空气不足，都不能发生闪火爆炸。因此，这一浓度范围就称为爆炸范围，这一范围内的最低油气浓度称为爆炸下限，最高油气浓度称为爆炸上限。

闪点是在规定条件下，加热到油品蒸气与火焰接触时发生闪火的最低温度。闪点的高低与实验容器有关，闭口杯闪点和开口杯闪点值差别较大。用规定的闭口杯闪点测定器所测得的闪点称为闭口闪点；而用规定的开口杯闪点测定器所测得的闪点称为开口闪点。通常轻质油品测定其闭口闪点，重质油和润滑油多测定其开口闪点。

石油馏分的沸点范围越低，其闪点也越低。汽油闪点约为 $-50\sim30$℃，煤油闪点为 $28\sim60$℃，润滑油闪点为 $130\sim325$℃。

燃点是在规定条件下，将油品加热到能被所接触的火焰点燃，并连续燃烧 5s 以上的最低温度。

测定闪点和燃点时，需要用外部火源引燃。如果将油品预先加热到某一温度，令其与空气接触而不需引火，油品因剧烈的氧化而产生火焰自行燃烧的最低温度称为该油品的自燃点。

闪点和燃点与油品的蒸发性能有关，而自燃点却与其氧化性能有关。油品的沸点范围越低，其闪点和燃点越低，而自燃点则越高。油品的闪点、燃点和自燃点与其化学组成有关。含烷烃多的油品，其自燃点低，但闪点和燃点高；含芳香烃多的油品其自燃点高，但闪点和燃点低；含环烷烃多的油品，燃烧性质介于两者之间。

油品的闪点和燃点是保证液体油品储运和使用安全的指标，也就是说在低于这一温度时，可能蒸发的轻质组分，不能达到爆炸限度的指标，同时该值也是说明蒸发倾向性的指标。自燃点关系着油品加工和使用时的安全，炼油厂中当高温重油从设备、法兰、接头等处漏出时所引起的火灾往往与油品的自燃点有密切关系。

8. 热性质

在进行石油加工的工艺计算中，经常要用到油品的热性质，其中最重要的有比热容、蒸发热、热焓等，测定这些热性质的试验方法比较复杂，工程上一般都是通过公式或图表来确定。

(1) 比热容　单位质量的油品温度每升高1℃(K)时所需要的热量称为该油品的比热容，单位是kJ/(kg·℃)。液体油品的比热容一般小于水的比热容，约为1.6~3.0kJ/(kg·℃)。

在工艺计算中常采用平均质量热容($\overline{C}$)，即当单位质量油品的温度从T_1改变到T_2时，吸收的热量为Q，其平均质量热容$\overline{C}$为：

$$\overline{C}=\frac{Q}{T_2-T_1} \tag{3-10}$$

石油的比热容随温度升高而逐渐增加，当温度达到50℃时，不同石油的热容变动范围相当窄，大约在1.7~2.0J/(g·℃)。

压力对液体石油及产品比热容的影响一般可以忽略不计，但气态烃类的质量热容随压力的增高而明显增大。

当石油馏分的沸点范围提高，其密度和相对分子质量也随之增加，比热容随之减小。对于相对分子质量接近的不同族烃类而言，烷烃的质量热容最大，环烷烃次之，芳香烃最小。

工程上一般通过查图法求定石油馏分的质量热容，但是相对来说，在热平衡计算中采用焓值则更为准确。

液体石油馏分的比热容可以根据其温度、相对密度和特性因数由图3-3查得。

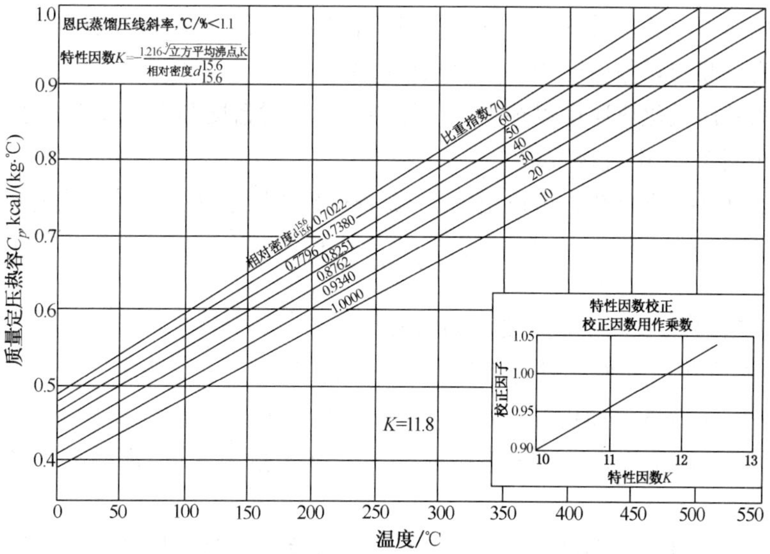

图3-3　石油馏分液相质量热容图

石油蒸气的常压比热容可以根据其温度和特性因数查图3－4求定。但要注意的是，该图仅适用于压力小于0.35MPa且含烯烃和芳香烃不多的石油馏分蒸气。当压力高于0.35MPa时，则需对比热容进行压力校正。

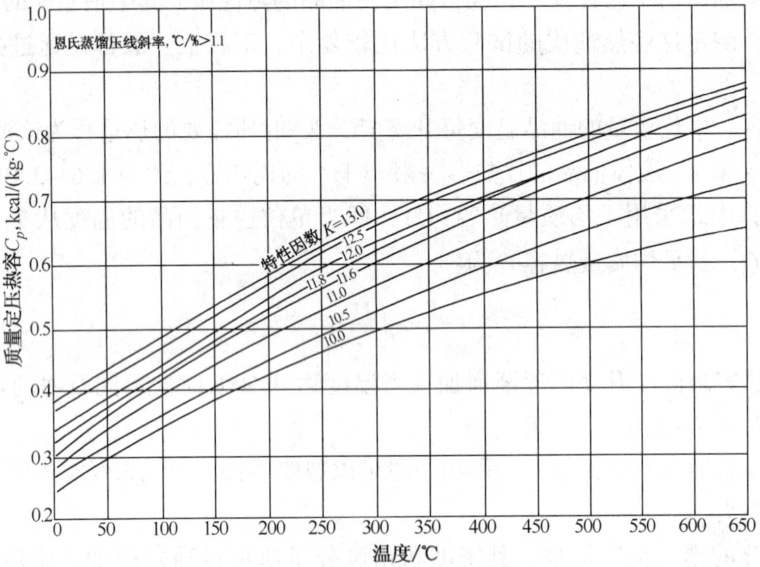

图3－4 石油馏分气相常压质量热容图

（2）蒸发热 单位油品在一定温度下（常压沸点）由液态转化成气态时所需要的热量称为蒸发热或汽化热，单位为kJ/kg。烃类的汽化热比水小得多，一般在300kJ/kg左右，其数值随相对分子质量的增大而减小。当相对分子质量相近时，烷烃与环烷烃的气化热相差不多，而芳香烃的汽化热稍高一些。

纯烃的汽化热可以从相关图表中查得。对于石油馏分，可以查取或计算其在该条件下气相和液相的焓值，此两者差值即为其汽化热。

石油馏分的常压汽化热还可以根据中平均沸点、相对密度和平均相对分子质量这三个数据中的两个，在图3－5中直接查取。

其他温度条件下的汽化热，可以由图3－6查得校正因子ϕ，再按下式进行校正：

$$\Delta h_{\mathrm{T}} = \Delta h_{\mathrm{b}} \phi \frac{T}{T_{\mathrm{b}}} \tag{3-11}$$

式中 Δh_{T}——在温度TK时的汽化热，kJ/kg；

Δh_{b}——在常压沸点T_{b}K时的汽化热，kJ/kg；

ϕ——由图3－6查得的校正因子。

（3）热焓 1kg油品从某一基准温度加热到t℃（包括相变化）所需要的热量称为热焓，单位为J/kg。

油品的焓值是其性质、温度和压力的函数。当温度相同时，相对密度小及特性因数大的油品具有较高的焓值。压力对液相油品的焓值影响可以忽略，但压力对于气相油品的焓值则有较大影响。

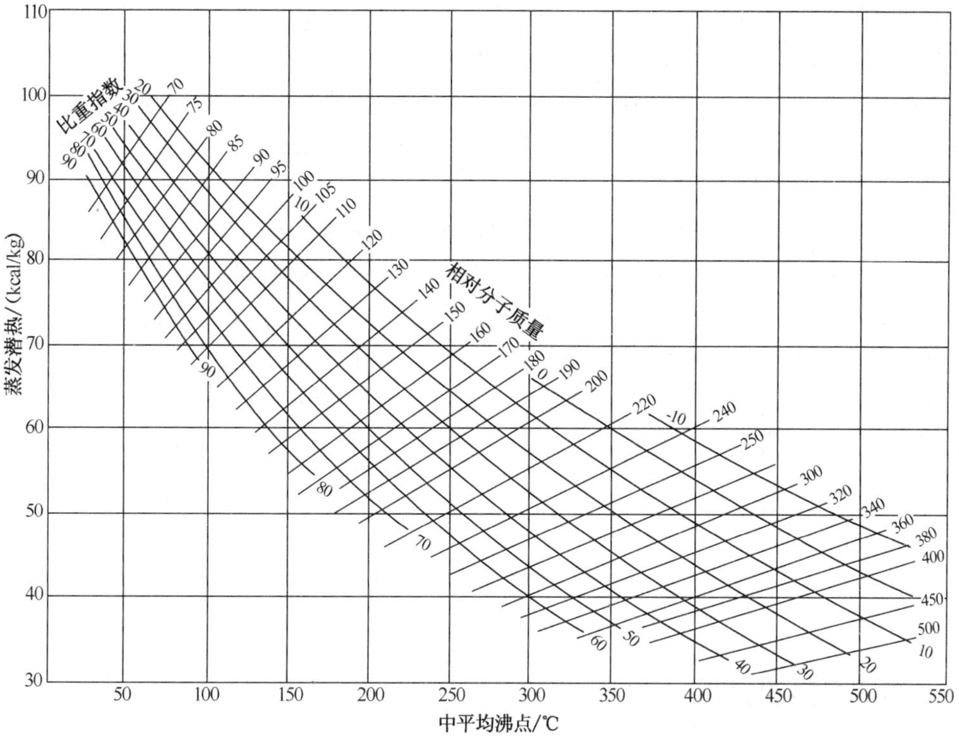

图 3－5　石油馏分常压汽化热图

1kcal＝4. 18kJ

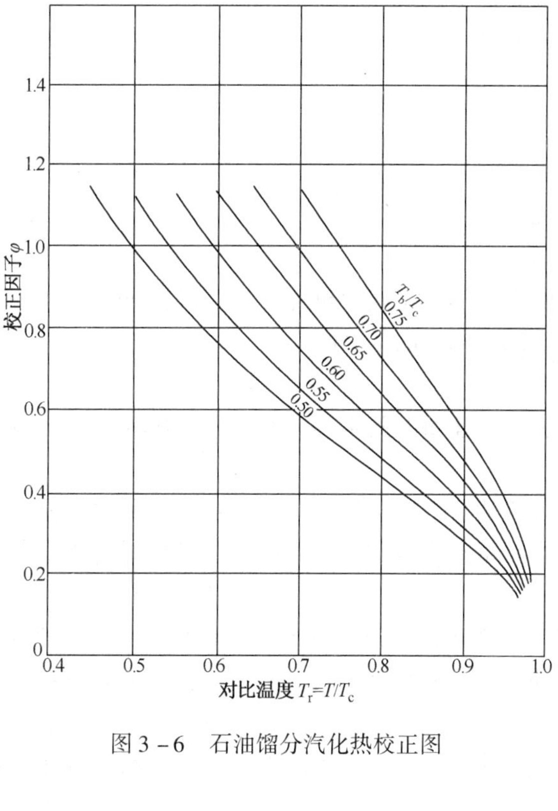

图 3－6　石油馏分汽化热校正图

在工艺计算中，纯烃、常用气体及石油馏分的焓值可由相关图表查得。当压力高于常压且低于7MPa时，查得的石油馏分的焓值要进行校正，而当压力高于7MPa时需要根据假临界温度、假临界压力、偏心因数和平均相对分子质量在其他图表中求定焓值。

(4) 燃烧热　燃烧值，又称热值，是指单位质量的物质完全燃烧时所放出的热量，其单位为kJ/kg。

石油产品大多是作为燃料使用，根据燃烧后水的存在状态不同，热值可分为高热值和低热值两种。若燃烧产物中的水以液态计，所得的热值为高热值(或总热值)，若以气态计，所得的热值为低热值(或净热值)。在实际生产中，加热炉烟囱排出烟气的温度要比水蒸气冷凝温度高得多，水分是以水蒸气状态排出，所以工艺计算中均采用低热值。

石油馏分的热值随其密度增大而下降，一般净热值为40～44MJ/kg。净热值是航空燃料的重要质量指标。热值可以由实验测定，也可以通过燃料的化学组成和物性进行计算或查图求定。

第二节　燃料的使用要求和规格

一、石油产品的分类

石油产品种类繁多，用途各异，为了与国际标准一致，我国参照国际标准化组织ISO/DIS8681标准，制定了GB 498—87标准体系，将石油产品分为六大类：燃料、润滑剂及有关产品、石油沥青、溶剂和化工原料、石油蜡和石油焦。其中，燃料产量最大，约占总产量的90%；各种润滑剂品种最多，产量约占5%。各门类都制定了相应的产品标准，以适应生产和使用的需要。

1. 燃料

石油燃料是用量最大的产品，是主要能源之一。主要有液化石油气、汽油、航空汽油、喷气燃料、柴油、燃料油等。

2. 润滑剂及有关产品

润滑剂和有关产品的主要作用是减少机件磨损，保护机件以延长其使用寿命，润滑剂种类繁多，但其数量只占全部石油产品的5%。

3. 石油沥青

石油沥青主要用于道路、建筑及防水等方面，其产量占石油产品总量的2%～3%。

4. 溶剂和化工原料

由石油加工得到的溶剂油可以用于油脂工业、医药、橡胶工业、涂料工业、稀释剂等。由石油加工得到的化工产品是有机合成工业的基本原料和中间体。

5. 石油蜡

石油蜡主要包括液体石蜡、石油脂、石蜡和微晶蜡等。石油蜡属于石油中的固体烃类，是轻工、化工、食品等部门的原料，其产量占石油产品总量的1%左右。

6. 石油焦

石油焦主要用于冶金、化工行业做电极材料，其产量约为石油产品总量的1%～2%。

二、汽油

汽油是点燃式发动机燃料，此类发动机又称为气化器式发动机，简称汽油机。适用于小汽车、摩托车、载重汽车和螺旋桨飞机等。

1. 汽油机的工作过程及其燃料的使用要求

汽油在汽油机内的燃烧过程可分为进气、压缩、燃烧膨胀对外做功和排气四个过程，汽油的使用要求来源于汽油机的工作要求，而汽油机的工作要求主要有：

① 在所有工况下，具有足够的挥发性以形成可燃混合气；

② 燃烧平稳，不产生爆震燃烧现象；

③ 储存安定性好，生成胶质的倾向小；

④ 对发动机没有腐蚀作用；

⑤ 排出的污染物少。

2. 车用汽油的主要性能

(1) 汽油的蒸发性　汽油在进入发动机汽缸之前，能够迅速汽化并与空气形成可燃性气体。在汽油机的构造和操作条件一定的情况下，要想使汽油能迅速汽化并与空气形成均匀的可燃性混合气，汽油的蒸发性是决定性因素。合适的蒸发性能是保证发动机正常工作的最基本要求。如果汽油的蒸发性太差，汽油汽化不完全，将导致汽油机的功率降低，启动和加速困难，这在冬季尤为明显；如果汽油的蒸发性太强，汽油在输油管中因汽化而产生气阻，将会造成供油不足，这在夏季尤其如此。

评定汽油蒸发性能的主要指标是馏程和饱和蒸气压。

馏程：馏程是判断汽油蒸发性能的重要指标。按标准规定通过恩氏蒸馏方法来测定馏程，一般要求测出 10%、50%、90% 馏出体积的温度和干点等。这些馏出温度是控制汽油在发动机不同工作状态下正常运转的必要条件。其意义如下：

① 10% 馏出温度　表示汽油中含有轻组分的相对含量。它一方面对汽油机启动的难易有决定性影响，同时也与产生气阻的倾向有密切关系。10% 馏出温度越低，表示汽油中所含轻组分越多，蒸发性越强，汽油机在低温下易于启动，但若该温度过低，则易于在输油管道汽化形成气泡而影响油品的正常输送，即产生气阻。我国车用汽油规定 10% 的馏出温度不高于 70℃。

② 50% 馏出温度　表示汽油的平均蒸发性能，与发动机的加速性能和平稳性能有关。若 50% 馏出温度低，在正常温度下汽油蒸发量较多，启动时参加燃烧的汽油数量就多，放出的热量也多，可缩短汽油机的升温时间，即发动机预热较快，加速性能良好，不致熄火；若该温度过高，当行驶中需要由低速转为高速，供油量急剧增加时，汽油就会来不及完全汽化，导致燃烧不完全，发动机不能发出应有的功率，严重时还会突然熄火。我国车用汽油规定 50% 馏出温度不高于 120℃。

③ 90% 馏出温度和干点　表示汽油中重组分含量的多少，它们与燃料是否完全燃烧以及发动机的耗油率和磨损率都有密切关系。90% 馏出温度和终馏点过高，说明汽油中重组分过多，它们不能完全蒸发和燃烧，容易形成积炭，排气冒黑烟，导致油耗增加，燃料的使用效率降低。同时，没有蒸发的汽油重组分还会流入曲轴箱稀释润滑油，使机件的磨损加大。

我国车用汽油规定90%馏出温度不高于190℃，干点不高于205℃。

饱和蒸气压：汽油的饱和蒸气压又称雷德蒸气压，是指用规定的仪器，燃料蒸气与液体的体积比为4:1时，在38℃下两相达到平衡时燃料蒸气的最大压力。饱和蒸气压是用来衡量汽油机燃料供给系统是否易于产生气阻倾向的指标，同时也可以相对衡量汽油在储存运输过程中损耗的倾向及其安全性。饱和蒸气压过高，说明汽油中轻组分过多，在输油管路中容易蒸发形成气阻，中断正常供油，使发动机停止运行，在储存和运输过程中较易产生蒸发损失，着火的危险性也较大。我国GB 17930—2006车用汽油标准规定：冬用型(11月1日～4月30日)：饱和蒸气压≤88kPa；夏用型(5月1日～10月31日)：饱和蒸气压≤74kPa。

(2) 汽油的抗爆性

汽油抵抗爆震的能力称为抗爆性，是汽油最重要的质量指标之一。

爆震：也叫敲缸或爆燃，是一种不正常燃烧现象。在燃烧过程后期，火焰中心在气缸的传播过程中，未燃混合气因受到已燃混合气的热辐射和压缩，导致其温度和压力急剧升高，氧化反应速度加快，形成大量的过氧化物并发生分解反应，在最初的火焰前锋尚未到达前，未燃混合气的局部温度已超过其自燃点而发生爆炸性燃烧，因而出现多个燃烧中心，火焰前锋不是逐层推进，而是对立推进，产生爆震波，同时气缸内局部温度和压力急剧升高。

汽油爆震燃烧的危害：汽油爆震燃烧时会出现机身强烈振动的情况，并发出金属敲击声，严重时造成机件损坏，缩短发动机寿命；同时，燃料因燃烧不完全而冒黑烟，造成燃料浪费，能耗增加，发动机功率下降。

汽油爆震燃烧的原因：引起爆震的原因主要有两方面：一是与燃料性质有关。燃料的性质是产生爆震的内因，在发动机构造已确定的情况下，燃料抗爆性的好坏对产生爆震具有决定性的影响。如果燃料很容易氧化，形成的过氧化物不易分解，自燃点低，就很容易产生爆震现象；二是与发动机工作条件有关，如果发动机的压缩比过大，汽缸壁温度过高，或操作不当，都易引起爆震现象。

评定汽油抗爆性的指标：汽油的抗爆性用辛烷值表示。辛烷值越高，其抗爆性越好。

辛烷值的定义：规定两种标准燃料：抗爆性很好的异辛烷(2，2，4－三甲基戊烷)，其辛烷值为100；抗爆性很差的正庚烷，其辛烷值为0。两种物质以不同的体积比混合可得到一系列的标准燃料，标准燃料中异辛烷的体积百分数就是其辛烷值。将待测汽油与一系列辛烷值不同的标准燃料在标准试验用单缸发动机上进行对比，与所测汽油抗爆性相同的标准燃料的辛烷值就是所测汽油的辛烷值。例如90%异辛烷和10%正庚烷所组成的混合物的辛烷值是90。

车用汽油辛烷值的测定方法：辛烷值分马达法辛烷值(MON)和研究法辛烷值(RON)两种。用研究法测定时，由于发动机的转速和混合气温度与马达法相比都较低，因而所得的RON比MON要高5～10个单位。此外，还有用道路辛烷值和抗爆指数来表示汽油辛烷值的。道路辛烷值是指用汽车进行实测或在试验机上模拟汽车的行车条件而测得的，它介于MON与RON之间。而抗爆指数是MON和RON的平均值，可近似表示汽车的道路辛烷值，也是衡量车用汽油抗爆性的指标之一。我国车用汽油的商品牌号是按照研究法辛烷值来划分的。车用汽油的牌号分为90#、93#、97#；航空汽油的牌号分为100#、95#、75#。

汽油的抗爆性与其化学组成的关系：汽油的抗爆性取决于其化学组成。同族烃类，随相对分子质量增加，沸点升高，而辛烷值逐渐降低；相对分子质量相近的不同族烃类中，正构烷烃的辛烷值最低，环烷烃、烯烃次之，高度分支的异构烷烃和芳香烃的辛烷值最高。

提高汽油辛烷值的途径：一方面改变汽油的化学组成，增加异构烷烃和芳香烃的含量。这是提高汽油辛烷值的根本方法，可以采用催化裂化、催化重整、异构化等加工过程来实现。另一方面，调入其他的高辛烷值组分，如含氧有机化合物醚类及醇类等。这类化合物常用的有甲醇、乙醇、甲基叔丁基醚等。

(3) 汽油的的安定性　汽油的安定性是指汽油在常温和液相条件下抵抗氧化的能力。

安定性较差的汽油，在储存和运输过程中容易发生氧化反应生成胶质，使油品的颜色变深，甚至产生沉淀。这些胶状物沉积在发动机的油箱、滤网、汽化器等部位，会堵塞油路，影响供油；沉积在火花塞上的胶质高温下形成积炭而引起短路；沉积在汽缸盖、汽缸壁上的胶质形成积炭，使传热恶化，引起表面着火或爆震现象。

汽油的安定性与其化学组成有关。

在常温及液相条件下，汽油中的烷烃、环烷烃、芳香烃不易发生氧化反应。不饱和烃容易发生氧化、分解、聚合和缩合反应生成胶质，它是导致汽油不安定的主要根源。在不饱和烃中，二烯烃最容易生成胶质，环烯烃次之，链烯烃较差。此外，汽油中的含硫化合物对促进胶质的生成有很大作用，含氮化合物也会导致胶质的生成，这些胶质又是加速新的胶质生成和缩合的引发剂，因而燃料中的残余胶质如不除净，将促进新加入的燃料中胶质的迅速生成。

在不同的馏分油中，直馏汽油馏分因不含不饱和烃，其安定性最好，而二次加工汽油馏分由于含有大量的不饱和烃以及非烃类化合物，其安定性较差。在二次加工馏分油中，加氢精制汽油的安定性最高，因为一些烯烃被加氢饱和，非烃化合物被脱除。催化裂化汽油因含有的二烯烃较少，安定性相对也比较高。而热裂化汽油和焦化汽油因其中的烯烃，特别是二烯烃含量较高，安定性最差。要提高汽油的安定性，就需采用适当的精制方法除去汽油中的不安定组分。

评定汽油安定性的指标：主要有碘值、实际胶质和诱导期。

碘值：利用碘与不饱和烃的加成反应，测定汽油中的不饱和烃含量，以100g试油消耗碘的克数来表示，即 $gI_2/100g$。碘值越大，汽油中不饱和烃含量越高，其安定性越差。

实际胶质：在150℃的温度下，用热空气吹过汽油表面，使它蒸发至干，所留下的棕色或黄色残余物就是实际胶质，以100mL试油中所得的残余物的毫克数来表示，即mg/100g。实际胶质可用来表征进气管道和进气阀上可能生成沉积物的倾向。我国车用汽油的实际胶质规定：出厂时，≤5mg/100mL；4个月后，≤10mg/100mL；交付使用时，≤25mg/100mL。

诱导期：将一定量的油样放入标准钢筒中，充入氧气至0.7MPa，放入100℃的水浴中，在氧化初期，耗氧较少，经历一段时间后，耗氧量显著增加，从油样放入100℃的水浴中开始到氧压明显降低所经历的时间即为诱导期，以min表示。诱导期较长的汽油在储存时胶质的生成速度较慢，宜于长期保存。我国车用汽油规定：诱导期≤480min。

(4) 汽油的腐蚀性　汽油的腐蚀性说明汽油对金属的腐蚀能力。汽油的主要组分是烃类，对金属没有腐蚀作用。但若汽油中含有一些非烃类的杂质，如硫及含硫化合物、水溶性酸碱、有机酸等，就会对金属有腐蚀作用。

评定汽油腐蚀性的指标有酸度、硫含量、铜片腐蚀、水溶性酸碱等。

三、柴油

柴油是压燃式发动机(简称柴油机)的燃料。与汽油机相比，柴油机的热功效率高，燃料比油耗低，比较经济，因而在我国应用很广泛。它主要用作载重汽车、拖拉机、船舶、铁路内燃机车等的动力。

柴油分为轻柴油和重柴油两大类。前者用于1000r/min以上的高速柴油机；后者用于500～1000r/min的中速柴油机和小于500r/min的低速柴油机。由于使用条件的不同，对轻重柴油制定了不同的标准，现以轻柴油为例说明其质量指标。

1. 柴油机的工作过程及其对燃料的使用要求

(1) 柴油机的工作过程　柴油机的工作过程与汽油机基本一样，有进气、压缩、膨胀做功和排气四个过程，其主要差别是：

① 柴油机的压缩比约高于汽油机的一倍，一般为16～20。这样，压缩后气体的温度和压力都比较高，可达到500～700℃、3～5MPa，此温度超过柴油的自燃点。

② 柴油是用高压油泵喷入汽缸中，经雾化后的细小油滴便与被压缩的高温高压空气混合，并迅速蒸发汽化、自燃发火，而汽油机需要用电火花点火。

(2) 柴油机对燃料的使用要求：

① 具有良好的雾化性能、蒸发性能和燃烧性能；

② 具有适当的黏度和良好的低温流动性；

③ 具有良好的安定性；

④ 对机件无腐蚀性。

2. 柴油的主要性能

(1) 蒸发性　柴油机正常工作和启动的前提条件是柴油先汽化，然后柴油蒸气与空气形成均匀的可燃混合气。柴油馏分过轻或过重对柴油机的工作均有不利影响。馏分过轻的柴油蒸发速度太快，在极短的时间内形成大量的可燃混合气发火燃烧，而使气缸内的压力急剧上升，导致柴油机工作不稳定。馏分过重的柴油蒸发速度太慢，来不及在极短的时间内形成混合气，而使燃烧不完全，导致功率降低，油耗增加，排气冒黑烟。所以柴油机使用的柴油馏分不宜过重，也不宜过轻，必须保证发动机在低温下容易起动，耗油量少，燃烧良好，同时又不能引起工作粗暴。我国轻柴油的馏程控制在200～380℃范围内。

评定柴油蒸发性的指标有馏程和闪点。

馏程：主要指标是50%和90%馏出温度。

50%馏出温度越低，柴油中的轻馏分越多，发动机启动时间越短。我国规定，T_{50}不得高于300℃。柴油馏分中<300℃的馏分含量越高，柴油机的油耗越低。90%馏出温度越低，柴油中的重馏分越少，燃烧越完全。我国规定，柴油的T_{90}不得高于355℃。近年来，为了扩大柴油的来源，有将馏程放宽的趋势。

闪点：如果柴油的闪点太低，不仅其蒸发性太强，而且也不安全。因此为了控制柴油的蒸发性不致太强，在标准中规定了柴油的闪点，它是保证柴油安全性的质量指标。

(2) 抗爆性

爆震燃烧：柴油机和汽油机一样，工作过程中也可能出现爆震现象，但两者产生的原因不同。在柴油机的压缩后期，向气缸中喷入柴油，雾状油滴在高温高压空气中迅速汽化、氧化形成过氧化合物而开始自燃，直至燃烧结束。从柴油喷入汽缸到开始自燃这段时间称为滞燃期，自燃点高的柴油，滞燃期长，也就是在汽缸中积累较多柴油后，燃料才开始自燃，此时大量燃料同时开始突然燃烧，引起汽缸中温度、压力剧增，冲击缸壁和活塞，发生敲缸现象、烧坏机件、冒黑烟、发动机功率降低，油耗增加，这就是所谓的柴油机的爆震。

引起爆震燃烧的原因：柴油的自燃点太高，不能产生足够多的过氧化物，使滞燃期过长。

抗爆性指标：柴油的抗爆性用十六烷值表示。

十六烷值的定义：与汽油辛烷值的测定方法类似。人为规定标准燃料：十六烷值为100的正十六烷和十六烷值为0的α－甲基萘。将这两种标准燃料按不同的体积比混合，即可配成不同十六烷值的标准燃料，其中正十六烷的体积百分数即表示该标准燃料的十六烷值。将待测燃料与标准燃料在标准的单缸试验机上进行比较，与发火性能相同的标准燃料的十六烷值即为所测燃料的十六烷值。如待测柴油的抗爆性与含40%正十六烷和60%α－甲基萘的混合物相同，此柴油的十六烷值即为40。

十六烷值高的柴油，其自燃点低，滞燃期短，燃料的发火性能好，燃烧完全，发动机工作平稳。若十六烷值过低，自燃点高，滞燃期长，燃料发火燃烧困难，发动机工作粗暴；若十六烷值过高，自燃点很低，燃烧过程中形成的过氧化物太多，自燃速度极快，燃料来不及燃烧就随废气排出，使得耗油量增加，柴油机功率下降。因而柴油的十六烷值应当适宜。

柴油十六烷值与其化学组成的关系：对于相同碳数的不同族烃类，十六烷值大小顺序为：正构烷烃＞烯烃、环烷烃、异构烷烃＞芳烃；同一主族的烃类，随碳原子数增加，其十六烷值越来越高。

对于不同馏分，石蜡基原油的柴油馏分十六烷值高，环烷基原油的柴油馏分的十六烷值低。所以直馏柴油、减黏裂化柴油、焦化柴油及加氢裂化柴油的十六烷值较高，而催化柴油因含有较多的芳烃，其十六烷值较低。

为了保证轻柴油的抗爆性，我国规定轻柴油的十六烷值不得低于45，由环烷基原油生产的轻柴油，其十六烷值不能低于40。对于抗爆性太差的柴油，可以通过加入十六烷值改进剂来改善。

(3) 流动性　评定柴油流动性的指标：黏度、凝点(或倾点)、冷滤点。

黏度：柴油的黏度对柴油机中的供油量的大小以及雾化的好坏有密切的关系。

黏度过小的柴油易从高压油泵的柱塞与泵筒之间的间隙回漏，导致供油不足，功率下降。同时，柴油雾化后的液滴直径太小，喷出的油流射程太短，与空气混合不均，导致燃烧不完全。黏度过大的柴油泵送困难，导致供油不足。雾化后油滴直径过大，喷出的油流射程太长，使油滴的有效蒸发面积减小，蒸发速度减慢，导致混合不均匀、燃烧不完全、耗油量增加。所以，要求柴油的黏度在合适的范围内。在质量指标中各种牌号的柴油都规定了其允许的黏度范围，见表3－4。

表3－4　不同牌号的柴油运动黏度质量标准

柴油牌号	允许运动黏度范围(20℃)/(mm^2/s)	柴油牌号	允许运动黏度范围(20℃)/(mm^2/s)
10#、0#、－10#	3.0～8.0	－35#、－50#	1.8～7.0
－20#	2.5～8.0		

柴油的黏度与其化学组成有密切的关系：石蜡基原油的柴油含较多的烷烃，因而黏度较小；环烷基原油的柴油含较多的环状烃，因而黏度较大。

低温流动性：柴油在低温条件下的流动性能，不仅关系到柴油机燃料供给系统在低温下能否正常供油，而且与柴油在低温下的储存、运输等作业能否正常进行有密切关系。

评定柴油的低温性能指标有凝点(或倾点)和冷滤点。

凝点和倾点表示油品开始失去流动性的温度，并非油品使用的最低温度。冷滤点是指试油在规定条件下通过过滤器的流量低于20mL/min时的最高温度，由于冷滤点的测试条件近似柴油的使用条件，因而可以用它来粗略判断柴油可能使用的最低温度。我国是以凝点作为柴油的商品牌号，例如10#、0#、-10#、-20#、-35#、-50#轻柴油，分别表示其凝点不高于10℃、0℃、-10℃、-20℃、-35℃、-50℃。凝点低表示柴油低温性能好。通常使用柴油的凝点比环境温度低5~10℃。国外采用浊点、倾点或冷滤点来表示柴油的低温流动性。

冷滤点与柴油的低温黏度和含蜡量有关，即与柴油的化学组成有关。一般含蜡量较高的柴油，其冷滤点较高。我国大部分原油含蜡量较多，其直馏柴油的凝点一般都较高。

改善柴油低温流动性能主要有三种途径：a. 脱蜡，柴油脱蜡成本高而且收率低，在特殊情况下才采用；b. 调入二次加工柴油；c. 添加低温流动改进剂。向柴油中加入低温流动改进剂，可防止和延缓蜡结晶形成网状结构，从而使柴油的凝点降低。此种方法较经济且简便，因此采用较多。

(4) 安定性、腐蚀性和洁净度：

安定性：柴油的安定性包括储存安定性和热安定性。

柴油的储存安定性是指柴油在储存和运输过程中抵抗氧化变质的能力。储存安定性良好的柴油，在储存和运输过程中能较好地保持其颜色不变深，实际胶质变化不大，基本上不生成沉淀，宜于长期保存。

柴油的热安定性是指柴油在较高的温度下抵抗氧化变质的能力。柴油机在炎热的夏季工作时，油箱内柴油的温度可高达60~80℃，而且由于油箱不断震荡，使柴油在较高温度下与空气剧烈混合；当柴油进入供油系统后，温度继续升高，并且与不同的金属接触，因此在这种比较剧烈的氧化条件下，柴油中的一些不安定组分会氧化成氧化缩合产物，在高压油泵、喷油嘴等处形成积炭，导致供油中断、柴油的雾化质量不良，金属零件的磨损加剧等危害。

评定柴油安定性的指标有实际胶质和10%蒸余物残炭。实际胶质高造成喷油嘴和滤清器堵塞，导致汽缸内沉积物增加，磨损加剧。我国轻柴油规定：实际胶质不大于70mg/100mL试油。10%蒸余物残炭在一定程度上大致反映柴油在喷嘴和汽缸中形成积炭的倾向。

柴油的安定性取决于它的化学组成。烯烃、二烯烃、多环芳烃、环烷芳香混合烃、含硫化合物及含氮化合物的安定性较差，它们都属于不安定组分，其中不饱和烃、环烷芳香混合烃及非烃类是引起柴油储存安定性差的主要原因，多环芳烃及非烃类是引起柴油热安定性不良的主要原因，它们能使柴油中沉积物的数量显著增加，因此必须通过精制的手段将不安定组分尽可能地除去。常用的精制方法有加氢精制。

腐蚀性：柴油中的含硫化合物和水溶性酸或碱对金属有腐蚀作用，它的存在会严重影响发动机的工作寿命。为防止腐蚀，在柴油质量标准中限定硫含量、酸度、铜片腐蚀，并要求柴油中不含有水溶性酸或碱。

洁净度：影响柴油洁净度的物质主要有水分和机械杂质。柴油中如含有较多的水分，在燃烧时将降低柴油的发热值，在低温下还容易结冰，使燃料供给系统堵塞。而机械杂质的存在会堵塞油路，加速喷油泵和喷油器中精密零件的磨损。因此在轻柴油的质量标准中规定水分为痕量，并不允许含有机械杂质。

四、燃料油

燃料油主要用作锅炉、冶金炉、加热炉和其他工业炉燃料，一般是由直馏渣油和裂化残油等调和而成，其组分中含有大量的非烃化合物、胶质、沥青质等。由于用途不同，对燃料油的质量要求也有一定差别。一般地，评定燃料油的主要使用指标有：黏度、凝点、含硫量和闪点。

1. 黏度

黏度是燃料油最重要的质量指标，它直接影响着油泵、喷油嘴的工作效率和燃料消耗量。黏度过大，会导致燃料的雾化性能变差，喷出的油滴过大，燃烧不完全，燃烧热效率下降。因此，黏度较大的燃料油在使用时需要经过预热，以保证喷嘴对黏度的要求。

2. 凝点

燃料油的凝点是保证其在储运和使用中低温流动性的指标，可以作为燃料油在不预热情况下能够输送温度的参考。如果燃料油的凝点过高，当空气温度降低时，运输、装卸和给用油设备加注燃料就会发生困难。

燃料油的凝点与其含蜡量有关。含蜡少的石油，其裂化产品甚至在接近它的凝点时仍可保持流动性，而含蜡石油的直馏产品在接近凝点以前就不易流动了。因此，对于低黏度的燃料油一般要求其凝点不能太高。而对于黏度较大的燃料油，因使用时需加热，一般不控制其凝点。

3. 含硫量

含硫量是评定燃料油在使用过程中对金属设备腐蚀性能的指标。燃料油中的含硫化合物在燃烧后会生成二氧化硫和三氧化硫，排入大气会污染环境，同时遇水后生成的亚硫酸和硫酸严重腐蚀金属设备。为防止金属腐蚀，需使烟气在排出设备之前的温度不低于其露点。为了减少对环境的污染，燃料油正在逐渐降低硫含量，特别是城市所用燃料油硫含量一般限制在1%以下。

4. 闪点

闪点主要是用来评定燃料油的安全防火性能。为避免火灾，燃料油的预热温度不能过高，其闪点应符合一定要求。

第三节　原油分类及原油评价

一、原油分类

由于地质构造、生成原因和生成年代的不同，世界各地所产原油在化学组成和物理性质上各有差异，即使是同一地区生产的原油，有的在组成和性质上也很不相同。为了合理地开采和输送原油、选择合理的原油加工方案，预测石油产品的种类、产率和质量，首先需要对原油进行分类。

尽管原油组成复杂、种类繁多，但从理化性质上来看，某些原油的性质较为相近，而且性质相近的原油进行加工生产所采用的加工方案也相近，因而可以根据原油的性质对其进行分类。另外，从工业的角度对原油进行分类也具有一定的实际意义。因此，本节主要讨论广为应用的原油商品分类法和化学分类法以及我国采用的分类方法。

1. 原油商品分类法

原油商品分类又称工业分类，在工业上具有一定的参考价值。各国的分类标准各不相同，一般都是按本国原油性质规定的。国际石油市场对原油按密度和硫含量进行分类并据此计算原油的价格。原油密度低有较高的轻质油收率，而硫含量高则提高加工成本。

（1）按相对密度分类　原油按相对密度分类的标准见表3－5。

表3－5　原油按相对密度分类标准

原油类别	相对密度(d_4^{20})	°*API*	原油类别	相对密度(d_4^{20})	°*API*
轻质原油	<0.8661	>31.1	重质原油	0.9162～1.0000	22.3～10
中质原油	0.8662～0.9161	31.1～22.3	特重原油	>1.0000	<10

轻质原油大体上是地质年代比较古老的原油，与生成物的组成差别大，含硫、氮、氧较低。轻质原油分两类：一类是含汽油、煤油、柴油等轻质馏分较高的轻质原油，如青海原油和克拉玛依原油；另一类轻质原油，轻馏分含量并不高，但由于烷烃的含量高，因而密度比较小，如大庆原油。重质原油大体上是地质年代较年轻的原油，与生成物质的组成相近，含轻馏分和蜡均较少，而含硫、氮、氧及胶质沥青质较多，如孤岛原油、阿尔巴尼亚原油等。由于含非烃化合物较多，对氧很不安定，需要采用较为复杂的加工工艺过程进行加工。

（2）按含硫量分类　原油按含硫量分类的标准见表3－6。

表3－6　原油按含硫量分类标准

原油类别	低硫原油	含硫原油	高硫原油
分类标准/%（质量）	<0.5	0.5～2.0	>2.0

低硫原油如大庆原油，含硫原油如胜利原油，高硫原油如孤岛原油、委内瑞拉原油等。在世界原油总产量中，含硫原油和高硫原油约占75%，随原油开采深度的提高，我国含硫原油也在逐渐增多。

（3）按含蜡量分类　原油按含蜡量分类的标准见表3－7。

表3－7　原油按含蜡量分类标准

原油类别	低蜡原油	含蜡原油	高蜡原油
分类标准/%（质量）	0.5～2.5	2.5～10.0	>10.0

2. 原油化学分类法

化学组成是原油性质差异的根本原因，因此原油的化学分类是以原油的物理性质作为分类依据，按照特性因数、关键馏分特性、相关指数、原油指数等对原油进行分类，比较常用的是前两种。

（1）特性因数分类法 原油按特性因数分类的标准见表3－8。

表3－8 原油按特性因数分类标准

原油类别	石蜡基原油	中间基原油	环烷基原油
特性因数 K	>12.1	11.5～12.1	10.5～11.5

不同化学组成的原油其特性因数值有一定差别，因此，可以根据特性因数值的大小将原油分为石蜡基原油、中间基原油和环烷基原油。

石蜡基原油特点：一般烷烃含量超过50%，密度较小，凝点高，含蜡量较高，含硫、含胶质量低，汽油的辛烷值较低，柴油的十六烷值较高，并可制得黏温性质较好的润滑油。我国的大庆原油是典型的石蜡基原油。

环烷基原油特点：密度不大，凝点低，所产汽油含有较多环烷烃，辛烷值较高，柴油的十六烷值较低，润滑油的黏温性质差，环烷基原油中的重质原油含有大量胶质和沥青质，可以生产各种高质量沥青。我国的孤岛原油属于环烷基原油。

中间基原油的特性介于上述两者之间。

特性因数分类因能够反应原油组成的特性而在欧美国家得以普遍应用，但由于原油的特性因数K难以准确求定，同时它不能反映出原油中轻、重组分的化学特性，故其作为分类依据有时难以完全符合原油的实际情况。因此，美国矿务局于1935年提出了反映原油轻、重组分特性的“关键馏分特性分类法”。

（2）关键馏分特性分类法 关键馏分的分类指标及分类类别分别见表3－9、表3－10。

表3－9 关键馏分的分类指标

关键馏分	石蜡基	中间基	环烷基
第一关键馏分	$d_4^{20}<0.8210$ $°API>40$ $(K>11.9)$	$d_4^{20}=0.8210\sim0.8562$ $°API=33\sim40$ $(K=11.5\sim11.9)$	$d_4^{20}>0.8562$ $°API<33$ $(K<11.5)$
第二关键馏分	$d_4^{20}<0.8723$ $°API>30$ $(K>12.2)$	$d_4^{20}=0.8723\sim0.9305$ $°API=20\sim30$ $(K=11.5\sim12.2)$	$d_4^{20}>0.9305$ $°API<20$ $(K<11.5)$

表3－10 关键馏分分类类别

序号	第一关键馏分的属性	第二关键馏分的属性	原油类别（基属）
1	石蜡基	石蜡基	石蜡基
2	石蜡基	中间基	石蜡－中间基
3	中间基	石蜡基	中间－石蜡基
4	中间基	中间基	中间基
5	中间基	环烷基	中间－环烷基
6	环烷基	中间基	环烷－中间基
7	环烷基	环烷基	环烷基

将原油用简易蒸馏装置在常压下蒸馏得到的250～275℃馏分作为第一关键馏分，残油用不带填料柱的蒸馏瓶在5.3kPa的残压下蒸馏，切割得到的275～300℃馏分（相当于常压下395～425℃馏分）作为第二关键馏分。测定两个关键馏分的相对密度，对照表3－9中的

分类标准，确定两个关键馏分的类别，然后按表3-10确定该原油的所属类型。表3-9中的特性因数K值是根据关键馏分的中平均沸点和比重指数求定的，不作为分类标准，仅为参考数据。另外，关键馏分也可以取实沸点蒸馏装置直接蒸出的250～275℃和395～425℃馏分分别作为第一和第二关键馏分。

关键馏分特性分类对低沸点和高沸点两个馏分规定了不同的相对密度标准，比较符合原油组成的实际情况，因此它比特性因数分类更为合理。为了能更全面地反映原油的性质，目前我国通常是采用关键馏分特性分类，并以含硫量的分类方法作为补充。根据这种分类方法，我国几种主要原油的分类结果见表3-11。

表3-11　我国部分原油的分类

原油名称	大庆原油	玉门原油	克拉玛依原油	胜利原油	大港原油	孤岛原油
含硫量/%(质量)	0.11	0.18	0.04	0.88	0.14	2.06
第一关键馏分 d_4^{20}	0.814 (K=12.0)	0.818 (K=12.0)	0.828 (K=11.9)	0.832 (K=11.8)	0.860 (K=11.4)	0.891 (K=10.7)
第二关键馏分 d_4^{20}	0.850 (K=12.5)	0.870 (K=12.3)	0.895 (K=11.5)	0.881 (K=12.0)	0.887 (K=12.0)	0.936 (K=11.4)
关键馏分特性分类	石蜡基	石蜡基	中间基	中间基	环烷中间基	环烷基
原油分类命名	低硫石蜡基	低硫石蜡基	低硫中间基	含硫中间基	低硫环烷中间基	含硫环烷基

二、原油评价

原油是组成十分复杂的混合物，不同组成的原油表现出的物理性质不同。而不同性质的原油，需要采用不同的加工方法以生产适当的产品，使原油得到合理利用。因此要对原油进行分析评价，以便于为原油开采、加工和利用提供基础数据和理论依据。

原油评价就是通过各种实验、分析，取得对原油性质的全面认识。而石油加工原油评价则更注重重质部分，为炼油设计及石油加工工艺提供基础数据的同时也为合理深加工工艺及方案提供理论依据。按其目的不同，原油评价大体上可分为三个层次：

(1) 原油一般性质分析　原油含水量大于0.5%时，需要先进行脱水。脱水后的原油要进行一般性质分析。包括相对密度、黏度、凝点或倾点、硫含量、氮含量、蜡含量、水含量、盐含量、微量金属含量、闪点、酸值、残炭、胶质、沥青质、原油的基属等。

(2) 常规评价　主要是为一般炼厂设计提供参数，或作为各炼厂进厂原油每半年或一季度原油评价的基本内容。常规评价内容除了包括原油的一般性质分析外，还包括原油的实沸点蒸馏数据及窄馏分性质数据。

实沸点蒸馏是一种考察石油馏分组成的实验方法。蒸馏是在一种标准蒸馏设备中进行的，精馏柱的理论塔板数为15～17个，回流比为5∶1，整个蒸馏过程分为三段进行：常压蒸馏、减压蒸馏(10mmHg，1mmHg＝133.3224Pa)和二段减压蒸馏(1～2mmHg，不带精馏柱)。原油在实沸点蒸馏装置中按沸点高低被切割成多个窄馏分和渣油。一般按每3%～5%取作一个窄馏分。将窄馏分称重及测量体积，然后测定各窄馏分和渣油的性质，所得数据列入表中。以馏出温度为纵坐标，累计馏出质量分数(欧美一般用体积分数)为横坐标，即可得实沸点蒸馏曲线。曲线上的某一点表示原油馏出某累计收率时的实沸点。图3-7为大庆原油实沸点蒸馏曲线和原油性质曲线。

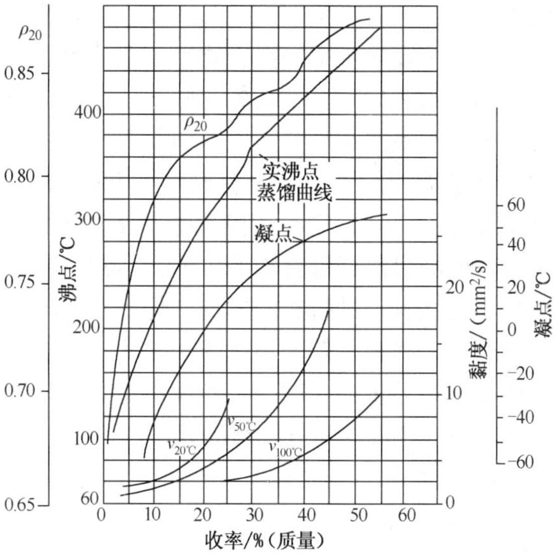

图 3－7　大庆原油实沸点蒸馏曲线和原油性质曲线

窄馏分性质测定指的是对原油在实沸点蒸馏中切割得到的窄馏分进行性质测定，需要测定的数据有各馏分的密度、黏度、凝点、轻质馏分的酸度、重质馏分的酸值、苯胺点(柴油馏分)、硫、氮、折光率等。

石油馏分的物理性质与烃族组成有关。从一些物理性质的关联，可以得到表明烃族组成的参数。如通过窄馏分的沸点、密度、黏度等计算出炼油工程中最常用的特性因数、黏重常数、相关指数等，从而为炼油设计及石油加工工艺提供一定的基础数据。

(3) 综合评价　其目的是为石油化工型的综合性炼厂提供生产方案参数，评价内容较为全面。除包括上述两项内容之外，还要对原油进行蒸馏，将其切割成汽油馏分、煤油馏分、柴油馏分及重整原料、裂解原料和裂化原料等，测定各馏分的主要性质；进行汽油、柴油、减压馏分油的烃类族组成分析；对润滑油、蜡的潜含量进行测定和分析；另外，还要进行原油的平衡蒸发实验，通过得到的原油气液平衡蒸发数据绘制其平衡汽化产率与温度关系曲线。

根据以上原油评价数据就可以制定原油的切割方案。制定原油蒸馏切割方案主要是确定原油蒸馏中生产的产品类型、产品产率、性质以及切割温度。其方法是：通过原油蒸馏产品产率性质数据与各种油品规格进行比较，并依据实沸点蒸馏曲线确定各种产品的切割温度。在方案制定过程中，还要认真研究各种原油的特点，合理充分地利用资源，考虑是否满足二次加工对原料质量的要求、同时兼顾产品质量与收率的问题。

第四节　石油加工过程

一、原油蒸馏

1. 蒸馏和精馏

炼油厂中经常遇到的生产过程是混合物的分离。分离混合物的方法很多，而蒸馏是分离混合物的重要方法之一。它是利用混合物中各组分在同一压力下的沸点不同(即挥发度不同)将混合物分成各组分或馏分的一种分离方法。

将液体混合物加热使之汽化，然后将蒸气冷凝和冷却，从而使原液体混合物达到一定程度的分离，这个过程称为蒸馏。蒸馏的依据是混合物中各组分沸点(挥发度)不同。

蒸馏有多种形式，可归纳为闪蒸(平衡汽化或一次汽化)、简单蒸馏(渐次汽化)和精馏三种。其中，简单蒸馏常用于实验室或小型装置上，如前面所介绍的恩氏蒸馏；闪蒸是将液体混合物加热至部分汽化，经过减压阀，在一个容器(闪蒸罐、蒸发塔)内，于一定的温度和压力下，使气液两相迅速分开，得到相应的气相产物和液相产物，这种分离方法是比较粗略的。而精馏则是一种很有效的分离液相混合物的方法，通常在精馏塔中进行。由于精馏的实质是不平衡的气、液两相密切接触。进行相间的传热传质，即较高温度的气相加热较低温度的液相，使液相中较轻组分进入气相，较低温度的液相使较高温气相中部分重组分冷凝进入液相，最终达到气、液两相平衡的过程。因此，实现精馏必须具备以下条件：

① 使气、液两相充分接触的设备，如各种形式的塔板或填料；

② 塔顶提供自上而下的液相回流，塔底提供自下而上的气相回流；

③ 沿塔高存在温度梯度和浓度梯度。

炼油厂中大部分的精馏塔，如原油蒸馏塔、催化裂化和焦化产品的分馏塔、催化重整原料的预分馏塔以及一些工艺过程中的溶剂回收塔等，都是通过精馏这种蒸馏方式进行操作的。

2. 原油常压蒸馏及其特点

原油蒸馏一般包括常压蒸馏和减压蒸馏两个部分。所谓原油的常压蒸馏，即为原油在常压(或稍高于常压)下进行的蒸馏，所用的蒸馏设备称为原油常压精馏塔(简称常压塔)。原油常压塔的工作原理与一般精馏塔相同，但也有其自身特点，这主要是由于它所处理的原料和所得产品的组成较为复杂，不同于一般精馏塔。具体来说，原油常压塔具有以下工艺特点：

(1) 原料和产物均为组成复杂的混合物　原油经过常压蒸馏得到汽油、煤油、柴油等轻质馏分油和常压重油，这些产品不同于一般精馏塔的产品，它们是复杂的混合物，其质量是靠一些质量标准来控制的，如汽油的干点不能高于205℃，柴油馏程的95%馏出温度不高于365℃等，因此对各产品的分离精确度要求不是很高，即不要求将原油这一复杂的混合物精确地分离为单一化合物。

(2) 复合塔　一般的精馏塔，通常一个塔只能得到塔顶和塔底两个产品，通过$N-1$个塔可以将原料分割成N个产品。原油通过常压蒸馏要切割成汽油、煤油、轻柴油、重柴油和重油等4、5种产品，当要分离成5种产品时，原则上至少需要4个精馏塔串联或采用其他方式排列。但在石油精馏中，各种产品本身也还是一种复杂的混合物，它们之间的分离精确度要求不是很高，各塔的塔板数不需要很多，只要有多个矮而粗的精馏塔即可实现。然而，这种方案投资和能耗较高，占地面积大。因此，可以将这几个塔结合成一个塔，在塔的侧部开若干个侧线以得到多个产品，就像几个塔叠置在一起一样，故称之为复合塔或复杂塔。显然，这样的塔由于侧线产品未经严格的提馏，分离能力较差，不可能分离得到较纯的组分，但可以满足石油产品的分离要求，且具有占地面积小，投资节省，能耗低等优点，故广泛应用于石油分馏过程。

(3) 塔下部设置汽提段、侧线产品设置汽提塔　常压塔塔底温度一般在350℃左右，在这样的高温下，很难找到合适的再沸器热源，因此通常不用再沸器产生气相回流，而是通过在塔底注入水蒸气以降低油气分压，使塔底重油中的轻组分气化，这种方法称为汽提。因此，常压塔汽化段以下通常不叫提馏段而叫汽提段。

在复合塔内，汽油、煤油、柴油等产品之间只有精馏段而没有提馏段，侧线产品中必然会混有相当数量的轻馏分，这样不仅影响侧线产品的质量，而且降低了较轻馏分的产率，为此在常压塔的旁边设置若干个侧线汽提塔，侧线产品从常压塔中部抽出，送入汽提塔上部，自该塔下部注入水蒸气进行汽提，原理同前。水蒸气携带汽提出的低沸点组分从汽提塔顶部引出返回主塔，侧线产品由汽提塔底部抽出送出装置。各侧线产品的汽提塔常常重叠起来，但相互之间是隔开的。侧线汽提用的过热水蒸气量一般为侧线产品的2%～3%(质量)。

在某些情况下，侧线的汽提塔采用再沸器而不用水蒸气汽提。这是由于，一方面水蒸气汽提使侧线油品溶解微量水分，从而使要求低凝点或冰点的航空煤油质量达不到要求。另一方面，汽提用水蒸气的质量分数虽然小，但水的相对分子质量比煤油、柴油低数十倍，因而体积流量相当大，增大了塔内的汽相负荷。

(4) 设置中段循环回流　在原油常压塔中，除了采用塔顶回流外，通常还设置1～2个中段循环回流，即从常压塔上部的精馏段引出部分液相热油(或侧线产品)，经与其他冷流体换热或冷却后再返回塔中，返回口比抽出口通常高2～3层塔板。通过这种回流方式，可以使回流热量在高温部位取出，充分回收热能，同时可以使常压塔的气液负荷沿塔高均匀分布，减少塔径或提高塔的处理能力。

但采用中段回流也会带来一些弊端。回流出板至返回板之间的塔板只起换热作用，分离能力通常仅为一般塔板的50%。中段回流上部的塔板上内回流量大大减少，影响塔板效率，为保证塔的分馏效果，就必须增加塔板数，因而将使塔高增加。此外，还要增设泵和换热器等设备，工艺流程也将变得更为复杂。因此，根据需要综合考虑设置中段循环回流的个数，一般对有三、四个侧线的常压塔，设置两个中段回流，对有一、二个侧线的塔可以采用一个中段回流，在塔顶和一线之间通常不设置循环回流。

(5) 全塔热平衡　由于常压塔塔底不设再沸器，它的热量来源几乎完全取决于经加热炉加热的进料。汽提水蒸气虽然也能够带入一些热量，但由于只放出部分显热，而且水蒸气用量不大，因而这部分热量是不足够的。

在全塔热平衡的状态下，且进料的状态(温度、汽化率)也已被规定时，常压塔的回流比大体也是固定的，主要由全塔热平衡确定，在正常生产中调节余地很小。另外，由于原油精馏所需热量主要靠原油本身带入，因而原油在进入分馏塔入口处的汽化率应略高于塔顶和各侧线产品收率的总和。高出的部分称为过汽化度。常压塔的过汽化度一般为2%～4%。这样才能使分馏塔最低侧线以下的几层塔板有一定的内回流，以保证最低侧线产品的质量。实际生产中，在保证侧线产品质量的前提下，过汽化度低一些是有利的，这不仅可以减轻加热炉负荷，而且由于炉出口温度降低可减少油料的裂化。

3. *原油减压蒸馏及其特点*

原油在常压蒸馏的条件下，只能得到其中各种轻质馏分，而各种高沸点馏分，如裂化原料和润滑油馏分等都存在于常压塔底的重油之中。要想从重油中分离出这些馏分，在常压条件下必须将重油加热到较高温度，但这样会导致油品受热分解，影响正常生产。采用减压蒸馏或水蒸气蒸馏的方法可以降低油品中各组分的沸点，即可在较低温度下得到高沸点的馏出物。因此，在原油分馏过程中，通常都在常压蒸馏之后安排一级或两级减压蒸馏，以便将沸点高达550～600℃的馏分深拔出来。

原油的减压蒸馏是在压力低于100kPa的负压状态下进行的蒸馏过程。由于物质的沸点随外压的减小而降低，因此在较低的压力下加热常压重油，上述高沸点馏分就会在较低的温度下气化，从而避免了高沸点馏分的裂解。通过减压精馏塔可得到这些高沸点馏分，而塔底得到的是沸点在500℃以上的减压渣油。与一般的精馏塔和原油常压塔相比，减压精馏塔具有以下特点：

（1）可分为燃料型和润滑油型两种　根据生产目的不同，减压塔主要分为燃料型和润滑油型两种。燃料型减压塔主要生产二次加工原料，如催化裂化原料，加氢裂化原料等，它对分离精确度要求不高，希望尽可能提高馏分油的拔出率。而润滑油型减压塔以生产润滑油馏分为主，希望得到颜色浅、残炭值低的减压馏分油，因此不仅要求拔出率高，而且要求具有较高的分离精确度。

（2）高真空、塔径大、塔板数少、塔板压降小　由于对减压塔的基本要求是在尽量减少油品发生热解反应的条件下尽可能多的拔出馏分油，因此要求尽可能提高汽化段的真空度，降低油气分压。一方面要在塔顶配备强有力的抽真空设备，另一方面要减小塔板压降。塔内的压力低，一方面使气体体积增大，塔径变大；另一方面由于低压下各组分之间的相对挥发度变大，易于分离，所以与常压塔相比，减压塔的塔板数有所减少。

（3）塔板间距大、设置破沫空间　减压塔处理的油料相对密度和黏度较高，而且还可能含有一些表面活性物质，当蒸汽穿过塔板液层时，易形成泡沫。因此，减压塔一般塔径及板间距较大，并且在进料段及塔顶部都留有破沫空间和设置破沫网等设施。

（4）设置中段循环回流　在减压下，油气、水蒸气、不凝气的比热容要较常压塔中油气的比热容高出十余倍。尽管减压蒸馏时允许采用比常压塔高得多的空塔线速，但减压塔的直径还是很大。因此，在设计减压塔时需要更多地考虑如何使沿塔高的气相负荷均匀以减小塔径。为此，减压塔一般采用多个中段循环回流，常常是在每两个侧线之间都设有中段循环回流，这样也有利于回收高温位热量。

（5）缩短渣油在减压塔内的停留时间　减压塔塔底的温度一般在390℃左右，减压渣油在这样高的温度下如果停留时间过长，其分解和缩合反应会显著增加，导致不凝气增加，使塔的真空度下降，塔底部结焦，影响塔的正常操作。为此，减压塔塔底常采用减小塔径（即缩径）的办法，以缩短渣油在塔底的停留时间。

4. 原油精馏塔内气液相负荷分布规律

精馏塔内气相负荷是指塔内上升的蒸气量。对某一块塔板来说，它包括该塔板以上的所有侧线产品和塔顶产品，以及该塔板以下（包括侧线和塔底）吹入的过热水蒸气量和该塔板上液相回流传质后上升的蒸气量。液相负荷是指每块塔板上的液体内回流量。精馏塔的气液相负荷是精馏塔设计与操作的依据。

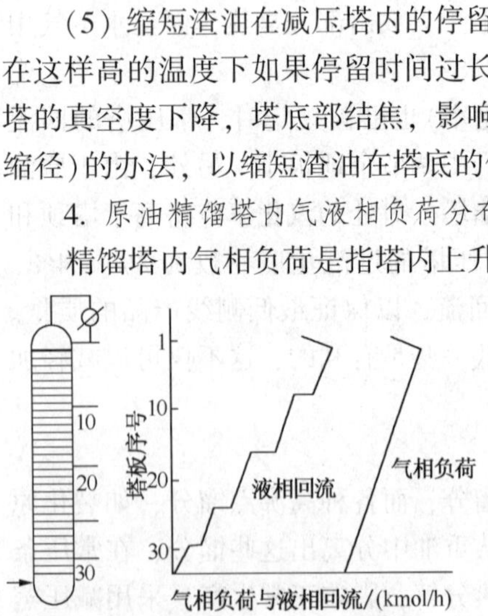

图3－8　常压塔精馏段的气、液相负荷分布图

常压塔的气液相负荷分布规律如图3－8所示。可以看出，塔内的气液相负荷分布是不均匀的。在不考虑汽提水蒸气的情况下，原油常压塔内的气液相负荷分布规律如下。

原油进入汽化段后，其气相部分进入精馏段。自下而上，由于温度逐板下降引起液相回流量逐渐增大，因而气相负荷也不断增大。在塔顶第一、二层塔板之间，气相负荷达到最大值。经过第一板后，气相负荷显著减小。塔顶的冷回流经第一板后成为热回流，液相回流量大幅增加，达到最大值。此后沿塔高自上而下流动时，液相回流量逐渐减少，且每经过一层侧线抽出板，除由于塔板温降所造成的少量增加外，另有一个突然的减少，其减少量相当于侧线抽出量。

通常原油进入常压塔都有一定的过汽化度，因此在汽化段会有少量液相回流。进料的液相部分和过汽化部分的液相回流一起向下流入汽提段。由塔底吹入水蒸气，自下而上地与向下流动的液相逆相接触，油气分压得以降低，液相中所携带的轻质油料汽化。因此，在汽提段由上而下液相和气相负荷越来越小。

5. 原油常减压蒸馏工艺流程

（1）原油预处理　由于地下水的存在及油田注水等原因，采出的原油一般都含有水分，并且这些水中都有一定量的钠、钙、镁等盐类溶解。各地原油的含水量和含盐量由于油田地质条件的区别、开发年限和开采方式的不同而有很大的差异。含盐量大约在几十 mg/L 到几千 mg/L 不等。例如，我国江汉原油含盐量高达 5000mg/L。尽管开采出的原油在油田需要经过脱盐脱水处理，要求油田外输原油含水 $<0.5\%$，含盐 <50mg/L。但实际上，由于有些油田没有脱盐脱水装置，或虽有装置但有一定的操作波动，或在运输过程中又混入水分等原因，原油在进入炼厂进行常减压蒸馏之前必须再一次进行脱盐脱水。这主要是由于原油所含盐和水具有较大的危害，具体体现在以下几方面：

① 增加能量消耗　由于水的汽化潜热(2255kJ/kg)较大，原油若含水就要增加加工过程中的燃料和冷却水的消耗。例如，原油含水量每增加 1%，由于额外多吸收热量，可使原油换热温度降低 10℃，相当于加热炉热负荷增加 5% 左右。以 2.5Mt/a 常减压蒸馏装置为例，原油含水量每增加 1%，蒸馏过程需增加热能消耗约 7GJ/h。

另外，原油中所含的盐类，在加工过程中也会沉积在工艺管道、加热炉炉管和换热器的管壁上而形成盐垢，致使传热困难，燃料消耗增加。

② 干扰蒸馏塔的平稳操作　由于水的相对分子质量比油品平均相对分子质量小，原油中少量的水汽化后体积急剧增加，造成系统压降增大，动力消耗增加，严重时甚至引起分馏塔超压或出现冲塔事故。

③ 腐蚀设备　原油中所含的盐类中，不易水解的 NaCl 较易除去，而容易水解的 $MgCl_2$、$CaCl_2$ 只有在深度脱盐时才能脱除。$MgCl_2$ 和 $CaCl_2$ 在加热时能够水解生成 HCl，溶于水则形成盐酸，严重地腐蚀设备，尤其是对蒸馏塔顶系统的腐蚀，甚至可能导致腐蚀穿孔、漏油而造成火灾。

$$CaCl_2 + 2H_2O \longrightarrow Ca(OH)_2 + 2HCl$$

$$MgCl_2 + 2H_2O \longrightarrow Mg(OH)_2 + 2HCl$$

当加工含硫原油时，尽管生成的 FeS 能附着在金属表面上起保护作用，但当有 HCl 存在时，FeS 对金属的保护作用不但被破坏，而且还会加剧腐蚀。

$$Fe + H_2S \longrightarrow FeS + H_2$$

$$FeS + 2HCl \longrightarrow FeCl_2 + H_2S$$

④ 影响二次加工原料质量　若原油含盐过多，在蒸馏后主要集中于重馏分和渣油中。

当对渣油进行二次加工时，所含的钠盐会污染催化剂，导致催化剂寿命缩短。若含盐量高的渣油进入延迟焦化装置，加热炉管内也会因盐垢而结焦，产物石油焦会因灰分含量高而降低等级。

我国根据近些年来的技术发展，对脱盐脱水后原油的含盐量和含水量规定了具体要求。若出于装置防腐目的，要求脱后原油含盐量 <5mg/L，含水量 <0.3%；而为了保护二次加工过程的催化剂，则要求脱后原油含盐量≤3mg/L，含水量 <0.2%。

原油预处理即是指对原油进行脱盐脱水的过程。原油中的盐除一小部分以结晶状态悬浮于油中外，绝大部分溶于水中，并以微小水滴状态分散在油中，形成较稳定的油包水型乳化液。为了能脱除悬浮在原油中的盐，在脱盐、脱水之前向原油中注入一定量不含盐的清水，充分混合，然后在破乳剂和高压电场的作用下，使微小水滴逐渐聚集成较大水滴，借重力从油中沉降分离，达到脱盐、脱水的目的，此过程通常称为电化学脱盐、脱水过程。我国各大炼油厂大都采用两级脱盐、脱水流程，其原理流程见图 3-9。

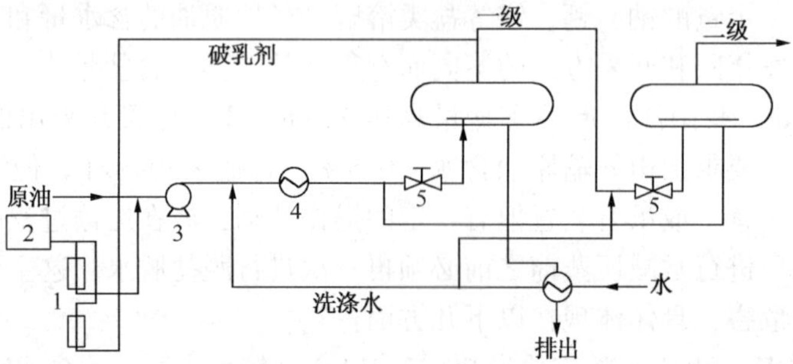

图 3-9　典型二级电脱盐原理流程

1—可调冲程注射泵；2—破乳剂罐；3—原油进料泵；4—预热系统；5—阀门

原油与水、破乳剂混合后，经预热达到规定温度，从底部进入一级脱盐罐。一级脱盐罐脱盐率在 90% ~95% 之间，在进入二级脱盐罐之前，仍需注入淡水。一级注水是为了溶解悬浮的盐粒，二级注水是为了增大原油中的水量，以增大水滴的偶极聚结力。脱水原油从脱盐罐顶部引出，经泵送至换热、蒸馏系统。脱出的含盐废水从罐底排出，经隔油池分出污油后排出装置。

电脱盐罐是原油脱水、脱盐的重要设备，一般选用卧式罐，直径 3 ~4m，罐长视处理量不同约为 20 ~30m。

（2）原油蒸馏工艺流程　原油蒸馏流程是指用于原油蒸馏生产的炉、塔、泵、换热设备、工艺管线及控制仪表等按原料生产的流向和加工技术要求的内在联系而形成的有机组合。每个炼油生产装置都有它自己的工艺流程，而整个炼油厂则有全厂工艺流程。工艺流程的确定主要取决于原料的来源和性质、对产品的要求、采用的工艺路线或生产方法以及当地具体的技术、经济条件等因素。

原油蒸馏工艺流程设计主要考虑如何确定流程方案、汽化段数及选择换热方案三方面的因素。

① 原油蒸馏的流程方案　原油蒸馏的流程方案是指根据原油的特性和任务要求所制定的产品生产方案。为了最有效地利用石油资源，在制定原油加工方案时应充分考虑所加工原油的特性。例如，孤岛原油的减压渣油是制沥青的优良原料，甚至不必进一步加工就可以达

到一些沥青产品的质量要求。因此孤岛原油的加工方案，应优先考虑生产沥青。而大庆原油则正相反，由于其高沸点馏分制备润滑油时质量好、收率高，生产润滑油时得到的石蜡的质量也很好。因此，对于大庆原油的加工方案应主要考虑生产润滑油和石蜡。

原油蒸馏加工方案按产品用途不同，可大致分为燃料型、燃料－润滑油型及燃料－化工型三类。

燃料型：这类加工方案的主要目的是生产燃料油。为了尽可能地提高轻质燃料油的收率，燃料型蒸馏流程通常采用常减压蒸馏流程，此外，在常压塔前还要设置初馏塔或闪蒸塔。初馏塔或闪蒸塔能够将原油在换热升温过程中已经汽化的轻油及时蒸出，使其不进入常压加热炉，这样一方面降低了加热炉的负荷，减小了原油换热系统的操作压力，从而节省装置能耗和操作费用；另一方面，由于除去了原油中的气体烃和水等，而使常压塔的操作更加平稳，有利于保证侧线产品如煤油、柴油等的质量。如果加工的原油含轻馏分很少，也可不设初馏塔或闪蒸塔。常压塔一般设3～4个侧线，侧线产品为汽油、煤油、轻重柴油等馏分，为了提高侧线产品的质量，各侧线都设有汽提塔。减压塔侧线出催化裂化或加氢裂化原料，产品比较简单，分馏要求不高，所以只设2～3个侧线，不设汽提塔。燃料型原油蒸馏流程见图3－10。

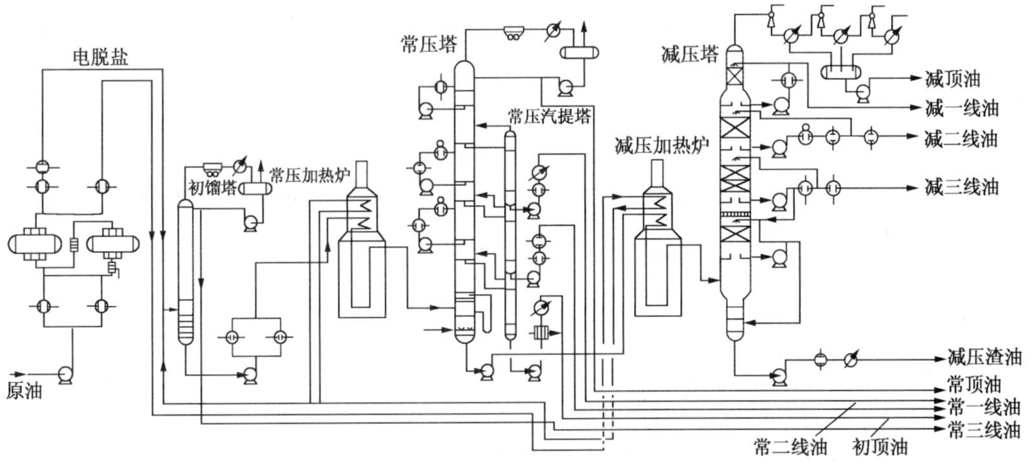

图3－10　原油蒸馏工艺流程(燃料型)

燃料－润滑油型：当原油的性质适于生产润滑油时，产品方案可以是生产轻、重质燃料和各种品种的润滑油，通常采用常减压蒸馏流程。当原油和产品要求与燃料型相同时，其流程与常压系统相同，而减压系统流程较燃料型复杂。

减压塔一般采用在减压炉管和减压塔底注入水蒸气的“湿式”操作工艺。注入水蒸气的目的在于改善炉管内油流的形式，避免油料因局部过热而裂解，同时降低减压塔内油气分压，以提高减压馏分油的拔出率。减压塔一般设4～5个侧线，各侧线对润滑油黏度、色度、馏程宽度和残炭值均有具体指标要求，侧线还要设汽提塔以满足对润滑油馏分的闪点要求，并改善各馏分的馏程范围。此外，在减压塔进料段以上，最低侧线抽出口以下，设置轻、重洗涤段(或仅设一个重油洗涤段)，以改善重质润滑油料的质量。燃料－润滑油型原油蒸馏流程见图3－11。

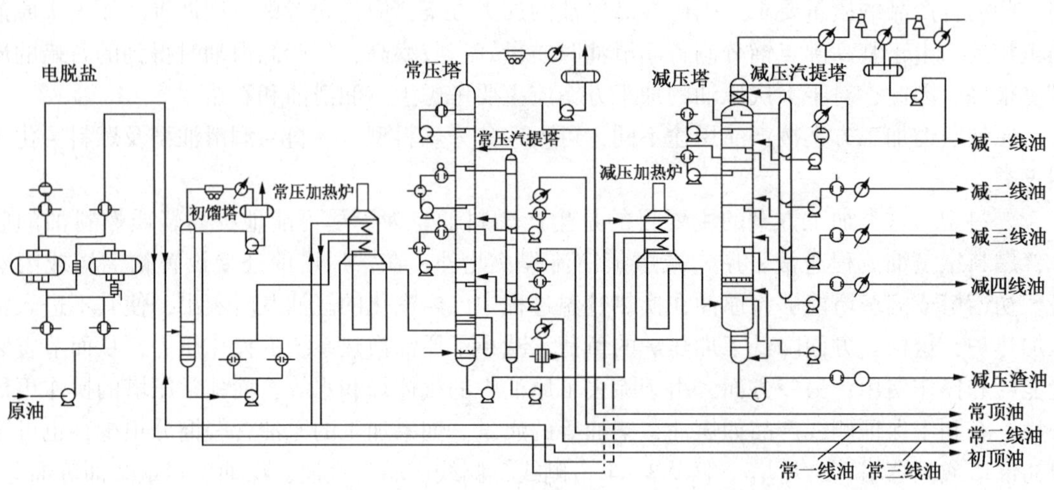

图 3－11　原油蒸馏工艺流程（燃料－润滑油型）

燃料－化工型：该加工方案的目的产品，除了轻、重质燃料外，还提供石油化工原料。大型石油化工联合企业中的炼厂蒸馏装置，通常采用常减压蒸馏流程方案。常压系统一般只设闪蒸塔而不设初馏塔，闪蒸塔顶油气引入常压塔的中上部，常压塔产品作为裂解原料，分离要求不高，因此塔板数可减少，只设 2～3 个侧线，且不设汽提塔。减压系统与燃料型的基本相同。

② 汽化段数　所谓汽化段数是指原油经过加热汽化的次数。在原油蒸馏过程中，一个塔内分离一次称为一段汽化。汽化段数一般取决于原油性质、产品方案和处理量等。原油蒸馏装置汽化段数可分为以下几种类型：

a. 一段汽化式：常压；

b. 二段汽化式：初馏（闪蒸）— 常压；

c. 二段汽化式：常压—减压；

d. 三段汽化式：初馏—常压—减压；

e. 三段汽化式：常压——级减压—二级减压；

f. 四段汽化式：初馏—常压——级减压—二级减压。

a、b 主要适用于中小型炼油厂，只生产轻、重质燃料或较为单一的化工产品。

c、d 用于大型炼油厂的燃料型、燃料—润滑油型和燃料—化工型。

e、f 用于燃料－润滑油型和较重质的原油，以提高拔出深度或制取高黏度的润滑油料。

我国的主要原油轻质馏分低，为使 350～500℃的中间馏分得到合理利用，生产得到国民经济所必需的各种润滑油、蜡、沥青等原料，最常采用的是三段汽化式，即初馏—常压—减压工艺流程。现以国内大型炼油厂应用最为广泛的初馏—常压—减压三段汽化式为例，对原油蒸馏的工艺流程加以说明，具体的工艺流程见图 3－12。

经过脱盐脱水后的原油由泵输送，经过一系列换热器，与温度较高的蒸馏产品换热，使其温度达 200～250℃。此时原油中所含水分已全部汽化，原油中轻组分也已部分汽化。油气、水蒸气和尚未汽化的原油一起进入初馏塔，塔顶馏出水蒸气和轻组分，经冷凝冷却后可作为催化重整原料或汽油组分。

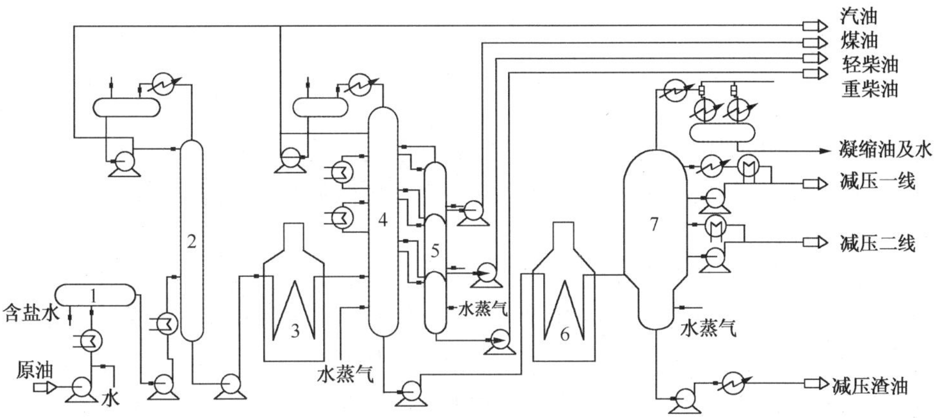

图 3－12 三段汽化式原油常减压蒸馏工艺流程

1—脱盐罐；2—初馏塔；3—常压炉；4—常压塔；5—汽提塔；6—减压炉；7—减压塔

初馏塔底的液相油称为拔头原油，经泵送至加热炉加热到约 370℃左右，此时拔头原油已部分汽化，经过管线进入常压塔。拔头原油在常压塔中进行精馏，塔顶馏出汽油馏分(或重整原料油)，塔的各侧线抽出口依次引出煤油、轻柴油和重柴油馏分等侧线产物，塔底产物是原油中沸点约高于 350℃的重组分，称为常压重油。

常压重油经减压炉加热到 390～420℃后进入减压塔。塔顶分出不凝气和水蒸气，进入冷凝器，经冷凝冷却后，用二至三级蒸气抽空器抽出不凝气，维持塔内残压 0.027～0.1MPa，以利于馏分油充分蒸馏出来。减压塔一般设有 4～5 个侧线和对应的汽提塔，经汽提后与原油换热并冷却到适当温度送出装置。减压塔底油又称减压渣油，沸点较高(约 500℃以上)，原油中的绝大部分胶质和沥青质都集中于此，经泵升压后送出与原油换热回收热量，再经冷却后送出装置。

③ 换热流程 常减压蒸馏装置的能耗在炼油厂全厂能耗中占有重要比重，其燃料消耗相当于加工原油量的 2%，是全厂消耗自用燃料量最大的生产装置。在原油蒸馏装置中，原油升温及部分汽化所需的热量也很大，如果不通过换热回收部分热量，则此热量最终是通过产品被冷却出装置而被冷却水带走。因此，提高热回收率是原油蒸馏装置节能的关键之一，而换热又是回收热量的主要手段。为了提高原油换热终温，可以采用的措施有：分馏塔取热合理分配，增加高温位热源的热量、充分利用低温热源与催化裂化装置进行热联合、与焦化装置进行热联合、优化换热流程、选用新型换热器等。其中，换热流程的优化是目前国际上广泛研究的课题。目前应用比较广泛的是“夹点”技术。

换热流程的优化是指将所有可利用的冷流和热流(包括装置外可以利用的冷源和热源)分块匹配，合理安排换热顺序，优选合适的换热器规格，使整个换热系统的平均温差合理、传热系数高、热流密度大、各路压降低，实现接近最优的条件。例如，某新建 3.0Mt/a 化工型原油装置，采用优化换热程序设计的换热终温为 306℃，实际为 301～307℃。装置能耗和各项指标见表 3－12。

表 3－12 3.0Mt/a 化工型原油蒸馏装置能耗及各项指标

换热终温/℃	换热器台数/台	换热器总面积/m^2	热流密度/(kW/m^2)	总能耗/(MJ/t)	热回收率/%	单位原油换热面积/($m^2/t\cdot h$)
304	53	7285	9.098	420	83	17.43

二、催化裂化

1. 概述

催化裂化是在热和催化剂的作用下使重质油发生裂化反应，并转化为裂化气、辛烷值较高的汽油、柴油等产品的加工过程。它是现代化炼油厂改质重质瓦斯油和渣油的核心技术，是炼厂获取经济效益的重要手段。

一方面由于直馏汽油和柴油在数量上不能满足需要，另一方面直馏汽油的辛烷值太低，不能直接作为汽油机燃料。因此，在20世纪30年代开发出了催化裂化工艺。在众多的二次加工工艺中，催化裂化工艺应用最为广泛。目前，我国汽油产量的70%、柴油产量的30%是由催化裂化装置提供的，同时提供大量的液化石油气作为宝贵的化工原料和民用燃料。从经济效益角度而言，炼油企业中一半以上的效益是靠催化裂化取得的。因此，催化裂化工艺在石油加工的总流程中占据十分重要的地位，成为当今石油加工的核心工艺之一，并将继续发挥举足轻重的作用。

催化裂化的原料最初是减压馏分油，主要是直馏减压馏分油，也包括二次加工馏分油，如焦化蜡油等。由于对轻质油品的需求不断增长及催化裂化技术的不断发展，进一步扩大了催化裂化的原料范围，例如减压渣油、减压渣油脱沥青油、加氢处理的重油等。一般都是在直馏减压馏分油中掺入上述重质原料，其掺入的比例主要受原料的金属含量和残炭值的限制。

催化裂化过程具有以下几个特点：

① 轻质油收率高，可达70%～80%。

② 催化裂化汽油的辛烷值较高，研究法辛烷值可达85以上。汽油的安定性比较好。

③ 催化裂化柴油的十六烷值低，常与直馏柴油调和使用或经加氢精制提高十六烷值，以满足产品规格要求。

④ 催化裂化气体产品约占10%～20%左右，其中约90%是C_3、C_4组分，且其中烯烃含量占50%左右。因此，这部分产品是优良的石油化工和生产高辛烷值汽油组分的原料。

根据所用原料、催化剂和操作条件的不同，催化裂化各产品的产率和组成略有差异。大体上，气体产率为10%～20%，汽油产率为30%～60%，柴油产率一般不超过40%，焦炭产率为5%～7%。当原料中掺入渣油时焦炭产率则更高些，可达8%～10%。由以上产品产率和产品质量情况可以看出，催化裂化过程的主要目的是生产汽油。随着我国交通运输和农业的发展，对柴油的需求量很大，调整操作条件，可在生产汽油的同时提高柴油的产率，这也是我国催化裂化技术的特点。

2. 烃类的催化裂化反应

催化裂化原料的石油馏分中主要包含的烃类有烷烃、环烷烃及带取代基的芳烃等，在二次加工原料中则还含有烯烃。在催化裂化条件下，这些烃类发生的主要反应有：裂化、异构化、烷基转移、歧化、氢转移、环化、缩合、叠合及烷基化等。

(1) 催化裂化反应机理　烃类的催化裂化反应与热裂化反应具有不同的反应机理。热裂化反应是通过复杂的链式自由基机理进行的，而催化裂化反应是通过正碳离子中间体进行的。所谓正碳离子是指烃分子中有一个碳原子的外围缺少一对电子，因而形成带正电的离子，如：$\mathrm{R-\overset{H}{\underset{H}{C^{+}}}}$。

根据与带电荷正碳离子结合的烃基数目的不同，正碳离子可分为伯正碳离子 $\mathrm{R-\overset{H}{\underset{H}{C^{+}}}}$、仲正碳离子 $\mathrm{R-\overset{R}{\underset{H}{C^{+}}}}$ 和叔正碳离子 $\mathrm{R-\overset{R}{\underset{R}{C^{+}}}}$。正碳离子的稳定性按下列次序递减：

叔正碳离子 > 仲正碳离子 > 伯正碳离子 > 甲基正碳离子。

催化裂化中各种类型的反应都要经过原料烃分子转化成正碳离子的阶段，所以催化裂化反应实际上就是各种正碳离子的反应。

正碳离子的形成，是烯烃的双键中有一个被断开同时加上一个质子（H^+），而质子是加在原来含氢多的碳原子的一边，这样就使含氢少的另一个碳原子缺少一对电子而成为正碳离子。

因此，正碳离子可以通过以下几种不同的途径生成：

① 烷烃上与碳形成共键的氢可以与催化剂上的质子酸中心或非质子酸中心作用生成正碳离子。

$$\mathrm{RH + HX \rightleftharpoons R^+ + X^- + H_2}\ 或\ \mathrm{RH + L \rightleftharpoons LH^- + R^+}\ （L\ 酸，又称非质子酸）$$

② 烯烃或芳烃与催化剂上的质子酸作用生成正碳离子。

$$\mathrm{H_2C{=\!=}CHCH_3 + HX \rightleftharpoons H_3C-\overset{+}{\underset{H}{C}}-CH_3 + X^-}$$

③ 正碳离子与饱和烃反应时，会发生氢转移反应，生成一个新的正碳离子。

$$\mathrm{R_1^+ + R_2H \rightleftharpoons R_1H + R_2^+}$$

④ 一个稳定分子异构断裂生成两个带相反电荷的碎片，带正电荷的即为生成的正碳离子。

$$\mathrm{RR_1 \longrightarrow R^+ + R_1^-}$$

（2）单体烃的催化裂化反应

① 烷烃　烷烃主要发生裂解反应和异构化反应。

烷烃的裂解反应主要是指烃分子中 C—C 键断裂生成烯烃及较小分子烷烃的反应。如：

$$\mathrm{C_nH_{2n+2} \longrightarrow \underset{烯烃}{C_mH_{2m}} + \underset{烷烃}{C_pH_{2p+2}}}$$

烷烃的 C—C 键能随着分子从两端向中间移动而减弱。因此，烷烃裂解时多从中间的 C—C 键处断裂，而且分子越大越易断裂，碳原子数相同的链烷烃中，异构烃比正构烃容易分解。

② 烯烃　烯烃是一次裂解反应的产物。烯烃较烷烃更易形成正碳离子，并由此进行各种反应，它在催化裂化过程中是一个重要的中间产物和最终产物。烯烃的主要反应是裂解反应，同时还有异构化、芳构化和氢转移反应。

烯烃的裂解反应规律与烷烃相似，而且烯烃裂解速度比烷烃快得多。烯烃形成正碳离子后，裂化反应在带正电荷碳原子的 β 位的键上发生。直链仲正碳离子裂解时生成伯正碳离子。直链烃在β位置继续裂化，导致大量丙烯生成。按照此机理是不生成乙烯的。因此，乙烯产率高时表示有自由基的热裂化反应发生，而丙烯产率高则是催化裂化的特征。

烯烃异构化包括双键异构化、骨架异构化和几何异构化反应。

烯烃的双键位置由两端移向中间，称为双键移位异构。如：

$$H_2C=CHCH_2CH_2CH_3 \underset{-H^+}{\overset{+H^+}{\rightleftharpoons}} CH_3\overset{+}{C}HCH_2CH_2CH_3 \underset{+H^+}{\overset{-H^+}{\rightleftharpoons}} CH_3CH=CHCH_2CH_3$$

骨架异构化是指分子中碳链重新排列，包括直链变为支链、支链位置发生变化等，如：

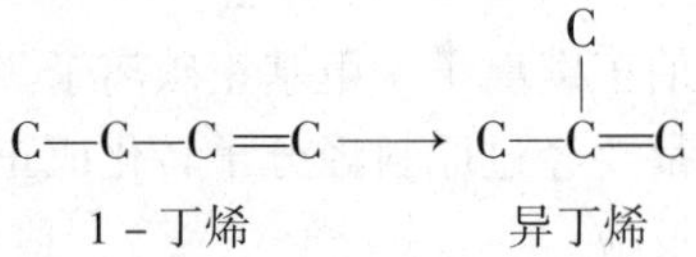

1－丁烯　　异丁烯

几何异构化是指烯烃分子空间结构的改变。如：

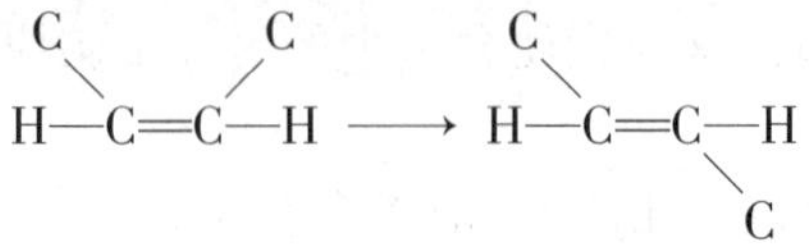

2－顺丁烯　　2－反丁烯

烯烃的芳构化是指烯烃环化再脱氢，最后生成芳烃。如：

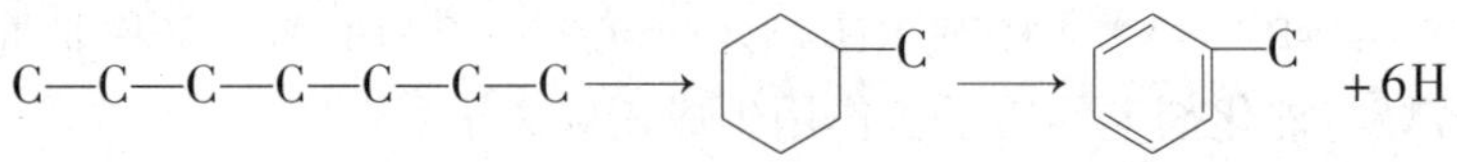

2－庚烯　　甲基环己烷　　甲苯(供氢转移加氢)

烯烃的氢转移反应是催化裂化的重要特征反应。烃分子上的氢脱下来后立即加到另一烯烃分子上使之饱和的反应称为氢转移反应。烯烃分子之间，烯烃与环烷烃、芳烃分子之间都能发生氢转移反应。其结果是烯烃转化为烷烃，而给出氢的烃分子则转化为多烯烃及芳烃或缩合程度更高的分子，直至缩合为焦炭。氢转移反应是造成催化裂化汽油饱和度较高及催化剂失活的主要原因。

如：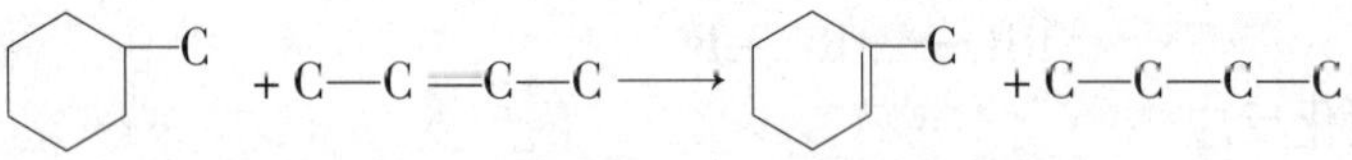

所有可能供氢的烃分子中，带侧链的环烷烃上环的脱氢是主要的氢来源，而二烯烃最易接受氢转化为单烯烃，所以催化裂化产品中二烯烃很少。

③ 环烷烃　环烷烃的主要反应有裂解、脱氢和异构化。

环烷烃中有较多的仲碳原子，在十氢萘及带取代基的环烷烃中还有较多的叔碳原子，因此比相应的直链烷烃更易裂化。环烷烃自环上断开生成异构烯烃，如：

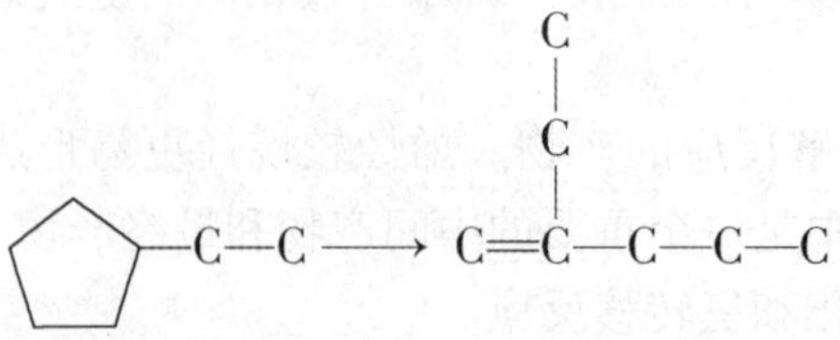

乙基环戊烷　　2－乙基－1－戊烯

如果环烷烃所带侧链较长时，则可能断侧链，如：

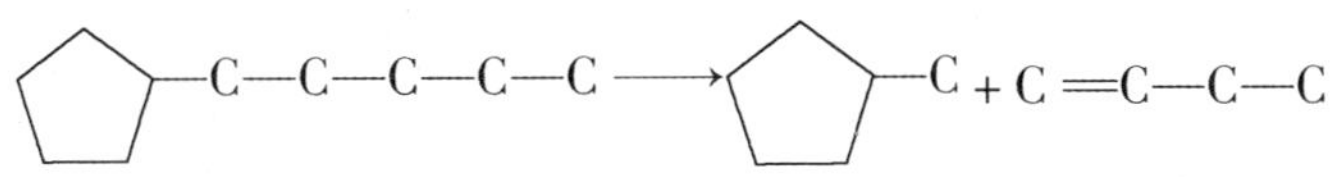

戊基环戊烷　　　　甲基环戊烷　　1－丁烯

环烷烃本身可脱氢转化为芳烃，如：

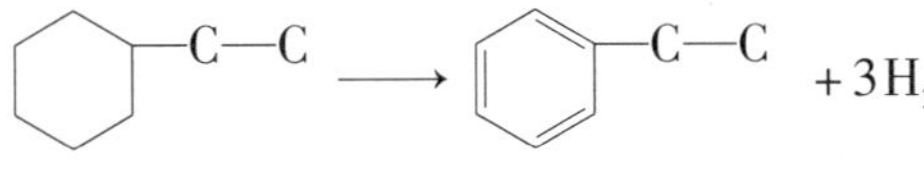

带侧链的五元环烷烃可异构化，转化为六元环烷烃，并进一步脱氢生成芳烃。如：

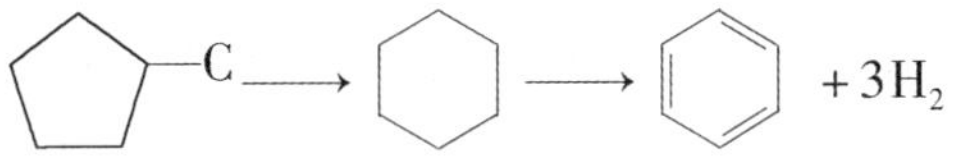

④ 芳烃　苯环非常稳定，而烷基芳烃的烷基则易于断裂。断裂的位置主要发生在侧链与苯环相连的 C—C 链上，生成较小的芳烃和烯烃，这种反应也称为脱烷基反应。烷基芳烃裂化的能力随取代基碳数的增多而增加，异构烷基取代基则比相应的直链取代基更易裂化，但分子中至少要有三个碳以上的侧链才易断裂，脱乙基较困难。如：

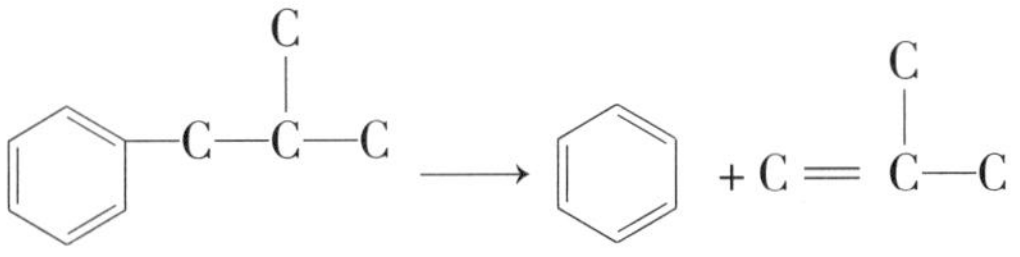

多环芳烃的裂化反应速度很低，且对裂化反应具有一定的阻碍作用，主要发生缩合反应，生成稠环芳烃，直至焦炭，同时放出氢气，使烯烃饱和。因而，芳烃缩合是催化裂化特有的一种反应。

（3）石油馏分的催化裂化反应　反应模型见图 3－13。

石油馏分为复杂的烃类混合物。各种单体烃的反应都在进行并发生许多交错反应，因而形成一个复杂的反应体系。

原料朝着几个方向同时进行反应，称之为平行反应。同时随着反应深度的加深，中间产物又会继续反应，这种反应称为顺序反应。反应可同时向几个方向进行，中间产物又可继续反应，这种反应属于平行－顺序反应。石油馏分的催化裂化反应即是一个复杂的平行－顺序反应。

平行－顺序反应的一个重要特点是反应深度对产品产率分布有重大影响。如图 3－14 所示，随反应时间的延长，转化率提高，气体和焦炭产率一直增加，而汽油产率开始增加，经过最高点后反而下降。这是因为达到一定反应深度后，汽油分解为气体的速度超过了汽油的生成速度，亦即二次反应速度超过了一次反应速度。

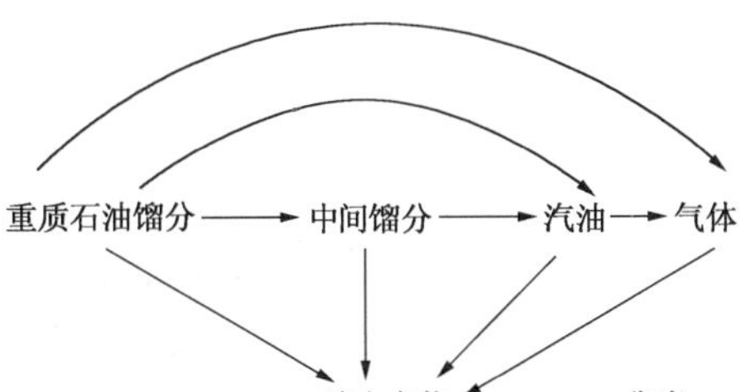

图 3－13　石油馏分催化裂化平行－顺序反应模型

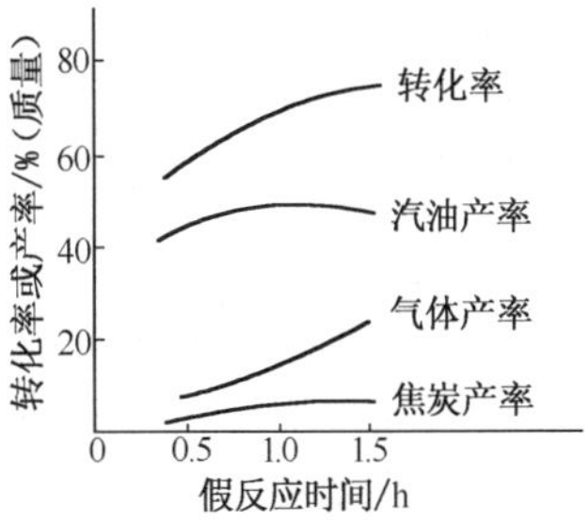

图 3－14　克拉玛依原油（320～510℃馏分）的催化裂化结果（反应温度为 460℃）

原料油最初的裂化反应为一次反应。裂化反应生成的烯烃及烷烃为一次产物，如汽油或气体等。到一定转化深度时汽油会进行再裂化，属不稳定产物。丁烯与汽油类似，也为一次不稳定产物。由一次反应生成的一次产物进一步反应，因此为二次产物。甲烷及乙烷也属二次产物。

催化裂化的二次反应是多种多样的，有些反应是有利的，有些反应是不利的。在催化裂化的二次反应中特别重要的是氢转移及缩合反应。通过氢转移反应减少了产物烯烃含量，减少了焦炭的生成。而缩合反应则增加了焦炭的生成量，这是需要尽量避免的。因此，在催化裂化反应中，应对二次反应加以适当的控制。

另外，还要根据原料的特点选择合适的转化率。例如在工业生产中，如果主要目的产品是汽油，应当选择在汽油产率最高点处的单程转化率；如果以生产柴油为主要目的产品时，则应采用较缓和的反应条件使单程转化率低一些。

石油馏分的催化裂化反应也是一个气－固相的非均相催化反应。在反应器中，原料和产品是气相，而催化剂则是固相。催化裂化反应是在固体催化剂表面上进行的，某一烃类的反应速度，不仅与化学反应本身的速度有关，而且与它们的吸附和脱附性能有关。如果某种烃类难以在催化剂表面上吸附，尽管其化学反应速度很快，但其总的反应速度不可能很大，此时影响反应速度的因素是吸附速度。

各种烃类在裂化催化剂上的吸附能力按其强弱顺序为：

稠环芳烃＞稠环、多环环烷烃＞烯烃＞单烷基侧链的单环芳烃＞单环环烷烃＞烷烃。

同族烃类相比，相对分子质量越大其吸附能力越强。

不同族烃类的化学反应速度快慢顺序为：

烯烃＞大分子单烷基侧链的单环芳烃＞异构烷烃及环烷烃＞小分子单烷基侧链的单环芳烃＞正构烷烃＞稠环芳烃。

显然，各种烃类在裂化催化剂上的吸附能力和化学反应速度快慢顺序是有差异的。可以看出，石油馏分中的芳烃，特别是稠环芳烃，在催化剂上的吸附能力最强，但它的化学反应速度却最低。因此，裂化原料中含有较多的芳烃时，它们首先吸附在催化剂表面上占据相当的表面积，阻碍了其他烃类的吸附和反应，使整个石油馏分的反应速度变慢。在这种情况下，稠环芳烃对于催化裂化起着毒物作用，是原料中的不利组分。芳烃和烯烃在各自单独进行催化裂化反应时，都能发生缩合反应直至生成焦炭，但当两者同时存在时，烯烃与芳烃的缩合反应加剧，促使更多的焦炭生成。原料中的烷烃虽然具有一定的化学反应速度，但其吸附能力却最弱，因而不是理想的催化裂化原料。环烷烃既有一定的吸附能力，又具有适宜的反应速度，因此可以认为，富含环烷烃的石油馏分是理想的催化裂化原料。

3. 催化裂化反应的热效应

在催化裂化反应中，既有吸热反应，如裂解、脱氢等，又有放热反应，如氢转移、缩合等，不同烃分子反应所吸收或放出的热量也不同。因此，石油馏分裂化所需要的反应热大小与原料的组成、转化深度、反应条件及催化剂类型等都有一定关系。通常，在低转化率以裂化和脱氢等吸热反应为主时，需要的反应热较大，随着反应深度的增加，在高转化率时，一些放热反应逐渐趋于重要，总的热效应降低。

催化裂化的原料和反应产物组成非常复杂，根据原料和产品的生成热来计算反应热实际上是行不通的。因此，在工业生产中一般是采用经验方法进行计算。对于工业催化裂化装置，反应热的表示方法通常有以下三种：

① 以新鲜原料为基准。在一般工业条件下，新鲜原料的反应热约为 290～420kJ/kg。这种表示方法没有考虑到反应深度对反应热的影响，比较粗略。表 3－13 列出了在不同催化剂上的裂化反应热数据。

表 3－13　新鲜原料的催化裂化反应热数据

催化剂	低铝无定形	高铝无定形	早期沸石	HY 型沸石	稀土交换 Y 型沸石	超稳沸石
反应热/kJ·kg⁻¹	630	560	465	370	185	420

② 以生成的汽油以下轻产品的量（＜205℃产物）为基准，如图 3－15。

③ 以催化反应生成的焦炭中的碳（又称催化碳）为基准。当反应温度为 510℃，其数值为 9127kJ/kg 催化碳。在其他温度下，将该值乘以该反应温度下的校正系数，如图 3－16。这是国内设计计算经常采用的方法。

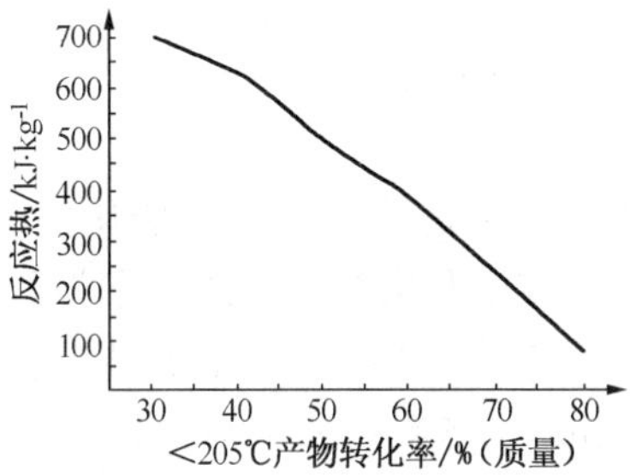

图 3－15　催化裂化反应热与产物转化率的关系

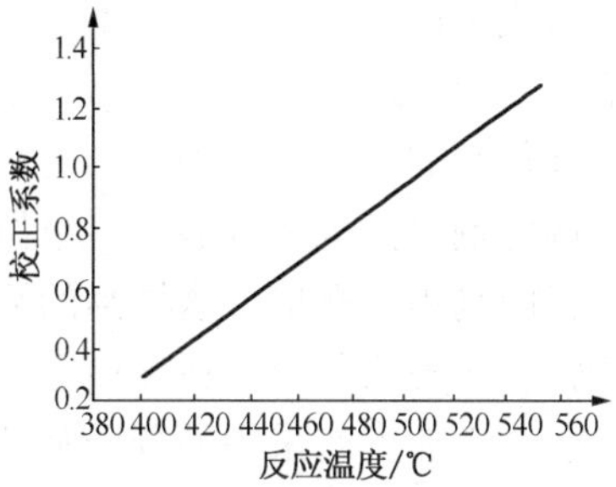

图 3－16　催化裂化反应热的校正系数

$$催化碳 = 总碳 - 附加碳 - 可汽提碳 \quad (3-12)$$

式中　总碳——再生时烧去的焦炭中的总碳量；

附加碳——由于原料中的残炭造成的碳量，附加碳＝新鲜原料量×新鲜原料中含有的残碳%×0.6；

可汽提碳——吸附在催化剂上的油气在进入再生器之前没有汽提干净，在再生器内也和焦炭一样烧掉了，但实际上它不是焦炭，这种形式的焦炭中的碳被称为可汽提碳，可汽提碳＝催化剂循环量×0.02%。

4. 催化裂化催化剂

催化剂在催化裂化工艺过程中起着举足轻重的作用，它不仅能够有选择性地促进某些化学反应的进行，还对目的产品的产率、产品质量、操作条件、工艺过程以及经济效益等具有重大的影响。催化裂化技术的发展在很大程度上取决于催化剂的发展。例如，有了微球催化剂，才出现了流化床催化裂化装置；沸石催化剂的诞生，促进了提升管催化裂化的发展；钝化剂和抗重金属污染催化剂的出现，使渣油催化裂化技术得到较快的发展。

（1）催化裂化催化剂的种类

① 无定形硅酸铝催化剂　这是工业催化裂化装置最早使用的催化剂。它是一种多孔性物质，其颗粒密度约为 1g/cm^3，孔体积达 0.4～0.6mL/g，即每粒催化剂中微孔所占体积为整个催化剂体积的一半左右。由于这些微孔使硅酸铝催化剂具有很大的表面积，而这些表面就是进行化学反应的场所。催化剂表面具有酸性，并形成许多酸性中心，催化剂的活性来源

于这些酸性中心，即催化剂的活性中心。

硅酸铝催化剂的主要成分是氧化硅(SiO_2)和氧化铝(Al_2O_3)。根据氧化铝含量的不同可以分为低铝和高铝两种，其中，低铝硅酸铝含Al_2O_3为10%～13%，高铝硅酸铝含Al_2O_3约为25%。按照颗粒大小又可分为小球状(直径在3～6mm之间)和微球状(直径在40～80 μm之间)。

硅酸铝催化剂是由硅酸钠和硫酸铝按照一定比例形成凝胶，再经水洗、过滤、成型、干燥、活化等步骤制成。

② 沸石催化剂　沸石，又称分子筛，它是一种具有结晶结构的硅铝酸盐，也是一种多孔性物质，具有很大的比表面积。与无定形硅酸铝催化剂的主要区别在于，沸石催化剂是一种具有规则晶体结构的硅铝酸盐，其晶格结构中排列着整齐均匀、孔径大小一定的微孔，只有直径小于孔径的分子才能进入其中，而直径大于孔径的分子则无法进入。由于它能像筛子一样将不同直径的分子分开，因而形象地称其为分子筛。

按其组成不同及晶体结构的不同，沸石催化剂可分为A型、X型、Y型及丝光沸石等几种。目前工业上常用的是X型和Y型。X型和Y型沸石的主要区别在于硅铝比不同。硅铝比越高，催化剂的热稳定性和水蒸气稳定性也随之提高。

沸石催化剂表面也具有酸性，单位表面上的活性中心数目约为硅酸铝催化剂的100倍，其活性也相应高出上百倍，这样高的活性不易直接用作裂化催化剂。因此，作为裂化催化剂时，一般将分子筛均匀分布在载体上，载体通常采用无定形硅酸铝、白土等具有裂化活性的物质。目前，工业上所采用的分子筛催化剂一般含有5%～15%的分子筛，其余主要是起稀释作用的载体。

(2) 催化剂的使用性能　评价催化剂性能的主要指标有：活性、选择性、稳定性、再生性、抗重金属污染性能、流化性能和抗磨性能。

① 活性　是指催化剂对催化裂化反应的加速能力。它是评价催化剂促进化学反应能力的重要指标。在一定体积的反应器中，催化剂的装入量是一定的，活性越高，则原料油处理量越大，若处理量相同，则所需的反应器体积可缩小。

对于催化剂活性的测定方法，目前各国还没有统一标准。但原则上都是取一种标准原料油，通过装在固定床中的待测定的催化剂，在一定的裂化条件下进行催化裂化反应，将得到一定干点的汽油产率(包括汽油蒸馏损失的一部分)作为催化剂的活性。

② 选择性　所谓选择性是表示催化剂能增加目的产品(轻质油品)产率和改善产品质量的能力。对于裂化催化剂的选择性，其表示方法主要有以下几种：

选择性＝汽油产率/转化率；

选择性＝汽油产率/焦炭产率；

选择性＝汽油产率/气体产率。

选择性好的催化剂可以使原料生成较多的汽油、较少的气体和焦炭。沸石催化剂的选择性优于无定形硅酸铝，当焦炭产率相同时，使用沸石催化剂可提高汽油产率15%～20%。

③ 稳定性　催化剂在使用过程中保持其活性和选择性的性能称为稳定性。具体来说，是指催化剂耐高温和水蒸气老化的性能。在催化裂化反应和再生过程中，高温和水蒸气反复作用，可使催化剂的孔径扩大、比表面积减小而导致其活性下降，这种现象称为催化剂的“老化”。稳定性好的催化剂经高温和水蒸气作用时活性下降少，使用寿命长。一般来说，

高铝催化剂的稳定性要高于低铝催化剂，沸石催化剂的稳定性更高。

④ 再生性 石油馏分在催化裂化过程中，由于发生缩合反应和氢转移反应，会产生高度缩合产物——焦炭。焦炭沉积在催化剂表面上覆盖活性中心使催化剂的活性及选择性降低，通常称为“结焦失活”，这种失活属于“暂时失活”。在高温下用空气将表面的焦炭烧掉，使活性中心重新暴露而恢复活性，这一过程称为再生。催化剂的再生性能是指其表面积炭是否容易烧掉，这一性能在实际生产中有着重要意义。若再生效果差、再生催化剂含碳量过高时，则会大大降低转化率，使汽油、气体和焦炭产率下降，且汽油的溴价上升，诱导期下降，而柴油的十六烷值上升。

在实际生产中，离开反应器的催化剂含碳量约为1%，称为待生催化剂。再生后的催化剂称为再生催化剂。一般对再生催化剂含碳量的要求：硅酸铝催化剂为0.5%～0.7%(质量)，沸石催化剂为0.2%～0.3%(质量)，甚至更低。催化剂的再生性能决定整个装置的热平衡和生产能力。

⑤ 抗重金属污染性能 原料油中的镍、钒、铁、铜等金属的盐类，沉积或吸附在催化剂表面上，会大大降低催化剂的活性和选择性，这称为催化剂“中毒”或“污染”。这一现象会使汽油产率大大下降，气体和焦炭产率上升。一般用“污染指数”来表示重金属对催化剂的污染程度，即：

$$\text{污染指数} = 0.1 \times (14\text{Ni} + 4\text{V} + \text{Fe} + \text{Cu}) \qquad (3-13)$$

式中各金属是指其在催化剂上的含量，单位是μg/g。

为了控制催化剂的重金属污染，一方面应控制原料油中的重金属含量，另一方面是设法提高催化剂的抗重金属污染能力以及使用金属钝化剂。

⑥ 流化性能和抗磨性能 在流化催化裂化装置中，为了保证良好的流化状态，要求催化剂有适宜的粒径或筛分组成。筛分组成是指催化剂大小颗粒所占的百分数。工业用微球催化剂颗粒直径一般在20～80 μm之间。粒度分布大致为：小于40 μm的占10%～15%，大于80 μm的占15%～20%，其余的是40～80 μm的筛分。

为了避免在生产过程中催化剂的过度粉碎以保证良好的流化和减少损耗，要求催化剂具有一定的机械强度。我国目前采用磨损指数来评价微球催化剂的机械强度。一般要求微球催化剂磨损指数不大于5%(质量)。

5. 催化裂化工艺的操作参数

(1) 原料油的性质 催化裂化原料是含有各种烃类的复杂混合物，并含有少量含硫、含氮及金属的化合物等。原料油的裂化性能，与其烃类组成关系最大。环烷烃含量多的原料，裂化反应速度比较快，气体、汽油产率较高，焦炭产率比较低，选择性较好；富含芳烃的原料，则裂化反应进行缓慢，焦炭产率较高，选择性差。因此，原料的裂化性能可以用特性因数K值进行分类：$K>12$时，属高裂化性能的烷烃类；$K=11.3\sim12.0$时，属中等裂化性能的环烷烃类；$K<11.3$时，则属难裂化的芳烃类。

含硫和含氮的化合物一般会影响产品的质量，而不影响原料的裂化性能和产品分布。含硫化合物对催化裂化反应有相当的影响，硫对催化剂也是暂时性的毒物，会降低其活性和转化为汽油的选择性。含氮化合物对催化裂化反应的影响最为显著，其牢固地吸附在催化剂上由配位不饱和的铝原子形成的非质子酸中心上，或和质子酸中心作用，使质子酸中心减少，因而导致催化剂中毒。碱性氮化物的影响一般高于非碱性氮化物。含氮化合物对裂化催化剂的毒性不仅取决于它的碱性，还与其分子结构和大小以及吸附脱附性能和稳定性有关。在相同的转化率下，随着原料油中含氮量的增加，汽油产率降低，焦炭、干气以及氢气产率增加，选择性变差，汽油的辛烷值有所降低。沸石分子筛和用稀土交换的沸石分子筛催化剂由于具有较多的酸性中心，因而具有更好的抗氮性能。原料油中的含氮化合物对催化剂的中毒属于暂时中毒，经再生后可以恢复其活性。

(2) 反应温度　在工业生产中，石油馏分是在提升管反应器中进行反应的，由于反应过程中会吸收热量和器壁的散热损失，反应器进出口温度有一定差异，进口温度比出口温度高大约 20～30℃。反应温度通常是指提升管的出口温度。

反应温度对催化裂化各类反应速度有不同的影响，从而引起产物组成和质量的改变。表 3－14 为大庆馏分油和稀土沸石催化剂在中型提升管装置上不同反应温度下的试验结果。提高反应温度，烃类裂解反应和芳构化反应速度增快幅度要高于氢转移反应，故产品汽油中芳烃和烯烃含量增加，辛烷值提高，但其安定性下降，柴油因芳烃含量的增加，十六烷值降低。温度的升高还使热裂化反应的影响趋于重要，因而气体中 C_1、C_2 组分增加，C_3、C_4 组分中烯烃含量增加。

反应温度是催化裂化的重要参数，通过调节反应温度可以达到多产汽油、多产柴油或多产气体等不同生产方案的要求。在提升管装置中主要是通过再生单动滑阀开度来调节催化剂循环量，从而调节反应温度，其实质是通过改变剂油比调节焦炭产率而达到调节装置热平衡的目的。

表 3－14　反应温度的影响

反应温度(出口/入口)/℃		480/510	501/524	517/556
物料平衡	转化率/%(质量)	62.3	70.6	77.7
	C_1、C_2	0.8	1.3	3.2
	总 C_1	4.4	5.7	7.2
	丙烯	3.6	4.8	6.1
	总 C_4	10.1	12.3	13.0
	丁烯	6.0	8.0	9.1
	汽油(C_5～205℃)	44.3	48.3	51.0
	轻柴油	14.7	12.3	10.5
	重油	23.0	17.1	11.8
	焦炭	2.0	1.9	1.6
	损失	0.7	1.0	1.6
产品性质	汽油辛烷值	—	78	79
	汽油诱导期/min	465	385	245
	柴油十六烷值	87	34	29
	柴油凝点/℃	－11	－15	－13

(3) 反应时间和空速　对于催化床层反应器，通常采用空速来表示原料在反应器床层内的反应时间，它指的是单位时间通过单位质量催化剂的原料油的质量。而对于提升管反应器，一般采用反应时间这个概念，它指的是油气在提升管中的停留时间。

沿提升管高度的变化裂化产品分布情况如图 3－17 所示。可以看出，在提升管原料进口处以上的一定高度内，原料转化率、汽油、柴油和焦炭产率随提升管高度而增加，而催化剂活性则下降。当上升到一定高度后，转化率增加不多，而汽油和柴油产率由于二次裂化而下降。因此，在催化裂化过程中，控制适当的反应时间是重要的，特别是对于高活性的催化剂。工业上，如果按多产汽油方案操作，一般采用高反应温度和短反应时间（2～3s），可以得到高的汽油收率和较高的汽油辛烷值，较低的焦炭产率；按多产柴油方案生产时，则以较低的反应温度和较长的反应时间（3～4s）为宜。对于渣油裂化装置则需采取更短的反应时间，以降低生焦率。

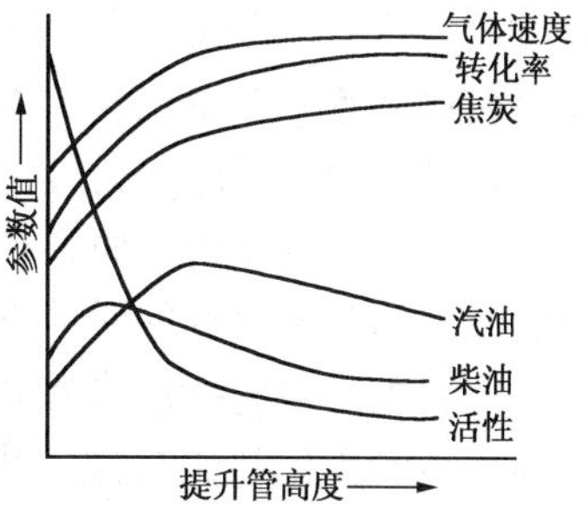

图 3－17　沿提升管高度产品分布的变化

（4）反应压力　反应压力是指催化床层顶部或提升管顶部的压力。提高反应压力使反应器内油气体积缩小，即相当于延长反应时间，同时意味着催化剂表面的油气分压增大，有利于提高反应速度，从而提高了转化率，使产品中气体产率下降，汽油与气体产率比提高。但过高的反应压力，会导致焦炭产率提高，汽油和烯烃产率下降。表 3－15 为某种原料油在不同烃分压下催化裂化时对产品产率的影响。

表 3－15　反应压力对催化裂化产品分布的影响

烃分压/MPa	0.07	0.18	0.28	烃分压/MPa	0.07	0.18	0.28
转化率/%	69.3	70.4	75.7	焦炭产率/%（质量）	7.4	9.6	12.4
汽油产率/%（质量）	53.1	52.6	51.2	丁烯相对产率	1.0	0.86	0.72

影响反应压力的主要因素有再生器的压力、压缩机的入口压力、原料油的总进料量和含水量、汽提蒸汽量等。一般压力不作为操作调节手段，生产装置的反应压力随再生压力而定，而再生压力又应根据全装置综合考虑而定，它的可调节范围很小。一般来说，对于给定大小的设备，提高压力是增加装置处理能力的手段。

（5）剂油比　剂油比是指单位时间内催化剂循环量与反应器总进料量的比值。提高剂油比意味着与油气接触的催化剂的量增多，可以提供更多的反应活性中心，从而加快反应速度，提高转化率。但是过高的剂油比使催化剂在再生器内停留时间过短，致使烧焦不完全，随着转化率的提高，对于原料油而言，总的焦炭产率上升，同时，提高剂油比也增加了再生器的负荷。因此，必须综合考虑选用适当的剂油比。对于提升管反应器，剂油比一般选取 2.5～6.5。在实际生产中，一般是在一定的进料量条件下操作，通常是由改变催化剂循环量来改变剂油比。表 3－16 列出了大庆馏分油的剂油比对转化率和产率的影响。

表 3－16　剂油比对转化率和产品产率的影响

剂　油　比	5.3	10.0	剂　油　比	5.3	10.0
反应温度/℃	480	480	重油	23.0	15.9
产品产率/%（质量）			焦炭	2.0	2.8
$C_3 \sim C_4$	14.5	17.0	损失	0.7	1.7
汽油	44.8	46.8	转化率/%（质量）	62.3	69.5
轻柴油	14.7	14.6			

6. 催化裂化工艺流程

催化裂化装置一般由三个部分组成，即：反应－再生系统、分馏系统和吸收－稳定系统。在处理量较大、反应压力较高的装置中，常常还带有烟气能量回收系统。

(1) 反应－再生系统　原料在催化剂上进行催化裂化，发生缩合反应生成的焦炭沉积在催化剂表面上而使催化剂的活性下降，需要在再生器中用空气烧去积炭。由此可见，一个工业催化裂化装置必须包括反应和再生两个部分。反应－再生系统是催化裂化装置的核心部分，不同类型的催化裂化装置，其主要区别就在于它们的反应－再生系统的形式不同，具体有以下几种(如图3－18所示)：

① 固定床技术　预热后的原料进入反应器内进行反应，在很短的时间内催化剂失活，这时应停止进料，用水蒸气吹扫后通入空气进行再生。因此，反应和再生轮流间歇地在同一个反应器内进行。其缺点是设备结构复杂、生产连续性差。

② 移动床技术　反应和再生分别在反应器和再生器内进行。原料与催化剂同时进入反应器顶部，在向下移动的同时两者相互接触进行反应。当移动至反应器的下部时，催化剂表面上已经沉积了一定量的焦炭，催化剂从底部下来经由气升管用空气提升至再生器顶部，在向下移动的过程中催化剂得到了再生。再生后的催化剂经由另一根气升管提升至反应器。催化剂由于在反应器和再生器内循环而起到了热载体的作用，因而反应器内不必设置加热管。但在再生器中，由于再生时放热量大，为了维持合适的再生温度，需要安装一些取热管束，采用高压水进行循环以取走剩余热量。

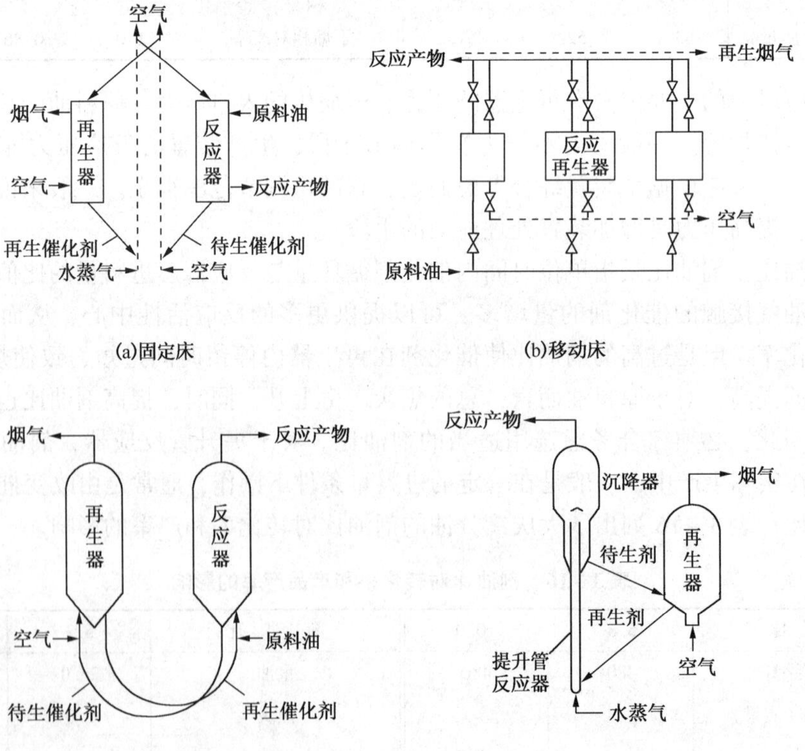

(a)固定床　(b)移动床　(c)流化床　(d)提升管(并列式)

图3－18　催化裂化反应－再生系统的4种主要形式

③ 流化床技术　在反应器和再生器内，催化剂与油气或空气形成流化状态，进行反应和再生。由于在流化状态时反应器和再生器内温度分布均匀，且催化剂的循环量大，可携带热量多，缩小了反应器和再生器内温度变化幅度，因而大大简化了设备结构，使操作方便灵活、产品性质稳定。在20世纪50年代，最有代表性的催化裂化技术是高低并列式密相床流化催化裂化，又称Ⅳ型催化裂化。

④ 提升管反应器　60年代以来，为了配合高活性的沸石催化剂，流化床反应器又发展为提升管反应器。一方面为了增加提升管长度以满足对反应时间的要求，另一方面要提高再生压力，以利于烧焦，降低再生催化剂的含碳量。在布置上采用高低并列式，反应器位置较高，再生器位置较低，两器不在一条轴线上。我国典型的高低并列式催化裂化装置如图3-19所示。

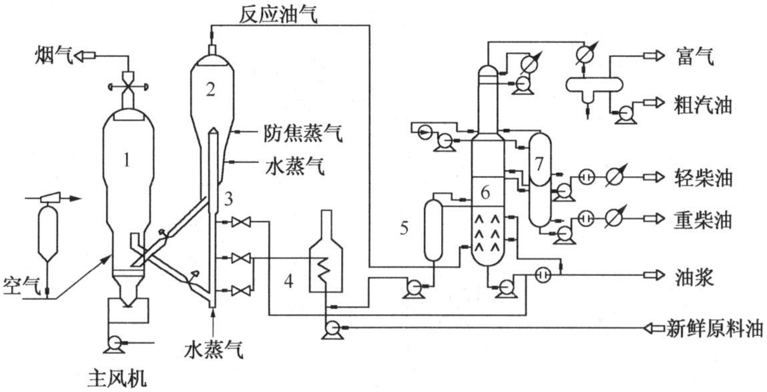

图3-19　高低并列式催化裂化反应-再生及分馏系统工艺流程

1—再生器；2—沉降器；3—提升管反应器；4—加热炉；
5—回炼油罐；6—分馏塔；7—汽提塔

新鲜原料油与回炼油混合，进入加热炉加热到200~400℃左右至提升管反应器下部的喷嘴，由雾化蒸汽雾化喷入提升管反应器下部，与来自再生器的高温(约650~700℃)催化剂接触并立即汽化进行反应。油气在提升管内的停留时间很短，一般只有几秒钟，反应产物经旋风分离器分离出夹带的催化剂后离开反应器进入分馏系统。

积有焦炭的待生催化剂由沉降器进入下面的汽提段，用过热水蒸气进行汽提以脱除吸附在催化剂表面上的少量油气。待生催化剂经待生斜管进入再生器，与来自再生器底部的空气(由主风机提供)接触进行再生反应，同时放出大量燃烧热，以维持再生器足够高的床层温度(密相段温度约为650~680℃)。再生后的催化剂经再生斜管及再生单动滑阀返回提升管反应器循环使用。

烧焦产生的再生烟气，经再生器稀相段进入旋风分离器，经两级旋风分离器分离出携带的大部分催化剂，烟气经集气室和双动滑阀排入烟囱或能量回收系统。回收的催化剂经料腿返回床层。

在生产过程中，催化剂会有损失和失活，为了维持系统内催化剂的藏量和活性，需要定期向系统内补充或置换新鲜催化剂。为此，装置内至少设有两个催化剂储罐，一个是供加料用的新鲜催化剂储罐，一个是供卸料用的热平衡催化剂储罐。

(2) 分馏系统　分馏系统的主要作用是将反应-再生系统的产物进行初步分离，按沸点范围分割成富气、汽油、轻柴油、重柴油、回炼油和油浆等馏分。其分馏原理是精馏操作原理，但与常压塔相比，催化分馏塔还有其独特的工艺特点。

① 分馏塔底设置脱过热段　由于进料是带有催化剂粉尘的过热气体，进料口在塔的底部，用冷却到280℃左右的循环油浆与反应油气经过人字挡板逆流接触，一方面可以洗掉反应油气中携带的催化剂粉尘，避免塔盘堵塞，另一方面可以回收反应油气的过剩热量。

② 塔底设置油浆循环取热，塔身设置中段回流取热　由于全塔剩余热量大，为保证全塔汽液负荷相差不过于悬殊，并回收高温位热量，除塔底设置油浆循环取热外，还设置中段回流取热。

③ 塔顶采用循环回流　由于塔顶气态产品量较大，为减少塔顶冷凝器负荷，减少冷凝冷却的总面积，塔顶采用循环回流取热代替冷回流。

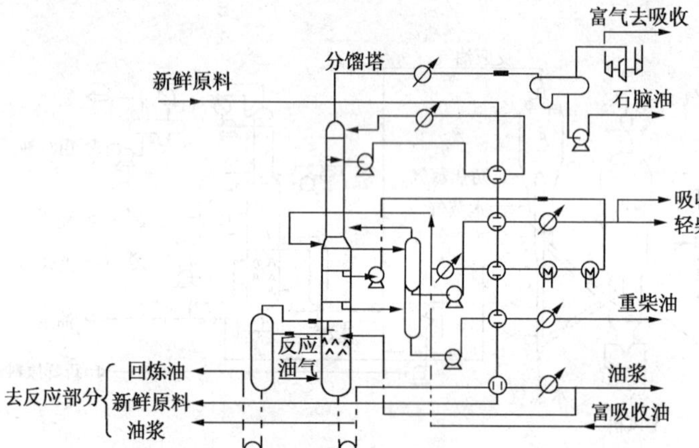

图3－20　催化裂化分馏系统工艺原理流程

典型的催化裂化分馏系统工艺流程如图3－20所示。由反应－再生系统来的高温油气进入催化分馏塔下部，经装有挡板的脱过热段脱过热后进入分馏段，经分馏后得到富气、粗汽油、轻柴油、重柴油、回炼油和油浆(塔底抽出的带有催化剂细粉的渣油)。富气和粗汽油去吸收稳定系统；轻、重柴油经汽提、换热或冷却后出装置；回炼油返回反应－再生系统进行回炼；油浆的一部分送入反应－再生系统回炼，另一部分经换热后循环回分馏塔(也可将其中一部分冷却后送出装置)。为了取走分馏塔的过剩热量以使塔内气液负荷分布均匀，在塔的不同位置分别设有4个循环回流：塔顶循环回流、一中段回流、二中段回流和油浆循环回流。

(3) 吸收－稳定系统　吸收－稳定系统主要由吸收塔、再吸收塔、解吸塔及稳定塔组成。从分馏塔顶油气分离器出来的富气中带有汽油组分，而粗汽油中则溶解有C_3、C_4组分。吸收稳定系统的作用就是利用吸收和精馏的方法将富气和粗汽油分离成干气、液化气和蒸气压合格的稳定汽油。

尽管经过反应－再生系统得到的反应油气较多，但能否最终切割得到更多的产品则取决于分馏和吸收稳定系统的操作水平。在吸收和解吸过程中，一方面要通过吸收塔尽可能多地将C_3、C_4组分吸收下来；另一方面，还要通过解吸塔尽量将C_2组分解吸出去。吸收剂一般是分馏部分的石脑油，并根据吸收率的要求以稳定汽油作为补充吸收剂。

早期的催化裂化装置一般是吸收与解吸在同一塔内进行，优点是布置紧凑、流程简单。但从工艺过程来看，吸收与解吸在同一塔内，两者相互干扰较大。为了减少这种干扰，提高吸收和解吸效率，便于控制调节，新装置大多采用吸收与解吸过程分别在两个塔内进行的双塔流程。典型的双塔流程见图 3－21。

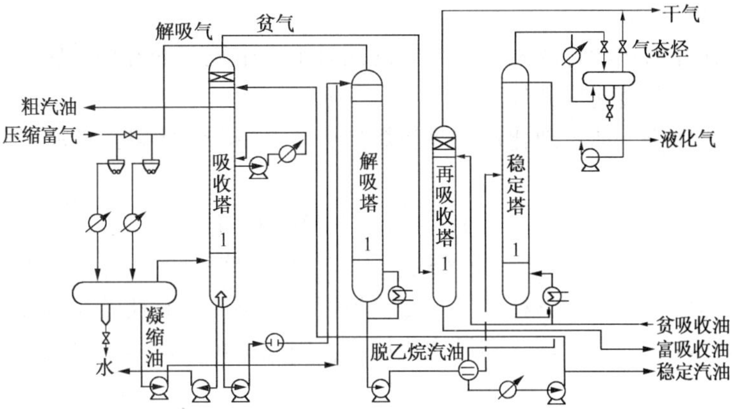

图 3－21　催化裂化吸收－稳定系统工艺原理流程

三、催化重整

催化重整是指在催化剂的作用下对汽油馏分进行分子重新排列的过程。采用铂催化剂的叫铂重整；采用铂铼催化剂或多金属催化剂的叫铂铼重整或多金属重整。

催化重整是现代炼油工艺中重要的二次加工方法。其目的是用以生产高辛烷值汽油或化工原料－芳香烃，同时，副产的大量氢气可作为加氢工艺的氢气来源。鉴于环保要求，世界各国对汽油质量的要求越来越高，而一般直馏油达不到高辛烷值要求，烷基化油虽然质量高，但产量少，只能在很大程度上应用重整油，因而发展重整工艺是生产高质量汽油的重要手段之一。目前催化重整与催化裂化、催化加氢一起已成为炼油过程中三个最重要的催化加工过程。

1. 催化重整的化学反应

催化重整的化学反应归纳起来主要有以下几种：

（1）六元环烷烃的脱氢反应　六元环烷烃脱氢是催化重整中最重要的生成芳烃的反应。在所有的重整反应中，六元环烷烃脱氢反应速度最快，而且能充分转化成芳烃，是重整的最基本反应，此反应为高吸热反应。如：

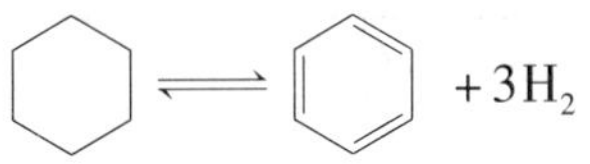

（2）烷烃环化脱氢反应　直链烷烃经脱氢及环化反应使分子重新排列成环烷烃，然后环烷烃再经脱氢或异构脱氢成芳烃。如：

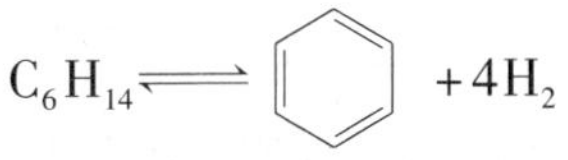

脱氢环化为吸热反应，反应速度很慢，但也是生成芳烃的重要反应。

（3）异构化反应　烃类在重整催化剂的活性表面上能发生异构化反应。一种是五元环烷烃的异构脱氢反应；另一种是直链烷烃的异构化。如：

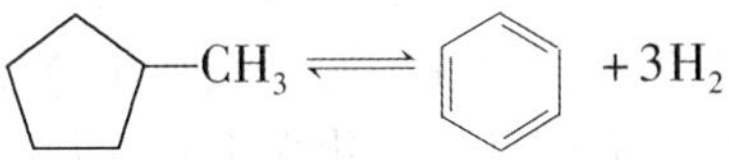

$$n-C_7H_{18} \rightleftharpoons i-C_7H_{18}$$

异构化反应是弱的放热反应。这些异构化反应并不能全部直接生成芳烃。但正构烷烃异构化后，不仅可提高汽油辛烷值，而且由于异构烷烃比正构烷烃更容易进行脱氢环化反应，因而也间接地有利于生成芳烃。

五元环烷烃在异构化转化成六元环烷烃的同时也发生较多的开环反应，转化成烷烃，所以五元环烷烃难于完全转化成芳烃。

(4) 加氢裂化反应　加氢裂化反应是指烷烃分子 C—C 键断裂，经加氢后，产生较小的烷烃分子的反应。如：

$$n-C_8H_{18}+H_2 \longrightarrow 2i-C_4H_{10}$$

正辛烷　　　　异丁烷

此反应为放热反应，并且消耗氢气。尽管加氢裂化反应不是所希望的反应，但因催化剂需要有足够的酸性以促进脱氢环化和异构化反应，因此不可避免地也带来了烷烃和环烷烃的加氢裂化反应。

(5) 积炭反应　烃类深度脱氢生成烯烃和二烯烃，以及烯烃进一步聚合及环化形成稠环芳烃，这些反应产物吸附在催化剂上，最终转化成积炭，使催化剂失活。

以上各种反应中，六元环烷烃的脱氢反应和五元环烷烃的异构脱氢反应以及烷烃的环化脱氢反应都是生成芳烃的反应，这无论是对生产芳烃还是生产高辛烷值汽油都是有利的。异构化反应也是有利的反应，而加氢裂化反应是需要抑制的副反应，积炭反应则是有害的反应。

2. 催化重整反应的热力学和动力学

在催化重整反应中，由于原料油的组成复杂，不可能逐一研究其反应过程的特性。现将有代表性的 C_6 烃类在 773K 时转化的热力学数据和相对反应速率分别列入表 3－17 和表 3－18 中加以说明。

表 3－17　C_6 烃类的几种反应热与化学平衡常数(773K)

反　应	化学平衡常数	反应热/(kJ/mol)	反　应	化学平衡常数	反应热/(kJ/mol)
环己烷 $\rightleftharpoons$ 苯 $+3H_2$	6×10^5	221	正己烷 $\rightleftharpoons$ 2－甲基戊烷	1.1	－6
甲基环戊烷 $\rightleftharpoons$ 环己烷	0.086	－16	正己烷 $\rightleftharpoons$ 1－己烯 $+H_2$	0.037	130
正己烷 $\rightleftharpoons$ 苯 $+4H_2$	0.78×10^5	266			

表 3－18　催化重整反应的相对反应速率

反　应	相对反应速率		反应速率的相对比较	反　应	相对反应速率		反应速率的相对比较
	C_6	C_7			C_6	C_7	
六元环烷烃脱氢	100	120	最快	烷烃加氢裂化	3	4	慢
六元环烷烃异构脱氢	10	13	快	环烷烃开环	5	3	慢
烷烃及环烷烃异构化	10	13	快	烷烃脱氢环化	1	4	最慢

从热力学来看，六元环烷烃脱氢以及烷烃脱氢环化都是强吸热反应，其化学平衡常数均较大，而加氢裂化则是中等吸热反应，异构化反应是轻度的放热反应，它们的平衡常数都比较小。总体上来说，催化重整是强吸热反应。

从反应速率来看，这些反应有明显的差别。六元环烷烃脱氢反应的相对反应速率最大，烷烃与环烷烃异构化的反应速率较小，而烷烃的脱氢环化与加氢裂化反应速率则更小。

综合来看，甲基环戊烷异构生成环己烷的化学平衡常数很低，其结构较环己烷的结构稳定，难于转化，但环己烷生成苯的化学平衡常数很大，说明一旦环己烷生成，即转化成苯，系统中环己烷的浓度很低，有利于甲基环戊烷异构反应的进行。烷烃的脱氢环化是强烈的吸热反应，化学平衡常数也很大，但此反应的相对反应速率很低。通过改变反应条件，如提高温度和降低压力，将有利于提高反应速率。烷烃异构化反应是轻度的放热反应，其化学平衡常数较小。因此，温度和压力对烷烃异构化的影响较小。烷烃脱氢生成烯烃，在重整条件下，它作为中间产物出现，在重整生成油中很少。

在以上各反应中，六元环烷烃脱氢是催化重整过程最重要的反应，其化学平衡常数和相对反应速率均为最大，其转化率也较高。而烷烃脱氢环化的化学平衡常数虽然较大，但其相对反应速率较小，因而其实际转化率较低。

3. 影响催化重整反应的操作条件

除催化剂的作用之外，影响重整反应的主要操作参数有：反应温度、反应压力、氢油比、空速等。

（1）反应温度　工业上一般采用反应器进口温度或床层加权平均温度来表示反应温度。反应温度是控制产品质量和芳烃产率的重要参数。

催化重整的主要反应如烷烃环化脱氢和环烷烃脱氢都是吸热反应。因此无论从反应速度或是化学平衡的角度都希望采用较高的反应温度。高温有利于芳烃的生成和辛烷值提高。但高温也加速副反应的进行，使生成油收率降低，催化剂积炭加快。而且，反应温度还受催化剂的稳定性、设备材质和性能等因素影响。因此，在选择反应温度时应综合考虑各方面的因素。工业重整反应器的入口温度多在480～530℃。

催化重整采用的是多个串联的绝热反应器，环烷烃脱氢反应速度较快，主要是在前面的反应器中进行，而反应速度较慢的加氢裂化和烷烃脱氢环化反应则在后面的反应器中进行。因而各个反应器内的反应情况有所不同，应该按照反应器的反应情况分别采用不同的反应条件。在生产初期，由于催化剂活性很高，反应速度较快而采用较低的起始反应温度，以后随着催化剂活性下降而应逐步提高反应温度。

（2）反应压力　提高反应压力对生成芳烃的环烷烃脱氢、烷烃环化脱氢反应都不利，相反却有利于加氢裂化反应。因此，从增加芳烃产率的角度来看，希望采用较低的反应压力。但是在低压下催化剂的积炭速度较快，从而使操作周期缩短。除此之外，原料的性质和催化剂的性能也有一定影响。因此，要综合考虑选择适宜的反应压力。

（3）氢油比　氢油比是指标准状态（273 K，101.3kPa）下氢气流量与进料量之比值。该比值既可以是循环氢与原料油的摩尔比，也可以是其体积比。工业上通常采用氢油摩尔比5～8或氢油体积比1200～1500。

在催化重整过程中，使用循环氢的主要目的是抑制生焦反应，保护催化剂，同时也起到热载体的作用，减少床层温降，提高反应器内的平均温度，此外还可稀释原料，使原料均匀地分布于床层。但氢油比过高，循环氢用量加大，则压缩机消耗功率增加，同时由于反应时间的缩短导致转化率降低。因此，对于稳定性较高的催化剂和生焦倾向小的原料，可以采用较小的氢油比，反之则需采用较大的氢油比。使用铂重整催化剂时采用的氢油摩尔比一般为5～8，使用铂铼催化剂时一般小于5，新的连续再生式重整则进一步降至1～3。

（4）空速　空速的大小反映原料油和催化剂的接触时间。对于固定床反应器，其他条件不变的情况下，增加空速意味着减少反应时间。催化重整中各类反应的反应速度不同，因而各个反应器的反应时间也有一定区别。例如，延长反应时间有利于反应速度较慢的加氢裂化和烷烃环化脱氢反应，而对于反应速度较快、比较容易达到化学平衡的环烷烃脱氢反应则意义不是很大。因此，在一定范围内提高空速，在保证环烷烃脱氢反应的同时，减少加氢裂化反应可以得到较高的芳烃产率和液体收率。

4. 催化重整催化剂

催化重整反应中最基本的反应是脱氢和异构化，烷烃的脱氢环化是这两者的结合，这两类反应的历程以及所需的催化剂活性物质是不同的，加氢－脱氢反应需要金属催化剂，按照正碳离子历程进行的异构化反应则需要酸性催化剂，因而这就要求催化重整催化剂必须同时具备这两种功能，既有脱氢的金属活性中心，又有异构化的酸性活性中心，即所谓的双功能。

对催化重整催化剂而言，其加氢－脱氢功能是由以铂为主的金属组分所提供的，而其酸性功能则由用卤素改性的氧化铝载体来提供。一般认为在催化重整催化剂的表面，金属和酸性这两类活性中心复合组成了催化剂的活性基团，在活性基团中，金属中心和酸性中心的数目、活性以及它们的相对数目与相对活性基本决定了它们所组成的活性基团的性质。若金属功能过强，易于生成积炭，使催化剂失活，导致催化剂的稳定性下降；若酸性功能过强，会导致烷烃或环烷烃的加氢裂化反应加剧，使其液体收率和转化为芳烃的选择性降低。因此，只有金属中心与酸性中心协同作用，才能使其催化功能得以充分发挥。

催化重整催化剂一般为负载型，即用金属组分负载在用卤素改性的氧化铝上。已投入工业应用的重整催化剂品种很多，一般在半再生式固定床重整装置中采用CB－6、CB－7铂铼重整催化剂，在移动床连续重整装置中采用铂锡重整催化剂(如3861铂锡催化剂等)。

5. 催化重整原料的影响因素

原料的馏分范围、烃类组成和杂质含量对催化重整反应具有一定的影响。

催化重整的原料通常是汽油馏分，并且是以直馏汽油为主。根据生产目的不同，催化重整对原料的馏程有一定的要求。催化重整催化剂的活性组分是贵金属铂，容易受到原料油中杂质的毒害，为了保持催化剂的活性，对原料油中杂质含量有严格的限制。

(1) 原料油的沸点范围　催化重整原料的沸点范围是由催化重整的生产目的所决定的。

以生产高辛烷值汽油为目的时，一般采用80～180℃馏分。馏分的终馏点过高，会使催化剂上结焦过多，从而使催化剂失活。另一方面，主要是为了保证重整汽油干点不超过汽油规格要求的205℃。80℃以下的馏分，一般是小于C_6的馏分，本身辛烷值比较高，没有必要再去进行重整反应。因此适宜的馏程为80～180℃。

当生产C_6～C_8芳烃时，则宜用60～145℃馏分作为原料。这主要是由C_6～C_8芳烃的沸点决定的。沸点低于60℃的馏分中含有C_5烃类，它们不能转化为芳烃，而沸点高于145℃的为C_9烃类。在实际生产中，130～145℃是在航空煤油的馏程范围内。因此，生产轻芳烃多以60～130℃馏分为原料。

(2) 重整原料的杂质含量要求　催化重整催化剂对原料中的杂质非常敏感，因此，从保护重整催化剂的角度，对原料中能使催化剂永久性或暂时性中毒的杂质要严格控制。原料中的重金属如砷、铅、铜等都会引起催化剂中毒，特别是砷与铂可形成铂合金，导致催化剂永久失活。原料油中的含硫、含氮化合物在重整条件下，分别生成硫化氢和氨，若它们的含量过高，则会降低催化剂的性能。因此，为保证重整催化剂长期使用，对原料油中各种杂质的含量必须严格控制。表3－19列出了对重整原料油杂质含量的限制。

表 3－19　催化重整对原料杂质含量的要求

杂　质	最大允许含量/(μg/g)	杂　质	最大允许含量/(μg/g)	杂　质	最大允许含量/(μg/g)
硫	0.5	氯	1	砷	0.001
氮	0.5	水	5	铝、铜等	0.02

为了达到上述杂质含量的要求，催化重整原料必须要经过预处理，即采用预加氢的方法使硫化物、氮化物转化为硫化氢和氨，并将有机金属化合物分解，使金属沉积在催化剂的表面，从而使原料中的杂质含量符合要求。对于含砷量较高的原料依靠常规的预加氢无法达到要求，因此还需要增加预脱砷设备。

6. 催化重整工艺流程

生产的目的产品不同时，采用的工艺流程也不同。当以生产高辛烷值汽油为主要目的时，其工艺流程主要包括原料预处理和重整反应两大部分；当以生产轻芳烃为主要目的时，则工艺流程中还应设有芳烃分离部分。

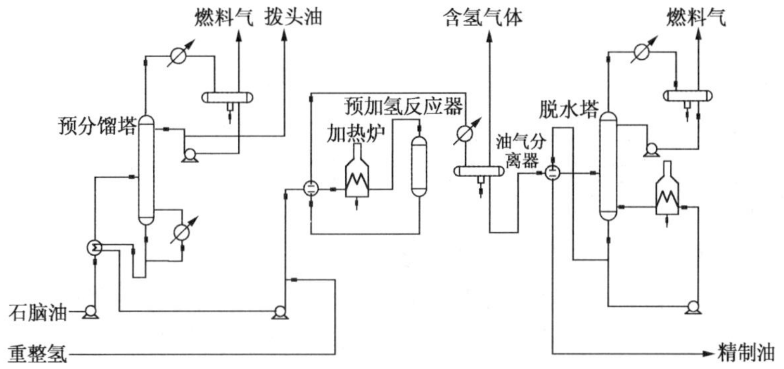

图 3－22　催化重整装置工艺原理流程(原料预处理部分)

(1) 原料预处理　原料的预处理包括原料的预分馏、预脱砷和预加氢三部分，如图 3－22 所示，其目的主要是得到馏分范围和杂质含量都合乎要求的重整原料。

预分馏的作用是切割合适馏程的重整原料。在预分馏塔，切去小于 80℃或小于 60℃的轻馏分，同时也脱去原料油中的部分水分。

预加氢的作用是脱除原料油中对催化剂有害的杂质，使烯烃饱和、同时减少催化剂积炭。典型的预加氢反应条件为：压力 2.0～2.5MPa、氢油体积比(标准状态)100～200、空速 4～10h^{-1}、氢分压约 1.6MPa。

用泵将原料油送入装置，先经换热器与预分馏塔底物料换热，然后进入预分馏塔进行分馏。预分馏塔顶产物经冷凝冷却后进入回流罐。回流罐顶部不凝气体送往燃料气管网；冷凝液体(拔头油)一部分作为塔顶回流，一部分作为汽油调和组分或化工原料送出装置。预分馏塔底物料一部分在再沸器内用蒸汽或热载体加热后部分气化，气相返回塔底，为预分馏塔提供热量；一部分用泵从塔底抽出，经与预分馏塔进料换热后，去预加氢部分，与重整反应产生的氢气混合后经换热、加热后进入预加氢反应器(若原料油需预脱砷，则先进行脱砷，再进入预加氢反应器)。

预加氢反应产物经换热、冷却后进入高压分离器。分离出的富氢气体(含氢 85%～95%)，经循环氢压缩机升压后大部分作循环氢使用，少部分去预处理部分。分离出的液体油中溶解有少量 H_2O、NH_3、H_2S 等需要除去，因此进入脱水塔进行脱水。重整原料油要求的含水量很低，一般的汽提塔很难达到要求，故采用蒸馏脱水法。脱水塔实际上是一个蒸馏塔。塔顶产物是水和少量轻烃的混合物，经冷凝冷却后在分离器中油水分层，再分别引出。

（2）重整反应　重整反应部分按反应系统催化剂再生方式不同又可分为固定床半再生式、固定床循环再生式和移动床连续再生式三种类型。现以固定床半再生式(见图3－23)和移动床连续再生式两种反应(再生)部分为例来介绍其工艺流程。

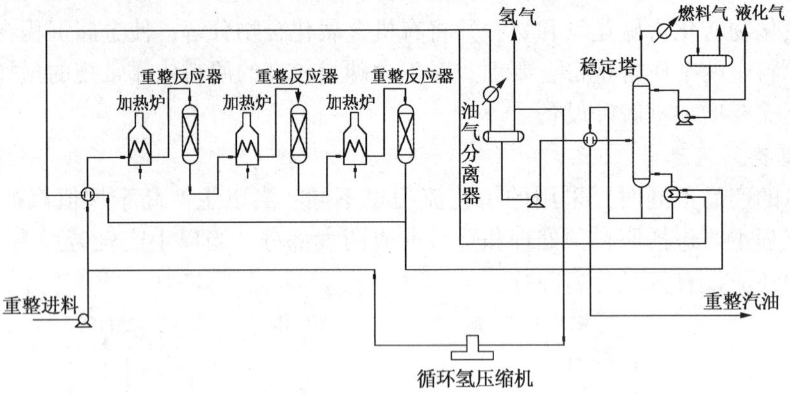

图3－23　催化重整装置工艺原理流程(固定床半再生式重整反应部分)

① 固定床半再生式 其主要特征是采用3～4个固定床反应器串联，每半年到一年停止进油，全部催化剂就地再生一次。

预处理精制后合格的原料油作为重整部分的进料，经泵先与循环氢混合，然后进入换热器与重整生成油换热。经加热炉加热后进入第一重整反应器，进行重整反应。反应器为绝热式，一般设置3～4个。由于重整是吸热反应，物料经过反应以后温度降低，为了保持足够高的反应温度，需要在反应过程中不断地补充热量。因此，每个反应器之前都设有加热炉。最后一个反应器出来的重整生成油，温度仍然较高，为了回收热量，该反应产物一部分与进料换热，一部分作为稳定塔底重沸器的热源，然后再经冷却后进入油气分离器，分出含氢85%～95%(体积)的气体。高压分离器顶还有少量剩余氢未排出，以平衡系统压力。

从油气分离器顶分出的气体大部分用循环氢压缩机压送，与重整原料混合重新进入重整反应器，其余部分作为产氢送至预加氢使用。或一部分送预加氢，大部分直接送至下游装置用作氢源。

在重整部分，可采用一段混氢操作，即全部循环氢与原料油一次混合进入反应系统；也可采用二段混氢操作，即将循环氢分为两部分，一部分直接与重整进料混合，另一部分在第二重整反应器出口加入系统，从而可以降低反应及循环氢系统的压力降，有利于重整反应，并降低动力消耗。

油气分离器底分出的液体与稳定塔(或脱戊烷塔)底液体换热后进入稳定塔(或脱戊烷塔)，该塔主要是保证塔底油中不含有小于C_5的馏分，以保证抽提系统正常操作，同时尽量回收重整生成油中的苯类产品，塔顶出小于C_5的液态烃，塔底得到C_6以上的脱戊烷油。

在生产高辛烷值汽油时，重整汽油从稳定塔底出来冷却后送出装置。在生产芳烃时，为防止芳烃抽提过程中烯烃混入芳烃中而影响芳烃纯度，须将最后一个重整反应器出来的重整生成油经换热降至适宜的温度后，进入后加氢反应器，通过加氢使烯烃饱和。后加氢产物经过气液分离，液体进入脱戊烷塔，塔顶分出不大于C_5的轻组分，塔底出来的脱戊烷油进入后面的芳烃抽提部分。

② 移动床反应器连续再生式　其主要特征是设有专门的再生器，反应器和再生器均采用移动床反应器，催化剂在反应器和再生器之间不断地循环反应和再生，一般每 3 ~7 天全部催化剂再生一次。现以美国 UOP 连续重整工艺为例进行介绍，其工艺原理流程见图 3 –24 所示。

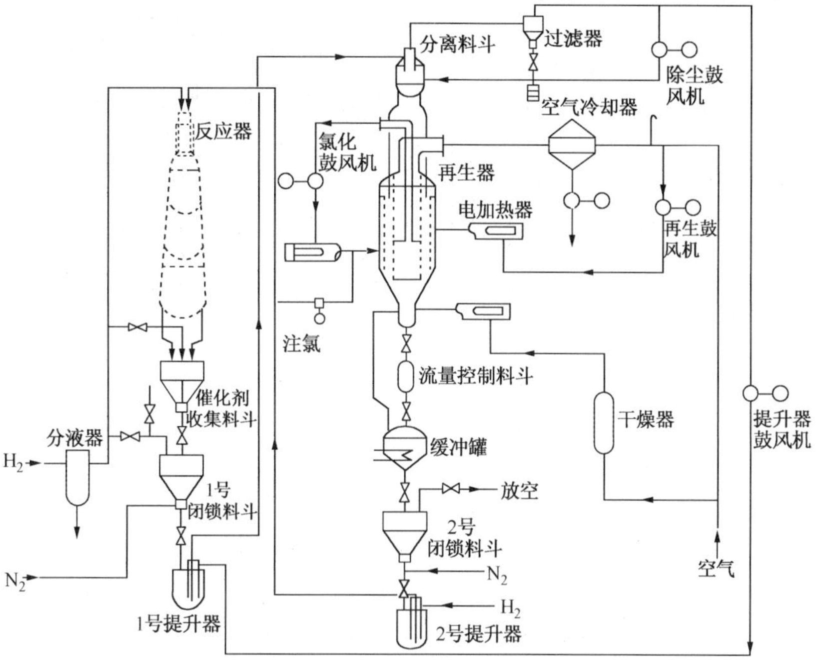

图 3 –24　催化重整装置工艺流程(UOP 连续重整催化再生工艺流程)

在连续重整装置中，催化剂连续地依次流过串联的 3 个(或 4 个)移动床反应器，从最后一个反应器流出的待生催化剂含碳量为 5% ~7%(质量)。待生剂由重力或气体提升输送至再生器进行再生。恢复活性后的再生剂返回第一重整反应器又进行反应。催化剂在系统内形成一个闭路循环。从工艺角度看，由于催化剂可以频繁地进行再生，所以可采用比较苛刻的反应条件，即反应压力 0. 8 ~0. 35MPa、低氢油分子比 4 ~1. 5 和高反应温度 500 ~530℃，其结果是更有利于烷烃的芳构化反应，重整生成油的辛烷值可达 100(研究法)以上，液体收率和氢气产率高。

连续重整技术是近年来重整技术的重要进展之一。它针对重整反应的特点提供了更为适宜的反应条件，因而取得了较高的芳烃产率和液体收率以及氢气产率，突出的优点是改善了烷烃芳构化反应的条件，但其装置投资较大，且当原料油的芳烃潜含量较高时，这两种工艺在液体产品收率及氢气产率方面的差别会相对减小。因此，在选择何种工艺时，必须根据具体情况，以经济效益为衡量标准进行全面综合分析。

(3) 芳烃抽提　当以生产芳烃产品为目的时，重整反应产物脱戊烷油中一般含有30% ~60% 的芳烃，其余为非芳烃组分。由于混合物中的芳烃和非芳烃的沸点相近或存在共沸现象，一般用精馏的方法难以将其分离。为了得到纯度较高的芳烃，一般通过抽提的方法分离出混合芳烃，然后对芳烃进行精馏。

芳烃抽提是一种物理分离方法，其原理是：根据芳烃在溶剂中的溶解度不同，从而使芳烃和非芳烃得到分离。溶剂和油品混合后生成两相：提取相(抽提液)和提余相(提余液)。溶剂和能溶于溶剂的芳烃形成提取相；不溶于溶剂的非芳烃称为提余相。两相液层分离后，再用汽提的方法将溶剂和溶质完全分开，溶剂可以循环使用。常用的抽提溶剂有：二乙二醇醚、三乙二醇醚、二甲基亚砜、环丁砜等。

芳烃抽提的工艺流程一般包括抽提、溶剂回收和溶剂再生三个系统。典型的二乙二醇醚抽提工艺流程如图3-25。

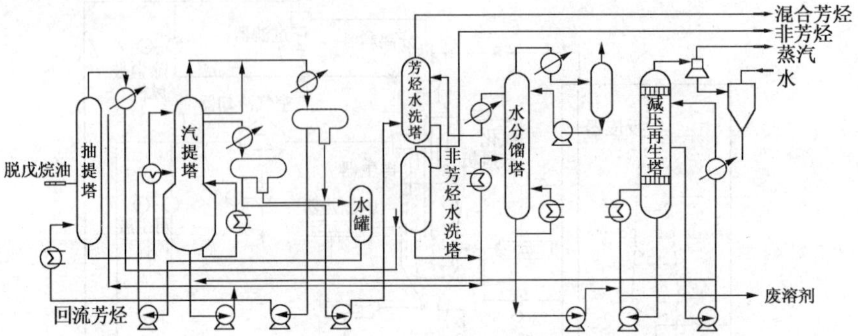

图3-25 催化重整装置工艺流程(芳烃抽提部分)

抽提部分：原料(脱戊烷油)自抽提塔中部进入，而贫溶剂从抽提塔顶部进入，两者在塔内充分接触，由于密度差较大，在塔内形成逆流抽提。提余液从抽提塔顶出来，经换热冷却后进入非芳烃水洗塔。塔底出来的是富含芳烃和溶剂的提取液，经调节阀降压后进入汽提塔。为了将溶剂相中溶解的重质非芳烃置换出来，以提高芳烃产品的纯度，要自塔的下部注入从汽提塔顶抽出的回流芳烃(含芳烃70%~80%)。

溶剂回收部分：从抽提塔底出来的提取液进入汽提塔顶部。从汽提塔顶蒸出的回流芳烃冷凝后进入回流芳烃罐，在罐内回流芳烃与汽提水进行分离，回流芳烃用泵抽出经换热后打入抽提塔下部回流。芳烃从汽提塔中部侧线引出，经冷凝后进入芳烃罐，分出水后用泵送去芳烃水洗塔。汽提塔底部设有重沸器供热，塔底出来的脱去芳烃的贫溶剂一部分经重沸器后返回汽提塔，一部分用泵抽出打入抽提塔顶。

自汽提塔中部引出的芳烃经泵进入芳烃水洗塔，用水洗去芳烃中的溶剂后，自塔顶引出混合芳烃。从抽提塔顶出来的非芳烃进入非芳烃水洗塔，用水洗去其中夹带的少量溶剂后送出装置。水从塔底流出进入水分馏塔。

水分馏塔的主要作用是回收溶剂并得到干净的循环水。对送去再生的溶剂，先通过水分馏塔分出水，以减轻溶剂再生塔的负荷。

溶剂再生部分：为了防止溶剂中老化产物的积累，从循环溶剂中引出一部分溶剂去再生。由于二乙二醇醚的常压沸点为245℃，而其分解温度为164℃，因此必须通过减压蒸馏使其与大分子物质分离。减压再生塔顶抽真空，自塔中部抽出再生溶剂，一部分作为塔顶回流，一部分送回抽提系统。自塔底抽出的重组分与进料一起返回塔内，同时间断地排出一部分废溶剂。

(4) 芳烃精馏 溶剂抽提得到的芳烃是一种混合物，其中包括苯、甲苯和各种二甲苯的异构体，乙基苯以及各种不同结构的C_9和C_{10}芳烃，通过精馏可得到各种单体芳烃。

芳烃精馏的工艺流程一般有两种类型：三塔流程和五塔流程。三塔流程主要用来生产苯、甲苯、混合二甲苯和重芳烃；五塔流程主要用来生产苯、甲苯、邻二甲苯、乙基苯和重芳烃。下面以三塔芳烃精馏为例介绍其工艺流程，见图3-26。

抽提后的混合芳烃经加热和换热后进入白土塔，通过白土吸附除去其中的不饱和烃。自白土塔底出来的混合芳烃与进料换热后进入苯塔中部，塔顶物料冷凝后进入回流罐，经沉降脱水后进行全回流。苯产品自苯塔侧线抽出，经冷却后送出装置作产品。塔底物料用重沸器

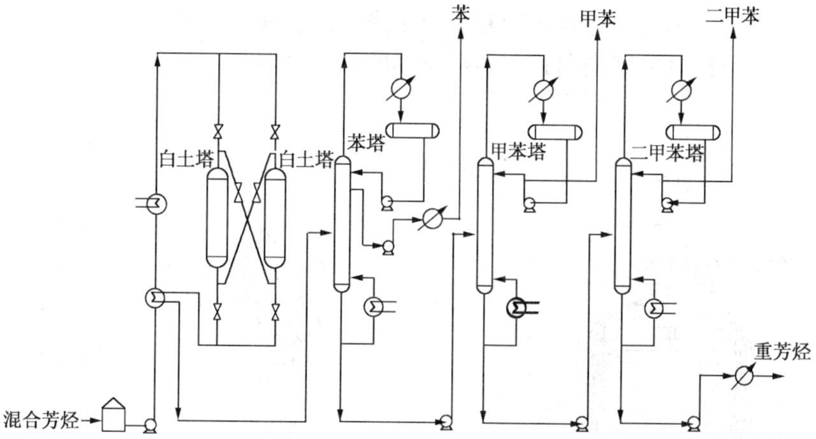

图3-26　催化重整装置工艺原理流程(三塔芳烃精馏)

内加热，经泵进入甲苯塔中部。甲苯塔顶物料经冷凝后进入甲苯回流罐，一部分作为甲苯塔顶回流，一部分作为甲苯产品送出装置。甲苯塔底物料同样经重沸器加热，用泵送至二甲苯塔中部。二甲苯塔顶物料一部分回流，一部分作为混合二甲苯产品出装置。塔底也采用重沸器加热，塔底产品重芳烃经冷却后出装置。

对于设有后加氢的重整装置，混合芳烃不再含有不饱和烃，因此在进行分馏前无须进行白土精制。

为了进一步分离出混合二甲苯中的单体组分，五塔流程还设置了邻二甲苯塔和乙苯塔，这也是五塔流程与三塔流程的主要区别。二甲苯塔顶得到的乙基苯和间、对二甲苯混合物进入乙苯塔，塔顶得到沸点低的乙基苯，塔底为间、对二甲苯。自二甲苯塔底出来的邻二甲苯和重芳烃混合物进入邻二甲苯塔，塔顶引出邻二甲苯产品，塔底出重芳烃。得到的邻二甲苯和乙基苯纯度均可达99%以上。具体的五塔芳烃精馏工艺流程见图3-27。

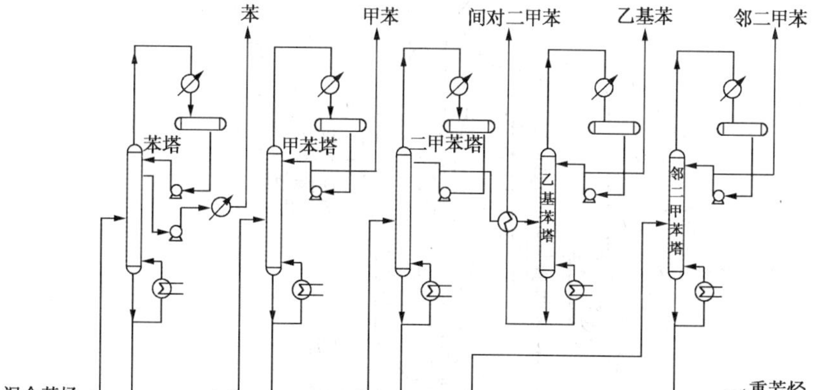

图3-27　催化重整装置工艺原理流程(五塔芳烃精馏)

7. 催化重整反应器

反应器是催化重整过程的核心设备。

按反应器类型来分，工业用重整反应器可以分为固定床反应器和移动床反应器两种。其中，半再生式重整装置采用固定床反应器，连续再生式重整装置采用移动床反应器。

按反应器结构来分，工业用重整反应器主要有轴向式反应器和径向式反应器两种结构型式，其主要差别在于气体流动方式不同和床层压降不同。连续重整装置的反应器一般采用径向反应器，其再生器也是采用径向式。各反应器的结构见图 3－28。

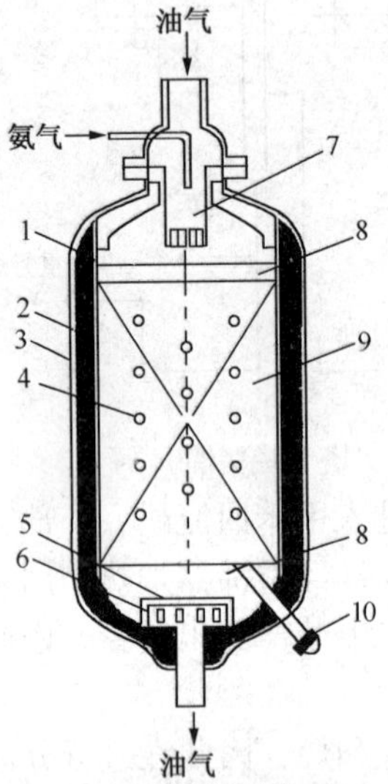

(a)轴向反应器

1—合金钢衬里；2—耐火水泥层；3—碳钢壳体；4—测温点；5—钢丝网；6—油气出口集合管；7—分配头；8—惰性小球；9—催化剂；10—催化剂卸出口

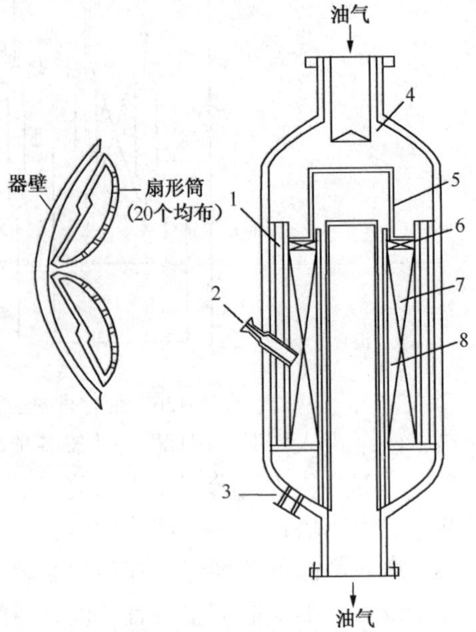

(b)径向反应器

1—扇形筒；2—催化剂取样口；3—催化剂卸料口；4—分配器；5—中心管罩帽；6—瓷球；7—催化剂；8—中心管

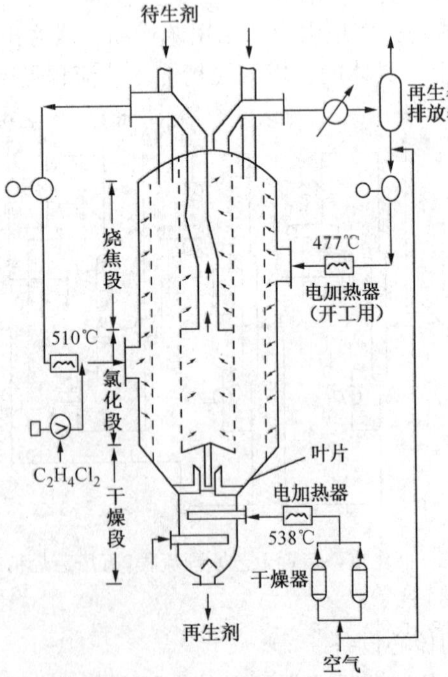

(c)连续重整装置的再生器

图 3－28 催化重整反应器类型

四、催化加氢

催化加氢是石油产品精制、改质和重油加工的重要手段。催化加氢对于提高原油加工深度，合理利用石油资源，改善产品质量，提高轻质油收率以及减少大气污染都具有重要意义。尤其是随着原油变重、变差，炼厂加工含硫原油和重质原油的比例逐年增大，需要采用加氢技术才能满足生产需要。另一方面，随着世界经济的快速发展，对轻质油品的需求持续增长，特别是中间馏分油——喷气燃料和柴油，需要通过加氢技术对原油进行深度加工。

催化加氢是指在氢气存在下对石油馏分进行催化加工的过程。目前炼油厂采用的加氢过程主要包括加氢精制和加氢裂化两类。此外还有专门用于某种生产目的的加氢过程，如加氢处理、临氢降凝、加氢改质、润滑油加氢等。

1. 加氢裂化

加氢裂化是指各种大分子烃类在一定氢压、较高温度和适宜催化剂的作用下，发生以加氢和裂化为主的一系列平行顺序反应，转化成优质轻质油品的加工工艺过程，是重要而灵活的石油深度加工工艺。

加氢裂化属于石油加工过程的加氢路线，是在催化剂存在的条件下从外界补入氢气以提高油品的氢碳比。加氢裂化实质上是加氢和催化裂化过程的有机结合，一方面能使较重油品通过裂化反应转化为汽油、煤油和柴油等轻质油品，另一方面又可防止如催化裂化那样生成大量焦炭，而且还可将原料中的含硫、氮、氧的化合物杂质通过加氢除去，使烯烃饱和。因此，加氢裂化具有轻质油收率高、产品质量好的突出优点。

随着重质原油以及进口原油的增多，加氢裂化的发展是必然的，但要结合我国国情来选择发展方向及区分轻重缓急。缓和加氢裂化可优先考虑，对于劣质减渣的深度加氢裂化，因其设备投资、技术难度以及操作费用都较高，发展时应慎重考虑。

(1) 加氢裂化的化学反应　烃类的加氢裂化反应是催化裂化反应与加氢反应的组合，因此，在加氢和催化反应过程中不仅有主要的加氢和裂解反应发生，还有异构化、氢解、环化、甲基化、脱氢和缩合等多种反应发生。

① 烷烃　烷烃在加氢裂化条件下发生C—C键断裂，生成分子量更小的烷烃和烯烃，其通式为：$C_nH_{2n+2}+H_2 \longrightarrow C_mH_{2m+2}+C_{n-m}H_{2(n-m)+2}$

反应中生成的烯烃在加氢活性中心的作用下，先进行异构化，然后被加氢成异构烷烃。除此之外，还有少量烷烃分子的异构化反应和环化反应等。

烷烃的分子结构和大小对反应速度有一定的影响。随着烷烃分子质量的增大，其加氢裂化反应速度也随之加快。分子中间的C—C键的断裂速度要高于分子链两端的C—C键的断裂速度，因而烷烃加氢裂化反应主要发生在烷烃链中心的C—C键上。此外，在加氢裂化条件下，烷烃的异构化速度也随着相对分子质量的增大而加快。

② 环烷烃　环烷烃在加氢裂化催化剂上主要发生脱烷基、异构和开环反应。因环数及侧链结构、催化剂的加氢活性和酸性活性的强弱不同，环烷烃加氢裂化的反应方向也有一定区别。

单环环烷烃主要发生异构化、断环、脱烷基侧链以及不明显的脱氢反应。

六元环烷烃相对比较稳定，一般是先通过异构化反应转化为五元环烷烃后再断环成为相应的烷烃。如：

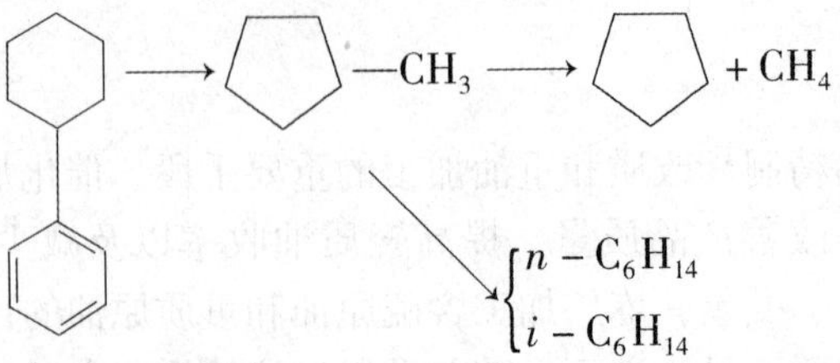

在加氢裂化条件下，双六元环烷烃一般是其中的一个六元环先异构化为五元环后再断环，然后第二个六元环异构化和断环。这两个环中，第一个环的断环是比较容易，而第二个环则较难断开。如：

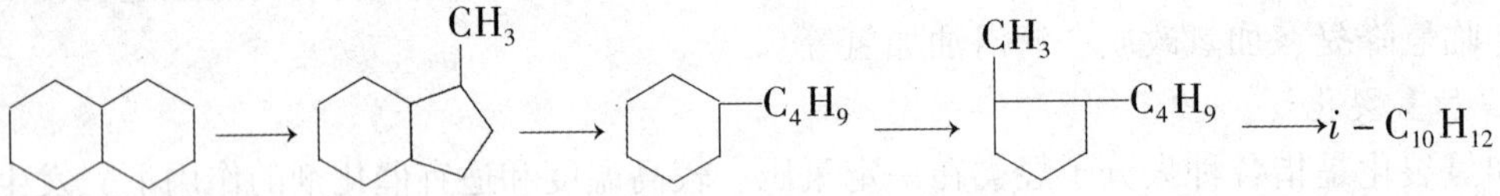

③ 芳烃　苯在加氢条件下反应首先生成六元环烷烃，然后发生前述相同反应。

苯环上烷基侧链的存在会使芳烃加氢变得困难，因而烷基苯在加氢裂化条件下主要是发生脱烷基反应，同时还有烷基转移、异构化、环化等反应发生。其中，$C_1 \sim C_4$侧链烷基苯的加氢裂化，主要以脱烷基反应为主。烷基苯侧链的裂化既可以是脱烷基生成苯和烷烃，也可以是侧链中的C—C键断裂生成烷烃和较小的烷基苯。短烷基侧链比较稳定，甲基、乙基难以从苯环上脱除，而对于C_4或C_4以上侧链的烷基苯，侧链可从环上很快地脱除。对于侧链较长的烷基苯，除脱烷基、断侧链等反应外，还可能发生侧链环化反应生成双环化合物。

在加氢裂化条件下，多环芳烃的反应非常复杂。双环、多环和稠环芳烃加氢裂化是逐环进行的，并且加氢难度逐环增加。通常一个芳香环首先加氢变为环烷芳烃，然后环烷环断开变成单烷基芳烃，再按单环芳烃规律进行反应。如：

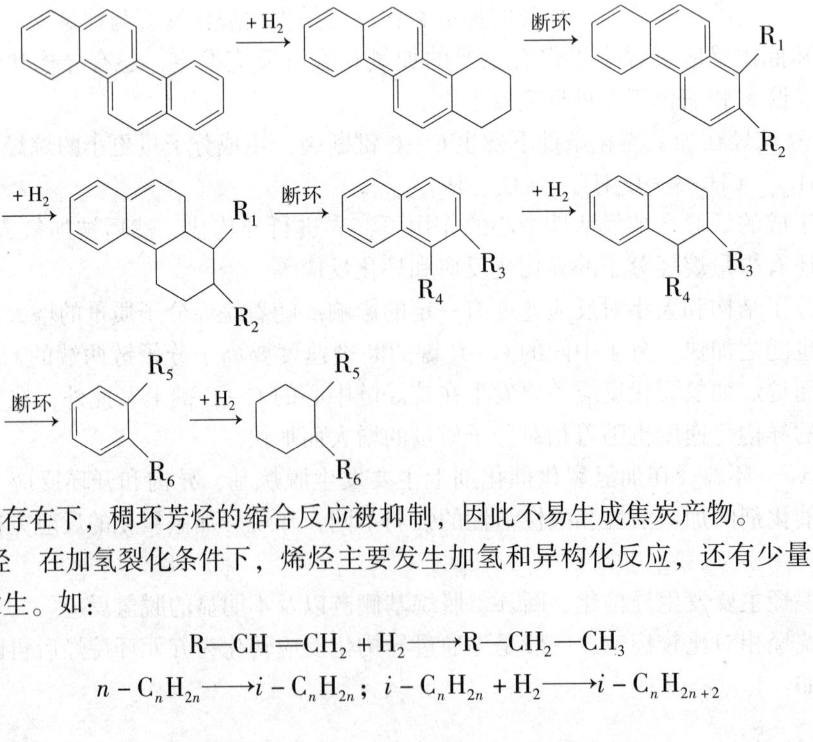

在氢气存在下，稠环芳烃的缩合反应被抑制，因此不易生成焦炭产物。

④ 烯烃　在加氢裂化条件下，烯烃主要发生加氢和异构化反应，还有少量的环化和聚合等反应发生。如：

$$R—CH═CH_2 + H_2 \longrightarrow R—CH_2—CH_3$$

$$n-C_nH_{2n} \longrightarrow i-C_nH_{2n}；\ i-C_nH_{2n} + H_2 \longrightarrow i-C_nH_{2n+2}$$

大分子的烯烃还可以进一步发生分解，生成分子质量更小的烯烃分子，然后发生上述相同反应。因此，加氢裂化产品中烯烃含量很少，产品的安定性较好。

(2) 加氢裂化催化剂　加氢裂化催化剂主要是由具有加氢活性的金属组分和具有裂解活性(包括异构化活性)的酸性载体组成的双功能催化剂，有的还含有助剂等其他成分。这两种功能的不同平衡可以制备出性能各异的加氢裂化催化剂，从而满足不同工艺过程及工艺条件、加工不同原料油、生成不同目的产品的各种需要。

① 活性组分　金属组分是加氢活性的主要来源，通常是周期表中Ⅵ-B族和Ⅷ族的金属元素，如Ni、W、Mo、Co、Fe、Pt和Pd等。其中，Ni、W、Mo、Co、Fe等非贵金属是以它们的氧化物或硫化物形式存在，而Pt和Pd等贵金属是以金属元素的形式存在。尽管Pt和Pd具有较高的活性，它们对硫却比较敏感，很容易中毒，所以仅能在两段加氢裂化过程中的第二段对已基本脱除硫和氮的原料使用。

由于双金属组分催化剂的活性比单金属组分活性好，目前加氢催化剂常采用Ⅵ-B族和Ⅷ族中的金属元素组合，常用的活性金属组分的组合为Ni-Mo、Ni-W和Co-Mo，它们的加氢活性顺序为：

$$Ni-W > Ni-Mo > Co-Mo$$

与加氢精制催化剂相同，加氢裂化催化剂之所以具有加氢活性是由于其金属活性组分具有未填满的d电子层轨道特性和独特的晶格结构，使反应物能以适当的速度在催化剂表面进行化学吸附，并且吸附的分子和催化剂表面之间能够形成弱键。

② 载体　加氢催化剂的载体本身具有较强的裂解和异构化活性，它们形成了酸性中心。根据酸性载体组分的不同，通常又可分为无定形和晶型分子筛催化剂两大类。其中，无定形催化剂以无定形硅酸铝等为酸性载体，酸度适中，孔径大，不易发生过度裂化，且二次裂化少，适用于生产中间馏分为主的加氢裂化催化剂。晶型催化剂以改性Y型分子筛等为酸性载体，酸中心数目多，孔径小，其裂化功能要大大高于无定形硅酸铝，因此使加氢裂化有可能在较缓和的条件下进行。还可以将分子筛与无定形硅酸铝调制成复合型的酸性载体，通过改变它们各自的性质和相对比例，来调节其活性以达到多产汽油或多产中间馏分油的目的。

目前工业上使用的加氢裂化催化剂，按化学组成来分大体有以下几种：①以无定形硅酸铝(或硅酸镁)为载体，以非贵金属(Ni，W，Mo，Co)为加氢组分的催化剂；②以硅酸铝和贵金属(Pd，Pt)组成的催化剂；③以无定形硅酸铝加少量分子筛及上述两类金属组成的催化剂。国内外几种具有代表性的加氢裂化催化剂见表3-20。

表3-20　国内外几家主要公司的馏分油加氢裂化催化剂

催化剂牌号	原料油	产　品	酸性载体	金属组分
Chevron ICR-106	VGO、AGO	柴油、航煤、石脑油	$SiO_2-Al_2O_3$	W-Ni-Ti-P
Chevron ICR-117	VGO	石脑油、柴油、航煤		W-Ni
UOP DHC-100	VGO、DAO	航煤	含沸石	
UOP HC-14	VGO	LPG、汽油、石脑油	USY	Mo-Ni
Shell S424				Mo-Ni-P
中石化3825	VGO	石脑油、航煤、柴油	$USY-Al_2O_3$	Mo-Ni-P
中石化3903	VGO	航煤、柴油		W-Ni

(3) 加氢裂化过程的影响因素　影响石油馏分加氢裂化的主要因素有：反应温度、反应

压力、空速和氢油比、原料的性质和催化剂等。

① 反应温度　反应温度是加氢裂化比较敏感的操作参数。提高反应温度会使加氢裂化的反应速度加快，但由于加氢是强放热反应，反应温度过高，其平衡常数和平衡转化率就很低，这样一方面由于反应热来不及导出而导致催化剂超温，寿命缩短；另一方面由于催化剂表面积炭速度过快，而缩短催化剂的再生周期。因此，在加氢裂化反应器中，催化剂分层装填，层间打入一定量的冷氢，以控制各床层的温升不大于10～20℃。

加氢裂化的反应温度还取决于原料性质和产品要求。一般减压馏分油的加氢裂化反应温度在370～440℃。在开工初期，催化剂的活性较高，可以采用较低的反应温度，随着运转时间的延长，催化剂的活性逐渐降低，其反应温度可逐步提高。原料中氮化物的存在也会使催化剂的酸性活性降低，为了保持所需的反应深度，也必须提高反应温度。

② 反应压力　在加氢过程中，反应压力起着十分关键的作用。反应压力的影响是通过氢分压来体现的。系统中的氢分压又决定了操作压力、氢油比、循环氢纯度以及原料的汽化率。

对于气相加氢裂化反应，提高氢分压对其热力学平衡是有利的，使加氢裂化的反应速率加快、转化率提高。对于气液相反应，压力升高使原料汽化率下降，液膜厚度增加，使氢向催化剂表面的扩散阻力增加，但在压力升高的同时也使扩散的推动力增加，因此总转化率提高。

一般原料越重，所需压力也越高，主要是较重的原料中含有较多的稠环芳烃和较多的含氮化合物，其结构更为复杂，更难于加氢。同时，原料的基属也有影响，中间基原油的减压馏分比石蜡基难于加氢，所需操作压力也高一些。

然而，提高操作压力会增加设备的投资，同时因氢耗的增加而提高操作成本。因此，随着催化剂活性的提高，加氢裂化的操作压力也趋于降低，目前加氢裂化的操作压力为15MPa左右，压力为8MPa的为中压缓和加氢裂化。

③ 空速　空速是指单位时间内通过单位催化剂的原料油的量。空速反映了装置的处理能力。空速的大小取决于催化剂的活性、原料油性质和反应深度。一般来说，重质油和二次加工馏分油要采用较低的空速。对于给定的加氢装置，当进料量增加时，空速增大，意味着单位时间里通过催化剂的原料油增多，原料油在催化剂上的停留时间短，反应深度浅，因而反应产物中轻组分含量下降较多。在实际生产中，改变空速和改变反应温度一样，是调节产品分布的一种手段。

④ 氢油比　如前所述，在加氢裂化过程中需要维持较高的氢分压，为了保证足够的氢分压，需要采用较高的氢油比，一般为1000～2000Nm^3/m^3。但较高的氢油比增大了动力消耗，增加了装置的操作费用和设备投资。因此，不能无限制地增大氢油比。

(4) 加氢裂化工艺流程

① 一段加氢裂化工艺流程　是指流程中只有一个或一组反应器，原料油的加氢裂化反应在同一个或一组反应器中进行。其原理流程如图3－29。

以大庆直馏重柴油馏分(330～490℃)一段加氢裂化工艺流程为例简述如下。

原料油用泵升压后与新氢及循环氢混合，再与反应产物换热至320～360℃进入加热炉，经预热至370～450℃后进入反应器，气液进料通过催化剂床层进行反应。为了控制反应温度，向反应器分层注入冷氢。反应产物经与原料换热再进行冷却，温度降至30～40℃之后进入高压分离器。反应产物进入空冷器之前注入软化水以溶解其中的 NH_3、H_2S 等，以避免水合物析出而堵塞管道。自高压分离器顶部分出循环氢，经循环氢压缩机升压后，返回反应系统循环使用。生成油则进入低压分离器，释放出部分溶解气体，作为富气送出装置作燃料气使用，同时在底部脱除污水。生成油送至稳定塔，塔顶分出液化气，塔底液体经加热炉加热至320℃后送入分馏塔，最后得到轻汽油、煤油、柴油和塔底尾油，尾油可一部分或全部作为循环油，与原料油混合再返回反应系统。

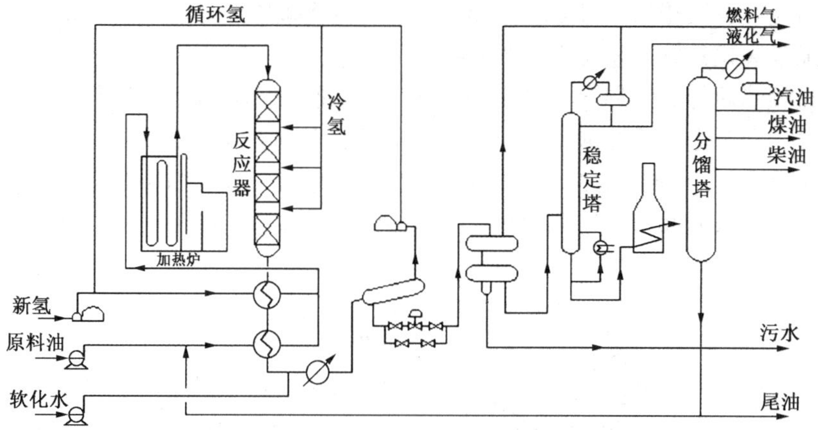

图 3－29　加氢裂化工艺流程图

② 二段加氢裂化工艺流程　是指流程中设置两个或两组反应器，一反为加氢精制反应器，二反则为加氢裂化反应器，两个反应器分别装有不同性能的催化剂。其原理流程如图3－30。

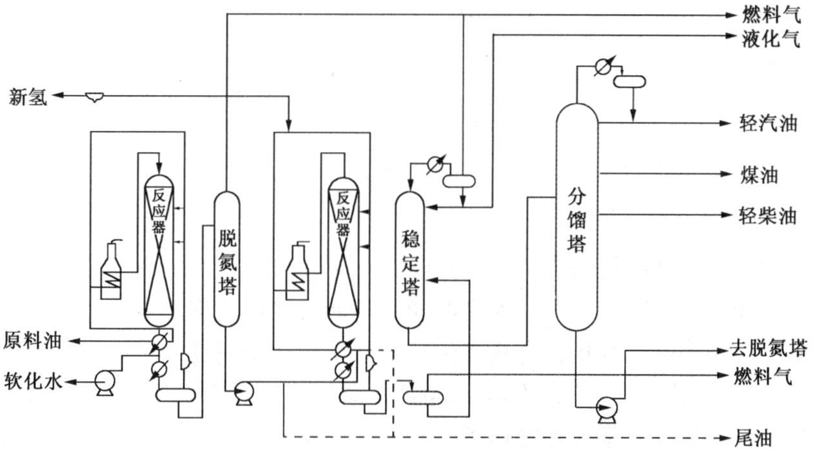

图 3－30　两段加氢裂化工艺流程

原料油与一反出口的生成油进行换热后与循环氢混合，混合物经加热炉加热至反应温度后进入第一反应器，通过一反催化剂床层将进料及系统带入的有害杂质如硫、氮、氧进行加氢转化为硫化氢、氨和水，同时发生部分芳烃饱和反应，有时也伴随着部分烃类的轻微裂化，进料中存在的微量金属则转化沉积在一反的催化剂上。一反生成物经过换热及冷却后进入高压分离器，分出循环氢。生成油进入脱氨塔，脱除氨气和硫化氢。产物与循环氢混合后经换热、加热炉预热，然后进入第二反应器，在装有高酸性催化剂的二反中进行加氢、裂化和异构化等反应。反应生成物经换热、冷却后进入高压分离器，分出循环氢，然后送至稳定分馏系统。

③ 串联加氢裂化工艺流程　串联流程是两段流程的发展。由于抗氨、抗硫化氢的分子筛加氢裂化催化剂的应用，使脱氨塔得以取消，而把加氢精制和加氢裂化两个反应器直接串联起来，这也是其与两段加氢裂化流程的主要区别。与一段加氢工艺相比，串联工艺的产品方案灵活，仅通过改变操作条件，就可以最大限度地生产汽油、煤油和柴油。另外，串联工艺对原料的适应性也比较强，可以加工如高干点的重质减压馏分油及溶剂脱沥青油等更重的原料。串联加氢裂化具体工艺流程见图 3－31。

原料油经预热后与氢气混合进入第一反应器，通过催化剂床层进行反应，以脱除硫、氮、氧等杂质，同时进行芳烃饱和反应。反应生成油直接进入第二反应器，在催化剂床层上发生加氢裂化反应。产物经换热、冷却后进入高压分离器，分出循环氢。生成油通过低压分离器分出气体后进入分馏塔，切割馏分得到石脑油、煤油、柴油和尾油。尾油可循环回反应器再裂化，也可以按一次通过方式操作。

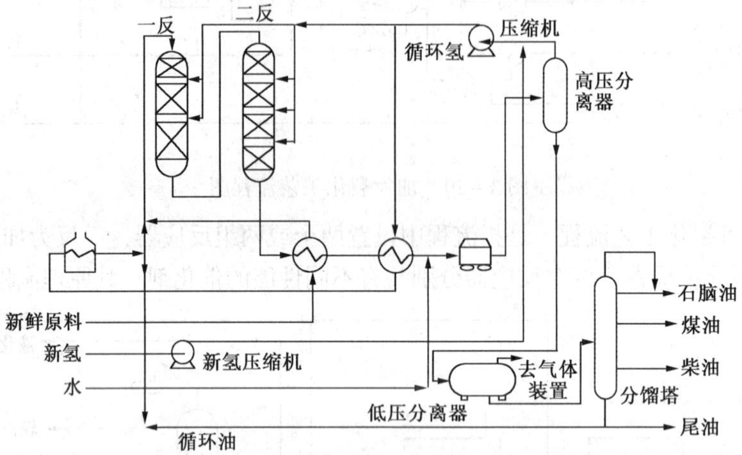

图 3－31　串联加氢裂化工艺流程

2. 加氢精制

加氢精制主要用于油品精制，其目的是除去油品中的硫、氮、氧等杂原子及金属杂质，有时还对部分芳烃进行加氢，以改善油品的使用性能。在催化剂和氢气存在下，石油馏分中的含硫、含氮、含氧和金属有机化合物发生氢解，从而达到精制的目的。加氢精制的原料范围极广，从轻质馏分(汽油)、中间馏分(柴油)、减压馏分(蜡油)到减压渣油，含硫原油的各个直馏馏分都需要加氢精制后才能达到产品的质量要求，石油热加工产物含有烯烃和二烯烃等不饱和组分，也必须要通过加氢精制提高其安定性和改善其质量。加氢精制具有产品质量好、液体收率高等优点。它与加氢裂化的不同点在于其反应条件比较缓和，因而原料中的平均相对分子质量和分子的碳骨架结构变化很小。因此，加氢精制已成为炼油厂中广泛采用的加工过程，也正在取代其他类型的油品精制方法。

目前我国加氢精制技术主要用于二次加工汽、柴油的精制，例如：用于改善焦化柴油的颜色和安定性；提高渣油催化裂化柴油的安定性和十六烷值；从焦化汽油制取乙烯原料或催化重整原料。还可用于某些原油直馏产品的改质和劣质渣油的预处理，如直馏喷气燃料通过加氢精制提高烟点；减压渣油经加氢预处理过程脱除大部分的沥青质和金属，可直接作为催化裂化原料。

(1) 加氢精制的化学反应　加氢精制过程的主要化学反应有加氢脱硫、加氢脱氮、加氢脱氧、烯烃的加氢饱和以及加氢脱金属。

① 加氢脱硫反应　石油馏分中各类硫化物的 C—S 键比较容易断裂，其键能比 C—C 键小许多。C—S 键首先断裂生成相应的烃类和 H_2S，如：

硫醇　$RSH + H_2 \longrightarrow RH + H_2S$

硫醚　$RSR' + 2H_2 \longrightarrow RH + R'H + H_2S$

二硫化物　$RSSR' + 3H_2 \longrightarrow RH + R'H + 2H_2S$

四氢噻吩　 $+ 2H_2 \longrightarrow C_4H_{10} + H_2S$

噻吩　 $+ 4H_2 \longrightarrow C_4H_{10} + H_2S$

硫芴　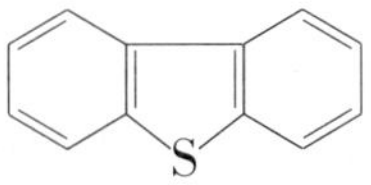 $+ 2H_2 \longrightarrow$ 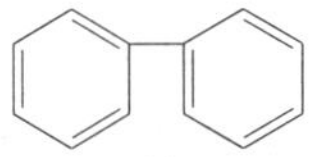 $+ H_2S$

各种有机含硫化合物在加氢条件下反应活性因分子大小和结构不同而有一定的差异，其活性大小顺序为：

硫醇 > 二硫化物 > 硫醚 ≈ 四氢噻吩 > 噻吩

在工业加氢脱硫条件下，噻吩类型化合物的反应活性因分子大小不同按以下顺序递减：

噻吩 > 苯并噻吩 ≥ 二苯并噻吩 > 甲基取代的苯并噻吩

② 加氢脱氮反应　石油馏分中的氮化物主要是杂环氮化物和少量的脂肪胺或芳香胺，它们在催化剂和氢气的作用下进行氢解反应，转化为不含氮的相应烃类和氨，例如：

烷基胺　$R-NH_2 + H_2 \longrightarrow RH + NH_3$

烷基腈　$RCN + 3H_2 \longrightarrow RCH_3 + NH_3$

吡咯　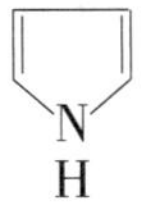 $+ 4H_2 \longrightarrow C_4H_{10} + NH_3$

吲哚　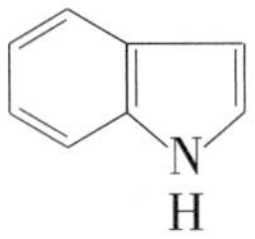 $+ 3H_2 \longrightarrow$ 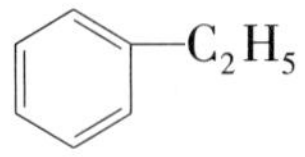 $+ NH_3$

吡啶　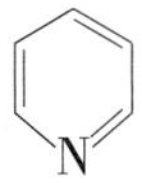 $+ 5H_2 \longrightarrow C_5H_{12} + NH_3$

喹啉　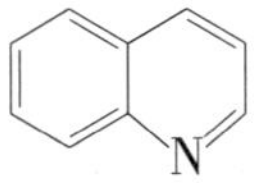 $+ 4H_2 \longrightarrow$ 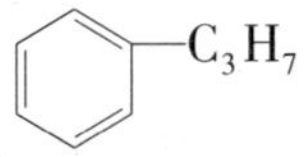 $+ NH_3$

加氢脱氮反应包括两种不同类型的反应，即 C ═N 的加氢和 C—N 键断裂反应，因此，加氢脱氮反应较脱硫困难。此外，加氢脱氮反应中还存在受热力学平衡影响的情况。馏分越重，加氢脱氮越困难。这主要是因为馏分越重，氮含量越高，另外重馏分氮化物的结构也越复杂，空间位阻效应增强，且氮化物中芳香杂环氮化物最多，如吡咯和吡啶均具有芳香性，其结构比较稳定，此类化合物的氮较难脱除。

③ 加氢脱氧反应　石油馏分中的含氧化合物主要是环烷酸及少量的酚、脂肪酸、醛、醚及酮，这些含氧化合物在加氢条件下通过氢解反应生成相应的烃类和水，如：

环烷酸

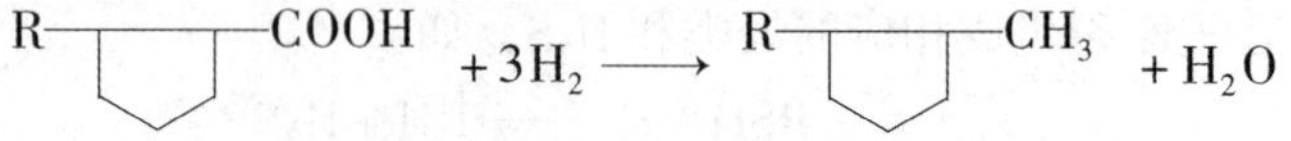

酚类

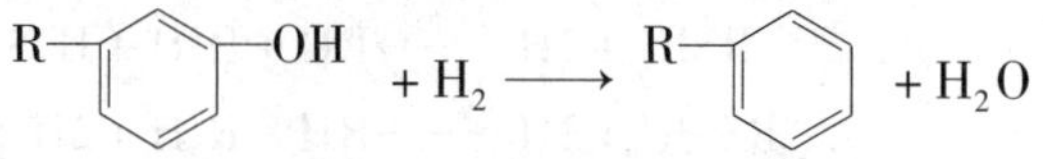

呋喃

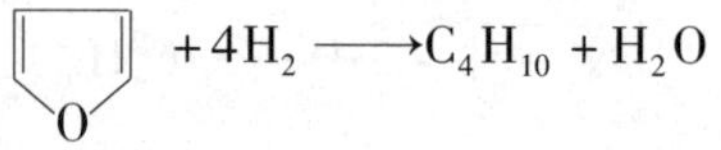

含氧化合物与含氮化合物类似，需先加氢饱和，后 C—O 键断裂。含氧化合物反应活性顺序为：

呋喃环类 > 酚类 > 酮类 > 醛类 > 烷基醚类

④ 加氢脱金属反应　渣油中的微量金属是与硫、氮、氧等杂原子以化合物或络合物的状态存在的，在加氢脱硫、加氢脱氮、加氢脱氧的同时，也会加氢脱金属。

渣油中的钒、镍等金属对催化剂是有害的，它们在石油中可分为以卟啉化合物形式存在的金属和以非卟啉化合物形式存在的金属。其中，以非卟啉化合物存在的金属反应活性较高，很容易在 H_2/H_2S 存在条件下，转化为金属硫化物沉积在催化剂表面上。而以卟啉型存在的金属化合物先可逆地生成中间产物，然后中间产物进一步氢解，生成的硫化态镍以固体形式沉积在催化剂上。加氢脱金属反应如下：

$$R-M-R' \xrightarrow{H_2,\ H_2S} MS + RH + R'H$$

⑤ 不饱和烃的加氢饱和　石油热加工产物中含有相当量的烯烃和二烯烃，其性质极不稳定，通过加氢可以使其双键饱和，转化为相应的烷烃，如：

单烯烃　$R—CH=CH_2 + H_2 \longrightarrow RCH_2CH_3$

双烯烃　$R—CH=CH—CH=CH_2 + 2H_2 \longrightarrow R—CH_2—CH_2—CH_2—CH_3$

环己烯

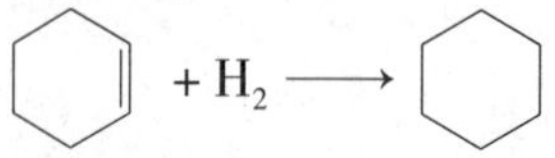

环己二烯

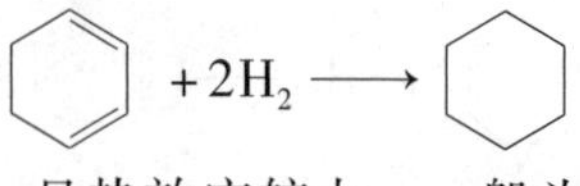

烯烃的加氢反应是放热反应，且热效应较大，一般为 -120kJ/mol。因此，对于不饱和烃含量较高的油品进行加氢时，应注意控制反应温度，避免反应器的超温。

总的来说，加氢精制具有如下特点：

a. 含硫、氮、氧等非烃化合物与氢发生氢解反应，分别生成 H_2S、NH_3、水及相应的烃，很容易从油品中除去。这些氢解反应都是放热反应，但这几种非烃化合物的反应能力是不同的。油品中通常同时存在含硫、氮和氧的化合物，一般认为，在加氢反应时，脱硫反应是最容易的，因为加氢脱硫时，无需对芳环饱和而直接脱硫，故反应速率大，氢耗低；含氧化合物与含氮化合物类似，需先加氢饱和，后 C—杂原子键断裂。

b. 几乎所有的金属有机化合物在加氢精制条件下发生氢解反应，生成的金属沉积在催化剂表面上，会造成催化剂的活性下降，导致床层压降升高。所以加氢精制催化剂要周期性地进行更换。

由此可见，加氢精制产品的质量较好，包括安定性好、无腐蚀性，以及液体收率高等，这些都是由加氢精制反应所决定的。

（2）加氢精制反应的影响因素　影响石油馏分加氢精制的主要因素有：反应压力、反应温度、空速和氢油比、原料的性质和催化剂等。

① 反应压力　压力是影响加氢精制反应速度的重要操作参数。

由于加氢是体积缩小的反应，从热力学上看，提高压力对化学平衡有利。但对于不同的馏分油，压力的影响又有所不同。

对于轻质油，在高压下，催化剂表面上的反应物和氢气浓度都增大，其反应速率也随之加快。而对于重质油，压力增加，一方面有利于提高反应速率，另一方面，将增加混合组分中液相的比例，相应地增加催化剂表面液膜对反应物的扩散阻力，因而降低反应速率，其最终影响需根据表面反应与扩散的相对速率而定。稠环芳烃的加氢转化深度受到化学平衡限制，在一定温度范围内，压力增加有利于提高反应速率。因此，反应压力的选择取决于原料，一般来说随着原料沸点范围的升高，其中的非烃化合物的结构愈趋复杂，这就需要用更高的压力才能脱除其中的杂原子，并且抑制催化剂因积炭而过快失活。

需要注意的是，在加氢精制过程中起作用的是氢分压而不是总压。轻油加氢精制的操作压力一般为1.5～2.5MPa，其氢分压为0.6～0.9MPa，二者的差别主要是存在着较高的油气分压；柴油加氢精制的操作压力一般为3.5～8.0MPa，其氢分压为2.5～7.0MPa，而减压渣油加氢精制的操作压力一般为12～17.5MPa，其氢分压为10～15MPa。

② 反应温度　含硫化合物、含氮化合物的氢解一般属于不可逆反应，不受热力学平衡限制，温度增加，反应速度也随之增加。对于减压馏分油的加氢精制，由于反应在气、固、液多相系统中，温度增加，反应物的汽化率增加，液相比例相对减少，结果使扩散速度增加，有利于增加反应速度。但对于硫、氮杂环化合物，由于受环加氢平衡的限制，在不同压力下存在极限反应温度，超过这一极限，脱硫或脱氮转化率开始下降。如噻吩的加氢脱硫反应平衡常数$\lg K_p$，在700K时为3.85，而在900K时则降为－0.85，因此一般认为噻吩在4～8MPa下的加氢脱硫反应温度约为430℃。同时，过高的反应温度还会导致裂化反应增加，液体收率降低，催化剂积炭速度加快甚至失活。但从动力学的角度而言，其反应温度也不宜低于280℃，否则反应速度会太慢。此外加氢脱氮比较困难，要采用比加氢脱硫更高的反应温度，才能取得比较好的加氢脱氮效果。

加氢精制的反应温度范围为280～420℃，对于较轻的原料采用较低的反应温度，而对于较重的原料则需要采用较高的反应温度。

③ 空速　空速是控制加氢精制深度的一个重要参数。空速降低，反应物与催化剂的接触时间延长、精制深度加深、有利于提高产品质量。但空速过低，反应时间过长，裂化反应显著，导致液体产物收率降低，氢耗也随之增大。在其他条件一定且反应器大小恒定的情况下，降低空速意味着降低其处理能力。因此合理空速的选择应根据原料性质、精制深度的要求以及反应器容积的利用效率等多方面的因素来考虑。

对于轻质的原料一般采用较高的空速，如在3.0MPa下，空速也可以达到2.0～4.0h^{-1}；

对于柴油馏分，压力达到4~8MPa，一般空速为$1.0\sim2.0h^{-1}$；而对于重质原料气空速一般只能控制在$1.0h^{-1}$以下；对于含氮量较高的原料油，由于脱氮反应较慢，考虑到加氢脱氮反应深度的要求，则需要更低的空速。

氢油比：加氢过程中的氢油比是指进入到反应器中标准状态下的氢气与冷态进料(20℃)的体积之比。

较高的氢油比使氢分压提高，这有利于提高加氢反应速率，而且循环氢起着热载体的作用，大量的循环氢可以提高体系的热容量，从而降低因加氢反应放热引起的反应温度上升的幅度。但从另一方面来看，高氢油比增加了动力消耗，使操作费用增加，因此要根据具体条件选择适宜的氢油比。

一般汽油馏分加氢精制的氢油比为$100\sim500m^3/m^3$，柴油馏分为$300\sim700m^3/m^3$，减压馏分为$600\sim1000m^3/m^3$。

(3) 加氢精制催化剂　加氢精制催化剂一般是负载型的，是由活性组分浸渍到载体上而制成的。

① 活性组分　加氢精制催化剂的活性组分一般是过渡金属元素及其化合物，如ⅥB族金属Mo、W和Ⅷ族金属Co、Ni、Fe、Pd、Pt等。这些金属元素都具有未充满的d电子轨道，同时它们又具有体心和面心立方晶格或六方晶格，具备这样的电子特性和几何特性的金属作为催化剂的活性中心具有对反应物分子良好的吸附特性，而这正符合加氢反应对催化剂的要求。因此，这类过渡金属元素及其化合物比较适宜作为加氢催化剂的活性组分。

目前工业上常用的加氢精制催化剂的活性组分是钼或钨的硫化物作为主催化剂，以钴或镍的硫化物作为助催化剂。

表3-21　Co-Mo/Al_2O_3与Co、Mo单独存在时加氢脱硫效果的比较

在催化剂中的含量/%(质量)		脱硫率/%(质量)	在催化剂中的含量/%(质量)		脱硫率/%(质量)
CoO	MoO_3		CoO	MoO_3	
19.0	0	31	0	20.2	41
4.9	15.0	92			

如表3-21所示，钼或钴单独存在时其活性都不高，而两者同时存在时具有协同作用，具有很高的活性，所以目前加氢精制催化剂几乎都是由一种ⅥB族金属和第Ⅷ族的金属组合的二元活性组分所构成，如Co-Mo、Ni-Mo、Ni-W、Co-W等，它们对各类反应的活性有一定差别，一般顺序如下：

对加氢脱硫：Co-Mo > Ni-Mo > Ni-W > Co-W

对加氢脱氮：Ni-W > Ni-Mo > Co-Mo > Co-W

对加氢脱氧：Ni-W ≈ Ni-Mo > Co-Mo > Co-W

对加氢饱和：Ni-W > Ni-Mo > Co-Mo > Co-W

最常用的加氢脱硫催化剂是Co-Mo型的，而对于含氮较多的原料油则需选用Ni-Mo或Ni-W型加氢精制催化剂。为了进一步提高催化剂的活性，现在也有用Ni-Mo-Co、Ni-W-Co等三元组分作为加氢精制催化剂的活性组分。

此外，提高活性金属组分的含量对提高催化剂的活性也有一定作用，但有一定限度。一般认为加氢精制催化剂的活性组分的含量为15%~25%为宜(以金属氧化物计)，其中CoO

或 NiO 约为 3% ~6%，MoO_3约为 10% ~20%。

② 助剂　各种加氢精制催化剂，除了金属活性组分对催化剂的活性有影响外，在催化剂中加入助剂也会改变其使用性能。

助剂的主要作用是增大表面，提高催化剂的结构稳定性，或改变催化剂的电子结构、表面性质或晶型结构。助剂本身活性并不高，但与活性组分搭配后却能发挥良好的作用。如在 Ni－Mo 催化剂中添加助剂磷，可以显著提高其加氢脱氮的活性，如表 3－22 所示。

表 3－22　Ni－Mo 型加氢精制催化剂添加助剂磷的影响

催化剂	Ni－Mo	Ni－Mo－P	催化剂	Ni－Mo	Ni－Mo－P
化学组成/%			P		1.34
MoO_3	17.0	19.0	相对脱氮活性	72	100
NiO	3.1	3.8			

③ 载体　作为催化剂的载体，其主要作用是：提供较大的比表面以使活性组分分散均匀，同时载体还可以作为催化剂的骨架，提高催化剂的稳定性和机械强度。加氢精制催化剂的载体主要包括中性载体和酸性载体两大类。中性载体如活性氧化铝、活性炭、硅藻土等；酸性载体如硅酸铝、硅酸镁、活性白土、分子筛等。其中，$\gamma-Al_2O_3$是加氢催化剂最常用的载体，一般加氢精制催化剂要求使用比表面积较大的 $\gamma-Al_2O_3$，其比表面积约为 200 ~400m^2/g，孔体积为 0.5 ~1.0cm^3/g。

在加氢精制的载体中，有时加入少量（约 5%）的 SiO_2，SiO_2可以抑制 $\gamma-Al_2O_3$晶粒的增大，提高载体的热稳定性，若将 SiO_2的含量提高至 15%，则可以使载体具有一定的酸性，从而促进 C－N 键的断裂，提高催化剂的脱氮功能。

（4）加氢精制工艺流程　我国馏分油加氢精制，主要有二次加工汽、柴油的精制和含硫、芳烃高的直馏煤油馏分的精制，以及重油渣油的加氢脱硫。加氢精制装置一般采用固定床绝热反应器，所用氢气大多来自催化重整的副产氢气，只有当副产氢不能满足需要时，或者无催化重整装置时，才另建制氢装置。加氢精制的工艺流程因原料而异，但基本原理是相同的，包括反应系统，生成油换热、冷却、分离系统和循环氢系统，典型的加氢精制工艺流程如图 3－32 所示。

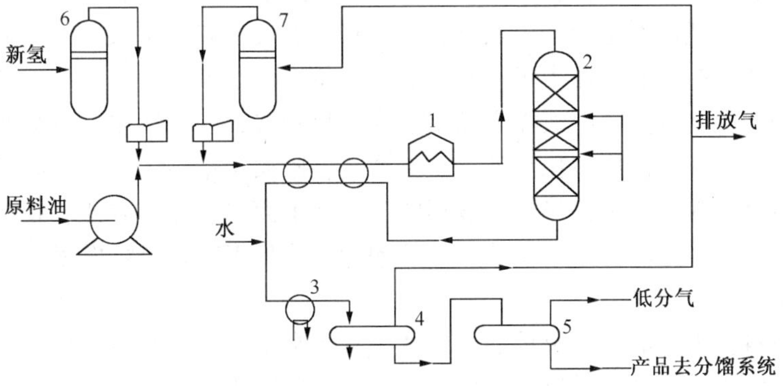

图 3－32　加氢精制工艺流程图

1—加热炉；2—反应器；3—冷却器；4—高压分离器；
5—低压分离器；6—新氢储罐；7—循环氢储罐

① 反应系统　原料油与新氢、循环氢混合，并与反应产物换热后，以气液混相状态进入加热炉(这种方式称炉前混氢，也有在加热炉后加氢的，称为炉后混氢)，加热至反应温度进入反应器。反应器进料可以是气相(精制汽油时)，也可以是气液两相(精制柴油或比柴油更重的油时)。对于气液相混合进料的反应器，内部设有专门的进料分布器。反应器内的催化剂一般是分层填装，以利于注冷氢来控制反应温度。

加氢精制反应器可以是一个，也可以是两个。前者叫一段加氢法，后者叫两段加氢法。采用两段加氢时，第一段主要是加氢精制，第二段是芳烃加氢饱和。

② 生成油换热、冷却、分离系统　反应产物从反应器底部出来，经过换热、冷却后，进入高压分离器。反应中生成的氨、硫化氢和低分子气态烃会降低反应系统中的氢分压，不利于反应，而且在较低的温度下还能与水生成结晶水合物而堵塞管线和换热器管束，另外，氨还能使催化剂减活。因此，在冷却器前需向产物中注入高压洗涤水，以溶解反应生成的氨和部分硫化氢。反应产物在高压分离器中进行油气分离，分出的气体是循环氢，其中除了主要成分氢外，还有少量的气态烃(不凝气)和未溶于水的硫化氢，分出的液体产物是加氢生成油，其中也溶解有少量的气态烃和硫化氢，生成油经过减压再进入低压分离器进一步分离出气态烃等组分，产品去分馏系统分离成合格产品。

③ 循环氢系统　为了保证循环氢的纯度，避免硫化氢在系统中积累，由高压分离器分出的循环氢经乙醇胺脱硫除去硫化氢，然后再经循环氢压缩机升压至反应压力送回反应系统。循环氢的主要部分(70%)送去与原料油混合，其余部分不经加热直接送入反应器作冷氢。

五、热加工过程

在炼油工业中，热加工是指单纯依靠热的作用，将重质油转化成气体、汽油、柴油、燃料油或焦炭的工艺过程。热加工的意义在于，使原油中的重质部分(包括减压馏分油和减压渣油)转化成合乎使用需要的石油产品，如把高黏度、高倾点的减压渣油加工成合格的燃料油，但更重要的是重油的轻质化，将低价值的重油转化为高价值的轻质油品。

热加工是原油的二次加工工艺，主要包括：热裂化、减黏裂化和焦炭化。热裂化过程在1913年实现了工业化，1920年至1940年随着汽车工业史的发展，热加工过程得到了较大的发展，至40年代热加工过程逐渐被催化裂化过程所取代。但是，随着对轻质油品和优质燃料油需求量的增加，减黏裂化和延迟焦化又有了新的发展，其作用在不断扩大。因此，到目前为止，热加工过程在炼油工业中仍占有重要的地位。

热加工过程的主要缺点是：液体产品中不饱和烃较多，安定性差；汽油的辛烷值虽高于原油直馏汽油，但远低于催化裂化汽油，且不稳定，胶质含量高，柴油也需经过加氢等精制过程才能符合质量要求。但是，热加工过程的工艺技术简单、操作方便、装置灵活性大、能耗和建设费用低。随着原油变重、稠油产量的增加，热加工工艺仍将发挥其作用。

1. 热加工过程的基本原理

热加工的原料多为石油馏分及重油、残油，其烃类组成非常复杂，且含有多种非烃物质及金属等，因而转化反应也非常复杂。但总的来看，热转化可看成是两种主要反应：一类是裂解反应，即大分子烃类裂解成较小分子的烃类，因此从较重的原料油可以得到汽油馏分、中间馏分以及石油气体等；另一类是缩合反应，即原料和中间产物中的芳烃、烯烃等缩合成相对分子质量大的化合物，从而可以得到比原料油沸程更高的残渣油甚至焦炭。这就是热加工过程的基本原理。

（1）各族烃类的热反应

① 烷烃 烃类的裂解反应是按照自由基反应机理进行的。其裂解反应主要有断链反应和脱氢反应两种。

断链反应是烷烃分子的 C—C 键发生断裂的反应，产物分子中的碳原子数减少，生成相对小分子的烷烃和烯烃，其通式如下：

$$C_nH_{2n+2} \longrightarrow C_mH_{2m+2} + C_{n-m}H_{2(n-m)}$$

生成的小分子还会进一步反应，生成相对分子质量更小的烷烃和烯烃，直至生成低分子气态烃。按照自由基反应机理，正构烷烃分解时容易生成甲烷、乙烷、乙烯、丙烯等低分子烷烃和低分子烯烃，很难生成异构烷烃和异构烯烃。

脱氢反应是烷烃分子 C—H 键断裂的反应，生成碳原子数相同的烯烃和氢气，其通式如下：

$$C_nH_{2n+2} \rightleftharpoons C_nH_{2n} + H_2$$

烷烃的断链与脱氢反应都是强吸热反应，在相同的反应条件下，随烷烃相对分子质量的增大，其热稳定性逐渐下降，断链反应较脱氢反应更容易发生；长链烷烃中，越靠近中间处越容易断裂；与正构烷烃相比，异构烷烃更容易断链和脱氢；随着裂解时间的延长，裂解的产物可以进一步发生二次反应，产物中不饱和烃和氢气含量增加，产物组成变得更加复杂。

② 环烷烃 环烷烃的热稳定性较高，在受热的条件下，主要发生断链和脱氢两类反应，生成低分子的烯烃、烷烃和二烯烃。

在高温下，环烷烃侧链上的 C—C 键发生断链反应，侧链变短甚至脱除，同时生成较小分子的烷烃或烯烃，如：

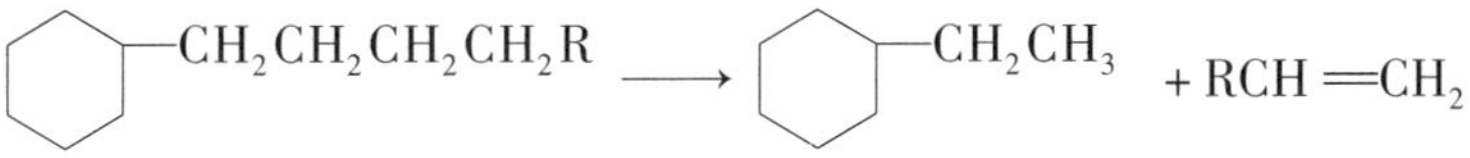

环烷环上的 C—C 键的热稳定性较侧链上的高，但在温度相对较高时环烷环也会断裂，生成小分子的烯烃、烷烃或二烯烃，如：

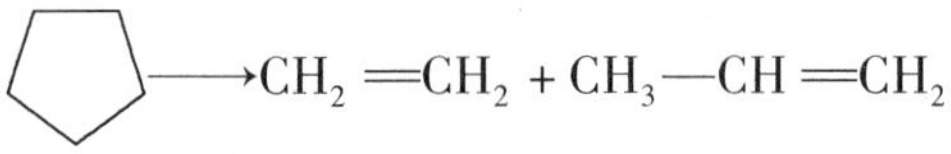

环烷烃在较高温度下发生脱氢反应生成芳烃，如：

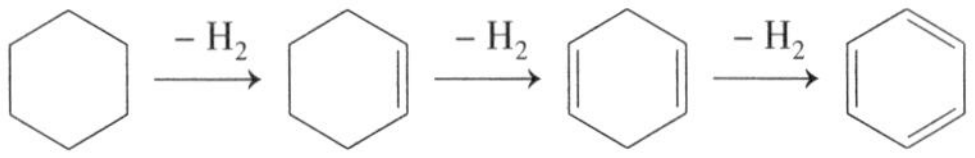

③ 芳香烃 芳香环对热稳定，一般情况下不会断裂。低分子的芳香烃，如苯和甲苯对热极为稳定，只有当温度超过 550℃时，苯才开始发生缩合反应，产物主要为二联苯、气体和焦炭，二联苯在热解条件下进一步缩合生成三联苯，随着反应时间的增加其缩合程度逐渐增加，直至生成碳氢比很高的焦炭。如：

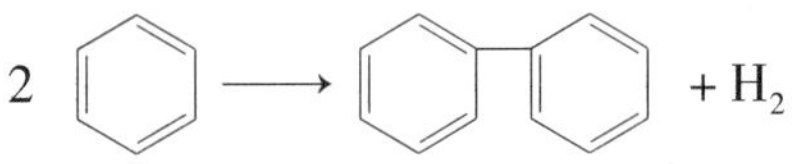

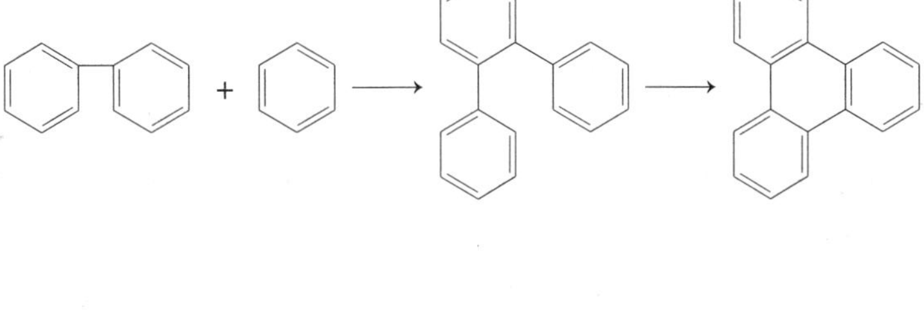

当温度达到800℃以上时，苯主要裂解成为焦炭。

多环芳香烃在高温下的反应和苯类似，它们都是对热非常稳定的物质，生成以氢气为主的气体、高分子缩合物和焦炭。

烷基芳香烃在高温下主要发生断侧链及脱烷基反应，如：

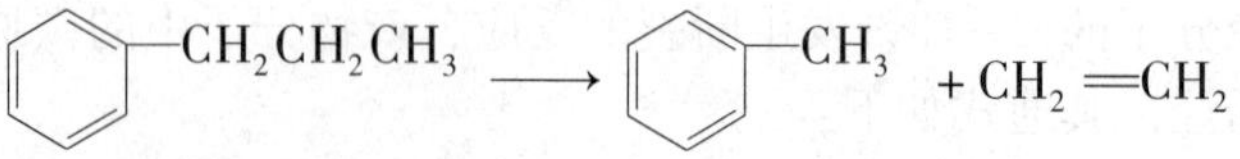

带侧链的芳香烃也能发生侧链的脱氢反应，如：

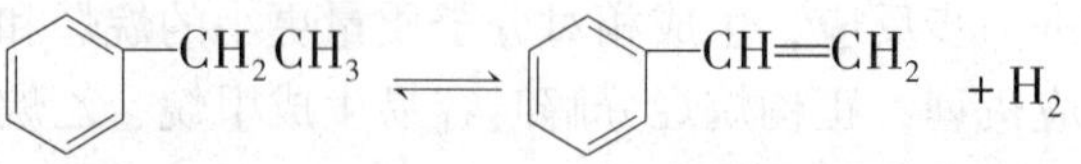

④ 烯烃　尽管一般天然原油不含有烯烃，但在石油的二次加工产物中大多数含有烯烃。烯烃是很活泼的烃类，在受热的条件下进一步裂解，同时也与其他烃类进行反应，使烯烃的反应更为复杂。

低分子的烯烃在低温高压下，主要发生聚合反应。如：$nC_nH_{2n} \longrightarrow (C_nH_{2n})_n$

当温度升高到400℃以上时，裂解反应开始变得重要，烯烃断裂也有与烷烃相似的规律。如：$CH_2=CH—CH_2—CH_2—CH_3 \rightarrow CH_2=CH—CH_3 + CH_2=CH_2$

当温度超过600℃以上时，烯烃易缩合成芳烃、环烷烃和环烯烃。如：

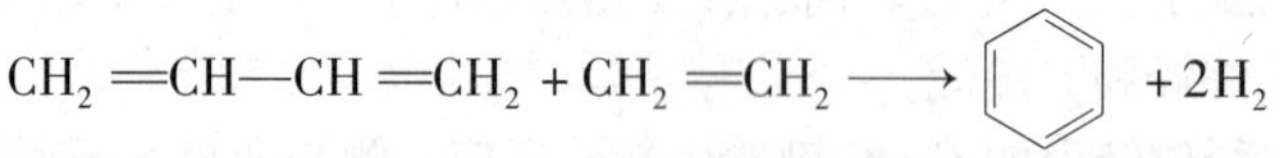

⑤ 胶质和沥青质　胶质和沥青质在高温条件下和稠环芳香烃具有类似的反应倾向，即发生缩合反应，最后生成焦炭。

(2) 重油、渣油的热反应　石油中的重油、渣油是由各族烃类和非烃化合物组成的复杂的混合物，它们的热反应除遵循各族烃的反应规律以外，还有其自身的特点。

重油的热加工反应基本是按分解和缩合两个方向进行的复杂的平行－顺序反应，见图3－33。反应产物的分布变化趋势如图3－34所示。随着反应深度的增加，汽油及中间馏分的产率在某一反应深度时会出现最大值，而最终产物气体和焦炭的产率则随着反应深度的增加而一直上升。此外，不同族的烃类之间的相互作用促进了生焦反应，因此重油热反应时生焦量较大。

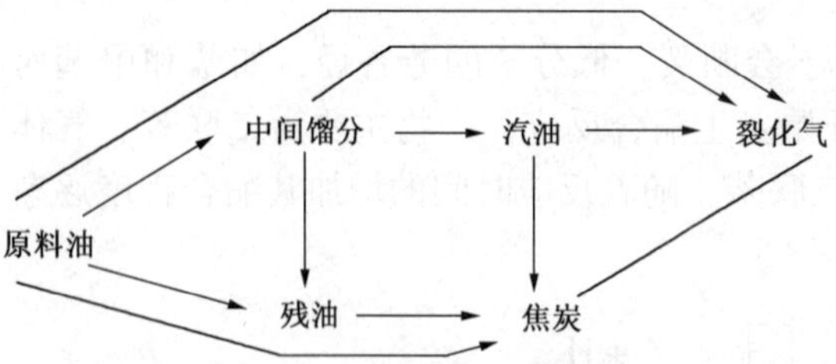

图3－33　重油的平行—顺序反应

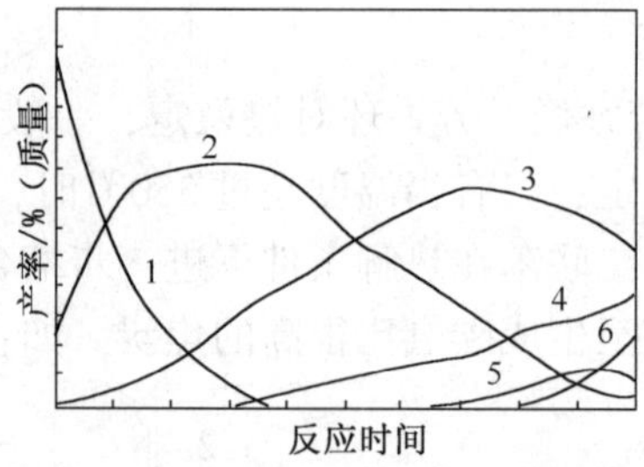

图3－34　重油热反应产物分布随时间的变化趋势

1—原料；2—中间馏分；3—汽油；

4—裂化气；5—残油；6—焦炭

2. 减黏裂化

减黏裂化是在热裂化的发展过程中形成的。过去，用常压或减压渣油直接作为燃料油时，由于黏度等不能满足燃料油的规格要求，需要掺入相当数量的含蜡馏分油等轻质油品，经济上造成损失。通过减黏对渣油进行处理，使之少掺或不掺轻油而达到标准。随着催化加工技术的迅速发展，热加工过程逐渐被催化加工过程所取代，减黏裂化也面临被淘汰的局面。近年来，由于石油市场对重质燃料油的需求量减少，对中间馏分油的需求量增加以及原料重质化、劣质化程度加剧，减黏裂化作为一种减小燃料油黏度、增产轻质油的重油加工手段重新受到重视，并得到较快发展。

减黏裂化是一种重油浅度热裂化过程，其主要目的在于减小原料油的黏度，改善倾点，使常压或减压渣油达到燃料油的规格要求。它适用于将常压重油或减压渣油转化成气体、石脑油、瓦斯油和减黏渣油。按照其目的可以将减黏裂化分为两种类型：一是降低重油的黏度和倾点，是指少掺或不掺轻质油而生产出合格的燃料油；二是生产中间馏分，为进一步的轻质化过程提供原料。

减黏裂化反应是在450～490℃、4～5MPa的条件下进行的，反应产物主要是用作燃料油的减黏残渣油和中间馏分，此外还有少量的裂化气和裂化汽油。在减黏裂化反应条件下，除了发生将重质原料转化为轻质产品的分解反应外，也会发生生成焦炭的缩合反应，沉积在炉管上的焦炭会影响开工周期，且所产燃料油安定性差，因此在反应过程中，必须控制一定的转化率。

温度、反应时间和压力对渣油减黏裂化有很大的影响。

减黏裂化的反应温度一般为400～450℃，但在较低的反应温度下(380℃)，如若反应时间足够长也能达到一定的减黏效果。在相同的反应时间下，反应温度升高，渣油的热反应速度加快，其转化率也就越高。减黏裂化的反应时间随着工艺流程、设备以及原料的性质不同有很大的差别，从几分钟到几小时，渣油的裂化转化率随着反应时间的增加而增加，其增长的趋势则逐渐变缓。就热反应而言，反应温度与反应时间在一定的范围内存在相互补偿的关系，即采用高温短时间与低温长时间几乎可以达到相同的转化率，减黏裂化工艺一般采用低温长时间。

由于采用较高压力不利于裂化反应而有利于缩合反应，所以减黏裂化一般都在较低的压力下操作。减黏裂化工艺的操作压力一般低于1.0MPa。

渣油减黏后黏度的变化与其转化率有关，在较低的转化率下，渣油的黏度逐渐降低；而当反应深度较深时，其缩合反应占主导作用，这就导致渣油的黏度降低到最低值后反而会急剧上升。

常规减黏裂化的工艺流程见图3-35。

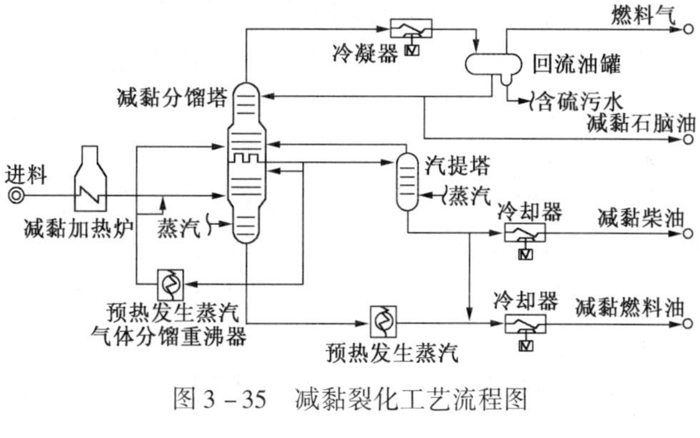

图3-35 减黏裂化工艺流程图

减黏原料油为常压重油或减压渣油，在减黏加热炉的加热炉管中加热至反应温度。然后在反应段炉管中裂化，达到需要的转化深度。为避免炉管内结焦，需向炉管内注入蒸汽。加热炉出口温度为400～450℃。在炉出口处可注入急冷剂使温度降低而中止反应，以免后路结焦。反应产物进入减黏分馏塔的闪蒸段。进塔的蒸气部分向上进入精馏段，用瓦斯油洗涤和冷却。油蒸气继续向上流动，从侧线塔盘抽出瓦斯油，除了一部分进入汽提塔经过汽提后作为减黏粗柴油或与减黏渣油调和为燃料油送出装置外，另一部分分别作为洗涤段的洗油，换热/冷却后作为循环回流油和加热炉出口的急冷油。液体部分流进下部的汽提段，经过蒸汽汽提后，从塔底抽出减黏渣油。为了降低能耗，循环回流油和急冷油可用于发生蒸汽及预热锅炉给水。分馏塔顶油气经过部分冷凝后进入回流油罐。从罐顶抽出气体产品，送至气体回收工序。冷凝油除了一部分用做分馏塔回流油外，其余的作为减黏石脑油送至稳定塔。从罐底抽出含硫污水，送至污水汽提装置。

除了常规的减黏裂化工艺外，还有带减压闪蒸塔的减黏裂化和减黏裂化－热裂化联合工艺流程。其中，带减压闪蒸塔的减压裂化生产的减压瓦斯油适合于作转化装置的原料。除了增加减压塔及相应的设备外，与常规流程相同。如果需要大量地生产轻馏分油或需要降低燃料油的倾点，可以采用减黏裂化－热裂化联合工艺流程。

至20世纪90年代末期，减黏裂化在提高转化率、增产馏分油方面有了新的发展，工艺技术也得到一定的改进。减黏裂化可以与其他工艺相结合，组成加工重质原料的联合工艺过程，可以从重质油品中获得更多的石油产品。例如，可与催化裂化、催化加氢、溶剂脱沥青组合成不同生产目的的各种工艺。另外，欧洲的几家炼油厂采用减黏裂化、造气－联合发电联合流程，将减黏渣油用于造气的原料，成为重质渣油利用的新方向。因此，减黏裂化不仅在目前，即使在将来仍是重油加工可供选择的工艺之一。

3. 焦化工艺

焦化是以贫氢重质油，如减压渣油、裂化渣油以及沥青等为原料，在高温下进行深度裂解及缩合反应的热破坏加工过程。焦化工艺是重要的渣油热加工过程，它也是唯一能生产石油焦的工艺过程，其在炼油工业中一直占据着重要地位。

炼油工业中的焦化主要包括延迟焦化、流化焦化和灵活焦化等多种工艺过程。其中，延迟焦化应用最为广泛，自20世纪30年代开发成功以来，至今已有70多年的工业运转经验，已经成为一项重要的渣油加工工艺。

延迟焦化是在较高的反应温度和较长的反应时间下，使渣油发生深度裂化反应，生成焦化气体、汽油、柴油、蜡油和石油焦的过程。延迟焦化是目前我国重质油加工的重要手段之一，是炼油厂提高轻质油收率的手段，在我国炼油工业中一直发挥主要作用。延迟焦化的目的是使渣油经过脱碳，最大限度地获取馏分油，其原料一般为减压渣油。与减黏裂化相比，相同点在于延迟焦化反应也是液相热反应，区别在于延迟焦化反应是深度转化过程，原料几乎全部转化，且生成大量的焦炭。

（1）焦化过程的化学反应　焦化过程是重质渣油深度裂化和缩合反应的综合热过程。重质渣油的组成十分复杂，除了各种烃类之外，还含有较多的胶质和少量的沥青质以及碱金属、重金属、氮化物等杂质，因此其热转化反应机理十分复杂。在延迟焦化过程中，原料油在加热炉中在很短的时间内被加热至450～510℃，少部分原料油汽化发生轻度的缓和裂化。从加热炉出来的已经部分裂化的原料油进入焦炭塔。根据焦炭塔内工艺条件，塔内物流为气－液相混合物。油气在塔内继续发生裂化。焦炭塔内的液相重质烃，在塔内的温度、时间条件下持续发生裂化、缩合反应直至生成烃类蒸气和焦炭为止。

（2）原料和产品及反应条件的影响

① 焦化原料　常用的焦化原料油包括减压渣油或常压重油、减黏裂化渣油和溶剂脱沥青装置的脱油沥青等。除此之外，热裂化焦油、催化裂化澄清油和裂解渣油作焦化原料时，可以生产质量很好的针状焦；炼厂的废渣也可以送入焦化装置处理以解决环保问题；煤焦油沥青作焦化原料，所得的焦炭中硫、灰分和重金属含量很低，焦炭质量也很好。

原料的组成与性质不仅影响焦炭的产率，同时也影响焦炭的质量。另外，焦炭的硫含量也主要取决于原料中的硫含量。因此，选择焦化原料油时，应仔细研究原料的性质，包括相对密度、特性因数、残炭值、硫含量及重金属含量等，从而预测焦化产品的产率及质量。

② 焦化产品 延迟焦化过程的产物主要有气体、汽油、柴油、蜡油以及石油焦。焦化所用原料不同，产品收率也不一样。在一定的操作条件下，延迟焦化过程的产品收率范围如下：

焦化汽油：8%～15%（质量）；

焦化柴油：26%～36%（质量）；

焦化蜡油：20%～30%（质量）；

焦化气体（包括液化石油气和干气）：7%～10%（质量）；

焦炭产率：国内原油 16%～23%（质量）；

东南亚原油 17%～18%（质量）；

中东原油 25%～35%（质量）；

延迟焦化产品的主要性质如下：

焦化气：含有较多的甲烷、乙烷和少量的烯烃。可用作燃料，也可以通过水蒸气转化法为合成氨或加氢装置提供氢源。

焦化汽油：不饱和烃含量较高，而且含硫、氮等非烃化合物也较多。因此，溴价较高，安定性较差，辛烷值低（马达法辛烷值约为 60），须经过加氢精制以改善其安定性。

焦化柴油：溴价较高、安定性较差，且残炭高。以石蜡基原油的减压渣油为原料时所得的焦化柴油十六烷值较高，其他原料均较低。焦化柴油必须经过加氢精制才可成为合格产品。

焦化蜡油：烃类组成与直馏馏分比较接近，含烷烃 30% 以上，重金属含量较低，硫和氮含量较高。可以作为催化裂化或加氢裂化的原料，或与其他渣油调和作为锅炉燃料。

焦炭：焦化过程产生的焦炭即石油焦。它是焦化装置特有的产品。石油焦是黑色或暗灰色的坚硬固体石油产品，带有金属光泽，呈多孔性。石油焦的组分是炭青质，含碳 90%～97%，含氢 1.5%～8%，也含有少量的氮、氯、硫及重金属化合物。石油焦按其外形和性质可以分为海绵状焦、蜂窝状焦和针状焦。石油焦用途较广，除了作冶炼工业或其他工业用的燃料外，还可以用作高炉及铸造用炭。石油焦经煅烧及石墨化，可用于制造炼铝工业的阳极、电炉炼钢用的电极、原子反应堆的减速剂、化学工业用的电解板、生产电石和碳化硅以及宇宙飞行设备和火箭喷嘴衬里所需的石墨制品。石油焦的用途不同，对其质量的要求也不同。我国现行的石油焦产品质量标准 SH0527 将石油焦质量标准分为三级。

③ 工艺参数的影响　对延迟焦化产品产率与性质有影响的三个主要工艺参数为反应温度、反应压力和循环比。

a. 反应温度　一般指焦化加热炉出口温度或焦炭塔温度。它是延迟焦化的重要操作参数。当反应压力和循环比固定后，提高反应温度会使气体和石脑油收率增加，蜡油收率和焦炭收率下降，焦炭中挥发分降低。但反应温度过高，焦化反应过深，焦炭中的挥发分降低使焦炭变软，也会造成除焦困难。温度过高还容易使炉管结焦，开工周期缩短。而温度过低，焦化反应不足，焦炭成熟不够，其挥发分太高，除焦困难。因此，实际生产中加热炉出口温度一般控制在480～515℃之间。此外，还要根据不同的原料确定加热炉出口温度，残炭值较高的原料，加热炉出口温度应较低。

b. 反应压力　反应压力是指焦炭塔顶的压力。焦炭塔顶最低压力是为克服焦化主分馏塔及后继系统压降所需的压力。反应压力对产品分布有一定的影响。当反应温度和循环比固定后，较高的压力将使塔内焦炭中滞留的重质烃增多，气体产物在塔内停留时间延长，促进了二次裂化反应，从而使焦炭产率增加和气体产率略有增加，而 C_5 以上的液体产品产率下降。延迟焦化的目的是希望多产馏分油而少产焦炭，在较低的压力下焦炭产率较低。延迟焦化工艺的发展趋势是尽量降低操作压力，以提高液体产品的收率。焦炭装置的操作压力一般在0.15～0.17MPa之间。

c. 循环比　为了尽可能地多产汽、柴油，部分较重的馏分油在装置中要进行循环。因此，循环比的定义为：

$$循环比=循环油量/新鲜原料油量$$

循环比是对焦化过程的产物分布、产物性质及装置的处理能力都有较大影响的重要操作参数。一般循环比增加，焦化汽油、焦化柴油的产率也随之增加，而焦化蜡油的产率随之降低，焦化气与焦炭的产率则增加。因此欲少产焦炭、多产馏分油应采用较小的循环比。此外，循环比还会直接影响焦化蜡油的干点。在操作上，一般是通过提高焦化蜡油的干点来降低循环比。焦化蜡油的收率提高后，进入焦炭塔二次裂化的重质烃就会减少，因而降低了低分子烃的产量。近年来延迟焦化工艺的发展趋于降低循环比，目的是通过增产焦化蜡油来扩大催化裂化、加氢裂化的原料油量。然后，通过加大裂化装置处理量来提高产品汽、柴油的产量。

(3) 工艺流程　延迟焦化装置由焦化、分馏（包括气体回收）、焦炭处理和放空系统几个部分组成，其工艺流程见图3－36。

原料经预热后，先进入分馏塔下部，与从焦炭塔顶来的焦化油气在塔内接触换热，使原料油中的轻组分蒸发出来，同时也使原料被加热（一般分馏塔底温度不宜超过400℃）。焦化油气中相当于原料油沸程的部分称为循环油，随原料一起从分馏塔底抽出，进入加热炉辐射室，加热到500℃左右，通过四通阀由底部进入焦炭塔，进行焦化反应。加热炉管中温度很高，为了防止原料油在炉管中结焦，必须向炉管中注水以提高原料油在炉管中的线速度，减少在炉管中的停留时间（一般仅为几秒钟），将结焦过程延迟在焦炭塔中进行。

进入到焦炭塔的高温渣油在焦炭塔中的停留时间较长。反应得到的油气从焦炭塔顶引出进分馏塔，分出焦化气体、汽油、柴油、蜡油以及循环油（与原料一起再次进行焦化）。焦化生成的焦炭留在焦炭塔内，通过水力除焦从塔内排出。焦炭塔采用间歇式操作，至少要有

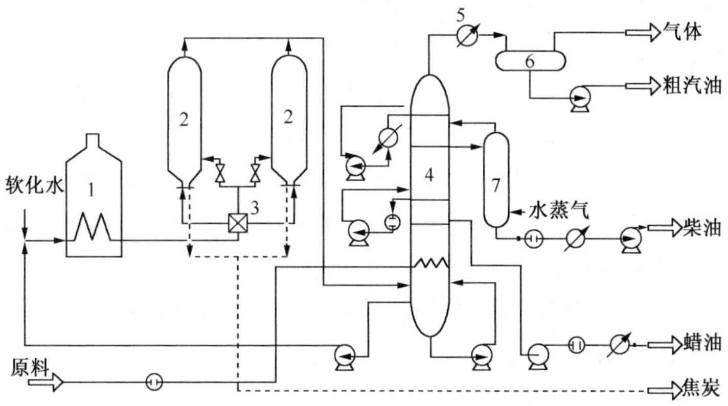

图 3-36　延迟焦化装置工艺流程

1—加热炉；2—焦炭塔；3—四通阀；4—分馏塔；5—冷凝器；6—回流罐；7—汽提塔

两个塔切换使用，当一个焦炭塔中的焦炭堆积到一定高度时再切换至另外一个焦炭塔，切换时间为 24h，这样可以保证装置的连续运转。每个塔的切换周期，包括生焦、除焦及各辅助操作过程所需全部时间，其中生焦过程占一半时间。

经过 60 多年的发展，延迟焦化工艺在将渣油转化为更有价值的轻质产品和生产新材料方面，均发挥着重要的作用。在工艺流程、生产操作和设备设计等方面都有很多发展和创新，达到了提高液体收率、为催化裂化装置提供更多的原料油、生产优质焦、提高装置的灵活性和处理量、降低能耗、扩大乙烯原料来源、在延迟焦化装置中处理炼油厂废料等目的。

六、石油产品精制与调和

1. 酸碱精制

石油一次加工和二次加工得到的各种馏分油中含有很多杂质，如硫化物、氮化物、有机酸、烯烃、二烯烃和胶质等，这些杂质严重影响油品质量，为使其满足使用要求，需要通过精制的方法将油品中的杂质脱除。酸碱精制是最早出现的一种精制方法，其工艺简单、设备投资和操作费用低，目前仍是普遍采用的精制方法之一。

（1）酸碱精制原理　酸碱精制主要包括酸精制和碱精制。

① 酸精制原理　浓硫酸可以与油品中的某些烃类和非烃类化合物进行化学反应，或者以催化剂的形式参与化学反应，而且对各种烃类和非烃类化合物均有不同的溶解能力。

在一般的硫酸精制条件下，硫酸对各种烃类除可微量溶解外，对正构烷烃、环烷烃等主要组分基本不起化学作用。但在一定反应条件下，硫酸可与异构烷烃和芳烃发生磺化反应，反应产物溶于酸渣而被除去。硫酸还可与大部分的烯烃发生酯化反应和叠合反应。硫酸与烯烃发生酯化反应的生成物视反应条件而定。当硫酸用量多、温度低于 30℃时，生成酸性酯；当硫酸用量少、温度高于 30℃时，生成中性酯。酸性酯大部分溶于酸渣而被除去，而中性酯大部分溶于油中，影响油品质量，需要进一步用蒸馏方法除去。

硫酸对非烃类化合物的溶解度较大，不仅可与它们进行物理溶解，而且能够发生化学反应。其中，胶质、碱性氮化物、大部分的环烷酸和硫化物等通过硫酸洗涤基本可以脱除。

② 碱精制原理　用浓度为 10% ~30% 的氢氧化钠水溶液与油品混合作为碱液，碱液与酸性非烃类化合物反应生成相应的盐类而从油品中脱除，而与烃类几乎不起作用。因此，碱

洗可除去油品中的含氧化合物(如环烷酸、酚类等)和部分含硫化合物(如硫化氢、低分子硫醇等)以及中和酸洗后油品中残留的酸类(如磺酸、硫酸酯等)。

当硫化氢与碱液反应时，若碱液用量大生成 Na_2S，用量小则生成 NaSH，Na_2S 与 NaSH 均溶于水中。因此，可以通过碱洗法除去硫化氢。而环烷酸、酚类、低分子硫醇等与碱液的反应是一个可逆反应，生成的盐类在一定程度上会发生水解反应。随其相对分子质量的增加，相应盐类的水解程度也增大，而且其本身在油品中的溶解度也相对增加，在水中的溶解度相对下降。因此，用碱洗的方法不能完全除去这些物质。但随着碱液浓度的增加、操作温度的降低，这些盐类的水解程度也随之减缓，因此，可以通过采用降低操作温度和提高碱液浓度的方法以完全清除环烷酸及酚类、硫醇等非烃化合物。

由于碱洗仅能脱除硫化氢、环烷酸、酚类及硫醇，对于胶质、碱性氮化物等其他非烃类化合物还需要通过酸洗使其脱除，为了将油品中的杂质完全去除掉，常常需要酸洗和碱洗结合使用，称为“酸碱精制”。在酸洗之前的碱洗称为预碱洗，目的是脱除硫化氢，以防止硫化氢被硫酸氧化为难以脱除的元素硫。在酸洗之后进行碱洗，主要是为了脱除酸洗后油品中残留的酸渣。

(2) 酸碱精制工艺流程　酸碱精制的工艺流程主要包括预碱洗、酸洗、水洗、碱洗等步骤。一般根据原料种类、杂质含量及精制要求确定某一步骤是否必要。图 3－37 为酸碱精制－电沉降分离过程的工艺原理流程。

原料油与碱液在文氏管和混合柱中混合后发生反应，进入预碱洗的电分离器，电分离器通入 20000V 左右的高压交流电或直流电，碱渣在高压电场下进行凝聚、分离，自电分离器的底部排出。预碱洗后的油品自顶部流出，与硫酸在第二套文氏管和混合柱中进行混合反应，然后进入酸洗电分离器，酸渣自电分离器底部排出。酸洗后的油品自顶部排出，与碱液在第三套文氏管和混合柱中进行混合反应，然后进入碱洗电分离器，碱渣自电分离器底部排出。碱洗后的油品自顶部排出，在第四套文氏管和混合柱中与水混合，然后进入水洗沉降罐，除去碱和钠盐的水溶液，废水自罐底排出，精制油品自顶部流出。

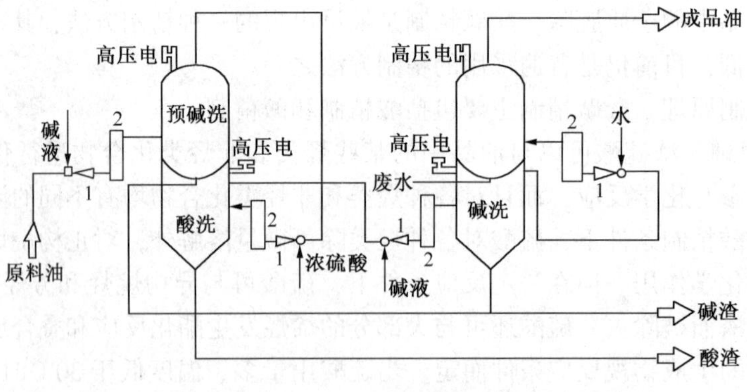

图 3－37　酸碱精制－电沉降分离过程的工艺原理流程

1—文氏管；2—混合柱

2. 轻质油品脱硫醇

汽油、煤油、喷气燃料等轻质燃料中含有的硫化物大都为硫醇。硫醇是一种氧化引发剂，它可使油品中的不安定组分氧化生成胶状物质。硫醇还有一定的腐蚀性。此外，硫醇还影响油品对添加剂的感受性。因此，轻质油品必须脱除硫醇后才能满足产品质量要求。

(1) 催化氧化脱硫醇　现代炼油厂常用的脱硫醇方法是催化氧化脱硫醇法。该法是利用催化剂使油品中的硫醇在强碱液(氢氧化钠溶液)及空气存在的条件下氧化成二硫化物，其化学反应式为：$2RSH + \frac{1}{2}O_2 \xrightarrow{\text{催化剂，碱液}} RSSR + H_2O$。常用的催化剂是磺化酞菁钴等金属酞菁化合物。

图3－38为催化氧化脱硫醇工艺流程。该工艺包括抽提和氧化脱硫两个部分。在抽提过程中，原料油与含催化剂的碱液在抽提塔内逆流接触，含硫醇的碱液从塔底部排出，经加热后与空气一起进入氧化塔。在氧化塔中硫醇被氧化为二硫化物，然后进入分离罐，分离出二硫化物和过剩的空气，下层分出的含催化剂的碱液送回抽提塔上部循环使用。

经抽提后的油品自抽提塔顶部排出，与空气及含催化剂的碱液一起进入转化塔，残余在油中的硫醇氧化成二硫化物后进入分离罐。含有催化剂的碱液自分离罐底部分出后送回转化塔循环使用。油品自分离罐顶部分出，然后进入砂滤塔，在此除去残留的碱液，分出过剩空气后得到精制油品。

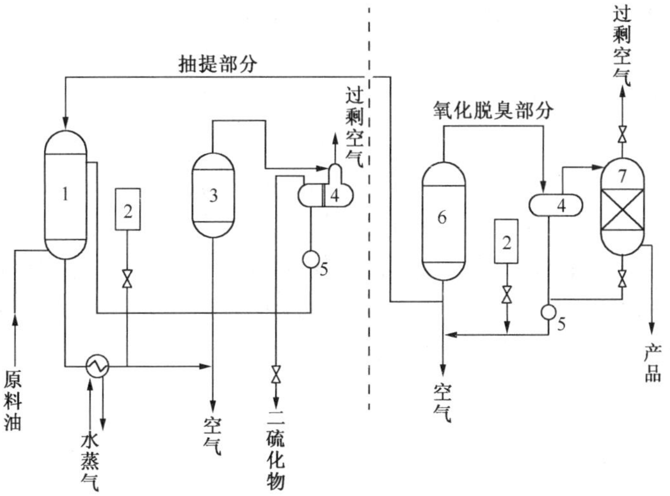

图3－38　催化氧化脱硫醇工艺流程

1—硫醇抽提塔；2—催化剂罐；3—氧化塔；4—分离罐；
5—碱液泵；6—转化塔；7—砂滤塔

在原有液－液催化氧化脱硫醇方法的基础上，催化氧化脱硫技术又得到了进一步的改进，开发出固定床法、液－固法、液－固－活化剂法及无碱液脱硫法。其中，固定床法是先将催化剂负载于载体上，以氢氧化钠溶液润湿后，将原料通过该床层并通入空气，并定期向床层注入碱液。液－固法是改进的液－液法，在液－液法的反应器中填充活性炭即为液－固法。无碱液脱硫法是指催化剂、活化剂和助溶剂形成的溶液可以与汽油或煤油完全互溶而形成均相体系，向该体系通入空气即可使硫醇氧化而脱硫。该法完全不用碱液，也无废液排放，而且活化剂用量极少，对油品质量没有影响。

(2) 吸附精制　利用某些分子筛的极性吸附油品中的含硫、氮、氧等极性化合物是一种直馏产品的精制方法。固体吸附剂为CaY(Ⅱ)型分子筛，脱附剂为水蒸气。但油品中各种分子的极性基团或可极化基团通过分子筛时，阳离子给出一个强的局部正电场，吸引极性分子的负极中心，或者通过静电诱导，使可极化分子极化而被吸附。因此，极性越强或越易被极化的分子，越易被 Y 型分子筛吸附。分子筛吸附杂质后，吸附能力逐渐下降，当下降到一定程度后就需要脱附，以恢复其吸附能力。Y 型分子筛吸附剂的水热稳定性好，故可用水蒸气脱附。

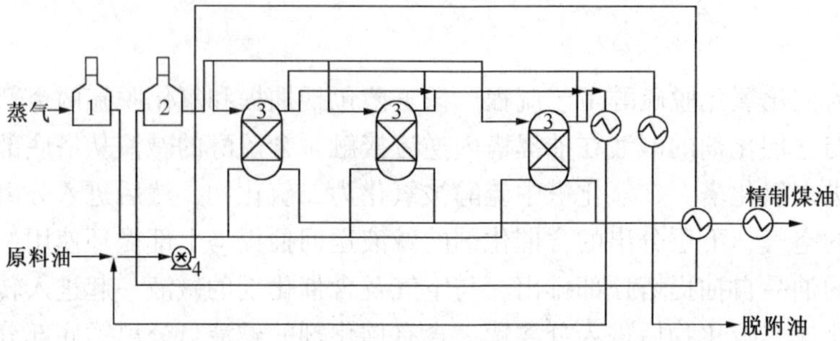

图 3－39　分子筛吸附精制工艺流程图

1—蒸汽加热炉；2—油加热炉；3—吸附塔；4—原料油泵

图 3－39 为分子筛吸附精制工艺流程图。原料油换热后进入加热炉进行预热，然后进入三个塔，其中两个塔为吸附塔，一个塔为脱附塔，三个塔轮流切换，以达到连续操作的目的。水蒸气经加热炉预热后进入脱附塔，塔底流出精制煤油。

3. 油品调和

调和是指将两种或两种以上的油品和添加剂或掺和剂，选择适当比例进行掺和，使产品达到某一石油产品的规格要求。大多数石油产品都是经过调和而成的，调和是炼油厂生产石油产品的最后一道工序。石油产品可以由几个基础馏分调和而成，也可以由基础油与添加剂调和而成。通过调和可以使油品具有使用要求的各种性质与性能，符合规格标准，并保持产品质量的稳定性。另外，还可以提高产品的质量等级，改善油品的使用性能，使工厂获得较大的经济效益。

各种油品的调和，除个别的添加剂调和以外，大部分为液－液相系互相溶解的均相调和。调和油的性质仅与调和组分的性质和比例有关，而与调和过程的顺序无关。

油品的调和步骤如下：首先根据成品油的质量要求，选择合适的调和组分，然后在实验室调制小样，检验小样质量是否合格，接着准备各种调和组分，按调和比例将各个调和组分混合均匀，最后检验调和油的均匀程度及质量指标。

常用的油品调和方法有两种：一种是油罐调和，另一种是管道调和。

油罐调和是指在调和罐内进行的调和。通常先用泵将各种组分按需要比例从各储罐中抽出送入调和罐，经机械混合均匀后泵送至成品油罐储存。若油品的黏度不是很高，且油品混合量大，混合比例变化范围大，一般采用泵循环喷嘴油罐调和。将调和组分和添加剂用泵送入油罐中，不断用泵抽出部分油品再循环回罐内。进罐时用装在罐内的一个或多个喷嘴高速喷出，达到均匀混合的目的。若需调和的油品量不大，特别是对于润滑油，可以采用机械搅拌的方式进行调和，搅拌器装在油罐内，通过搅拌器的转动，带动罐内油品运动，使其混合均匀。

在管道内进行的调和称为管道调和。将需要混合的各个组分和添加剂按要求的比例同时连续地送入总管和管道混合器进行均匀调和，从管道的出口处即可得到成品油。管道调和适用于大批量调和，而且成品油可以随用随调，减少基础油和成品油的非生产性储存，减少油罐数量，减少中间取样，取消多次油泵转送相混合搅拌，从而节省能耗。另外，管道调和过程采取密闭操作，减少了油品的蒸发和氧化，减少损耗。

思 考 题

3－1　按照馏分组成，石油可以分为哪几个馏分？

3－2　石油中的含硫、含氮、含氧化合物对石油加工过程有何危害？

3－3　石油及其产品的黏度与温度之间有什么关系？黏温性质用什么来表示？

3－4　表示石油及其产品流动性的质量指标是什么？

3－5　石油产品的闪点、燃点以及自燃点之间有何差别？

3－6　常见的石油产品有哪几种？各自的用途有哪些？

3－7　评定汽油蒸发性的质量指标是什么？它们与汽油的使用性能有何关系？

3－8　评定汽油安定性的质量指标有哪些？

3－9　汽油的抗爆性与其化学组成有何关系？

3－10　从柴油的十六烷值和低温流动性能与其化学组成的关系分析柴油的理想组分是什么？

3－11　按照关键馏分特性因数分类法，可以将原油分为哪几类？我国的大庆、胜利、孤岛、克拉玛依等原油分别属于哪类原油？

3－12　为什么要对石油进行二次加工？

3－13　石油二次加工的主要工艺过程有哪些？

3－14　简述催化裂化工艺过程的主要原料及其目的产物。

3－15　各族烃类在催化裂化催化剂的作用下，主要发生哪些反应？产物分别是什么？

3－16　反应条件对催化重整反应有何影响？

3－17　目前炼厂的加氢过程主要有哪几种类型？它们各自的主要目的是什么？

3－18　简述加氢精制催化剂的主要活性组分和载体及其各自的作用。

3－19　简述操作条件如反应压力、温度以及空速和氢油比对加氢精制的反应的影响。

3－20　简述加氢裂化的反应类型与加氢精制反应类型的主要区别。

3－21　加氢裂化原料及其反应条件对加氢裂化反应过程有什么影响？

3－22　简述减黏裂化主要目的、操作条件、原料以及主要目的产物。

3－23　延迟焦化的主要目的及其产物是什么？其产物性质有何特点？

3－24　延迟焦化工艺与减黏裂化工艺的反应特点有什么不同？

3－25　简述石油产品进行酸碱精制的目的。

第四章　烃类热裂解制烯烃

第一节　概　　述

一、乙烯装置发展概述

乙烯的最早生产方法是采用乙醇脱水来进行的，规模较小。世界上第一套由石油制乙烯装置始建于1940年美孚石油公司，所使用的原料是炼油厂的干气。19世纪50年代，德国、日本、英国、前苏联、法国、意大利等国家先后建立了以乙烯为基础的石油化工企业，到1960年世界乙烯产量达到了2.91Mt，20世纪60～70年代乙烯工业得到飞速发展，1980年世界乙烯产量达到30Mt，增加了十多倍。20世纪80年代乙烯生产更向大型化、油化纤一体化进了一步，装置能力达300～450kt/a，1985年世界乙烯产量达到43.16Mt。20世纪90年代，装置能力提高到600～1000kt/a，控制系统采用DCS集散系统，控制精度、稳定性大大提高，并实现了许多过程的先进控制、节能降耗措施，使乙烯生产成本大幅度降低，市场也更加扩大，2010年世界乙烯产量达到约110Mt。

我国乙烯工业发展较晚，1962年在原苏联帮助下，兰州化学工业公司5kt/a乙烯装置投产，这是我国第一套乙烯装置。我国乙烯工业起步虽晚，但发展却很快，1968年在兰州又建成了生产能力为36kt/a的砂子炉，1973年在北京燕山开始建设300kt/a的大型乙烯装置。1976年我国乙烯总产量为0.56Mt，2000年约5Mt，2010年达到约11Mt。

乙烯生产方法有乙醇脱水法、电石－乙炔－加氢法、烃类热裂解法、天然气偶合法等。目前工业上几乎全部采用烃类热裂解法。热裂解法是基于大分子烃在高温下各部分的键能不同，振动强度不同，因各部分振动不同步而造成键断裂而形成小分子烃。

在大分子烃热裂解得到小分子烃的同时，不饱和小分子烃又相互发生反应，生成新的大分子烃，有的比原料分子还大得多，甚至结焦。也就是说，裂解产物是相当复杂的混合物，要从中获得纯净的乙烯、丙烯需要一个相当复杂的过程。生产乙烯的过程包括裂解、急冷、压缩、分离等工序。

二、烯烃在石油化工中的地位

乙烯、丙烯和丁二烯等低级烯烃分子中具有不饱和的双键，化学性质活泼，能与许多物质发生加成、共聚或自聚等反应，生成一系列的重要产物，是化学工业的重要原料，可用来合成其他有机化工原料、中间体及产品（俗称下游产品），尤其是各类高分子聚合物产品，是石油化工产业中极其重要的组成部分。

乙烯是石油化工的标志产品，在石油化工中占主导地位。乙烯装置生产的三烯（乙烯、丙烯、丁二烯）和三苯（苯、甲苯、二甲苯）是其他有机原料及三大合成材料（合成树脂、合成橡胶、合成纤维）的基础原料。以乙烯为龙头的石化工业在国民经济中占有重要的地位，它作为重要的原材料行业，对整个国家的经济有重大影响。

综上所述，乙烯是极为重要的有机合成基础原料，利用它能合成许许多多重要的化工产品。为此，人们通常用乙烯的产量来衡量一个国家石油化学工业的发展水平。

第二节　热裂解过程的化学变化与基本原理

烃类热裂解是将烃类原料(天然气、炼厂气、石脑油、轻油、柴油、重油等)在高温(800℃以上)、低压(无催化剂)条件下，使烃类分子发生碳链断裂或脱氢反应，生成相对分子质量较小的烯烃、烷烃和其他相对分子质量不同的轻质和重质烃类。

烃类热裂解非常复杂，具体体现在：

① 原料复杂　烃类热裂解的原料包括天然气、炼厂气、石脑油、轻油、柴油、重油甚至是原油、渣油等；

② 反应复杂　烃类热裂解的反应除了断链或脱氢主反应外，还包括环化、异构、烷基化、歧化、脱烷基化、缩合、聚合、生焦、生炭等副反应；

③ 产物复杂　即使采用最简单的乙烷为原料，其产物中除了 H_2、CH_4、C_2H_4、C_2H_2、C_2H_6外，还有 C_3、C_4等低级烃类和 C_5以上的液态烃。

一、烃类裂解的反应规律

烃类裂解的反应十分复杂，有生成目的产物的一次反应和从目的产物进一步反应生成副产物的二次反应。要全面定量地描述该反应系统是困难的，为了对这一反应系统有一个概括的认识，现把烃类在裂解过程中的主要产物变化关系用图 4－1 表示。

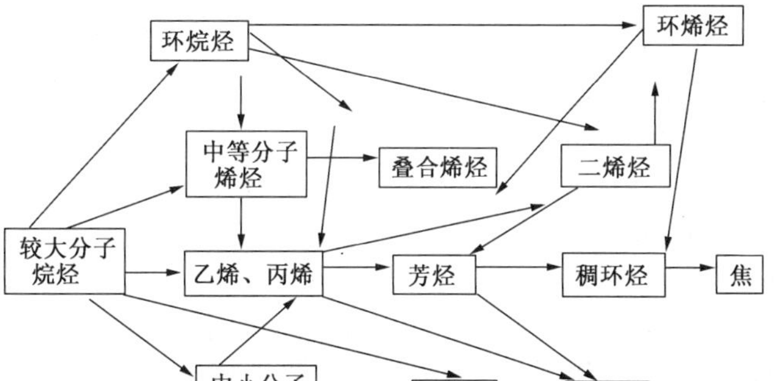

图 4－1　烃类在裂解过程中主要产物变化关系图

1. 烷烃的裂解反应

(1) 正构烷烃　正构烷烃的裂解反应主要有脱氢反应和断链反应，对于 C_5以上的烷烃还可以发生环化脱氢反应等其他反应。

① 脱氢反应　脱氢反应是 C—H 键断裂的反应，产物分子中碳原子数保持不变，其通式如下：

$$C_nH_{2n+2} \rightleftharpoons C_nH_{2n} + H_2$$

② 断链反应　断链反应是 C—C 键的断裂反应，生成碳原子数较少的产物，其通式为：

$$C_nH_{2n+2} \longrightarrow C_mH_{2m} + C_kH_{2k+2} \quad m + k = n$$

相同烷烃脱氢和断链的难易可以从分子结构中的键能大小、反应的标准吉布斯函数变 ΔG_0 和标准反应热 $\Delta H^{\ominus}$ 的大小来判断。表 4－1 给出了正、异构烷烃的键能数据；表 4－2 给出了 C_6 以下正构烷烃在 1000K 下的标准吉布斯函数变 ΔG_0 和标准反应热 $\Delta H^{\ominus}$。

表 4－1　正、异构烷烃的键能数据

碳氢键	键能/(kJ/mol)	碳碳键	键能/(kJ/mol)
$H_3C—H$	426.8	$CH_3—CH_3$	346
$CH_3CH_2—H$	405.8	$CH_3—CH_2—CH_3$	343.1
$CH_3CH_2CH_2—H$	397.5	$CH_3CH_2—CH_2CH_3$	338.9
$(CH_3)_2CH—H$	384.9	$CH_3CH_2CH_2—CH_3$	341.8
$CH_3CH_2CH_2CH_2—H$(伯)	393.2	$CH_3—C(CH_3)_2—CH_3$	314.6
$CH_3CH_2CH(CH_3)—H$(仲)	376.6		
$(CH_3)_3C—H$(叔)	364	$CH_3CH_2CH_2—CH_2CH_2CH_3$	325.1
C—H(一般)	378.7	$CH_3CH(CH_2)—CH(CH_3)CH_3$	310.9

表 4－2　C_6 以下正构烷烃在 1000K 下的标准吉布斯函数变 ΔG_0 和标准反应热 $\Delta H^{\ominus}$

	反　应	ΔG_0(1000K)/(kJ/mol)	$\Delta H^{\ominus}$(1000K)/(kJ/mol)
脱　氢	$C_nH_{2n+2} \rightleftharpoons C_nH_{2n} + H_2$		
	$C_2H_6 \rightleftharpoons C_2H_4 + H_2$	8.87	144.4
	$C_3H_8 \rightleftharpoons C_3H_6 + H_2$	－9.54	129.5
	$C_4H_{10} \rightleftharpoons C_4H_8 + H_2$	－5.94	131.0
	$C_5H_{12} \rightleftharpoons C_5H_{10} + H_2$	－8.08	130.8
	$C_6H_{14} \rightleftharpoons C_6H_{12} + H_2$	－7.41	130.8
断　链	$C_{m+n}H_{2(m+n)+2} \longrightarrow C_nH_{2n} + C_mH_{2m+2}$		
	$C_3H_8 \longrightarrow C_2H_4 + CH_4$	－53.89	78.3
	$C_4H_{10} \longrightarrow C_3H_6 + CH_4$	－68.99	66.5
	$C_4H_{10} \longrightarrow C_2H_2 + C_2H_6$	－42.34	88.6
	$C_5H_{12} \longrightarrow C_4H_8 + CH_4$	－69.08	65.4
	$C_5H_{12} \longrightarrow C_3H_6 + C_2H_6$	－61.13	75.2
	$C_5H_{12} \longrightarrow C_2H_4 + C_3H_8$	－42.72	90.1
	$C_6H_{14} \longrightarrow C_5H_{10} + CH_4$	－70.08	66.6
	$C_6H_{14} \longrightarrow C_4H_8 + C_2H_6$	－60.08	75.5
	$C_6H_{14} \longrightarrow C_3H_6 + C_3H_8$	－60.38	77.0
	$C_6H_{14} \longrightarrow C_2H_4 + C_4H_{10}$	－45.27	88.8

由表 4－1、表 4－2 可以看出如下规律：

a. 同碳原子数的烷烃 C—H 键能大于 C—C 键能，所以断链比脱氢容易；

b. 在分子两端的 C—C 键断裂反应要优先于在分子中央的 C—C 键断裂反应，说明烷烃裂解最利于生成乙烯和丙烯。随着相对分子质量的增大，断裂在分子两端的优势减弱；

c. 脱氢和断链均为吸热反应，断链反应所需的能量 $\Delta H^{\ominus}$ 比脱氢反应小，所以断链反应比脱氢反应容易进行。而且随着烷烃相对分子质量增大，断链反应更占优势，C_4 以上烷烃裂解时，断链反应占绝对优势；

d. 断链反应的标准吉布斯函数变 ΔG_0 远小于脱氢反应，根据平衡常数与标准吉布斯函数变 ΔG_0 的关系，可知断链反应的平衡常数和平衡转化率远大于脱氢反应，所以一般认为脱氢反应是可逆反应，断链反应是不可逆反应。

③ 环化脱氢反应　C_5 以上的正构烷烃可发生如下所示的环化脱氢反应生成环烷烃。

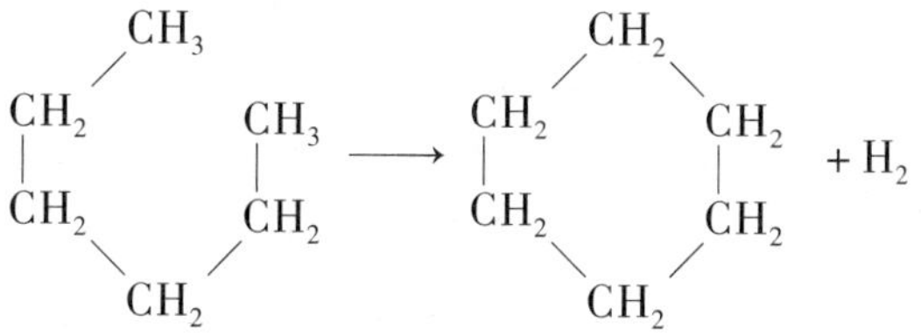

（2）异构烷烃　异构烷烃结构各异，其裂解反应差异较大，与正构烷烃相比有如下特点：

① C—C 键或 C—H 键的键能较正构烷烃的低，故容易断链或脱氢；

② 脱氢能力与分子结构有关，难易顺序为：伯碳氢 > 仲碳氢 > 叔碳氢；

③ 异构烷烃裂解所得乙烯收率远较正构烷烃低，而氢、甲烷、C_4 及 C_4 以上烯烃收率较高；

④ 随着碳原子数的增加，异构烷烃与正构烷烃裂解所得乙烯和丙烯收率的差异减小。

2. 烯烃的裂解反应

工业上应用的裂解原料一般含烯烃很少，但裂解一次反应生成的烯烃会进一步发生断链、脱氢、歧化、聚合和芳构化等二次反应。

（1）断链反应　较大分子的烯烃裂解可断链生成两个较小的烯烃分子，其通式为：

$$C_{n+m}H_{2(n+m)} \longrightarrow C_nH_{2n} + C_mH_{2m}$$

烯烃裂解时位于双键 β 位置 C—C 键的解离能比 α 位置 C—C 键的解离能低，所以烯烃断链主要发生在 β 位置，仅有少量 α 位置 C—C 键断裂。丙烯、异丁烯、2－丁烯由于没有 β 位置的 C—C 键，所以比相应烷烃难于裂解。

（2）脱氢反应　烯烃可进一步脱氢生成二烯烃和炔烃，其通式为：

$$C_nH_{2n} \rightleftharpoons C_nH_{2n-2} + H_2$$

（3）歧化反应　两个相同分子烯烃可歧化为两个不同烃分子，其通式为：

$$2C_nH_{2n} \longrightarrow C_mH_{2m} + C_kH_{2k} \quad m+k=n$$

（4）双烯合成反应（Diels－Alder 反应）二烯烃与烯烃进行双烯合成而生成环烯烃，进一步脱氢生成芳烃，通式为：

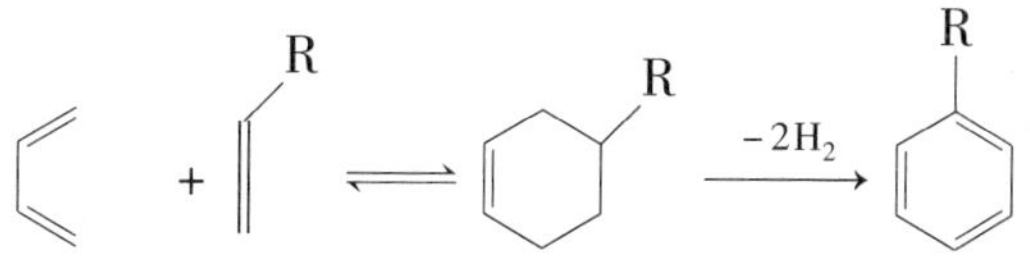

（5）芳构化反应　六个或更多碳原子数的烯烃，可以发生芳构化反应生成芳烃，通式如下：

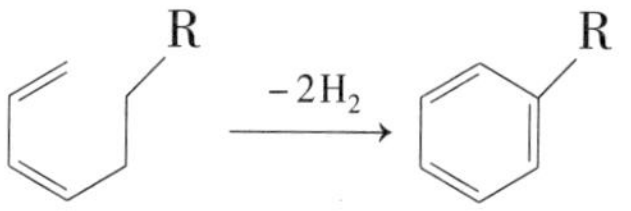

3. 环烷烃的裂解反应

环烷烃较相应的链烷烃稳定，在一般裂解条件下可发生断链开环反应、脱氢反应、侧链断裂及开环脱氢反应，由此生成乙烯、丙烯、丁二烯、丁烯、芳烃、单环烯烃、单环二烯烃和氢气等产物，反应通式如下：

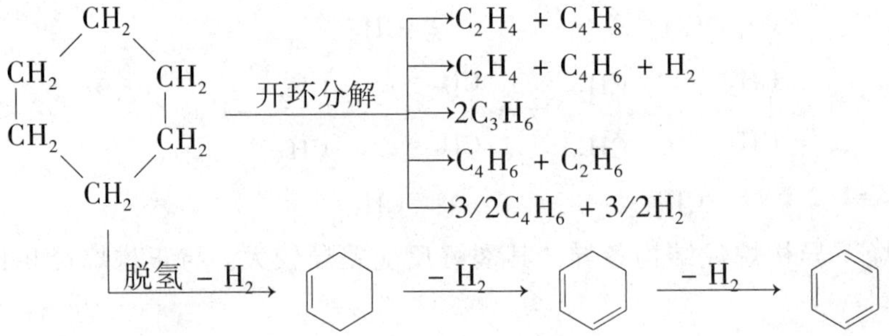

环烷烃裂解有如下规律：

① 侧链烷基比芳环易于裂解，长侧链上离环近的碳键不易断裂，长侧链的断裂反应一般从中部开始，一直进行到侧链为甲基或乙基，然后再进一步裂解，所以长侧链环烷烃比无侧链环烷烃裂解所得乙烯收率高；

② 环烷烃脱氢生成芳烃的反应优先于开环生成烯烃的反应；

③ 五碳环的环烷烃比六碳环的环烷烃难于裂解。烷基环戊烷的裂解速度大体上与比它少三个碳原子的正烷烃相当，烷基环己烷的裂解速度大体与比它少两个碳原子的正构烷烃相当；

④ 环烷烃比链烷烃更易于生成焦油，相应更容易发生结焦反应。

4. 芳烃的裂解

由于芳环的稳定性，芳烃在裂解温度下不易发生芳环裂开的反应，而主要是发生烷基芳烃的侧链碳键断裂和脱氢反应，以及芳烃缩合生成多环芳烃，进一步生成焦的反应。所以，含芳烃多的原料油不仅烯烃收率低，而且结焦严重，不是理想的裂解原料。

(1) 烷基芳烃的裂解

① 侧链脱烷基或断键反应：

$$AR—C_nH_{2n+1} \begin{cases} \rightarrow ArH + C_nH_{2n} \\ \rightarrow Ar - C_fH_{2f+1} + C_mH_{2m} \end{cases}$$

② 侧链脱氢反应：

$$Ar—C_nH_{2n+1} \longrightarrow Ar—C_nH_{2n-1} + H_2$$

(2) 环烷基芳烃的裂解

① 脱氢和异构脱氢反应：

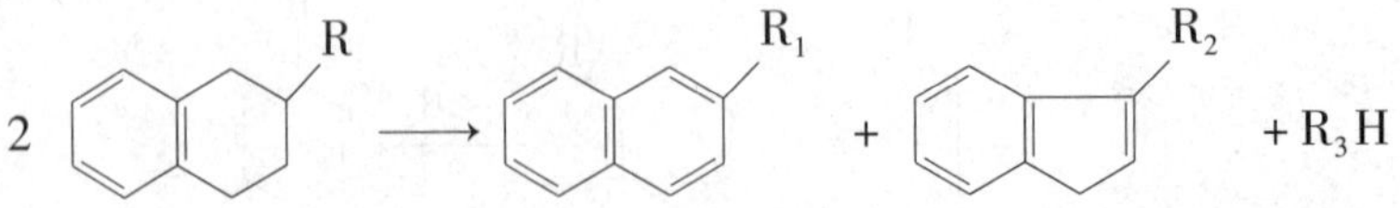

② 缩合脱氢反应：

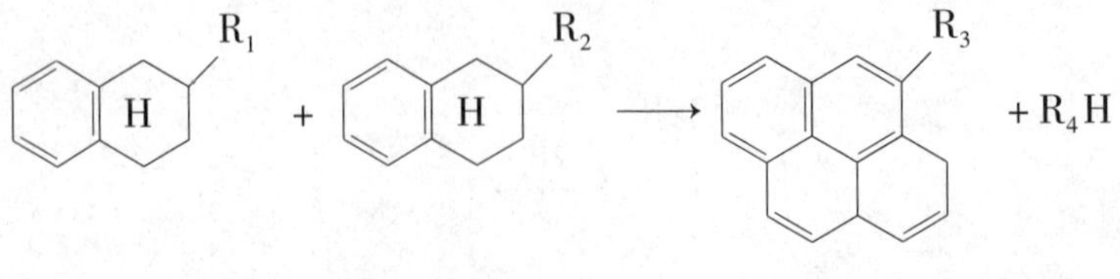

③ 芳烃的缩合反应：

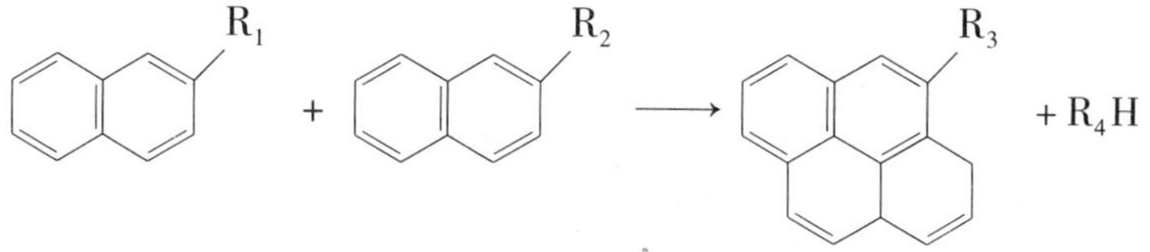

5. 裂解过程中结焦生炭反应

在不同温度条件下，生炭结焦反应经历着不同的途径。裂解过程中生成的乙烯在900～1100℃或更高的温度下经过乙炔阶段而生炭（C_n，其中n为300～400），C_n是由300～400个碳原子构成的六角形排列的平面分子。结焦主要是在500～900℃下通过芳烃的中间阶段而生成。高沸点稠环芳烃是馏分油裂解结焦的主要母体，裂解焦油中含大量稠环芳烃，裂解生成的焦油越多，裂解过程中结焦越严重，一般焦中氢含量小于5%。随着反应时间的延长，单环或环数不多的芳烃转变为多环芳烃，进而转变为稠环芳烃，由液体焦油转变为固体沥青质，再进一步可转变为焦炭。生炭结焦反应是典型的连串反应，随着温度的提高和反应时间的延长，不断释放出氢，残物（焦油）的氢含量逐渐下降，碳氢比、相对分子质量和密度逐渐增大。

6. 各族烃裂解的反应规律

各族烃裂解生成乙烯、丙烯的能力有如下规律：

① 烷烃　正构烷烃在各族烃中最利于乙烯的生成。烷烃的相对分子质量愈小，其乙烯总收率愈高；异构烷烃的烯烃总收率低于同碳原子数的正构烷烃，但随着相对分子质量的增大，这种差别减小，但丙烯收率大于同碳原子数的正构烷烃。

② 烯烃　大分子烯烃可裂解生成乙烯和丙烯，烯烃能脱氢生成炔烃、二烯烃，进而生成芳烃。

③ 环烷烃　在通常裂解条件下环烷烃生成芳烃的反应优于生成单烯烃的反应。相对于正构烷烃来说，含环烷烃较多的原料丁二烯、芳烃的收率较高，而乙烯的收率较低。

④ 芳烃　无烷基的芳烃基本上不易裂解为烯烃；有烷基的芳烃，主要是烷基发生断碳碳键和脱氢反应，而芳环保持不裂开，可脱氢缩合为多环芳烃，从而有结焦的倾向。

随着分子中碳原子数的增多，各族烃分子结构上的差别反映到裂解速度上的差异会逐渐减弱。

7. 一次反应和二次反应

原料烃在裂解过程中所发生的反应是复杂的，一种烃可以平行地发生很多种反应，又可以连串地发生许多后继反应。所以裂解系统是一个平行反应和连串反应交叉的反应系统。从整个反应进程来看，属于比较典型的连串反应。

随着反应的进行，不断分解出气态烃（小分子烷烃、烯烃）和氢来；而液体产物的氢含量则逐渐下降，相对分子质量逐渐增大，以至结焦。

对于这样一个复杂系统，现在广泛应用一次反应和二次反应的概念来区分。一次反应和二次反应并没有严格的分界线，不同研究者对一次反应和二次反应的划分也不尽相同。图4－2给出了日本平户瑞穗的数学模型中对轻柴油裂解时一次反应和二次反应的划分情况。

（1）一次反应　由原料经高温裂解生成目的产物乙烯、丙烯的反应（主要指脱氢和断链反应），这是希望发生的反应，在确定工艺条件、工艺设计和生产操作中要千方百计设法促使一次反应充分进行。

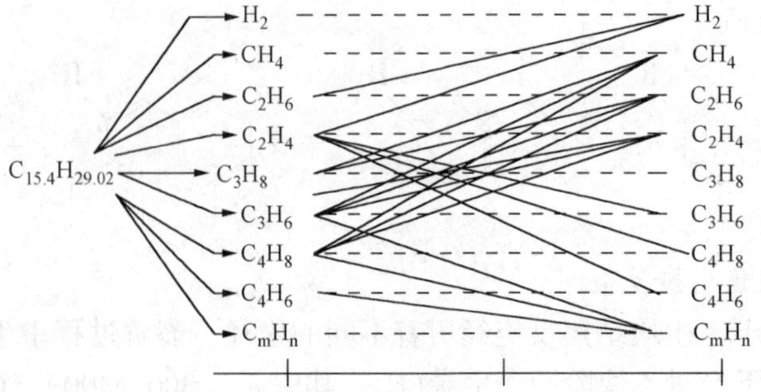

图 4－2 轻柴油裂解一次反应和二次反应

注：图中实线表示发生反应生成的；图中虚线表示未发生反应而遗留下来的。

（2）二次反应 由一次反应生成的产物乙烯、丙烯出发进一步反应，直至生成焦炭的反应，消耗目的产物乙烯、丙烯，不希望发生。

（3）二次反应的危害 二次反应的发生不仅多消耗了原料，降低烯烃收率；增加各种阻力，严重时阻塞设备、管道，造成停工停产，还对裂解操作和稳定生产都带来极不利的影响，所以要千方百计设法抑制其进行。

二、烃类裂解的反应机理

通过烃类裂解反应机理的研究表明，烃类裂解时所发生的基元反应大部分为自由基反应。

1. F. O. Rice 的自由基反应机理

大部分烃类裂解过程包括链引发反应、链增长反应和链终止反应三个阶段。链引发反应是自由基的产生过程；链增长反应是自由基的转变（传递）过程，在这个过程中一种自由基的消失伴随着另一种自由基的产生，反应前后均保持着自由基的存在；链终止反应是自由基消亡生成新分子的过程。

链的引发是在热的作用下，一个分子断裂产生一对自由基，每个分子由于键的断裂位置不同可有多个可能发生的链引发反应，这取决于断裂处相关键的解离能大小，解离能小的反应更易于发生。表 4－3 给出了三种简单烷烃可能的引发反应。

表 4－3 三种烷烃可能的引发反应

烷 烃	可能的链引发反应	有关键的解离能/(kJ/mol)	发生此反应的可能性
C_2H_6	$C_2H_5—H \longrightarrow \cdot C_2H_5 + H\cdot$	410	小
	$CH_3—CH_3 \longrightarrow 2\cdot CH_3$	368	大
C_3H_8	$C_3H_7—H \longrightarrow \cdot C_3H_7 + H\cdot$	396～410	小
	$CH_3—C_2H_5 \longrightarrow \cdot CH_3 + \cdot C_2H_5$	354	大
C_4H_{10}	$C_4H_9—H \longrightarrow \cdot C_4H_9 + H\cdot$	381～396	小
	$CH_3—C_3H_7 \longrightarrow \cdot CH_3 + \cdot C_3H_7$	350～357	大
	$C_2H_5—C_2H_5 \longrightarrow 2\cdot C_2H_5$	345	大

烷烃分子在引发反应中断裂 C—H 键的可能性较小，因为 C—H 键的解离能比 C—C 键大，故引发反应的通式为：

$$R—R \longrightarrow R\cdot + R'\cdot$$

引发反应活化能高，一般在 290 ~ 335kJ/mol。

链的增长反应包括自由基夺氢反应、自由基分解反应、自由基加成反应和自由基异构化反应，但以前两种为主。链增长反应的夺氢反应通式如下：

$$H\cdot + RH \longrightarrow H_2 + R\cdot$$

$$R'\cdot + RH \longrightarrow R'H + R\cdot$$

链增长反应中的夺氢反应的活化能不大，一般为 30 ~ 40kJ/mol。

链增长反应中的夺氢反应，对于乙烷裂解情况比较简单，因为乙烷分子中可以被夺取的六个氢原子都是伯氢原子；对于丙烷，情况就比较复杂了，因为其分子中可以被夺取的氢原子不完全一样，有的是伯碳氢原子，有的是仲碳氢原子；对于异丁烷分子中可以被夺取的氢原子有伯碳氢原子和叔碳氢原子；而对于异戊烷，情况就更复杂了，因为烃分子中可以被夺取的氢原子，除了伯碳氢原子、仲碳氢原子以外，还有叔碳氢原子，见图 4 - 3。

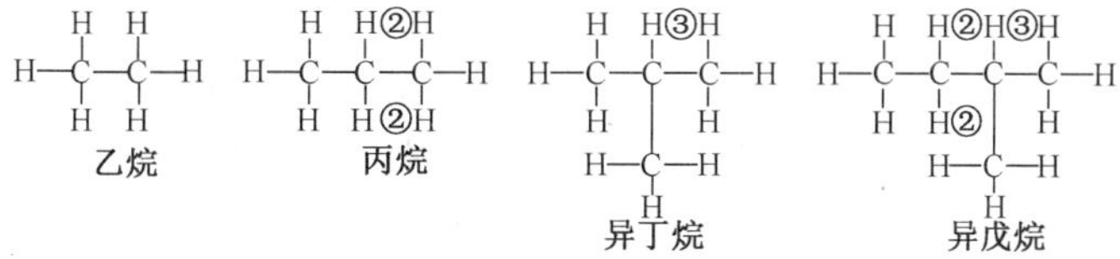

图 4 - 3　几种烷烃中的伯、仲、叔碳氢原子

注：图中未注明的是伯碳氢原子；②是仲碳氢原子；③是叔碳氢原子。

各种氢原子所构成的 C—H 键的解离能按下列顺序递减：

伯碳氢原子 > 仲碳氢原子 > 叔碳氢原子

因此，在夺氢反应中被自由基夺走氢的容易程度按下列顺序递增：

伯碳氢原子 < 仲碳氢原子 < 叔碳氢原子

链增长反应中的自由基的分解反应是自由基自身进行分解，生成一个烯烃分子和一个碳原子数比原来要少的新自由基，而使其自由基传递下去。

这类反应的通式如下：

$$R\cdot \longrightarrow R'\cdot + \text{烯烃}$$

$$R\cdot \longrightarrow H\cdot + \text{烯烃}$$

自由基分解反应的活化能比夺氢反应要大，而比链引发反应要小，一般为 118 ~ 178kJ/mol，见表 4 - 4。

表 4 - 4　一些自由基分解反应的动力学参数

自由基	分解反应	A/s^{-1}	$E/(kJ/mol)$
正丙基	$CH_3CH_2\cdot CH_2 \longrightarrow C_2H_4 + \cdot CH_3$	3.15×10^{13}	137
异丙基	$(CH_3)_2\cdot CH \longrightarrow C_3H_6 + H\cdot$	6.3×10^{13}	174
正丁基	$CH_3CH_2CH_2\cdot CH_2 \longrightarrow C_2H_4 + \cdot C_2H_5$	6.3×10^{12}	118
异丁基	$(CH_3)_2CH\ \cdot CH_2 \longrightarrow C_3H_6 + \cdot CH_3$	1×10^{13}	133
仲丁基	$CH_3CH_2(CH_3)\cdot CH \longrightarrow C_3H_6 + \cdot CH_3$	2.505×10^{13}	139
叔丁基	$(CH_3)_3C\cdot \longrightarrow i-C_4H_8 + H\cdot$	1×10^{14}	177

自由基分解反应是生成烯烃的反应，而裂解目的是为了生产烯烃，所以这类反应是很关键的反应。

从表4-4以及从前面所举的例子可以得出如下规律。

① 自由基如分解出H·生成碳原子数与该自由基相同的烯烃分子，这种反应活化能是较大的；而自由基分解为碳原子数较少的烯烃的反应活化能较小。

② 自由基中带有未配对电子的那个碳原子，如果连的氢较少，这种自由基就主要是分解出H·生成同碳原子数的烯烃分子。

③ 从分解反应或从夺氢反应中所生成的自由基，只要其碳原子数大于3，则可以继续发生分解反应，生成碳原子数较少的烯烃。

由此可知，自由基的分解反应一直会进行下去，直到生成H·或CH_3·自由基为止。所以，碳原子数较多的烷烃，在裂解中也能生成碳原子数较少的乙烯和丙烯分子。至于裂解产物中，各种不同碳原子数的烯烃的比例如何，则要取决于自由基的夺氢反应和分解反应的总结果。

下面以乙烷为例，说明自由基机理的正确性。

自由基机理分为以下三个阶段：

① 链的引发：
$$C_2H_6 \longrightarrow \cdot CH_3 + \cdot CH_3 \quad (1)$$

$$\cdot CH_3 + C_2H_6 \longrightarrow CH_4 + \cdot C_2H_5 \quad (2)$$

② 链的增长(传递)：
$$\cdot C_2H_5 \longrightarrow C_2H_4 + \cdot H \quad (3)$$

$$\cdot H + C_2H_6 \longrightarrow H_2 + \cdot C_2H_5 \quad (4)$$

③ 链的终止：
$$\cdot C_2H_5 + \cdot H \longrightarrow C_2H_6 \quad (5)$$

对于自由基反应，由于自由基浓度很小，[·C_2H_5]和[·CH_3]为$10^{-6} \sim 10^{-10}$mol/L，[·H]为$10^{-8} \sim 10^{-13}$mol/L，活性很大，反应很稳定，故认为自由基的浓度在反应过程中保持不变，即其生成速度等于其消失速度，考虑反应式(1)~反应式(5)，其速度常数分别为$k_1 \sim k_5$，推得：

$$d[\cdot CH_3]/dt = 2k_1[C_2H_6] - k_2[\cdot CH_3][C_2H_6] = 0 \quad ①$$

$$d[\cdot C_2H_5]/dt = k_2[\cdot CH_3][C_2H_6] - k_3[\cdot C_2H_5] + k_4[\cdot H][C_2H_6] - k_5[\cdot H][\cdot C_2H_5] = 0 \quad ②$$

$$d[\cdot H]/dt = k_3[\cdot C_2H_5] - k_4[\cdot H][C_2H_6] - k_5[\cdot H][\cdot C_2H_5] = 0 \quad ③$$

解得：
$$[\cdot C_2H_5] = \left\{\frac{k_1}{2k_3} + \left[\left(\frac{k_1}{2k_3}\right)^2 + \frac{k_1k_4}{k_3k_5}\right]^{\frac{1}{2}}\right\}[C_2H_6] \quad ④$$

由表4-5中数据可看出：$\frac{k_1}{k_3} \ll \frac{k_4}{k_5}$

则④可简化为：
$$[\cdot C_2H_5] = \left(\frac{k_1k_4}{k_3k_5}\right)^{\frac{1}{2}}[C_2H_6] \quad ⑤$$

又乙烯的生成速度为：

$$d[C_2H_4]/dt = k_3[\cdot C_2H_5]$$

将⑤式带入得：

$$d[C_2H_4]/dt = \left(\frac{k_1k_3k_4}{k_5}\right)^{\frac{1}{2}}[C_2H_6] \quad ⑥$$

而乙烷的消失速度为：

$$-d[C_2H_6]/dt = K[C_2H_6] \quad ⑦$$

从整体上看，乙烯的生成速度应等于乙烷的消失速度，即：

$$K = \left(\frac{k_1 k_3 k_4}{k_5}\right)^{\frac{1}{2}}$$

则有

$$E = (E_1 + E_3 + E_4 - E_5)/2$$

由文献数据得各反应的活化能分别为：

$E_1 = 359.8$，$E_2 = 45.1$，$E_3 = 170.7$，$E_4 = 29.3$，$E_5 = 0$，单位为 kJ/mol

$E = (E_1 + E_3 + E_4 + E_5)/2 = 279.9$kJ/mol

而乙烷脱氢反应活化能的文献值为(264 ~ 294) kJ/mol，两者一致，说明自由基机理是正确的。

表 4 – 5　不同温度下各速度常数值

温度/K	k_1	k_3	k_4	k_5
973	3.026×10^{-3}	3.624×10^{5}	1.017×10^{11}	7×10^{13}
1073	0.1911	2.591×10^{6}	1.425×10^{11}	7×10^{13}
1173	5.953	1.324×10^{7}	1.886×10^{11}	7×10^{13}
1273	108	5.237×10^{7}	2.387×10^{11}	7×10^{13}
1373	1285	1.696×10^{8}	2.920×10^{11}	7×10^{13}

2. 利用自由基机理预测正构烷烃一次反应的产品分布

自由基反应应遵从如下四条规律：

① 烃分子中各种氢原子的解离能不同，伯氢 > 仲氢 > 叔氢，故其相对反应速度也不同，且与温度有关，若伯氢为 1，其他氢原子的相对反应速度 W 列于表 4 – 6 中。

表 4 – 6　伯、仲、叔碳氢原子与自由基反应的相对速度 W

温度/℃	伯碳氢原子	仲碳氢原子	叔碳氢原子	温度/℃	伯碳氢原子	仲碳氢原子	叔碳氢原子
300	1	3.0	33	800	1	1.7	6.3
600	1	2.0	10	900	1	1.65	5.65
700	1	1.9	7.8	1000	1	1.6	5

② 正构烷烃的反应途径数为 $n/2$(n 为偶数)或($n+1$)/2(n 为奇数)；

③ 按某一途径反应的分子数 $m = W \times Z$，其中 Z 为参加此反应的氢原子个数(几率)，W 为该氢原子的相对反应速度；

④ 大自由基不稳定，在与其他分子碰撞之前发生分解，从 β 键断裂，直至分解成 · H 或 · CH_3。断裂时带自由基的一端生成相应的烯烃。乙基自由基和异丙基自由基分解时生成 · H 和相应的烯烃。

如：

$$\cdot CH_2CH_3 \longrightarrow C_2H_4 + \cdot H$$

$$\cdot CH_2CH_2CH_3 \longrightarrow CH_2CH_2 + \cdot CH_3$$

α 键指与官能团相邻的键，β 键指与官能团相隔的键，以此类推。可利用此规律预测正构烷烃的一次反应产品分布，举例如下。

例 4－1 按自由基机理预测正戊烷在 900℃裂解时一次反应产品的质量分布。

解：反应途径数 = (5 + 1)/2 = 3

由表 4－6 可知，在 900℃下三种氢原子的相对反应速度为：

伯: 仲: 叔 = 1: 1. 65: 5. 65

(1) 途径 1：

$$C_5H_{12} + \cdot H \longrightarrow H_2 + CH_3\dot{C}HCH_2CH_2CH_3$$

$$CH_3\dot{C}HCH_2CH_2CH_3 \longrightarrow C_3H_6 + \cdot CH_2CH_3$$

$$\cdot CH_2CH_3 \longrightarrow C_2H_4 + \cdot H$$

总反应：

$$C_5H_{12} \longrightarrow H_2 + C_3H_6 + C_2H_4$$

设参加此反应的分子数为 $m_1 = n_1 \times w_1 = 4 \times 1.65 = 6.6$

(2) 途径 2：

$$C_5H_{12} + \cdot CH_3 \longrightarrow \cdot CH_2CH_2CH_2CH_2CH_3 + CH_4$$

$$\cdot CH_2CH_2CH_2CH_2CH_3 \longrightarrow C_2H_4 + \cdot CH_2CH_2CH_3$$

$$\cdot CH_2CH_2CH_3 \longrightarrow C_2H_4 + \cdot CH_3$$

总反应：

$$C_5H_{12} \longrightarrow 2C_2H_4 + CH_4$$

设参加此反应的分子数为 $m_2 = n_2 \times w_2 = 6 \times 1 = 6$

(3) 途径 3：

$$C_5H_{12} + \cdot CH_3 \longrightarrow CH_3CH_2\dot{C}HCH_2CH_3 + CH_4$$

$$CH_3CH_2\dot{C}HCH_2CH_3 \longrightarrow C_4H_8 + \cdot CH_3$$

总反应：

$$C_5H_{12} \longrightarrow C_4H_8 + CH_4$$

设参加此反应的分子数为 $m_3 = n_3 \times w_3 = 2 \times 1.65 = 3.3$

设参加反应的总分子数为 $m = m_1 + m_2 + m_3 = 15.9$

则有：

$$6.6C_5H_{12} \longrightarrow 6.6H_2 + 6.6C_3H_6 + 6.6C_2H_4$$

$$6C_5H_{12} \longrightarrow 12C_2H_4 + 6CH_4$$

$$3.3C_5H_{12} \longrightarrow 3.3C_4H_8 + 3.3CH_4$$

产品分布及组成如表 4－7。

表 4－7 正戊烷 900℃裂解时一次反应产品分布

	H_2	CH_4	C_2H_4	C_3H_6	C_4H_8	Σ
n_i	6. 6	9. 3	18. 6	6. 6	3. 3	44. 4
n_i/%	14. 86	20. 95	41. 89	14. 86	7. 43	99. 99
M_i	2	16	28	42	56	
$N_i \times M_i$	13. 2	144. 8	520. 8	277. 2	184. 8	1140. 8
W_i/%	1. 16	12. 70	45. 65	24. 30	16. 20	100. 01
文献值	1. 15	12. 71	45. 45	24. 50	16. 19	100

由上表计算结果可知，预测结果与文献值基本吻合，这也进一步说明了烃类热裂解是按自由基机理进行的。由于上面计算只考虑了脱氢和断链反应主反应，未考虑其他的副反应，因此，对于 C_5 以下的单一烷烃预测是较准确的，而对于 C_6 以上的正构烷烃预测误差较大。

对于混合烃裂解，研究发现：

① 烷烃对于环烷烃和烯烃的裂解有促进作用，主要是烷烃提供了环烷烃和烯烃裂解需要的自由基；

② 环烷烃和烯烃对于烷烃的裂解有抑制作用，主要是环烷烃和烯烃抢夺了烷烃产生的自由基。

三、裂解原料的性质及其评价

由于烃类裂解反应使用的原料是组成性质有很大差异的混合物，因此原料的特性无疑对裂解结果起着重要的决定作用，它是决定反应效果的内因，而工艺条件的调整、优化仅是其外部条件。

1. 族组成 *PONA*

裂解原料油中各种烃，按其结构可以分为四大族，即链烷烃族(P)、烯烃族(O)、环烷烃族(N)和芳香族(A)。这四大族的族组成以 *PONA* 值来表示。

根据 *PONA* 值可以定性评价液体原料的裂解性能，也可以根据族组成通过简化的反应动力学模型对裂解反应进行定量描述，因此 *PONA* 值是一个表征各种液体原料裂解性能的有实用价值的参数。

一般原料中：链烷烃族(P)越大，乙烯收率越高；

芳香族(A)越大，乙烯收率越低。

乙烯收率：$P>N>A$

2. 氢含量和碳氢比

原料的氢含量指裂解原料中所含氢的质量分数，用 $w(H_2)$ 表示，由式(4-1)计算。原料的碳氢比指裂解原料中 C 与 H 的质量比，用 C/H 表示，由式(4-2)计算。

$$w(H_2)=\frac{H}{12C+H}\times100\% \qquad (4-1)$$

$$(C/H)=\frac{12C}{H} \qquad (4-2)$$

式中　H——原料中氢原子个数；

C——原料中碳原子个数。

氢含量顺序：$P>N>A$

对混合物的氢含量 $w_m(H_2)$，可先求出每个纯组分的氢含量 $w_i(H_2)$，再与每个组分的质量分数 x_i加和，即：

$$w_m(H_2)=\sum x_i w_i(H_2) \qquad (4-3)$$

通过裂解反应，使一定氢含量的裂解原料生成氢含量较高的 C_4和 C_4以下轻组分和氢含量较低的 C_5和 C_5以上的液体。由氢平衡可以断定，裂解原料氢含量愈高，获得的 C_4和 C_4以下轻烃的收率愈高，相应乙烯和丙烯收率一般也较高。显然，根据裂解原料的氢含量既可判断该原料可能达到的裂解深度，也可评价该原料裂解所得 C_4和 C_4以下轻烃的收率。图 4-4 列出了原料氢含量对裂解产物产率的影响。由图可见，当裂解原料氢含量低于 13% 时，可能达到的乙烯收率将低于 20%，这样的馏分油作为裂解原料是不经济的。

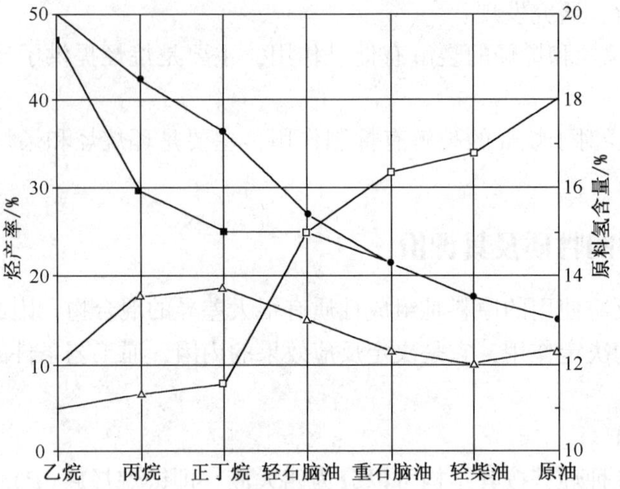

图4－4 原料氢含量对裂解产物产率的影响

●—原料氢含量；■—乙烯收率；△—甲烷收率；☆—C_5 及以上产物收率

3. 特性因数 K

原料的特性因数 K 是表示烃类和石油馏分化学性质的一个参数，可由式(4－4)、式(4－5)计算。

$$K = 1.216\frac{T_B^{1/3}}{d_{15.6}^{15.6}} \tag{4-4}$$

$$T_B = \left(\sum_{i=1}^{n} \Phi_i T_i^{\frac{1}{3}}\right)^3 \tag{4-5}$$

式中 T_B——原料的立方平均沸点，K；

$d_{15.6}^{15.6}$——原料的相对密度；

Φ_i——i组分的体积分数，%；

T_i——i组分的沸点，K。

K 值以烷烃最高，环烷烃次之，芳烃最低，它反映了烃的氢饱和程度。乙烯和丙烯总体收率大体上随裂解原料特性因数的增大而增加。

4. 关联指数($BMCI$ 值)

馏分油的关联指数($BMCI$ 值)是表示油品的芳香性的指标，也叫芳烃指数，是由美国矿务局(U. S. Bureau of Mines Correlation Index)关联而成，由式(4－6)计算，一般馏分油的关联指数愈大，则其芳烃含量相对愈高。

$$BMCI = \frac{48640}{T_v} + 473.7 \times d_{15.6}^{15.6} - 456.8 \tag{4-6}$$

式中 T_v——原料的体积平均沸点，K；

$d_{15.6}^{15.6}$——原料的相对密度。

式(4－6)的前提是规定苯的 $BMCI$ 值为 100，正己烷的 $BMCI$ 值为 0，也就是说在此条件下得到的该计算式。

烃类化合物的芳香性按下列顺序递增：

正构链烷烃＜带支链烷烃＜烷基单环烷烃＜无烷基单环烷烃＜双环烷烃＜烷基单环芳烃＜

无烷基单环芳烃(苯) < 双环芳烃 < 三环芳烃 < 多环芳烃

烃类化合物的芳香性愈强，则 *BMCI* 值愈大。

通过计算和大量实验得出：

① 直链烷烃或接近直链烷烃的 *BMCI* 值接近 0；较多支链的 *BMCI* 值为 10 ~ 15；且支链数增加，*BMCI* 值上升；

② 无侧链的环烷烃 *BMCI* 值约 50，侧链数增加，*BMCI* 值下降；

③ 单环芳烃有支链的 *BMCI* 值小于 100；且侧链数增加，*BMCI* 值下降；多环芳烃的 *BMCI* 值大于 100。

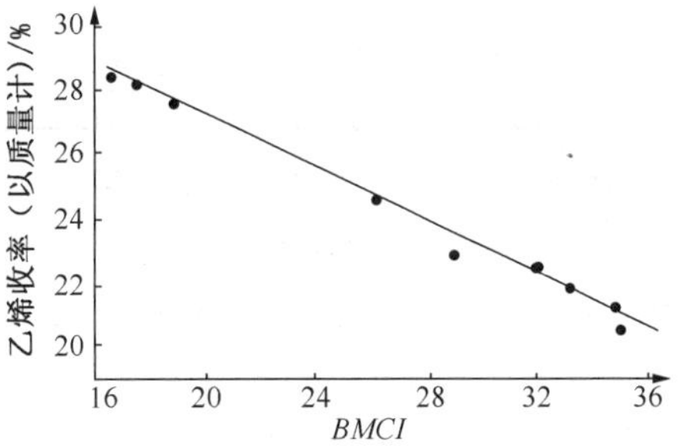

图 4 – 5　柴油裂解 *BMCI* 与乙烯收率的关系

实验表明在深度裂解时，重质原料油的 *BMCI* 值与乙烯收率和燃料油收率之间存在良好的线性关系，见图 4 – 5。因此，在柴油或减压柴油等重质馏分油裂解时，*BMCI* 值成为评价其性能的一个重要指标。

5. 原料烃的氢饱和度 *Z*

将原料烃表示为 C_nH_{2n+Z}，其中的 *Z* 表示原料烃的氢饱和度，*Z* 越大，氢含量越高，乙烯收率越高。

6. 原料烃的相对分子质量

原料烃的相对分子质量越小，乙烯收率越高。如：

乙烷的相对分子质量为 30，其乙烯单程收率约 45%；

石脑油的相对平均分子质量为 100，其乙烯收率约 30% ~35%；

柴油的相对平均分子质量为 200，其乙烯收率约 19% ~23%；

原油的相对平均分子质量为 310，其乙烯收率约 17%。

7. 原料烃分子结构

表 4 – 8 列出了相对分子质量相同或相近的几种烃的裂解结果。其中副产物未列入，产物收率是以转化了的原料为基准列出的。

表 4 – 8　不同结构的几种烃的裂解结果

分子结构	转化率/%	乙烯收率/%	丙烯收率/%	丁二烯收率/%	总烯收率/%
正己烷	90	44.0	20.2	4.4	68.6
2 – 甲基戊烷	85	24.2	28.6	4.4	57.2
2，3 – 二甲基丁烷	95	16.0	31.8	3.7	51.5
环己烷	65	37.0	11.0	28.8	76.8
甲基环戊烷	35	18.3	33.2	7.8	59.3

由表中可以看出，正构烷烃生产乙烯最好；异构烷烃生产丙烯最好；环己烷是生产丁二烯的最好的原料。

8. 原料烃的相对密度

一般原料烃的相对密度越大，乙烯收率越低。

9. 原料烃的平均沸点

一般原料烃的平均沸点越高，乙烯收率越低。

为了便于理解、比较和掌握，将裂解原料的几个主要性质及影响列于表4-9中。总之，裂解原料不同，其性质不同，对裂解的影响及所得裂解结果不同，需要投资也不同。图4-6列出了不同裂解原料对乙烯装置投资的影响。以450kt/a乙烯装置为基础，原料为石脑油。

表4-9 表征裂解原料性质的主要参数

参数名称	此参数说明的问题	获得此参数的方法	参数适用于评价何种原料	何种原料可获得较高乙烯产率
族组成 *PONA*	能粗线条地从本质上表征原料的化学特性	分析测定	石脑油、柴油等	烷烃含量高、芳烃含量低
氢含量和碳氢比	氢含量和碳氢比的大小反映出原料潜在乙烯含量的大小	分析测定	各种原料都适用	氢含量高的或碳氢比低
特性因素 *K*	特性因素的高低反映原料芳香性的强弱	由 $d_{15.6}^{15.6}$ 和 $T_{立}$ 计算	主要用于液体原料	特性因素高
关联指数 *BMCI*	关联指数大小反映烷烃和直链比例的大小，反映芳香性的大小	由 $d_{15.6}^{15.6}$ 和 T_V 计算	柴油	关联指数小

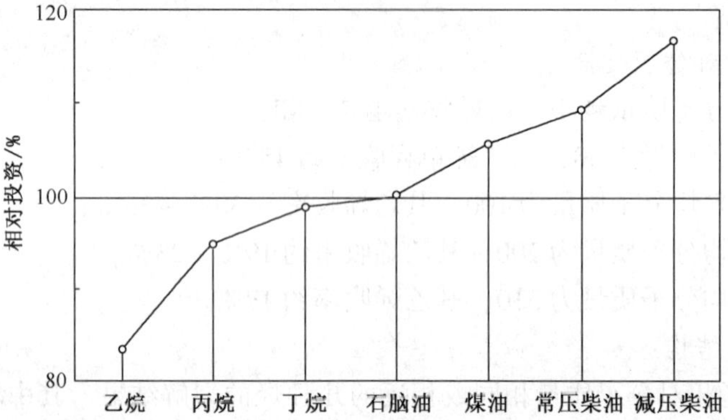

图4-6 不同裂解原料投资图

四、裂解反应的热力学和动力学

1. 裂解反应的热效应

化学反应是化学工艺的核心，反应热效应的大小，不仅决定反应器的传热方式、能量消耗和热量利用方案，而且对工艺流程和生产组织也起着极重要的作用。由于裂解反应主要是烃分子在高温下裂解为较小分子的过程，所以是个强吸热过程。工业上实现裂解反应，必须知道有多少原料发生裂解、需要多少热量，为此要计算裂解反应的热效应。在管式炉中进行的裂解反应的热效应与传热的要求密切相关，影响到需要供给的热量、供热方式、沿管长的温度分布及产品分布，从而影响裂解气分离的工艺流程和技术经济指标。

裂解反应通常可作为等压过程处理，根据热力学第一定律，可将反应温度 t 下的裂解反应的等压反应热效应 ΔH_t（简称反应热）表示为：

$$\Delta H_t = \sum (\Delta H_f^{\ominus})_{产物} - \sum (\Delta H_f^{\ominus})_{原料} \tag{4-7}$$

已有的生成热数据大多以298K或1100K为基础，因此，在实际计算中大多以298K或1100K为基准温度计算反应热。所以在计算中一般先计算出298K或1100K下的反应热，再根据基尔霍夫定律，设计一个方案，算出所需裂解温度下的反应热。

在反应热计算中所需的生成热数据可以从文献中查取，由于馏分油和裂解产物组分十分复杂，所以常用氢含量与生成热的关系估算油品生成热，并由此计算裂解反应的热效应。

馏分油裂解原料和裂解产物的液体组分，可由其氢含量 $w(H_2)$ 估算生成热。馏分油裂解原料主要由饱和烷烃、芳烃、环烷烃组成，其生成热(1100K)可按式(4-8)估算：

$$H_f^{\ominus}(1100K) = 2.3262[1400 - 150w_f(H_2)] \tag{4-8}$$

裂解产物液相产品主要为烯烃、双烯烃和芳烃，其生成热(1100K)按下式(4-9)估算：

$$H_p^{\ominus}(1100K) = 2.3262[2500.25 - 228.59w_p(H_2)] \tag{4-9}$$

式中　$H_f^{\ominus}$、H_p——分别为裂解原料和裂解液体产品在1100K的生成热，kJ/kg；

$w_f(H_2)$、$w_p(H_2)$——分别为裂解原料和裂解液体产品的氢含量(取值0～100)。

2. 裂解反应系统的化学平衡组成

裂解反应系统包括主反应和副反应，反应种类较多，尤其是重质原料，由于组分多，可能进行的反应十分复杂，往往不能确切写出各个反应式，故对于重质原料的裂解反应系统还难于用一般计算联立反应平衡组成的方法来处理。为了说明化学平衡的计算方法，现以用简化的乙烷裂解反应系统为例进行平衡组成的计算，并进一步讨论裂解反应系统的规律。

乙烷裂解过程主要由以下四个反应组成：

$$C_2H_6 \xrightleftharpoons{K_{p1}} C_2H_4 + H_2$$

$$C_2H_6 \xrightleftharpoons{K_{p1a}} \frac{1}{2}C_2H_4 + CH_4$$

$$C_2H_4 \xrightleftharpoons{K_{p2}} C_2H_2 + CH_2$$

$$C_2H_2 \xrightleftharpoons{K_{p3}} 2C + H_2$$

化学平衡常数 K_p 可由化学反应的标准吉布斯函数变 $\Delta G^{\ominus}$ 计算，见式(4-10)。

$$\Delta G^{\ominus} = -RT\ln K_p \tag{4-10}$$

通过计算可以得出以上各反应的平衡常数 K_{p1}、K_{p1a}、K_{p2}、K_{p3} 与温度的关系及温度与平衡组成的关系，分别列于表4-10、表4-11。

表4-10　乙烷裂解温度与平衡常数的关系

温度/K	K_{p1}	K_{p2}	K_{p3}	K_{p1a}
1100	1.675	0.01495	6.556×10^7	60.97
1200	6.234	0.08053	8.662×10^6	83.72
1300	18.89	0.3350	1.570×10^6	108.74
1400	48.86	1.134	3.646×10^5	136.24
1500	111.98	3.248	1.032×10^5	165.87

表 4-11　乙烷裂解系统温度与平衡组成的关系

温度/K	$y^*(H_2)$	$y^*(C_2H_2)$	$y^*(C_2H_4)$	$y^*(C_2H_6)$	$y^*(CH_4)$
1100	0.9657	1.473×10^{-8}	9.614×10^{-7}	5.486×10^{-7}	3.429×10^{-2}
1200	0.9844	1.137×10^{-7}	1.389×10^{-6}	2.194×10^{-7}	1.558×10^{-2}
1300	0.9922	6.320×10^{-7}	1.872×10^{-6}	9.832×10^{-8}	7.815×10^{-3}
1400	0.9957	2.731×10^{-6}	2.397×10^{-6}	4.886×10^{-8}	4.299×10^{-3}
1500	0.9974	9.667×10^{-6}	2.968×10^{-6}	2.644×10^{-8}	2.545×10^{-3}

根据表 4-10 和表 4-11 数据可以看出以下两个特征：

① 从化学平衡的观点看如使裂解反应进行到平衡，所得烯烃很少，最后生成大量的氢和碳。为获得尽可能多的烯烃，必须采用尽可能短的停留时间进行裂解反应。

② 乙烷裂解生成乙烯的反应平衡常数 K_{p1}、K_{p1a} 远大于乙烯消失反应的平衡常数 K_{p2}，随着温度的升高，各平衡常数均增加，而 K_{p1}、K_{p1a} 与 K_{p2} 的差距更大。乙炔生炭反应的平衡常数 K_{p3} 虽然远高于 K_{p1}、K_{p1a}，但其值随温度的升高而减小。因此，提高裂解温度对生成烯烃是有利的。

3. 烃类裂解反应动力学

烃类裂解时的主反应可按一级反应来处理，即：

$$\frac{-\mathrm{d}c}{\mathrm{d}t}=kc \tag{4-11}$$

移项并积分得：

$$kt=\ln\left(\frac{c_0}{c}\right) \tag{4-12}$$

根据转化率的定义，$c=c_0(1-x)$，代入式(4-12)得：

$$kt=\ln\frac{c_0}{c_0(1-x)}=\ln\frac{1}{(1-x)} \tag{4-13}$$

式中　c_0、c——分别表示反应前后原料烃浓度，mol/L；

x——原料烃转化率；

t——反应时间，s；

k——原料烃的反应速率常数，s^{-1}。

反应速率是浓度的函数，可用阿累尼乌斯方程表示，见式(2-9)。

表 4-12 及图 4-7 列出了从乙烷到正戊烷的裂解反应速率常数、活化能及频率因子。

表 4-12　乙烷至正戊烷的裂解反应动力学常数

烃的种类	乙烷	丙烷	丙烯	异丁烷	正丁烷	正戊烷
$\lg A$	14.6737	12.6160	13.8334	12.3173	12.2545	12.2479
$E/(\mathrm{kJ/mol})$	302.54	250.29	281.44	239.23	235.80	232.07

对于较大分子的烷烃和环烷烃，Zdonik 根据实验数据推导出式(4-14)预测公式。

$$\lg\frac{k_i}{k_5}=1.5\lg N_i-1.05 \tag{4-14}$$

式中　k_i、k_5——分别表示碳原子数为 i 的烷烃和正戊烷的反应速率常数，s^{-1}；

N_i——待测烃的碳原子数。

图4－8列出了不同烃分子结构的反应速率常数 k_i 和正戊烷 k_5 的比值。由图可以推算出高碳原子数不同烃分子结构的反应速率常数 k_i。

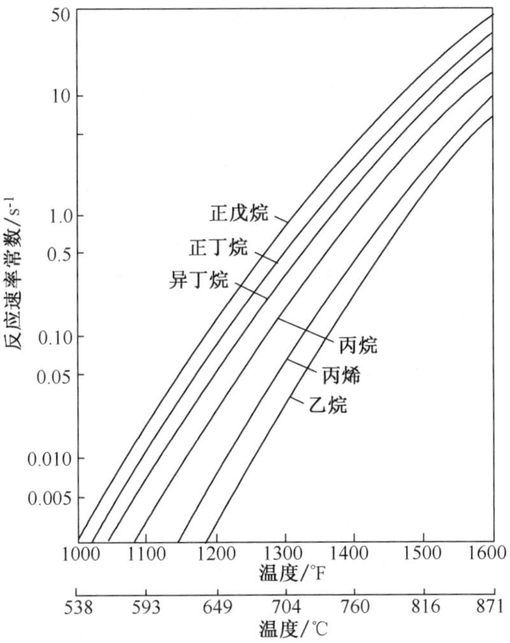

图4－7 某些烃的裂解反应速率常数

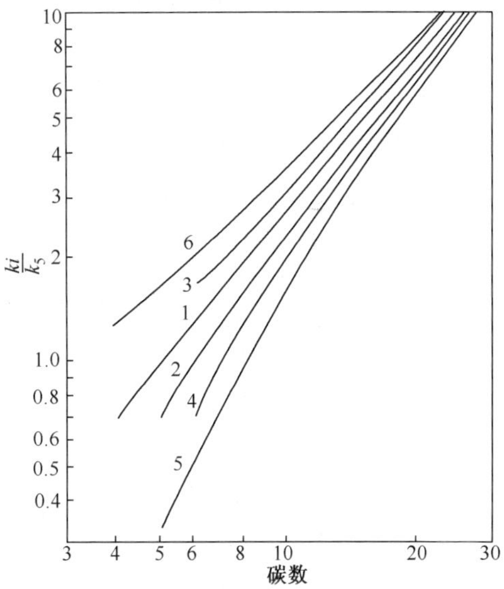

图4－8 某些烃对正戊烷的相对反应速率常数值

1—正构烷烃；2—甲基位于第二碳上的支链烷烃；
3—两个甲基位于两个分开的碳上的支链烷烃；
4—环基环己烷；5—环基环戊烷；6—正 α－烯烃

烃裂解过程除发生一次反应外还伴随大量的二次反应，因此按一级反应处理不能反映出实际裂解过程，二次反应大于一级反应。二次反应的反应速率基本上可作二级反应动力学处理，即

$$r=\frac{-\mathrm{d}c}{\mathrm{d}t}=kc^2$$

式中 c——表示反应原料烃浓度，mol/L；

k——速率常数，L/(mol·s)。

例4－2 正已烷在管式炉内裂解，炉出口温度为800℃，停留时间为0.2s，设膨胀率为1，求其转化率 x_6。

解：查图4－8得

$n=6$ 时，$\frac{k_6}{k_5}=1.31$

则：$\lg k_5=12.2479-\frac{232070}{8.314\times2.303\times(800+273)}=0.95$

得 $k_5=8.96\mathrm{s}^{-1}$

$k_6=8.96\times1.31=11.73\mathrm{s}^{-1}$

$\ln\frac{1}{1-x_6}=11.73\times0.2=2.35$

$x_6=0.90$

第三节 烃类热裂解的工艺参数

一、裂解温度和停留时间

1. 裂解温度

裂解温度对烃类裂解的影响可从以下几个方面分析。

（1）烃类裂解的自由基反应机理分析 在一定温度范围内，提高裂解温度有利于提高一次反应所得乙烯收率。表 4－13 所示为理论计算的正戊烷在不同温度下一次反应的产品分布。由表中数据可以看出，裂解温度升高，乙烯收率增加。

表 4－13 温度对正戊烷一次反应产品收率的影响

产物组分		H_2	CH_4	C_2H_4	C_3H_6	C_4H_8	Σ
800℃	n_i	6.8	9.4	18.8	6.8	3.4	45.2
	$n_i/\%$	15.0	20.8	41.6	15.0	7.5	99.9
	$W_i/\%$	1.17	12.89	45.13	24.49	16.33	100
900℃	n_i	6.6	9.3	18.6	6.6	3.3	44.4
	$n_i/\%$	14.9	20.9	41.9	14.9	7.4	100
	$W_i/\%$	1.15	13.00	45.49	24.21	16.14	100
1000℃	n_i	6.4	9.2	18.4	6.4	3.2	43.6
	$n_i/\%$	14.7	21.1	42.2	14.7	7.3	100
	$W_i/\%$	1.14	13.11	45.87	23.93	15.95	100

（2）从烃类裂解反应的化学平衡即热力学分析 由于烃类裂解是强吸热反应，从第二章式(2－17)化学反应平衡常数与温度的关系式

$$\log K = \frac{-\Delta H^{\ominus}}{2.303RT} + C$$

可以看出，对于吸热反应，$\Delta H^{\ominus} > 0$，K 值随着温度升高而增大，有利于反应，产物的平衡收率增加。提高裂解温度有利于生成乙烯的反应，并相对减少乙烯消失的反应，因而有利于提高裂解的选择性。从裂解反应的化学平衡同样可以得出，裂解反应进行到反应平衡，烯烃收率甚微，裂解产物将主要为氢和碳。因此，裂解生成烯烃的反应必须控制在一定的裂解深度范围内。

（3）烃类裂解反应的动力学分析 反应速率常数与温度的关系可用第二章式(2－19)的阿累尼乌斯方程表示，即：

$$k = A\exp\left(\frac{-E}{RT}\right)$$

由上式可知，k 总是随温度的升高而增加的，反应温度每升高 10℃，反应速率常数增大 2～4 倍，在低温范围增加的倍数比高温范围大些，活化能大的反应其速率随温度升高而增长更快些。

由于不同裂解原料的反应速率常数大不相同，因此，在相同停留时间条件下，不同裂解原料所需裂解温度也不相同。裂解原料相对分子质量越小，其活化能和频率因子越高，反应活性越低，所需裂解温度越高。

总之，不论是从自由基理论、还是从热力学和动力学来看，提高温度不仅有利于提高反应速率和平衡常数，还有利于提高生成乙烯的选择性和收率。

在控制一定裂解深度的前提下，可以有各种不同的裂解温度－停留时间组合。因此，对于生产烯烃的裂解反应而言，裂解温度与停留时间是一组相互关联不可分割的参数。而高温－短停留时间则是改善裂解反应产品收率的关键。

在某一停留时间下，存在一个最佳裂解温度，在此温度下，乙烯收率达到最高值。

2. 停留时间

管式裂解炉中物料的停留时间是指裂解原料经过辐射盘管（即辐射段炉管）的时间。由于裂解炉管中裂解反应是在非等温变容条件下进行的，很难计算其真实的停留时间。工程中常用如下几种方式计算裂解反应的停留时间。

（1）表观停留时间 表观停留时间 t_B 定义如下式：

$$t_B = \frac{V_R}{V} = \frac{SL}{V} \tag{4-15}$$

式中 V_R——反应器容积，m^3；

V——单位时间通过裂解炉管的气体体积，m^3/s；

S——裂解炉管截面积，m^2；

L——裂解炉盘管管长，m。

表观停留时间表述了裂解炉管内所有物料（包括稀释蒸汽）在管中的停留时间。

（2）平均停留时间 平均停留时间 t_A 定义如下式：

$$t_A = \int_0^{V_R} \frac{dV_R}{\alpha_V V} \tag{4-16}$$

式中 dV 从 0 积分到 V_R。式（4－16）可近似为（4－17）：

$$t_A = \frac{V_R}{\alpha'_V V'} \tag{4-17}$$

式中 α_V——体积增大率，与转化率、温度、压力有关；

α'_V——最终体积增大率；

V——原料气的体积流量，m^3/s；

V'——原料气在平均反应温度和平均压力下的体积流量，m^3/s。

在某一裂解温度下，存在一最佳停留时间，在此停留时间下，乙烯收率达到最高值。

3. 温度－停留时间效应

（1）温度－停留时间对裂解产品收率的影响 从裂解反应动力学可以看出，对给定原料而言，裂解深度（转化率）取决于裂解温度和停留时间。然而，在相同转化率下可以有各种不同的温度－停留时间组合。因此，相同裂解原料在相同转化率下，由于温度－停留时间的不同，所得产品收率并不相同。

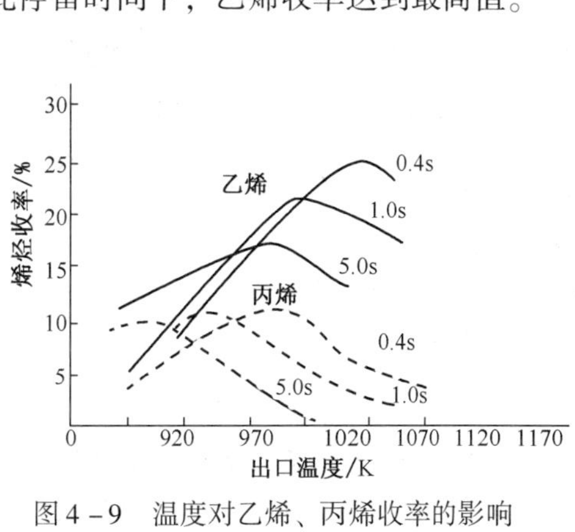

图 4－9 温度对乙烯、丙烯收率的影响

图 4－9 为石脑油裂解时，乙烯收率与温度和停留时间的关系。由图可见，为使乙烯收率保持

在最高值，改变裂解温度必须相应改变停留时间，反之亦然。如要缩短停留时间，则需要相应提高裂解温度。

温度－停留时间对产品收率的影响可以概括如下：

① 高温裂解条件有利于裂解反应中一次反应的进行，而短停留时间又可抑制二次反应的进行。因此，对给定裂解原料而言，在相同裂解深度条件下，高温－短停留时间的操作条件可以获得较高的烯烃收率，并减少结焦。

② 高温－短停留时间的操作条件可以抑制芳烃生成的反应，对给定裂解原料而言，在相同裂解深度下以高温－短停留时间操作条件所得裂解汽油的收率相对较低。

（2）裂解温度－停留时间的限制

① 裂解深度对温度－停留时间的限定　为达到较满意的裂解产品收率需要达到较高的裂解深度，而过高的裂解深度又会因结焦严重而使清焦周期急剧缩短。工程中常以 C_5 和 C_5 以上液相产品氢含量不低于8%为裂解深度的限度，由此，根据裂解原料性质可以选定合理的裂解深度。在裂解深度确定后，选定了停留时间则可相应确定裂解温度。反之，选定了裂解温度也可相应确定所需的停留时间。

② 温度限制　对于管式炉中进行的裂解反应，为提高裂解温度就必须相应提高炉管管壁温度。炉管管壁温度受炉管材质限制。当使用Cr25Ni20耐热合金钢时，其极限使用温度低于1100℃；当使用Cr25Ni35耐热合金钢时，其极限使用温度可提高到1150℃。由于受炉管耐热程度的限制，管式裂解炉出口温度一般均限制在950℃以下。

③ 热强度（传热速率）限制　炉管管壁温度不仅取决于裂解温度，也取决于热强度。在给定裂解温度下，随着停留时间的缩短，炉管热通量增加，热强度增大，传热速率增加，即单位时间内需要的热量增加。因此，在给定裂解温度下，如何保证在短时间内将热量传递进去，就变成了实现高温－短停留时间的主要限制。

二、压力与稀释剂

1. 压力对裂解反应的影响

（1）从化学平衡角度分析　对于反应前后体积（摩尔数）减小的反应，即 $\Delta n<0$ 时，增大反应压力，平衡向生成产物的方向移动；对于体积（摩尔数）增加的反应，即 $\Delta n>0$ 时，增大反应压力，平衡向原料方向移动。

烃类裂解的一次反应是摩尔数增多的过程，对于脱氢的可逆反应，降低压力对提高乙烯平衡组成有利（断链反应因是不可逆反应，压力无影响）。而烃类聚合缩合的二次反应大多数是摩尔数减少的过程，降低压力可抑制其进行，减少结焦生炭，即对生产乙烯有利。

（2）从反应速率来分析　烃类裂解的一次反应多是一级反应或可按拟一级反应处理，其反应速率方程式为：

$$r_{裂}=k_{裂}C \tag{4-18}$$

而烃类聚合和缩合的二次反应多是高于一级的反应，其反应速率方程式为：

$$r_{聚}=k_{聚}C^{n} \tag{4-19}$$

$$r_{缩}=k_{缩}C_{A}C_{B} \tag{4-20}$$

压力虽然不能改变反应速率常数 k，但降低压力能降低反应物浓度 C，降低压力对一次反应、二次反应都不利，但反应的级数不同影响也有所不同，压力对高于一级的反应的影响比对一级反应的影响要大得多，也就是说降低压力可增大一次反应对于二次反应的相对速率，提高一次反应的选择性。将裂解过程中压力对一次反应和二次反应的影响列于表4-14。

表4-14 裂解过程中压力对一次反应和二次反应的影响

化学热力学因素			化学动力学因素		
反应类型	反应后体积变化	降低压力对提高平衡转化率的影响	反应级数	降低压力对加快反应速率的影响	降低压力对增大一次反应与二次反应的相对速率的影响
一次反应	增大	有利(对断链反应无影响)	一级反应	不利	有利
二次反应	减小	不利	高于一级反应	更不利	不利

通过表4-14可以看出，降低压力可以促进生成乙烯的一次反应，抑制发生聚合的二次反应，从而减轻结焦的程度。北京化工研究院通过在一定裂解深度范围内的实验数据关联得到烃分压与乙烯收率的关系如下：

$$y_{C_2H_4} = -10.5\lg(P_{烃}) + 21.56 \tag{4-21}$$

式中 $y_{C_2H_4}$——乙烯收率，%；

$P_{烃}$——烃的分压，kPa。

2. 稀释剂对裂解反应的影响

由于裂解是在高温下进行的，不宜采用抽真空减压的方法降低烃分压，这是因为高温密封不易，一旦空气漏入负压操作的裂解系统，与烃气体形成爆炸混合物就有爆炸的危险；而且减压操作对以后分离工序的压缩操作也不利，要增加能量消耗。所以，采取添加稀释剂以降低烃分压是一个较好的方法。这样，设备仍可在常压或正压下操作，而烃分压则可降低。稀释剂理论上讲可用水蒸气、氮气或任一种惰性气体，但目前较为成熟的裂解方法均采用水蒸气作为稀释剂，其原因如下：

① 裂解反应后通过急冷即可实现稀释剂与裂解气的分离，不会增加裂解气的分离负荷和困难。使用其他情性气体为稀释剂时反应后均与裂解气混为一体，增加了分离困难。

② 水蒸气热容量大，使系统有较大热惯性，当操作供热不平稳时，可以起到稳定温度的作用，保护炉管防止过热。

③ 抑制裂解原料所含硫对镍铬合金炉管的腐蚀，保护炉管。这是因为高温水蒸气具有氧化性，能将炉管内壁氧化成一层保护膜，这样一来既防止了裂解原料中硫对镍铬合金炉管的腐蚀，又防止了炉管中铁、镍对生炭的催化作用。

④ 脱除焦炭，水蒸气对已生成的炭有一定的脱除作用，即：

$$H_2O + C \longrightarrow CO + H_2$$

⑤ 减少炉管内结焦；

⑥ 其他，如廉价、易得、无毒等。

稀释剂用量用稀释度 q 表示，其定义为：

$$稀释度\ q = 稀释剂重量/原料烃的重量 \tag{4-22}$$

稀释剂的作用原理可用道尔顿分压定律来说明。道尔顿分压定律指系统总压等于系统内各组分分压之和，即：

$$P_{总} = \sum_{i=1}^{n} P_i \tag{4-23}$$

下面通过一个例题来看一看稀释剂所起的作用。

例 4-3 汽油裂解时，炉出口压力为 0.8×10^5Pa(表)，水蒸气稀释度 $q=0.5$(重)，裂解产物(不包括水)的平均相对分子质量为 30，求：(1)炉出口处烃的分压；(2)若炉出口处的压力提高到 1.35×10^5Pa(表)，而保持原来的烃分压不变，此时 q 为多大？

解：(1) 以 1kg 原料为基准计算

$$y_{烃}=\frac{\frac{1}{30}}{\frac{1}{30}+\frac{0.5}{18}}=0.545$$

$$P_{总}=(0.8+1)\times10^5=1.8\times10^5(\text{Pa，绝})$$

$$P_{烃}=1.8\times10^5\times0.545=1\times10^5(\text{Pa})$$

(2) $P_{总}=(1.35+1)\times10^5=2.35\times10^5(\text{Pa，绝})$

$$P_{烃}=2.35\times10^5\times\frac{\frac{1}{30}}{\frac{1}{30}+\frac{q}{18}}$$

$$q=0.82$$

水蒸气的稀释度 q 不宜过大，因为它使裂解炉的生产能力下降，能耗增加，急冷负荷加大。水蒸气稀释度大小与原料有关，不同裂解原料的稀释度参考值见表 4-15。

表 4-15 不同裂解原料下的稀释度

裂解原料	原料含氢量/%	结焦难易程度	稀释度/(kg/kg)
乙烷	20	较不易	0.25~0.4
丙烷	18.5	较不易	0.3~0.5
石脑油	14.16	较易	0.5~0.8
轻柴油	13.6	很易	0.75~1.0
原油	13.0	极易	3.5~5.0

三、裂解深度

1. 裂解深度的表示方法

裂解深度是指裂解反应进行的程度。由于裂解反应的复杂性，很难以一个参数准确地对其进行定量的描述。根据不同情况，常常采用如下一些参数来衡量裂解深度。

(1) 原料转化率　原料转化率反映了裂解反应时裂解原料的转化程度。因此，常用原料转化率来衡量裂解深度。混合轻烃裂解时，可分别计算各组分的转化率。馏分油裂解时，则以某一当量组分计算转化率，表征裂解深度。一般原料转化率越高，裂解深度越深。

(2) 甲烷收率　由于甲烷比较稳定，基本上不因二次反应而消失，裂解所得甲烷收率总是随着裂解深度的提高而增加，因此，裂解产品中甲烷收率可以在一定程度上衡量反应的裂解深度。一般甲烷收率越高，裂解深度越深。

(3) 液体产物的氢含量和氢碳比　随着裂解深度的提高，裂解所得氢含量高的 C_4 和 C_4 以下气态产物的产量逐渐增大。根据氢的平衡可以看出，裂解所得 C_5 和 C_5 以上的液体产品的氢含量和氢碳比将随裂解深度的提高而下降。馏分油裂解时，其裂解深度应以所得液体产物的氢含量不低于8%或氢碳质量比不低于0.087为限。一般裂解所得液体产物的氢含量或氢碳比越低，裂解深度越深，结焦越严重，清焦越频繁，操作周期越短。

（4）裂解炉出口温度　在炉型已定的情况下，炉管排列及几何参数已经确定。此时，对给定裂解原料及负荷而言，炉出口温度在一定程度上可以表征裂解的深度。一般裂解炉出口温度越高，裂解深度越深。

（5）裂解深度函数 S　考虑到温度和停留时间对裂解深度的影响，有人将裂解温度 T 与停留时间 θ 关联如下：

$$S = T\theta^{m} \tag{4-24}$$

式中　T——裂解温度，K或℃；

m——与温度单位有关的常数，取值为0.027或0.06；

S——裂解深度函数；

θ——停留时间，s。

（6）动力学裂解深度函数（KSF）　如果将原料的裂解反应作为一级反应处理，则原料转化率 x 和反应速率常数 k 及停留时间 θ 之间存在如下关系：

$$\int k\mathrm{d}\theta = \ln\frac{1}{1-x} \tag{4-25}$$

$\int k\mathrm{d}\theta$ 可以表示温度分布和停留时间分布对裂解原料转化率或裂解深度的影响，在一定程度上 $\int k\mathrm{d}\theta$ 可以定量表示裂解深度，它不仅是温度和停留时间分布的函数，同时也是裂解原料性质的函数，故将动力学裂解深度函数 KSF 定义为：

$$KSF = \int k\mathrm{d}\theta \tag{4-26}$$

为避开裂解原料性质的影响，实际中一般将正戊烷裂解所得的 $\int k\mathrm{d}\theta$ 定义为动力学裂解深度函数（KSF），即：

$$KSF = \int k_5\mathrm{d}\theta = \int A_5\exp\left(\frac{-E_5}{RT}\right)\mathrm{d}\theta \tag{4-27}$$

这样动力学裂解深度函数 KSF 就变为与原料性质无关的参数，它反映了裂解温度分布和停留时间对裂解深度的影响。此法之所以选定正戊烷作为衡量裂解深度的当量组分，是因为在任何轻质油中均有正戊烷，且在裂解过程中正戊烷含量只会减少，不会增加，选它作当量组分，足以衡量裂解深度。

2. 裂解深度与各参数之间的关系

在以上这些裂解深度的表示方法中，科研和设计中最常用的是动力学裂解深度函数 KSF 与转化率 x，而在实际生产上最常用的是出口温度 T_{out}。它们之间存在着一定的关系，可以进行彼此的换算。

（1）动力学裂解深度函数与转化率的换算

$$KSF = \int k_5\mathrm{d}\theta$$

由于烃类裂解的主反应是一级反应，即：

$$\frac{-\mathrm{d}c}{\mathrm{d}\theta}=k_5c$$

$$\frac{-\mathrm{d}c}{c}=k_5\mathrm{d}\theta$$

对于等温反应：

$$KSF=\int k_5\mathrm{d}\theta=k_5\theta=\ln\frac{1}{1-x_5}=-\ln(1-x_5) \tag{4-28}$$

或

$$x_5=1-\exp(-KSF) \tag{4-29}$$

这样就把动力学裂解深度函数 KSF 与转化率 x_5 联系起来了，可以实现彼此之间的换算。

(2) 动力学裂解深度函数与出口温度的关系　用动力学裂解深度函数衡量裂解深度较全面地考虑了温度和停留时间的影响。但对实际生产而言，调节裂解炉出口温度却是控制裂解深度的主要手段。因此，建立动力学裂解深度函数与炉出口温度 T_{out} 的关系具有实际意义。

如以炉出口温度 T_{out} 为参考温度，在此温度下的反应速率常数为 k_T，则可定义一个当量停留时间 θ_T：

$$KSF=\int k\mathrm{d}\theta=k_T\theta_T$$

根据阿累尼乌斯公式：

$$k_T=A\exp\left(\frac{-E}{RT_{OUT}}\right)$$

得：

$$\ln k_T=B-\frac{C}{T_{out}}$$

带入得：

$$\ln KSF=B-\frac{C}{T_{out}}+\ln\theta_T \tag{4-30}$$

式中 B、C 为与频率因子和活化能有关的常数，由阿累尼乌斯方程求出。由上式看出，若当量停留时间不变，炉出口温度 T_{out} 增加，$\ln KSF$ 也增加，即动力学裂解深度函数 KSF 数值增加。

第四节　裂解设备与工艺

一、管式裂解炉

热裂解过程是通过裂解炉来实现的。裂解炉包括蓄热式炉、砂子炉、管式炉等炉型。早在 20 世纪 30 年代人们就开始研究用管式裂解炉高温法裂解石油烃。20 世纪 40 年代美国首先建立了管式裂解炉裂解制乙烯的工业装置。进入 20 世纪 50 年代后，由于石油化工的快速发展，世界各国竞相研究提高乙烯生产水平的工艺技术，并开发了高温、短停留时间即可大幅度提高乙烯收率这一关键技术。20 世纪 60 年代初期，美国 Lummus 公司成功开发能够实现高温、短停留时间的 SRT－Ⅰ型炉(Short Residence Time)，见图 4－10。耐高温的铬镍合金钢管可使管壁温度高达 1050℃，由此奠定了实现高温、短停留时间的工艺基础。以石脑油为原料，SRT－Ⅰ型炉可使裂解出口温度提高到800～860℃，停留时间减少到0.25～0.60s，乙烯产率得到了显著的提高。应用Lummus公司SRT型炉生产乙烯的总产量大约占全世界的一半左右。20世纪60年代末期以来，各国著名的公司如Stone&Webster、Linde－Selas、Kellogg、Foster－Wheeler、三菱油化公司等都相继提出了自己开发的新型管式裂解炉。

1. 管式裂解炉的工作原理

以Lummus公司的SRT－Ⅰ型裂解炉为例（见图4－10），说明裂解炉的组成与工作原理。

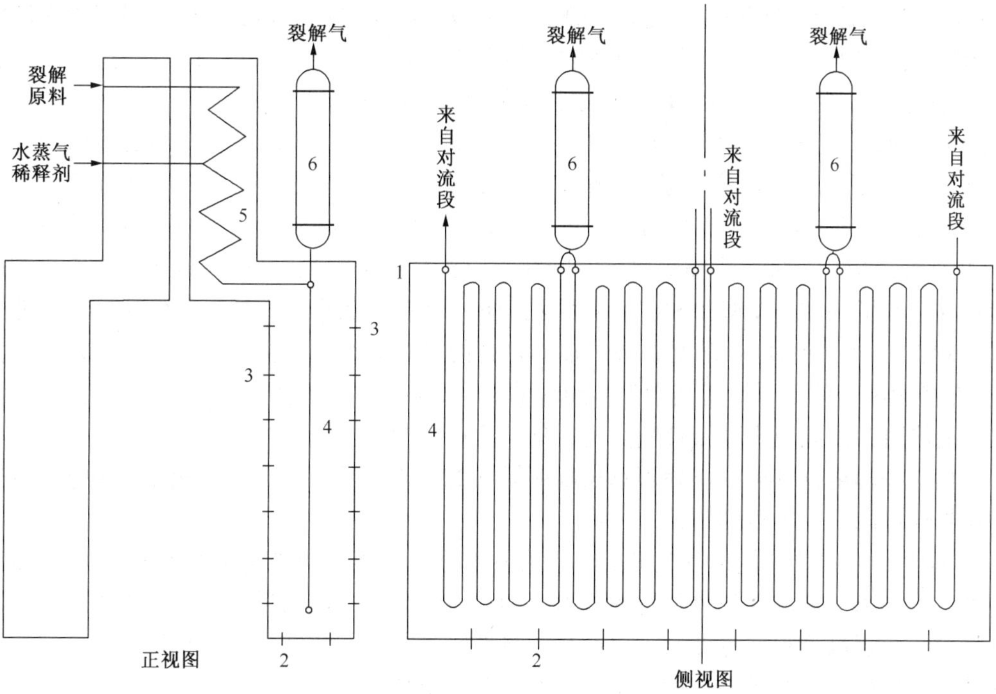

图4－10　SRT－Ⅰ型裂解炉示意图

1—炉体；2—油气联合烧嘴；3—气体无焰烧嘴；4—辐射段炉管；5—对流段炉管；6—急冷锅炉

（1）管式裂解炉的组成　管式裂解炉一般主要由对流室（段）、辐射室（段）、炉管、烧嘴、烟囱、挡板等几部分构成。

（2）管式裂解炉的工作原理　裂解原料首先进入管式裂解炉的对流段炉管升温，达到一定温度后与来自蒸汽发生器的稀释蒸汽混合继续升温到600～650℃，然后转向进入裂解炉的辐射段炉管继续升温并发生裂解反应直到裂解炉出口温度即所谓的反应温度800～850℃离开裂解炉，最后高温裂解产物通过急冷换热器降温后，到后续进行预分馏。

2. 裂解炉的炉型及变革

裂解炉炉型主要有管式裂解炉、蓄热式炉、砂子炉。现在90%以上都是采用管式裂解炉，也是间接传热的裂解炉。

制造管式裂解炉的公司主要有Lummus（SRT短停留时间炉）、Stone&Webster（USC超选择性炉）、Linde－Selas（HS高选择性炉）、Kellogg（MSF毫秒炉）、Foster－Wheeler、日本三

菱油化(倒梯台下吹式炉)等。

国内叫法有方箱炉、圆筒炉、门式炉、梯台炉等。

(1) Lummus 公司的 SRT 型裂解炉(短停留时间裂解炉)　在所有管式裂解炉中，Lummus 公司的 SRT 型裂解炉是应用最广、最有代表性的裂解炉，它的发展与变革基本上代表了管式裂解炉的发展方向，所以本教材详细介绍 Lummus 公司的 SRT 型裂解炉的发展与变革，其他裂解炉只作简单介绍。

① 炉型　Lummus 公司的 SRT 型裂解炉为单排双辐射立管式裂解炉，已从早期的 SRT－Ⅰ型发展为近期采用的 SRT－Ⅵ型，其炉型的结构参数及工艺参数比较见表 4－16。SRT 型裂解炉的对流段设置在辐射室上部的一侧，对流段顶部设置烟道和引风机。对流段内设置进料、稀释蒸汽和锅炉给水的预热。从 SRT－Ⅲ型裂解炉开始，对流段尚设置高压蒸汽过热，取消了高压蒸汽过热炉。在对流段预热原料和稀释蒸汽过程中，一般采用一次注入的方式将稀释蒸汽注入到裂解原料中。当裂解炉需要裂解重质原料时，也采用二次注入稀释蒸汽的方案。

早期 SRT 型裂解炉多采用侧壁无焰烧嘴，为适应裂解炉烧油的需要，目前多采用侧壁烧嘴和底部烧嘴联合的烧嘴布置方案。通常，底部烧嘴最大供热量可占总热负荷的 70%。

② 盘管结构　为进一步缩短停留时间并相应提高裂解温度，Lummus 公司在 20 世纪 80 年代相继开发了 SRT－Ⅳ型和 SRT－Ⅴ型裂解炉，其辐射盘管多为分支变径管，管长进一步缩短。SRT－Ⅴ型与 SRT－Ⅳ型裂解炉辐射盘管的排列和结构相同，SRT－Ⅳ型为光管，而 SRT－Ⅴ型裂解炉的辐射盘管则为带内翅片的炉管。内翅片可以增加管内给热系数，降低管内传热的热阻，由此相应降低管壁温度，延长清焦周期。

采用双程辐射盘管可以将炉管总长度缩短到 22m 左右，其停留时间可缩短到 0.2s 左右，裂解选择性可以进一步得到改善。

③ SRT 型裂解炉的优化及改进措施　裂解炉设计开发的基本思路是提高过程选择性和设备的生产能力，根据烃类热裂解的热力学和动力学分析，提高反应温度、缩短停留时间和降低烃分压是提高过程选择性的主要途径。自然短停留时间和适宜的烃分压以及高选择性带来的清焦周期的加长则是提高设备生产效率的关键所在。

在众多改进措施中，辐射盘管的设计是决定裂解选择性、提高烯烃收率、提高裂解炉对裂解原料适应性的关键。改进辐射盘管的结构，成为管式裂解炉技术发展中最核心的部分。早期的管式裂解炉采用相同管径的多程盘管，其管径一般均在 100mm 以上，管程多为 8 程以上，管长近 100m，相应平均停留时间大约 0.6～0.7s。

对一定直径和长度的辐射盘管而言，提高裂解温度和缩短停留时间均会增大辐射盘管的热强度，使管壁温度随之升高。换言之，裂解温度和停留时间均受辐射盘管耐热程度的限制。改进辐射盘管金属材质是适应高温、短停留时间的有效措施之一。目前，广泛采用 25Cr35Ni 系列的合金钢代替 25Cr 20Ni 系列的合金钢，其耐热温度从 1050～1080℃ 提高到 1100～1150℃，这为提高裂解温度、缩短停留时间提供了可靠保障。

提高裂解温度和缩短停留时间的另一重要途径是改进辐射盘管的结构。20 多年来，相继出现了单排分支变径管、混排分支变径管、不分支变径管、单程等径管等不同结构的辐射盘管。辐射盘管结构尺寸的改进都着眼于改善沿盘管的温度分布和热强度分布，提高盘管的平均热强度，由此达到高温、短停留时间的操作条件。

不同 SRT 型炉的结构参数及工艺参数比较见表 4－16。

表 4-16 不同 SRT 型炉的结构参数及工艺参数比较

项　目	SRT-Ⅰ	SRT-Ⅱ	SRT-Ⅲ	SRT-Ⅳ	SRT-Ⅴ	SRT-Ⅵ
开发时间	1953~1964 年	1972 年	1974 年	1984 年	1985~1987 年	1994~1999 年
炉管构型	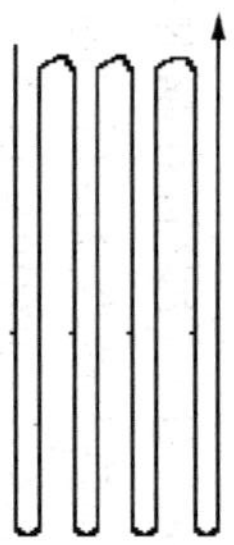	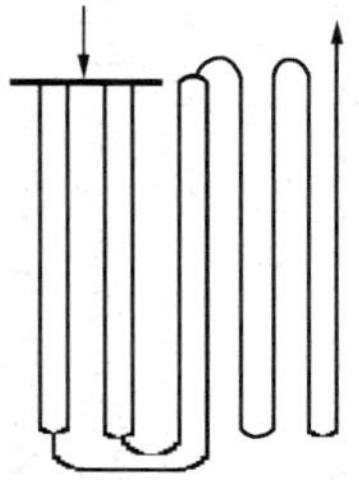	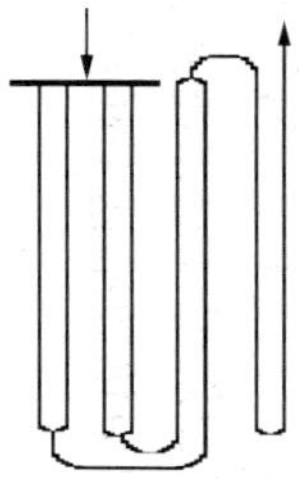	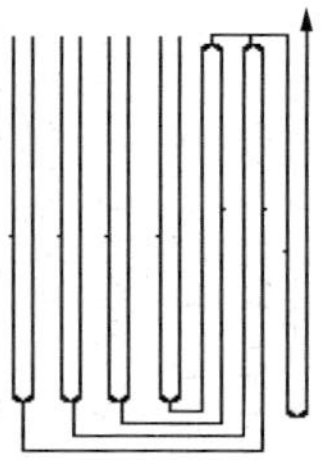	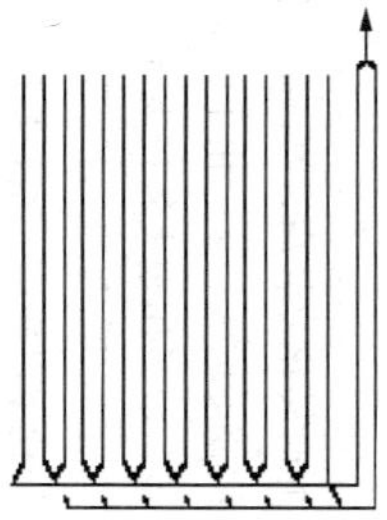	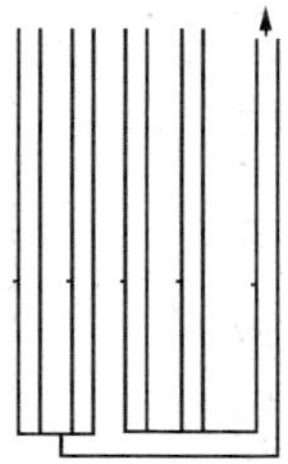
炉管内径/mm	ϕ75~133	一程 ϕ64，二程 ϕ96，三~六程 ϕ152	一程 ϕ64，二程 ϕ89，三、四程 146	一、二程 ϕ41.6，三、四程 ϕ116	一程 ϕ41.6，二程 ϕ116	一程 ϕ>50，二程 ϕ>100
炉管总长度/m	80~90	60.6	51.8	21.9	21.9	~21
程数	6P 或 8P (1-1-1-1-1-1-1-1)	6P (4-2-1-1-1-1)	4P(4-2-1-1)	4 程(8-4-1-1)	2 程(16-2)	2 程(8-2)
每台炉炉管组数	4	6	6	4~6	4~6	16~24
每台炉 TLE 台数	2	3	3	3	4~6	6
停留时间/s	0.6~0.7	0.47	0.38	0.33	0.21~0.3	0.2~0.3
适用原料	乙烷~石脑油	乙烷~柴油	乙烷~重柴油	乙烷~加氢尾油	乙烷~加氢尾油	乙烷~加氢尾油
最高允许温度/℃	1100	1100	1100	1115	1115	1125
单台炉生产能力/(kt/a)	20~30	30~40	45~50	30~60	30~60	50~100
炉子热效率/%	87	87~91	92~93.5	~94	>94	>95

根据反应前期和反应后期的不同特征，采用变径管，使入口端(反应前期)管径小于出口端(反应后期)，这样较等径管的停留时间要短，而传热强度、处理能力和生产能力会有所提高，变径管的分析见表4－17。

表4－17 变径管的分析

项目	反应前期	反应后期
管径	较小	较大
压力降	由于反应转化率尚低，管内流体体积增大不多，以致线速度增大不多，由于管径小而引起压力降不严重，不致严重影响平均分压的增大	此时转化率较高，管内流体体积增大较多，以致线速度增大较多，由于管径小而引起压力降较严重，故采用较大管径为宜
热强度	由于原料升温，转化率增长快，需要大量吸热，所以要求热强度大，管径小可使比表面积增大，可满足此要求	转化率已较高，增长幅度已不大，对于热强度要求不高，管径大一些，对于传热的影响不显著
结焦趋势	转化率尚低，二次反应尚不致发生，不致结焦，允许管径小一些	转化率已较高，二次反应已经在发生，结焦可能性较大，用较大管径可以延长操作周期
主要矛盾	加大热强度是主要矛盾，压力降和结焦是次要矛盾，故管径小是首位	避免压力降过大、防止结焦、延长操作周期是主要矛盾，传热是次要矛盾，故用较大直径

总之，为了适应高温、短停留时间，Lummus公司的SRT裂解炉的炉管结构作了大量变革，从表4－16可总结出裂解炉或炉管发展趋势主要体现在分支变径、管径先细后粗、程数越来越少、管长越来越短、耐温越来越高。达到的效果是裂解温度越来越高、停留时间越来越短、乙烯收率越来越高、原料适用范围越来越宽、裂解炉热效率越来越高。

(2) 其他管式裂解炉

① 斯通－韦伯斯特(Stone&Webster)公司超选择性裂解炉(USC) 这种炉子采用单排双面辐射多组变径炉管的管式炉结构。新构型可使烃类在较高的选择性下操作，故称为超选择性裂解炉。每组炉管呈W形，由四根管径各异的炉管组成，每台炉内装有16、24或32组炉管，每组炉管前两根为HK－40管，后两根是HP－40管，均系离心浇铸内壁经机械加工而成。每组炉管的出口处和在线换热器USX直接相连接。裂解产物在USX中被急冷以防止发生二次反应。USX所发生的高压水蒸气经过热后作为装置的动力及热源。每台炉子的乙烯生产能力约为40k t/a。

② 凯洛格(Kellogg)公司毫秒炉(MSF) 凯洛格公司的毫秒炉为立管式裂解炉，其辐射盘管为单程直管，管内径为24～38mm，管长为10～13m。对流段设置在辐射室的上侧，对流段顶部设置烟道与引风机。原料和稀释蒸汽在对流段预热至横跨温度后，通过横跨管和猪尾管由裂解炉底部送入辐射管，物料由下向上流动，由辐射室顶部出辐射管而进入第一废热锅炉。裂解轻烃时，常设三级废热锅炉，裂解馏分油时只设两级废热锅炉。对流段还预热锅炉给水并过热超高压蒸汽。炉子热效率为93%左右。

毫秒炉采用底部烧嘴，可烧气也可烧油，燃烧火焰的喷射方向与工艺物流方向相同，炉膛上部向内倾斜约30°，使烟气形成活塞流，以此保证上部炉管两边的高温烟气流量均匀，炉膛下部为垂直侧壁，正常的回流保证了高温条件下的均匀加热，使入口端有较高的热负荷。

由于毫秒炉管径小，单台炉管数量大，为保证辐射管流量均匀，在辐射管入口设置文丘里管均匀流量分配。

毫秒炉的辐射管为并列直管，其长为 10 ~ 13m，管内径为 24 ~ 38mm。毫秒炉的特点是停留时间极短，可控制在 0.1s 以内，故得名为毫秒炉。由于停留时间的大幅度缩短，毫秒炉裂解产品的乙烯收率大幅度提高。对于丁烷和馏分油而言，与 0.3 ~ 0.4s 停留时间的裂解过程比，毫秒炉裂解过程可使乙烯收率提高 10% ~ 15%。但同时由于裂解深度的提高，炔烃收率也高，增加了加氢脱炔的负荷。

③ 林德(Linde)公司裂解炉　林德公司最早的裂解炉称为 LSCC 型(Linde - Selas - Combined Coil)，现改称为 Pyrocrack 型。Pyrocrack 型裂解炉通常由一个对流段和两个辐射段构成。Pyrocrack 型裂解炉对流段通常设有原料预热、稀释蒸汽过热、锅炉给水预热及高压蒸汽过热管束。为提高裂解炉对轻重裂解原料的适应性，Pyrocrack 型裂解炉大多采用稀释蒸汽二次注入的方式。

Pyrocrack 型裂解炉对流段炉管排布通常为每排 8 ~ 16 根炉管，对流段的物料通过文丘里管均匀分配到每组辐射段炉管中。Pyrocrack 型裂解炉供热方式采用底部供热与侧壁供热相结合的供热方案，侧壁约占 40%，底部约占 60%。

Pyrocrack 型裂解炉的辐射段炉管为分支变径管。20 世纪 80 年代采用 Pyrocrack4 - 2 (LSCC4 - 2)型炉管，这种炉管为 6 程混排分支变径管。前 4 程为 2 根内径 64mm 的双排管，第 5 和第 6 程为 1 根内径 135mm 的单排管。每组炉管长度为 55m，停留时间为 0.4 ~ 0.5s，此种炉管比较适合于重质原料及气体原料的裂解。

为进一步提高裂解温度、缩短停留时间，林德公司在 Pyrocrack4 - 2 的基础上减少管程，缩短管长，经过改进开发出 Pyrocrack2 - 2(LSCC2 - 2)型炉管。该型炉管为 4 程混排分支变径管，前两程为内径 78mm 的双排管，第 3 和第 4 程为内径 112mm 的单排管，每组炉管长度为 36 ~ 42m。由于管长缩短，其停留时间为 0.25 ~ 0.30s，每组炉管的处理能力较 Pyrocrack4 - 2 要低一些。此种构型炉管同样可较好地裂解重质原料和气体原料。为了充分实现“高温、短停留时间、低烃分压”的目标，林德公司推出了两程高选择性炉管 Pyrocrack1 - 1 型(LSCC1 - 1)。该种构型的炉管第 1 程为 2 根内径 43mm 的炉管，第 2 程为 1 根内径 62mm 的炉管，炉管总长约 17 ~ 19m，停留时间约 0.15 ~ 0.20s。此种炉管比较适合液体原料的裂解。由于 Pyrocrack 1 - 1 型辐射盘管管长进一步缩短，停留时间缩短到 0.2s 以内，其裂解选择性明显得到改善。

④ 国产炉

a. CBL 型裂解炉　目前用于裂解液体原料设计的炉管类型有 2 - 1 型、改进 2 - 1 型及 4 - 1 型等高选择性两程炉管。一程采用小直径炉管快速升温；二程采用较大直径炉管，以利于降低烃分压。技术人员可根据不同裂解原料和能力要求，选用相应的炉管构型。

无论 2 - 1 型、改进 2 - 1 型，还是 4 - 1 型炉管，均有较大的比表面积，特别是第一程炉管的比表面积达 75 ~ 95m^2/m^3，加快了物料在入口端的升温速度，提高了炉管前端的管壁温度，缩小了整个炉管的管壁温差，能够有效利用整体炉管。其中 2 - 1 型、改进 2 - 1 型炉管可配置线性或 U 形急冷锅炉。这几种高选择性炉管均很好地体现了高温、短停留时间、低烃分压的特点，炉管构型参数选择符合世界裂解技术发展趋势，其选择性相近，均具有良好的裂解选择性和适宜的运行周期。可采用一级或二级急冷，对轻质油采用一次注入稀释蒸汽，对重质油采用二次注入稀释蒸汽，底部和侧部联合供热，通常底部占 60%，热效率可达 93% ~ 94%，采用变频调速引风机。

用于裂解气体原料设计的炉管类型采用停留时间适中的四程炉管(2－1－1－1)，其停留时间可根据实际情况在0.4～0.8s之间。设计的主要出发点为1组2－1－1－1型炉管与1台线性急冷锅炉相连接，急冷方式可以是线性或U形急冷锅炉，采用二级或者三级急冷。在原料适应性方面，CBL裂解技术已涵盖气体原料到加氢裂化尾油，裂解炉能力从20kt/a到100kt/a。

b. SL－Ⅰ/Ⅱ型裂解炉 SL－Ⅰ/Ⅱ型裂解炉作为当今世界上最先进的炉型之一，它具有生产能力大、裂解选择性好、产品收率高、能耗低等特点。

SL－Ⅰ/Ⅱ型裂解炉对流段包括上部原料进料预热盘管、锅炉给水预热盘管、下部原料进料预热盘管、上部混合物料预热盘管、蒸汽过热盘管、稀释蒸汽过热盘管、下部混合物料预热盘管，其中蒸汽过热盘管分为上部蒸汽过热盘管、中部蒸汽过热盘管和下部蒸汽过热盘管。SL－Ⅱ型重质油炉为防止重质原料在对流段结焦，在上部原料混合预热盘管出口和下部混合物料预热盘管进口之间设有喷嘴混合器，一次稀释蒸汽注入到下部原料进料预热盘管后，再进入上部混合物料预热盘管，二次稀释蒸汽在稀释蒸汽过热盘管中过热，进入喷嘴混合器。轻质油炉因不需处理可能在对流段结焦的裂解原料而没有安装喷嘴混合器，全部的稀释蒸汽一次注入到下部原料预热出口，然后一起进入上部混合预热盘管。

辐射段炉管垂直布置在辐射室的中央，接受高温火焰的双面辐射。每台炉有六组进料管，SL－Ⅰ型炉辐射段共有24组“4－2”炉管，每组炉管包括8个2－1炉管结构。SL－Ⅱ型辐射段共有24组“4－1”炉管，每组炉管构型为“16－4”，均为两程异径分支管。每组炉管有4根出口管进入废热锅炉。每台炉辐射段第一程入口管上均安装一个文丘里喉管，它的作用是使通过第一程的16根炉管流量能均匀分布，以解决各炉管之间的由于结焦状况差异阻力降不同而造成流量分布不均的问题。采用吊架结构，以消除热应力，减少炉管变形，延长使用寿命。辐射段炉管采用Lummus炉管，其压降低、反应停留时间短。

SL－Ⅰ/Ⅱ型裂解炉采用的废热锅炉TLE为“浴缸”式立式换热器，它集中了双套管换热器和管壳式换热器的最佳特点，其入口封头呈浴缸形，换热管布置为椭圆形。TLE入口封头有四个管嘴，分别与对应的一根辐射段炉管相连接，高温裂解气进入下部浴缸式的腔体内向上流。由于该TLE使用了大直径的管子并且在入口区消除了管板后的涡流，裂解气在TLE中的相对停留时间大大降低且其压降很小，大大降低了结焦的速率，因而TLE预期的清焦周期要比传统的TLE长得多。

SL－Ⅰ/Ⅱ型裂解炉的燃烧器分为炉膛底部燃烧器和炉膛侧壁燃烧器，每台炉共有36个底部燃烧器和48个侧壁燃烧器，底部烧嘴在炉管两侧对称排列，每排18个；侧壁烧嘴在炉墙两侧，每侧两排，每排12个。正常运行时炉膛底部燃烧器提供大约85%的热负荷，其余的15%热负荷则由炉膛侧壁燃烧器提供，这种组合优化了炉膛底部至拱顶的辐射热通量分布，确保炉内温度场分布均匀。

(3) 非管式裂解炉 在烃类热裂解中，除了管式裂解炉外，还有非管式裂解炉，如蓄热式炉、沙子炉等，由于目前在乙烯生产中几乎都不应用，此处就不作介绍了。

二、裂解产物急冷、热量回收及炉管结焦与清焦

1. 裂解产物急冷

裂解炉出口的高温裂解产物在出口高温条件下将继续进行裂解反应，由于停留时间的增

长，二次反应加剧，结焦严重，烯烃损失随之增多。为此，需要将裂解炉出口高温裂解产物尽快冷却，通过急冷以终止其裂解反应。当裂解产物温度降至650℃以下时裂解反应基本终止。急冷可分为间接急冷和直接急冷。

(1) 间接急冷　裂解炉出来的高温裂解产物温度在800～900℃左右，在急冷降温过程中要释放出大量热，是一个可以利用的热源，为此可用换热器进行间接急冷，回收这部分热量发生蒸汽，以提高裂解炉的热效率，降低产品成本。用于此目的的换热器称为急冷换热器。急冷换热器与汽包所构成的发生蒸汽的系统称为急冷(废热)锅炉(也有直接将急冷换热器称做急冷锅炉的)。使用急冷锅炉的主要目的是终止裂解反应(二次反应)和回收废热。

(2) 直接急冷　直接急冷的方法是在高温裂解产物中直接喷入冷却介质，冷却介质被高温裂解产物加热而部分汽化，由此吸收裂解产物所携带的热量，使高温裂解产物迅速冷却。根据冷却介质的不同，直接急冷可分为水直接急冷和油直接急冷。

(3) 急冷方式的对比　裂解产物直接急冷设备费用少，操作简单，系统阻力小，由于是冷却介质直接与裂解产物接触，传热效果较好，急冷效果好，但形成大量含油污水，油水分离困难，且难以回收利用裂解产物的热量；而间接急冷对能量利用较合理，可回收裂解产物被急冷时所释放的热量，经济性较好，且无污水产生，故工业上多用间接急冷。

2. 急冷换热器(急冷锅炉)

一般对急冷锅炉的要求是结焦少，能长期连续运转；可回收超高压蒸汽，热效率高；结构简单，稳定性好；投资低。目前世界上采用的急冷锅炉形式很多，简单介绍如下。

(1) 斯密特(Schmidt)急冷锅炉　斯密特急冷锅炉是一个双套管换热器，又称SHG型废热锅炉。它的特点是以椭圆形直排集流管代替管板，避免了高温条件下使用厚管板和厚壁容器的问题。

由于斯密特急冷锅炉属于刚性结构，不能承受过大的温差应力，因此，不能在停锅炉给水的情况下烧焦。

斯密特急冷锅炉除广泛用于一级急冷锅炉外，也常用于第二级急冷锅炉。鲁姆斯公司早期采用TLX一级急冷的方法，采用斯密特型急冷锅炉。20世纪70年代的斯密特型急冷锅炉就年产300kt的乙烯装置而言，每台采用126根双套管组成的列管。最新型的斯密特型急冷锅炉，列管数减少，套管的管径增大，锅炉套管数为104根，这种新型锅炉可延长清焦周期。

(2) Borsig型(薄管板型)急冷锅炉　Borsig型急冷锅炉的结构与一般管式换热器相似，由管板、壳体、薄管板等组成。其特点是高温裂解气进口处的管板被设计成薄而断面系数较大的栅板，管板厚度只有15～20mm。薄管板结构避免了厚管板在高温下容易造成管子和管板结合处损坏的问题，但制造难度较大，裂解气出口处仍采用一般厚管板，壳体须承受高压，因此制造成本较高。

(3) M－TLX型(三菱型)急冷锅炉　M－TLX型(三菱型)急冷锅炉是在双套管的基础上，由三菱重工和三菱油化联合开发的。它是立式管壳式换热器，由壳体、汽包螺旋状冷却管、双套管和气体进出口通道等部件组成。

由于冷却高温裂解产物的内管是通过套管穿入和穿出高压汽包筒体连接的，容易造成因过热而损坏的问题。同时由于内管在汽包筒体内呈螺旋形排列，所以能吸收相当大的温差应力，这就可在裂解炉炉管烧焦的同时进行急冷锅炉的烧焦。

（4）USX 型急冷锅炉　USX 型急冷锅炉是 S. W 公司针对 USC 型裂解炉的特点开发的两段急冷锅炉，第一段为立式双套管急冷器（称 USX），第二段为卧式列管换热器（称为 TLX）。

采用两级急冷锅炉是为解决裂解炉辐射段炉管的短停留时间与裂解气在急冷锅炉入口处停留时间长的矛盾。采用两级急冷锅炉的出发点是用一台单管急冷锅炉与辐射段炉管出口相连接，尽可能缩短连接长度，同时避开管壳式换热器入口封头处由于气流的返混而造成的停留时间长的问题。这样大大缩短了裂解气在高温区的停留时间减少了二次反应，改善了裂解的选择性。一般用一级急冷锅炉将裂解气冷却至 600～650℃左右再送入第二级急冷锅炉冷却至规定要求的温度。

急冷换热器是裂解气和 8.7～12MPa 下的高压水经列管式换热器间接换热使裂解气骤冷的重要设备，它使裂解气在极短的时间 0.01～0.1s 内，温度由约 800～900℃下降到露点左右。急冷换热器的运转周期应不低于裂解炉的运转周期，为减少结焦发生应采取如下措施：一是增大裂解气在急冷换热器中的线速度，以避免返混而使停留时间拉长造成二次反应；二是必须控制急冷换热器出口温度，要求裂解气在急冷换热器中冷却温度不低于其露点。如果冷到露点以下，裂解气中较重组分就要冷凝下来，在急冷换热器管壁上形成缓慢流动的液膜，既影响传热又因停留时间过长发生二次反应而结焦。

裂解原料的氢含量的高低，决定了裂解气露点的高低。对于体积平均沸点在 130～400℃的裂解原料油，其出口温度可按下列经验公式计算。

$$T_{出} = 0.56T_B + \alpha \tag{4-31}$$

$$T_B = (T_{10} + T_{30} + T_{50} + T_{70} + T_{90})/5 \tag{4-32}$$

式中　$T_{出}$——裂解气在急冷换热器的出口温度，一般在 450～600℃范围内，℃；

α——其数值在 340～420℃范围内变动，因裂解深度而异，裂解深度较深时 α 取较大值；

T_B——裂解原料的体积平均沸点，℃；

T_{10}、T_{30}、T_{50}、T_{70}、T_{90}——分别表示馏出液体积分数为 10%、30%、50%、70%、90% 时的馏出温度，℃。

式(4-31)的关系可用图 4-11 表示。

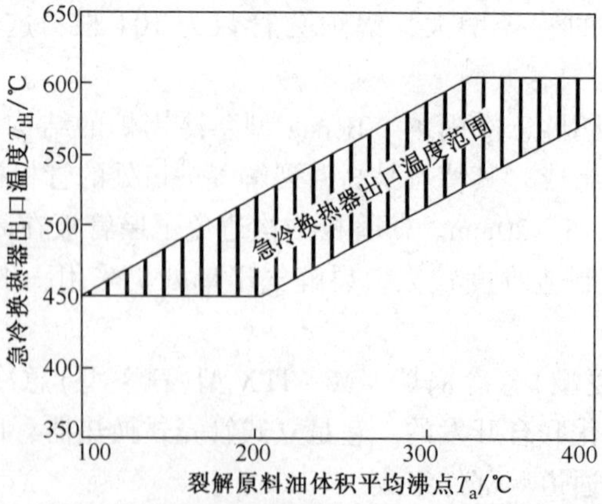

图 4-11　急冷换热器出口温度与原料体积平均沸点的关系

图 4-11 中画有斜线的部分是急冷换热器出口温度范围，此带有一定宽度，是表示不同裂解深度的影响，即式(4-31)中 a 值大小的影响。

裂解气在急冷换热器运转初期的出口温度原则上应与裂解气露点温度相适应，因此急冷换热器设计的初期出口温度随裂解原料的不同而有一定差别，相应急冷换热器终期出口温度也将因裂解原料不同而不同，从副产蒸汽回收量减少的程度和急冷换热器出口管耐热的限制考虑，通常将急冷换热器终期出口温度限定为轻烃油 380～420℃；石脑油 400～450℃；轻柴油 480～560℃；减压柴油 600～650℃。

3. 裂解炉和急冷换热器的结焦与清焦

(1) 裂解炉和急冷换热器结焦的判剧　管式裂解炉辐射盘管和急冷换热器换热管在运转过程中会有焦垢生成，必须定期进行清焦。对管式裂解炉而言，如下任一情况出现均应停止进料，进行清焦：

① 裂解炉辐射盘管管壁温度超过设计规定值；

② 裂解炉辐射段入口压力增加值超过设计值。

此外，如燃料用量增加、裂解炉出口乙烯收率下降、裂解炉出口温度下降、裂解炉炉管局部过热(外表面颜色不均匀)等，也可作为炉管结焦的判据。

对于急冷换热器而言，如下任一情况出现均应对急冷换热器进行清焦：

① 急冷换热器出口温度超过设计值；

② 急冷换热器进出口压差超过设计值。

(2) 裂解炉、急冷换热器结焦的危害和清焦的方法　前已叙及裂解炉炉管和急冷换热器内管一旦结焦，轻者影响传质、传热、增加流动阻力，重者造成阻塞、停工、停产，影响操作周期，所以当焦垢结到一定程度必须进行清焦。

裂解炉炉管和急冷换热器内管的焦垢均可用蒸汽清焦法、空气烧焦法或蒸汽－空气清焦法进行清理。这些清焦方法的原理是利用蒸汽或空气中的氧与焦垢反应而达到清焦的目的，如下反应方程所示。

$$C + O_2 \longrightarrow CO_2 + Q$$
$$2C + O_2 \longrightarrow 2CO + Q$$
$$C + H_2O \longrightarrow CO + H_2 - Q$$

清焦的方式有烧焦、水力清焦和机械清焦。蒸汽－空气清焦法是在裂解炉停止烃进料后，通入空气进行清焦，通过对炉出口气分析，逐步加大空气量，当出口干气中 $CO + CO_2$ 含量低于 0.2%～0.5%(体积)后，清焦结束。

近来，越来越多的乙烯工厂采用空气烧焦法。此法除在蒸汽－空气烧焦法的基础上提高烧焦空气量和炉出口温度外，逐步将稀释蒸汽量降为零，主要烧焦过程为纯空气烧焦。此法不仅可以进一步改善裂解炉辐射管清焦效果，而且可使急冷换热器在保持锅炉给水的操作条件下获得明显的在线清焦效果。采用这种空气清焦方法，可以使急冷换热器水力清焦或机械清焦的周期延长到半年以上。

(3) 抑焦技术与方法　为了延缓炉管内结焦，延长裂解炉运转周期，可以采用不同的抑焦技术和方法。

其中最常用的抑焦技术有改变工艺条件、加氢热裂解、原料预处理、炉管表面预处理、混合烃裂解、加结焦抑制剂等，而其中应用最广泛的是加入结焦抑制剂。结焦抑制剂的主要作用是钝化金属表面、改变自由基历程、催化水煤气反应、改变焦的形态等。

工程上常用的结焦抑制剂的种类是含硫、含磷、含硅、含氮等的化合物。

三、裂解产物的预分馏

1. 裂解产物预分馏的目的与任务

裂解炉出口的高温裂解产物经急冷换热器的冷却，再经油急冷器进一步冷却后，温度可以降到200～300℃之间。将急冷后的裂解气进一步冷却至常温，并在冷却过程中分馏出裂解产物中的重组分(如燃料油、裂解汽油、水分)，这个环节称为裂解产物的预分馏。经预分馏处理后得到的裂解气再送至裂解气压缩与净化过程，最后进行深冷分离。显然，裂解产物的预分馏过程在乙烯装置中起着十分重要的作用，具体如下：

① 经预分馏处理，尽可能降低裂解气的温度，从而保证裂解气压缩机的正常运转，并降低裂解气压缩机的功耗；

② 裂解产物经预分馏处理，尽可能分馏出裂解产物中的重组分，减少进入压缩分离系统的进料负荷；

③ 在裂解产物的预分馏过程中将裂解产物中的稀释蒸汽以冷凝水的形式分离回收，用以发生稀释蒸汽，从而大大减少污水排放量；

④ 在裂解产物的预分馏过程中继续回收裂解产物低能位热量。通常，可由急冷油回收的热量发生稀释蒸汽，由急冷水回收的热量进行分离系统的工艺加热。

2. 预分馏工艺流程描述与工艺参数分析

(1) 预分馏工艺流程概述　裂解原料油入裂解炉后，经过高温裂解，裂解产物从裂解炉顶排出，入急冷换热器回收热量后，再进急冷器用急冷油喷淋降温至220～300℃左右。冷却后的裂解产物进入油洗塔(汽油分馏塔)，塔顶用裂解汽油喷淋，塔顶温度控制在105～109℃之间，保证裂解气中的水分从塔顶出油洗塔。塔釜温度则随裂解原料的不同而控制在不同水平，以石脑油为裂解原料时，塔釜温度控制在175～190℃；以柴油为裂解原料时，一般控制在195～210℃。塔釜所得燃料油产品，一部分作为作为稀释蒸汽的热源，回收裂解气的热量。经稀释蒸汽发生系统冷却的急冷油，大部分送急冷器以喷淋高温裂解产物，少部分急冷油进一步冷却后作为油洗塔中段回流，Lummus公司裂解产物预分馏流程示意见图4-12。

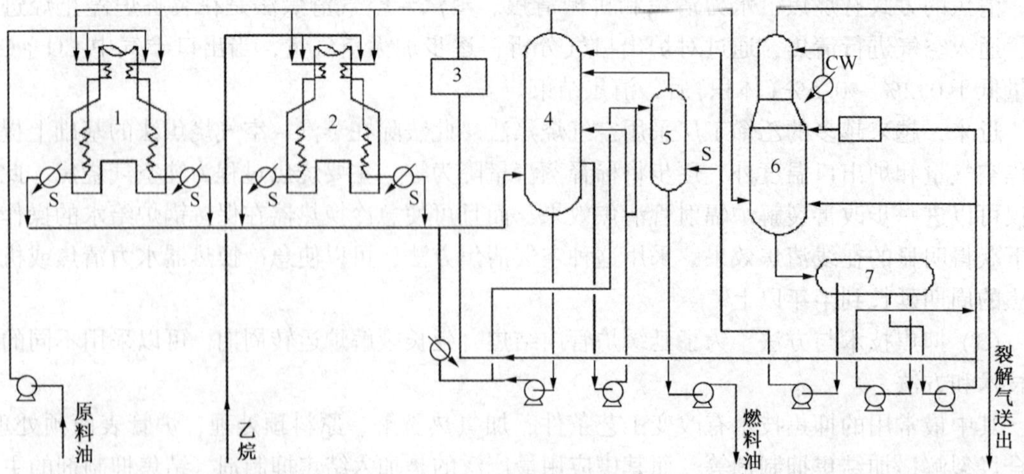

图4-12　Lummus公司裂解产物预分馏流程示意图

1—石脑油裂解炉；2—乙烷裂解炉；3—蒸汽发生器；4—油洗塔；
5—燃料油汽提塔；6—水洗塔；7—油水沉降槽

油洗塔塔顶气体进入水洗塔，塔顶用急冷水喷淋并控制在40℃左右，塔顶得到的裂解气送入裂解气压缩机。塔釜80℃左右，可分馏出裂解产物中大部分水分和裂解汽油。塔釜油水混合物经油水沉降槽油水分离，分离出的水（称为急冷水）经冷却后送入水洗塔作为塔顶喷淋，另一部分则送至稀释蒸汽发生器发生蒸汽，供裂解炉使用。油水分离所得裂解汽油馏分，部分送至油洗塔作为塔顶喷淋，另一部分则作为产品采出。

(2) 预分馏系统工艺参数分析　预分馏系统的重要工艺参数包括汽油分馏塔顶温度、急冷油温度、急冷水塔顶、釜温度等。

① 汽油分馏塔顶温度　汽油分馏塔塔顶温度控制着塔顶出口物料的组成，一般应控制在105～109℃，最高不超过120℃，最低不小于100℃。超过120℃后，裂解轻质油混入裂解汽油中，会增加急冷水塔的热负荷，油水沉降分离效果变差，裂解汽油干点提高，不利于后续装置的操作；而且汽油分馏塔侧线采出及塔釜循环急冷油变重，黏度增大，给急冷油循环泵的操作带来困难。低于100℃，水蒸气就可能冷凝下来，可能使塔釜急冷油乳化，塔釜温度明显降低，造成急冷油循环泵抽空，最终可能使裂解炉不能正常操作或全面停车。汽油分馏塔塔釜温度控制着裂解重质油质量和循环急冷油的黏度。

② 急冷油黏度　急冷油黏度与裂解原料性质、裂解深度、装置实际生产负荷和汽油分馏塔塔釜温度等有关。正常生产时，急冷油黏度一般控制在$5\times10^{-4}m^2/s$以下（50℃），以确保急冷油的正常循环。在其他因素固定的条件下，汽油分馏塔塔釜温度反映了急冷油的组成，温度越高，表明其塔釜组成越重，干点和密度越高。也就是说，急冷油黏度与塔釜温度直接相关。以石脑油为裂解原料时，塔釜温度控制在175～190℃；以柴油为裂解原料时，一般控制在195～210℃。塔釜温度越低，急冷油黏度越小，侧线采出将夹带裂解汽油，其产品闪点降低，急冷油循环泵功耗降低，但稀释蒸汽的发生量将明显减少，以致必须补入更多的中压蒸汽至稀释蒸汽系统。塔釜温度越高，分馏塔侧线采出将变重，急冷油黏度变大，用于直接冷却的急冷油量将减少，进入分馏塔的裂解气温度会更高，形成恶性循环，甚至维持不了急冷油循环。

③ 急冷水塔顶、釜温度　急冷水塔塔顶温度控制着塔顶出口裂解气组成，一般应控制在40℃以下。急冷水塔塔顶温度高于40℃，塔顶裂解气将夹带大量水蒸气和裂解重质汽油，给压缩系统操作带来困难，并增加压缩机内结垢的可能性，还会给后续分离系统裂解气干燥增加干燥负荷。

急冷水塔塔釜温度应控制在80～85℃，因为循环急冷水回收了低能级的热量，可供装置多台换热器使用。温度太低，可能会因急冷水加热裂解气温度不够高而影响后续脱除酸性气体过程、丙烯精馏塔塔釜温度等。塔釜温度太高，在夏季和高负荷生产时，可能造成急冷水塔塔顶温度升高，且由于回流汽油温度升高，使汽油分馏塔顶温升高，构成恶性循环。

3. 裂解汽油与裂解燃料油

(1) 裂解汽油　烃类裂解副产的裂解汽油包括C_5至沸点204℃以下的所有裂解副产物。裂解汽油经一段加氢可作为高辛烷值汽油组分。如需经芳烃抽提分离芳烃产品，则应进行两段加氢，脱出其中的硫、氮，并使烯烃全部饱和。也可以将裂解汽油全部进行加氢，加氢后分为加氢C_5馏分、$C_6\sim C_8$中心馏分、$C_9\sim204$℃馏分。此时，加氢C_5馏分可返回循环裂解，$C_6\sim C_8$中心馏分则是芳烃抽提的原料，C_9馏分可作为歧化生产芳烃的原料。也可以将裂解

汽油先分为 C_5 馏分、C_9 馏分、$C_6 \sim C_8$ 中心馏分，然后仅对 $C_6 \sim C_8$ 中心馏分进行加氢处理，由此，可使加氢处理量减少。裂解汽油的组成与原料油性质和裂解条件有关，表 4-18 列出了几种典型的裂解汽油组成。裂解汽油加氢工艺流程如图 4-13 所示。

表 4-18　几种典型的裂解汽油组成

裂解原料	大庆油			胜利油		
	石脑油	轻柴油	石脑油	加氢焦化汽油	轻柴油	减压柴油
裂解汽油收率/%	15.67	17.80	24.6	19.4	18.30	18.80
裂解汽油组成/%						
C_5 及轻组分	25.51	18.61	15.45	14.72	14.21	15.96
$C_6 \sim C_8$ 非芳烃	9.78	6.29	29.88	10.05	11.21	11.70
苯	37.75	30.93	19.11	32.73	33.33	29.78
甲苯	14.85	18.34	13.41	18.81	18.58	18.62
二甲苯和乙苯	2.92	6.57	9.15	7.3	8.20	9.04
苯乙烯	3.55	4.21	2.85	3.7	2.73	2.66
$C_6 \sim 204℃$	5.64	15.05	10.10	12.96	11.47	12.24
合计	100.00	100.00	100.00	100.00	100.00	100.00

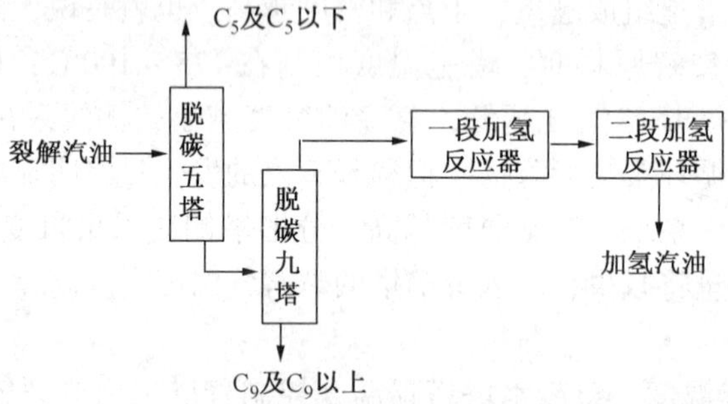

图 4-13　裂解汽油加氢工艺流程示意图

（2）裂解燃料油　烃类裂解副产的裂解燃料油（乙烯焦油）是指沸点在 200℃以上的重组分。其中沸程在 200～360℃的馏分称为裂解轻质燃料油，相当于柴油馏分，但大部分为杂环芳烃，其中烷基萘含量较高，可作为脱烷基制萘的原料。沸程在 360℃以上的馏分称为裂解重质燃料油，相当于常压重油馏分。除作燃料外，由于裂解重质燃料油的灰分低，是生产碳黑的良好原料。

第五节　裂解气的净化

来自水洗塔顶的裂解气中含有 H_2S、CO_2、H_2O、C_2H_2、C_3H_4、CO 等气体杂质，这些杂质的含量虽不大，但对后续深冷分离过程是有害的。而且这些杂质不脱除，进入乙烯、丙烯产品，使产品达不到规定的标准，影响产品的质量与应用。尤其是生产聚合级乙烯、丙烯时，其杂质含量的控制是很严格的，为了达到产品所要求的规格，必须脱除这些杂质，对裂解气进行净化。这些杂质的主要来源大体上由原料中带来、裂解反应过程中生成、裂解气处理过程引入。

一、酸性气体的脱除

1. 酸性气体杂质的来源

裂解气中的酸性气体主要是 H_2S、CO_2 和其他气态硫化物，它们主要来自以下几个方面。

① 气体裂解原料带入的气体硫化物和 CO_2。

② 液体裂解原料中所含的硫化物如硫醇(RSH)、硫醚(RSR′)、噻吩(C_4H_4S)、二硫化物(RSSR′)等在高温下与氢和水蒸气反应生成 H_2S、CO_2。

$$RSH + H_2 \longrightarrow RH + H_2S$$

$$RSR' + 2H_2 \longrightarrow RH + R'H + H_2S$$

$$C_4H_4S + 4H_2 \longrightarrow C_4H_{10} + H_2S$$

$$RSSR' + 3H_2 \longrightarrow RH + R'H + 2H_2S$$

$$CS_2 + 2H_2 \longrightarrow C + 2H_2S$$

$$COS + H_2 \longrightarrow CO + H_2S$$

$$CS_2 + 2H_2O \longrightarrow CO_2 + 2H_2S$$

$$COS + H_2O \longrightarrow CO_2 + H_2S$$

③ 裂解原料烃和炉管中的结炭与水蒸气反应可生成 CO、CO_2。

$$C + H_2O \longrightarrow CO + H_2$$

$$CH_4 + 2H_2O \longrightarrow CO_2 + 4H_2$$

④ 当裂解原料中有氧混入时，氧与烃类反应生成 CO_2。

$$\text{烃} + O_2 \longrightarrow CO_2 + H_2O$$

2. 酸性气体的危害

裂解气中含有的酸性气体对裂解气分离装置以及乙烯和丙烯衍生物加工装置都会有很大危害。CO_2 会在低温下结成干冰，造成深冷分离系统设备和管道堵塞。H_2S 将造成设备腐蚀；使加氢脱炔催化剂和甲烷化催化剂中毒；使干燥用的分子筛缩短寿命；对于下游加工装置而言，当氢气、乙烯、丙烯产品中的酸性气体含量不合格时，可使下游加工装置的聚合过程或催化反应过程的催化剂中毒，也可能严重影响产品质量。因此，在裂解气精馏分离之前，需将裂解气中的酸性气体脱除干净。

裂解气压缩机入口气体中的酸性气体含量约 0.2% ~0.4%(摩尔)，一般要求将裂解气中的 H_2S、CO_2 的含量分别脱除至 1×10^{-6}(摩尔)以下。

3. 酸性气体的脱除方法

(1) 碱洗法脱除酸性气体

① 反应原理　碱洗法是用 NaOH 为吸收剂，通过化学吸收使 NaOH 与裂解气中的酸性气体发生化学反应，以达到脱除酸性气体的目的。其反应如下：

$$CO_2 + 2NaOH \longrightarrow Na_2CO_3 + H_2O$$

$$H_2S + 2NaOH \longrightarrow Na_2S + 2H_2O$$

上述两个反应的化学平衡常数很大，在平衡产物中 H_2S、CO_2 的分压几乎可降到零，因此可使裂解气中的 H_2S、CO_2 的含量降到 1×10^{-6}(摩尔)以下。但是，由于反应不可逆，

NaOH 吸收剂不可再生循环使用。

目前，大多数乙烯装置经改造后均采用碱/水洗脱除酸性气体，碱/水洗系统由碱洗段和相应的水洗段组成，有三段碱洗流程，也有两段碱洗流程，这里以目前应用较广泛的三段碱洗为例，介绍碱/水洗系统的工艺流程。

② 工艺流程　图 4－14 为 Lummus 公司的三段碱洗工艺流程。碱洗塔包括三段碱循环和一个水洗段，来自裂解气压缩机三段出口的裂解气略经加热后，进入碱洗塔的底部，依次与弱碱、中强碱、强碱逆流接触，然后在塔上部的水洗段中进行水洗，脱除可能夹带的碱液，防止碱液带入压缩机机体内。脱酸性气体后的裂解气自塔顶引出进入裂解气压缩机，塔釜黄油和废碱的混合物送至废碱分离罐。在废碱分离罐内注入一定量的裂解汽油，使黄油溶解于裂解汽油，再经裂解汽油分离罐使废碱与裂解汽油分离，分离出的裂解汽油返回水冷塔，废碱液则送往废碱处理系统。此过程必须注意碱液与裂解汽油的分离，防止大量碱液进入水冷塔，造成冷水的乳化。

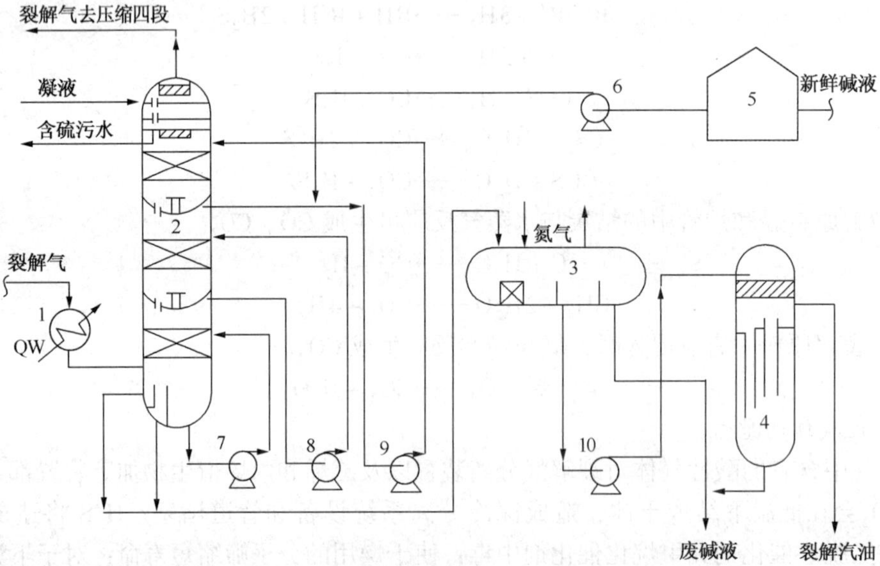

图 4－14　鲁姆斯三段碱洗工艺流程

1—预热器；2—碱洗塔；3—废碱分离罐；4—裂解汽油分离罐；
5—碱液槽；6—碱液补充泵；7、8、9—碱液循环泵；10—废碱液泵

即使是在常温操作条件下，在有碱液存在时，裂解气中的不饱和烃仍会发生聚合，生成的聚合物将聚集于塔釜。这些聚合物为液体，但与空气接触易形成黄色固态，通常称为黄油。黄油的生成可能造成碱洗塔釜和废碱罐的堵塞，而且也对废碱液的处理造成麻烦。由于黄油可溶于富含芳烃的裂解汽油，因此，常常采用注入裂解汽油的方法来分离碱液池中的黄油。一般认为，碱洗系统黄油生成的原因有两个：一是裂解气在碱洗过程中冷凝或溶解在碱液中的双烯烃或其他不饱和烃在痕量氧气、金属离子的作用下易形成自由基，为交联聚合物的形成提供引发条件，最终生成黄油；另一个原因是裂解气中的醛或酮在碱的作用下，α 位碳原子上的活泼氢原子会发生加成反应，生成 β－羟基醛，再进一步加成至一定相对分子质量的聚合物，即黄油。

碱洗塔的补碱由新鲜碱罐经碱液补充泵直接补入，新鲜碱浓度一般控制在 20% ~30%

左右。常用的碱洗方法有常规碱洗法和“长尾曹达”碱洗法(中和生成酸式盐，碱用量几乎少一半)，“长尾曹达”碱洗法是为了提高碱液利用率而对常规碱洗法的改进。碱洗塔装置在正常开车时可按常规碱洗法操作，以后逐步过渡到长尾曹达法。“长尾曹达”法的工艺流程为：全塔分为四段，一段为水洗段(泡罩板)，其他三段为碱洗段。新鲜碱液补入一段碱洗，在常规碱洗操作时，一段碱洗循环液 NaOH 浓度控制在 15% 左右，二段和三段循环液则分别控制在 5% ~7% 和 2% ~3%。按长尾曹达法工艺过程控制时，一段循环碱浓度控制在8% ~10%，二段循环碱浓度控制在 3% ~5%，三段循环液碱浓度为零，循环液中无游离碱。相应，采用长尾曹达法碱洗的废碱液与常规碱洗的废碱液完全不同。

③ 碱洗塔操作条件。

a. 温度　温度升高，裂解气中酸性气体平衡分压增加，脱除不净；温度降低，反应速度降低，碱液黏度增加，且生成的盐在废碱中的溶解度下降，流动阻力增加，结晶造成阻塞，操作费用增加，故选常温(30 ~40℃)。

b. 压力　压力升高，裂解气中酸性气体分压增加，溶解度增加，脱除彻底；但压力太高，设备材质要求升高，能耗增加，会有部分重组分脱除，且生成的盐在废碱中的溶解度下降，结晶造成阻塞，故选中压(约 1MPa 左右)。

c. 碱液浓度　碱液浓度太小酸性气体脱除不净，太高浪费且碱液黏度增加，生成的盐在废碱中的溶解度下降，结晶造成阻塞，故选 15% ~20% 左右。

(2) 乙醇胺法脱除酸性气体

用乙醇胺做吸收剂除去裂解气中的 H_2S、CO_2是一种物理吸收和化学吸收相结合的方法，所用的吸收剂主要是一乙醇胺(MEA)和二乙醇胺(DEA)。在使用过程中一般将这两种(或三种加三乙醇胺)乙醇胺混合物(不分离)配成 30% 左右的水溶液(乙醇胺溶液，因为乙醇胺中含有羟基官能团，溶于水)使用。

以一乙醇胺为例，在吸收过程中它能与 H_2S、CO_2发生如下反应：

$$2HOC_2H_4—NH_2 \underset{-H_2S}{\overset{H_2S}{\rightleftharpoons}} (HOC_2H_4—NH_3)_2S \underset{-H_2S}{\overset{H_2S}{\rightleftharpoons}} 2HOC_2H_4NH_3HS$$

$$2HOC_2H_4—NH_2 \underset{-CO_2+H_2O}{\overset{CO_2+H_2O}{\rightleftharpoons}} (HOC_2H_4NH_3)_2CO_3$$

$$(HOC_2H_4NH_3)_2CO_3 \underset{-CO_2+H_2O}{\overset{CO_2+H_2O}{\rightleftharpoons}} 2HOC_2H_4NH_3HCO_3$$

$$2HOC_2H_4—NH_2 + CO_2 \rightleftharpoons HOC_2H_4—NHCOONH_3—C_2H_4OH$$

以上反应是可逆反应，在温度低、压力高时，反应向右进行，并放热；在温度高、压力低时反应向左进行，并吸热。因此，在常温加压条件下进行吸收，吸收液在低压下加热，释放出 H_2S、CO_2，得以再生，重复使用。

图 4 –15 是 Lummus 公司采用的乙醇胺法脱酸性气的工艺流程。乙醇胺加热至 45℃后送入吸收塔的顶部，裂解气中的酸性气体大部分被乙醇胺溶液吸收后，送入碱洗塔进一步净化。吸收了 H_2S、CO_2的富液，由吸收塔釜采出，在富液中注入少量洗油(裂解汽油)以溶解富液中重质烃及聚合物(黄油)。富液和洗油经分离器分离洗油后，送到汽提塔进行解吸。汽提塔中解吸出的酸性气体经塔顶冷却并回收凝液后放空。解吸后的贫液再返回吸收塔进行吸收。

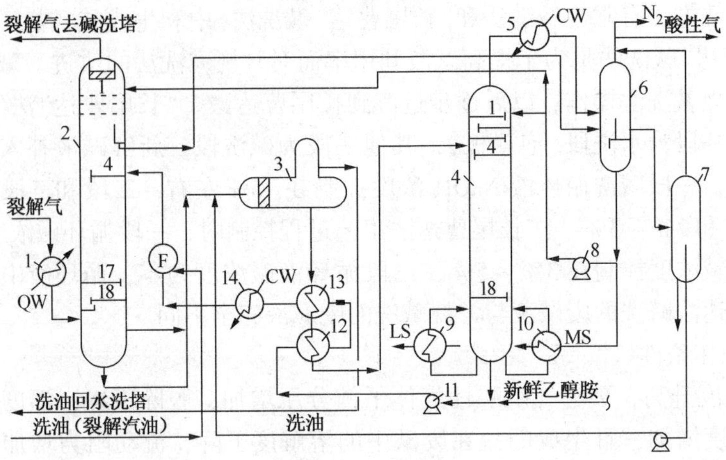

图4－15　Lummus公司乙醇胺法脱酸性气工艺流程

1—加热器；2—吸收塔；3—汽油、胺分离器；4—汽提塔；5、14—冷却器；6、7—分离器；8—回流泵；9、10—再沸器；11—胺液泵；12、13—换热器

(3) 醇胺法与碱洗法的对比

醇胺法与碱洗法相比，其主要优点是吸收剂可再生循环使用，当酸性气体含量较高时，从吸收液的消耗和废水处理量来看，醇胺法明显优于碱洗法。

① 醇胺法中乙醇胺对酸性气杂质的吸收不如碱洗法中碱吸收彻底，一般醇胺法处理后裂解气中酸性气体积分数仍达$(30\sim50)\times10^{-6}$，尚需再用碱洗法进一步脱除，使H_2S、CO_2体积分数均低于1×10^{-6}，以满足生产要求；

② 醇胺虽可再生循环使用，但由于挥发和降解，仍有一定损耗。由于醇胺与羰基硫、二硫化碳反应是不可逆的，当这些硫化物含量高时，吸收剂损失会很大；

③ 醇胺水溶液呈碱性，但当有大量酸性气体存在时，溶液pH值会急剧下降，从而对碳钢设备产生腐蚀。尤其在酸性气浓度高而且温度也高的部位（如换热器、汽提塔及再沸器）腐蚀更为严重。因此，醇胺法对设备材质要求高，投资相应较大；

④ 醇胺溶液可吸收丁二烯和其他双烯烃，吸收双烯烃的吸收剂在高温下再生时易生成聚合物，由此既可能造成系统结垢，又损失了丁二烯等。

因此，一般情况下乙烯装置均采用碱洗法脱除裂解气中的酸性气体，只有当酸性气体含量较高（例如裂解原料中硫体积分数超过0.2%）时，为减少碱耗量以降低生产成本，可考虑采用醇胺法预脱裂解气中的酸性气体，但仍需要碱洗法进一步作精细脱除。

二、水的脱除

1. 水的来源

裂解气中的水分主要来自裂解过程中的稀释剂、水洗过程、脱酸性气体过程。

2. 水的危害

裂解气经预分馏处理后进入裂解气压缩机，在压缩机入口裂解气中的水分为入口温度和压力条件下的饱和水含量。在裂解气压缩过程中，随着压力的升高，可在段间冷凝过程中分离出一部分水分。通常裂解气压缩机出口压力约3.5～3.7MPa，经冷却至15℃左右即送入低温分离系统，此时，裂解气中饱和水含量约$(600\sim700)\times10^{-6}$（质量分数）。

这些水分带入低温分离系统会造成设备和管道的堵塞，除水分在低温下结冰造成冻堵外，在加压和低温条件下，水分尚可与低级烃类生成白色结晶的水合物，如 $CH_4 \cdot 6H_2O$、$C_2H_6 \cdot 7H_2O$、$C_3H_8 \cdot 8H_2O$ 等。这些水合物也会在设备和管道内积累而造成堵塞现象，因而需要进行干燥脱水处理。为避免低温系统冻堵，通常要求将裂解气中水含量降至 1×10^{-6}（质量分数）下，即进入低温分离系统的裂解气露点在 -70℃以下。

3. 水的脱除方法

裂解气中的水含量不高，但要求脱水后物料的干燥度很高，因而，均采用固体吸附法进行干燥。常用的干燥剂有硅胶、活性碳、活性氧化铝、分子筛等。

（1）分子筛的吸附规律　所谓分子筛一般是由氧化硅和氧化铝形成的多水化合物的结晶体，在使用时将其活化，脱去结合的水，使其形成均匀的孔隙，这些孔有筛分分子的能力，故称分子筛。由于氧化硅和氧化铝的摩尔比不同，形成了不同的分子筛，有 A 型、X 型、Y 型，每种又包括很多种，如 A 型有 3A、4A、5A 等，分子筛有以下几条吸附特性（规律）：

① 分子筛根据分子大小不同进行选择性吸附，如 4A 分子筛可吸附水、甲烷、乙烷分子，而 3A 分子筛只能吸附水、甲烷分子，不能吸附乙烷分子；

② 分子筛根据分子极性不同进行选择性吸附，由于分子筛是极性分子，优先吸附极性分子水（水是强极性分子）；

③ 分子筛根据分子的饱和程度不同进行选择性吸附，分子不饱和程度越大，越易被吸附，如分子筛吸附能力：乙炔 > 乙烯 > 乙烷；

④ 分子筛根据分子的沸点不同进行选择性吸附，一般沸点越高，越易被吸附。

（2）分子筛与活性氧化铝对比　分子筛是典型的平缓接近饱和值的郎格缪尔型等温吸附，在相对湿度达 20% 以上时，其平衡吸附量接近饱和值。但即使在很低的相对湿度下，仍有较大的吸附能力。而活性氧化铝的吸附容量随相对湿度变化很大，在相对湿度超过 60% 时，其吸附容量高于分子筛。随着相对湿度的降低，其吸附容量远低于分子筛。且在低于 100℃的范围内，分子筛吸附容量受温度的影响较小，而活性氧化铝的吸附量受温度的影响较大。

3A 分子筛是离子型极性吸附剂，对极性分子特别是水有极大的亲和性，易于吸附；而对 H_2、CH_4、C_3以上烃类均不易吸附。因而，用于裂解气和烃类干燥时，不仅烃的损失少，也可减少高温再生时形成聚合物或结焦而使吸附剂性能劣化。反之，活性氧化铝可吸附 C_4 不饱和烃，不仅造成 C_4烯烃损失，影响操作周期，而且再生时易生成聚合物或结焦而使吸附剂性能劣化。目前，裂解气干燥脱水均采用 3A 分子筛，一般设置两个干燥剂罐，轮流进行干燥和再生，经干燥后裂解气露点低于 -70℃。

（3）裂解气干燥及再生工艺过程　裂解气在分离过程中，除裂解气在进入低温系统之前要进行干燥外，还要对加氢后的 C_2 馏分、甲烷化后的氢气等进行干燥。这些干燥过程均采用填充床干燥器，其中一台进行脱水干燥，另一台再生或备用，湿气自上而下通过分子筛床层，干燥后的气体从干燥器底部送出。分子筛经过一段时间后会逐渐接近或达到平衡吸附量，这时就必须将干燥器切换并对其中分子筛进行再生。分子筛的再生直接关系到它的活性和使用寿命，分子筛的再生一般分为倒液、泄压、冷吹、升温、恒温和降温几个步骤。

图4-16为裂解气的干燥过程示意图。来自压缩单元的裂解气从上部进入裂解气干燥器，经3A分子筛干燥剂脱水干燥，控制裂解气出口水含量小于1mg/m^3(露点达-70℃)，裂解气脱水后从干燥器下部送往前冷脱甲烷系统，裂解气干燥器的吸附周期为24h。再生的干燥器利用高压甲烷进行脱水再生，热甲烷由超高压蒸汽(或高压蒸汽)加热到250℃，从裂解气干燥器底部进入，再生气从上部排出，经冷却器冷却后送往燃料气系统。

裂解气干燥工序设在压缩和深冷分离之间，压力越高，温度越低，越有利于干燥。因此，干燥工序的温度应以不生成水合物为原则，一旦系统被水合物冻堵，可用甲醇、乙醇或热甲烷解冻。

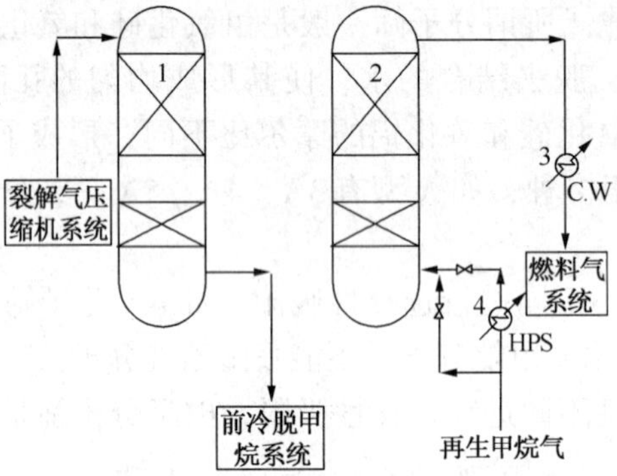

图4-16 裂解气的干燥过程示意图

1—运行的干燥器；2—再生的干燥器；3—冷却器；4—加热器

三、炔烃和CO的脱除

1. 炔烃和CO的来源

裂解气中的炔烃主要是裂解过程中生成的，CO主要是由生成的焦炭通过水煤气反应转化而成。裂解气中的乙炔将富集于C_2馏分中，甲基乙炔和丙二烯将富集于C_3馏分中。通常C_2馏分中乙炔的摩尔分数约为0.3%~1.2%，甲基乙炔和丙二烯在C_3馏分中的摩尔分数约为1%~5%。在Kellogg毫秒炉高温超短停留时间的裂解条件下，C_2馏分中乙炔摩尔分数可高达2%~2.5%，C_3馏分中的甲基乙炔和丙二烯的摩尔分数可达5%~7%。

2. 炔烃和CO的危害

乙烯和丙烯产品中所含炔烃会对乙烯和丙烯衍生物生产过程带来麻烦。它们可能影响催化剂寿命，恶化产品质量，使聚合过程复杂化，产生不希望的副产品，形成不安全因素，积累爆炸等，特别是生产高压聚乙烯、聚丙烯时，影响更为严重。因此，大多数乙烯和丙烯衍生物的生产均对原料乙烯和丙烯中的炔烃含量提出较严格的要求，通常，要求乙烯产品中的乙炔摩尔分数低于5×10^{-6}。而对丙烯产品而言，则要求甲基乙炔摩尔分数低于5×10^{-6}，丙二烯摩尔分数低于1×10^{-5}。CO会使加氢脱炔催化剂中毒，要求CO在乙烯产品中摩尔分数低于5×10^{-6}。

3. 炔烃和CO的脱除方法

(1)甲烷化法脱CO　在250~300℃、3MPa、Ni催化剂条件下，将氢气中的CO加氢转化成甲烷和水并放出大量的热。

$$CO + 3H_2 \longrightarrow CH_4 + H_2O + Q$$

该反应是放热、分子数减少的反应。从化学平衡看，降低温度、提高压力有利于反应的进行；从化学反应速度看，在较低的温度下，反应速度较慢。为了解决化学平衡与反应速度之间的矛盾，采用以镍为主的催化剂。

虽然甲烷化反应是放热反应，但是氢气中一氧化碳含量并不高，因此氢气的甲烷化反应大多采用单段床绝热式反应器。采用以镍为活性中心的催化剂，不仅能加快甲烷化反应，而且能加快不饱和烃的加氢反应，但必须严格控制氢气中的乙烯含量，否则会发生飞温现象。为防止飞温引起事故，甲烷化反应器大多设置了高温报警和超高温联锁停车控制。

在甲烷化反应器之后，设有冷却器、分离罐和氢气干燥器，用以降低氢气温度脱除反应中生成的水。由于汽油加氢工艺对水含量的要求不很严格，所以经过甲烷化反应后的一部分氢气可以不经干燥直接送往汽油加氢装置。而 C_2 加氢、C_3 加氢所用氢气都必须是经过干燥脱水的干氢，有些乙烯装置还向界区外输送干氢和湿氢产品，流程如图 4－17 所示。

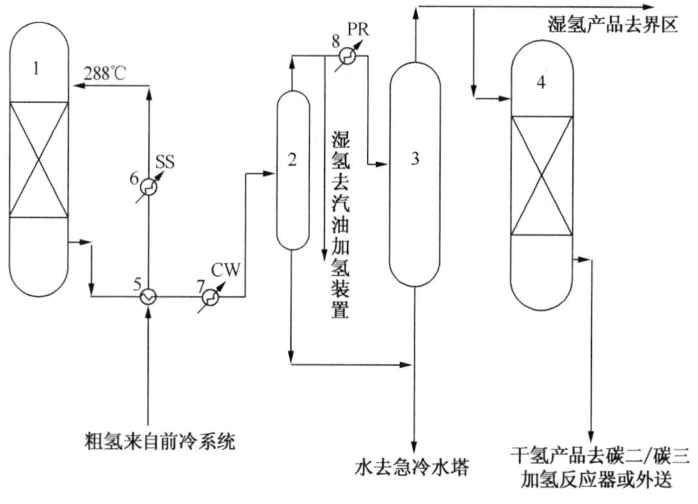

图 4－17　甲烷化反应系统工艺流程示意图

1—甲烷化反应器；2、3—分离罐；4—氢气干燥器；5、6、7、8—换热器

（2）催化加氢脱炔　乙烯生产中常采用脱除乙炔的方法是溶剂吸收法和催化加氢法。溶剂吸收法是使用溶剂吸收裂解气中的炔烃以达到净化的目的，同时也可回收一定量的炔烃。催化加氢法是将裂解气中的炔烃加氢成为相应的烯烃或烷烃，由此达到脱除炔烃的目的。溶剂吸收法和催化加氢法各有优缺点，目前，在不需要回收炔烃时，一般采用催化加氢法（特别是小规模的乙烯化工厂），当需要回收炔烃时（主要是规模较大的乙烯化工厂），则采用溶剂吸收法。实际生产装置中，同时建有回收炔烃的溶剂吸收系统和催化加氢脱炔系统，两个系统并联，根据实际情况灵活运用。

① 催化加氢脱炔原理　催化加氢法是在催化剂存在的条件下，将含乙炔的烃类气体进行选择加氢，把乙炔转化成乙烯和乙烷，从而达到脱除乙炔的目的。乙炔加氢反应如下：

$$C_2H_2 + H_2 \longrightarrow C_2H_4 + 175kJ$$

$$C_2H_2 + 2H_2 \longrightarrow C_2H_6 + 312kJ$$

$$C_2H_4 + H_2 \longrightarrow C_2H_6 + 137kJ$$

$$nC_2H_2 + mC_2H_4 \longrightarrow 低聚物（绿油）+ Q$$

乙炔加氢生成乙烯，既能脱除乙炔，又能增加乙烯，同时还不会给裂解系统带入新的杂质。如果发生其他反应则会造成乙烯损失，尤其是生成低聚物的反应还会影响催化剂的性能。另外，在乙炔加氢过程中，乙烯的含量总是远远大于乙炔的含量，这对乙炔加氢生成乙烯是不利的。因此，要通过选择合适的催化剂(催化剂的选择性)来解决这一矛盾，催化剂同时还要具备下列性质：

a. 对乙炔的吸附能力要远大于对乙烯的吸附能力；

b. 能使吸附的乙炔迅速发生加氢成乙烯的反应；

c. 生成乙烯的脱附速度远大于进一步加氢成乙烷的速度。

乙炔加氢转化为乙烯和乙炔加氢转化为乙烷的反应热力学数据见表4-19。根据化学平衡常数可以看出，乙炔加氢转化为乙烷的反应比乙炔加氢转化为乙烯的反应更容易。此外，实验表明当乙炔加氢转化为乙烯和乙烯加氢转化为乙烷的反应各自单独进行时，乙烯加氢转化为乙烷的反应速度比乙炔加氢转化为乙烯的反应速度快10~100倍。因此，在乙炔催化加氢过程中，催化剂的选择性将是影响加氢脱炔效果的重要指标。

表4-19 乙炔加氢反应的热效应和平衡常数

温度/K	反应热效应 ΔH/(kJ/mol)		化学平衡常数	
	$C_2H_2+H_2 \longrightarrow C_2H_4$	$C_2H_2+2H_2 \longrightarrow C_2H_6$	$C_2H_2+H_2 \longrightarrow C_2H_4$	$C_2H_2+2H_2 \longrightarrow C_2H_6$
300	-174.636	-311.711	3.37×10^{24}	1.19×10^{42}
400	-177.386	-316.325	7.63×10^{16}	2.65×10^{28}
500	-179.660	-320.227	1.65×10^{12}	1.31×10^{20}
600	-181.334	-323.267	1.19×10^{9}	3.31×10^{14}
700	-182.733	-325.595	6.5×10^{6}	3.10×10^{10}

对裂解气中的甲基乙炔和丙二烯进行催化选择性加氢时有类似的反应如下：

$$C_3H_4(\text{丙炔})+H_2 \longrightarrow C_3H_6+165\text{kJ}$$

$$C_3H_4(\text{丙二烯})+H_2 \longrightarrow C_3H_6+173\text{kJ}$$

$$C_3H_6+H_2 \longrightarrow C_3H_8+124\text{kJ}$$

$$nC_3H_4 \longrightarrow \text{低聚物(绿油)}+Q$$

从反应热力学来看，在C_3馏分中炔烃加氢转化为丙烯的反应比丙烯加氢转化为丙烷的反应更容易。因此，碳三炔烃加氢时比乙炔加氢更易获得较高的选择性。但是，随着温度的升高，丙烯加氢转化为丙烷的反应以及低聚物(绿油)生成的反应将加快，丙烯损失相应增加。

② 前加氢和后加氢　前加氢是在脱甲烷塔之前，利用裂解气中的氢对炔烃进行选择性加氢，以脱除其中炔烃，所以又称为自给加氢。后加氢是指在脱甲烷塔之后，将裂解气中C_2馏分和C_3馏分分开，再分别对C_2和C_3馏分进行催化加氢，以脱除乙炔、甲基乙炔和丙二烯。

前加氢与后加氢对比如下：

前加氢：设在脱甲烷塔前进行加氢脱炔，又叫自给加氢，加氢对象为裂解气全馏分，内含氢气，不需外加，流程简单，能量利用合理；但乙烯损失较大，不能保证丙炔和丙二烯脱净，且当催化剂性能较差时，副反应剧烈，选择性差，不仅造成乙烯和丙烯损失，严重时还会导致反应温度失控，床层飞温，威胁生产安全。

后加氢：设在脱甲烷塔后，将C_2、C_3分开分别进行加氢，需外加氢气，氢气可按需加入，加氢选择性好，催化剂寿命长，产品纯度高，乙烯几乎不损失，不易发生飞温的问题；但能量利用和流程布局均不如前加氢，需一套氢气净化和供给系统。

③ 加氢脱炔催化剂　目前用于炔烃加氢的催化剂，主要有钯系催化剂和非钯系催化剂，对于脱乙炔过程主要使用钯系催化剂。

前加氢催化剂分钯系和非钯系两类，用非钯催化剂脱炔时，对进料中杂质（硫、CO、重质烃）的含量限制不很严，但其反应温度高，加氢选择性不理想。加氢后残余乙炔一般高于110μg/g，乙烯损失达1%～3%。钯系催化剂对原料中杂质含量限制很严，通常要求硫含量低于5μg/g，钯系催化剂反应温度较低，乙烯损失可降至0.2%～0.5%，加氢后残余乙炔可低于50μg/g。

表4－20、表4－21、表4－22分别列出了常用的前加氢催化剂、后加氢催化剂、钯和非钯催化剂的对比。

表4－20　常用的前加氢催化剂

催化剂		Pd/13X	Pd	Ni－Co－Cr
工艺条件	温度/℃	60～97	43～85	150～200
	压力/MPa	3.5～4.5	1.96	1.8
	空速/h^{-1}	7000～9000	2500～10000	2500
使用周期/月		2～3		12
乙炔含量	反应前/%（质量）	0.2～0.4	0.11	0.45
	反应后/（μg/g）	<5	0	<10
乙烯损失率/%（质量）		<2	0～0.2	1

表4－21　常用的后加氢催化剂

催化剂		Pd/Fe	Pd/Ag	Pd
工艺条件	温度/℃	80～145	30～210	50～100
	压力/MPa	2.5～2.7	2.4～2.6	2.1
	空速/h^{-1}	2000～3500	3000～10000	6000
	H_2/C_2H_2/（摩尔比）	2.0～4.0	2.0～2.5	4～6
使用周期/月		>17	>6	4～7
乙炔含量	反应前/%（质量）	0.15～0.38	0.2～0.4	1.0
	反应后/（μg/g）	<1	～0	<5
乙烯损失率/%（质量）		～0	较大	

表4－22　钯和非钯催化剂的对比表

项　目	钯催化剂	非钯催化剂
金属含量（对载体）	少（0.04%～0.2%）	多（5%～20%）
加氢活性	高，可在较低温度下加氢	稍差，需在较高温度下加氢
选择性	好，乙烯损失小	稍差
空速	大，催化剂用量少	稍小，催化剂用量大
对C_4^+组分敏感性	丁二烯易在催化剂上聚合	可放宽到含量为3%
对S和CO组分敏感性	可产生暂时性中毒	适量尚可提高选择性

④ 加氢脱炔工艺流程　以 C_2 加氢工艺为例，碳二加氢工艺又包括全馏分加氢工艺和产品加氢工艺，全馏分加氢是指来自脱乙烷塔顶的 C_2 馏分全部进入乙炔加氢反应器，如图 4－18 所示；产品加氢是指除去回流之外，将脱乙烷塔回流罐采出的产品进行加氢，如图 4－19 所示。

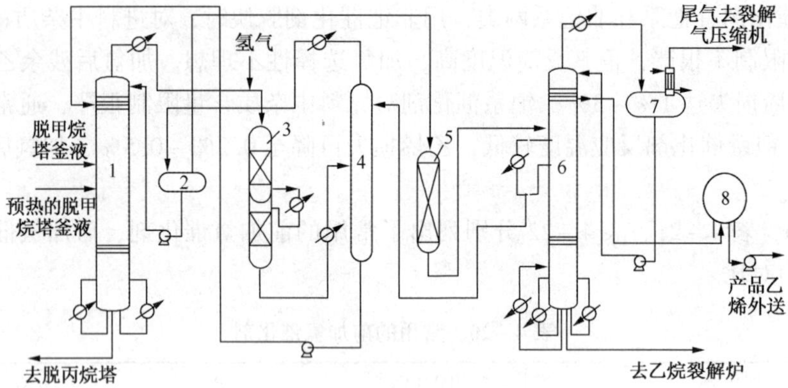

图 4－18　C_2 全馏分加氢系统流程示意图

1—脱乙烷塔；2—脱乙烷塔回流罐；3—乙炔加氢反应器；4—绿油洗涤塔；5—乙烯干燥器；6—乙烯精馏塔；7—乙烯精馏塔回流罐；8—乙烯球罐

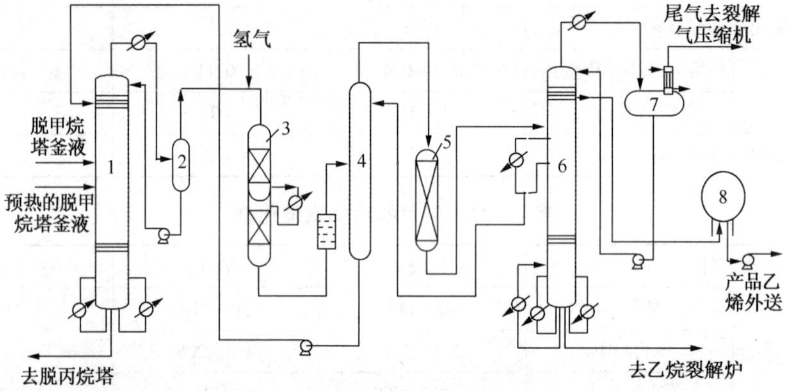

图 4－19　C_2 产品加氢系统流程示意图

1—脱乙烷塔；2—脱乙烷塔回流罐；3—乙炔加氢反应器；4—绿油洗涤塔；5—乙烯干燥器；6—乙烯精馏塔；7—乙烯精馏塔回流罐；8—乙烯球罐

在产品加氢工艺中，由于反应器进料中的乙炔浓度较高，因此通常采用分段加氢，以降低反应器的床层温升。分段加氢不但可以严格控制各段的氢炔比，提高催化剂的选择性；还可以在段间移出热量，控制好下一段的起始反应温度，使反应在催化剂选择性较高的温度范围内进行，达到降低乙烷增量、提高乙烯收率的目的。但是，产品加氢工艺的绿油生成量较多，不如全馏分加氢安全、稳定，对操作的要求比较严格。

全馏分加氢工艺大多采用联合脱乙烷技术，把乙烯塔和乙烷塔联合起来操作，从乙烯塔侧线抽出乙烯、乙烷馏分作为绿油塔的洗涤液，吸收了绿油的洗涤液作为脱乙烷塔的回流。与产品加氢工艺相比，该工艺减少了回流罐和冷凝过程，降低了能耗。同时，全馏分加氢能降低乙炔加氢反应器进料中的乙炔浓度，降低床层温升，有利于提高催化剂的选择性和使用周期，减少绿油生成量。但该工艺的操作难度较大，反应器容积也较大。

在全馏分加氢中，还有一种工艺采用乙烯塔和脱乙烷塔联合操作，并设有开车用冷凝器，如图4－20所示。这种工艺与图4－17工艺相比，减少了回流罐和冷凝过程，降低了能耗。

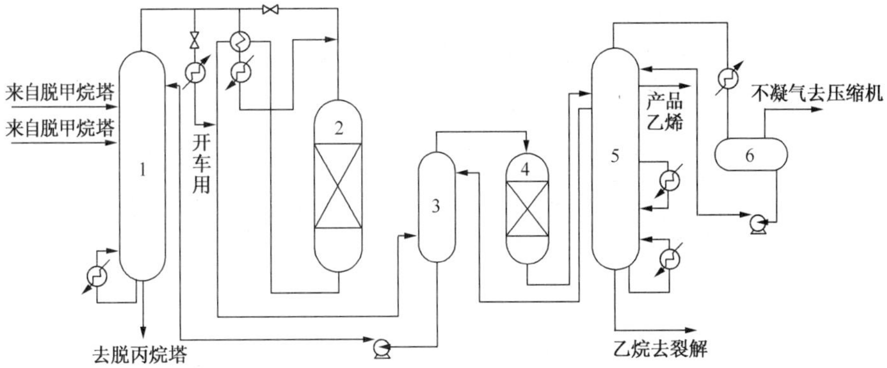

图4－20　乙烯塔和乙烷塔联合操作的碳二全馏分加氢系统流程示意图

1—脱乙烷塔；2—乙炔加氢反应器；3—绿油洗涤塔；

4—乙烯干燥器；5—乙烯精馏塔；6—乙烯精馏塔回流罐

裂解气中的丙炔、丙二烯加氢的常规工艺与 C_2 加氢工艺类似，但新开发出了碳三催化精馏加氢技术。催化精馏加氢即将精馏和催化加氢集成到一个单元操作中。在乙烯生产过程中，催化精馏加氢法应用较多的是脱丙烷塔中丙炔、丙二烯的加氢。对于高、低压双塔脱丙烷流程，一般将催化床设置在高压塔的精馏段。由于催化精馏加氢有较高的平均选择性，用于 C_3 加氢时，具有显著的优点，主要表现在：

a. 丙烷系统把选择加氢与轻烃分离整合到一个单元中，占地少，流程简单，易操作；

b. 催化精馏加氢工艺与常规的加氢工艺相比，由于节省了与固定床选择加氢单元相关的大部分投资，故使投资显著降低；

c. 较低的反应温度和等温条件提高了加氢选择性，绿油生成量明显减少，从而降低了产品损失；

d. 在催化精馏塔中，回流的冲洗作用大大减少了低聚物的形成，使重组分能及时离开催化区，可以减轻催化剂床层的堵塞，延长催化剂的使用寿命。

(3) 溶剂吸收法脱除乙炔　溶剂吸收法使用选择性溶剂将 C_2 馏分中的少量乙炔选择性地吸收到溶剂中，从而实现脱除乙炔的目的。由于使用选择性吸收乙炔的溶剂，可以在一定条件下再把乙炔解吸出来，因此，溶剂吸收法脱除乙炔的同时，可回收到高纯度的乙炔。

溶剂吸收法在早期曾是乙烯装置脱除乙炔的主要方法，随着加氢脱炔技术的发展，逐渐被加氢脱炔法所取代。然而，随着乙烯装置的大型化，尤其随着裂解技术向高温短停留时间发展，裂解副产乙炔量相当可观，乙炔回收更具吸引力，这使得溶剂吸收法在近年又广泛引起重视，不少已建有加氢脱炔的乙烯装置，也纷纷建设溶剂吸收装置以回收乙炔。以300kt/a乙烯装置为例，以石脑油为原料时，在高深度裂解条件下，常规裂解每年可回收乙炔量约6700t，毫秒炉裂解时每年可回收乙炔量高达11500t。

所选用的溶剂应对乙炔有较高的溶解度，而对其他组分溶解度越低越好，常用的溶剂有二甲基甲酰胺(DMF)，*N*－甲基吡咯烷酮(NMP)和丙酮。除溶剂吸收能力和选择性外，溶剂的沸点和熔点也是选择溶剂的重要指标，低沸点溶剂较易解吸，但损耗大，且易污染产品。

高沸点溶剂解吸时需低压高温条件，但溶剂损耗小，且能获得较高纯度的产品。

图 4－21 给出了 Lummus 公司 DMF 溶剂吸收法脱乙炔的工艺流程。本法乙炔纯度可达 99.9% 以上，脱炔后乙烯产品中乙炔含量低达 1μg/g，产品回收率高达 98%。

溶剂吸收法与催化加氢法相比，投资大体相同，公用工程消耗也相当。因此，在需用乙炔产品时，则选用溶剂吸收法，当不需要乙炔产品时，则选用催化加氢法。

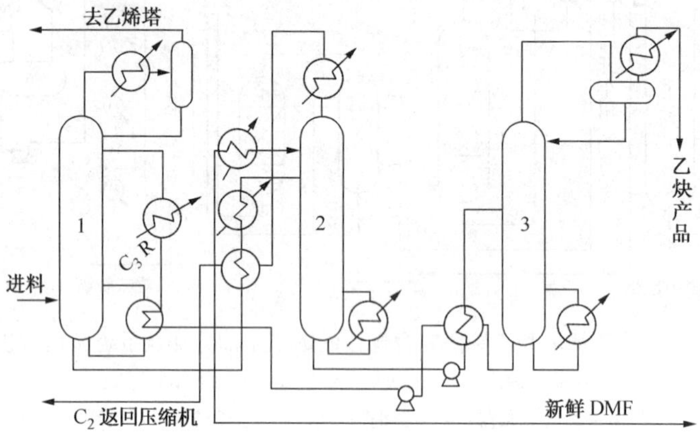

图 4－21 Lummus 公司的 DMF 溶剂吸收法脱乙炔工艺流程

1—乙炔吸收塔；2—稳定塔；3—汽提塔

第六节 裂解气的压缩和制冷系统

一、裂解气的压缩系统

1. 裂解气压缩的目的

裂解气中许多组分在常压下都是气体，其沸点很低，常压下进行各组分精馏分离，则分离温度很低，需要大量冷量和耐低温钢材。为了使分离温度不太低，可适当提高分离压力，裂解气分离中温度最低部位是甲烷和氢气的分离，即脱甲烷塔塔顶，它的分离温度与压力的关系数据见表 4－23。

表 4－23 脱甲烷塔塔顶温度与压力的关系

分离压力/MPa	甲烷塔顶温度/℃	分离压力/MPa	甲烷塔顶温度/℃
3.0～4.0	－96	0.15～0.3	－140
0.6～1.0	－130		

压力升高，各组分沸点升高，操作温度升高，耗冷量减少，节省冷剂，需耐低温钢材减少，同时可脱除部分重组分和水，有利；但若压力太高，对设备要求升高，所需压缩功增加，各组分相对挥发度减小，难分，塔釜温度升高，二烯烃聚合，不利；综合起来工程上一般采用 3～4MPa。

压力升高，压缩机内温度升高(压缩过程近似绝热)，二烯烃在机内聚合，聚合物沉积在压缩机的汽缸和叶片上造成磨损；同时，压缩机内温度升高，使机内润滑油黏度下降，压缩机缩短寿命。为了克服这种矛盾，工程上采用多段(级)压缩，一般采用 3～5 段(级)压缩，段与段间并须设置中间冷却器。

裂解气的压缩过程基本上属于绝热过程，气体压力升高后，温度也上升，经压缩后的温度可由气体绝热方程式算出。在绝热压缩过程中，气体和外界没有热交换，即满足关系式（4－33）。

$$P_1V_1^{\,k}=P_2V_2^{\,k}=\text{常数} \tag{4-33}$$

式中　k——绝热指数，对理想气体，$k=C_p/C_v$；

C_p——气体的等压比热容，kJ/kg·℃；

C_v——气体的等容比热容，kJ/kg·℃。

绝热压缩时，压缩终温为：

$$T_2=T_1\left(\frac{P_2}{P_1}\right)^{(k-1)/k} \tag{4-34}$$

式中　T_1——压缩机吸气温度，K；

T_2——压缩机排气温度，K；

P_1——压缩机吸气压力，MPa；

P_2——压缩机排气压力，MPa；

$\dfrac{P_2}{P_1}$——绝热压缩的压缩比。

例 4－4　裂解气自 20℃，0.105MPa 压缩到 3.6MPa，计算单级压缩与五级压缩压缩机出口温度（取绝热指数 $k=1.228$）。

解：一级压缩：$T_2=(273+20)\times\left(\dfrac{3.6}{0.105}\right)^{\frac{1.228-1}{1.228}}=566\text{K}(293℃)$

五级压缩：压缩比 $=\left(\dfrac{3.6}{0.105}\right)^{\frac{1}{5}}=2.03$

$T_2=(273+20)\times(2.03)^{\frac{1.228-1}{1.228}}=334\text{k}(61℃)$

可见，采用五级压缩能将出口温度降至 100℃以下。

2. 多级压缩的优点

① 节约压缩功　压缩机压缩过程接近绝热压缩，功耗大于等温压缩，若把压缩分为多段进行，段间冷却移热，则可节省部分压缩功，段数越多，越接近等温压缩。图 4－22 以四段压缩为例与单段压缩进行了比较。由图可见，单段压缩时气体的 PV 沿线 BC' 变化，而四段压缩时，则沿线 $B1234567$ 进行，后者比较接近等温压缩线 BC，所以节省的功相当图中斜线所示面积。

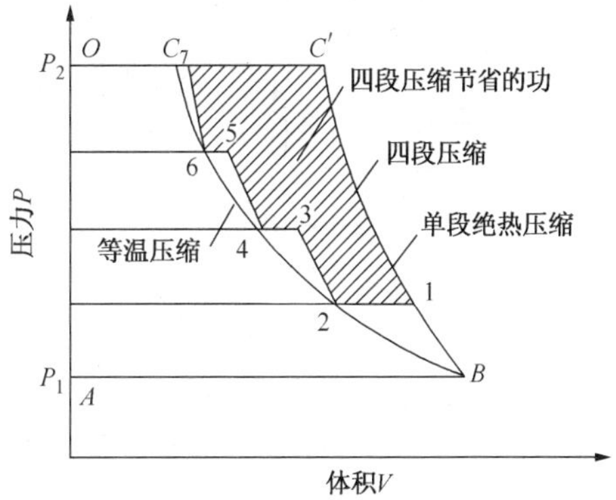

图 4－22　单段压缩与多段压缩在 PV 图上的对比

② 降低压缩机出口温度　裂解气重组分中的二烯烃易发生聚合，生成的聚合物沉积在压缩机内，严重危及操作的正常进行。而二烯烃的聚合速度与温度有关，温度越高，聚合速度越快。为了避免聚合现象的发生，必须控制每段压缩后气体温度

不高于100℃，可由式(4－34)计算。

③可插入段间操作　裂解气经压缩后段间冷凝可除去其中大部分的水分，减少干燥器体积和干燥剂用量，延长再生周期。同时还从裂解气中分凝部分水、C_3及C_3以上的重组分，减少进入深冷系统的负荷，相应节约了冷量。根据工艺要求可在压缩机各段间安排各种操作，如酸性气体的脱除，前脱丙烷工艺流程中的脱丙烷塔等。表4－24给出了乙烯生产能力为680kt/a的轻烃和石脑油为裂解原料时五段压缩的压缩机进、出口相应的工艺参数。

表4－24　五段压缩进出口条件

段数		Ⅰ	Ⅱ	Ⅲ	Ⅳ	Ⅴ
进口条件	温度/℃	38	34	36	37.2	38
	压力/MPa	0.13	0.245	0.492	0.998	2.028
出口条件	温度/℃	87.8	85.6	90.6	92.2	92.2
	压力/MPa	0.260	0.509	1.019	2.108	4.125
压缩比		2.0	2.08	1.99	2.11	2.04

3. 多级压缩工艺流程

裂解气压缩有不同的流程，有四段压缩，也有五段压缩，而Lummus公司广泛采用典型的裂解气五段压缩工艺流程。该流程分为五段压缩，段间用冷却水进行冷却，五段出口裂解气经冷却水冷却后进洗苯塔脱除苯，以防止在深冷分离系统的低温下冻结。除苯后的裂解气经冷却后进裂解气干燥器。在裂解气压缩机三段和四段之间设置酸性气体脱除系统，脱除裂解气中的CO_2和H_2S。段间凝液分两部分处理，重组分经汽油汽提塔汽提后获得裂解汽油馏分；轻组分经凝液汽提塔汽提后获得碳三及碳三以上轻烃凝液，送至分离单元脱丙烷塔系统。如图4－23所示。来自急冷水塔的裂解气经裂解气压缩机一段吸入罐，分离出部分水和

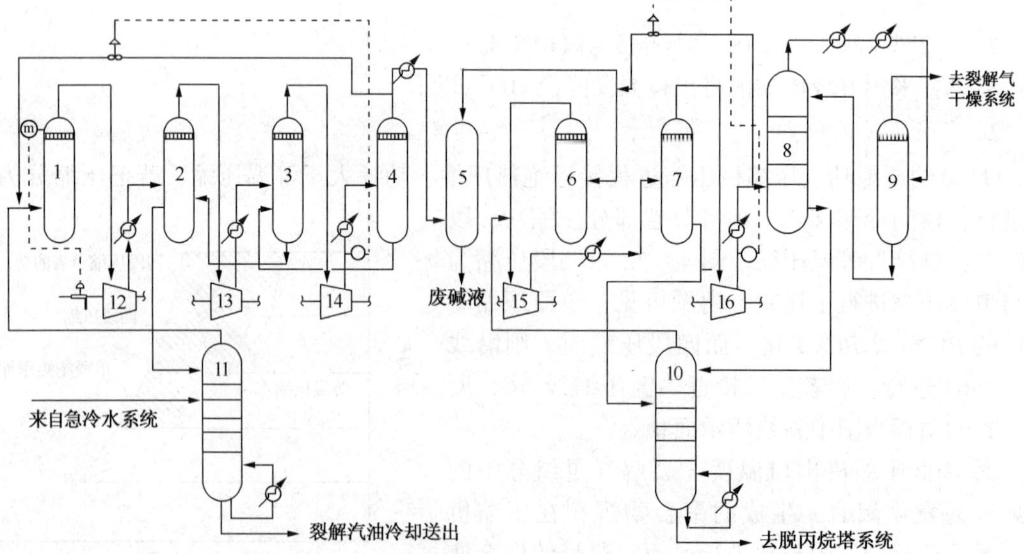

图4－23　裂解气压缩系统工艺流程图

1、2、3、6、7—分别为压缩机一～五段吸入罐；4—三段排出罐；5—碱洗塔；8—洗苯塔；9—洗苯塔回流罐；10—凝液汽提塔；11—汽油汽提塔；12～16—裂解气Ⅰ～Ⅴ段压缩机

重烃后，进入压缩机一段压缩；压缩后经一段后冷器冷却，进入压缩机二段吸入罐，分液后的气相进入压缩机二段；压缩后经二段后冷器冷却，进入压缩机三段吸入罐，分液后的气相进入压缩机三段；压缩后经三段后冷器冷却，进入压缩机三段排出罐，罐顶气相由急冷水过热后进入酸性气体脱除系统；冷凝下来的液体逐级前返，并在二段吸入罐进行油—水分离，水相送急冷水塔，油相则和急冷水沉降槽分离出的重汽油一起送至汽油汽提塔。汽油汽提塔控制塔釜液不含 C_4 组分，获得裂解汽油送往储罐，而塔顶气相则返回裂解气压缩机一段吸入罐。

脱除了酸性气体的裂解气经四段吸入罐分液后进入压缩机四段，压缩并经冷却后进入压缩机五段吸入罐，分液后的裂解气进入压缩机五段，五段出口裂解气经冷却后进入洗苯塔，以脱除苯及重烃类。洗苯塔塔顶气体用丙烯冷剂及脱乙烷塔进料冷却至15℃后进入洗苯塔回流罐，回流罐凝液中的烃类作为塔的回流，水相则经节流后进四段吸入罐，回流罐顶的气体进入裂解气干燥器。各分液罐分离出的水相汇集后返回急冷水塔，五段吸入罐和洗苯塔分离出的凝液分别进凝液汽提塔。凝液汽提塔控制塔釜液不含 C_2 组分，釜液进分离热区低压脱丙烷塔，而塔顶气相则返回裂解气压缩机四段吸入罐。

二、裂解气的制冷系统

深冷分离过程需要制冷剂制冷降温，制冷是利用制冷剂压缩和冷凝得到制冷剂液体，再在不同压力下蒸发，来获得不同温度级位的冷冻过程(或说获得冷量的过程)。

1. 制冷剂的选择

常用的制冷剂见表4－25。表中的制冷剂都是易燃易爆的，为了安全起见，不应在制冷系统中漏入空气，即制冷循环应在正压下进行。这样各制冷剂的常压沸点就决定了它的最低蒸发温度也就是制冷温度。原则上沸点为低温的物质都可以用作制冷剂，而实际选用时，则需选用可以降低制冷装置投资、运转效率高、来源丰富、毒性小的制冷剂。对乙烯装置而言，装置产品为乙烯、丙烯，且乙烯和丙烯都具有良好的热力学特性，因而均选用丙烯、乙烯作为乙烯装置制冷系统的制冷剂。在装置开工初期尚无乙烯产品时，可用混合 C_2 馏分暂时代替乙烯作为制冷剂。待生产合格乙烯后再逐步置换为乙烯。丙烯常压沸点为－47.7℃，可作为－40℃温度级的制冷剂；乙烯常压沸点为－103.7℃，可作为－100℃温度级的制冷剂；甲烷常压沸点为－161.5℃，可作为－120～－160℃温度级的制冷剂。

表4－25　常用制冷剂的性质

制冷剂	分子式	沸点/℃	凝固点/℃	蒸发潜热/(kJ/kg)	临界温度/℃	临界压力/MPa	与空气的爆炸极限	
氨	NH_3	－34.4	－77.7	1373	132.4	11.292	15.5	27
丙烷	C_3H_8	－42.07	－187.7	426	96.81	4.257	2.1	9.5
丙烯	C_3H_6	－47.7	－185.3	437.9	91.89	4.600	2.0	11.1
乙烷	C_2H_8	－88.6	－183.3	490	32.27	4.883	3.22	12.45
乙烯	C_2H_4	－103.7	－169.2	482.6	9.5	5.116	3.05	28.6
甲烷	CH_4	－161.5	－182.5	510	－82.5	4.641	5.0	15.0
氢	H_2	－252.8	－259.2	454	－239.9	1.297	4.1	74.2

2. 节流膨胀制冷

高压低温的气体迅速通过节流阀泄压膨胀，由于过程进行的非常快，来不及与外界进行热交换，膨胀所需要的能量只有取自气体本身(内能)，这样就使其温度下降，这种过程就叫节流膨胀制冷，温度下降值叫节流效应。液体节流必须有部分汽化。节流前温度越低、压力越高，节流效果越好。

一般气体在常温或低温及中等压力下节流均可降温，而氢气只有在193K以下节流才降温，而在193K以上节流不仅不降温，反而升温，此温度叫氢气的倒转温度，每种气体都有一个倒转温度。

3. 冷冻循环制冷

(1) 冷冻循环制冷原理　图4-24为氨冷冻循环制冷的示意图。其中包括液氨的蒸发、气态氨的压缩、气态氨的冷凝、液氨的节流四个过程，能获得-30℃左右的低温。

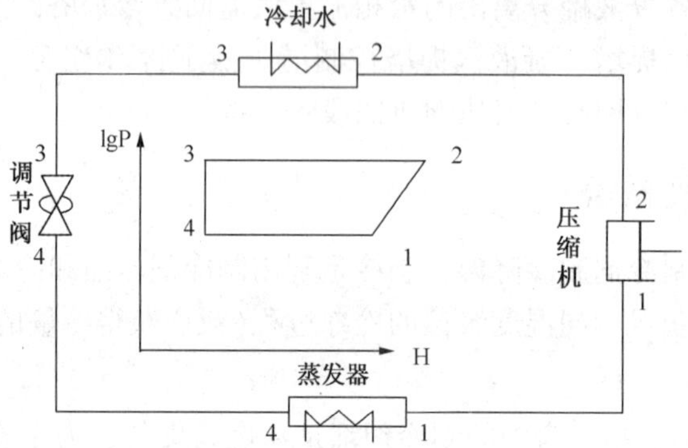

图4-24　冷冻循环制冷示意图

(2) 乙烯-丙烯复叠制冷　在乙烯装置中广泛采用复叠制冷循环实现深冷的目的。以丙烯为制冷剂构成的蒸汽压缩制冷循环中，其冷凝温度可采用38~42℃的环境温度(冷却水冷却或空冷)。但是，在维持蒸发压力不低于常压的条件下，其蒸发温度受丙烯沸点的限制而只能达到-45℃左右的低温条件。换言之，丙烯制冷循环难于获得更低的温度。

以乙烯为制冷剂构成的蒸气压缩制冷循环中，在维持蒸发压力不低于常压的条件下，其蒸发温度可降至-102℃左右。换言之，乙烯制冷剂可以获得-102℃的低温。但是，在压缩-冷凝-节流-蒸发的蒸气压缩制冷循环中，由于受乙烯临界点的限制，乙烯制冷剂不可能在环境温度下冷凝，其冷凝温度必须低于其临界温度(9.9℃)。为此，乙烯蒸气压缩制冷循环中的冷凝器需要使用制冷剂进行冷却。此时，如果采用丙烯制冷循环为乙烯制冷循环的冷凝器提供冷量，则构成如图4-25所示的可制取-102℃低温冷量的乙烯-丙烯复叠制冷循环。

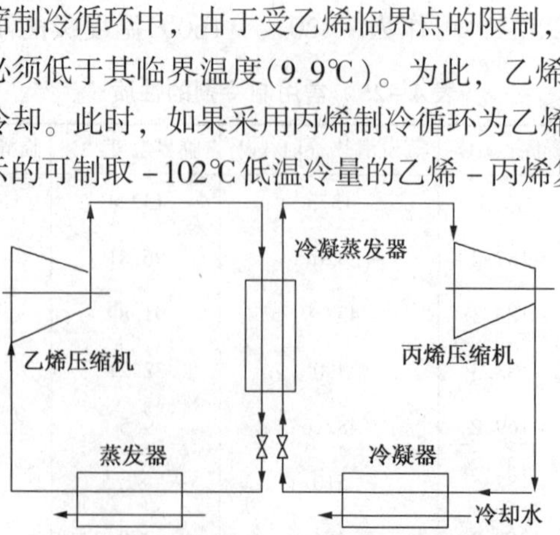

图4-25　乙烯-丙烯复叠制冷循环

（3）甲烷－乙烯－丙烯复叠制冷　在维持蒸发压力不低于常压条件下，乙烯制冷剂不能达到－102℃以下的制冷温度。为制取更低温度级的冷量，尚需选用沸点更低的制冷剂。例如选用甲烷作为制冷剂时，由于其常压沸点低达－161.5℃，因而可能制取－160℃温度级的冷量。但是，随着常压沸点的降低，其临界温度也降低。甲烷的临界温度为－82.5℃，因而以甲烷为制冷剂时，则其冷凝温度必须低于－82.5℃。此时，如以乙烯制冷剂为其冷凝器提供冷量，则构成图4－26所示甲烷－乙烯－丙烯三元复叠制冷循环。

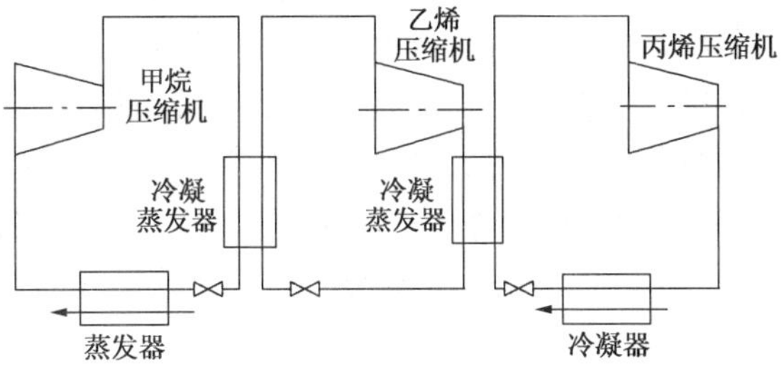

图4－26　甲烷—乙烯—丙烯三元复叠制冷循环

复叠式制冷循环是能耗较低的深冷制冷循环，复叠制冷循环的主要缺陷是制冷机组多，又需有储存制冷剂的设施，相应投资较大，操作较复杂。而在乙烯装置中，所需制冷温度的等级多，所需制冷剂又是乙烯装置的产品。储存设施完善，加上复叠制冷循环能耗低，因此，在乙烯装置中仍广泛采用复叠制冷循环。

通常，乙烯装置多采用乙烯－丙烯复叠制冷系统提供－102℃以上各温度级的冷量，而少量低于－102℃温度级的冷量，则通过甲烷－氢馏分的节流膨胀或等熵膨胀而获得。当低温分离系统所需－102℃以下温度级冷量较大时（如采用低压脱甲烷工艺流程），可采用甲烷－乙烯－丙烯三元复叠制冷系统补充低温冷量。

4. 多级压缩制冷循环

单级压缩制冷循环只能提供一种温度的冷量，即蒸发器的蒸发温度，这样不利于冷量的合理利用。为了降低冷量的消耗，制冷系统应提供多个温度级别的冷量，以适应不同冷却深度的要求。在需要提供几个温度级的冷量时，可在多级节流多级压缩制冷循环的基础上，在不同压力等级设置蒸发器，形成多级节流多级压缩多级蒸发的制冷循环，以一个压缩机组同时提供几种不同温度级的冷量，从而降低投资。图4－27为制取四个温度级别冷量的丙烯制冷系统典型工艺流程。该流程中的丙烯冷剂从冷凝压力（约1.6MPa）逐级节流到0.9MPa、0.5MPa、0.26MPa、0.14MPa，并相应制取16℃、－5℃、－24℃、－40℃四个不同温度级的冷量。

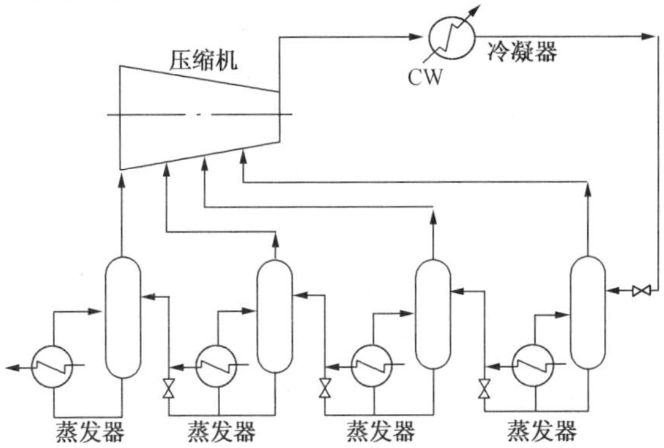

图4－27　丙烯多级制冷系统工艺流程

5. 热泵

所谓热泵是通过作功将低温热源的热量传送给高温热源的供热系统(或说将精馏塔顶移出的热量传到精馏塔底的装置)。显然，热泵也是采用制冷循环，利用制冷循环在制取冷量的同时进行供热。

在单级蒸汽压缩制冷循环中，通过压缩机作功将低温热源(蒸发器)的热量传送到高温热源(冷凝器)，此时，如仅以制取冷量为目的，则称之为制冷机。如果在此循环中将冷凝器作为加热器使用，利用制冷剂供热则可称此制冷循环为热泵。

在裂解气低温分离系统中，有些部位需要在低温下进行加热，例如，低温分馏塔的再沸器和中间再沸器、乙烯产品汽化等。此时，如利用制冷循环中气相冷剂进行加热，则可以节省相当的能耗。以多级丙烯制冷系统为例，如在压缩机中间各段设置适当的加热器，如图4-28，用气相冷剂进行加热，不仅节省了压缩功，而且相应减少冷凝器热负荷，这种热泵方案在能量利用方面是合理的。

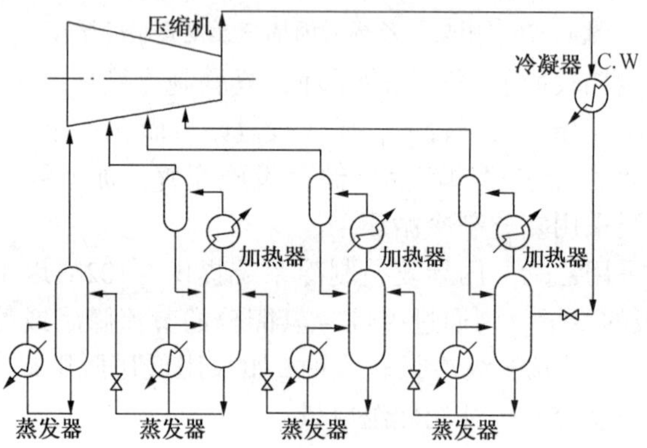

图4-28 丙烯制冷系统的热泵方案

热泵系统又分为闭式热泵和开式热泵，经常在精馏塔上应用。所谓闭式热泵是指冷冻循环介质与塔中物料自成系统，没有物料上的接触与勾通，这样的热泵方案称为闭式热泵，如图4-29(a)。开式热泵是指塔中物料即为冷冻循环介质，这样的热泵方案称为开式热泵，其中塔顶物料为冷冻循环介质的叫A型开式热泵，如图4-29(b)，在乙烯厂中常用(节省了低温的冷凝器、回流罐、节流阀等)，塔底物料为冷冻循环介质的叫B型开式热泵，如图4-29(c)。

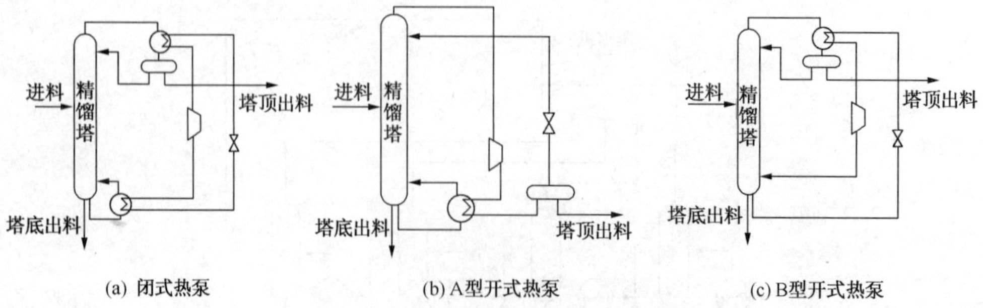

图4-29 闭式热泵和开式热泵原理图

当采用低压乙烯精馏工艺时，一般均与开式热泵系统组合使用。采用开式热泵的低压乙烯精馏法，能量利用较合理，不需设塔顶冷凝器和回流罐，产品输送灵活性较大，但该流程较复杂，操作难度较大。图 4－30 为实际的乙烯精馏塔热泵系统，此工艺在前脱丙烷前加氢工艺中应用较为广泛。

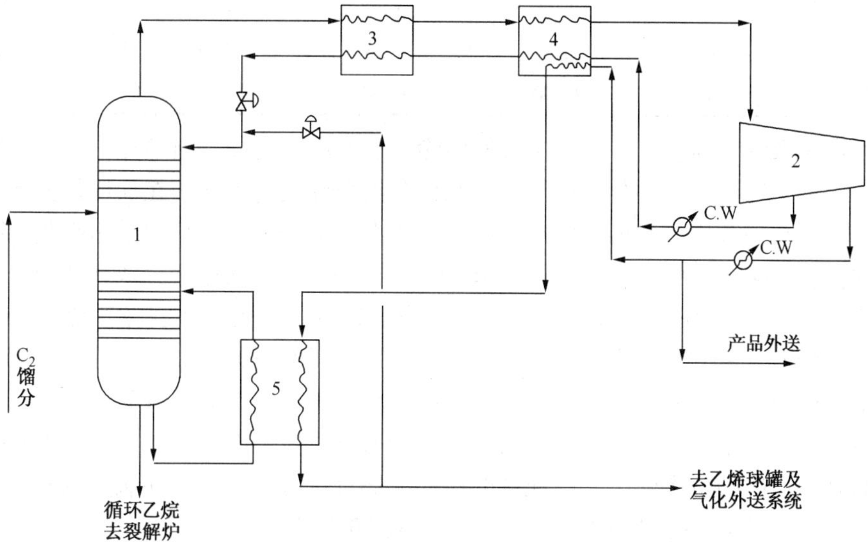

图 4－30　低压乙烯精馏塔热泵系统工艺流程示意图

1—乙烯精馏塔；2—乙烯塔热泵；3、4—冷凝器；5—再沸器

第七节　裂解气的精馏分离系统

一、分离流程的组织

1. 裂解气的组成与分离要求

典型的裂解气组成见表 4－26。

表 4－26　几种裂解原料的典型裂解气组成　　%（体积）

裂解原料	乙烷	轻烃	石脑油	轻柴油	减压柴油
H_2	34.00	18.20	14.09	13.18	12.75
$CO+CO_2$	0.19	0.33	0.32	0.27	0.36
CH_4	4.39	19.83	26.78	21.24	20.89
C_2H_2	0.19	0.46	0.41	0.37	0.46
C_2H_4	31.51	28.81	26.10	29.34	29.62
C_2H_6	24.35	9.27	5.78	7.58	7.03
C_3H_4	0	0.52	0.48	0.54	0.48
C_3H_6	0.76	7.68	10.30	11.42	10.34
C_3H_8	0	1.55	0.34	0.36	0.22

续表

裂解原料	乙烷	轻烃	石脑油	轻柴油	减压柴油
C_4	0.18	3.44	4.85	5.21	5.36
C_5	0.09	0.95	1.04	0.51	1.29
C_6^+	0	2.70	4.53	4.58	5.05
H_2O	4.36	6.26	4.98	5.40	6.15
平均分子质量	18.89	24.90	26.83	28.01	28.38

从表4-26裂解气的组成可见，裂解气中除了目的产品乙烯、丙烯外，还有一些副产品和少量杂质。为了得到合格的分离产品，可利用各组分沸点的不同，在加压低温条件下进行精馏分离过程，获得合格的乙烯、丙烯产品。同时在精馏分离的过程中采用吸收、吸附或化学反应的方法脱除裂解气中水分、酸性气体(CO_2、H_2S)、一氧化碳、炔烃等杂质(前面第五节已介绍)。因此，裂解气分离过程主要由精馏分离系统、压缩和制冷系统、净化系统所组成。由不同精馏分离方案和净化分离方案就组成了不同的裂解气分离流程。而裂解气的分离要求则主要取决于对产品的进一步加工要求或产品的用途。例如，次氯酸化法生产环氧乙烷和环氧丙烷、苯烷基化生产乙苯和异丙苯、丙烯氨氧化生产丙烯腈等只需纯度较低的烯烃就可以；而有些产品的生产确需要高纯度的烯烃，如直接氧化法生产环氧乙烷时乙烯纯度要求99%以上、生产聚乙烯和聚丙烯的原料纯度也在99%以上。

2. 裂解气分离方法简介

(1) 油吸收精馏分离　利用C_3(丙烯、丙烷)、C_4(丁烯、丁烷)作为吸收剂，将裂解气中除了H_2、CH_4以外的其他组分全部吸收下来，然后在根据各组分的相对挥发度不同，将其一一分开。此法得到的裂解气中烯烃纯度低，操作费用高(动力消耗大)，一般适用小规模，操作温度高(-70℃左右)，可节省大量的耐低温钢材和冷量。

(2) 深冷分离　工业上一般将冷冻温度在-100℃以下的操作叫深冷，冷冻温度在-100℃与-50℃之间的操作叫中冷，冷冻温度在-50℃以上的操作叫浅冷。深冷分离是将裂解气冷却到-100℃以下，此时裂解气中除了H_2、CH_4以外的其他组分全部被冷凝下来，然后在根据各组分相对挥发度的不同，将其一一分开。其优点是所得烯烃纯度、收率高，是目前裂解气分离中最主要的方法。

此外还有中冷分离、浅冷分离、分子筛吸附分离、络合分离、半透膜分离等分离方法。

3. 深冷分离的主要设备

在深冷分离中所涉及的主要设备及作用如下。

(1) 脱甲烷塔　将H_2、CH_4与C_2及比C_2更重的组分分开的塔。

(2) 脱乙烷塔　将C_2及比C_2更轻的组分与C_3及比C_3更重的组分分开的塔。

(3) 脱丙烷塔将　C_3及比C_3更轻的组分与C_4及比C_4更重的组分分开的塔。

(4) 脱丁烷塔　将C_4及比C_4更轻的组分与C_5及比C_5更重的组分分开的塔。

(5) 乙烯精馏塔　将乙烯与乙烷分开的塔。

(6) 丙烯精馏塔　将丙烯与丙烷分开的塔。

(7) 冷箱　在脱甲烷系统中，有些换热器、冷凝器、节流阀等温度很低，为了防止散冷，减少与环境接触的表面积，将这些冷设备集装成箱，此箱即为冷箱。其作用是用于回收乙烯、分出甲烷和氢气。

冷箱在脱甲烷塔之前的工艺(流程)叫前冷工艺(流程)，也叫前脱氢工艺(流程)；冷箱在脱甲烷塔之后的工艺(流程)叫后冷工艺(流程)，也叫后脱氢工艺(流程)。

此外，还有压缩机、碱洗塔、干燥罐、加氢反应器、绿油塔等。

4. 深冷分离流程

(1) 三种典型流程 在分离过程中，裂解气各组分的相对挥发度是关键。表4－27列出了精馏塔各关键组分的相对挥发度。

表4－27 精馏塔各关键组分的相对挥发度

塔名	关键组分		操作条件			
	1	2	顶温/℃	底温/℃	压力/MPa	相对挥发度
丙烯精馏塔	C_3H_6	C_3H_8	26	35	1.23	1.10
乙烯精馏塔	C_2H_4	C_2H_6	－69	－49	0.57	1.77
脱丙烷塔	C_3H_8	$i-C_4H_{10}$	4	70	0.75	2.24
脱乙烷塔	C_2H_6	C_3H_6	－12	76	2.88	2.82
脱甲烷塔	CH_4	C_2H_4	－96	0	3.4	7.22

下面按流程分析的方法，从原则流程图、流程叙述和流程的特点来讨论三种典型流程(123、213、312)。

① 顺序深冷分离流程 顺序深冷分离流程也叫123型深冷分离流程，见图4－31。

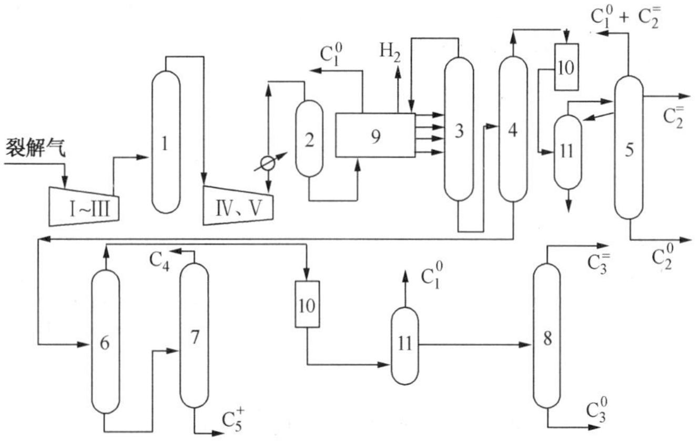

图4－31 顺序深冷分离流程

1—碱洗塔；2—干燥器；3—脱甲烷塔；4—脱乙烷塔；5—乙烯塔；6—脱丙烷塔；7—脱丁烷塔；8—丙烯塔；9—冷箱；10—加氢脱炔反应器；11—绿油塔

裂解气经过一至三级压缩进碱洗装置，脱除酸性气体后又回到裂解气压缩工段的四至五级压缩，从五级压缩出来的裂解气进分子筛干燥罐脱水，脱水后的裂解气先进入冷箱分离出几股分别进入脱甲烷塔的不同位置。脱甲烷塔塔顶脱去 C_1 及 H_2，塔底 C_2 及 C_2 以上的组分去脱乙烷塔，脱乙烷塔塔顶出来的 C_2 馏分先加氢脱炔，除去 C_2H_2 并去除绿油后去乙烯精馏塔，从乙烯精馏塔侧线得到聚合级乙烯。脱乙烷塔塔底 C_3 及比 C_3 重的组分去脱丙烷塔，同理先从塔顶馏分中除去 C_3H_4 并脱除绿油后再进丙烯精馏塔，得到聚合级和化学级丙烯。C_4 及比 C_4 重的馏分去脱丁烷塔，塔顶得到混合 C_4 而塔底得到 C_5 及 C_5 以上的馏分。图4－31全称为前冷后加氢顺序深冷分离流程，根据冷箱和加氢位置不同，顺序深冷分离流程还可有后冷后加氢顺序深冷分离流程、前冷前加氢顺序深冷分离流程和后冷前加氢顺序深冷分离流程等，此处就不一一介绍了。

② 前脱乙烷深冷分离流程　前脱乙烷深冷分离流程也叫213型深冷分离流程，见图4-32。图4-32全称为后冷前加氢前脱乙烷深冷分离流程，根据冷箱和加氢位置不同，也可有后冷后加氢前脱乙烷深冷分离流程、前冷后加氢前脱乙烷深冷分离流程和前冷前加氢前脱乙烷深冷分离流程等，此处也不作详细介绍。

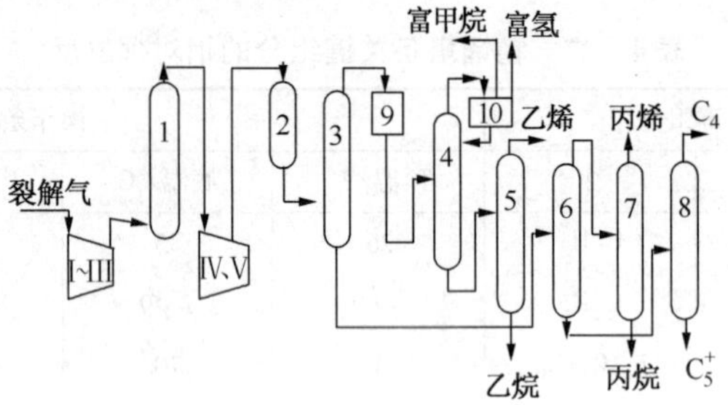

图4-32　前脱乙烷深冷分离流程

1—碱洗塔；2—干燥器；3—脱乙烷塔；4—脱甲烷塔；5—乙烯塔；6—脱丙烷塔；
7—丙烯塔；8—脱丁烷塔；9—加氢脱炔反应器；10—冷箱

③ 前脱丙烷深冷分离流程　前脱丙烷深冷分离流程也叫312型深冷分离流程，见图4-33。图4-33全称为前冷前加氢前脱丙烷深冷分离流程，根据冷箱和加氢位置不同，也可有后冷后加氢前脱丙烷深冷分离流程、前冷后加氢前脱丙烷深冷分离流程和后冷前加氢前脱丙烷深冷分离流程等，此处也不作详细介绍。

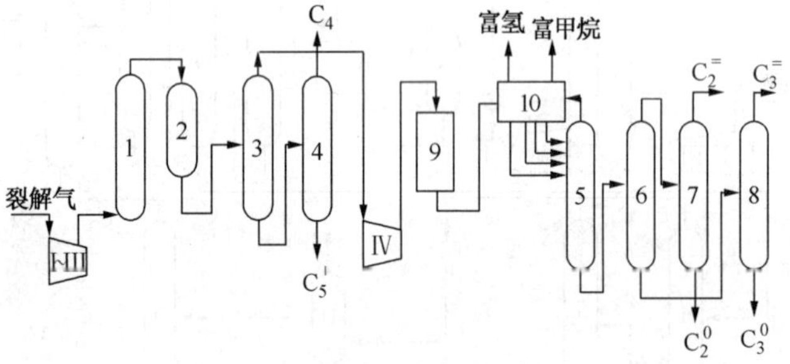

图4-33　前脱丙烷深冷分离流程

1—碱洗塔；2—干燥器；3—脱丙烷塔；4—脱丁烷塔；5—脱甲烷塔；
6—脱乙烷塔；7—乙烯塔；8—丙烯塔；9—加氢脱炔反应器；10—冷箱

以上三种典型流程的相同点一是均采用了先易后难的分离顺序，即先分开不同碳原子数的烃（相对挥发度大），再分开相同碳原子数的烷烃和烯烃（乙烯与乙烷的相对挥发度较小，丙烯与丙烷的相对挥发度很小，难于分离）；二是均将产品塔（乙烯塔、丙烯塔）并联置于流程最后，这样物料中组分接近二元系统，物料简单，可确保这两个主要产品的纯度，同时也可减少分离损失，提高烯烃收率。不同点是加氢脱炔位置不同（有前加氢脱炔和后前加氢脱炔）、流程排列顺序不同（有123、213、312型）；冷箱位置不同（有前冷和后冷）。

这三种流程在原料适应性、冷量消耗、分子筛干燥负荷、塔径大小和设备多少等方面的对比见表4-28。

表 4-28　三种典型流程的对比

比较项目	顺序流程	前脱乙烷流程	前脱丙烷流程
操作中的问题	脱甲烷塔居首，釜温低，不易堵再沸器	脱乙烷塔居首，压力高，釜温高，易聚合，影响操作，损失丁二烯	脱丙烷塔居首，压缩机段间除 C_4，再送入脱甲烷塔，可防聚合
对原料的适应性	所有原料	适合 C_3、C_4 多裂解气	对 C_4 多的裂解气较合理
冷量消耗	全馏分进入脱甲烷塔，加重甲烷塔冷冻负荷，冷量利用不合理	C_3、C_4 不在甲烷塔冷凝，冷量利用合理	C_4 烃在脱丙烷塔冷凝，冷量利用比较合理
分子筛干燥负荷	分子筛干燥放在流程中压力较高、温度较低的位置，吸附有利，容易保证裂解气的露点，负荷小	分子筛干燥放在流程中压力较高温度较低的位置，吸附有利，容易保证裂解气的露点，负荷小	分子筛干燥只能放在压力较低的位置，且重烃不能较多冷凝，分子筛负荷比较大，费用大
塔径大小	全馏分进入脱甲烷塔，负荷大，直径大	脱甲烷塔负荷小，直径小，脱乙烷塔直径大	情况介于前两流程之间
设备多少	流程长，设备多	加氢方案决定	前加氢，设备少

（2）乙烯厂实际流程示例

① 鲁姆斯公司顺序分离流程　在国内乙烯装置中，采用鲁姆斯公司顺序分离流程的较多。与其他分离流程相比，顺序分离流程技术较成熟，运转平稳可靠，产品质量较高，对各种原料的裂解气分离适应性较好；但其流程长，塔系多，冷量消耗和压缩机循环量都较大，消耗定额偏高；乙烯收率为 95% ~97%，较前脱丙烷与前脱乙烷流程低。

顺序分离流程的工艺路线示意图如图 4-34 所示。由裂解炉来的裂解气经急冷后，进入裂解气压缩机一至三段压缩脱除部分重烃和水，然后进入碱洗塔脱除酸性气体，再进入裂解

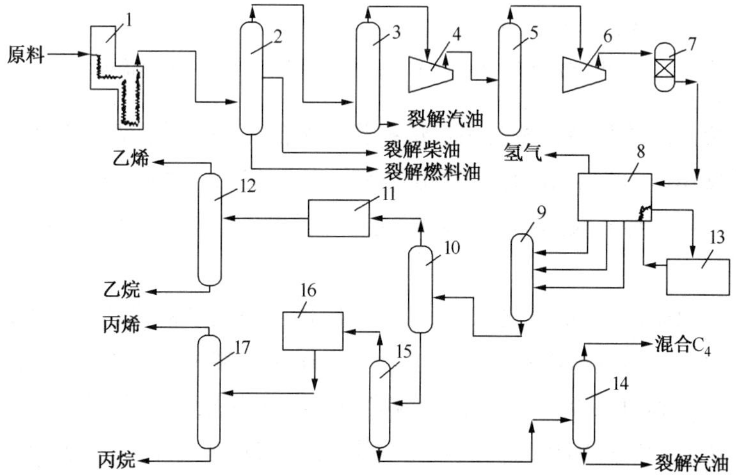

图 4-34　Lummus 公司顺序分离流程示意图

1—裂解炉；2—急冷油塔；3—急冷水塔；4—裂解气压缩机Ⅰ~Ⅲ段；5—碱洗塔；6—裂解气压缩机Ⅳ~Ⅴ段；7—干燥器；8—冷箱；9—脱甲烷塔；10—脱乙烷塔；11—乙炔加氢反应器；12—乙烯精馏塔；13—制冷系统；14—脱丁烷塔；15—脱丙烷塔；16—C_3 加氢反应器；17—丙烯精馏塔

气压缩机四至五段压缩脱除大部分重烃和水，经裂解气干燥器深度干燥后进入冷箱系统，分离出氢气后进入脱甲烷塔，由脱甲烷塔塔顶分离出甲烷和氢后，釜液送至脱乙烷塔，由脱乙烷塔塔顶分离出碳二馏分经加氢后送入乙烯精馏塔得产品乙烯，塔釜液送至脱丙烷塔，脱丙烷塔塔顶馏出物送去碳三加氢反应器脱炔后进入丙烯精馏塔获得产品丙烯。

② 林德法前脱乙烷流程　图4－35为林德法前脱乙烷流程示意图，在前脱乙烷流程中，脱乙烷塔的进料为干燥后的裂解气，此时，脱乙烷塔的作用是将裂解气切割为两个馏分。塔顶为含有氢、甲烷和C_2的馏分，塔釜为C_3和C_3以上的重组分。塔顶轻馏分送至脱甲烷系统，而釜液则送至脱丙烷系统。

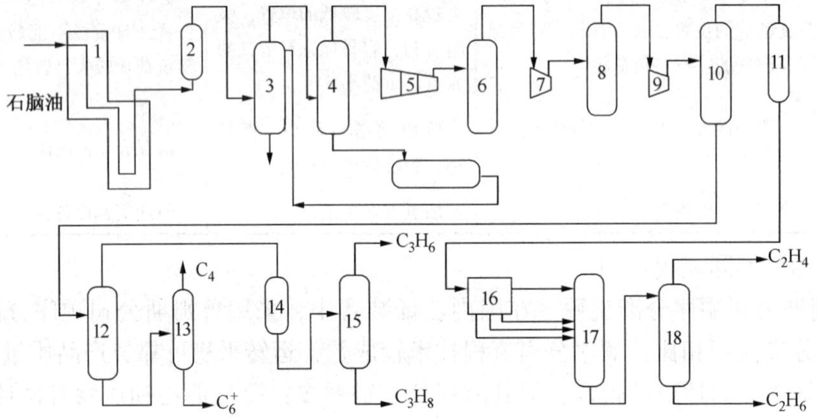

图4－35　林德法前脱乙烷流程示意图

1—裂解炉；2—废热锅炉；3—汽油分馏塔；4—急冷塔；5—裂解气压缩机Ⅰ～Ⅲ段；6—碱洗塔；7—裂解气压缩机Ⅳ段；8—干燥器；9—裂解气压缩机Ⅴ段；10—脱乙烷塔；11—乙炔加氢反应器；12—脱丙烷塔；13—脱丁烷塔；14—C_3加氢反应器；15—丙烯精馏塔；16—冷箱；17—脱甲烷塔；18—乙烯精馏塔

在林德法前脱乙烷流程中，按脱甲烷塔操作压力的不同可分为高压法和低压法两种。低压法脱甲烷塔的操作压力为1.18MPa。裂解气经三段压缩后，去碱洗塔脱除酸性气体，再进入压缩机的四、五段。经五段压缩后的裂解气经过脱水干燥并经丙烯冷剂逐级冷却后，送入脱乙烷塔。

脱乙烷塔塔顶出来的C_2馏分送入C_2加氢反应器，在钯系催化剂存在下进行选择加氢脱除乙炔，再经脱水干燥后进入冷箱系统。在冷箱系统中，裂解气经乙烯冷剂的冷却冷凝和节流膨胀的制冷下，得到90%的富氢气，凝液则进入脱甲烷塔。由于脱甲烷塔的操作压力较低，故需要增加甲烷制冷压缩机或者蒸发富含甲烷的冷凝液，以补偿低压脱甲烷塔塔顶的低温要求。脱甲烷塔的釜液进入乙烯精馏塔，经分离得到乙烯产品。

脱乙烷塔塔釜液送入脱丙烷塔，脱丙烷塔顶分出的C_3馏分进入C_3加氢反应器除去丙炔和丙二烯，经绿油洗涤和干燥后送入丙烯精馏塔，分离后得到丙烯产品。

高压法脱甲烷塔的操作压力较高约为3.3MPa。在高压法脱甲烷流程中，林德公司增设

了 C_2 提浓塔。从前端各制冷步骤分出的冷凝物与提浓塔底产物一起送至脱甲烷塔，部分回流用作气相提浓塔的冷却介质。冷甲烷产物的冷量尽可能在脱甲烷塔顶加以回收，这样可使乙烯损失大为降低。

为避免塔釜温度过高，高压脱乙烷塔釜液中仍含较多的 C_2 馏分，因此，需将该釜液送入低压脱乙烷塔。低压脱乙烷塔釜液送至脱丙烷塔，塔顶气相经冷凝后进回流罐，回流罐中的液体作为高压和低压脱乙烷塔的回流，未冷凝的气体经进料预热器回收冷量后返回裂解气压缩机五段入口。

③ S&W 前脱丙烷前加氢流程　图 4－36 为 S&W 前脱丙烷前加氢流程示意图。前脱丙烷流程又可分为前加氢和后加氢流程，在此仅给出 S&W 工艺的前脱丙烷前加氢流程，流程就不做详细叙述了。

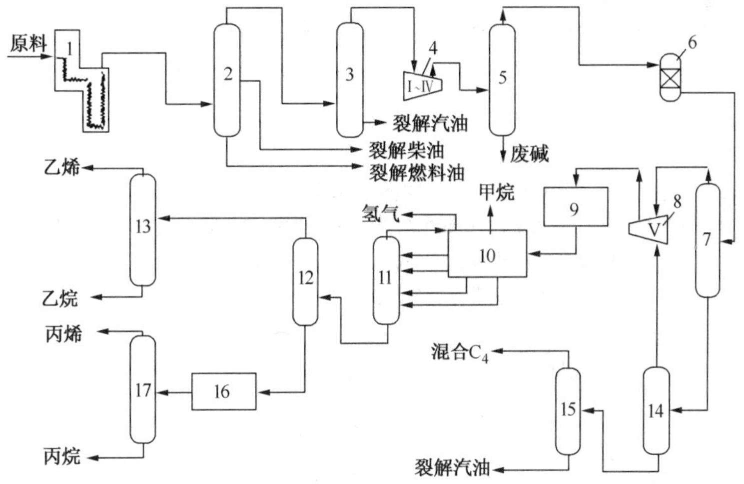

图 4－36　S&W 工艺前脱丙烷前加氢流程示意图

1—裂解炉；2—急冷油塔；3—急冷水塔；4—裂解气压缩机Ⅰ～Ⅳ段；5—碱洗塔；6—干燥器；7—高压脱丙烷塔；8—裂解气压缩机Ⅴ段；9—前加氢反应器；10—冷箱；11—脱甲烷塔；12—脱乙烷塔；13—乙烯精馏塔；14—低压脱丙烷塔；15—脱丁烷塔；16—碳三加氢反应器；17—丙烯精馏塔

④ 分离冷区系统工艺流程　分离单元的冷区系统包括裂解气干燥系统、脱甲烷塔系统、甲烷化系统和 C_2 系统。冷区系统的主要作用有：(a)将裂解气中的氢气分离出来并除去氢气中的杂质 CO；(b)将甲烷从裂解气中分离出来；(c)脱除 C_2 馏分中的乙炔；(d)将 C_2 馏分中的乙烯和乙烷分离开。典型的冷区系统工艺流程示意图如图 4－37 所示。

⑤ 分离热区系统工艺流程　分离单元的热区系统由脱丙烷塔和脱丁烷塔系统、C_3 加氢反应系统、甲烷汽提和丙烯精馏系统组成，有些装置也将火炬系统划归热区系统。热区系统的主要作用有：(a)分离出主产品丙烯；(b)通过加氢脱除 C_3 馏分中的丙炔/丙二烯；(c)分离出副产品混合 C_4、裂解汽油和 C_3 液化气。分离热区系统的工艺流程如图 4－38所示。

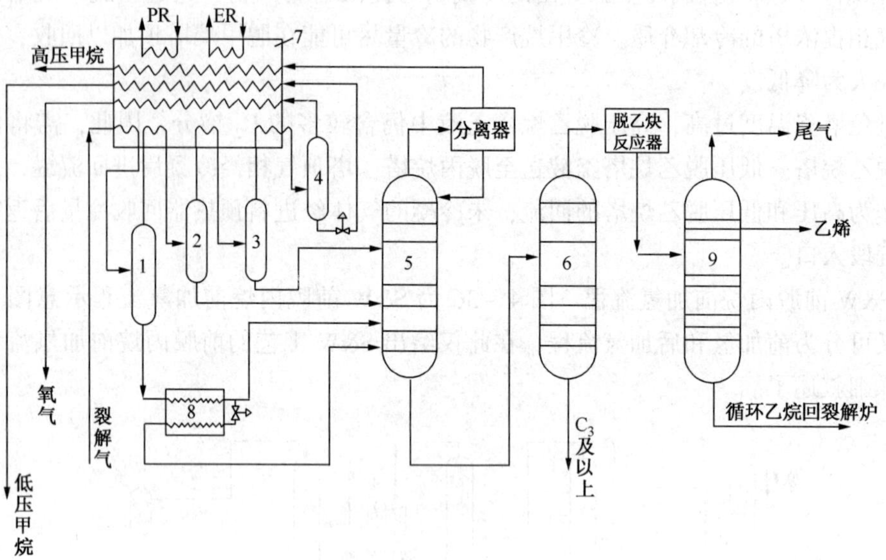

图 4 – 37 分离冷区系统工艺流程示意图

1—脱甲烷塔第一进料罐；2—脱甲烷塔第二进料罐；3—脱甲烷塔第三进料罐；
4—甲烷/氢气分离罐；5—脱甲烷塔；6—脱乙烷塔；7—冷箱；
8—脱甲烷塔进料分流换热器；9—乙烯精馏塔

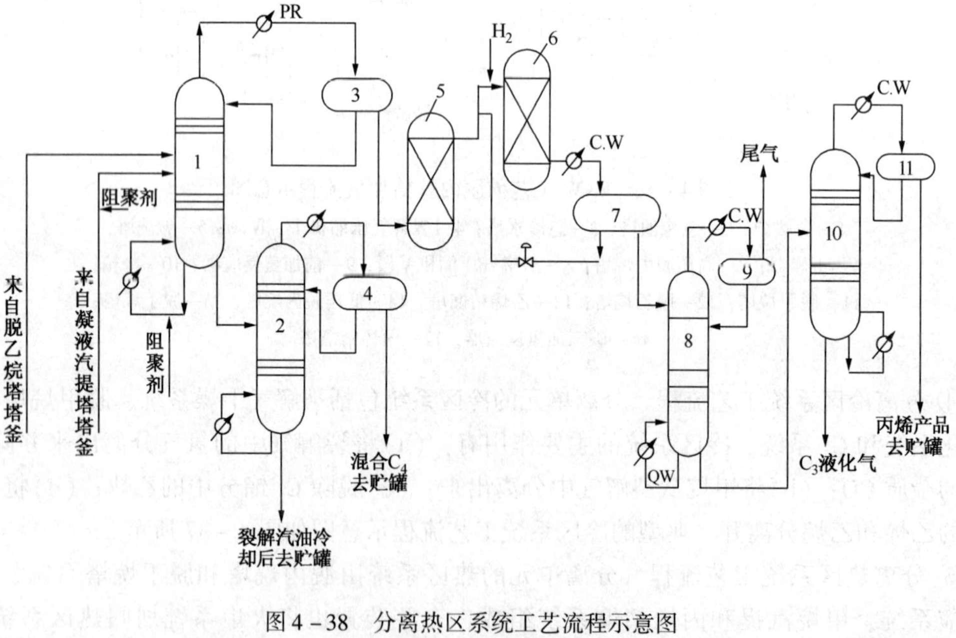

图 4 – 38 分离热区系统工艺流程示意图

1—脱丙烷塔；2—脱丁烷塔；3—脱丙烷塔回流罐；4—脱丁烷塔回流罐；5—丙烯干燥器；
6—C_3 加氢反应器；7—反应器出料分离罐；8—甲烷汽提塔；9—甲烷汽提塔回流罐；
10—丙烯精馏塔；11—丙烯精馏塔回流罐

二、分离流程中的主要评价指标

1. 乙烯回收率

现代乙烯化工厂的分离装置乙烯回收率高低对工厂的经济性有很大影响，它是评价分离装置是否先进的一项重要技术经济措标。为了分析影响乙烯回收率的因素，先讨论乙烯分离的物料平衡，见图4－39。由图可见乙烯回收率约为97%，乙烯损失有以下4处：

① 冷箱尾气(C_1^0、H_2)中带出乙烯，占乙烯总量的2.25%；

② 乙烯塔釜液乙烷中带出乙烯，占乙烯总量的0.4%；

③ 脱乙烷塔釜液C_3馏分中带出乙烯，占乙烯总量的0.284%；

④ 压缩段间凝液带出乙烯，约为乙烯总量的0.066%。

正常操作下②③④项损失是很难避免的，而且损失量也较小，因此影响乙烯回收率高低的关键是尾气带出乙烯损失。

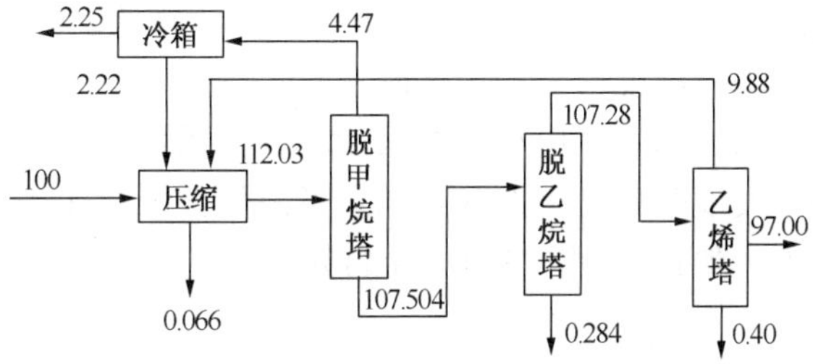

图4－39　乙烯物料平衡图

2. 能量的综合利用水平

能量综合利用决定了单位产品(乙烯、丙烯)所需的能耗，为此要针对主要能耗设备加以分析，不断改进，降低能耗提高能量综合利用水平。表4－29给出了深冷分离系统冷量消耗分配。

综合上述原因，甲烷塔和乙烯塔既是保证乙烯回收率和乙烯产品质量(纯度)的关键设备，又是冷量主要消耗所在(消耗冷量约占总数的88%)。因此，后面重点讨论脱甲烷塔和乙烯塔。

表4－29　深冷分离系统冷量消耗分配

塔　　系	制冷消耗量分配/%	塔　　系	制冷消耗量分配/%
脱甲烷塔(包括预冷)	52	其余塔	3
乙烯精馏塔	36	总计	100
脱乙烷塔	9		

三、脱甲烷塔系统

脱甲烷塔系统包括两个部分，第一部分是进料的预冷，第二部分是脱甲烷塔。在顺序分离流程中，进入脱甲烷系统的裂解气除含有氢、甲烷外，还含有C_2至C_5以上的各种烃类。深冷分离的目的就是为了将氢气、甲烷和其他组分从裂解气中逐一分离，从而获得高纯度的乙烯、丙烯等产品。为了达到此目的，并减少乙烯在甲烷中的损失，同时尽可能多地回收冷量，在脱甲烷塔系统设置了冷箱。在实际生产装置中，根据冷箱所处的位置不同，可将脱甲烷塔系统分为前冷和后冷两种流程。

脱除裂解气中的氢和甲烷是裂解气分离装置中投资最大、能耗最多的环节。在深冷分离装置中，需要在 -100℃以下的低温条件下进行氢和甲烷的脱除，其冷冻功耗约占全装置冷冻功耗的 50% 以上。

对于脱甲烷塔而言，其轻关键组分为甲烷，重关键组分为乙烯。塔顶分离出的甲烷轻馏分中的乙烯含量尽可能低，以保证乙烯的回收率，而塔釜产品则应使甲烷含量尽可能低，以确保乙烯产品质量。

1. 脱甲烷塔操作温度和操作压力

脱甲烷塔的操作温度和操作压力取决于裂解气组成和乙烯回收率。当进塔裂解气中 H_2/CH_4 为 2.36 时，如限定脱甲烷塔塔顶气体中乙烯体积分数含量 2.31%，则由露点计算塔压和塔顶温度，如图 4-40 所示。可见，当脱甲烷塔操作压力由 4.0MPa 降至 0.2MPa 时，所需塔顶温度由 -98℃降至 -141℃，塔顶温度随塔压降低而降低。如要求进一步提高乙烯回收率，则相同塔压下所需塔顶温度尚需相应下降。

为了避免采用过低的制冷温度，应尽可能采用较高的操作压力，但是随着操作压力的提高，甲烷对乙烯的相对挥发度降低，见图 4-41，当操作压力达 4.4MPa 时，塔釜甲烷对乙烯的相对挥发度接近于 1，难于进行甲烷和乙烯的分离，因此，脱甲烷塔操作压力必须低于此临界压力。

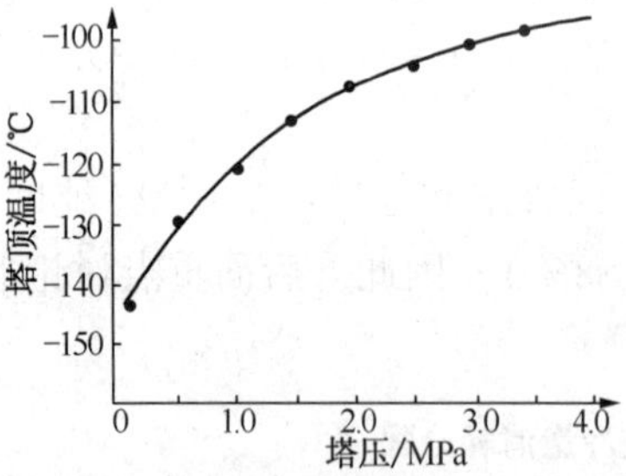

图 4-40 脱甲烷塔塔压与塔顶温度的关系

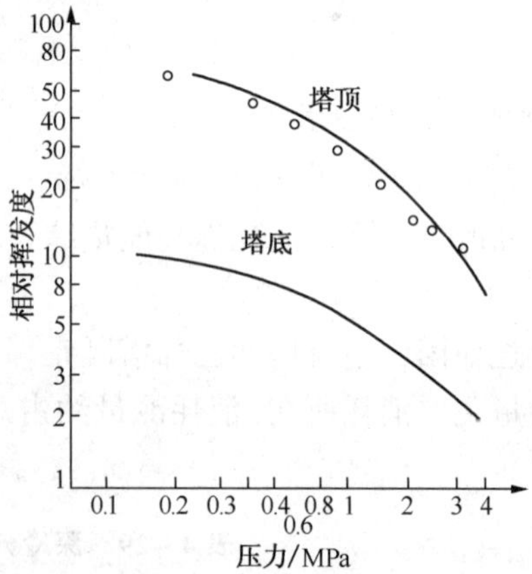

图 4-41 甲烷对乙烯的相对挥发度与压力的关系

虽然降低操作压力需要降低塔顶回流温度，但由于相对挥发度的提高，在相同塔板数之下，所需回流比降低，相比之下，降低塔压有可能降低能量消耗。工程上根据脱甲烷塔操作压力不同，可将脱甲烷过程分为高压、中压和低压。当脱甲烷塔操作压力采用 3.0～3.2MPa 时，称之为高压脱甲烷，当脱甲烷塔操作压力采用 1.05～1.25MPa 时，称之中压脱甲烷，当脱甲烷塔操作压力采用 0.6～0.7MPa 时，称之低压脱甲烷。降低脱甲烷塔操作压力可以达到节能的目的。目前大型装置逐渐采用低压法，但是由于操作温度较低，设备材质要求高，增加了甲烷制冷系统，投资可能增大，且操作复杂。

2. 原料气中(H_2/CH_4)摩尔比的影响

在脱甲烷塔塔顶，对于$H_2-CH_4-C_2H_4$三元系统，其露点方程可表示为式(4-35)。

$$\sum_{i=1}^{n} x_i = \frac{y_{(H_2)}}{K_{(H_2)}} + \frac{y_{(CH_4)}}{K_{(CH_4)}} + \frac{y_{(C_2H_4)}}{K_{(C_2H_4)}} = 1 \tag{4-35}$$

由于$K_{(H_2)}$远大于$K_{(CH_4)}$和$K_{(C_2H_4)}$，若进料中H_2/CH_4摩尔比增大，则塔顶H_2/CH_4亦同步增大，即$y_{(H_2)}$增加，$y_{(CH_4)}$下降，由于$y_{(H_2)}$增加对上式第一项影响不大，而$y_{(CH_4)}$的下降却使第二项明显下降，以至使$\sum x_i<1$，达不到露点要求，若压力、温度不变则势必导致$y_{(C_2H_4)}$上升，即乙烯损失加大。此时若要求乙烯回收率不变，则需降低塔顶操作温度。

3. 前冷工艺和后冷工艺

(1) 前冷工艺　现以某装置采用的前冷低压脱甲烷工艺为例，介绍脱甲烷塔系统的工艺流程，见图4-42。

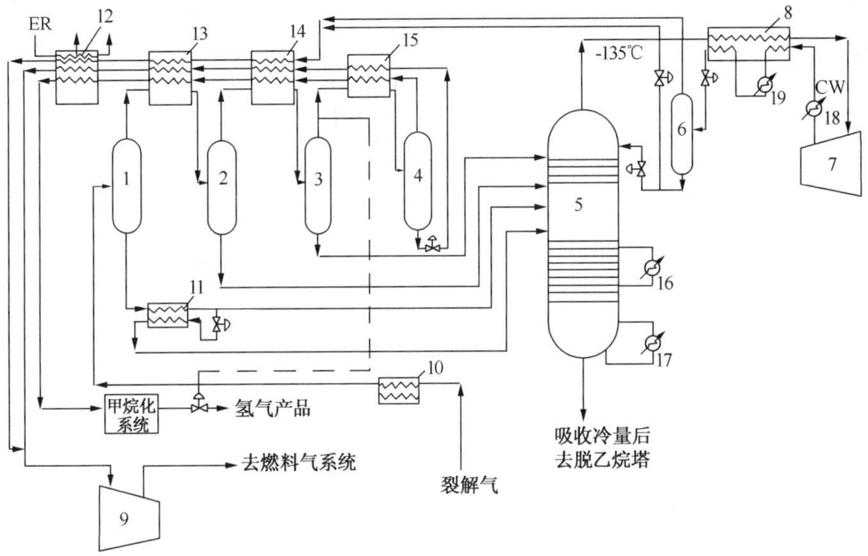

图4-42　前冷低压脱甲烷系统工艺流程示意图

1—脱甲烷塔第一进料罐；2—脱甲烷塔第二进料罐；3—脱甲烷塔第三进料罐；4—甲烷/氢气分离罐；5—脱甲烷塔；6—脱甲烷塔回流罐；7—甲烷制冷压缩机；8—甲烷制冷压缩机进出料换热器；9—燃料气压缩机；10~15—板翘式换热器；16—脱甲烷塔中间再沸器；17—脱甲烷塔再沸器；18—冷却器；19—冷凝器

由图4-42可以看出，干燥后的裂解气依次经脱乙烷塔进料、乙烯精馏塔再沸器、循环乙烷、丙烯冷剂、脱甲烷塔再沸器、乙烯冷剂等冷却冷凝到-72℃，进脱甲烷塔第一进料罐，分离出的液体经歧化自身换热后分别进脱甲烷塔，作为脱甲烷塔的第一、第二股进料；分离出的气体经冷箱和乙烯冷剂冷却冷凝到-99℃，进脱甲烷塔第二进料罐，分离出的液体进脱甲烷塔作为第三股进料，分离出的气体经冷箱和甲烷冷剂冷却到-129℃，进脱甲烷塔第三进料罐，分离出的液体进脱甲烷塔作为第四股进料，气相则通过压力来控制乙烯损失，裂解气压缩机的出口压力就是由该罐压力来确定的，分离出的气体经冷箱冷却到-167℃，进甲烷/氢分离罐，分离出的液体甲烷经节流膨胀为冷箱的诸多换热器提供冷量后，经燃料气压缩机压缩送往燃料气系统。甲烷/氢分离罐罐顶分离出高纯度的氢气，经冷箱回收冷量后进甲烷化系统。

从冷箱系统来的四股进料在脱甲烷塔中进行甲烷和 C_2 及 C_2 以上组分的分离。脱甲烷塔塔顶气体进入甲烷制冷压缩机系统，经换热、压缩、冷却冷凝后进入脱甲烷塔回流罐，回流罐中的液体一部分作为脱甲烷塔的回流，另一部分与脱甲烷塔回流罐顶部气体、脱甲烷塔塔顶气体的另一股合并后进入冷箱系统，回收冷量后汇入燃料气系统。脱甲烷塔塔釜液经塔釜出料泵加压后分成两股，回收冷量后作为脱乙烷塔的两股进料。

前冷是靠降低进料中的 H_2/CH_4 摩尔比来提高乙烯的回收率，可获得 90% 以上的富氢，作为加氢的氢源。

前冷工艺采用了逐级冷凝多股进料措施，这样可以节省大量的冷量，节省耐低温钢材，节省低温冷剂用量(高品位的冷剂)，减轻后序脱甲烷塔负荷(在进入脱甲烷塔前得以初分)。目前大型乙烯装置多采用前冷工艺。

(2) 后冷工艺　后冷是靠尾气节流降温补充制冷来提高乙烯的回收率，可获得 80% 以上的富氢，其流程如图 4－43 所示。

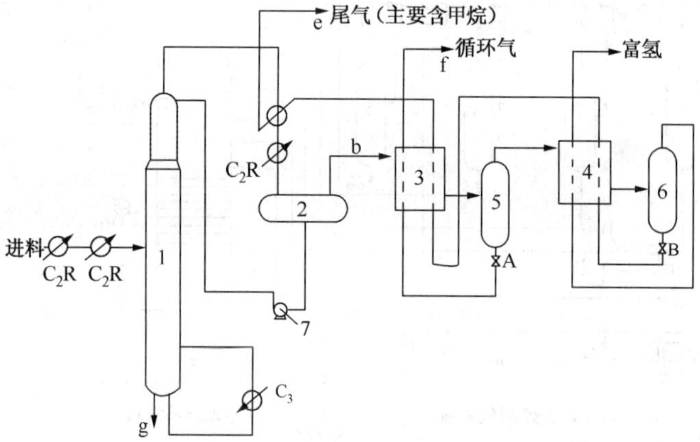

图 4－43　后冷脱甲烷塔工艺流程

1—脱甲烷塔；2—回流罐；3—第一冷箱换热器；4—第二冷箱换热器；5，6—分离罐，A、B—膨胀阀

近年 S & W 公司采用空气产品公司的分凝分离器对冷箱换热器进行了改进，形成了所谓先进回收系统(ARS)。ARS 工艺技术的核心是冷箱预冷过程中采用分凝分离器代替冷箱换热器，由于在预冷过程中增加了分凝，从而大大改善了脱甲烷塔的分离效果。

分凝分离器是在翅片板换热器中将传热与传质结合起来，在冷却过程中冷凝的液体在翅片上形成膜向下流动，与上升气流逆向接触进行传热和传质过程。由于与传统的冷箱预冷分凝过程相比，分凝分离器大大强化了传质过程，增加分凝作用(一组分凝分离器约相当 5～15 个理论塔板的分离效果)，从而使脱甲烷系统的能耗降低，处理量提高。

四、乙烯精馏塔

在深冷分离中，脱甲烷塔和乙烯精馏塔是两个非常关键的塔，对于保证乙烯收率和质量起着重要作用。由于两塔的关键组分不同，所以有很多不同之处，现对比于表4－30 中。

表 4－30 脱甲烷塔和乙烯精馏塔的对比

塔名	对乙烯产量和质量的作用	关键组分		关键组分的相对挥发度	回流比	塔板数	精馏段板数与提馏段板数之比
		轻	重				
脱甲烷塔	控制乙烯损失率	CH_4	C_2H_4	较大	较小	较少	较小
乙烯精馏塔	决定乙烯纯度	C_2H_4	C_2H_6	较小	较大	较多	较大

乙烯精馏的目的是以混合碳二馏分为原料，分离出合格的产品乙烯，并由塔釜获得乙烷。在顺序分离流程和前脱丙烷分离流程中，均以脱乙烷塔塔顶产品作为乙烯精馏塔进料（尚需在乙烯精馏塔进料前脱炔和干燥处理，前加氢脱炔除外），而在前脱乙烷分离流程中，则以脱甲烷塔釜液作为乙烯精馏塔进料。无论采用哪种分离流程，乙烯精馏塔进料均以 C_2 馏分为主，C_2 馏分含量约占 99.6%（mol）以上，另含氢气和甲烷等轻组分在 0.12% ~ 0.15%（mol）以下，丙烯等重组分在 0.1% ~0.25%（mol）以下。因此，乙烯精馏塔可以近似看作 C_2H_4 ~ C_2H_6 二元精馏系统。

由于乙烯对乙烷的相对挥发度随压力的降低而升高，在相同压力下，乙烯对乙烷的相对挥发度将随温度的升高而升高，随乙烯浓度的增加而下降，见图 4－44。

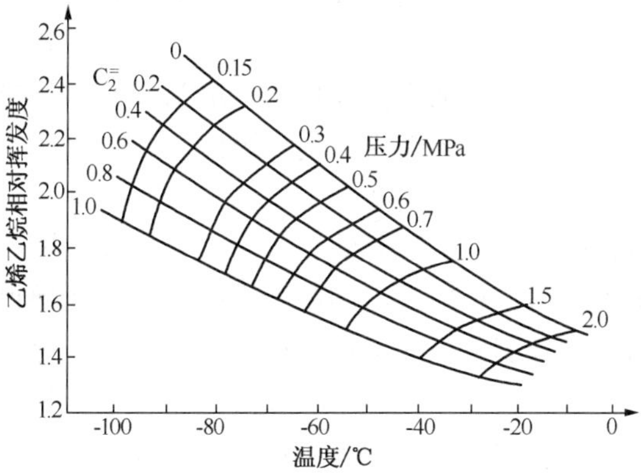

图 4－44 乙烯乙烷的相对挥发度

由图可见压力对相对挥发度有较大的影响，一般采取降低压力来增大相对挥发度，从而使塔板数或回流比降低，见图 4－45。当塔顶乙烯纯度要求 99.9% 左右时，由图 4－44 可以求得乙烯塔的燥作压力与温度的关系。例如，塔的压力分别为 0.6MPa 和 1.9MPa 时，塔顶温度由图可求得分别为 －67℃ 和 －29℃。压力低塔的温度也低，因而需要冷剂的温度低，对塔的材质要求较高，从这些方面看，压力低是不利的。压力的选择还要考虑乙烯的输出压力，

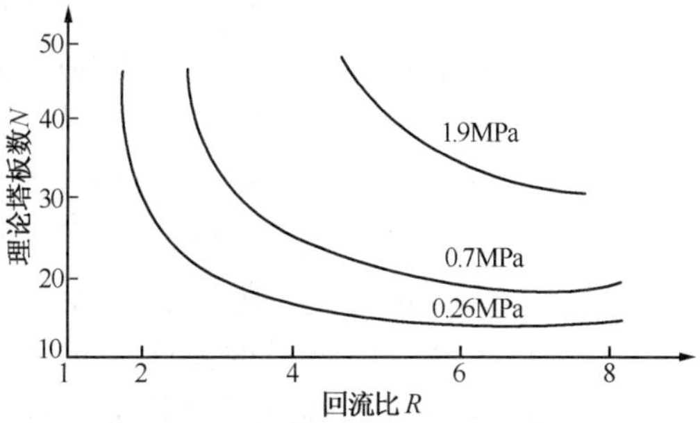

图 4－45 乙烯塔压力对回流比和理论塔板数的影响

如果对乙烯产品要求有较高的输出压力，则若选用低压操作，还要为产品再压缩而耗费功率。表4－31列出了不同操作压力时乙烯精馏塔的操作参数和功耗。

表4－31 不同操作压力下乙烯精馏塔的操作参数和功耗

项目	方案1	方案2	方案3
操作压力/MPa	0.245	0.637	1.813
塔顶温度/℃	－86	－56	－30.5
回流比	1.64	2.27	3.52
冷冻功耗/kW	2307	3304	3510
乙烯压缩功耗/kW	2621	1070	0
总功耗/kW	4928	4374	3510

装置规模按乙烯生产能力300kt/a计，高压精馏与低压精馏的过程效率大致相等，但是，高压乙烯精馏材质要求低，操作简便，总功耗低，因而目前大多数装置采用高压乙烯精馏(约2.0MPa左右)方案。

目前世界上不同的专利商采用不同的分离流程，其中乙烯精馏可归纳为低压开式热泵流程和高压乙烯精馏工艺流程。

(1) 低压乙烯精馏 低压乙烯精馏塔操作压力一般为0.5～0.8MPa，此时塔顶冷凝温度为－50～－60℃，塔顶冷凝器需要乙烯作为冷剂。因此，当采用低压精馏时，乙烯精馏塔均与乙烯制冷系统组成开式热泵，见图4－30。

采用开式热泵系统时，如采用后加氢脱炔工艺，一般需设置第二脱甲烷塔，否则，氢和甲烷等轻组分进入乙烯精馏塔后，可能在乙烯制冷系统中积累而导致乙烯压缩机超压。若不设置第二脱甲烷塔，除需严格控制脱甲烷塔塔釜甲烷含量之外，应在脱炔后设置一定的轻组分脱除设施，以避免轻组分带入乙烯精馏系统后在乙烯制冷系统积累。

由于乙烯对乙烷的相对挥发度随乙烯浓度的增加而下降，因此在精馏段内乙烯浓度增加十分缓慢。乙烯浓度要求越高，乙烯与乙烷的分离越困难。

(2) 高压乙烯精馏 高压乙烯精馏塔操作压力一般为1.9～2.3MPa，相应塔顶温度为－23～－35℃，乙烯精馏塔塔顶冷凝器使用丙烯冷剂即可。采用高压乙烯精馏时，一般均不设置第二脱甲烷塔。此时，多在乙烯精馏塔侧线采出乙烯产品，塔顶采出含氢、甲烷的不凝气返回裂解气压缩机。

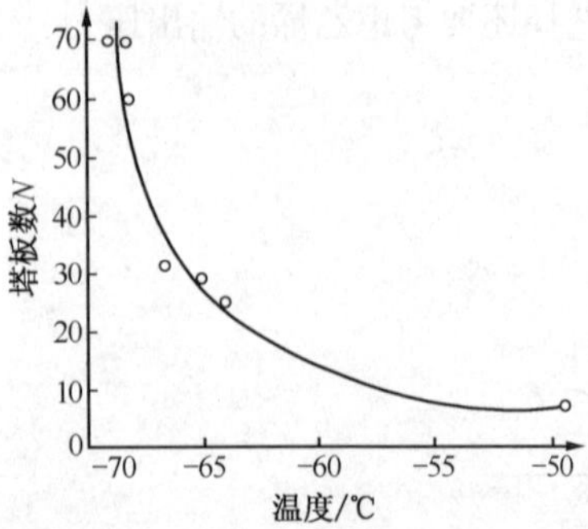

图4－46 乙烯塔温度分布

由于乙烯精馏塔操作温度较低，回流比较大，因此由再沸器和中间再沸器可回收相当的冷量。

(3) 乙烯精馏塔的节能与改进 在低压和高压精馏塔中，甲烷在精馏段出现一个恒浓区，说明在此区域内塔板对甲烷几乎没有分离效果，只是在侧线采出后甲烷浓度才明显增加。因此，即使在侧线采出的乙烯精馏塔中，一旦进料中甲烷含量超过规定值，乙烯产品中甲烷含量也将会升高。

乙烯塔沿塔板的温度分布和组成分布不是线性关系。图4－46是乙烯塔温度分布的实际生产数据，加料板为第29块塔板。由图可见在提馏段温度变化很大，即乙烯在提馏段中沿塔板向下，乙烯的浓度下降很快，而在精馏段沿塔板向上温度下降很少，即乙烯浓度增大较慢。因此乙烯塔与脱甲烷塔不同，乙烯塔精馏段塔板数较多，回流比较大。

较大的回流比对乙烯精馏塔的精馏段是必要的，但是对提馏段来说并非必要。为此近年来采用中间再沸器的办法来回收冷量，可省冷量约17%，这是乙烯塔的一个改进。例如，乙烯塔压力为1.9MPa，塔底温度为-5℃时，我们可在接近进料板处提馏段设置中间再沸器，引出物料的温度为-23℃，它用于冷却分离装置中某些物料，相当于回收了-23℃温度级的冷量。

乙烯进料中常含有少量甲烷，分离过程中甲烷几乎全部从塔顶采出，必然要影响塔顶乙烯产品的纯度，所以在进入乙烯塔之前要设置第二脱甲烷塔，脱去少量甲烷，再作为乙烯塔进料。近年来，深冷分离流程不设第二脱甲烷塔，在乙烯塔塔顶脱甲烷，在精馏段侧线(从塔顶数约第八块塔板处)采出产品乙烯，一个塔起两个塔的作用，由于乙烯塔的回流比大，所以脱甲烷作用的效果比设置第二脱甲烷塔还好，既节省了能量，又简化了流程。一般乙烯精馏塔塔板数为70~110块，回流比2~9，相对挥发度约1.7左右，两塔串联，表4-32列出了某些乙烯精馏塔的操作条件和塔板数。

表4-32　某些乙烯精馏塔的操作条件和塔板数

工厂	塔压/MPa	顶温/℃	底温/℃	回流比	乙烯纯度/%	实际塔板数		
						精馏段	提馏段	总板数
某小厂	2.1~2.2	-27.5	10~20	7.4	≥98	41	50	91
A厂	2.2~2.4	-18	0	9	≥95	41	32	73
B厂	0.6	-70	-43	5.13	≥99.5			70
C厂	0.57	-69	-49	2.01	≥99.9	41	29	70
D厂	2.0	-32	-8	3.73	≥99.9			119

五、丙烯精馏塔

丙烯精馏塔也是产品塔之一，其操作的好坏直接影响到丙烯产品的质量和收率，同时丙烯又是制冷剂，影响到制冷循环。丙烯与丙烷的相对挥发度接近1，非常难分，丙烯精馏塔是乙烯厂中回流比最大、塔板数最多、塔最高的一个，经常采用两塔或三塔串联使用。

在顺序分离流程和前脱乙烷分离流程中，由脱乙烷塔塔釜获得含有丙烯、丙烷、丙炔的C_3馏分，而在前脱丙烷分离流程中则由脱丙烷塔塔顶获得这样的C_3馏分。由脱丙烷塔塔顶或脱乙烷塔塔釜所得C_3馏分可直接送至丙烯精馏塔，通过精馏方法而获得化学级或聚合级的丙烯产品。此时，丙烯精馏塔塔釜丙烷产品中含有大量炔烃，既不宜直接作为民用液化气使用，也不适宜返回裂解炉循环裂解。在采用前加氢脱炔时丙二烯和甲基乙炔的转化率分别只能达到20%和80%，相当部分丙炔未能转化，此时丙烯精馏塔塔釜丙烷产品中炔烃含量仍相当可观。实际上，绝大多数生产厂均在丙烯精馏之前设置C_3馏分加氢脱炔系统，待脱除炔烃后再送入丙烯精馏塔，由此可使丙烯精馏塔塔釜丙烷产品中炔烃含量控制在0.1%以下。

由于丙烯对丙烷相对挥发度很低，因而塔板数较多，回流比较大。早期，为降低回流比，相应采用较低操作压力，为节省能耗，不少装置采用热泵流程。近期，由于广泛采用急冷水加热丙烯精馏塔再沸器，既节省能耗，又简化了工艺流程。

图 4－47 为高压丙烯精馏流程示意图，其中图 4－47(a) 为常规的工艺流程。塔顶为水冷却，塔釜为急冷水加热。在轻烃裂解装置中，急冷水提供的热量有限，可能不能满足丙烯精馏塔塔釜加热的需要。此时，除用急冷水加热再沸器外，尚需设置低压蒸汽加热的再沸器，以满足塔釜所需的加热量。为减少蒸汽用量，还可增加急冷水加热的中间再沸器，如图 4－47(b) 所示。

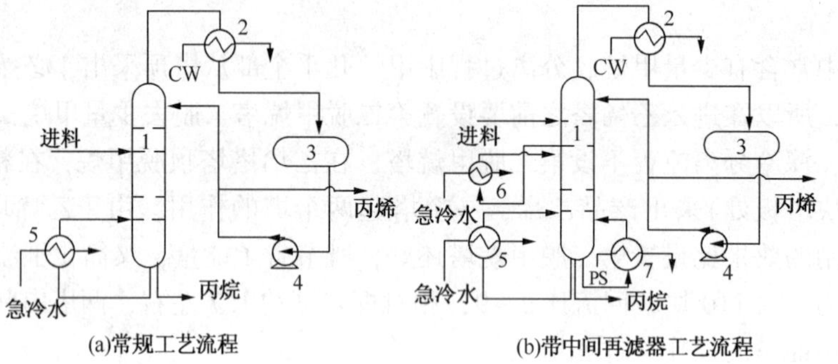

图 4－47 高压丙烯精馏工艺流程

1—丙烯精馏塔；2—塔顶冷凝器；3—回流罐；4—回流泵；
5、7—塔釜再沸器；6—中间再沸器

有些装置为了尽量回收丙烯精馏塔塔釜液中的丙烯，采用双塔丙烯精馏工艺，增设了丙烷精制塔。图 4－48 为双塔丙烯精馏系统的工艺流程简图。

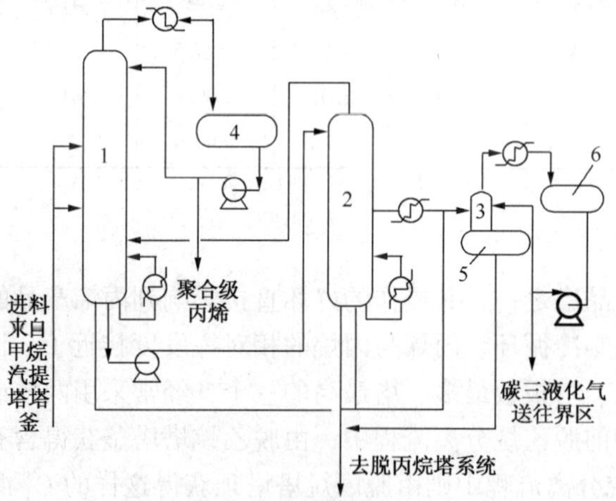

图 4－48 双塔丙烯精馏系统的工艺流程简图

1—丙烯精馏塔；2—丙烷精制塔；3—C_3 液化气再蒸塔；
4、6—回流罐；5—C_3 液化气再蒸塔再沸器

六、脱丙烷塔和脱丁烷塔系统

在顺序深冷分离流程中，脱丙烷塔的进料一般有两股，一股来自脱乙烷塔釜液进入塔中上部，另一股来自凝液汽提塔釜液进入塔中下部，塔釜再沸器热源一般为低压蒸汽，塔顶冷凝器由丙烯冷剂提供冷量。脱丙烷塔塔顶控制 C_4 含量，采出 C_3 馏分，经干燥后进 C_3 加氢系统；塔釜控制 C_3 含量在规定指标内，采出 C_4 及更重馏分作为脱丁烷塔的进料。脱丁烷塔

塔釜再沸器热源为低压蒸汽，塔顶冷凝器由循环水提供冷量。塔顶控制 C_5 含量，采出副产品混合 C_4，经泵送出界区；塔釜控制 C_4 含量，采出的裂解汽油和汽油汽提塔塔釜的裂解重汽油汇合并经循环水冷却后去界区。脱丙烷塔和脱丁烷塔系统的工艺流程示意图见图4－49。

在脱丙烷流程中，为节省冷冻功耗，早期的脱丙烷塔系统多采用高压脱丙烷。但由于塔釜温度较高，提馏段及塔釜再沸器易发生双烯烃的聚合结垢，造成塔的堵塞。为避免温度过高而形成的聚合物结垢和堵塞问题，同时达到节省冷冻功耗的目的，一些装置采用了双塔脱丙烷工艺流程。图 4－49 是采用双塔脱丙烷工艺的脱丙烷塔和脱丁烷塔系统的流程示意图。

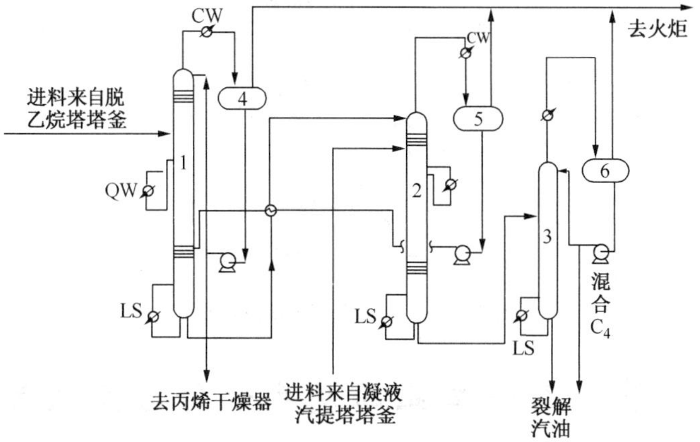

图 4－49　双塔脱丙烷工艺的脱丙烷塔和脱丁烷塔系统流程示意图

1—高压脱丙烷塔；2—低压脱丙烷塔；3—脱丁烷塔；4、5、6—回流罐

如图 4－49 所示，脱乙烷塔釜液送入高压脱丙烷塔，塔顶冷凝器为水冷，冷凝液一部分作为塔顶回流，另一部分送至 C_3 加氢反应系统。塔釜用低压蒸汽加热，为减少加热蒸汽用量，设置了用急冷水加热的中间再沸器。塔釜液经换热冷却后送入低压脱丙烷塔塔顶，低压脱丙烷塔的另一股进料为凝液汽提塔釜液。低压脱丙烷塔顶采出的气体先后经过水冷却器和丙烯冷凝器冷却、冷凝后进入回流罐，回流罐中的冷凝液经与高压脱丙烷塔釜液换热后返回高压脱丙烷塔下部；低压脱丙烷塔釜液则送入脱丁烷塔。为避免过多 C_3 馏分带入脱丁烷塔而使该塔塔压升高，低压脱丙烷塔塔釜应控制 C_3 馏分含量在 0.5%(mol)以下。

七、中间冷凝器和中间再沸器

对于顶温低于环境温度，而且顶底温差较大的精馏塔，如在精馏段设置中间冷凝器，可用温度比塔顶回流冷凝器稍高的较廉价的冷剂作为冷源，以代替一部分塔顶原来用的低温级冷剂提供的冷量，可节省能量消耗。同理，在提馏段设置中间再沸器，可用温度比塔釜再沸器稍低的较廉价的热剂作热源，同样也可节约能量消耗。至于脱甲烷塔等低温塔，塔底温度仍低于常温，这时塔釜再沸器本身就是一种回收冷量的手段。如在提馏段适当位置设置中间再沸器，就可回收比塔底温度更低的冷量。

对于一般精馏过程，只在精馏塔两端(塔顶和塔釜)对塔内物料进行冷却和加热，可视为绝热精馏。而在塔中间对塔内物料进行冷却和加热的，则称为非绝热精馏，设有中间再沸器和中间冷凝器的精馏塔即为非绝热精馏的一种。

在精馏塔中设置中间冷凝器、中间再沸器的流程如图 4-50 所示。中间冷凝器和中间再沸器的设置，在降低塔顶冷凝器和塔釜再沸器负荷的同时，会导致精馏段回流和提馏段上升蒸气的减少，故要相应增加塔板数，从而增加设备投资。目前脱甲烷塔的中间再沸器也有的直接设置于塔内，回收提馏段冷量，并已为许多大型装置采用。

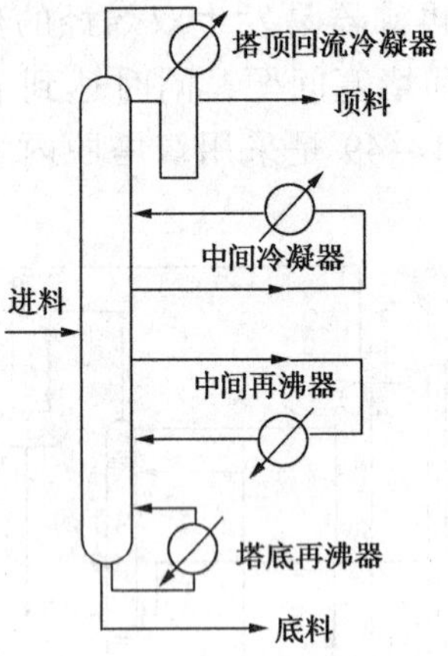

图 4-50　非绝热精馏塔示意图

第八节　乙烯工业的发展方向与技术展望

1. 乙烯建设规模向大型化发展

在经济全球化、石化市场竞争激烈的形势下，一些大的石化公司着眼于未来，着眼于竞争优势，正在加紧建设一批年产乙烯 800kt、900kt、甚至 1200kt 的大型乙烯装置。

裂解技术的发展正在走向成熟，裂解炉和乙烯装置的规模沿着大型化的方向迈进。就裂解炉的单炉生产能力从 30kt/a 发展到 40kt/a、60kt/a、75kt/a、90kt/a、120kt/a 和 140kt/a。就乙烯装置而言，20 世纪 60 年代的经济规模是 200kt/a、，70 年代是 300kt/a，80 年代是 450kt/a，90 年代是 600kt/a，而 21 世纪是 800 ~900kt/a。

2. 生产技术研究开发

（1）KBR 和埃克森联合推出的乙烯新技术　Kellogg Brown & Root（KBR）公司计划将具有几种技术特点的选择性裂解优化回收乙烯工艺结合起来并实现了工业化。该工艺将埃克森化学公司目前尚未发放商业许可证的 LRT 裂解炉技术，与 KBR 公司的裂解技术相结合，提高了乙烯收率和选择性，并降低了投资费用，能灵活地在同一个裂解炉中选择裂解乙烷和石脑油。将埃克森公司的 LRT 工艺和 KBR 公司的裂解炉设计相结合，可以使年产 1000kt 乙烯生产厂的裂解炉数量从 9 ~10 个减少到 5 ~6 个。

（2）新的工艺技术：

① ALCET 技术　1995 年 Brown&Root 推出了先进的低投资乙烯技术（ALCET），采用溶剂吸收分离甲烷工艺，是对原有的油吸收进行改进，与目前加氢和前脱丙烷结合起来，除去 C_4 和 C_4 以上馏分之后，再进行油吸收脱甲烷系统，从甲烷和较轻质组分中分离 C_2 以上组分，它无需脱甲烷塔和低温甲烷、乙烯制冷系统，对乙烯分离工艺做出了较大的改进，无论对新建乙烯装置和老装置的扩建都有一定的意义。

② 膜分离技术　我国专家于20世纪80年代，Kellogg公司于1994年提出了将膜分离技术用于乙烯装置中，用中空纤维膜从裂解气中预分离出部分氢，从而使被分离气体中乙烯及较重组分的浓度显著提高，因而减少了乙烯制冷的负荷，并使原乙烯装置的生产能力得以提高。

③ 催化精馏加氢技术　Lummus公司提出的催化加氢是将加氢反应和反应产物的分离合并在一个精馏塔内进行，在该塔的精馏段内，填充部分或全部的催化剂填料，该催化剂填料既能达到选择性催化加氢的目的，又能同时起到分离的作用。催化精馏加氢技术在乙烯装置中主要用于C_3馏分中丙炔与丙二烯的选择性加氢，C_4馏分选择性或部分加氢，C_4与C_5混合馏分全加氢以及裂解汽油的选择性或全加氢等工艺中。

(3) 抑制裂解炉结焦技术　裂解炉结焦会降低产物收率，增加能耗消耗和缩短炉管寿命。为了抑制结焦，近几十年来，在裂解炉设计和操作方面做了很大的改进，具体如下。

① 使用涂覆技术降低炉管结焦　Westaim表面工程产品公司的Cotalloy技术采用等离子体和气相沉积工艺使合金和陶瓷相结合，并经过表面热处理后形成涂层。该公司1997年开始在KBR公司裂解炉的一组炉管上采用Cotalloy技术。炉管基材是35Cr45Ni，进料为95%乙烷，稀释蒸汽比为0.35，转化率保持在70%。试验一年后发现，相对而言，该公司没有涂层的炉管压降增加2.5倍的话，则有涂层的炉管压降平均才增加0.9倍。1999年初该公司把所有炉管都更换为Westaim炉管，并将转化率提高到了80%，以利用结焦低来提高产量，降低操作费用。Westaim公司在埃德蒙顿的大型炉管生产厂已投产，预计对10家乙烯生产商的裂解炉进行改造。

② 使用结焦抑制剂的方法　使用结焦抑制剂所获得的经验表明，加抑制剂的方法及措施，是成功和安全地抑制结焦的关键因素。

FSI公司(Forest StarIn ternational)设计了一种新装置并在俄罗斯的六套乙烯装置中进行实际应用。操作经验已经表明，通过采用FSI装置后，两次清焦操作时间的运行期增加了3倍，由原来的45天清焦一次费时100h到现在的每135天费时2~4h。从1997年4月开始至今，还没有一个安装了FSI装置的裂解炉由于紧急更换炉管而停止运转。

综上所述，由于烃类热裂解生产烯烃技术在整个化学工业中所占有举足轻重的地位，使得国内外化学工作者对其新工艺、新设备的研究、新材料的应用，过程的优化配置等诸方面都给予了极大关注，并不断有新的技术出现，越来越受到人们的重视。

(4) 重油、渣油催化裂解制乙烯技术　催化裂解(DCC)和催化热裂解(CPP)技术，其中DCC技术的工业化装置已经运行，CPP技术的工业化试验也已完成。重油直接裂解制乙烯的HCC技术已在实验应用，而渣油裂解制乙烯技术也在研究中。

(5) CO_2制乙烯技术　以CO_2为原料，通过CO_2加氢合成低碳烯烃的研究具有重要的意义。它不但开辟了获得低碳烯烃的新途径，也从某种程度上缓解了CO_2对环境的不良影响。此研究课题正日益引起人们的关注。

(6) 甲烷氧化偶联制乙烯技术　甲烷通过合成气转化，在能量利用上是很不经济的，将甲烷直接氧化脱氢生成乙烯，摆脱造气工序，无疑具有巨大的经济效益。此研究方向近年来一直受到国内外的重视。

3. 乙烯装置新技术

乙烯装置经过几十年的发展，基本上形成了以顺序分离、前脱乙烷和前脱丙烷三大流程为主的乙烯生产工艺。近年来，在乙烯装置整体工艺流程方面没有很大变化，但在局部系统和设备上的改进一直没有停止过，新的技术、设备和工艺不断涌现。下面列举近年来国内外乙烯装置已采用或正在试验的一些相对较新的技术。

（1）裂解炉方面

① 大型裂解炉技术　在乙烯装置上应用大型裂解炉可有效降低设备投资，减少设备数量，从而减少操作和设备维护费用及工作量。目前中国石化和鲁姆斯公司合作设计的100kt/a裂解炉（SL-I型）已在国内多家乙烯装置上应用。国外的林德、斯通-韦伯斯特、鲁姆斯和荷兰国际动力学技术公司等公司都可设计能力为100kt/a以上的大型裂解炉，有的甚至达到280kt/a，在技术上也各有特点。

② 裂解炉结焦抑制技术　结焦是困扰乙烯装置长周期运行和影响乙烯生产的老问题。抑制乙烯裂解炉结焦即可提高裂解炉效率，增加乙烯收率，提高转化率和炉管使用寿命，降低维修成本。目前国内外延长裂解炉运行周期方面开展的研究很多，已有很多相关的新技术在进行工业应用，主要集中在以下三个方面。

一是炉管构件形式，如国外的MERT炉管、国内由沈阳金属研究所和北京化工研究院研制的扭曲片管，梅花形炉管等，其原理都是提高炉管的传热强度和传热效率，降低管壁温度，但这类技术的应用实例较少。

二是采用炉管涂层技术，如：(a)陶氏化学加拿大公司推出称为CCA-500的抗垢剂，使雪佛龙-菲利浦斯化学公司蒸汽裂解的结焦和CO生成量大大减少；(b)阿托菲纳和Technip公司也推出裂解炉用新型抗垢剂-CLX添加剂，裂解炉清焦后可在现场通入蒸汽在线形成涂层；(c)日本大同钢铁公司和壳牌公司联合开发了乙烯裂解装置内壁涂层的反应炉管；(d)美国Aeron表面技术公司也开发了裂解炉管内壁改性技术。

三是注入结焦抑制剂，这类技术应用最多，相应的结焦抑制剂种类也很多，如有机磷系结焦抑制剂、CCA-500结焦抑制剂、国内有北京化工研究院研制的结焦抑制剂、华东理工大学研制的阻焦强化剂等。

③ 裂解炉空气预热器　裂解炉空气预热器是利用温度较高的剩余蒸汽、凝液和急冷水等装置废热预热裂解炉底部烧嘴的空气，提高空气温度，改善烧嘴燃烧效果，降低炉子燃料消耗，从而提高裂解炉的热效率，达到节能的目的。该技术具有以下特点：(a)回收凝液携带的热量；(b)提高燃料气燃烧效率；(c)消除高温凝液因闪蒸产生的汽液两相流冲刷管线现象；(d)提高了裂解炉的热效率，降低了燃料气的消耗。

④ 声波吹灰技术　声波吹灰是利用了声学、振动学和疲劳学等学科的原理，利用声波吹灰器将声能通过谐振管馈入炉内，使炉内被污染受热面附近的流场发生改变，进而改变灰粒的受力，通过声能量的作用使这些区域中的空气分子与灰、渣粒子产生振荡，灰粒子间相互碰撞，使灰粒难以在受热面沉积或停留，以便被烟气流带出，达到清灰的目的。

用声波清灰，声波作用可以达到整个空间，能在炉内产生混响，不留死角，建立均衡的能量场，空气与壁面对声波吸收小，有效清灰区域大，不会产生对设备有腐蚀作用的湿气，可避免在管子表面产生腐蚀和破坏。

⑤ 异型炉管　20世纪80年代中期以来，国外许多公司研究推出了采用不同结构的异形管，或在圆管内外增加强化传热构件来提高炉管传热速率的新型炉管构型，这些新炉管有些在工业上已经应用，并获得了良好的效果。

⑥ 扭曲片管　扭曲片管是一种管内带有扭曲片管的精密整铸管，该扭曲片管可以强迫裂解炉管内的流体从原来的柱塞流改变成旋转流，对炉管管壁有一个强烈的横向冲刷作用，从而减薄边界滞留层，减缓管壁的结焦趋势，达到强化传热、延长裂解炉运转周期的目的。

扭曲片管采用分段加入法，与国外的整根炉管或整程炉管在强化传热方面有较大差别。由于扭曲片管只占整体炉管的一小部分，因此它比其他方法的制造成本要低得多，仅在辐射段炉管的某个部位加入一小段或几小段强化传热构件，辐射段炉管阻力降增加的很小，不会对裂解炉的运行产生不利影响。

⑦ 燃气轮机的应用　乙烯装置应用燃气轮机是一项重要的节能措施，燃气轮机排出的烟气温度约500℃，氧含量约16%，可作为裂解炉的助燃空气。采用该技术可节省(2.1～4.2)$\times 10^6$kJ/t 乙烯的能耗。

⑧ 陶瓷炉管　工艺温度超过1000℃、乙烷转化率超过95%的高温陶瓷炉，而常规装置乙烷转化率为65%～70%。这种陶瓷裂解炉已进行了中试规模试验，目前该工艺将准备进入示范阶段，如果低结焦率得到进一步证实，那么陶瓷裂解炉工艺的优势会更为明显。

(2) 压缩和制冷方面

① 二元制冷技术　混合制冷技术是用多种不同的制冷介质(如甲烷、乙烯、丙烯等)的混合物为制冷剂进行制冷，可代替传统的丙烯和乙烯复叠制冷。采用混合制冷工艺可以简化工艺流程、减少设备数量、降低投资和制冷压缩机的功耗，减少设备占地，对于装置改造更具优势。

② 三元制冷技术　乙烯装置传统的制冷一般是乙烯和丙烯的复叠制冷，最低温部分用膨胀机或甲烷压缩机来提供冷量。

三元冷剂的设计组成为氢气 0.11mol%、甲烷 8.99mol%、乙烯 8.30mol%、丙烯 82.6mol%。

③ 压缩机涂层系统　压缩机涂层系统已成功应用于转子和隔板，可防止压缩机转动部件聚合物黏结成垢。该涂层系统包括一层牺牲阳极层、两层缓蚀层和一层屏蔽层，使用温度可达260℃，峰值使用温度可高达315℃。采用此涂层后可停用或大大减少冲洗油的使用，亦可延长运行时间、减少维护费用、保持压缩机效率，经过对比试验，结垢速度可降低40%，涂层成本回收期约为1年。

(3) 其他方面

① 新急冷油减黏工艺　在乙烯装置中设置急冷油减粘系统可以降低循环急冷油(QO)黏度，提高汽油分馏塔塔釜温度，从而提高急冷油的热量回收，达到节能的目的。乙烯装置上减黏塔的设计一般是采用某种汽提介质将裂解燃料油中的含芳烃较多的中间馏分(馏程范围在280～330℃)汽提出来，返回急冷油中，达到控制QO黏度的目的。

② 新的分离流程　目前，正在开发前脱 C_5 前加氢流程，该流程采用的先进系统包括：前脱 C_5 前加氢催化精馏系统、低压激冷系统、分凝分馏塔系统、高压单塔脱丙烷系统、三元混合制冷系统、烯烃转化系统。这种新的分离流程特点为流程简单、设备数量少、投资低，与常规的顺序分离流程相比，可节省设备约40台，节省投资约10%。目前该技术正在进行工业试验，还没有实际工业应用。

思 考 题

4－1　解释烷烃、环烷烃及芳烃裂解反应规律，造成裂解过程结焦生炭的主要反应有哪些？

4-2 根据反应的标准吉布斯函数变和键能如何判断裂解反应的难易、可能断裂的位置和裂解产物？

4-3 按自由基机理预测丙烷、正丁烷、正戊烷在800℃、900℃、1000℃等温度下裂解的一次反应产品质量分布，并分别计算丙烯的选择性。

4-4 裂解原料有哪些性能指标？分析这些性能指标对裂解结果的影响。

4-5 提高反应温度的技术关键在何处？应解决什么问题才能最大幅度提高裂解温度？

4-6 在原料确定的情况下，从裂解过程的热力学和动力学出发，为了获取最佳裂解效果，应选择什么样的工艺参数？为什么？

4-7 影响热裂解的主要因素有哪些？评价裂解过程优劣的目标函数(指标)是什么？

4-8 在裂解过程中加入水蒸气的作用是什么？试分析稀释剂加入量确定的原则。

4-9 某原料裂解时，水蒸气稀释度 $q=0.6$，进口处总压为0.05MPa(表)，进口处烃分压为0.06MPa，估算原料烃的相对分子质量。

4-10 画出4-2-2-1、4-4-2-1型炉管，并说明各数字及符号的意义。

4-11 Lummus公司的SRT型裂解炉由Ⅰ型发展到Ⅵ型，它的主要改进是什么？你大胆设想一下，下次该朝哪改？

4-12 裂解气出口急冷操作的目的是什么？可采取的方法有几种？你认为哪种好？为什么？

4-13 裂解气中要严格控制的杂质有哪些？这些杂质存在的害处是什么？用什么方法除掉这些杂质？

4-14 裂解气为什么采用多级压缩？确定段数的依据是什么？

4-15 裂解气自25℃，0.10MPa(绝压)压缩到3.5MPa(绝压)，要求压缩机出口温度不能高于100℃，问至少需要几级压缩？压缩机出口温度为多少？(取绝热指数 $k=1.228$)

4-16 裂解气的三种典型分离流程各不相同，其共同点是什么？

4-17 画出后冷后加氢顺序深冷分离流程。要求画出碱洗、干燥、压缩及各主要塔设备，并注明各塔顶、底产品名称。

4-18 画出前冷前加氢前脱乙烷深冷分离流程。要求画出碱洗、干燥、压缩及各主要塔设备，并注明各塔顶、底产品名称。

4-19 画出后冷前加氢前脱丙烷深冷分离流程。要求画出碱洗、干燥、压缩及各主要塔设备，并注明各塔顶、底产品名称。

4-20 何种情况下采用中间冷凝器和中间再沸器？

4-21 根据本章所学知识，试设计一个简单的流程表述烃类热裂解从原料到产品所经历的主要工序及彼此的关系。

4-22 近年来乙烯工业的主要发展方向和研究开发的热点是什么？

第五章　烯烃系列产品

乙烯、丙烯是最重要的烯烃，由其合成的主要产品及其产品的主要用途如图 5－1、图5－2所示。

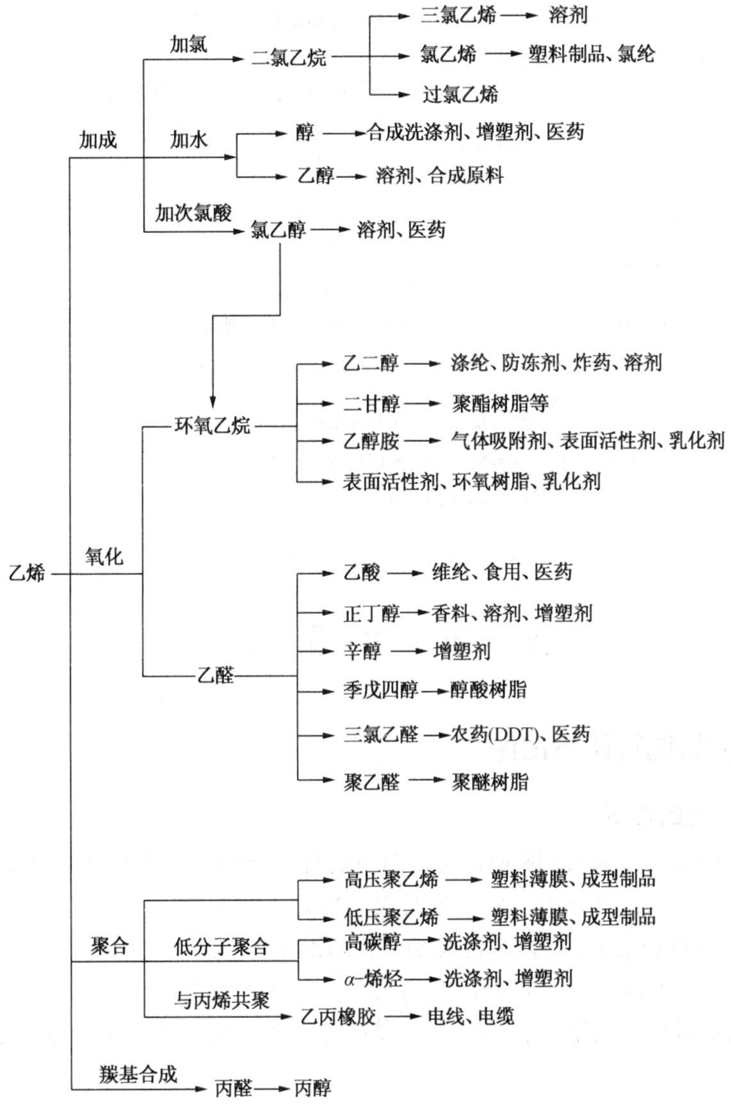

图 5－1　乙烯合成的产品及其产品的主要用途

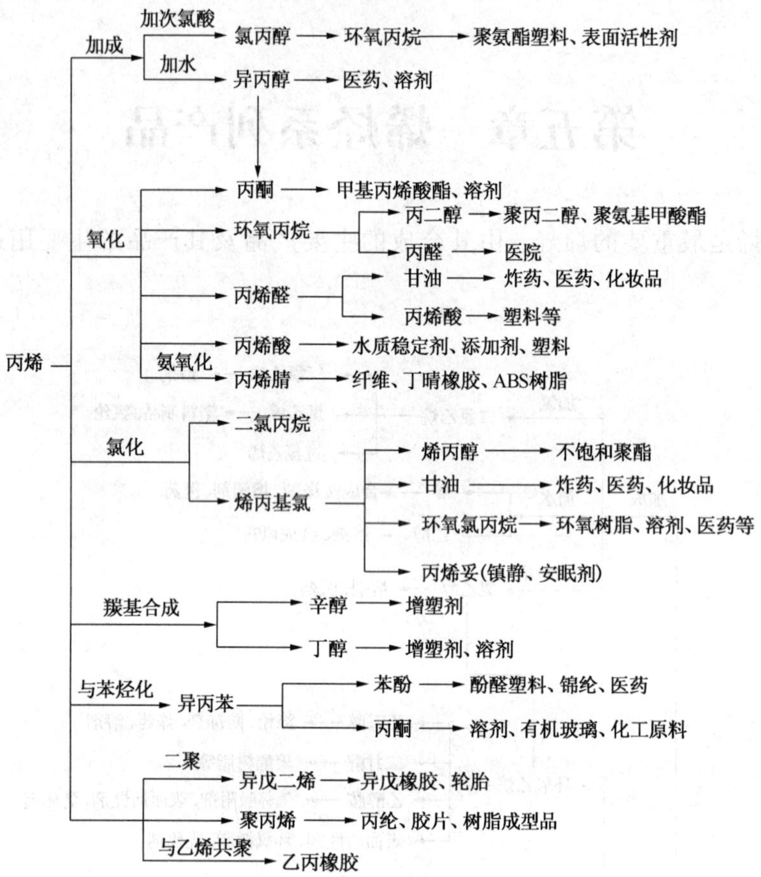

图5-2 丙烯主要产品和用途

第一节 环氧乙烷

一、环氧乙烷的性质与用途

(一) 环氧乙烷的性质

环氧乙烷又称氧化乙烯(简称EO)是最简单的环氧化物，在常温下为无色的气体，沸点10.4℃，有乙醚的气味，可与水、醇、醚及大多数有机溶剂以任意比例混合，在空气中的爆炸范围为2.6%~100%(体积)。环氧乙烷是一种高毒性物质，空气中允许的含量为100μg/g，吸入环氧乙烷能引起麻醉中毒。环氧乙烷易自聚，尤其当有铁、酸、碱、醛等杂质或在高温下更是如此，自聚时放出大量热，甚至发生爆炸，因此存放环氧乙烷的储槽必须清洁，并保持在0℃以下。

(二) 环氧乙烷的用途

环氧乙烷是乙烯产品中的第三大品种，仅次于聚乙烯和苯乙烯。世界各国环氧乙烷的最大应用领域都首先是生产乙二醇(包括二乙二醇和三乙二醇)，其次才是生产表面活性剂、乙醇胺、乙二醇醚、聚醚多元醇等其他产品，见图5-3。我国环氧乙烷主要用于生产乙二醇，商品环氧乙烷主要用作生产非离子表面活性剂、乙醇胺、乙二醇醚、聚氨酯、聚醚等。其他应用主要包括聚乙二醇、聚醚多元醇、氯化胆碱、乙氧基化合物等。

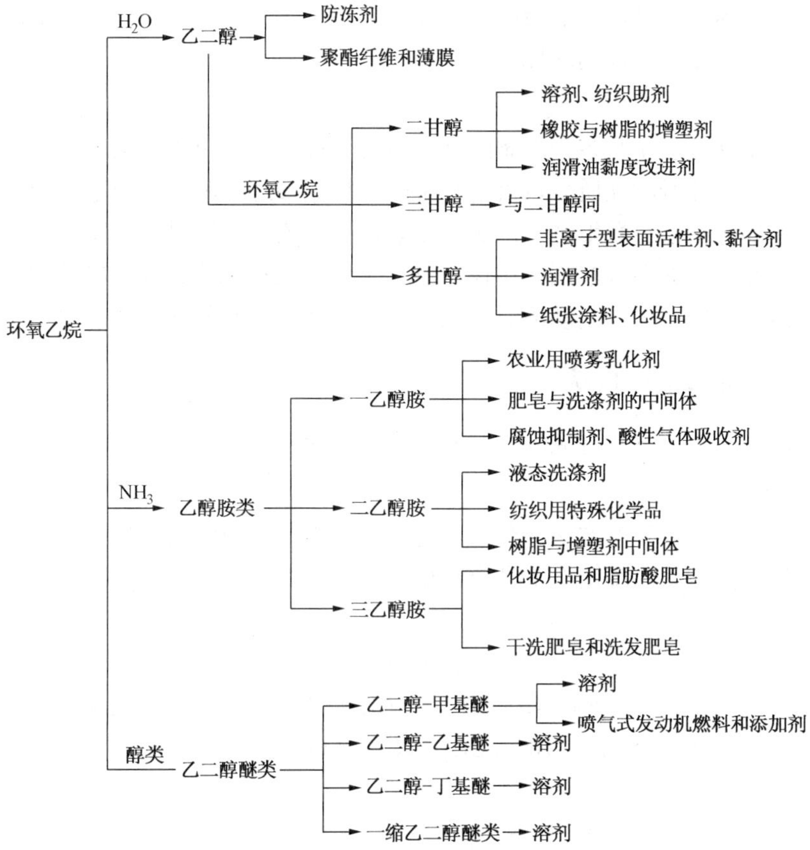

图 5－3　环氧乙烷及其衍生物的用途

1. 乙二醇系列

环氧乙烷的最主要用途是生产乙二醇。乙二醇是一种重要的石油化工基础有机原料，用于生产聚酯纤维、防冻剂、不饱和聚酯树脂、润滑剂、增塑剂、非离子表面活性剂以及炸药等。世界环氧乙烷生产装置几乎全部配套生产乙二醇。目前，国内外乙二醇的工业生产方法主要是环氧乙烷直接水合法，虽然它的工艺成熟，但水比大、能耗高、生产成本较高，为此人们又相继开发出环氧乙烷催化水合法和碳酸乙烯酯法以及由合成气合成乙二醇等各种新的生产方法。其中，环氧乙烷催化水合法和碳酸乙烯酯法被认为是今后乙二醇最有发展前景的工业化生产方法，是目前国内外研究开发的热点。

2. 非离子表面活性剂

聚醚型非离子表面活性剂一直是环氧乙烷的第二大用途。环氧乙烷与各种含活泼氢的化合物 RHX 反应，均生成非离子表面活性剂，在这些产品中，以脂肪醇醚和烷基酚醚的工业生产及应用最为重要。这类化合物具有很好的去污作用，对酸和碱都稳定，易于溶解，可制成液体洗涤剂，还可作乳化剂和纤维的抗静电剂。随着合成洗涤剂工业的发展，超浓缩洗涤剂、高密度粉已逐渐被消费者所接受，对该类非离子表面活性剂的需求也呈急剧增加趋势。

3. 乙醇胺

环氧乙烷与氨水反应首先生成乙醇胺，继续作用，生成二乙醇胺及三乙醇胺。三种乙醇胺都是无色黏稠液体，有碱性，能吸收二氧化硫及硫化氢等酸性气体，用于净化工业气体，还用作制造乳化剂和原油破乳剂的原料。

4. 乙二醇醚系列

乙二醇醚是指环氧乙烷与各种低碳醇开环聚合生成乙二醇单醚、二乙二醇单醚和三乙二醇单醚。它们兼具醇和醚的性质，可溶解纤维酯，如硝酸纤维酯，工业上称为溶纤剂。乙二醇醚系列产品主要包括乙二醇甲醚、丙醚、丁醚以及二乙二醇甲醚、丙醚、丁醚，与醋酸反应生成乙二醇醚醋酸酯的混合溶剂，用途广泛，主要在汽车工业和其他机械制造业中作为油漆涂料的优良溶剂、抗冻剂、制动液添加剂、除草剂及增塑剂的中间体等。

二、环氧乙烷的生产方法

环氧乙烷的工业生产方法有氯醇法和乙烯直接氧化法。

（一）氯醇法

氯醇法是早期的工业生产方法，分两步完成，首先氯气与水反应生成次氯酸，再与乙烯反应生成氯乙醇；然后氯乙醇用石灰乳皂化生成环氧乙烷。

第一步：

$$H_2O + Cl_2 \longrightarrow HOCl + HCl \qquad (5-1)$$

$$HOCl + CH_2CH_2 \longrightarrow CH_2(Cl)CH_2(OH)(\text{氯乙醇}) \qquad (5-2)$$

反应温度 40～60℃、压力无影响，$CH_2CH_2 : Cl_2(mol) = (1.1 \sim 1.2) : 1$

主要副反应：生成二氯乙烷和二氯二乙醚

$$CH_2CH_2 + Cl_2 \longrightarrow CH_2(Cl)CH_2(Cl) \qquad (5-3)$$

$$CH_2(Cl)CH_2(OH) + CH_2CH_2 + Cl_2 \longrightarrow CH_2(Cl)CH_2—O—CH_2CH_2(Cl) + HCl \qquad (5-4)$$

第二步氯乙醇的皂化：

$$CH_2(Cl)CH_2(OH) + Ca(OH)_2 \longrightarrow 2CH_2CH_2O + CaCl_2 + H_2O \qquad (5-5)$$

皂化也可用 NaOH，反应温度 102～105℃，压力 0.12MPa。

主要副反应：

$$2CH_2(Cl)CH_2(OH) + Ca(OH)_2 \longrightarrow CH_2(OH)CH_2(OH) + CaCl_2 \qquad (5-6)$$

$$CH_2(Cl)CH_2(OH) + Ca(OH)_2 \longrightarrow 2CH_3CHO(\text{乙醛}) + CaCl_2 + H_2O \qquad (5-7)$$

$$CH_2CH_2O + H_2O \longrightarrow CH_2(OH)CH_2(OH) \qquad (5-8)$$

这种方法存在的严重缺点如下：

① 消耗氯气，排放大量污水，造成严重污染；

② 乙烯次氯酸化生产氯乙醇时，同时生成二氧化碳等副产物，在氯乙醇皂化时生产的环氧乙烷可异构化为乙醛，造成环氧乙烷损失，乙烯单耗高；

③ 氯醇法生产环氧乙烷，副产物醛的质量分数很高。由于装置小、产量少、质量差、消耗高，因而成本也高，与大装置氧化法生产的高质量产品相比已失去了市场竞争能力。

（二）乙烯直接氧化法

乙烯直接氧化法，分为空气直接氧化法和氧气直接氧化法。

1. 空气直接氧化法

空气直接氧化法用空气作氧化剂，因此生产中必须有空气净化装置，以防止空气中有害杂质带入反应器而影响催化剂的活性。空气法的特点是由两台或多台反应器串联，即分为主反应器和副反应器，为使主反应器催化剂的活性保持在较高水平(63% ~75%)，通常以较低的转化率进行操作(20% ~50%)。

2. 氧气直接氧化法

此法是采用纯氧作氧化剂，由于使用纯氧作氧化剂，引入系统的惰性气体大为减少，未反应的乙烯基本上可完全循环使用。如果二氧化碳质量百分含量超过15%，将严重影响该催化剂的活性，因此从吸收塔顶出来的循环气必须经过脱碳系统除去二氧化碳，然后循环返回反应器。

3. 空气直接氧化法和氧气直接氧化法的对比

这两种氧化方法均采用列管式固定床反应器。反应器是关键设备，与反应效果密切相关，其反应过程基本相同，包括反应、吸收、汽提和蒸馏精制等工序。但是氧气氧化法与空气氧化法相比前者具有明显的优越性，主要体现在以下几个方面：

(1) 流程　空气氧化法需要空气净化系统和二次反应器与吸收塔等，以及尾气催化转化器与热量回收系统；氧气氧化法需要分离装置和二氧化碳脱除系统。氧气氧化法与空气氧化法相比，前者工艺流程稍短，设备较少，建厂投资少。

(2) 催化剂　生产中催化剂的用量直接影响到产品成本的高低。影响催化剂使用量的因素一个是催化剂的性能，包括催化剂的选择性及转化率等。氧化法在这方面比较有利，因为选择性高，催化剂需要量少。另一个因素是催化剂中银的质量分数。

(3) 反应器　在同样生产规模的前提下，氧气氧化法需要较少的反应器，而且反应器都是并联操作。空气氧化法需要有副反应器，以及二次吸收和汽提塔等，增加了设备投资。

(4) 收率和单耗　氧气氧化法法环氧乙烷收率高于空气氧化法，而且乙烯单耗较低。

(5) 反应温度　氧气氧化法反应温度比空气氧化法低，对催化剂寿命的延长和维持生产的平稳操作较为有利。

综上所述，氧气氧化法无论是在生产工艺、生产设备、产品收率、反应条件上都具有明显的优越性，因此目前世界上的EO/EG装置普遍采用氧气氧化法生产。但是，由于氧气氧化法采用纯氧作氧化剂，因此在氧气价格上涨时，对氧气法生产环氧乙烷的生产总费用会有一定的影响，而空气法就不存在氧气价格变动带来的总费用变动问题，而且氧气法对原料的纯度要求很高，如氧气纯度低，就会显著增加放空气体中烃的含量，造成乙烯单耗增加。尽管如此，氧气氧化法的生产成本要比空气氧化法低10%左右。

三、乙烯直接氧化法制环氧乙烷的反应

乙烯在银催化剂上的氧化反应包括选择氧化和深度氧化，除生成目的产物环氧乙烷外，还生成副产物二氧化碳和水及少量甲醛和乙醛。

主反应：

$$C_2H_4 + \frac{1}{2}O_2 \longrightarrow C_2H_4O \tag{5-9}$$

$$\Delta H^{\ominus}(298K) = -103.4kJ/mol \quad \Delta H^{\ominus}(523K) = -107.2kJ/mol$$

平行副反应：

$$C_2H_4 + 3O_2 \longrightarrow 2CO_2 + 2H_2O(g) \tag{5-10}$$

$$\Delta H^{\ominus}(298K) = -1324.6kJ/mol \quad \Delta H^{\ominus}(523K) = -1324.6kJ/mol$$

串联副反应：

$$C_2H_4O + 2\frac{1}{2}O_2 \longrightarrow 2CO_2 + 3H_2O(g) \tag{5-11}$$

$$\Delta H^{\ominus}(298K) = -1221.2kJ/mol \quad \Delta H^{\ominus}(523K) = -1217.4kJ/mol$$

研究表明，二氧化碳和水主要由乙烯直接氧化生成，反应的选择性主要取决于平行副反应的竞争，环氧乙烷串联副反应是次要的。环氧乙烷的氧化可能是先异构化为乙醛，再氧化为二氧化碳和水，而乙醛在反应条件下易氧化，所以产物中只有少量乙醛存在。由于这些氧化反应都是强放热反应，具有较大的平衡常数，尤其是深度氧化，是选择性氧化反应放热的十多倍。因此为减少副反应的发生，提高选择性，催化剂的选择性非常重要。选择不当会因发生副反应而引起操作条件的恶化，甚至变得无法控制，造成反应器内发生“飞温”事故。

四、催化剂

乙烯直接氧化法生产环氧乙烷的工业催化剂为银催化剂。在乙烯直接氧化制环氧乙烷生产过程中，原料乙烯消耗的费用占 EO 生产成本的70%左右，因此，降低乙烯单耗是提高经济效益的关键，最佳的措施是开发高性能催化剂。工业上使用的银催化剂由活性组分银、载体和助催化剂组成。

（一）载体

载体的主要功能是提高活性组分银的分散度，防止银的微小晶粒在高温下烧结。银的熔点比较低(961.93℃)，银晶粒表面原子在约500℃时即可具有流动性，所以银催化剂的一个显著特点是容易烧结，催化剂在使用过程中受热后银晶粒长大，活性表面减少，使催化剂活性降低，从而缩短使用寿命。而乙烯环氧化过程存在的副反应为强放热反应，因此，载体的表面结构、孔结构及导热性能，对催化剂颗粒内部的温度分布、催化剂上银晶粒的大小及分布、反应原料气体及生成气体的扩散速率等有非常大的影响，显著影响其活性和选择性。载体比表面积大，有利于银晶粒的分散，催化剂初始活性高，但比表面积大的催化剂孔径较小，反应产物环氧乙烷难以从小孔中扩散出来，脱离表面的速度慢，从而造成环氧乙烷发生深度氧化反应。因此，工业上选用比表面积小、无孔隙或粗孔隙型的惰性物质作载体，常用的有复合型氧化铝等，一般载体比表面积在 $0.5 \sim 2m^2/g$，致孔剂采用有机聚合物，适宜的聚合物包括烯烃聚合物和共聚物等。

载体的形状对催化剂的催化性能也有影响。早期的乙烯氧化制环氧乙烷负载型催化剂的载体为球形，尽管球形载体的流动性好，但催化剂微孔内的气体不易扩散出来，造成深度氧化，选择性降低。为了提高载体性能，尽量把载体制成传质传热性能良好的形状，如环形、马鞍型、阶梯型等。同时，载体形状选择应保证反应过程中气流在催化剂颗粒间有强烈搅动，不发生短路，床层阻力小。

（二）助催化剂

只含活性组分银的催化剂并不是最好的，必须添加助催化剂。研究表明，碱金属、碱土金属和稀土元素等具有助催化作用，两种或两种以上的助催化剂有协同作用，效果优于单一组分。碱金属助催化剂的主要作用是使载体表面酸性中心中毒，以减少副反应的进行。碱金属的添加量为50～750mg/kg催化剂。添加助催化剂，不仅能提高反应速率和环氧乙烷的选择性，还可使反应温度下降，防止银粒烧结失活，延长催化剂使用寿命。有报道称含铯、铌和氯的催化剂寿命和选择性有所提高。

此外，还可添加活性抑制剂。抑制剂的作用是使催化剂表面部分可逆中毒，使活性适当降低，减少深度氧化，提高选择性。工业生产中常添加微量二氯乙烷。二氯乙烷热分解生成氯，氯被吸附在银的表面，这样就会影响氧在催化剂表面的化学吸附，减少乙烯的深度氧化。

（三）催化剂制备

银催化剂的制备有两种方法，早期采用粘接法或称涂覆法，现在采用浸渍法。

粘接法使用粘接剂将活性组分、助催化剂和载体粘接在一起，制得的催化剂银的分布不均匀，易剥落，催化性能差，寿命短。

浸渍法一般采用水或有机溶剂溶解有机银如羧酸银及有机胺构成的银铵络合物作银浸渍液，该浸渍液中也可溶有助催化剂组分，将载体浸渍其中，经处理后制得催化剂。银盐的选择、银盐和助催化剂浸渍次序和方法、还原剂的选样和制备工艺条件等，都对银粒在载体表面上的大小和分布有影响，从而影响催化剂的催化性能。有专利认为，载体上的银粒为0.1μm左右时，催化剂的稳定性和选择性最好，银晶粒的几何形状也对催化剂的催化性能有影响。浸渍法制备的银催化剂银晶粒分布均匀，与载体结合牢固，能承受高空速，催化剂寿命长，选择性高。目前用氧气氧化法生产环氧乙烷的工业催化剂选择性已达88%～89%，美国shell、SD、UCC三家公司的技术代表了当今环氧乙烷生产的先进水平。近年来，我国环氧乙烷用银催化剂的研究开发进入世界先进水平行列，其性能达到国际先进水平。

五、反应条件对乙烯环氧化的影响

1. 反应温度

乙烯环氧化过程中存在着平行的完全氧化副反应，反应温度是影响选择性的主要因素。尽管催化反应机理和动力学还未取得一致的认识，但研究表明环氧化反应的活化能小于完全氧化反应的活化能。反应温度升高，两个反应的速率都加快，但完全氧化反应的速率增加更快。在反应温度为100℃时，反应产物几乎全是环氧乙烷，但反应速率很慢，转化率很低，无工业价值。随着温度升高，转化率增加，选择性下降，在温度超过300℃时，产物几乎全是二氧化碳和水。此外，温度过高还会导致催化剂的使用寿命下降。权衡转化率和选择性之间的关系，以达到环氧乙烷的收率最高，工业上一般选择反应温度在220～260℃。

2. 空速

空速是影响乙烯转化率和EO选择性的另一因素，但与反应温度相比，该因素是次要的。空速提高，反应器中气体流动的线速度增大，气膜厚度减小，有利于传热。空速减小，转化率提高，选择性下降，但影响不如温度显著。空速不仅影响转化率和选择性，还影响催化剂的空时收率和单位时间的放热量，应全面考虑。工业上采用的空速不仅与选用的催化剂有关，还与使用反应器型式和传热速率有关，一般在4000～8000h^{-1}。通常催化剂活性高、反应热可及时移出时，选择高空速，反之选择低空速。

3. 反应压力

乙烯直接氧化的主副反应在热力学上都不可逆，因此压力对主副反应的平衡和选择性影响不大。但采用高压可提高乙烯和氧的分压，加快反应速率，提高反应器的生产能力。同时高压也有利于采用加压吸收法回收环氧乙烷，故工业上大都采用加压氧化法。但压力也不能太高，否则设备耐压要求提高，费用增大，环氧乙烷也会在催化剂表面产生聚合和积炭，影响催化剂寿命。一般工业上采用的压力在2.0MPa左右。

4. 原料配比及致稳气

对于具有循环过程的乙烯环氧化过程，进入反应器的混合气由循环气和新鲜原料气混合形成，它的组成不仅影响过程的经济性，也与安全生产息息相关。实际生产过程中乙烯与氧气的配比一定要在爆炸限以外，同时必须控制乙烯和氧气的浓度在合适的范围内，过低时催化剂的生产能力小，过高时反应放出的热量大，易造成反应器的热负荷过大，产生飞温。乙烯与空气混合物的爆炸范围为2.7%～36%(体积)，与氧气的爆炸范围为2.7%～80%(体积)，实际生产中因循环气带入CO_2等，爆炸限也有所改变。为了提高乙烯和氧气的浓度，可以用加入第三种气体的方法来改变乙烯的爆炸限，这种气体通常称为致稳气(或致稳剂)，致稳气是惰性的，能减小混合气的爆炸限，增加体系安全性；致稳气具有较高的比热容，能有效地移出部分反应热，增加体系稳定性。工业上曾广泛采用的致稳气是氮气，近年来采用甲烷作致稳气。在操作条件下，甲烷的比热容是氮气的1.35倍，且作致稳气时比氮气更能缩小氧气和乙烯的爆炸范围，可使入口氧气的浓度提高，还可使选择性提高1%，延长催化剂的使用寿命。生产中由于使用的氧化剂不同，反应器进口混合气的组成也不相同。用空气作氧化剂时，空气中的氮气充作致稳气，乙烯的浓度为5%左右，氧气浓度6%左右；以纯氧作氧化剂时，为使反应缓和进行，仍需加入致稳气，在用氮气作致稳气时，乙烯浓度可达20%～30%，氧气浓度7%～8%左右。

5. 原料气纯度

许多杂质对乙烯环氧化过程都有影响，必须严格控制。主要有害物质及危害如下。

① 催化剂中毒。如硫化物、砷化物、卤化物等能使催化剂永久性中毒，乙炔会使催化剂中毒并能与银反应生成有爆炸性的乙炔银。

② 反应热效应增大。氢气、乙炔、C_3以上的烷烃和烯烃可发生燃烧反应放出大量热，使过程难以控制，乙炔、高碳烯烃的存在还会加快催化剂表面的积炭失活。

③ 影响爆炸范围。氩气和氢气是空气和氧气中带来的主要杂质，过高会改变混合气体的爆炸范围，降低氧气的最大容许浓度。

④ 选择性下降。原料气及反应器管道中带入的铁离子会使环氧乙烷重排为乙醛，导致生成二氧化碳和水，使选择性下降。因此，原料乙烯要求杂质含量如下：乙炔$<5\times10^{-6}$g/L、C_3以上烃$<1\times10^{-5}$g/L、硫化物$<1\times10^{-6}$g/L、氯化物$<1\times10^{-6}$g/L、氢气$<5\times10^{-6}$g/L。

环氧乙烷在水吸收塔中要充分吸收，否则会由循环气带回反应器，对环氧化反应有抑制作用，使转化率明显下降。二氧化碳对环氧化反应也有抑制作用，但适宜的含量会提高反应的选择性，提高氧气的爆炸极限浓度，循环气中二氧化碳允许含量<9%。

6. 乙烯转化率

单程转化率的控制与氧化剂的种类有关，用纯氧作氧化剂时，单程转化率一般控制在12%～15%，选择性可达83%～84%；用空气作氧化剂时，单程转化率一般控制在30%～35%，选择性达70%左右。单程转化率过高时，由于放热量大，温度升高快，会加快深度氧化反应，使环氧乙烷的选择性明显降低。为了提高乙烯的利用率，工业上采用循环流程，即将环氧乙烷分离后未反应的乙烯再送回反应器。但是单程转化率也不能过低，否则因循环气量过大而导致能耗增加。同时，生产中要引出10% ~15%的循环气以除去有害气体如二氧化碳、氩气等，单程转化率过低也会造成乙烯的损失增加。

六、乙烯氧气氧化法生产环氧乙烷的工艺流程

乙烯直接氧化法生产环氧乙烷，工艺流程包括反应部分和环氧乙烷回收、精制两大部分。下面介绍氧气法生产环氧乙烷的工艺流程，见图5－4。

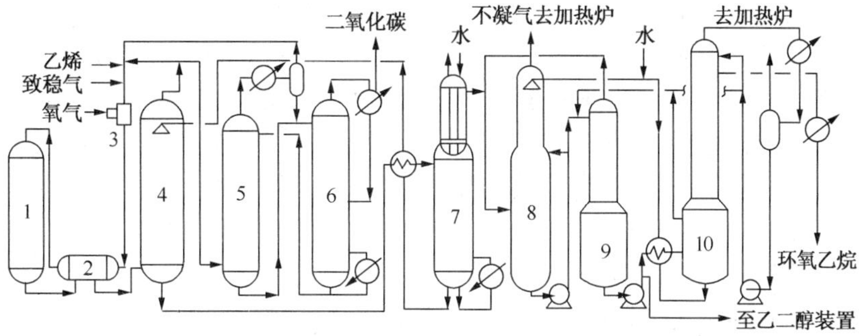

图5－4 氧气法生产环氧乙烷的工艺流程图

1—反应器；2—换热器；3—气体混合器；4—环氧乙烷吸收塔；5—CO_2吸收塔；6—CO_2吸收液再生塔；7—解吸塔；8—再吸收塔；9—脱气塔；10—精馏塔

1. 氧化反应部分

新鲜原料乙烯和致稳气在循环压缩机的出口与循环气混合，然后与氧气在混合器中快速混合，以免因混合不好造成局部氧浓度过高超过爆炸限浓度，进入热交换器时引起爆炸。工业上采用多孔喷射器高速喷射氧气，以使气体迅速均匀混合，并防止乙烯循环气返回含氧气体的配管中。反应工序需安装自动分析监测系统、氧气自动切断系统和安全报警装置。混合后的气体通过热交换器与反应产物换热后，进入反应器。

由于细粒径银催化剂易结块，磨损严重，难以使用流化床反应器，工业上均采用列管式固定床反应器。随着技术的进步，目前已可设计使用直径大于25mm的反应管，单管年生产环氧乙烷的能力可达10t以上。列管式反应器管内充填催化剂，管间走冷却介质。冷却介质可以是有机载热体或加压热水，用于移出大量的反应热。由于有机载热体闪点较低，如有泄漏，危险性大，同时传热系数比水小，因此，近年来多采用加压热水移热，还可副产蒸汽。在反应器出口端，如果催化剂粉末随气流带出，会促使生成的环氧乙烷进一步深度氧化和异构化为乙醛，这样既增加了环氧乙烷的分离提纯难度，又降低了环氧乙烷的选择性，而且反应放出的热量会使出口气体温度迅速升高，带来安全上的问题，这就是所谓的“尾烧”现象。目前工业上采用加冷却器或改进反应器下封头的办法来加以解决。

反应器流出的反应气中环氧乙烷摩尔分数含量通常小于3%，经换热器冷却后进入环氧乙烷水吸收塔，环氧乙烷可与水以任意比例互溶，采用水作吸收剂，可将环氧乙烷完全吸收。从环氧乙烷吸收塔排出的气体，含有未转化的乙烯、氧、二氧化碳和惰性气体，应循环使用。为了维持循环气中CO_2的含量不过高，其中90%左右的气体作循环气，剩下的10%送往二氧化碳吸收装置，用热碳酸钾溶液吸收CO_2，生成$KHCO_3$溶液，该溶液送至二氧化

碳解吸塔，经加热减压解吸 CO_2，再生后的碳酸钾溶液循环使用。自二氧化碳吸收塔排出的气体经冷却分离出夹带的液体后，返回至循环气系统。

2. 环氧乙烷回收精制部分

回收和精制包括两部分，第一部分将环氧乙烷自水溶液中解吸出来，第二部分将解吸得到的粗环氧乙烷进一步精制。自环氧乙烷吸收塔塔底排出的环氧乙烷吸收液含少量甲醛、乙醛等副产物和二氧化碳，需进一步精制。根据环氧乙烷用途的不同，提浓和精制的方法也不同。

环氧乙烷吸收塔塔底排出的富环氧乙烷吸收液经热交换、减压闪蒸后进入解吸塔顶部，在此环氧乙烷和其他气体组分被解吸。被解吸出来的环氧乙烷和水蒸气经过塔顶冷凝器，大部分水和重组分被冷凝出来，解吸出来的环氧乙烷进入再吸收塔用水吸收，塔底可得质量分数为10%的环氧乙烷水溶液，塔顶排放解吸的二氧化碳和其他不凝气如甲烷、氧气、氮气等，送至蒸气加热炉作燃料。所得环氧乙烷水溶液经脱气塔脱除二氧化碳后，一部分可直接送往乙二醇装置，另一部分进入精馏塔，脱除甲醛、乙醛等杂质，制得高纯度环氧乙烷。精馏塔上部侧线液相采出环氧乙烷，纯度大于99.99%，塔顶蒸出的甲醛(含环氧乙烷)和塔下部采出的含乙醛的环氧乙烷，均返回脱气塔。

在环氧乙烷回收和精制过程中，解吸塔和精馏塔塔釜排出的水，经热交换后，作为环氧乙烷吸收塔的吸收剂，闭路循环使用，以减少污水排放量。

以空气作氧化剂的工艺流程与氧气法不同之处有两点：一是空气中 N_2 就是致稳气；二是不用碳酸钾溶液来脱除 CO_2，因而没有 CO_2 吸收塔和再生塔。控制循环气中 CO_2 含量的方法是排放一部分循环气到系统外，故排放量比氧气法大得多，乙烯的损失亦大得多。

第二节 乙 二 醇

一、乙二醇的性质与用途

(一) 乙二醇的性质

乙二醇(ethylene glycol)又名“甘醇”、“1，2－亚乙基二醇”，简称EG，是最简单的二元醇。乙二醇是无色无臭、有甜味的液体，对动物有毒性，人类致死剂量约为1.6g/kg。乙二醇能与水、丙酮互溶，但在醚类中溶解度较小。用作溶剂、防冻剂以及合成涤纶的原料。

(二) 乙二醇的用途

乙二醇的主要用途是用于制造聚酯纤维和抗冻剂，还用于制造玻璃纸、增塑剂、聚酯树脂、液压传动液体等方面。中国的乙二醇除少量用于精细化工产品外，几乎全部用于聚酯纤维的生产。

1. 聚酯

聚酯树脂一般用作纤维，也用于工程塑料及聚酯涂料等。聚酯薄膜可制胶片，聚酯纤维可制渔网、地毯、轮胎帘线、织物等。由于聚酯纤维不仅性能优良，而且价格低廉，目前在三大合成纤维中发展得极为迅速。

2. 抗冻剂

乙二醇的另一大用途是作为抗冻剂的一个组分。内燃机通常采用水作为冷却循环介质，但严冬野外工作的内燃机，例如野外行驶的汽车水箱中的水易结冰而影响传热。在水中加入乙二醇后，溶液的冰点降得较低，使冰点低于可能出现的外界温度，冷却液就不会发生冻结。乙二醇水溶液不仅在内燃机中应用，还可应用于铅蓄电池中作电解质溶液。还有许多其他场合也采用乙二醇水溶液作抗冻剂。例如将乙二醇加入沥青－乳胶漆中，可以使乳胶性能更稳定。

3. 醇酸树脂

由邻苯二甲酸、顺丁烯二酸、反丁烯二酸等制得一系列甘酞树脂和醇酸树脂。在这些聚合物的制造中，可单独使用乙二醇，也可与其他多元醇，例如丙三醇、季戊四醇等一起使用。所生成的树脂还可以用干性油或不饱和化合物借共聚或其他方法来改性。

4. 液压系统用流体

在许多液压机械装置中使用乙二醇作为传递动力的流体，例如作为汽车液压制动液。通常制动液有两类，以蓖麻油、改性蓖麻油或相似的物料为基础油，在其中加入乙二醇的作用是为了防止这些液体对橡胶部分的浸蚀。为了安全，希望液压流体是不易燃的液体，特别是在飞机以及在高温条件下工作的模压机，以水和乙二醇作为重要组分的“水性润滑剂”就是这种不易燃的液压流体。

5. 增塑剂

作为赛璐玢的增塑剂。因为赛璐玢与空气接触过长时间就会变得干燥变脆，加入10%～20%的多元醇就能增加赛璐玢的柔软性，防止变脆。

6. 乙二醛

生产乙二醛是乙二醇的重要用途之一。乙二醛分子中两个相邻的碳基与纤维中的羟基形成缩醛键而提供了一个交联键，这些新键阻止了纤维进一步收缩。近来，所谓“永久烫平”树脂得到了迅速发展，将它加入棉－聚对苯二甲酸乙二醇酯的混合物，可以保持织物不起皱纹，以及保留衣服的折缝，而且使得衣服在洗涤之后不需要熨烫。

二、环氧乙烷加压水合生产乙二醇

（一）主、副反应

水合过程的主反应是：

$$\underset{\diagdown\;O\;\diagup}{CH_2—CH_2} + H_2O \longrightarrow \underset{OH\qquad OH}{\underset{|\qquad\quad |}{CH_2—CH_2}} + 81.6\,kJ/mol \qquad (5-12)$$

副反应是环氧乙烷和乙二醇缩合成二甘醇，二甘醇和环氧乙烷可以缩合成三甘醇，一直往下缩合。

$$\underset{\diagdown\;O\;\diagup}{CH_2—CH_2} + \underset{OH\qquad OH}{\underset{|\qquad\quad |}{CH_2—CH_2}} \longrightarrow \underset{OH\qquad\qquad\qquad\qquad\qquad OH}{\underset{|\qquad\qquad\qquad\qquad\qquad\quad |}{CH_2—CH_2—O—CH_2—CH_2}} \qquad (5-13)$$

一缩二乙二醇（二甘醇）

这些乙二醇的多缩产物用途较少，因此应寻求适宜的操作条件，尽可能减少多缩副产物的生成。除了生成乙二醇缩合物外，反应过程中还生成少量乙醛、巴豆醛、乙酸酯及聚合物等。

(二) 影响水合产物组成的因素

对加压水合过程，影响水合产物组成的主要因素有环氧乙烷和水的比例、反应温度、反应压力、原料的转化率及反应器的型式等。

1. 环氧乙烷和水的比例

环氧乙烷和水的比例是乙二醇生产中的一个重要控制参数。此参数除影响产物组成外，对所需反应器的体积、乙二醇提浓精制的能耗也有重大影响。环氧乙烷/水(摩尔)对各种产物收率的影响见图5-5。

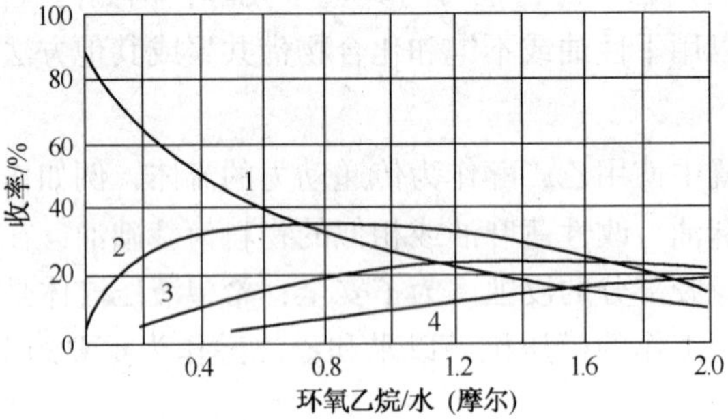

图5-5　环氧乙烷/水(摩尔)对各种产物收率的影响

1—乙二醇；2—二甘醇；3—三甘醇；4—四甘醇

由图5-5看出，环氧乙烷/水(摩尔)愈低，即原料混合物中环氧乙烷浓度愈低，乙二醇收率愈高，乙二醇缩合物收率愈低。当乙二醇收率为80%时，环氧乙烷/水(摩尔)约为1∶10。水量大，收率高，但产物中乙二醇浓度低，浓缩乙二醇能耗大，占用设备体积大，设备投资大。目前，是根据所需要的乙二醇及其缩合物的比例来确定环氧乙烷与水的比例。如乙二醇∶二甘醇∶三甘醇的比为100∶1∶0.01(质量)时，环氧乙烷对水的比约为1∶8(质量)，相应摩尔比为1∶20。

2. 反应温度和压力

在相似于工业生产压力条件下(0.01~3.04MPa)，压力对产品分布的影响可以忽略。在不同温度下，水合过程主副反应产物的收率见表5-1。

表5-1　不同温度下水合过程主副反应产物的收率

反应温度/℃	环氧乙烷/水(摩尔)	乙二醇/%	二乙二醇/%	三乙二醇/%	四乙二醇/%
120	0.054	93.1	—	—	—
	0.108	78.0	22.1	—	—
	0.387	53.2	34.3	12.4	—
	0.736	34.6	31.8	19.9	7.9
140	0.074	87.2	—	—	—
	0.167	74.7	25.2	—	—
	0.585	42.5	32.4	15.5	—
	0.838	30.7	35.6	22.5	9.6

从表5-1可以看出，温度的变化对乙二醇收率的影响较小，远不如配比变化时所产生的影响大。研究表明环氧乙烷与水的反应、环氧乙烷与乙二醇的反应及与聚乙二醇的反应的活化能全都大致相同。所以对环氧乙烷与水的反应来说，温度大体上对产品分布没有影响。对于此类反应，反应温度的选择应着重考虑反应速度以及由此决定的反应器型式、体积以及反应器的结构和材质。

对液相反应器，反应温度与反应压力有关，受物料泡点的限制，不能同时任意规定温度和压力。环氧乙烷水合过程的反应温度决定后，反应速度随之确定，物料达到一定转化率与收率决定于停留时间。由此可以根据生产能力确定反应器的体积。反应温度较高时，反应压力高，停留时间短，设备材质要求高，设备结构较复杂；反应温度较低时，则与上述情况相反。目前，当停留时间为30~40min时，为达到环氧乙烷完全转化，反应温度为150~200℃，根据环氧乙烷和水的比例不同，对应的反应压力范围为0.84~2.0MPa。实际证明，在上述压力范围内，压力改变对乙二醇收率没有明显的影响。

3. 环氧乙烷转化率

试验表明，提高环氧乙烷转化率，乙二醇收率下降，而乙二醇缩合物收率增加。这是因为环氧乙烷水合生成乙二醇的速度比环氧乙烷与乙二醇缩合生成缩合物的反应速度小。从简化生产流程的需要考虑，为避免回收环氧乙烷造成的困难，反应过程中让环氧乙烷完全转化，宁可产生一些副产物缩乙二醇。

4. 水合时间

环氧乙烷水合是不可逆的放热反应，在一般工业生产的条件下，环氧乙烷可以完全转化，当水合温度和压力、原料配比确定后，为使环氧乙烷完全转化应保证足够长的反应时间。工业生产中，当水合温度为150~220℃，水合压力为1.0~2.5MPa时，相应的水合时间为36~20min。

5. 水合反应器型式的选择

产物分布除与环氧乙烷与水的配比和转化率有关外，还与水合反应器的型式有关，因为反应器的型式决定物料流动形式和反应物料在反应区内的停留时间分布。根据对数学模型的研究和试验证实，在使用硫酸催化水合反应时，以环氧乙烷水合生成乙二醇的反应，以及从环氧乙烷与乙二醇生成二甘醇及进一步生成三甘醇、四甘醇的相对速度常数为1.0∶2.1∶2.2∶1.9，即生成缩合物的反应速度是生成乙二醇的反应速度的2倍左右。从这些数据可以明显看出，为避免过多地生成副产物，除采用适宜的配料比外，还应尽量减少环氧乙烷与产物乙二醇的接触，减少物料在流动中的返混，以利于提高乙二醇的收率。

水合反应为放热反应，放出的热量使反应液温度升高，因反应液中含水量大，且水的比热容大，因此反应液的温升并不大。结合环氧乙烷收率与温度无关等特点综合考虑，反应器可选用绝热管式反应器。

（三）环氧乙烷加压水合工艺流程

环氧乙烷加压水合生产乙二醇工艺流程见图5-6。

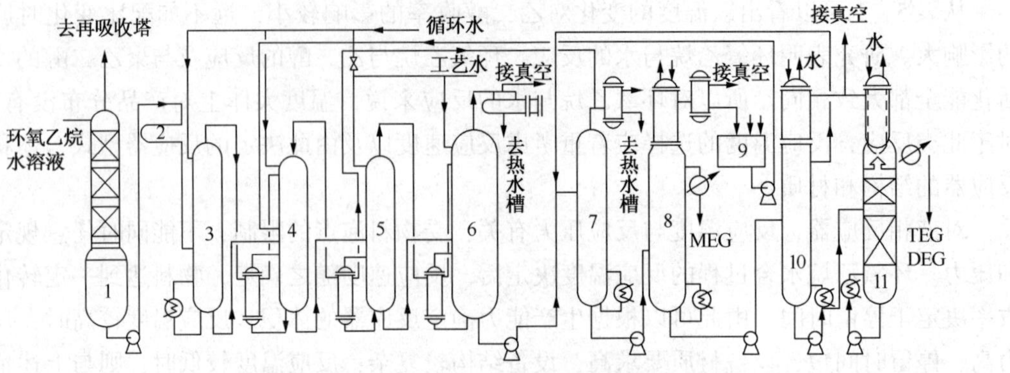

图 5-6　乙二醇装置工艺流程图

1—乙二醇进料解吸塔；2—反应器；3～6—蒸发浓缩罐；7—脱水塔；
8—热水槽；9—乙二醇塔；10—MEG 回收塔；11—多乙二醇塔

1. 乙二醇反应和蒸发提浓系统

将来自再吸收塔塔釜约为10%的环氧乙烷水溶液，在乙二醇原料解吸塔内经直接蒸汽加热，目的是脱除其中的 CO_2，以保证产品质量和防止腐蚀。来自环氧乙烷精制塔的塔顶馏出物和第一侧线采出的含乙二醇的环氧乙烷也在此得以回收。乙二醇原料解吸塔塔顶蒸气中尚含有约77%(摩尔)的环氧乙烷，循环回再吸收塔回收。塔釜液用泵经预热器和加热器升温后送到乙二醇反应器，此反应器为绝热管式反应器，将其设计成初始反应时的水与环氧乙烷比是22∶1(摩尔)，能获得适宜的乙二醇收率。该反应为非催化反应，停留时间大约36min，基本上达到环氧乙烷的全部转化，转化率在99.9%～99.99%。环氧乙烷和水直接生成乙二醇的同时，还有少量的副反应，环氧乙烷和乙二醇及较高的同系物反应，生成二乙二醇及三乙二醇，终止反应温度为152℃。在反应器内反应产物的分配比如下：

MEG∶DEG∶TEG∶PEG＝90∶9.3∶0.6∶0.1(质量)

离开反应器的乙二醇和二、三乙二醇的稀溶液(15%)，经顺流式四效蒸发器浓缩后，溶液浓度达到约85%，经浓缩乙二醇泵送至粗乙二醇储罐。四个蒸发浓缩塔均设有塔盘(各8块)，塔顶分别用新鲜脱离子水或来自循环水槽的循环水作为回流液，以防止乙二醇从塔顶逸出，同时回收回流水中所含的乙二醇。

2. 乙二醇的脱水和精制系统

含水约15%的粗乙二醇在脱水塔中脱水，从塔顶馏出的蒸汽在脱水塔冷凝器中与来自三效蒸发器再沸器的含醛蒸汽排出物一起冷凝，将凝液和来自乙二醇塔喷射系统的冷凝液一起，收集在脱水塔热水槽中，然后用脱水塔回流泵将此凝液的一部分送回塔内作为回流，剩余部分作为废水外排。脱水塔的塔釜液用泵送到乙二醇精制塔中，在13kPa(绝)的塔顶压力下减压操作。乙二醇产品从第24块塔板的液相抽出，在乙二醇产品冷却器中被冷却后，送至乙二醇产品精馏塔，得到乙二醇产品。塔顶蒸汽带出的乙二醇量约为进料的3%，经二级真空喷射系统抽出，冷凝后，收集在脱水塔热水槽中，用泵送到二效蒸发器。塔釜再沸器用2.06MPa蒸汽加热。乙二醇塔的塔釜液用泵送到乙二醇回收塔，在1.33kPa(绝)下操作。乙二醇和少量二乙二醇从第21块塔盘上抽出，循环回脱水塔。从乙二醇回收塔塔底得到只含微量MEG的釜液。

3. 多乙二醇分离系统

来自乙二醇回收塔的釜液在多乙二醇塔内进行分离。此塔为填料塔，在 1.3kPa(绝)的塔顶压力下操作，塔顶装有冷凝器，塔釜液作强制循环。塔顶集液板上所集存的二乙二醇和三乙二醇，一部分靠重力回流到塔里，其余部分在二乙二醇和三乙二醇产品冷却器中冷却，经液面调节分别流出塔。

（四）乙二醇的浓缩

经过水合反应，所得乙二醇溶液浓度约为 15%，因此需将其中大量的水脱除掉从而得到高浓度的乙二醇，通常采用蒸发操作脱除水。

1. 多效蒸发

蒸发操作使溶剂汽化所产生的蒸汽叫二次蒸汽。蒸发操作中只有一个蒸发器的称为“单效蒸发”，若将所产生的二次蒸汽引入另一个蒸发器的加热器作为加热蒸汽，这种多个蒸发器串联使用的操作称为“多效蒸发”。后一效的加热室即起了前一效的冷凝器的作用，多效蒸发的必要条件是操作压力要逐渐降低。采用多效蒸发的好处是提高了热量利用率。

消耗 1kg 蒸汽能蒸发多少溶剂，这是蒸发操作中一项很重要的热量利用程度的经济指标。用 W 表示蒸发溶剂的量，用 D 表示加热蒸汽消耗的量，则热量利用的经济指标可用 W/D 表示。自单效蒸发改为二效蒸发时，热量利用的经济程度几乎提高了 100%；而由四效蒸发改为五效蒸发时，热量利用的经济程度却只提高大约 10%。这是由于随着效数的增加，热量损失及效间阻力也随之增多。生产中究竟采用几效蒸发决定于生产能力和能量消耗，生产能力大则选用效数多，通常采用 2～6 效。

在水汽化的同时，会汽化少量乙二醇，为了减少损失，通常采用引入回流的办法，即在蒸发器的顶部引入该效二次蒸汽的冷凝液做为回流液，使它和蒸发器中上升的二次蒸汽逆流接触，这时蒸汽中含有的乙二醇气体大部分会被冷凝为液体，随回流液流回到蒸发器中，从而减少了乙二醇的损失。第一效蒸发因溶液浓度低，汽化的乙二醇量极少，故不必回收。

2. 蒸发工艺及影响生产能力的因察

乙二醇蒸发采用并流多效蒸发，这种流程的优点是溶液在各效之间的流动不需用泵，因为后一效蒸发室的压力较前一效的低，所以溶液借此压力差即可自动地由前一效流入后一效，前一效的溶液沸点较后一效的高，因此前一效溶液进入后一效时呈过热状态，可产生闪蒸。来自水合反应器的浓度约为 15% 的乙二醇溶液，温度约 100℃左右，泄压后进入一效蒸发器，蒸发浓缩至 30% 左右将其送至第二效、第三效等，直至乙二醇溶液浓缩至 80% 左右，送脱水塔经再次脱水，使水含量降至 0.05% 以下，然后进行精馏。

（五）乙二醇的精制

经蒸发浓缩所得乙二醇液含乙二醇 65%，其余为水 20%、二甘醇 12%、三甘醇 3%，仍不符合产品规格要求，因此必须再进行精制，进一步脱水，并将乙二醇与二甘醇、三甘醇分开。经蒸发浓缩的乙二醇溶液，进预热器预热至 90℃左右，送入脱水塔中部，脱水塔操作压力为 13kPa(绝)，塔顶温度为 55～60℃，塔釜温度 145℃，水自塔顶蒸出，其中含醇量小于 2%，乙二醇由塔釜送至第一精馏塔，该塔操作压力 2kPa(绝)，塔顶温度 98℃左右，塔釜温度小于 163℃，进料温度 140℃左右，塔顶出乙二醇，塔釜为二甘醇、三甘醇，釜液送第二精馏塔。第二精馏塔采用间隙操作，操作压力 113kPa，塔顶温度 90～102℃，塔釜温度小于200℃，回流比6～8。为保证产品产量和质量，必须严格控制以下参数。

① 压力　乙二醇在常压下沸点较高，为防止产品在精馏过程中由于塔釜温度过高分解和碳化，乙二醇精馏中所有塔都是在减压下操作的，只有塔的操作压力恒定，才能保证分离产品的纯度。塔顶、塔釜之间的压差是由气体在塔内流动的阻力造成的，气速越大，阻力越大，压差也就越大，压差太大会引起冲塔。

② 温度　在实际生产中，应严格控制塔顶、塔釜温度、提馏段和精馏段灵敏板的温度、进料温度、加热蒸汽的温度和塔顶冷凝器的冷却水温度，其中最重要的是塔顶温度和釜温，因为它们标志着塔顶和塔底产品的组成。在恒定压力下，这些温度若失常，则意味着产品质量将出现问题，因此必须严格控制和调节这些温度。

第三节　氯　乙　烯

一、氯乙烯的性质和用途

(一) 氯乙烯的物理性质

氯乙烯(vinylchloride)常温常压下是无色气体，具有微甜气味，微溶于水，在25℃时，100g水中可溶解0.11g氯乙烯，溶于烃类、醇、醚、含氯溶剂和丙酮等有机溶剂中。在稍加压的条件下，可以很容易地转变成液体。氯乙烯气体对人体有麻醉性，在20%～40%浓度下，会使人立即致死；在10%浓度下，于1h内人的呼吸器官由急动而逐渐变得缓慢，最后可以导致呼吸停止。在慢性中毒情况下，会使人感到眩晕，氯乙烯对人的肺脏有刺激作用。

(二) 氯乙烯的化学性质

氯乙烯是易燃易爆物质，与空气混合能形成爆炸性混合物，高温或遇明火能引起燃烧爆炸。由于光和热可引发氯乙烯单体聚合，故储存时应避免日晒，常温下长时间储存应加入阻聚剂防止其自聚，一般以液体状态储存和运输。

氯乙烯是分子内包含氯原子的不饱和化合物。由于双键的存在，氯乙烯能发生一系列化学反应，工业应用最重要的化学反应是其均聚与共聚反应。

1. 均聚反应

氯乙烯分子内的双键很活泼，在光照、受热、有机过氧化物等引发剂存在条件下，双键打开发生均聚反应。

2. 共聚反应

为了改进聚氯乙烯树脂的性能，可在氯乙烯聚合过程中加入其他单体形成共聚产物，氯乙烯能和多种单体进行共聚反应。

3. 碳氯键的取代反应

对于亲核取代反应来说，和烷基卤化物相比氯乙烯具有较大惰性。然而，近年来的工作表明，在钯和其他过渡金属存在的条件下，在亲核状态能够迅速发生氯交换反应。

4. 氧化反应

在气相中，氯乙烯氧化得到74%(摩尔)的ClCHO和25%(摩尔)的CO，其转化率为

30%～32%。

5. 加成反应

氯乙烯可沿离子或自由基途径进行氯化反应。在液相暗处，使用$FeCl_3$催化剂以离子途径生成1，1，2－三氯乙烷。

6. 裂解反应

对于热裂解来说，氯乙烯比饱和氯代烷烃更稳定。由此，做为氯乙烯生产的一个主要反应是1，2－二氯乙烷热脱氯化氢，当将氯乙烯加热至175～450℃时产生少量的乙炔。即使是在525～575℃下，氯乙烯的转化率仍然很小，形成的主要产物是氯丙烯和乙炔。

（三）氯乙烯的应用

氯乙烯在工业上的主要应用是生产聚氯乙烯树脂，故常称其为氯乙烯单体。目前用于制造聚氯乙烯树脂的氯乙烯约占其产量的96%，少量氯乙烯用于制备氯化溶剂，主要是1，1，1－三氯乙烷和1，1，2－三氯乙烷。

二、氯乙烯的生产方法

工业上生产氯乙烯是在20世纪30年代，当时是使用电石乙炔和氯化氢进行加成反应得到的。随着氯乙烯需求量的增加，人们开始寻找生产氯乙烯的廉价原料。在50年代初期，乙烯成为生产氯乙烯更经济、更合理的原料，实现了由乙烯和氯气生产氯乙烯的工业生产路线。该工艺包括乙烯直接氯化生产二氯乙烷及二氯乙烷裂解生产氯乙烯。

随后，人们注意到二氯乙烷裂解过程除生成氯乙烯外还生成氯化氢，由此想到由氯化氢可以连同乙炔生产工艺一起生产氯乙烯。

50年代后期，开发出乙烯氧氯化工艺以适应不断增长的对氯乙烯的需求。在这个过程中，乙烯、氧气和氯化氢反应生成二氯乙烷。和直接氯化过程结合在一起，两者所生成二氯乙烷一并进行裂解得到氯乙烯，这种生产方法称为平衡法。此法由乙烯和氯气生产氯乙烯，而不伴有净的氯化氢的消耗。

至今世界上绝大部分氯乙烯是通过基于乙烯和氯气的平衡过程生产。这个过程包括如下几步反应。

① 直接氯化反应

$$CH_2{=}CH_2 + Cl_2 \longrightarrow CH_2Cl{-}CH_2Cl \quad \Delta H = -171.5\text{kJ/mol} \tag{5-14}$$

② 氧氯化反应：

$$CH_2{=}CH_2 + 2HCl + \frac{1}{2}O_2 \longrightarrow CH_2Cl{-}CH_2Cl + H_2O \quad \Delta H = -251\text{kJ/mol} \tag{5-15}$$

③ 裂解反应：

$$2CH_2Cl{-}CH_2Cl \longrightarrow 2CH_2{=}CHCl + 2HCl \quad \Delta H = 79.5\text{kJ/mol} \tag{5-16}$$

由以上三步加和，得出总反应方程式：

$$2CH_2{=}CH_2 + Cl_2 + \frac{1}{2}O_2 \longrightarrow 2CH_2{=}CHCl + H_2O \tag{5-17}$$

在由二氯乙烷生产氯乙烯的平衡氧氯化工艺里，二氯乙烷裂解产生的全部氯化氢完全用于乙烯氧氯化反应的原料。这样由乙烯直接氯化和氧氯化联合生产二氯乙烷，而后二氯乙烷再裂解生成氯乙烯。

三、平衡氧氯化法生产氯乙烯

平衡氧氯化法生产氯乙烯工艺主要包括直接氯化单元、氧氯化单元、二氯乙烷分离和精制单元、二氯乙烷裂解单元和氯乙烯精制五个单元。其中，二氯乙烷精制和氯乙烯精制单元各大公司的技术基本相同，直接氯化和氧氯化两个单元各公司采用的技术则不尽相同。在直接氯化单元主要有低温氯化工艺和高温氯化工艺；在氧氯化单元有固定床工艺和流化床工艺，根据所采用的原料气是空气或氧气，又分为空气法和氧气法；二氯乙烷裂解单元区别不大，主要有气相进料和液相进料之别。乙烯平衡氧氯化法制氯乙烯的工艺流程示意图见图5-7，下面对这些单元分别进行介绍。

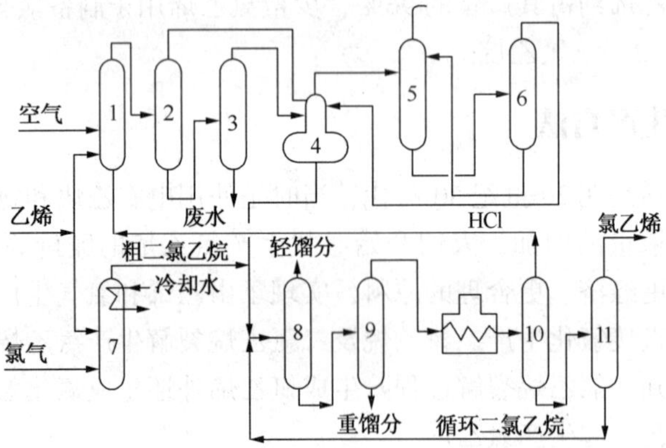

图5-7 平衡氧氯化法生产氯乙烯工艺流程图

1—氧氯化反应器；2—骤冷塔；3—汽提塔；4—分离器；5—吸收塔；6—解吸塔；7—直接氯化反应器；8—稳定塔；9—精馏塔；10—HCl塔；11—氯乙烯塔

(一) 乙烯直接氯化生产二氯乙烷

1. 主、副反应

乙烯直接氯化合成二氯乙烷是一个比较简单的反应单元。该反应在常温、无催化剂的条件下进行，但同时生成多种氯化副产物，主反应如式(5-14)，副反应如下：

$$CH_2=CH_2+Cl_2\longrightarrow CH_2=CHCl+HCl \quad (5-18)$$

$$CH_2ClCH_2Cl+Cl_2\longrightarrow CH_2ClCHCl_2+HCl \quad (5-19)$$

$$CH_2=CH_2+HCl\longrightarrow CH_3CH_2Cl \quad (5-20)$$

$$CH_2=CHCl+Cl_2\longrightarrow CH_2=CCl_2+HCl \quad (5-21)$$

$$CH_2ClCHCl_2+Cl_2\longrightarrow CHCl_2CHCl_2+HCl \quad (5-22)$$

除目的产物二氯乙烷外，产物中一般都含有氯乙烷、三氯乙烷、氯乙烯、四氯乙烯、四氯乙烷等，只是随反应条件不同这些副产物的含量不同而已。副产物不但使二氯乙烷的收率降低，还会影响氯乙烯的质量和氯乙烯的聚合过程。因此，应促进加成反应，抑制取代反应。

2. 影响因素

(1) 溶剂　在液相条件下 Cl^+ 容易生成，所以在减少多氯化物方面，液相反应比气相反应有利。而且，乙烯氯化反应是强放热反应，液相反应比气相反应更有利于散热。在极性溶剂中，氯分子易发生极化，因此应选择极性溶剂，一般以产物二氯乙烷本身作溶剂。因为1，2－二氯乙烷介电常数较大(10.65)，可使氯原子间作用力减弱，利于氯分子离解，促进亲电加成反应。而且，1，2－二氯乙烷具有极性，对中间活性络合物的溶剂化作用强，对加成反应也有利。

(2) 温度　不论在气相还是在液相，温度越高，越有利于取代反应，多氯化物越多。这是因为温度越高，越有利于氯自由基生成，同时使二氯乙烷和乙烯的取代反应活性趋同。对乙烯而言，反应温度低于250℃，主要进行加成反应；反应温度为250～350℃，取代反应剧烈；反应温度高于400℃，主要发生取代反应。

(3) 催化剂　在液相条件下，虽然直接氯化反应可在无催化剂条件下进行，但为了促进加成反应，抑制多氯化物，采用可以抑制氯自由基形成的催化剂为好，常见的有Al、Fe、P、Sb、S的氯化物和I_2等，目前工业上均采用$FeCl_3$催化剂。

由于二氯乙烷的作用，反应过程中氯化铁在溶剂中形成二聚体，该二聚体在铁的中心占有自由配位，使氯在催化剂上的吸附较困难，反应速率降低。添加NaCl助催化剂能改善催化剂的性能。NaCl作用于二聚体，使其破裂后形成四氯化铁负离子配位体，增加主反应的反应速率，减少副反应的发生。一般情况下，催化剂用量越多，反应速率和选择性越高。但催化剂在二氯乙烷中的溶解度有限，过多的催化剂会造成设备的堵塞。因此，保持合适的催化剂用量是必要的，同时要保证催化剂在溶剂中均匀分布。

(4) 原料配比　乙烯直接氯化反应是气液反应，反应物乙烯和氯气需由气相扩散进入二氯乙烷液相，然后在液相中进行反应。乙烯直接氯化是快速反应，因此反应速率和选择性取决于乙烯和氯气的扩散溶解特性，液相中乙烯浓度大于氯气的浓度有利于提高反应的选择性。由于相同条件下，乙烯较氯气难溶于二氯乙烷，因此乙烯稍过量为好，这样有助于减少多氯化物的生成，且过量乙烯较易处理。若Cl_2过量，取代反应几率增加，多氯化物增多，且Cl_2过量还会造成后续净化工序的设备腐蚀。为抑制取代反应，减少多氯化物的生成，乙烯一般过量3%～25%。

(5) 杂质　在高温氯化反应中氧气可能与乙烯中的氢原子反应生成水，而三氯化铁在水中发生水解产生盐酸而使催化剂浓度发生变化，并对设备造成腐蚀；硫酸根和催化剂组分中的阳离子反应，影响催化剂的用量和反应的选择性。因此，应严格控制原料气中氧气、水分和硫酸根的含量，要求氧气和水含量小于50μg/g、硫酸根含量小于2μg/g。

3. 工艺流程

(1) 低温氯化工艺　乙烯直接氯化生产二氯乙烷较早的工艺是采用低温氯化工艺。反应温度控制在40～60℃，借助冷却水循环移除反应所释放的热量。工艺流程见图5－8。

乙烯和氯气的氯化反应在气液相塔式反应器内进行。该反应器为内衬瓷砖的钢制设备，反应器中央安装有套筒内件，套筒内填装铁环填料。开工前向反应器内充满二氯乙烷液体。为了能使气液相反应顺利进行，必须提供良好的相间接触，并且需将反应所释放出的热量即时移出反应器外。为了完成以上任务，在该反应器外安装两台循环冷却器。在反应过程中，通过反应器的溢流口将所生成的二氯乙烷引出反应器，经循环冷却器冷却，再用循环泵将此液体部分送回反应器内。

循环氯化液在进入反应器前，经过文氏喷管，将原料氯气由喉部引入系统溶于二氯乙烷内。溶有氯气的循环氯化液在反应器进口附近由管道引入原料乙烯，一起进入反应器，从而

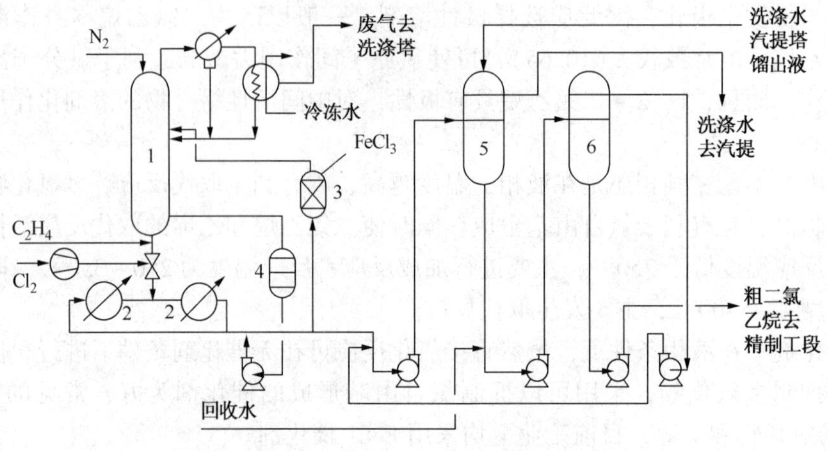

图 5-8 乙烯液相氯化制二氯乙烷工艺流程图

1—氯化塔；2—循环冷却器；3—$FeCl_3$溶解罐；4—过滤器；5、6—洗涤分层器

实现氯化反应器的加料。乙烯和氯气进入反应器的内套筒，在53℃下与催化剂三氯化铁接触，完成催化反应生成二氯乙烷。由于加料乙烯和氯气的提升作用，液体二氯乙烷沿内筒上升至内筒上缘，而后沿筒外环隙向下流动，形成液体在反应器内的自动循环，从而使反应器内的温度趋于均匀一致。

催化剂三氯化铁在反应器内的浓度要求控制在200μg/g左右。在反应过程中损失的三氯化铁的补充是通过将三氯化铁溶解在氯化液内，从反应器顶部加入到反应器内。

随着反应的进行，产物二氯乙烷不断地在反应器内积聚，通过反应器侧壁溢流口将产生的氯化液移出，从而保证了反应器内的液面恒定。从氯化反应器引出的产物通过过滤器过滤后，送入洗涤分层器。反应产物在两级串接的洗涤分层器内经过两次洗涤，除去其中包含的少量三氯化铁催化剂及氯化氢，所得粗二氯乙烷送去精馏。

（2）高温氯化工艺　低温氯化法反应所释放出的热量没有得到充分利用，反应产物由于带有催化剂，必须经水洗处理，而洗水还需通过汽提，不仅工艺过程能耗大，反应过程中需不断补加催化剂，过程污水还需要专门处理。为此，近年来开发出高温工艺，使反应在接近二氯乙烷的沸点条件下进行。

二氯乙烷的正常沸点为83.5℃，当反应在0.2～0.3MPa压力下，操作温度可控制在120℃左右。这样，反应借二氯乙烷从液相蒸发为气相来移除反应热，每生成1mol二氯乙烷，可蒸发6.5mol的二氯乙烷蒸气。由于在液相沸腾条件下进行反应，没有转化的原料乙烯和氯气会被生成的二氯乙烷蒸气带走，致使产物二氯乙烷的收率下降。为了解决这个问题，高温氯化反应器设计成一个U形管和一个分离器的组合体。高温氯化生产二氯乙烷的工艺流程如图5-9所示。

原料乙烯和氯气通过喷散器加入到反应器的U形管部分，这两种反应物进入反应器后溶解在二氯乙烷氯化液内，迅速发生反应转变成二氯乙烷，此刻它们处于反应器下部，由于液体的静压作用，产物不会沸腾。当其上升到U形管上升段的2/3位置处，乙烯和氯气的反应已经基本完成，液体继续上升时，静压已大大减小使其开始沸腾，所形成的气液混合物上升进入分离器。离开分离器的二氯乙烷气体进入精馏塔，塔顶引出包括少量未转化乙烯的轻组分，经塔顶冷凝器冷凝后送入气液分离器。包括乙烯在内的气相送尾气处理系统，液相做为回流返回精馏塔塔顶。精馏塔塔釜采出三氯乙烷等重组分，塔顶侧线采出精二氯乙烷产品，送去生产氯乙烯。重组分中含有大量的二氯乙烷，大部分返回氯化反应器，少部分送二氯乙烷重组分分离系统，分离出三氯乙烷、四氯乙烷后，二氯乙烷仍返回氯化反应器。

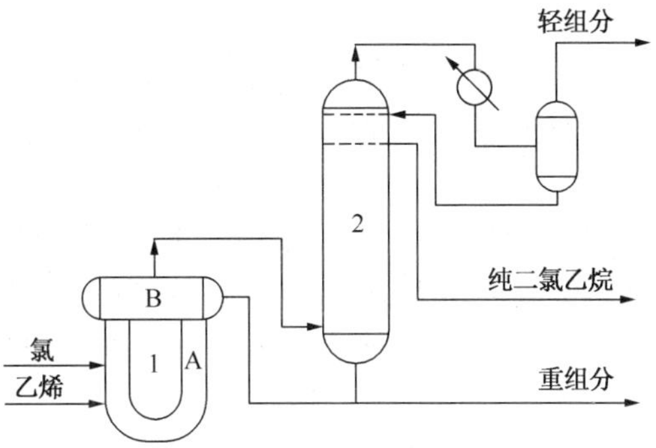

图 5－9　高温氯化生产二氯乙烷的工艺流程图

A—U 形循环管；B—分离器；1—反应器；2—精馏塔

高温氯化流程具有许多优点，其产物二氯乙烷的收率高，反应释放出的热量得到利用。由于产物二氯乙烷采用气相出料，不会将催化剂三氯化铁带出，在后续工序中可以省掉洗涤脱除催化剂步骤，而且过程中没有污水排放，也不需要随时向系统内补加催化剂。虽然如此，高温氯化工艺中，要求很好地控制物料在反应器内的循环速度，循环速度太低将导致反应物分散不均匀，出现局部反应物浓度过高使反应进行得不完全，从而导致反应转化率下降。

高温氯化法使能耗大大降低，原料利用率可以达到 99%，产物二氯乙烷的纯度通常可达到 99.99% 以上。

(二) 乙烯氧氯化生产二氯乙烷

1. 主、副反应

乙烯氧氯化体系中的主反应是生成 1，2－二氯乙烷，见式(5－15)。除生成二氯乙烷的主反应外，还有许多可能的副反应，如下。

$$CH_2{=}CH_2 + 2O_2 \longrightarrow 2CO + 2H_2O \qquad (5-23)$$

$$CH_2{=}CH_2 + 3O_2 \longrightarrow 2CO_2 + 2H_2O \qquad (5-24)$$

$$2C_2H_4Cl_2 + 2HCl + O_2 \longrightarrow 2CH_2{=}CHCl + 2H_2O \qquad (5-25)$$

$$2CH_2{=}CH_2 + 2HCl + O_2 \longrightarrow 2C_2H_3Cl_3 + 2H_2O \qquad (5-26)$$

主、副反应都是氧化反应，反应的平衡常数都很大，在热力学上都是有利的，要使反应向生成 1，2－二氯乙烷的方向进行，必须使主反应在动力学上占绝对优势，关键在于使用合适的催化剂和控制合适的反应条件。

2. 催化剂

以乙烯为原料，通过氧氯化反应生产二氯乙烷，工业上使用的催化剂多为金属氯化物，使用最多的是氯化铜，它的催化活性最高。通常制备成载体型催化剂，以γ－氧化铝为载体。依据催化剂的组成不同，乙烯氧氯化催化剂可以分为以下三种类型。

(1) 单组分催化剂　单组分催化剂也称为单铜催化剂，其活性组分为氯化铜，载体为 $\gamma-Al_2O_3$。研究表明，随着催化剂的活性组分铜含量增加，催化剂的活性明显提高。在铜含量为5%～6%时，氯化氢的转化率已接近于100%，催化剂的活性达到最高值。若再增加铜含量，催化剂的活性不再产生明显变化。另一方面，随着催化剂的铜含量增加，催化剂的选择性逐渐变差，生成二氧化碳副产物的反应速度也在提高。因此，工业用氯化铜/$\gamma-Al_2O_3$催化剂的铜含量控制在5%左右。

氯化铜/$\gamma-Al_2O_3$催化剂对于乙烯氧氯化反应具有良好的选择性，缺点是在反应条件下，活性组分氯化铜易升华流失，导致催化剂活性下降。反应温度愈高，氯化铜的升华速度愈快，催化剂活性下降愈快。

（2）双组分催化剂　由于氯化铜/$\gamma-Al_2O_3$单组分催化剂的热稳定性较差、使用寿命较短，在该催化剂基础上添加碱金属或碱土金属氧化物，做为第二组分，可使催化剂性能得到较大的改善。最常使用的第二组分是氯化钾。双组分催化剂既能保持原有的低温高活性特点，又能提高热稳定性能，且能抑制CO_2的生成。

（3）多组分催化剂　为了进一步改进催化剂的性能，特别是寻求能在较低温度下操作，具有较高活性的催化剂，近年来致力开发用于乙烯氧氯化反应的多组分催化剂。较有希望的是在氯化铜/$\gamma-Al_2O_3$催化剂的基础上，同时添加碱金属氯化物和稀土金属氯化物。这种催化剂具有较高的活性和较好的热稳定性，反应温度一般在260℃左右。在此温度下，氯化铜很少挥发，没有腐蚀性，且反应选择性良好。

3. 操作条件

（1）温度和压力　乙烯氧氯化反应是强放热反应。从生产安全角度考虑，必须对温度进行严格控制。如果反应温度过高，可使反应速度加快，产物中一氧化碳和二氧化碳的含量过高，同时副产物三氯乙烷的生成量也会增多，致使反应的选择性下降。过高的温度对催化剂也会产生不良影响，由于活性组分氯化铜的挥发损失将随着温度升高而加剧，从而使催化剂寿命缩短。综合分析结果，反应温度控制得低一些为好。最适宜的操作温度范围与使用的催化剂有关。当使用高活性的氯化铜催化剂时，最适宜的温度范围是220～230℃。

随着压力增加，反应选择性下降，因此，操作压力不宜过高，通常在1MPa以下。流化床反应器压力宜低，固定床反应器压力可稍高。

（2）原料配比　提高原料气中氧和乙烯的分压对反应有利。乙烯和氧过量除可增大主反应速率外，还有一个重要的目的，就是尽可能使氯化氢完全转化，因为氧氯化反应伴有水生成，若氯化氢转化不完全，大量未反应的氯化氢和水结合生成盐酸，造成设备腐蚀。如果乙烯过量，可使氯化氢接近完全转化。另外，如果氯化氢过量，则过量的氯化氢将吸附在催化剂的表面上，使催化剂颗粒膨胀。对于流化床反应器，催化剂颗粒膨胀会使床层迅速升高，甚至产生节涌等不正常现象。

氧氯化的副反应主要是燃烧反应和深度氯化反应。对于深度氯化反应，乙烯过量是有利的，可抑制多氯化物的生成。但对于燃烧反应，在氯化氢高转化率区，随氯化氢浓度增大而减弱，随乙烯和氧的浓度增大而加剧，因此乙烯不可过量太多，否则将加剧燃烧反应，使尾气中碳氧化物含量增多。同理，氧气稍有过量对反应有利，过多也加剧燃烧反应。因此工业操作采用乙烯稍过量，氧气过量大约50%，氯化氢则为限制组分。典型工业操作的原料配比则为$C_2H_4:HCl:O_2=1.05:2:0.75$。

（3）原料的纯度　原料乙烯的纯度对氧氯化反应影响很小，因此氧氯化反应可用浓度较低的乙烯，例如使用含70%乙烯和30%惰性组分的原料，其中惰性组分可以是饱和烃也可以是氮气。氮气、烷烃等惰性气体对氧氯化反应无影响，还能带走反应热，使反应系统的温度较易控制。但原料乙烯中的不饱和烃，如乙炔、丙烯和丁烯等的含量必须严格控制，这些烃类的存在不仅会使氧氯化反应产物二氯乙烷的纯度降低，而且会对二氯乙烷的裂解过程产生不利影响。原料氯化氢的纯度也很重要，当采用二氯乙烷裂解产生的氯化氢时，其中很可能含有乙炔，必须将其除掉。通常是采用加氢精制，使乙炔含量控制在200μL/L以下。

（4）空速　空速对乙烯氧氯化反应转化率的影响很大。要使氯化氢接近完全转化，必须有较长的接触时间，但接触时间过长，氯化氢转化率反而下降。此现象很可能是由于接触时间过长而发生了连串副反应，产物二氯乙烷裂解为氯乙烯和氯化氢。所以，乙烯氧氯化反应有一个适宜的空速，此适宜的空速取决于所采用的催化剂。活性低的催化剂，适宜空速较低；活性高的催化剂，适宜空速较高。一般范围为250～350h^{-1}。

4. 工艺流程

乙烯氧氯化反应是乙烯、氯化氢和氧气在氯化铜/γ－Al_2O_3催化剂上进行的气固催化反应。由于这个过程包含强放热反应，使用流化床反应器可有效地移出反应热。下面介绍使用流化床反应器的乙烯氧氯化流程，见图5－10。

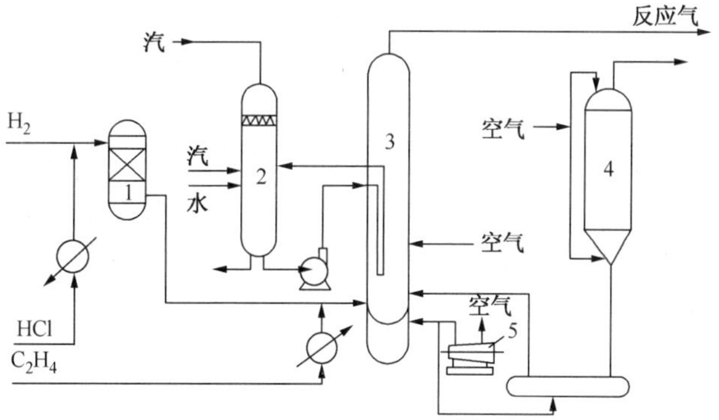

图5－10　流化床乙烯氧氯化制二氯乙烷工艺流程图

1—加氢反应器；2—水汽分离器；3—流化床反应器；4—催化剂储罐；5—空气压缩机

由二氯乙烷裂解得到的氯化氢，在送入氧氯化反应器之前需要经过加氢脱炔处理。加氢脱炔处理是将氯化氢预热到170℃，和氢气一起送入加氢反应器，在反应器内填装载于氧化铝上的铂催化剂，在此少量乙炔加氢转变成乙烯。原料乙烯也预热到一定温度，与经过加氢处理的氯化氢混合送入流化床；空气做为流化介质从底部送入流化床。反应物料在特制的套筒式混合器内混合均匀，进入流化床层，与床内悬浮的催化剂颗粒接触，完成催化反应生成产物二氯乙烷。

反应原料的配比，乙烯、氯化氢与空气的比通常控制在1.05∶2∶(3.6～4)（摩尔）。反应温度控制在220～300℃之间，气体空速大致在250～350h^{-1}。反应所释放出的热量借流化床内冷却管中水的汽化来移除。在反应过程中需不断向反应器内补加催化剂，以抵偿催化剂的损失。

在流化床内进行的氧氯化反应，按氯化氢计的转化率可达到99.8%。氧氯化反应除生成主要产物二氯乙烷外，还生成少量氯衍生物、一氧化碳、二氧化碳和水。它们同未转化的乙烯、氧气和氯化氢及惰性气体一起，通过流化床顶部的三级旋风分离器，分离掉其中所夹带的绝大部分固体催化剂颗粒，而后产物离开流化床。

(三) 二氯乙烷分离和精制

二氯乙烷分离和精制的流程见图5－11。

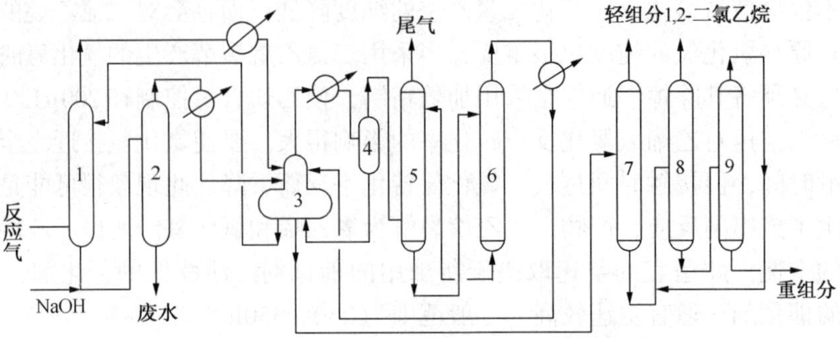

图5－11　二氯乙烷分离和精制流程图

1—骤冷塔；2—废水汽提塔；3—分层器；4—汽液分离器；5—吸收塔；
6—解吸塔；7—轻组分塔；8—二氯乙烷塔；9—重组分塔

离开流化床的产物混合物首先进入骤冷塔，通过塔顶水喷淋，使其冷却到90℃左右。混合物中所包含的氯化氢绝大部分溶解在骤冷水中。与此同时，混合物中尚余存的少量催化剂颗粒也被水洗去，实现了湿式除尘的目的。在生产中，观察洗涤水中的催化剂颗粒数量就可以预测反应在流化床反应器内进行得是否正常。通过骤冷塔后，产物二氯乙烷及其他氯衍生物仍然留在气相中。这样，从骤冷塔塔顶出来的气相通过冷却、冷凝器，冷凝下来的液体送入分层器。待分离掉水层以后，得到粗的二氯乙烷产品。骤冷塔塔底排出的水，其中含有盐酸及少量二氯乙烷，经碱液中和后送入汽提塔，以水蒸气汽提，回收其中的二氯乙烷，冷凝后送入分层器。

(四) 二氯乙烷热裂解

1. 主、副反应

二氯乙烷热裂解的主要反应如式(5－16)，副反应如下。

$$C_2H_4Cl_2 \longrightarrow 2HCl + 2C + H_2 \quad (5-27)$$

$$CH_2{=}CHCl \longrightarrow CH{\equiv}CH + HCl \quad (5-28)$$

$$CH_2{=}CHCl + HCl \longrightarrow CH_3CHCl_2 \quad (5-29)$$

$$nCH_2{=}CHCl \longrightarrow {+}CH_2CHCl{+}_n \quad (5-30)$$

无催化剂存在时，热裂解反应约于400℃开始，500℃变得显著。工业上反应一般在500～600℃进行。

温度对热裂解的选择性有很大影响，温度升高，裂解反应选择性下降。为了降低裂解温度，提高裂解选择性，可进行催化裂解。一般，催化裂解可比非催化裂解降低反应温度50～100℃。Cr、Fe、Zn、Ag、Cu、Cd、Ba、Sr等的氯化物，活性炭、分子筛和SiO_2等均有催化活性。采用光催化或加入少量引发剂也可加快裂解反应速度，降低反应温度，减少结焦。

2. 操作参数

(1) 温度　二氯乙烷裂解生成氯乙烯和氯化氢是可逆吸热反应，提高反应温度对裂解反应的热力学和动力学都有利。当温度低于450℃时，反应的转化率很低；当温度升高至500℃，转化率明显提高，温度在500～550℃时，温度每升高10℃时，反应转化率可增加

3% ~5% 。但温度过高，二氯乙烷深度裂解、产物氯乙烯分解和聚合副反应加速。当温度超过600℃时，副反应速率大于主反应速率。因此确定反应温度要综合考虑二氯乙烷转化率和氯乙烯收率两个因素，通常选在500 ~550℃范围内。

(2) 压力　二氯乙烷裂解是体积增加的可逆反应，从热力学角度考虑提高压力对反应不利。但从动力学角度考虑，增加压力可提高反应速率和设备的生产能力，且压力提高可使气体密度增加，有利于抑制二氯乙烷分解析碳反应；改善气体的导热性能，这些均有利于提高产物氯乙烯的收率。同时，增加压力有利于产物氯乙烯和副产氯化氢的冷凝回收，因此实际生产中都是采用加压操作。目前生产中有低压法(约0.6MPa)、中压法(约1.0MPa)和高压法(>1.5MPa)三种工艺。

(3) 原料纯度　原料二氯乙烷含有杂质对裂解反应有不利的影响，其中最有害的杂质是抑制剂，抑制剂可减慢裂解反应速度和促进结焦。危害最大的抑制剂是1，2 - 二氯丙烷，其含量为0.1% ~0.2%时即可使二氯乙烷转化率下降4% ~10% ，原因是二氯丙烷分解生成的氯丙烯具有更强的抑制作用。因此要求原料中二氯丙烷的含量小于0.3% 。此外，三氯甲烷、四氯化碳等多氯代烃对二氯乙烷裂解反应也有抑制作用。铁离子也会加速二氯乙烷深度裂解副反应，故要求铁离子含量不超过100μg/g。为了减少物料对反应炉管的腐蚀，要求水分含量低于5μg/g，因此，工业生产中对二氯乙烷纯度要求很高，一般为99%以上。

(4) 空速　物料在反应器内的停留时间愈长，二氯乙烷的转化率愈高。但是，停留时间过长会使结焦积炭副反应迅速增加，导致氯乙烯的产量下降。通常工业生产采用较短的停留时间，以获得较高的氯乙烯收率。

3. 二氯乙烷裂解工艺流程

二氯乙烷在管式炉内，于500 ~550℃下进行气相裂解，得到产物氯乙烯。由于这个反应是强吸热反应，使用管式炉，并由管外的燃料燃烧直接火焰加热来补充反应所需要的热量。

二氯乙烷裂解反应的裂解程度通常控制在50% ~55% ，有时可控制得更高些，达到60% 。二氯乙烷裂解制氯乙烯的工艺流程，如图5 - 12所示。

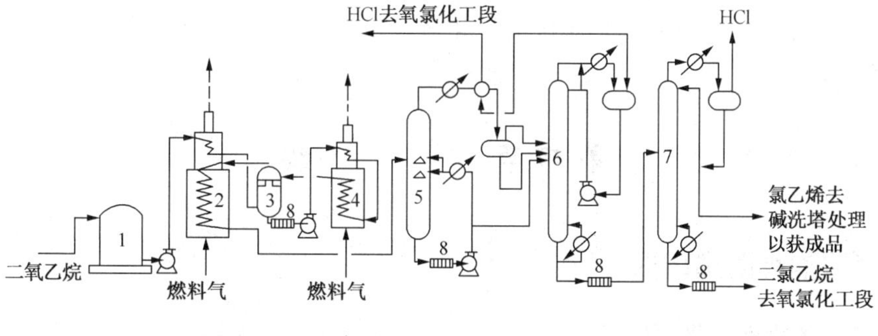

图5 - 12　二氯乙烷裂解制氯乙烯工艺流程图

1—二氯乙烷储槽；2—裂解反应炉；3—汽液分离器；4—二氯乙烷蒸发器；
5—骤冷塔；6—氯化氢塔；7—氯乙烯塔；8—过滤器

用泵将二氯乙烷送入裂解炉的预热段(裂解炉对流段)，借助裂解炉烟气将二氯乙烷物料加热至220℃左右，此刻有部分二氯乙烷汽化。将所形成的气液混合物送入分离器。尚未汽化的二氯乙烷由分离器底部引出，经过滤器过滤后，泵送至蒸发炉的预热段。随后，进入该炉的汽化段(蒸发炉辐射段)，借助燃料燃烧直接火焰加热使二氯乙烷汽化。汽化后的二氯乙烷再经过分离器分出其中所夹带的液滴。由分离器顶部引出的汽化二氯乙烷进入裂解炉的辐射段，在燃料直接加热下，于500～550℃进行裂解反应生成氯乙烯。通过裂解炉的二氯乙烷转化率约为50%～55%。

温度为500℃的裂解气立即送入骤冷塔，塔内以循环液态二氯乙烷进行冷却。出塔气体温度在80～90℃，气体组成主要包含氯化氢和氯乙烯，并含有少量二氯乙烷，经水冷和深冷后将其中氯乙烯冷凝，不凝气主要是氯化氢，送至氯乙烯精馏部分的氯化氢塔。骤冷塔塔底液相主要含二氯乙烷，它来自于骤冷塔的喷淋液和裂解气中未转化的裂解原料。此外，液相中尚含有少量的冷凝氯乙烯和溶解氯化氢。这股物料自塔底引出，温度约为60℃，经冷却后温度达40℃，部分送入氯化氢塔进行分离，其余物料返回骤冷塔做为喷淋液。

（五）氯乙烯精制

氯乙烯精制的任务是将粗氯乙烯进行精制得到聚合级氯乙烯单体。二氯乙烷裂解产物氯乙烯中含有未转化的二氯乙烷和裂解产物氯化氢，这是氯乙烯精制的主要对象，氯乙烯精制的工艺流程如图5－12所示。

由二氯乙烷裂解所得到的富氯化氢馏分、富氯乙烯馏分和富二氯乙烷馏分，做为氯化氢塔的三股进料，该塔塔顶压力为1.2MPa，塔顶温度控制在－24℃。塔顶温度升高意味着由塔顶出来的二氯乙烷含量增加。这个塔的塔顶采出物主要为氯化氢，经制冷剂冷凝后，冷凝液送入储罐，部分做为塔顶回流，其余物料送至氧氯化部分做为乙烯氧氯化的原料。

氯化氢塔的塔釜出料，主要组成为氯乙烯和二氯乙烷，其中氯化氢含量约100μg/g。该物料经过滤器过滤后，做为氯乙烯塔进料，该塔塔顶压力为0.5MPa，塔顶温度控制在40℃，塔顶蒸气主要组成为氯乙烯，其中含少量氯化氢，经冷凝后部分回流，其余做为汽提塔进料。氯乙烯塔塔釜液组成主要是二氯乙烷，该物料采出后经冷却，送至二氯乙烷精馏系统的高沸塔作为进料，用以回收其中的二氯乙烷。

汽提塔的作用是将产品氯乙烯中含有的少量氯化氢汽提出来，塔顶控制在40℃，由塔顶采出含有氯化氢的氯乙烯，经冷凝后部分做为汽提塔的回流，其余物料做为氯化氢塔的进料，以回收其中的氯化氢。塔釜出料主要为氯乙烯，可能其中含有微量的氯化氢。该物料进一步通过中和塔中和，使出料氯乙烯中的氯化氢含量小于1μg/g，该物料可送至聚合部分生产聚氯乙烯树脂。

第四节　乙　　醛

一、乙醛的性质和用途

（一）乙醛的物理、化学性质

1. 乙醛的物理性质

乙醛在常温常压下为无色透明液体，有刺激性气味，熔点－121℃，沸点20.8℃，相对密度小于1。易燃易挥发，乙醛蒸气与空气能形成爆炸混合物，爆炸范围为4.0%～57.0%（体积）。

乙醛水溶液的冰点如下：4.8%，－2.5℃；13.5%，－7.8℃；31.0%，－23.0℃。乙醛和水及多数有机溶剂可以完全互溶，这些有机溶剂包括丙酮、苯、乙醇、乙醚、汽油、乙醛同系物、甲苯、二甲苯及乙酸等。

2. 乙醛的化学性质

乙醛分子内具有醛官能团，能够发生醛类所能进行的全部化学反应。由于醛官能团本身的化学活性，再加上与醛基相邻甲基上的氢原子受到碳基的影响而活化，导致乙醛分子具有很强的化学活性。

（1）氧化反应 乙醛很容易被氧气或空气所氧化，可能生成的产物有过乙酸、乙酸和乙酸酐，生成产物的种类取决于反应条件。

使用乙酸锰或乙酸钴催化剂，在65℃时，乙醛氧化为过乙酸中间产物，最终生成乙酸，如下式。

$$2CH_3CHO + O_2 \longrightarrow 2CH_3COOH \quad (5-31)$$

使用混合乙酸钴的乙酸铜催化剂，乙醛氧化的产物是乙酸酐。

$$2CH_3CHO + O_2 \longrightarrow (CH_3CO)_2O + H_2O \quad (5-32)$$

在金属盐类存在下，通过紫外线照射，乙醛进行低温氧化生成过乙酸。

$$CH_3CHO + O_2 \longrightarrow CH_3COOOH \quad (5-33)$$

（2）平衡反应 乙醛存在着下列平衡关系。

$$H_3CHO + H_2 \rightleftharpoons CH_3CH_2OH \quad (5-34)$$

$$CH_3CHO \rightleftharpoons CH_2{=}CHOH \quad (5-35)$$

（3）加成反应 乙醛和醇类反应生成缩醛，乙醛和硫醇反应得到缩硫醛。

$$CH_3CHO + 2ROH \longrightarrow CH_3CH(OR)_2 + H_2O \quad (5-36)$$

$$CH_3CHO + 2CH_3SH \longrightarrow CH_3CH(SCH_3)_2 + H_2O \quad (5-37)$$

以氧化钽/硅胶为催化剂，在300℃条件下乙醛和乙醇反应生成丁二烯：

$$CH_3CHO + C_2H_5OH \longrightarrow CH_2{=}CH{-}CH{=}CH_2 + 2H_2O \quad (5-38)$$

（4）缩合反应 在碱性溶液中，乙醛发生醇醛缩合反应生成3-羟基丁醛，后者脱水生成丁烯醛。

$$2CH_3CHO \longrightarrow CH_3CHOHCH_2CHO \quad (5-39)$$

$$CH_3CHOHCH_2CHO \longrightarrow CH_3CH{=}CHCHO + H_2O \quad (5-40)$$

工业上利用这个反应生产丁醛和辛醇。将丁烯醛选择加氢成丁醛，继续加氢成丁醇；丁醛经烯醛缩合反应成辛烯醛，再加氢生成辛醇。

（5）聚合反应 当把无机酸加到乙醛中，使乙醛发生三聚环化，得到2，4，6-三甲基-1，3，5-三氧杂环己烷（通常称为对聚乙醛）在15~20℃下，将液态乙醛通过酸性离子交换树脂可以连续生成对聚乙醛。在酸催化剂存在下，对聚乙醛可以发生解聚，经乙酸钠中和后，通过蒸馏可将乙醛和对聚乙醛分开。对聚乙醛为无色液体，常压下沸点为125℃。

在温度低于0℃、有干燥氯化氢存在的条件下乙醛发生四聚环化，得到间聚乙醛。它从溶液中结晶析出，经过过滤可与对聚乙醛分开。间聚乙醛在闭管内于246.2℃时熔化，在115℃时升华并发生部分解聚。

对聚乙醛　　　　间聚乙醛

将乙醛与三氟化硼在液态乙烯中进行阴离子聚合，得到多聚乙醛。它是白色、不发黏的具有高弹性的聚合物，其特性类似于橡胶。在温度低于 -75℃时，使用阴离子引发剂，乙醛聚合得到结晶态的有规立构聚合物，其相对分子质量约在$(80\sim300)\times10^4$之间。多聚乙醛不稳定，可在几天内解聚成乙醛。

（二）乙醛的用途

乙醛的用途主要是生产下述有机产品，主要包括乙酸、乙酸酐、乙酸纤维素、乙酸乙烯树脂、乙酸酯类、季戊四醇、合成吡啶衍生物、对苯二甲酸以及过乙酸等。

二、由乙烯生产乙醛

（一）反应过程

人们很早就知道，当把乙烯通过氯化钯水溶液时，有乙醛生成并析出金属钯，而氧气能使分散的金属钯溶解在盐酸当中。如果想要实现由乙烯生产乙醛，就需要使这两个反应在相同条件下、同一系统内以相等的速度进行，或者是氧化反应速度更快一些，才能避免系统内析出金属钯。

实际上金属钯的溶解速度要慢得多，在室温条件下约比生成乙醛反应的速度慢100倍。在这种情况下不可能组合实现氯化钯的催化循环。因此，乙烯生产乙醛仅使用氯化钯作催化剂是得不到工业应用的。以后的研究发现，利用氯化铜或氯化铁能使金属钯有效地氧化成二价钯。这个反应进行的速度很快，所形成的氯化亚铜可以很容易地用氧气将其氧化，这样就实现了由乙烯氧化生产乙醛的完整过程：

$$CH_2{=\!=}CH_2+\frac{1}{2}O_2\xrightarrow[\text{水溶液}]{PdCl_2-CuCl_2-HCl}CH_3CHO \tag{5-41}$$

（二）乙烯生产乙醛的催化剂

乙烯生产乙醛的催化剂，工业生产上只使用 $PdCl_2-CuCl_2-HCl-H_2O$ 组成的催化剂溶液。乙醛的生成速度取决于羰化反应的快慢，催化剂的活性也将以此为标志。催化剂活性能否保持稳定，要受到催化剂活性组分钯的氧化反应热力学条件的限制，同时还受亚铜离子的氧化反应速度所影响。如果想满足上述热力学及动力学稳定条件，除和反应过程的工艺条件选择有关外，催化剂溶液的组成起到相当关键的作用。下面对催化剂的组成逐项进行讨论。

1. 活性组分钯含量

催化剂溶液中的钯盐浓度愈高，羰化反应进行的速度愈快。但溶液中的钯盐浓度受热力学条件的约束，当钯盐浓度超过平衡浓度时，就会有金属钯从溶液中析出。该平衡反应方程式为：

$$Pd+2Cu^{2+}+8Cl^{-}\rightleftharpoons PdCl_4^{2-}+2CuCl_2^{-} \tag{5-42}$$

从这个方程式可以看出，为了满足热力学条件，较高的钯离子浓度要靠较高的二价铜离子浓度来维持。但二价铜离子浓度的提高，必然导致游离氯离子浓度也相应增高。游离氯离子浓度的增加，虽有利于钯的氧化反应平衡，但同时可引起羰化反应速度减慢。通过以上分析可以看出，铜和钯以及氯和铜之间应该保持适当的比例。由于活性组分钯的价值昂贵，工业生产中，在维持必须的反应速率的情况下，应尽量采用较低的钯含量。

2. 氧化剂铜含量

在催化剂溶液中含有二价铜和一价铜两种铜组分，通常使用溶液中的总铜含量来加以描述。总铜含量是指二价铜和一价铜含量的总和。二价铜是游离钯的氧化剂，为了确保溶液中不析出金属钯，必须使钯的氧化反应能够顺利地进行，这样就必须在溶液中有足够的过量二价铜存在。基于上述理由，在工业生产中要求控制较高的铜钯比，通常是取铜钯摩尔比为200:1。除此而外，还需要控制较高的氧化度，高的氧化度有利于羰化反应的进行。

3. 氯和铜的原子配比

在催化剂溶液中，氯离子有两种存在形态，一种是作为中心金属离子 Pd^{2+} 和 Cu^{+} 的配位体，这种氯离子对改善钯的氧化热力学平衡起着重要的作用；另一种是游离态的氯离子，在催化剂溶液中提高游离氯离子浓度有利于钯的氧化反应，但使乙烯的羰化反应速度下降。因此，在生产中必须控制合适的氯离子浓度。通常是在满足钯的氧化反应热力学条件下，尽可能使氯离子浓度维持得比较低。系统中的游离氯离子浓度过高可能形成较多的含氯副产物，从而使反应的选择性相应下降；游离氯离子浓度过低，则可能导致 Cu_2Cl_2 沉淀，进而使系统内析出金属钯。为了调节系统中的氯和铜的比例，可使用部分乙酸铜代替氯化铜。

4. 氧化度和溶液酸碱度

氧化度是系统中的总铜含量中二价铜所占的分率，是一项重要的生产控制指标。催化剂溶液的 pH 值随着氧化度的提高而增加。对于某一特定的氯铜比，都存在一个最适宜的氧化度范围。在这个范围内，烯烃的羰化反应速率最快。氧化度过高，虽然氢离子浓度较低，但游离氯离子浓度过高，使烯烃的羰化反应速率减慢。与此同时过高的氯离子浓度可导致生成较多的含氯副产物，使反应的选择性下降；氧化度过低，不仅系统内的氢离子浓度较高，而且由于二价铜浓度过低，对钯的氧化反应不利，使烯烃的羰化反应速率明显下降。在氧化度较高的条件下，只要氯铜比小于 2.0，系统内的铜离子就会沉淀，这样就会影响钯的氧化。因此系统内必须保持一定的酸浓度，以防止出现碱式氯化铜沉淀。另外，催化剂溶液中的钯盐含量影响溶液的 pH 值，钯盐含量减少以及出现氯化亚铜沉淀，都会导致 pH 值下降。工业生产中溶液的 pH 值通常控制在 1 ~ 1.2 的范围内。

（三）工艺条件

由乙烯氧化生产乙醛，其反应速率的快慢首要取决于催化剂溶液的组成。在催化剂条件确定后，影响因素则是工艺条件。工艺条件不仅影响反应速率，而且影响反应的选择性。

1. 原料气的纯度

原料乙烯如果来自于乙烯裂解装置，则其中可能含有乙炔。乙炔能和催化剂溶液中的亚铜离子反应生成乙炔铜。

$$HC \equiv CH + Cu_2Cl_2 \longrightarrow CuC \equiv CCu + 2HCl \qquad (5-43)$$

乙炔还能和钯盐反应，生成钯炔化合物并析出金属钯。这些钯炔化合物都很难溶于液相，当其处于干燥状态下受热还可能爆炸。这些反应不仅改变了催化剂溶液的组成，使催化剂活性下降，而且可能导致反应系统的发泡。如果在乙烯中含有硫化物，在酸性介质条件下，硫化氢可与催化剂溶液中的氯化钯反应生成硫化钯，硫化钯以沉淀形式从溶液中析出，由于这种沉淀硫化物不稳定，可能进而发生分解。如果乙烯中含有一氧化碳，它也可和钯盐作用而析出金属钯。乙烯中的少量二氧化碳及乙烷，对反应过程不会带来不利的影响。工业上用于生产乙醛所用的原料乙烯，通常要求乙烯含量在 99.5% 以上，其中乙炔要求小于 30μg/g，硫化氢小于 3μg/g。为了避免氧气中带入过多的惰性气体，要求其纯度在 99.5% 以上。

2. 反应器的进气组成

乙烯氧化生产乙醛，现在工业上使用的催化剂对羰化反应具有良好的反应选择性。虽然如此，在有氧气存在的情况下，可能发生一系列连续副反应。这些反应不仅降低了产品乙醛的产率，而且由于副产物的存在，导致催化剂活性的下降。为了抑制副反应并使催化剂保持足够高的活性，必须控制反应的转化率维持在较低水平，使生成的乙醛迅速离开反应系统，这就需要有大量的没有转化的乙烯进行循环。为了避免发生爆炸，反应转化率的控制要受到安全因素的约束。同时，必须严格选择反应气体中组分间的配比。送入反应器的反应混合物由原料乙烯、氧气和循环乙烯组成，其中氧的浓度约为17%。由于乙烯和氧气是分别送入反应器内，因此这里不受爆炸混合物的限制。乙烯和氧气在液相内可以很安全地进行氧化反应。与此不同，从反应器出来的产物气体，也就是反应系统的循环气体，其组成就应该进行严格控制，如果这个气体混合物的组成范围在爆炸范围内，就有发生爆炸的危险。新鲜乙烯和氧气的用量接近理论计算配比，由于副反应需要消耗一部分氧气，氧气的用量大约需要过量10%。

3. 反应温度

由乙烯直接氧化生产乙醛，该过程的反应热效应很大，这个过程在热力学上是有利的。温度对反应的影响表现在对化学反应速率及主副反应间的竞争方面。随着温度的升高，反应速率常数变大，对反应有利；但是，温度升高平衡常数变小，而且乙烯气体的溶解度也随之减小，对过程不利。温度升高可使氯化钯离子的浓度提高，从而使羰化反应速率加快。对于氯化亚铜的氧化反应来说，温度升高使反应速率常数变大，但氧气在液相中的溶解度却减小。综上所述，当温度不太高时，随着温度的升高反应速率加快，温度继续升高时，不利因素的影响渐渐明显起来，副反应的速度也在不断地增大。基于以上原因，工业生产温度控制在120~130℃范围内较为适宜。

4. 反应压力

为了使得反应系统的温度恒定，需要不断地移走反应系统所产生的热量。一段法生产乙醛借助水及反应产物蒸发带走反应热，反应系统中的液相处于沸腾状态。在这种情况下，反应温度和反应压力不能独立变化，当系统压力确定后，系统温度自动确定下来。例如反应器出口压力为400~450kPa时，反应温度为120~130℃。提高压力虽可使气相中的乙烯和氧较多地溶解于液相内，但同时系统温度必然升高，并增加了设备的耐压要求。

（四）工艺流程

由乙烯直接氧化生产乙醛是以石油乙烯为原料，由于这种方法所使用的原料来源充足、价格低廉，生产工艺过程简单，无须苛刻的反应条件，同时反应的选择性较高，因此，人们认为它是乙醛生产方法当中最经济的路线。

这个过程包括三个基本反应。这三步反应可以在同一个反应器内进行，也可以分开在两个反应器内完成。由此，工业生产常分为一段法工艺和两段法工艺。

1. 一段法生产乙醛工艺

由乙烯一段法生产乙醛的详细流程，如图5-13所示。这个流程由三部分构成，即乙烯的氧化部分、粗乙醛的精制部分和催化剂的回收部分，下面对这三个部分分别加以介绍。

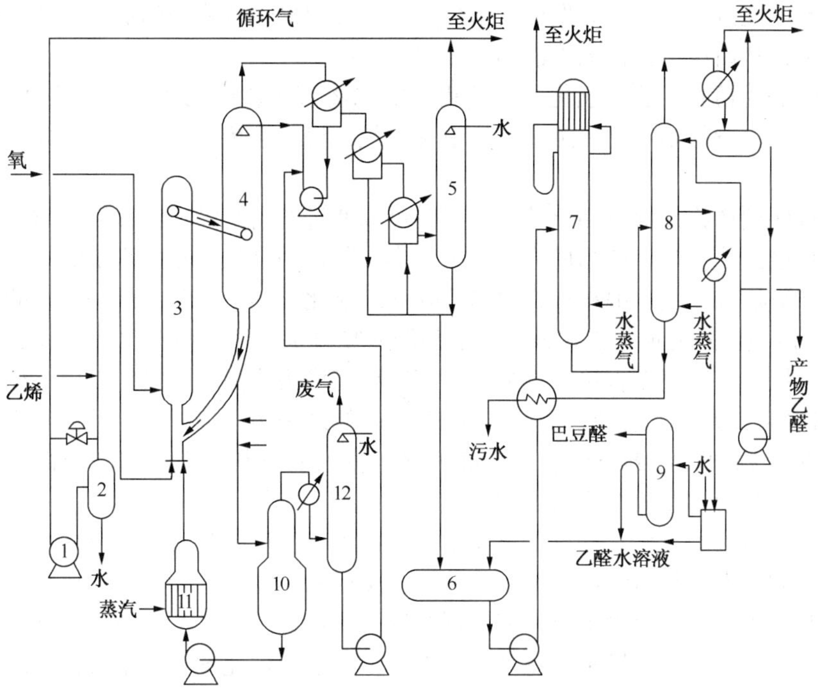

图 5－13　一段法乙烯直接氧化生产乙醛工艺流程图

1—水循环压缩机；2—水分离器；3—反应器；4—除沫分离器；5—水吸收器；6—粗乙醛储罐；7—脱轻组分塔；8—精馏塔；9—乙醛水溶液分离器；10，11—分解器；12—水洗涤塔

（1）乙烯的氧化　新鲜乙烯和循环气混合后由底部送入反应器，新鲜氧气从侧线送入反应器。反应设备为鼓泡塔式气液相反应器，在反应器内大约一半的体积充满催化剂溶液，反应气体从底部送入，鼓泡通过反应器。在温度约 125℃、压力 0.4MPa 条件下进行氧化反应。虽然总的氧化反应由羰化反应速度所控制，但气液传质过程也有重要的影响。为了使气液相间有足够的接触表面，催化剂溶液又能达到充分的混合，工业上使用带循环管的鼓泡反应器。为了有利于相间传质，采用较高的气体空塔速度，使流体处于激烈的湍动状态，气液两相达到充分的接触，整个反应器充满低密度的气液混合物。

该气液混合物经由反应器上部的侧线流入除沫分离器，通过催化剂溶液中水的蒸发移除反应释放出的热量。由除沫分离器顶部出来的气体，主要含乙醛，此外还有水蒸气、未转化的乙烯、氧气及副产物氯甲烷、氯乙烷、乙酸、丁烯醛和二氧化碳，将其送入第一冷凝器，使气体中的大部分水蒸气冷凝，让凝液返回到除沫分离器内，再回到反应器里。在这部分凝液中要求乙醛的含量愈少愈好，以免乙醛返回到反应器后引起进一步反应形成丁烯醛。乙醛的含量通过第一冷凝器的温度来调节。

在第一冷凝器内未冷凝的气体送入第二和第三冷凝器，将其中的乙醛及高沸点副产物冷凝，不凝气体进入水吸收塔，用水来吸收尚未冷凝的乙醛，水吸收液与第二和第三冷凝器的冷凝液合并，送入粗乙醛储槽。

自吸收塔顶部出来的气体，大约合有 65% 的乙烯和 8% 的氧，此外还含有惰性气体氮气、副产物氯甲烷、氯乙烷及二氧化碳。其中的乙醛含量仅有 100×10^{-6}左右。为了不使循环气内的惰性气体积累，需将部分尾气进行排放，其余则做为循环气返回到反应器内。由于第一冷凝器不可能将全部反应蒸发出的水分冷凝，反应操作过程中尚需向泡沫分离器中连续添加去离子水，从而保持催化剂溶液的浓度恒定。

(2) 粗乙醛的精制　乙烯氧化所得的粗乙醛水溶液中乙醛的含量大约在10%左右。此外，溶液中含有少量的副产物，主要是氯甲烷、氯乙烷、丁烯醛、乙酸、乙烯、二氧化碳及少量高沸物。

乙醛和这些副产物的沸点相差较大，因此可以通过普通精馏方法加以分离。粗乙醛的精制采用双塔精馏系统，第一精馏塔为脱轻组分塔，其作用是从粗乙醛水溶液中除去低沸点副产物氯甲烷和氯乙烷以及溶解在液相中的乙烯和二氧化碳。由于氯乙烷和乙醛的沸点相差只有8℃，为了避免乙醛的损失，在该塔的上部加入吸收水，用水将蒸出的乙醛加以回收。这个塔采用加压操作，塔底以直接蒸汽加热。第二精馏塔为成品乙醛塔，以第一精馏塔的釜液粗乙醛作为进料，塔顶蒸出乙醛，即为最终产品；侧线采出丁烯醛与水的恒沸物，其恒沸温度为84℃，恒沸物中含水24.8%；塔釜液为含少量乙酸及其他高沸点副产物的废水，经过和乙醛水溶液换热后，排放至污水处理系统。

(3) 催化剂溶液的再生　在反应过程中生成的可挥发性副产物如氯甲烷、氯乙烷等，可和产物乙醛一起蒸发，从而和催化剂溶液分离；生成的不挥发物如副产物树脂及草酸铜，仍然留在催化剂溶液内。草酸铜不仅使催化剂溶液受到污染，而且消耗掉一部分铜，使催化剂中的铜离子浓度下降，从而导致催化剂活性下降。为了使催化剂溶液维持稳定的活性，需要将一部分催化剂溶液从反应系统中引出，将其加以再生。再生过程首先向催化剂溶液内加入一定量盐酸，并通入氧气，这样使一价铜氧化成二价铜。而后进行减压，并使温度降至100～105℃，在分离器内使催化剂溶液和释放出的气体－蒸汽混合物分离。气体－蒸汽混合物先通过冷却和冷凝，使其中可以液化的物料转变成液体；而后将尚未冷凝的气体用水吸收，以吸收其中夹带的乙醛和催化剂沫，所余尾气排至火炬进行焚烧。含有催化剂溶液及乙醛水溶液的物料送至除沫分离器作为补充水。分离器底部排出的催化剂溶液送至分解器，直接通入水蒸气加热到170℃，借助于催化剂溶液中的二价铜离子的氧化作用将草酸铜氧化分解，转变成一价铜并释放出二氧化碳，再生后的催化剂溶液重新返回到反应器内。

2. 两段法生产乙醛工艺

两段法生产工艺的特点是乙烯和氧气(空气)的液相氧化反应在两个设备内完成。两段法由乙烯生产乙醛的完整流程图，如图5－14所示。

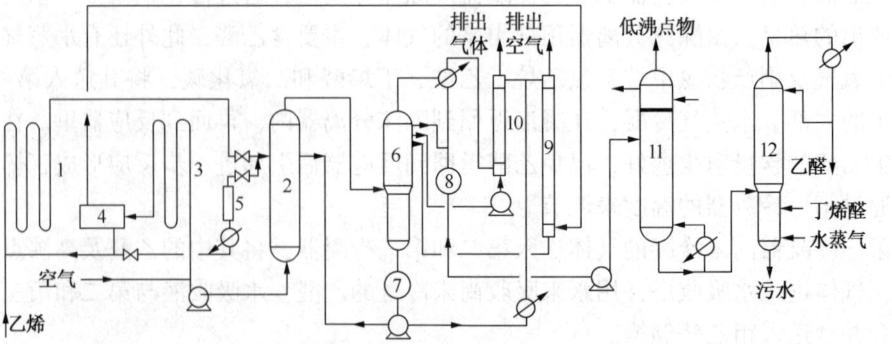

图5－14　两段法乙烯生产乙醛工艺流程图

1—羰化反应器；2—闪蒸塔；3—氧化反应器；4—分离器；5—再生器；6—初馏塔；7—过程水储槽；8—乙醛储槽；9—洗涤塔；10—脱轻组分塔；11—脱低沸点塔；12—精馏塔

第一步进行羰化反应，在羰化反应器内进行。该反应器是钛钢制的管型反应器，反应器的总长度可达数十米。乙烯和催化剂溶液混合后由反应器一端进入，为了使反应物料的气液混合物能够实现充分接触，反应混合物以较高的流速通过，在这个反应器内完成乙烯的羰化反应和催化组分钯的氧化过程。

该反应过程的热效应不大，因此，反应可以在绝热条件下进行。由于在这步反应中没有引入氧气，因而不会发生氧化和氧氯化等副反应，这样就不会像一段法那样，生成氯甲烷、氯乙烷等一系列氯化副产物。产物乙醛溶解在催化剂溶液内，原料乙烯通过反应器后可接近完全转化。

羰化反应过程的温度和压力可以分别进行控制。为了提高乙烯在液相中的溶解度和加快羰化反应速度，可以选择较高的操作压力。正常的操作条件多选在温度100～110℃、压力1～1.2MPa，并且可以使用稀乙烯(浓度低于60%)进行反应。在羰化反应过程中系统内的二价铜不断地还原成一价铜，从而使催化剂的活性不断下降。

羰化反应所得到的产物从反应器出来，送入闪蒸塔，压力减至常压。在此蒸出乙醛、水蒸气及易挥发的副产物。塔底的催化剂溶液经补加水后送入第二反应器进行氧化反应，这台反应器也是钛钢制造的管型反应器。其进料为补加水后的催化剂溶液和空气，在反应器内一价铜被氧化成二价铜。

这个反应是强放热过程，但一般反应仍在绝热条件下进行，氧化反应释放的热量使催化剂溶液的温度升高。反应操作压力为1～1.2MPa，氧气的转化率可达到99%。从氧化反应器出来的尾气是纯度达到99%的氮气，可做为本装置的副产品输出。经氧化后的催化剂溶液的活性得到恢复，即可返回羰化反应器循环使用。由闪蒸塔闪蒸出的产物乙醛带有一定量的水蒸气和低沸点副产物，这个蒸汽-气体的混合物送入初馏塔进行粗蒸馏，由该塔塔底分出水，可供闪蒸塔、洗涤塔和脱轻组分塔使用；塔顶蒸出的乙醛及轻组分副产物经冷凝后送入粗乙醛储槽。气相进入脱轻组分塔，由塔顶脱除轻组分及溶解的二氧化碳和乙烯。粗乙醛自储槽送入脱低沸点物塔脱除低沸物，塔底乙醛送至乙醛精馏塔。乙醛精馏塔是以直接蒸汽进行塔底加热，由塔顶蒸出成品乙醛，侧线采出丁烯醛，塔釜水排至污水处理系统。

第五节　乙　醇

一、乙醇的性质与用途

乙醇俗称酒精，是无色透明、易挥发、易燃、有醇香味的液体，沸点78.4℃，凝点-114.4℃。乙醇与水能形成共沸混合物，其组成含乙醇为95.6%(质量)，共沸点为78.2℃。故用普通蒸溜法无法将乙醇中的水完全脱去，乙醇蒸气与空气能形成爆炸性混合物，爆炸极限3.3%～19%(体积)。

乙醇是最大宗的化工产品之一，是重要的有机溶剂，又是医药、染料，涂料、香料、合成橡胶，塑料、人造纤维、洗涤剂等有机化工产品的基本原料，作为中间体可用于合成乙醛、乙酸、乙醚、乙酸乙酯、氯乙醇、乙二醇、醚、三氯乙醛、乙硫醇、乙胺、丙烯酸乙酯、乙烯乙基醚等，其制品多达300种以上，用途极为广泛。

二、乙醇的生产方法

乙醇的生产方法有粮食发酵法、木材水解法、亚硫酸盐废碱液法、乙醛加氢法、羰基合成法、乙烯水合法等，其中真正具有工业意义的是粮食发酵法和乙烯水合法。采用发酵法，生产成本高。乙烯水合法又分为直接水合法和间接水合法两种。自20世纪70年代开始，乙烯直接水合法在技术上超过了间接水合法，成为工业生产乙醇的主要方法。乙烯直接水合法是乙烯与水蒸气在较高温度和压力下，使用固体酸性催化剂，直接水合生成乙醇，以下讨论该方法。

1. 反应原理

在固体磷酸催化剂作用下，乙烯气相水合生产乙醇，主反应如下，副反应主要是生成乙醛和乙醚，乙烯的单程转化率是4% ~5%。

$$C_2H_4 + H_2O \longrightarrow CH_3CH_2OH$$

2. 催化剂

工业上普遍使用的是固体磷酸催化剂，它由两部分组成，一部分是载体，另一部分是活性物质磷酸。磷酸决定催化剂活性的大小，但载体本身对催化剂的活性也有很大影响。作为磷酸的载体可以用硅胶、硅铝胶、分子筛、硅藻土、膨润土。早期使用的硅藻土没有骨架，在水作用下易遭破坏，因而逐渐被球形大孔硅胶类载体所取代。

3. 影响因素

① 反应温度　乙烯气相水合是放热可逆反应，从这一点看温度越低对反应越有利，但温度低时，催化剂的活性低，反应速度慢。乙烯转化率开始随温度升高而升高，当达到一定值后，受温度影响变化缓慢，最适宜温度为295℃左右。但催化剂的活性不同，最适宜的反应温度也不同。活性差的催化剂，达到最高转化率的温度较高；活性高的催化剂，达到最高转化率的温度则较低。用活性高的磷酸/硅藻土催化剂，平均反应温度可降至260℃左右。

反应温度对副反应也有影响，由于大多数副反应都是放热反应，通常反应温度每增加5℃，乙醇产率降低0.3%，这是由于温度升高，乙醚的生成量增加，乙烯聚合反应及生成乙醛的反应加剧所致。

② 反应压力　乙烯水合反应是体积缩小的反应，加压有利于反应向生成乙醇的方向进行。当实际选择压力时，不仅要考虑反应平衡，而且要考虑反应进行的条件。当温度一定时，在一定浓度的磷酸溶液中，水的分压是一定的。此时，当总压力增加时，乙烯的分压增加，水的分压也增加，气相中的水蒸气就会凝结溶于磷酸中，使催化剂上磷酸的浓度降低，催化活性下降。如果增加总压后，只增加乙烯分压，而水的分压不变，其结果就会使水和乙烯的摩尔比变小，乙烯的转化率会减小。压力增大使反应系统出现凝聚相，不仅使催化剂表面的磷酸被水稀释，还会逐渐被液相物带出反应器，使催化剂活性迅速下降。此外，压力增加也会使设备投资费用加大，从而提高消耗定额，增加生产成本。工业上一般采用的压力为6.87MPa左右。

③ 原料配比　乙烯气相水合反应，当磷酸催化剂浓度保持一定时，在给定温度和压力下的水烯摩尔比，即为该条件下的适宜原料比。随着水烯比的增加，乙烯的转化率也增加，若再进一步提高，将会出现凝液使催化剂磷酸浓度下降，则催化剂活性下降，转化率也下

降。另外，水烯比的增大，对减少副反应也有利，乙醛和乙醚的产量随水烯比的增大而降低。

但水烯比过高，除降低催化剂活性外，还会在配制原料气时消耗较多的热量。同时，会使所得粗乙醇量下降，给产品后处理增大能量的消耗。因此，当总压力为6.87MPa、反应温度为230～255℃时，水烯比一般为0.6～0.7。反应后期，由于催化剂活性下降和反应温度的升高，水烯比可相应地增大，以保持乙烯转化率不变。

4. 工艺流程

以磷酸/硅藻土为催化剂，乙烯气相水合制乙醇的工艺流程见图5－15。

由烯烃装置来的纯度为96%、温度为21℃、压力为1.07MPa的乙烯，经压缩机压缩至反应压力后，与经压缩机压缩的再循环气和预先经过净化的水混合，水烯比约为0.6，经两个串联的换热器与反应产物换热后进入加热炉，将温度升高到190℃，进入铜衬里的圆筒形反应器。反应器内装催化剂，为了弥补磷酸的损失，需在反应器的上部不断注入磷酸。物料从反应器顶部进入，向下通过催化剂床层，乙烯与水在通过反应器时，一部分转化为乙醇。由于反应是放热的，所以反应产物在稍高的温度下离开反应器。

反应产物沿铜管进入高温换热器后，再进入低温换热器。在高温换热器的出口处加入NaOH，用以中和从催比剂中带出来的磷酸。经过两个进料换热器和一个产物热交换器，大部分乙醇和水蒸气被冷凝下来，从热交换器流出的混合物，在高压分离器中被分离为液体和气体。从高压分离器流出的气体在循环冷却器中被冷凝后，进入气体洗涤塔。用水在洗涤塔中洗涤剩余的气体，以除去再循环气中的醇。从洗涤塔上部出来的循环气，部分送回烯烃装置。

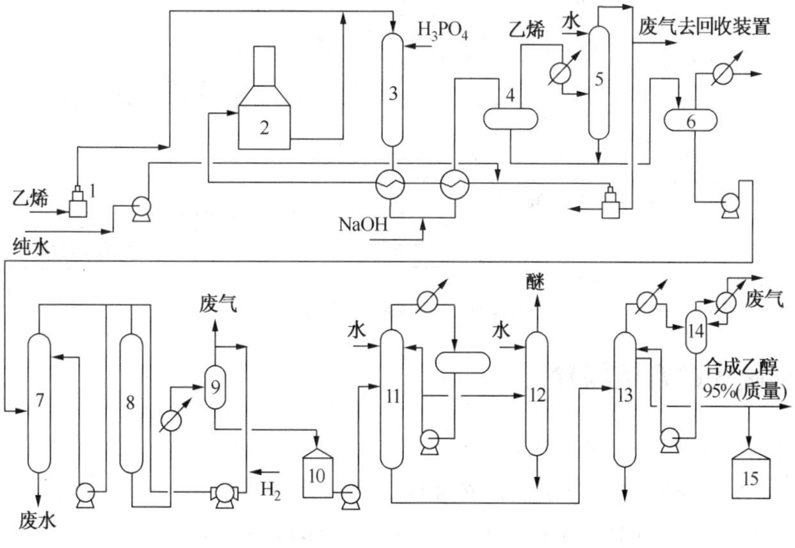

图5－15　乙烯气相水合制乙醇的工艺流程图

1—压缩机；2—加热炉；3—反应器；4—高压分离器；5—气体洗涤塔；6—低压分离器；7—提馏塔；8—加氢塔；9，14—分离器；10—中间储槽；11—轻组分分馏塔；12—脱醛塔；13—精馏塔；15—储槽

从循环气冷却器中冷凝的液体，与洗涤塔中的液流在洗涤塔的下段混合，连同由高压分离器来的稀乙醇一起进入低压分离器。在此分离器中将不凝气体(主要是乙烯)放掉，稀乙醇在提馏塔提浓，水从塔底排出，其热量以预热净化水回收之，提馏塔顶馏出液除回流外，均送入氢化系统的加氢塔。在进入氢化器前，此乙醇与循环氢气流混合，混合气流自上而下

通过颗粒硅藻土为载体的镍催化剂床层，基本上将所有乙醛与少量的高级醛类一起转化为相应的醇。加氢产物经热交换器冷凝后，在分离器中分离。多余的氢气经氢气循环压缩机压缩循环使用，同时消耗掉的氢气要在此加以补充，液体的加氢产物送进中间储槽。用泵将加氢产物由中间槽抽出，打入轻组分分馏塔，轻组分从塔顶取出，塔底主要是乙醇和水，用泵送入精馏塔，成品乙醇由塔顶下几块塔板取出，少量的不纯物则借塔顶的低温段在55～75℃除去。塔顶产物经冷凝后用作回流，多余部分抽至提馏塔回收乙醇，塔底产物亦送提馏塔回收乙醇。

第六节　丙　烯　腈

一、丙烯腈的性质、用途

丙烯腈是重要的有机化工产品，在丙烯系列产品中居第二位，仅次于聚丙烯。在常温常压下丙烯腈是无色液体，味甜，微臭，沸点77.3℃。丙烯腈有毒，室内允许浓度为0.002mg/L，在空气中爆炸范围为为3.05%～17.5%（体积），与水、苯、四氯化碳、甲醇、异丙醇等可形成二元共沸物。丙烯腈分子中含有C═C双键和氰基，化学性质活泼，能发生聚合、加成、氰基化和氰乙基化等反应；丙烯腈可以制备出各种合成纤维、合成橡胶、塑料、涂料等，详见图5－16所示。

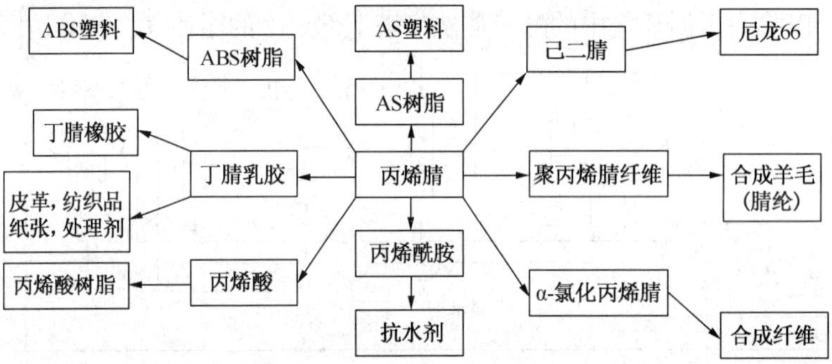

图5－16　丙烯腈的主要用途

二、丙烯腈生产方法简介

1. 以环氧乙烷为原料的氰乙醇法

此法以环氧乙烷与氢氰酸为原料，先加成、再脱水而得。

$$CH_2CH_2O + HCN \longrightarrow CH_2(OH)CH_2(CN) \quad (5-44)$$

$$CH_2(OH)CH_2(CN) \longrightarrow CH_2CHCN + H_2O \quad (5-45)$$

在温度为50～60℃，碱性催化剂作用下，环氧乙烷和HCN生成氰乙醇；氰乙醇再在$MgCO_3$作用下，于200～280℃脱水生成丙烯腈。此法丙烯腈收率75%，丙烯腈纯度高，但HCN毒性大，成本高。

2. 乙炔－氢氰酸法

此法以乙炔与氢氰酸为原料，通过加成而得。

$$CHCH + HCN \longrightarrow CH_2CHCN \qquad (5-46)$$

催化剂为 $Cu_2Cl_2-KCl-NaCl-HCl$，温度 80～90℃。此法工艺简单，丙烯腈收率达 97%，但副反应多，产物精制困难，且 HCN 毒性大，乙炔价高。

3. 乙醛－氢氰酸法

此法以乙醛与氢氰酸为原料，先加成、再脱水而得。

$$CH_3CHO + HCN \longrightarrow CH_3CH(OH)CN \longrightarrow CH_2CHCN + H_2O \qquad (5-47)$$

第一步在 10～20℃反应，用 NaOH 为催化剂；第二步在 600～700℃反应，用 H_3PO_4 为催化剂。此方法乙醛价格低，成本低，但较丙烯氨氧化法高。

4. 丙烯氨氧化法

20 世纪 60 年代以前，丙烯腈的生产采用环氧乙烷、乙醛、乙炔等为原料和 HCN 反应制得。但 HCN 有剧毒，生产成本高。1960 年美国 Standard 石油公司(现 BP 公司)开发成功丙烯氨氧化一步合成丙烯腈新工艺，又称 Sohio 法。由于丙烯价廉易得，又不需剧毒的 HCN，从此丙烯腈的生产发生了根本的变化。迄今为止，丙烯腈的工业生产都以此法进行。

丙烯氨氧化制丙烯腈工艺路线有 Sohio 法、Snam 法、Distillers－Ugine 法、Montedison－UOP 和 O. S. W 法，上述五种工艺路线的化学反应完全相同，丙烯、氨和空气通过催化剂生成丙烯腈，其中 Sohio 法和 Montedison－UOP 法采用流化床反应器，其他方法采用固定床反应器。相比较而言，Sohio 法有一定的先进性，Snam 法和 Distillers－Ugine 法丙烯的消耗定额比较高，而固定床反应器的单台生产能力远小于流化床反应器，不利于扩大生产能力，而且固定床反应温度难以实现最优化操作，因此，目前 Sohio 法应用比较普遍，约占全球总生产能力的 90%，中国引进的也是 Sohio 技术。

近年来，丙烷氨氧化生产丙烯腈的研究也取得长足进展。一方面是由于价格的因素，丙烷的价格比丙烯低得多，另一方面也为丙烷开拓了新的应用领域。但就目前的技术水平来看，固定资产投资大，转化率低，选择性不高，目前报道的丙烷的转化率 67%，选择性 60%，还难以和丙烯氨氧化法相竞争，但其前景看好。研究开发的催化剂主要有 V－Sb－Al－O、V－Sb－W－Al－O、Ga－Sb－Al－O、V－Bi－Mo－O 等。

三、丙烯氨氧化制丙烯腈的化学反应

丙烯氨氧化过程中，除生成主产物丙烯腈外，还有多种副产物生成。

主反应：

$$C_3H_6 + NH_3 + \frac{3}{2}O_2 \longrightarrow CH_2{=}CH{-}CN(g) + 3H_2O(g) \qquad (5-48)$$

副反应：

$$C_3H_6 + \frac{3}{2}NH_3 + \frac{3}{2}O_2 \longrightarrow \frac{3}{2}CH_3CN(g) + 3H_2O(g) \qquad (5-49)$$

$$C_3H_6 + 3NH_3 + 3O_2 \longrightarrow 3HCN + 6H_2O(g) \qquad (5-50)$$

$$C_3H_6 + O_2 \longrightarrow CH_2{=}CHCHO(g) + H_2O(g) \qquad (5-51)$$

$$C_3H_6 + \frac{3}{2}O_2 \longrightarrow CH_2{=}CHCOOH(g) + H_2O(g) \qquad (5-52)$$

$$C_3H_6 + O_2 \longrightarrow CH_3CHO(g) + HCHO(g) \qquad (5-53)$$

$$C_3H_6 + \frac{1}{2}O_2 \longrightarrow CH_3COCH_3(g) \quad (5-54)$$

$$C_3H_6 + 3O_2 \longrightarrow 3CO + 3H_2O(g) \quad (5-55)$$

$$C_3H_6 + \frac{9}{2}O_2 \longrightarrow 3CO_2 + 3H_2O(g) \quad (5-56)$$

此外，还有少量的丙腈生成。反应副产物可分为三类：第一是氰化物，主要有乙腈和氢氰酸，这也是主要副产物；第二类是有机含氧化物，主要是丙烯醛，还有少量丙酮、乙醛和其他含氧化合物；第三类是深度氧化产物 CO_2 和 CO。上述主副反应均是强放热反应，尤其是深度氧化，$\Delta G^{\ominus}$ 是很大的负值，因此，反应已不受热力学平衡的限制，要获得主产物丙烯腈的高选择性、改进产品组成分布，必须使主反应在反应动力学上占优势，因此研制高性能的催化剂非常重要。

四、丙烯氨氧化催化剂

1. Mo 系催化剂

Mo 系催化剂由 Sohio 公司开发，工业上最早使用的是 P－Mo－Bi－O(C－A)催化剂，代表组成为 $PBi_9Mo_{12}O_{52}$，活性组分为 MoO_3。但单一 MoO_3 作催化剂选择性很差，Bi_2O_3 无催化活性，它的作用是氧的传递体，加入 P 作助催化剂，可提高催化剂的选择性，P、Bi 和 Mo 的氧化物组成共催化体系，使催化剂具有较好的活性、选择性和稳定性。但该催化剂活性温度较高(460～490℃)，丙烯腈收率只有 60% 左右，丙烯单耗高，副产物产量大。反应时为提高选择性，在原料气中需加入大量水蒸气，在反应温度下 Mo 和 Bi 挥发损失严重，使催化剂易于失活，因此，被新的 Mo 系催化剂所取代。20 世纪 70 年代初，在 P－Mo－Bi－Fe－Co－O 五组分催化剂基础上，开发成功了 P－Mo－Bi－Fe－Co－Ni－K－O/SiO_2 七组分催化剂 C－41，在该催化剂中，Bi 是催化活性的关键组分，不含 Bi 的催化剂，丙烯腈的收率很低(6%～15%)。适宜含量的 Fe 与 Bi 的配合不但能提高丙烯腈的收率，还可减少乙腈的生成。Fe 的作用被认为是帮助 Bi 输送氧，使 $Mo^{+6} \rightleftharpoons Mo^{+5}$ 更易进行。Ni 和 Co 可抑制生成丙烯醛和乙醛的副反应。K_2O 的加入对催化剂的氨氧化性能有显著的影响，少量 K_2O 的存在可改变催化剂表面酸度，减少强酸中心数目，抑制深度氧化，使选择性提高；K_2O 过量则导致催化剂表面酸度明显降低，使氨氧化反应的活性和选择性均下降。据报道，适宜的催化剂组成为：$Fe_3Co_{4.5}Ni_{2.5}BiMo_{12}P_{0.5}K_x$ $(x=0\sim0.3)$，目前使用的有 C－49、C－49MC、C－89 等多组分催化剂。Mo－Bi－Fe 系催化剂可用通式表示为：Mo－Bi－Fe－A－B－C－D－O，其中 A 为酸性元素，如 P、As、B、Sb 等；B 为碱金属；C 为二价金属元素，如 Ni、Co、Mn、Mg、Ca、Sr 等；D 为三价金属元素，如 La、Ce 等；另外，Mo 可部分被 W、V 等元素所取代。

2. Sb 系催化剂

锑系催化剂在 20 世纪 60 年代中期投入工业生产，其代表性的是 Sb－Fe－O 催化剂，它是由日本化学公司研制，牌号有 NS－733A、NS－733B 等。该催化剂丙烯腈收率可达 75% 左右，副产物乙腈很少，催化剂价格也比较便宜。$\alpha-Fe_2O_3$ 是活性很高的氧化催化剂，但选择性差；纯氧化锑活性很低，但选择性好，两者结合，具有良好的活性和选择性。文献报道，催化剂中 Fe∶Sb 为 1∶1(摩尔比)，X 衍射表明，催化剂主体是 $FeSbO_4$，还有少量的

Sb_2O_4。Sb - Fe - O 系催化剂耐还原性较差，添加 V、Mo、W 等可改变其耐还原性。

除上述两类催化剂外，工业上还有以 MoO_3 为主的 Mo - Te - O 系催化剂等，如 Montedison - UOP 法采用的催化剂，其主体为 Mo - Te - Ce - O 的多元金属氧化物，水平相当于 C - 49 和 NS - 733B，丙烯腈单程收率可达 80%。中国在丙烯氨氧化催化剂的研制方面也做了大量的工作，先后开发了 M - 82、M - 86 等牌号的催化剂，主要技术指标已达到或超过国外同类产品的水平。表 5 - 2 给出了几种典型工业催化剂的技术指标。

表 5 - 2　典型丙烯氨氧化工业催化剂技术指标

催化剂型号	丙烯转化率/%	丙烯单耗/t	单程收率/%						
			丙烯腈	乙腈	HCN	丙烯醛	乙醛	CO	CO_2
C - 41	97.0	1.25	72.5	1.6	6.5	1.3	2.0	4.9	8.2
C - 49	97.0	1.15	75.0	2.0	5.9	1.3	2.0	3.8	6.6
C - 89	97.9	1.15	75.1	2.1	7.5	1.2	1.1	3.6	6.4
NS - 733B	97.7	1.18	75.1	0.5	6.0	0.4	0.6	3.3	10.8
MB - 82	98.5	1.18	77	4.6	6.2	0.1	0	0.4	10.1

在这些催化剂中，按金属元素所起的作用一般可分为三类：促进 α - H 脱除的有 Bi^{3+}、Sb^{3+}、Te^{4+} 等，促进烯烃化学吸附和氧或氮嵌入的有 Mo^{6+}、Sb^{5+} 等，促进晶格氧在催化剂主体和表面间进行传递的氧化还原对有 Fe^{2+}/Fe^{3+} 或 Ce^{3+}/Ce^{4+} 等，利用变价金属氧化物的晶格氧完成反应区内气相氧向晶格氧转化的氧化 - 还原过程。

丙烯氨氧化催化剂除需要活性组分外，还需要载体，这一方面是为了提高催化剂强度，一方面是分散活性组分并降低其用量。根据采用的反应器型式的不同，对载体的要求也不相同。流化床对催化剂的强度和耐磨性能要求很高，一般采用粗孔微球硅胶作载体，活性组分和载体比为 1:1(质量比)，喷雾干燥成型制得。固定床反应器传热效果比流化床差，因此对催化剂载体的导热性能要求较高，一般采用导热性能良好、低比表面、无微孔结构的惰性物质作载体，如刚玉、碳化硅和石英砂等，用喷涂法或浸渍法制得。

丙烯氨氧化所采用的催化剂，也可应用于其他烯丙基氧化反应，如异丁烯氨氧化制甲基丙烯腈、丙烯氧化制丙烯醛、正丁烯氧化脱氢制丁二烯等。

五、丙烯氨氧化反应机理与动力学

对丙烯氨氧化为丙烯腈的反应途径目前尚无定论，有两种观点，一种认为丙烯首先脱氢生成烯丙基，然后与晶格氧反应生成丙烯醛，丙烯醛再进一步与吸附态氨结合转化为丙烯腈，这就是两步法机理。另一种观点认为丙烯脱氢生成烯丙基，烯丙基直接氨氧化生成丙烯腈，而不需要经过中间步骤，这是一步法机理。氨则与 O^{2-} 交换从而被活化，形成等电子的 NH^{2-} 基团，参与丙烯腈的形成。有研究指出，丙烯直接氨氧化生成丙烯腈应是主要途径，而丙烯醛途径则是次要的。无论以何种途径进行反应，丙烯脱氢生成烯丙基过程速度最慢，为控制步骤。动力学研究表明，在体系中氨和氧浓度不低于丙烯氨氧化反应的理论值时，丙烯氨氧化反应对丙烯为一级反应，对氨和氧均为零级反应。

丙烯氨氧化遵循氧化 - 还原机理，首先丙烯、氨与催化剂晶格氧作用，生成产物，与此同时，催化剂失去晶格氧，形成晶格氧孔穴，催化剂中活性组分被还原为低价态，

如 $Mo^{6+} \rightarrow Mo^{5+}$。然后，在 Bi^{3+} 存在下，催化剂中失去活性的低价态组分 Mo^{5+} 能重新变成 Mo^{6+}，而 Bi^{3+} 则获得电子成为 Bi^{2+}，Bi^{2+} 迅速将获得的电子传递给吸附在催化剂表面上的氧，产生负氧离子，进入晶格氧孔穴，重新获得晶格氧，Bi^{2+} 自身则被氧化为 Bi^{3+}，从而完成了整个氧化－还原催化循环过程。为了保证氧化－还原循环的顺利进行，催化剂中 Mo 和 Bi 的原子比应适宜，对 P－Mo－Bi－O 催化剂，Mo∶Bi＝12∶9，对 P－Mo－Bi－Fe－Co－Ni－K－O/SiO_2 七组分催化剂，由于 Fe 的协同作用，Bi 含量可大大降低，Mo∶Bi＝12∶1。

六、丙烯氨氧化反应的影响因素

1. 原料纯度和配比

原料丙烯来源于烃类热裂解的裂解气或催化裂化的裂化气，经分离所得的丙烯一般纯度较高，但还含有少量 C_2 烃、丙烷、C_4 烃等杂质。这些杂质中，丁烯及更高级的烯烃化学性质比丙烯活泼，易被氧化，消耗原料氧和氨，氧的减少会使催化活性下降，而且生成副产物，增加了分离上的困难。因此，对原料丙烯中的丁烯及更高级的烯烃必须严格控制。乙烯分子中无 α－H，没有丙烯活泼，一般不会影响丙烯氨氧化反应。丙烷和其他烷烃在反应中呈惰性，只是稀释了丙烯浓度，因此含高浓度丙烷的丙烯也可作原料使用。硫化物的存在，会使催化剂活性下降，也应脱除。原料氨用合成氨厂生产的液氨，原料空气经除尘、酸－碱洗涤后使用。

丙烯氨氧化以空气为氧化剂（理论摩尔配比 C_3H_6∶空气＝1∶7.3），考虑到副反应要消耗一些氧，为保证催化剂活性组分处于氧化态，反应尾气中必须有剩余氧存在，一般控制尾气中氧含量在 0.1%～0.5%，因此丙烯与空气的配比应大于理论配比。如使用 P－Mo－Bi－O 催化剂，在缺氧条件下，催化剂不能进行氧化还原循环，Mo^{6+} 被还原为低价钼离子，催化剂的活性下降。尽管这种失活不是永久性的，可通入空气使低价钼重新氧化为 Mo^{6+}，但在高温下长时间缺氧操作，即使再通入空气，活性也难以完全恢复。空气过量太多也会带来如下一些问题。

① 过量的空气意味着带入大量的氮，使丙烯浓度下降，反应速率降低，导致反应器生产能力降低。

② 反应产物离开催化剂床层后，在气相继续发生深度氧化，使选择性下降。

③ 稀释了的反应产物，给产物回收增添了难度。

④ 增大了动力消耗。

因此空气用量有一适宜值，这个数值与催化剂的性能有关。使用 C－A 型催化剂时，C_3H_6∶空气＝1∶10.5（摩尔比）左右；使用 C－41 催化剂时，C_3H_6∶空气＝1∶9.8（摩尔比）左右。丙烯与氨的摩尔比理论量为 1∶1，实际为 1∶（1.1～1.15）。除氨氧化反应消耗氨外，还有副反应和氨的自身氧化分解的消耗，同时过量氨可抑制副产物丙烯醛的生成，见图 5－17 所示。但氨用量过多也不经济，不仅会增加氨的消耗定额，而且未反应的氨要用硫酸中和，从而增加了硫酸的消耗量。

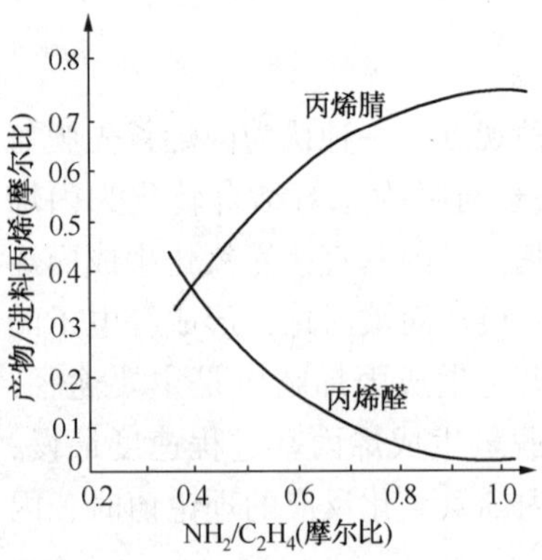

图 5－17 氨与丙烯摩尔比对反应结果的影响

2. 反应温度

反应温度对反应转化率、选择性和丙烯腈的收率都有明显影响。在温度低于350℃时，氨氧化反应几乎不发生，随着温度的升高，丙烯转化率提高。图5-18给出了丙烯在P-Mo-Bi-O/SiO_2系催化剂上氨氧化反应温度对主副反应产物收率的影响情况。可以看出，有一适宜温度，使丙烯腈的收率达最大值；超过适宜温度，由于高温时深度氧化反应的加剧，丙烯腈的收率会明显下降，同时，过高的温度会缩短催化剂的使用寿命。适宜的反应温度取决于催化剂的种类，C-A型催化剂活性较低，需在470℃左右进行；C-41活性较高，适宜温度为440～450℃左右，C-49温度还可低一些。

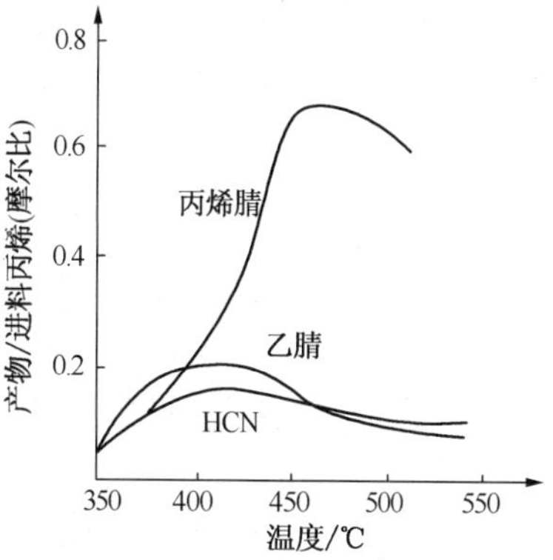

图5-18　反应温度对反应结果的影响

3. 反应压力

丙烯氨氧化反应的主、副反应平衡常数很大，因此热力学上为不可逆。压力的变化只对反应动力学产生影响。加压能提高丙烯浓度，增大反应速率，提高设备的生产能力，但研究表明，增大反应压力会使选择性下降，导致丙烯腈收率降低。因此丙烯氨氧化反应不宜在加压下进行，一般反应压力接近常压。

4. 停留时间

适当增加停留时间，可提高丙烯转化率，而副产物乙腈、氢氰酸的生成量到一定温度后不再增加，因此，可相应提高丙烯腈的单程收率。但过分延长停留时间，一方面会使丙烯腈深度氧化生成CO_2的量增加，降低丙烯腈收率；同时，由于氧的过分消耗，容易使催化剂由氧化态变为还原态，长期缺氧会降低催化剂活性和使用寿命；另外，停留时间的延长，降低了设备的生产能力。适宜的停留时间与催化剂的活性、选择性及反应器类型和反应温度有关。高活性、高选择性的催化剂，接触时间短一些，反之则长一些。反应温度高时接触时间可短一些，反之则长一些。一般工业上选用的接触时间，流化床为5～8s。

5. 空速

空速指反应条件下单位时间进入反应器混合气体流量(m^3/s)与反应器截面积(m^2)之比，单位为m/s。空速增加，停留时间下降，生产能力增加，传热变好，选择性增加，但转化率下降。一般为0.4～0.6m/s。

七、丙烯腈生产工艺流程

丙烯腈生产流程主要有三部分，即丙烯腈合成部分、产品和副产品的回收部分、产品精制部分。由于采用不同的技术，丙烯腈的生产在反应器的形式、回收和精制部分流程上有较大差异，现介绍常用的一种流程，见图5-19。

(1) 丙烯腈的合成部分　丙烯氨氧化是强放热反应，反应温度较高，催化剂的适宜活性温度范围又比较狭窄，固定床反应器很难满足要求，因此工业上一般采用流化床反应器，以便及时导出反应热。纯度为97%～99%的液态丙烯和99.5%～99.9%的液态氨，在蒸发器中蒸发，从丙烯-氨混合气体分配管进入流化床反应器。空气经除尘、压缩，然后与反应器出口物料进行换热，预热至300℃左右，从流化床底部空气分布板进入反应器，空气、丙烯和氨按一定的配比控制其流量。各原料气管路中均装有止逆阀，防止催化剂和气体倒流。

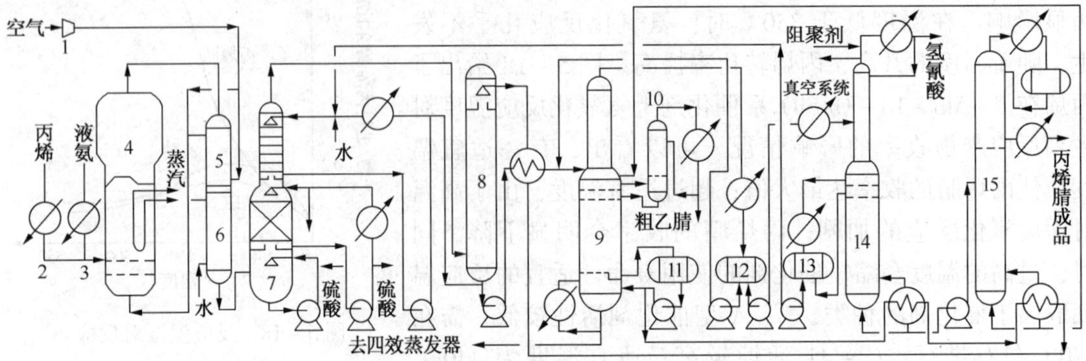

图5-19 丙烯氨氧化生产丙烯腈工艺流程图

1—空气压缩机；2—丙烯蒸发器；3—氨蒸发器；4—反应器；5—热交换器；6—加热器；7—氨中和塔；8—水吸收塔；9—萃取精馏塔；10—乙腈塔；11—储罐；12，13—分层器；14—脱氰塔；15—丙烯腈精制塔

流化床反应器内设置一定数量的U形冷却管，通入高压热水，通过水的汽化带走反应热，从而控制反应温度。产生的高压过热蒸汽(4.0MPa左右)经透平利用后成为低压蒸汽(0.35MPa左右)，可作回收和精制工序的热源，从而使能量得到合理利用。反应后的气体从反应器顶部出来，经热交换冷却至200℃左右，送入后续工序。

(2) 回收部分　反应器流出的物料中含有少量的氨，在碱性介质中会发生一系列副反应，例如，氨与丙烯腈反应生成胺类物质$H_2NCH_2CH_2CN$、$NH(CH_2CH_2CN)_2$和$N(CH_2CH_2CN)_2$，HCN与丙烯腈加成生成丁二腈，HCN与丙烯醛加成为氰醇，HCN自聚，丙烯醛聚合，CO_2和氨反应生成碳酸氢铵等。生成的聚合物会堵塞管道；生成的碳酸氢铵在吸收液加热解吸时分解为CO_2和氨，然后在冷凝器中又合成碳酸氢铵，造成堵塞；各种加成反应导致产物丙烯腈和HCN的损失，降低了回收率，因此氨必须及时除去。工业上采用硫酸中和法在氨中和塔中除去氨，硫酸质量分数1.5%左右，一般pH值控制在5.5~6.0。

氨中和塔又称急冷塔，分为三段，上段为多孔筛板，中段装填料，下段是空塔，设置液体喷淋装置。反应气从中和塔下部进入，在下段首先与酸性循环水接触，清洗夹带的催化剂粉末、高沸物和聚合物，中和大部分氨，反应气温度从200℃左右急冷至84℃左右，然后进入中段。在中段进一步清洗，温度从84℃冷却至80℃左右，此温度不宜过低，以免丙烯腈、氢氰酸、乙腈等组分冷凝较多，进入液相而造成损失，也增加了废水处理的难度。反应气在经中段酸洗后进入上段，与中性水接触，洗去夹带的硫酸溶液，温度进一步降低至40℃左右，进入水吸收塔。氨中和塔上部的洗涤水含有溶解的部分主、副产物，不能作废水排放，其中一部分循环使用，一部分与水吸收塔底流出的粗丙烯腈水溶液混合，以便送往精制工序。随着氨的吸收，氨中和塔底部稀硫酸循环液中硫酸铵浓度逐渐升高(约5%~30%)，需抽出一部分进入结晶器回收硫酸铵。

从氨中和塔出来的反应气中，有大量惰性气体，产物丙烯腈浓度很低，工业上采用水作吸收剂来回收丙烯腈和副产物。主副产物有关物理性质见表5－3。

表5－3　丙烯腈主副产物的一些物理性质

项　　目	丙烯腈	乙腈	氢氰酸	丙烯醛
沸点/℃	77.3	81.6	25.7	52.7
熔点/℃	－83.6	－41	－13.2	－8.7
共沸点/℃	71	76		52.4
与水共沸组成(质量比)	88:12	84:16		97.4:2.6
水中溶解度(25℃)/%	7.35	互溶	互溶	20.8
水在其中溶解量(25℃)/%	3.1			6.8

反应气进入水吸收塔，丙烯腈、乙腈、氢氰酸、丙烯醛、丙酮等溶于水，被水吸收；不溶于水或溶解度很小的气体如惰性气体、丙烯、氧以及 CO_2 和 CO 等和微量未被吸收的丙烯腈、氢氰酸和乙腈等从塔顶排出，经焚烧后排入大气。水吸收塔要求有足够的塔板数，以便将排出气中丙烯腈和氢氰酸含量控制在最小限度。水的用量要足够，以使丙烯腈完全吸收下来，但吸收剂也不宜过量，以免造成废水处理量过大，一般水吸收液中丙烯腈含量为4%～5%(质量)，其他有机物含量为1%(质量)左右。吸收水应保持较低的温度，一般在5～10℃左右，排出的水吸收液送往精制工序处理。

(3) 丙烯腈精制部分　精制的目的是把回收工序得到的丙烯腈与副产物的水溶液进一步分离精制，以便获得聚合级丙烯腈和较高纯度的氢氰酸。丙烯腈与氢氰酸和水都很容易分离，丙烯腈和水能形成共沸物，冷凝后产生油水两相。丙烯腈和氢氰酸的沸点相差51.6℃，可用普通精馏方法分离。但丙烯腈和乙腈的相对挥发度比较接近(约为1.15)，采用一般的精馏方法使它们分离开来，需要100块以上理论板，实际上难以实现。工业上采用萃取精馏法来增大相对挥发度，萃取剂可采用乙二醇、丙酮和水等，由于水无毒、价廉，一般用水作萃取剂。因为乙腈的极性比丙烯腈强，加入水可使丙烯腈对乙腈的相对挥发度大大提高，如在塔顶处，水的摩尔分数为0.8时，相对挥发度已达1.8，此时只需40块实际塔板，就可实现丙烯腈和乙腈的分离。

精制部分工艺流程主要由萃取精馏塔、乙腈塔、脱氢氰酸塔和丙烯腈精制塔等组成。从水吸收塔底出来的水溶液进入萃取精馏塔，萃取精馏塔为一复合塔，萃取剂水与进料中丙烯腈用量之比，是萃取精馏塔操作的控制因数，一般萃取用水量是丙烯腈量的8～10倍。塔顶馏出的是氢氰酸、丙烯腈和水的共沸物，由于丙烯腈和水部分互溶，冷却后馏出液在分层器中分成两相，水相回流返回萃取精馏塔，油相含丙烯腈80%以上，氢氰酸10%左右，水8%左右和微量杂质，它们的沸点相差较大，可采用普通精馏法分离精制。油相采出后首先在脱氢氰酸塔中脱除氢氰酸，脱氢氰酸塔塔顶馏出液进入氢氰酸精馏塔可制得99.5%的氢氰酸，塔釜液进入丙烯腈精制塔除去水和高沸点杂质。萃取精馏塔中部侧线采出粗乙腈水溶液，内含有少量丙烯腈、氢氰酸以及丙烯醛等低沸点杂质，也需进一步精制，但乙腈的精制比较困难，需要物理化学方法并用。萃取精馏塔下部侧线采出一股水，经热交换后送往吸收塔作吸收用水。塔釜出水送往四效蒸发系统，蒸发冷凝液作氨中和塔中性洗涤用水，浓缩液少量焚烧，大部分送往氨中和塔中部循环使用，以提高主、副产物的收率，减少含氰废水处理量。

丙烯腈精制塔塔顶蒸出的是丙烯腈和水的共沸物，经冷凝分层，油相丙烯腈作回流液，水相采出，成品丙烯腈从塔上部侧线采出，釜液循环回萃取精馏塔作萃取剂。为防止丙烯腈聚合和氰醇分解，该塔减压操作。

回收和精制部分处理的物料丙烯腈、丙烯醛、氢氰酸等都易于自聚，聚合物会堵塞塔盘、填料和管路，因此处理中需要加入阻聚剂。由于聚合机理不同，采用的阻聚剂也不相同，丙烯腈的阻聚剂可用对苯二酚、联苯三酚或其他酚类，成品中少量水的存在也对丙烯腈有阻聚作用。氢氰酸在碱性条件下易聚合，因此需加入酸性阻聚剂，由于氢氰酸在气相和液相都能聚合，因此都需加入阻聚剂，气相时采用二氧化硫作阻聚剂，液相采用醋酸作阻聚剂。氢氰酸的储槽也应加入少量磷酸作稳定剂。

氢氰酸可用来生产氰化钠，或与丙酮反应生产丙酮氰醇，后者与甲醇反应可生产有机玻璃单体甲基丙烯酸甲酯。乙腈主要用来作萃取剂、溶剂或生产乙胺。硫酸铵可作肥料。

八、丙烯腈生产过程中的废物处理

在丙烯腈生产过程中，有大量的废水和废气产生，氰化物有剧毒，必须经过处理才能排放。中国国家标准规定，工业废水中氰化物最高允许排放的质量浓度为0.5mg/L(以游离氰根计)。

1. 废气处理

丙烯腈生产过程中的废气主要来自水吸收塔顶排放的气体。近年来，该工艺过程中的废气处理采用催化燃烧法，这是一种对含有低浓度可燃性有毒有机废气的重要处理方法。其要点是将废气和空气混合后，在低温下通过负载型金属催化剂，使废气中的可燃有毒有机物发生完全氧化，生成CO_2、H_2O和N_2等无毒物质。催化燃烧后的尾气可用于透平和发电，并进一步利用余热后排入大气。催化燃烧法可节省直接燃烧法所消耗的燃料，因为在直接燃烧时，由于废气中有机物浓度较低，必须添加辅助燃料。

2. 废水处理

丙烯腈生产过程中反应生成水和工艺过程需要用水，因此会有废水产生。对于量少而HCN和有机腈化物含量高的废水，添加辅助燃料后直接焚烧处理。在焚烧氨中和塔排出的含硫铵污水时，应先回收硫铵，以免燃烧时产生SO_2污染大气。

对于量较大而氰化物(包括有机腈化合物)含量较低的稀废水，可采用生化法处理，常用的方法是曝气池活性污泥法。微生物形成的菌胶团通过生物吸附作用吸附废水中的有机物，在酶的催化和足够氧供给的条件下，将有毒和耗氧的有机物氧化分解为无毒或毒性较低不再耗氧的物质(主要是二氧化碳和水)而除去。这一方法的主要缺陷是曝气过程中易挥发的氰化物会随空气逸出，造成二次污染。

近年来广泛采用生物转盘法，转盘上先挂好生物膜，在转盘转动过程中，空气中的氧不断溶入水膜中，在酶的催化下，有机物氧化分解，同时微生物以有机物为营养物，进行自身繁殖，老化的生物膜不断脱落，新的生物膜不断产生。本法不产生二次污染，对于总氰含量在50~60mg/L的丙烯腈废水，用此法处理能达到排放标准。

除上述方法以外，还可采用加压水解法及湿式氧化法和活性炭吸附法等辅助措施，来处理丙烯腈废水。

随着环境保护意识的增强，丙烯腈合成后的无氨工艺日益引人关注。由于氨中和塔得到的硫酸铵含有一定的氰化物，且易于使土壤板结，利用价值不高。为此，寻求具有更高氨转化率的催化剂，改进反应器的结构的工作正在进行之中，以期尽量减少以至消除未反应的氨，减少硫酸用量甚至不用硫酸，这样就有可能取消氨中和塔，简化工艺流程，减少三废污染，实现清洁生产。

第七节　环氧丙烷

一、环氧丙烷的性质及用途

（一）环氧丙烷的性质

环氧丙烷又名氧化丙烯或甲基环氧乙烷，是石油化工的重要中间体之一，在丙烯衍生产品中，环氧丙烷目前是仅次于聚丙烯和丙烯腈的第三大衍生物。

常温常压下环氧丙烷是无色、易燃、易挥发的有毒液体，并具有醚类气味。环氧丙烷存在两种旋光异构体，即 R－环氧丙烷和 S－环氧丙烷，其工业产品实际上是这两种异构体外消旋后的混合物。环氧丙烷的物理性质见表 5－4。

表 5－4　环氧丙烷的性质

项　目	数　值	项　目	数　值
沸点(101kPa)/℃	34.24	凝点/℃	－112.13
密度(20℃)/(g/ml)	0.859	蒸汽压(25℃)/kPa	75.86
燃烧热/(kJ/mol)	1887.6	黏度(25℃)/mPa·s	0.28～37
折射率	1.3632	闪点(开杯)/℃	465
爆炸极限(空气中)/%(体积)	3.1～27.5		

环氧丙烷能与丙酮、四氯化碳、乙醚、甲醇等多种溶剂互溶，但与水则部分互溶。环氧丙烷能与水、二氯甲烷、乙醚、戊烷、戊烯、环戊烷、2－甲基－1－丁烯、异戊二烯、己烷、己烯和环己烷等形成共沸物。

环氧丙烷的化学性质不如它的同系物环氧乙烷活泼。由于环氧丙烷的环处于很大的张力状态下，因此环氧丙烷很容易与许多物质，特别是含活泼氢原子的物质(如水、醇、酸、胺等)发生反应，使环氧环断裂向两边展开，生成伯醇或仲醇衍生物。

（二）环氧丙烷的用途

环氧丙烷主要用于生产聚醚、丙二醇等。它也是第四代洗涤剂非离子表面活性剂、油田破乳剂、农药乳化剂等的主要原料。环氧丙烷的衍生物广泛用于汽车、建筑、食品、烟草、医药及化妆品等行业。已生产的下游产品近百种，是精细化工产品的重要原料。

1. 聚醚多元醇

环氧丙烷主要用于生产聚醚多元醇(PPG)。聚醚多元醇是从环氧丙烷衍生而来的，是含有两个或多个羟基的有机材料，有些聚醚品种含有微米级聚合物粒子悬浮物。聚醚多元醇最大用途是生产聚氨酯塑料；其次用作表面活性剂，如泡沫稳定剂、造纸工业消泡剂、原油破乳剂、油井酸处理润湿剂及高效低泡洗涤剂等；也用作润滑剂、液压流体、热交换流体及淬火剂、乳胶发泡剂、多种切削和牵伸剂组分及专用溶剂等。我国环氧丙烷主要用于生产聚醚多元醇(PPG)。由于起始剂种类的不同，生产的聚醚可分为软泡聚醚、硬泡聚醚和弹性体聚醚。软泡聚醚，主要用作聚氨酯软泡，用于做床垫、沙发、家具及汽车坐垫等；硬泡聚醚主要用作聚氨酯硬泡，用于保温、冰箱等；弹性体聚醚主要用作聚氨酯弹性体，用于运动跑道、涂料、黏合剂、密封剂等。

2. 丙二醇

环氧丙烷的第二大用途是用于生产丙二醇、醇醚、碳酸丙烯酯，进而可制造储槽、浴室设备、船壳等。丙二醇是单丙二醇(MPG)、二丙二醇(DPG)和三丙二醇(TPG)的通称。丙二醇是制造不饱和聚酯树脂、环氧树脂、聚氨酯树脂的原料，也是生产表面活性剂如乳化剂和破乳剂的中间体；由于其毒性小，因此还可用作食品色素、香料、化妆品的溶剂；亦可作烟草湿润剂、防霉剂和水果催熟防腐剂；在医药工业中，丙二醇广泛用作液体或油膏形式药品的辅助剂和保湿剂；在食品工业中，丙二醇脂肪酸酯可作食品乳化剂，丙二醇还是调味和色素的优良溶剂；在油漆、颜料、日用化学品方面，丙二醇主要用于生产增塑剂、溶剂和增黏剂(如用于牙膏)等。

3. 其他行业

环氧丙烷还少量用于涂料、刹车液、防冻剂、喷气发动机燃油添加剂、地板抛光剂、印刷油墨、电子化学品、清洁剂、选矿剂、皮革加工、PS 版用感光液、短效增塑剂、染料、非离子型表面活性剂、油田破乳剂、阻燃剂、农药乳化剂及润湿剂等行业。

二、工业生产方法

目前工业上环氧丙烷的生产以采用氯醇法和间接氧化法两种技术为主，分别占全世界环氧丙烷总生产能力的 55% 和 45%。

(一) 氯醇法

氯醇法生产环氧丙烷技术主要是以丙烯和氯气为原料，首先丙烯经氯醇化反应生成氯丙醇，其次氯丙醇经皂化反应生成环氧丙烷，最后经精制后得到环氧丙烷产品。

传统的氯醇法是以石灰乳作皂化剂，产生大量含盐废水。从环境保护出发，目前有些国家环氧丙烷生产装置采用了开环氯醇法的工艺，使用氢氧化钠作皂化液，减少废水的排放量，但生产成本较高。氯醇法工艺过程大致可分为醇化、皂化、精制、副产物回收、石灰乳制备及三废处理等部分。

1. 原料规格

氯醇法生产环氧丙烷所使用的主要原料是丙烯、氯气及生石灰。

(1) 丙烯　早期对原料丙烯要求不高、甚至到了现在中国还有些装置采用乙烯、丙烯混合进料，即用一套装置同时生产环氧乙烷和环氧丙烷，但这种作法环氧化物产品质量不高。随着环氧丙烷应用领域的不断拓宽，对产品质量的要求也逐渐提高，从而对原料丙烯的杂质含量要求也日趋严格。一般认为，原料丙烯中的乙烷、丙烷等饱和烃杂质不参与反应，相当于惰性气体，因此适应的范围较宽；而乙烯、丁烯等不饱和烃杂质对环氧丙烷的产品质量影响较大，需要控制。采用氯醇法生产环氧丙烷对原料丙烯的典型要求，详见表 5－5。

表 5－5　氯醇法生产环氧丙烷原料丙烯的规格(压力 1.6MPa)

项　目	指　标	项　目	指　标
丙烯/%(体积)	>90	硫(以硫化氢计)/(μg/g)	<10
乙烯/%(体积)	<0.03	氧气	痕量
碳四/%(体积)	<0.2	乙烷、丙烷	余量

(2)氯气　氯气中氧的含量必须控制，如氧含量高于1%(体积)，一方面会使循环丙烯气的排放量加大，造成丙烯消耗定额上升；另一方面将使循环气中氧含量超过安全范围，造成爆炸。一般装置使用的是液氯，氧含量极低，有利于环氧丙烷的生产。但也需注意液氯中NCl_3的含量，因为它是导致爆炸的另一个主要原因，采用氯醇法生产环氧丙烷对氯气的要求，详见表 5－6。

表 5－6　氯醇法生产环氧丙烷原料氯气的规格(压力 20kPa)

项　目	指　标	项　目	指　标
氯/%(体积)	>95	氢/%(体积)	<0.4
氧/%(体积)	<1	水/(μg/g)	<300
二氧化碳/%(体积)	<1.5	氮	余量

(3)生石灰　生石灰中氧化镁含量对环氧丙烷的生产影响较大，一般要求小于1%，同时应注意不要使用粉状生石灰，因为它的杂质含量较高。一般认为，生石灰的粒度低于30mm，就可以取消粉碎工段，从而改善劳动环境。采用氯醇法生产环氧丙烷对生石灰的规格要求，详见表 5－7。

表 5－7　氯醇法生产环氧丙烷原料生石灰的规格

项　目	指　标	项　目	指　标
氧化钙/%(质量)	>85	Si、Al、Fe/%(质量)	<3.6
氧化镁/%(质量)	<1	粒度/mm	<50
无水碳酸钙/%(质量)	<3.5		

2. 氯醇化主、副反应

目前氯醇化工艺更为简化，即用氯气与水配制成次氯酸直接与丙烯反应生产氯丙醇，其反应化学方程式如下。

主反应：

$$Cl_2 + H_2O \longrightarrow HOCl + HCl \quad (5-57)$$

$$CH_3CH{=}CH_2 + HOCl \longrightarrow CH_3CH(OH)CH_2Cl + CH_3CHClCH_2(OH) \quad (5-58)$$

副反应：

$$CH_3CH{=}CH_2 + Cl_2 \longrightarrow CH_3CHClCH_2Cl \quad (5-59)$$

$$CH_3CH(OH)CH_2Cl + Cl_2 + CH_3CH{=}CH_2 \longrightarrow CH_3(CH_2Cl)CHOCHCH_3(CH_2Cl) + HCl \quad (5-60)$$

$$CH_3CHClCH_2Cl \longrightarrow CH_3CHCHCl + HCl \quad (5-61)$$

由上面反应可知，这些副产物的产生会消耗一定的丙烯和氯气。

3. 操作条件

（1）反应温度　丙烯与氯气的氯醇化反应是在水溶液中进行的，从动力学角度来看，由于主反应速度是由丙烯及氯气溶解在水中的速度和氯气生成次氯酸的反应速度来决定的，因此较高温度有利于次氯酸的生成，有利于增加氯气和丙烯的溶解速度，并有利于从反应液中分离氯化氢和二氯丙烷。但温度也不能太高，如果太高，一方面加剧设备的腐蚀，另一方面将使反应产物大量挥发造成产物损失。工业上大多数生产过程，氯醇化反应温度控制在60℃左右（采用管式氯醇化反应设备的反应温度控制在90℃左右）。

（2）反应压力　在较高的操作压力下可以提高丙烯和氯气的溶解度，减少能量的消耗。但较高的操作压力，可加剧设备的腐蚀，大多数氯醇化反应设备较难承受。因此，氯醇化反应压力一般是常压或略微高于常压。

（3）氯丙醇浓度　氯醇化过程采用较低的氯丙醇浓度，可以减少副产物，提高选择性，同时也有利于化学反应平衡，提高转化率。但浓度也不能无限制地降低，浓度越低，设备的单位生产能力就越小，污水处理量也就越大。工业上一般控制氯丙醇的浓度在4%～5%左右。

（4）丙烯与氯气的配比　从反应过程来看，在丙烯与氯气的配比中，丙烯过量有利于主反应，但丙烯过量太多，丙烯循环量增大，将造成能量浪费。丙烯过少，将使尾气中含有游离氯，造成危险。一般工业上丙烯与氯气的摩尔配比控制在(1.2～1.3)∶1（采用管式反应设备可控制在1∶1）。

（5）氯气预溶　由于丙烯与氯气直接接触，将生成副产物二氯丙烷。在反应体系中必须避免丙烯与氯气直接接触，以减少副产物生成机会。因此目前绝大多数公司采用氯气预溶技术。氯气与反应液预溶，一般可使用喷射泵式混合器。

（6）反应液循环　受材质的制约，许多公司的氯醇化反应温度只能控制在60℃左右。氯气及丙烯的溶解速度，氯气生成次氯酸及生成氯丙醇的反应速度有限，制约了整个氯醇化反应速度的提高。为了使氯醇化反应完全，减少副产物的生成，许多公司采用了多级氯醇化反应技术及反应液循环技术，以逐步提高氯丙醇的浓度。

（7）氯化氢的影响　每1mol次氯酸的产生将生成等量的氯化氢，从化学反应平衡角度来看，氯化氢浓度的提高，一方面使氯化氢与氯丙醇可逆副反应向二氯丙烷的方向移动，另一方面对次氯酸生成反应不利，因此应尽可能除去氯化氢。

（8）气体的吹除　未反应的丙烯的循环，一方面可以有利于主反应，另一方面可以带出反应液中副产物二氯丙烷和部分氯化氢。二氯丙烷的带出，减少了二氯丙烷有机相生成机会，从而减少了副产物的生成。氯化氢的带出，有利于氯化氢与氯丙醇的可逆副反应向着氯丙醇方向移动，绝大多数公司采用气体循环吹除工艺。

（9）丙烯的纯度　氯醇法生产氯丙醇对丙烯的浓度要求不高，适应范围较宽。丙烯中的饱和烃一般看成惰性气体；其他非饱和烃对环氧丙烷的产品质量有一些影响。如果环氧丙烷的产品质量要求较高，则原料丙烯中烯烃含量就有要求，一般工业上控制原料丙烯中乙烯含量$<0.03\%$(mol)。

（10）尾气中氧气和氯气的浓度　尾气中氧气的积累将造成危险。氧气一般是由氯气带入的，各公司对原料氯气中的含氧量均有要求，一般控制氧含量$<1.0\%$(mol)。尾气中含

有氯气表明氯醇化反应不完全，也是一个重要的控制反应的指标。

4. 典型生产工艺流程

目前工业上采用氯醇法生产环氧丙烷，从所采用的氯醇化反应器的型式上分，可大致分成三种，即塔式工艺流程、管塔结合式工艺流程及管式工艺流程等；从使用的皂化剂种类上分，又可分成用石灰乳作皂化剂的传统氯醇法工艺流程及用氢氧化钠作皂化剂的开环氯醇法工艺流程。

（1）塔式工艺流程　塔式工艺流程从使用的氯醇化反应器的数量来分，又可分为单塔工艺流程、双塔工艺流程及三塔工艺流程。典型的单塔工艺流程如图 5－20 所示。

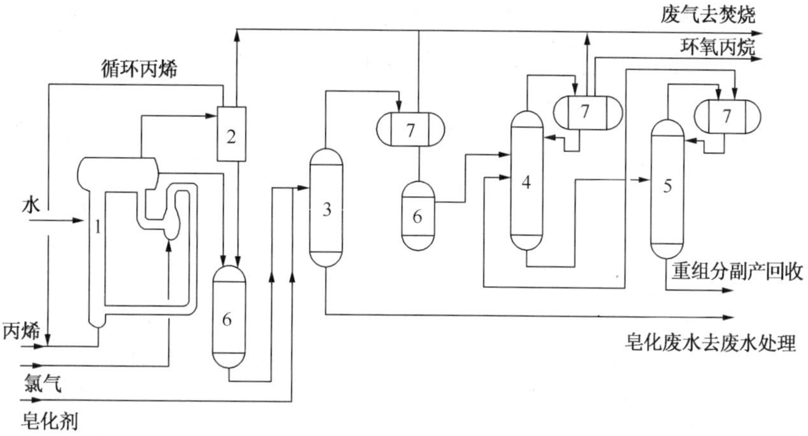

图 5－20　单塔氯醇化法生产环氧丙烷工艺流程图

1—反应设备；2—尾气处理系统；3—皂化塔；4—环氧丙烷塔；5—重组分塔；6—中间储槽；7—冷却系统

氯醇化反应设备由一台塔式反应设备构成，过量丙烯从氯醇化反应器下部加入，氯气和水加入次氯酸化反应器中，反应压力为常压或略高于常压，反应温度为 60～70℃，反应液的循环靠液体的密度差自然进行；反应后的气体和液体经气液分离器分离后，未反应的丙烯、反应生成的氯化氢和二氯丙烷气体等由气液分离器顶部排出，经洗涤、冷凝及压缩后，与原料丙烯混合。气液分离器溢流出约 4%～5% 的氯丙醇母液，经储罐后送往皂化反应器。皂化反应器为一个筛板塔，氯丙醇母液与 10%～20% 氢氧化钙皂化剂混合后由塔的中部加入，进行皂化反应，生成环氧丙烷，塔釜通入蒸汽，汽提出粗环氧丙烷；塔底排出的皂化废液，进入污水处理系统。粗环氧丙烷的精制一般采用双塔流程，第一塔是环氧丙烷塔，在塔顶冷凝器设有放空阀，定期排出低沸物，加热的热源是皂化塔上部换热后的热水，塔顶蒸出环氧丙烷产品；塔底液送往第二塔。第二塔是重组分塔，塔顶分出环氧丙烷返回第一塔；塔底分出水、二氯丙烷等重组分，送副产物回收系统。

（2）管塔结合式工艺流程　典型的管塔结合式工艺流程，如图 5－21 所示。

氯醇化反应先经过一段管式反应器，然后经过一段塔式反应器，管式反应器是一个倒 U 形管，氯气先加入到一个喷射泵式混合器中，经过 U 形管溶解并反应，然后丙烯再通过另一个喷射泵式混合器加入，发生氯醇化反应，反应后的产物在气液分离器中进行分离，液相进入塔式氯醇化反应器中。塔式反应器中部加入循环丙烯，塔顶有气液分离器，分离出的未反应气体，经冷凝及压缩后一部分返回塔式反应器，另一部分送入尾气处理反应器中。在此反应器中水与氯气先混合后再与尾气混合进行氯醇化反应，反应尾气经吸收塔处理后去焚烧。

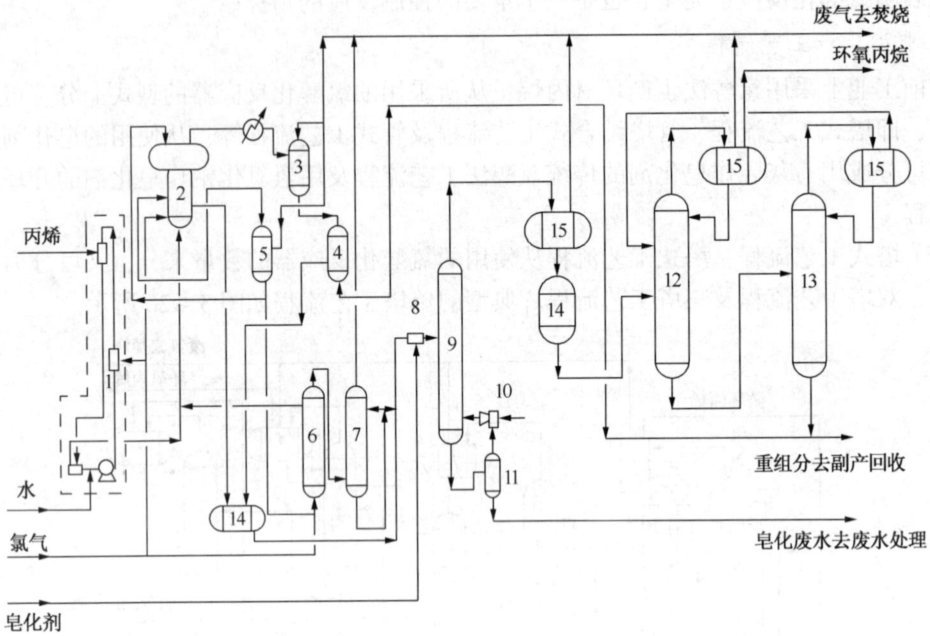

图5－21　管塔结合式氯醇化法生产环氧丙烷工艺流程图

1—管式反应器；2—塔式反应器；3—盐酸分离器；4—油水分离器；5—循环气体分离器；6—尾气处理反应器；7—尾气吸收塔；8—皂化反应器；9—皂化塔；10—喷射泵；11—闪蒸罐；12—环氧丙烷塔；13—重组分塔；14—中间储槽；15—冷却系统

皂化反应设备是由预反应器、皂化塔、闪蒸罐及喷射泵构成。氯丙醇先在预反应器中进行预反应，然后进入皂化塔，皂化塔为筛板塔，流程近似于三塔串联式工艺流程，粗环氧丙烷精制采用双塔流程。

(3) 管式工艺流程　典型管式工艺流程如图5－22所示。

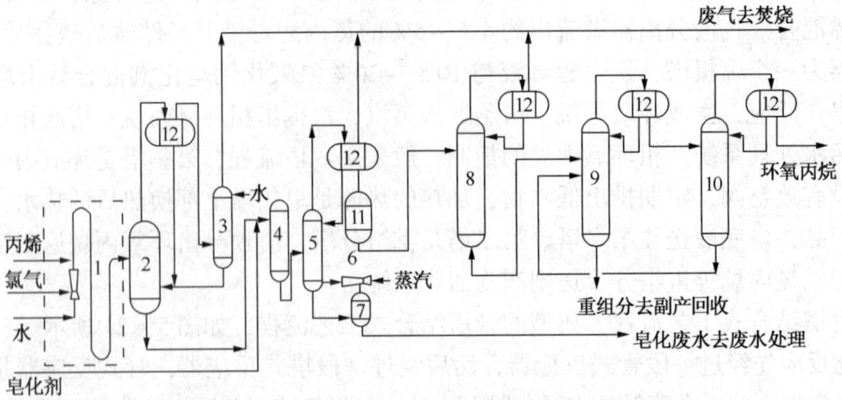

图5－22　管式氯醇化法生产环氧丙烷工艺流程图

1—管式反应器；2—脱气塔；3—洗涤塔；4—皂化塔；5—汽提塔；6—喷射泵；7—闪蒸罐；8—轻组分塔；9—重组分塔；10—环氧丙烷塔；11—中间储槽；12—冷却系统

氯醇化反应器为立管式，有一个上U形弯管和一个下U形弯管，圆管由钛合金制成。在一定的反应压力和90℃左右的反应温度下，水从喷射泵下部进入，氯气从喷射泵中部进入，氯气与水充分混合反应后，与丙烯混合进行氯醇化反应，离开管式反应器时，总共经历约几十米长的反应区，停留时间小于20s。反应液经脱气塔脱除尾气，尾气中含有氯化氢及丙烷经过洗涤处理后送往焚烧炉回收热能。氯丙醇直接送往皂化系统，皂化可用$Ca(OH)_2$或NaOH，皂化液经过皂化塔和汽提塔后主产物由汽提塔上部出来，经过热交换后，尾气再经压缩并冷凝，充分回收尾气中的有机物，不凝尾气送去焚烧。冷凝物为粗环氧丙烷，先集中装入粗环氧丙烷罐，然后送去精制。

精制可采用三塔流程，也可采用二塔流程。采用三塔流程工艺过程是第一塔为轻组分塔，塔顶分出轻组分，送去焚烧以回收热能。第二塔为重组分塔，塔釜重组分送去回收，塔顶的环氧丙烷送第三塔。第三塔塔顶得精制的环氧丙烷产品，塔釜液送回第二塔。

(4) 开环氯醇法工艺流程

开环氯醇法生产环氧丙烷技术实际上是与氯碱装置更紧密结合的工艺技术，即氯碱装置为环氧丙烷装置提供氯气和皂化用电解液，环氧丙烷装置产生的大量低浓度盐水供给氯碱装置作为溶盐水。该工艺是由环氧丙烷、氯碱、稀盐水净化、盐水饱和、盐水处理及氢气处理等六个装置组成(流程略)。

(二) 间接氧化法

一般把用有机过氧化物来环氧化烯烃的方法叫间接氧化法。有机过氧化物可以是有机氢过氧化物，也可以是过羧酸化物。目前已实现三种工业化的间接氧化法工艺，即乙醛过乙酸法、异丁烷有机氢过氧化物法及乙苯有机氢过氧化物法。随着时代的推移，乙醛过乙酸法由于经济性等原因已被淘汰，因此目前间接氧化法在工业上的应用仅限于异丁烷和乙苯两种有机氢过氧化物法(以下有关间接氧化法均指这两种方法)。虽然异丁烷和乙苯有机氢过氧化物间接氧化法生产的原理相似，但由于联产物、催化剂、反应条件及精制条件各不相同，使各自流程及设备相差很大，因此在同一装置中不能更换使用。

1. 基本原理

有机氢过氧化物生产可以用分子氧来氧化适当的烃(指叔碳或仲碳上的氢原子)来产生，然后把有机氢过氧化物中的氧原子加到丙烯上来生产环氧丙烷，而有机氢过氧化物提供出氧以后变成了醇。具体的生产原理是，首先在一定温度和压力下用氧或空气氧化异丁烷或乙苯生成相应的有机氢过氧化物，然后丙烯与有机氢过氧化物反应生成环氧丙烷，同时联产叔丁醇或α－甲基苯甲醇。叔丁醇脱水可制得异丁烯，而α－甲基苯甲醇脱水成为苯乙烯。两种过程都会产生环氧丙烷量2～3倍的联产品。

2. 典型生产工艺流程

异丁烷法生产环氧丙烷，生产能力为0.181Mt/a，联产0.4283Mt/a叔丁醇的生产工艺过程，详见图5－23。

异丁烷同氧气〔浓度>95%(体积)〕在135℃和3.4MPa下，进入卧式异丁烷过氧化反应器中进行反应。过氧化反应器内有隔板以减少过氧化产物的返混，用蒸发和冷凝液回流带出反应生成的热，未冷凝的气体部分与新鲜氧气一起循环进入异丁烷过氧化反应器，部分放空。过氧化反应产物经高压脱丁烷塔，从塔顶馏出大部分异丁烷，塔底料进入低压脱丁烷塔。在低压脱丁烷塔顶馏出剩余的异丁烷去异丁烷循环塔，在低压脱丁烷塔底得到异丁烷氢过氧化物和叔丁醇的混合物。

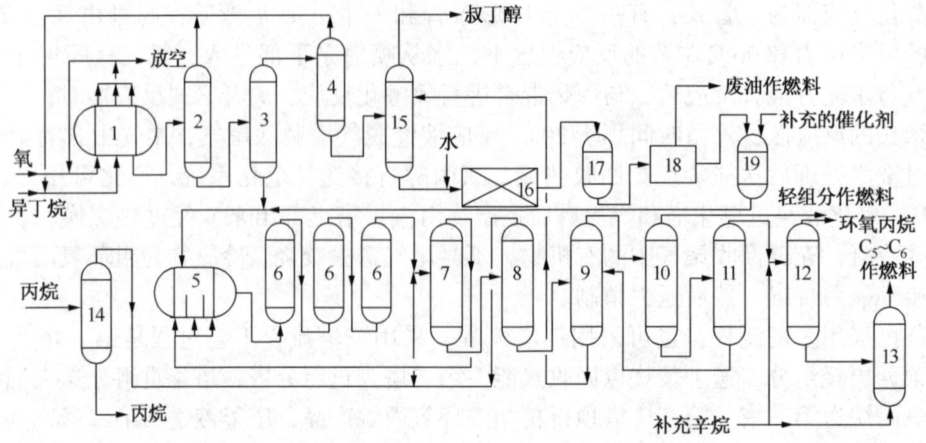

图5-23 间接氧化法生产环氧丙烷联产叔丁醇工艺流程图

1—异丁烷环氧化反应器；2—高压脱丁烷塔；3—低压脱丁烷塔；4—异丁烷循环塔；5—第一级环氧化反应器；6—第二级环氧化反应器；7—高压脱丙烯塔；8—低压脱丙烯塔；9—环氧丙烷回收塔；10—轻组分塔；11—环氧丙烷塔；12—环氧丙烷萃取塔；13—辛烷塔；14—C_3 分离器；15—叔丁醇塔；16—静态混合器；17—钼回收塔；18—离心分离机；19—催化剂罐

异丁烷氢过氧化物和叔丁醇与催化剂混和后进入第一级环氧化反应器，第一级环氧化反应器是带有几个立式隔板的卧式反应器。从高压脱丙烷塔顶部来的丙烯，并排从每个隔室底部加入环氧化反应器进行反应，经第一组环氧化反应器反应后物料分别进入三个串联的第二级环氧化反应器。异丁烷法环氧化反应的 Mo 催化剂一般是不溶物，在催化剂中 Mo 含量为催化剂的 1.1%（质量），在反应物中催化剂的浓度为 2.37%（质量）左右。典型的环氧化反应操作条件，详见表 5-8。

表5-8 异丁烷法环氧化反应操作条件

项　目	数　值	项　目	数　值
反应温度/℃	120	氢过氧化物转化率/%	98
反应压力/MPa	3.4	丙烯转化率/%	13
环氧丙烷收率/%	98	停留时间/h	2.5
丙烯选择性/%	95		

反应产物与 C_3 分离塔塔顶分出的丙烯和在低压脱丙烯塔塔顶得到的丙烯一起混合后进入高压脱丙烯塔。在高压脱丙烯塔塔顶得到的丙烯作为第一级环氧化反应器进料。高压脱丙烯塔塔底物料进入低压脱丙烯塔，低压脱丙烯塔塔顶丙烯返回循环使用。在低压脱丙烯塔塔底得到含有环氧丙烷和叔丁醇等的物料，进入环氧丙烷回收塔，在环氧丙烷回收塔塔顶得到含有环氧丙烷的物料，在塔底得到含叔丁醇、重组分、有机杂质和催化剂的物料，进入叔丁醇塔。在叔丁醇塔塔顶得到叔丁醇产品。环氧丙烷回收塔塔顶出料进入轻组分塔，脱除轻组分。轻组分塔塔底料进入环氧丙烷塔，脱除重组分，重组分返回环氧丙烷回收塔，回收残留的少量环氧丙烷。环氧丙烷塔塔顶物料进入环氧丙烷萃取塔。在环氧丙烷萃取塔，用辛烷萃取环氧丙烷中的少量 C_5～C_6 烃，得到精制的环氧丙烷产品。辛烷萃取剂在辛烷塔中得到回收，与补充的辛烷一起返回到环氧丙烷萃取塔。

第八节　丙　三　醇

一、丙三醇的性质与用途

丙三醇俗名甘油，无色无嗅的透明浆状液体，有甜味，易吸湿，相对密度 1.2653，沸点 290℃，熔点 18℃，溶于水及醇而不溶于醚、苯、氯仿中。

甘油在工业上应用很广泛，40% 以上用于醇酸树脂生产，约 10% 用于炸药生产，其余用于食品、制革、香料、化妆品、医药工业等部门。

二、丙三醇的生产方法

目前主要以丙烯为原料，氯化得氯丙烯，再进一步反应生成丙三醇(甘油)。

1. 反应原理

反应原理见式(5－62)、式(5－63)。

$$CH_3CH{=}CH_2 + Cl_2 \xrightarrow{500℃} \underset{\text{氯丙烯}}{CH_2{=}CHCH_2Cl} \qquad (5\text{-}62)$$

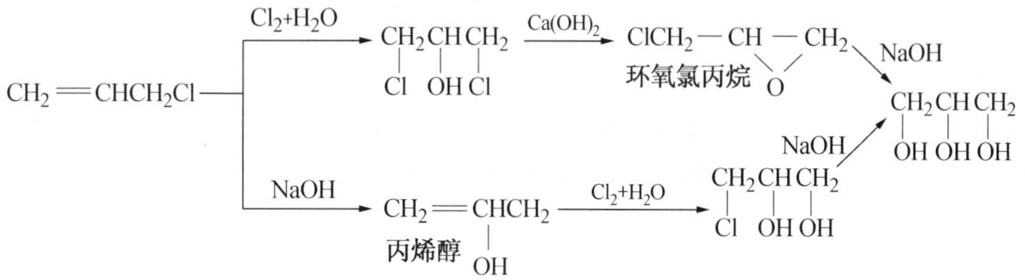

(5-63)

丙烯氯化得氯丙烯，由氯丙烯制甘油可以通过环氧氯丙烷，也可通过丙烯醇，反应式见(5－63)。

丙烯醇制甘油方法有两种，一是按式(5－63)反应式表示的先将氯丙烯碱性水解得丙烯醇，然后与次氯酸(Cl_2+H_2O)加成得一氯丙二醇，经直接水解而制成甘油。二是由丙烯醇直接与过氧化氢或过氧乙酸反应而得甘油。这是壳牌石油公司制取甘油的新工艺。

$$CH_2{=}CH\underset{|\atop OH}{C}H_2 + H_2O_2 \longrightarrow \underset{|\atop OH}{C}H_2\underset{|\atop OH}{C}H\underset{|\atop OH}{C}H_2 \qquad (5-64)$$

丙烯醇与过氧乙酸反应时，除直接生成一分子甘油外，同时生成一分子乙酸。因为过氧乙酸是在酯类溶液中催化剂作用下，乙酸与过氧化氢作用形成的，所以生成的乙酸可返回到过氧乙酸反应器重新使用。

$$CH_2{=}CHCH_2OH + H_2O + CH_3\overset{O\atop \|}{C}{-}OOH \longrightarrow \underset{|\atop OH}{C}H_2\underset{|\atop OH}{C}H\underset{|\atop OH}{C}H_2 + CH_3COOH \qquad (5-65)$$

2. 工艺流程

由丙烯醇和过氧乙酸合成甘油的工艺流程如图 5－24 所示。

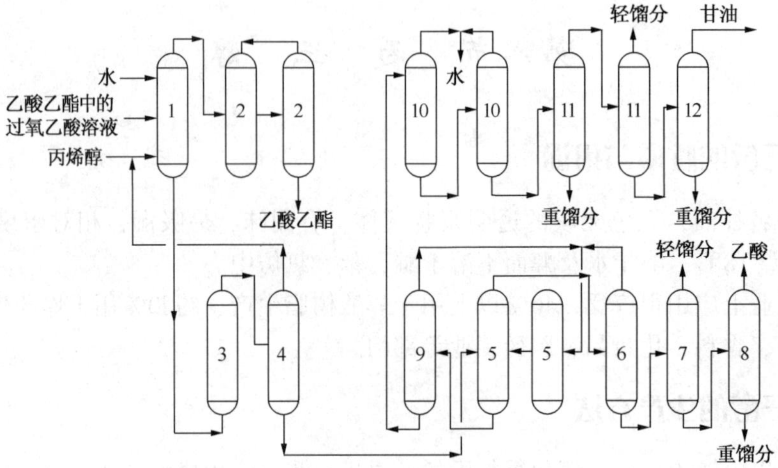

图 5-24 丙烯醇和过氧乙酸合成甘油的工艺流程图

1—反应蒸馏塔；2—乙酸乙酯回收塔；3—第二反应塔；4—脱轻馏分塔；5—萃取塔；6—脱水塔；7—轻馏分分离塔；8—乙酸塔；9—溶剂回收塔；10—多效蒸发器；11—轻、重馏分分离塔；12—甘油减压精馏塔

将丙烯醇、水及过氧乙酸的乙酸乙酯溶液连续地导入反应蒸馏塔中，反应在50℃和减压下进行。产生的反应热借乙酸乙酯与水的共沸蒸馏除去。共沸物在乙酸乙酯回收塔中脱水后循环回到过氧乙酸反应塔(图中未标出)。反应蒸馏塔的釜液进第二反应塔继续反应，然后送入脱轻馏分塔蒸出未反应的丙烯醇，返回丙烯醇储槽循环使用。

脱轻馏分塔底部含乙酸和甘油的混合液导入萃取塔，用溶剂进行萃取分离。上层乙酸溶剂进脱水塔，经脱水并分出轻馏分和重馏分后得到纯乙酸，重新使用。下层甘油液进溶剂回收塔，除去溶剂后送至多效蒸发系统，分别除去水和高沸物，最后进入甘油减压精馏塔得甘油精品。

第九节 丙 烯 酸

1. 反应原理

丙烯酸及其酯类是丙烯酸类纤维、涂料、树脂、黏合剂等聚合物不可缺少的单体。早期生产丙烯酸是以乙烯或乙炔为基本原料，生产成本较高，生产工艺复杂。美国联合碳化物公司和日本催化剂化学工业公司几乎同时研究成功了丙烯直接氧化法合成丙烯酸。该法于1969年正式工业化生产，由于操作过程灵活、丙烯来源丰富、生产方法简单且安全、不存在污染问题，因而具有强大的竞争能力，发展非常迅速。

丙烯直接氧化制丙烯酸是在多组分催化剂存在下实现的，丙烯先氧化成丙烯醛，再进一步氧化成丙烯酸，反应式如下。

$$CH_2{=}CH{-}CH_3 \xrightarrow{\frac{1}{2}O_2} CH_2{=}CHCHO \xrightarrow{\frac{1}{2}O_2} CH_2{=}CHCOOH \qquad (5-66)$$

反应放出大量热(595kJ/mol)。副产物有乙醛、乙酸、丙酮、一氧化碳和二氧化碳。丙烯氧化制丙烯酸分一步法和两步法。一步法丙烯氧化反应是在一个反应器内在一种催化剂上实现，两步法是采用不同的反应条件和催化剂，第一步生成丙烯酮，第二步生成丙烯酸。一步法所需投资少，但采用相同的反应条件和催化剂，无疑不可能使两个反应同时处于最佳状态。例如，当提高丙烯转化率时，丙烯酸氧化为二氧化碳的反应必然会相应增加；反之为了抑制反应产物的完全氧化，降低丙烯的转化率，同时丙烯醛氧化为丙烯酸的反应也会受到抑制。因此，一步法丙烯酸收率比两步法低。两步法传热容易，能分别调节两个反应器的温度，可按需要调节产品收率，制订不同的产品方案。目前，两步法被广泛采用。

2. 工艺条件

两步法催化剂也是以钼为主要成分的多价金属氧化物，但每步反应的催化剂组成稍有不同。第一步反应采用钼－铋－磷的氧化物，第二步反应则采用钼－铋－钴的氧化物。这些催化剂在较低温度下就相当活泼，丙烯的转化率和丙烯酸的收率都较高。

在反应过程中，为了获得较高的收率，反应气中氧和丙烯的配料比必须保持在一定范围内。加入水蒸气的目的，一是为了提高催化剂的选择性，使反应产物比较容易地从催化剂表面上解吸出来；二是降低反应气中的氧浓度，以便减缓丙烯的深度氧化反应。在工业生产中，丙烯、空气、水蒸气常采用1∶5∶4的摩尔比。

催化剂的最佳温度范围必须保持在一定的限度内，因此必须注意反应温度的控制。通常第一步反应温度可比第二步反应温度稍高，第一步反应温度控制在330～370℃，第二步反应稳度控制在250～300℃。操作压力一般近于常压，接触时间4s左右。延长接触时间，丙烯转化率虽有增加，但由于同时也加速了深度氧化反应，生成丙烯酸的选择性反而会降低。丙烯酸非常容易聚合，而且随着温度的升高而加速。采用丙烯氧化制丙烯酸的方法，在回收和提纯阶段，常比其他方法得到的丙烯酸具有较大的聚合速度，这可能是由于在反应产物中存在着某种副产物对聚合反应起着引发作用。因此，为使丙烯酸的回收和提纯能够连续稳定地操作，常采用添加有效阻聚剂等方法。

3. 工艺流程

丙烯酸常与丙烯酸酯联合生产。丙烯氧化制丙烯酸及其酯类的工艺流程如图5－25所示。

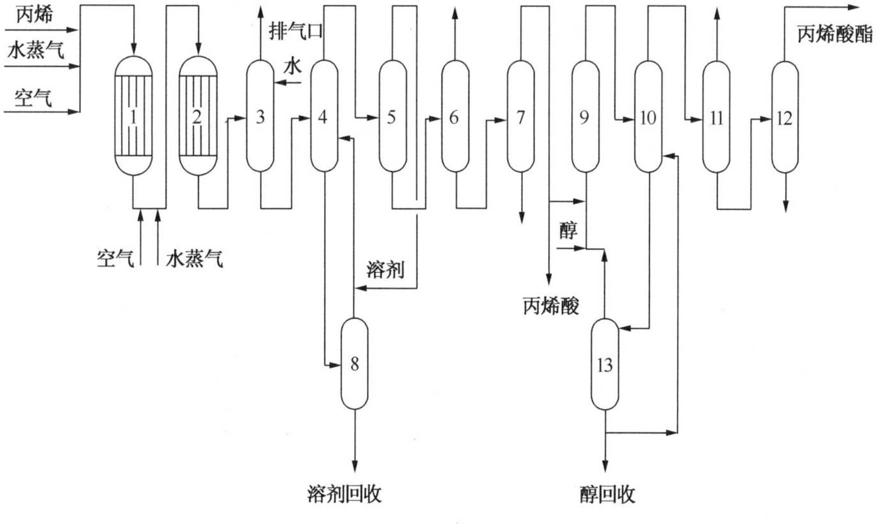

图5－25　丙烯两步氧化法制丙烯酸及其酯类工艺流程图

1—第一氧化反应器；2—第二氧化反应器；3—吸收塔；4—萃取塔；5—溶剂分离塔；6—脱轻组分塔；7—丙烯酸精馏塔；8—溶剂回收塔；9—酯化反应器；10—萃取塔；11—脱轻组分塔；12—酯精馏塔；13—醇回收塔

丙烯、空气和水蒸气按一定比例充分混合后，进入第一氧化反应器，在催化剂作用和一定反应条件下，丙烯氧化为丙烯醛，部分氧化为丙烯酸。反应产物不经分离送入第二氧化反应器，并补加适量空气和水蒸气，在反应条件下进行丙烯醛氧化为丙烯酸的反应。由反应器出来的反应气体进入吸收塔，与塔上部进入的喷淋水接触，使丙烯酸溶于水中。未被吸收的气体由塔顶排气口出来经净化返回使用。形成的丙烯酸水溶液进入萃取塔，用有机溶剂从溶液中提出丙烯酸，得到的有机萃取液进溶剂分离塔，分出的有机溶剂循环使用。以丙烯酸为主要成分的塔底釜液送到脱轻组分塔，除去轻馏分杂质。粗丙烯酸再经精馏塔除去重馏分杂质，即得高纯度的丙烯酸产品。

若要制取丙烯酸酯类，可在液相中和酸性催化剂存在下，使丙烯酸直接与醇进行酯化反应，然后经分离得到丙烯酸酯。

思 考 题

5－1　简述环氧乙烷的性质和用途。

5－2　环氧乙烷有哪几种生产方法？

5－3　简述乙二醇的性质和用途。

5－4　简述乙二醇的生产方法。

5－5　简述氯乙烯的性质和用途。

5－6　氯乙烯有哪几种生产方法？现在以哪种为主？

5－7　简述乙醛和乙醇的性质、用途。

5－8　说出乙醛、乙醇反应原理与生产方法。

5－9　丙烯腈有哪些性质和用途？

5－10　丙烯腈生产中有哪些废物？如何处理？

5－11　简述环氧丙烷的主要性质。

5－12　了解环氧丙烷的生产方法。

5－13　简述丙三醇、丙烯酸的性质、用途与反应原理。

第六章　芳烃转化及芳烃衍生物

第一节　概　　述

芳烃是含有苯环结构的碳氢化合物的总称，是有机化工过程的重要原料，包括单环芳烃、多环芳烃及稠环芳烃。单环芳烃只含一个苯环，如苯、甲苯、乙苯、二甲苯、异丙苯、十二烷基苯等。多环芳烃是由两个或两个以上苯环(苯环上没有两环共用的碳原子)组成的，它们之间是以单键或通过碳原子相联，如联苯、三苯甲烷等。稠环芳烃是由两个或两个以上的苯环通过稠合(使两个苯环共用一对碳原子)而形成的稠环烃，其中至少一个是苯环，如萘、蒽、菲等。芳烃中最重要的产品是苯、二甲苯，其次是甲苯、乙苯、苯乙烯、异丙苯。苯及其相对分子质量较小的同系物是易燃液体，不溶于水，密度比水小；多环芳烃及稠环芳烃多是晶状固体。芳烃均有毒性，其中以苯对中枢神经及血液的作用最强，稠环芳烃有致癌作用。

芳烃是有机化工的重要基础原料，特别是单环芳烃，如：苯、二甲苯是制造多种合成树脂、合成橡胶、合成纤维的原料；甲苯可转化为二甲苯和苯；高级烷基苯是制造表面活性剂的重要原料。多环芳烃中联苯可用作化工过程的热载体，而稠环芳烃中萘是制造染料和增塑剂的重要原料，其他的多种含氧、含氯、含氮、含硫的芳烃衍生物可用作生产多种精细化工产品的原料。某些芳烃或其混合物可作溶剂，如苯、二甲苯、甲苯等。值得一提的是芳烃(如异丙苯等)辛烷值较高，用催化重整等方法增加轻质馏分油中的芳烃含量，对提高汽油的抗爆性有非常重要的意义。芳烃装置的主要产品为苯、对二甲苯和邻二甲苯，对二甲苯是生产精对苯二甲酸的主要原料，而精对苯二甲酸又是生产化纤的主要原料，苯和邻二甲苯是重要的有机化工原料。

目前我国芳烃的生产装置主要采用炼油厂的催化重整装置、石油化工厂的乙烯裂解汽油和芳烃生产联合装置以及焦化装置等。另外还可利用甲苯脱烷基、甲苯歧化和烷基转移技术将甲苯和 C_9、C_{10} 芳烃转化为混二甲苯和苯，在大型芳烃联合装置上有一半以上的混二甲苯都通过此技术生产，该法是增产对二甲苯的主要途径。另外，甲苯选择性歧化也是生产对二甲苯的一个途径。`

一、芳烃的来源与生产方法

(一) 煤焦化的副产品

煤的焦化是煤化工的重要过程之一，是指在隔绝空气的条件下加热煤，使其分解，生成焦炭(或半焦)、煤焦油、粗苯、煤气等产物的过程。在高温作用下，煤在焦炉炭化室内进行干馏时，发生一系列的物理化学变化，除生成75%的焦炭外，还副产粗煤气约25%，其中粗苯约占1.1%，煤焦油约占4.0%。粗煤气经初冷、脱氨、脱萘、终冷后，进行粗苯回收。粗苯是由多种芳烃和其他化合物组成，其主要组分是苯、甲苯和二甲苯，其组成见表6－1。

表 6－1 粗苯的组成

组成	苯	甲苯	二甲苯	C_9芳烃	不饱和烃	硫化物		饱和烃
						CS_2	噻吩	
质量分数	55%～75%	11%～22%	2.5%～6%	2.5%～6%	3.9%～8.3%	0.3%～1.4%	0.2%～1.6%	0.6%～1.5%

粗苯经分馏，分成轻苯与重苯。粗苯中大部分 BTX、硫化物及 50% 的不饱和烃集中于轻苯之中。轻苯再经分馏，塔顶馏出低沸物。塔底馏出重馏分为 BTX 混合馏分。混合馏分经精制处理后，得到 BTX 产品。BTX 混合馏分经过精制处理除去不饱和烃和杂质后，再经精馏分离可得到苯、甲苯和二甲苯，其中苯含量占 50%～70%，所以粗苯是获得苯的好原料。煤焦油经分馏得到的轻油、酚油等馏分，再经精馏、结晶等方法分离可得到苯系、萘系等芳烃。

（二）催化重整汽油

石油是不可再生资源，其最佳应用是达到效益最大化和再循环利用，而石油化工是目前最重要的发展方向。BTX 是一级基本化工原料，全世界所需的 BTX 有一半以上是来自催化重整。催化重整是以石脑油为原料，在催化剂的作用下，烃类分子重新排列成新分子结构的工艺过程。其主要目的一是生产高辛烷值汽油组分；二是为化纤、橡胶、塑料和精细化工提供苯、甲苯、二甲苯。除此之外，催化重整过程还生产化工过程所需的溶剂、油品加氢所需的高纯度廉价氢气(75%～95%)和民用燃料液化气等副产品。

催化重整无论是生产高辛烷值汽油还是轻芳烃，都是通过化学反应来实现的。在催化重整过程中会发生一系列的芳构化、异构化、裂化和生焦等复杂的平行和顺序反应。

从全世界来看，催化重整装置中有 10% 左右生产轻芳烃，90% 生产高辛烷值重整汽油，而国内各占一半。重整汽油中含 50%～80% 的芳烃(质量)，不含 N、O、S 化合物，分离前不用加氢处理，可用重整汽油抽提提取芳烃。以生产轻芳烃为目的的催化重整过程主要由原料预处理、重整反应、芳烃抽提和芳烃精馏四部分构成，见图 6－1。

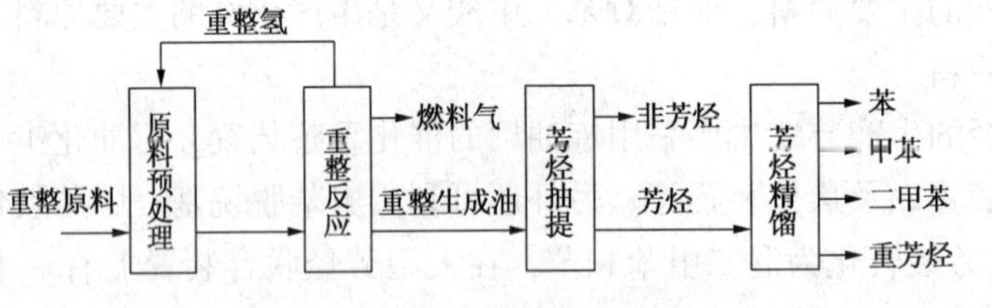

图 6－1 重整过程示意图

（三）裂解汽油

裂解汽油是烃类热裂解生产乙烯过程的副产轻质液体产物，沸程范围 50～200℃，主要成分为 C_6～C_9烃类，裂解汽油中除含有 50%～70% 左右的芳烃外，还含有 20% 左右的单烯烃、双烯烃和烯基芳烃(如苯乙烯)以及微量的硫、氮、氧、氯等杂质。由于裂解原料烃和裂解条件的不同，裂解汽油的收率和组成也不完全相同。以乙烷、丙烷等气态烃为原料时，裂解汽油的收率只有原料的 2%～5%(质量)；以石脑油、轻柴油等液态烃为原料时则为 15%～24%(质量)。

因为裂解汽油中的杂质含量远远超过芳烃生产后续工序所能允许的标准，必须进行预处理，预处理的工艺过程包括裂解汽油预分馏和裂解汽油的加氢精制两部分。

1. 裂解汽油预分馏

裂解汽油 C_5馏分中含有较多异戊二烯、间戊二烯与环戊二烯，它们是合成橡胶和精细化工的重要原料。C_5馏分中二烯烃经加氢生成烯烃，是很好的汽油组分。而烯烃进一步加氢生成 C_5烷烃，可作为烃类热裂解原料。根据 C_5馏分的不同利用途径，加氢精制原料的分馏也有所不同，如图 6－2 所示。但其共同点是必须经蒸馏过程除去裂解汽油中的 C_5馏分、部分 C_9芳烃与 C_9以上馏分得到 $C_6 \sim C_9$馏分。

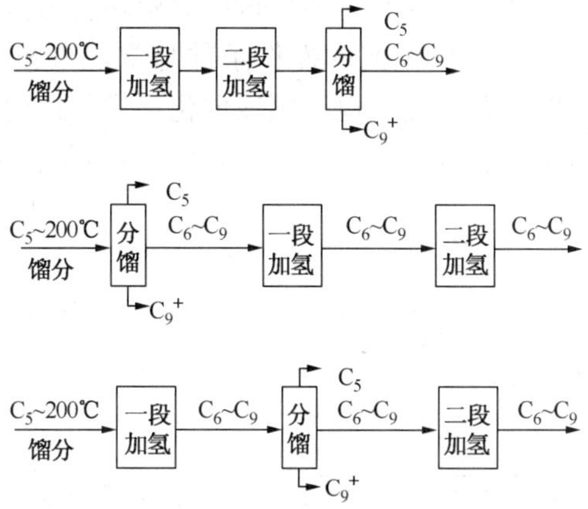

图 6－2　裂解汽油预分馏示意图

2. 裂解汽油的加氢精制

由于裂解汽油中含有二烯烃、苯乙烯等易聚合的不饱和烃和硫化物、氮化物、氧化物等有害杂质，在分离芳烃前必须先进行预处理，一般采用二段加氢精制工艺。第一段加氢的目的是将易生焦的二烯烃加氢转化为单烯烃以及将烯基芳烃转化为烷基芳烃。一段加氢在比较缓和的工艺条件下进行，是低温液相加氢，以避免二烯烃聚合。第二段加氢是高温气相加氢，使单烯烃加氢成饱和烃；使硫化物、氮化物等杂质加氢裂解为相应的硫化氢、氨气等而除去。其示意流程如图 6－3 所示。

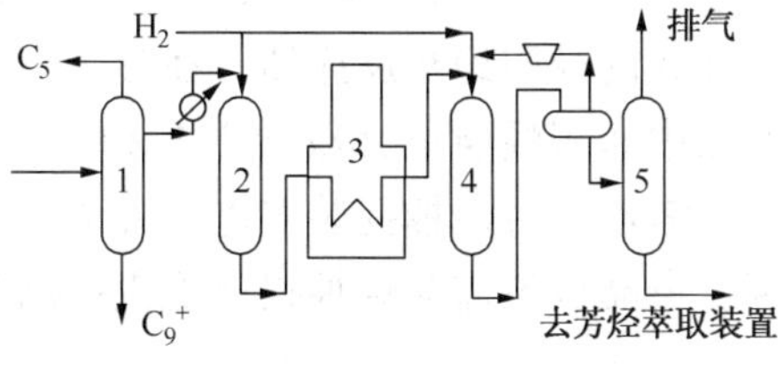

图 6－3　二段加氢示意流程图

1—分馏塔；2—第一反应器；3—加热炉；4—第二反应器；5—稳定塔

经预热的裂解汽油先进入初馏塔，脱去 C_5、C_9、$C_9{}^+$馏分后进入一段加氢反应器。通常采用列管式反应器，催化剂为 Pd/Al_2O_3，反应温度 80～130℃，反应压力 5MPa 左右，液空速为 $3h^{-1}$。反应热由循环管间的锅炉给水所带出。一段加氢后的产物经加热炉升温后进入二段加氢绝热反应器以 $Co-Mo-S/Al_2O_3$为催化剂，反应温度 280～300℃，反应压力 4MPa 左右，液空速为 $1.5h^{-1}$。经两段加氢处理后的裂解汽油在稳定塔中分出气体后送芳烃抽提装置。裂解汽油经一段加氢后，其中二烯烃质量含量小于 2%；二段加氢后，裂解汽油的溴值小于 1，含硫质量分数小于 2×10^{-6}。

(四) 芳烃的其他生产方法

1. Aromax 工艺生产芳烃

Aromax 工艺是在与常规重整工艺相同的操作条件下，使轻石脑油转化为芳烃或高辛烷值汽油组分的工艺。含 $C_6 \sim C_8$烷烃量高的石脑油、重整抽余油作为原料进行的重整是困难的，不仅芳烃产率低，液体收率低，而且催化剂寿命短。Aromax 重整所用催化剂对 $C_6 \sim C_8$烷烃转化为芳烃具有良好的选择性，因此，能将这些原料转化为芳烃，以重整抽余油为原料时，芳烃质量总收率约为41.4%。该工艺的操作条件与常规重整工艺一样，因此传统的设计条件可以适用。对加氢处理的石脑油，也可用该催化剂进行催化重整得到重整油，再将此重整油经芳烃抽提得到芳烃和 $C_6 \sim C_8$的非芳烃，将 $C_6 \sim C_8$的非芳烃通过 Aromax 工艺得到 Aromax 生成油返回抽提装置。

2. Cyclar 工艺

此工艺以世界市场过剩的低价液化石油气——丙烷、丁烷为原料，经环化脱氢、齐聚、芳构化等过程生产芳烃。其工艺流程如图 6－4 所示。

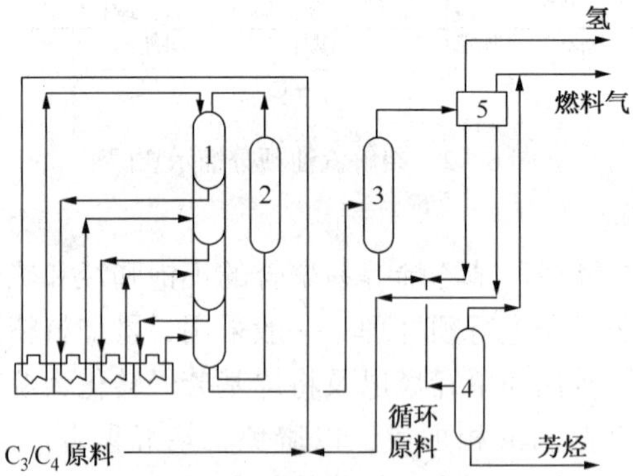

图6－4 Cyclar 工艺流程图

1—反应器；2—再生器；3、4—稳定塔；6—分离器

以丙烷、丁烷为原料进入迭式的径向绝热反应器，在分子筛催化剂作用下使烷烃转化为芳烃，同时副产氢气。液体产品中非芳烃质量分数低于 1×10^{-3}，仅需通过分馏，就能得到苯和直接作歧化原料的甲苯。不需设置芳烃抽提装置进行分离。与重整技术比较，此工艺路线简单，原料无需进行预处理，产品也不需芳烃抽提就能生产高纯度苯。

3. 用 C_9^+甲苯的 Detal 工艺

Detal 工艺是 ABB lummus Crest 公司的技术，原料是重芳烃及甲苯，采用 Cr_2O_3/Al_2O_3 作催化剂，氢与原料和未转化的烷基芳烃循环料相混合，再进入反应器进行反应。典型的工艺条件为：反应器入口温度 620℃，出口温度 700～720℃，压力 4.5MPa，氢烃摩尔比为 6。

二、芳烃馏分的分离

催化重整油或乙烯装置副产的裂解汽油都是芳烃和非芳烃的混合物，必须将其中的各种芳烃分离出来才能满足工业需要。对液体混合物的分离，工业上常采用精馏的方法，但是该方法难以用来分离纯芳烃，这是因为：

① 相同碳原子数的烷烃、环烷烃和芳烃之间沸点差很小，用一般精馏方法不能得到高纯产物；

② 芳烃和许多非芳烃形成低沸共沸物，影响芳烃的精馏分离。

基于上述原因，各国纷纷研究采用其他方法分离芳烃和非芳烃。目前工业上实际应用的主要是溶剂抽提法和萃取蒸馏法。前者适用于从宽馏分中分离苯、甲苯、二甲苯等；后者适用于从芳烃含量高的窄馏分中分离纯度高的单一芳烃。

（一）溶剂抽提

溶剂抽提也称芳烃萃取、溶剂萃取，利用芳烃在某些溶剂中的溶解度比非芳烃大这一特点，采用萃取剂从烃类混合物中将芳烃分离出来，该方法可以回收纯度很高的芳烃。主要用于从催化重整和烃类裂解汽油中回收轻质芳烃（苯、甲苯、各种二甲苯），有时也用于从催化裂化柴油中回收萘。抽出芳烃以后的非芳烃剩余物称为抽余油。抽提所得混合芳烃再进行分馏便可得到苯、甲苯和二甲苯等。

溶剂的好坏是芳烃抽提的关键因素，它的性能对于芳烃收率、产品质量、设备容积、操作费用等影响最大。对溶剂的基本要求是：

① 对芳烃的选择性要好，以利于提高芳烃的纯度；

② 对芳烃的溶解能力强，从而降低溶剂比和操作费用；

③ 对溶剂和原料形成的体系，其总组成必须位于两相区，形成两个共存相，两相的相对密度差要大，并且不易乳化，以保证在抽提塔内能顺利地进行连续逆流抽提；

④ 两相间界面张力要大，以利液滴聚集和分层；

⑤ 为了回收溶剂，溶剂与芳烃的沸点差要大；

⑥ 蒸发潜热和热容量要小，便于降低溶剂回收过程的能耗；

⑦ 要有低的蒸气压，减少操作中的溶剂损失；

⑧ 凝点要低，黏度要小，便于输送保存，也有利于抽提过程的质交换；

⑨ 无毒、无腐蚀性，便于操作和选材；

⑩ 热稳定性和化学稳定性高，价格低廉，来源易得等。

实际过程中所选溶剂不可能完全具备上述要求，但在比较和选择溶剂时应就以上各点全面考虑和权衡。在上述溶剂性能中，最重要的还是溶剂的基本性质，即溶解能力和选择性。溶剂对芳烃的溶解能力越大，所需的溶剂比和动力消耗就越小，设备效率也越高，因而就越经济。

常用的萃取剂有二乙二醇醚（二甘醇）、三乙二醇醚（三甘醇）、四乙二醇醚（四甘醇）、环丁砜等，也用二甲基亚砜、*N*－甲基吡咯烷酮、*N*－甲酰基吗啉等。

以二乙二醇醚抽提催化重整汽油为例，介绍其工艺流程，见图6－5。原料在抽提塔中与溶剂逆流接触进行萃取，温度为125～140℃，溶剂对原料比（质量）约15∶1。抽提塔底的产物为抽出油，主要为溶解在溶剂中的芳烃，将其送入汽提塔，使溶剂与芳烃分离，塔底的溶剂循环去抽提塔，塔顶产物送入芳烃水洗塔洗去残余溶剂后即为纯芳烃混合物。抽提塔顶的非芳烃，送水洗塔洗除去残余溶剂。两个水洗塔底部产物均为水和溶剂，送去溶剂回收塔将水蒸出后，塔底溶剂去抽提塔循环使用。

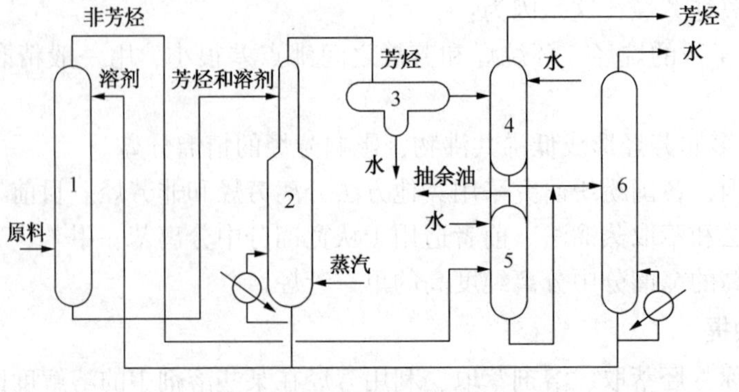

图 6-5　溶剂萃取示意图

1—抽提塔；2—汽提塔；3—分离器；4、5—水洗塔；6—溶剂回收塔

（二）萃取蒸馏

萃取蒸馏是在有一种易溶、高沸点并且不挥发的组分存在下的蒸馏，而这种组分本身并不与混合物中的其他组分形成恒沸物。萃取蒸馏通常用来分离组分间相对挥发度很低甚至相等的物系。由于混合物中各组分的挥发度接近相等，使得他们在接近相同的温度下蒸发，而且蒸发的程度也相近，从而使分离变得困难。因此，相对挥发度很低的物系采用简单的蒸馏过程通常很难将其分离。萃取蒸馏利用极性溶剂与烃类混合时，能降低烃类蒸气压使混合物沸点提高的原理来设计的。此种效应对芳烃影响最大，对烷烃的影响最小，有助于芳烃与非芳烃的分离。

在萃取蒸馏过程中，使用一种不挥发、高沸点，并且易溶的溶剂与混合物混合，但并不与混合物中的组分形成恒沸物，而是与混合物中的各个组分发生不同的作用，使他们的相对挥发度发生变化，从而可将其在蒸馏过程中分离出来。塔顶产品为挥发度高的组分，塔釜产品则由溶剂与另一组分混合而成。由于溶剂并不与另一组分形成恒沸物，可以再用适合的方法将其分开。

这种蒸馏方法的核心就是溶剂的选择。在分离两组分的过程中，溶剂扮演着重要的角色。在选择溶剂时，需要注意以下几方面：

① 溶剂能显著改变组分的相对挥发度，否则便是徒劳的尝试；

② 注意溶剂的经济性；

③ 在塔釜中要容易将溶剂分离；

④ 溶剂不能与各组分或混合物发生化学反应；

⑤ 溶剂不能造成设备腐蚀。

面对芳烃需求和原料组成的不断变化，采用溶剂抽提法同时回收苯、甲苯、二甲苯，有时显得不够经济，而萃取蒸馏法作为分离芳烃的另一种选择，引起了人们的注意，并取得了一定的进展。

图 6-6 为以 *N*-甲酰吗啉（NFM）为溶剂的莫菲兰法工艺。原料在萃取蒸馏之前需先进行预分馏，切除轻、重部分，留下中心馏分送去蒸馏。

原料送入萃取蒸馏塔中段，溶剂送入塔的上段。经萃取蒸馏后，溶有芳烃的溶剂自塔底流出，进入汽提塔分离芳烃。汽提塔底的贫溶剂经热回收后返回萃取蒸馏塔使用。塔顶抽余油含少量溶剂，需经水洗再送出装置（图上未示出）。洗水用少量原料处理，以抽提所含的溶剂。处理之后洗水返回水洗系统，处理洗水的原料送回萃取蒸馏塔分离芳烃。

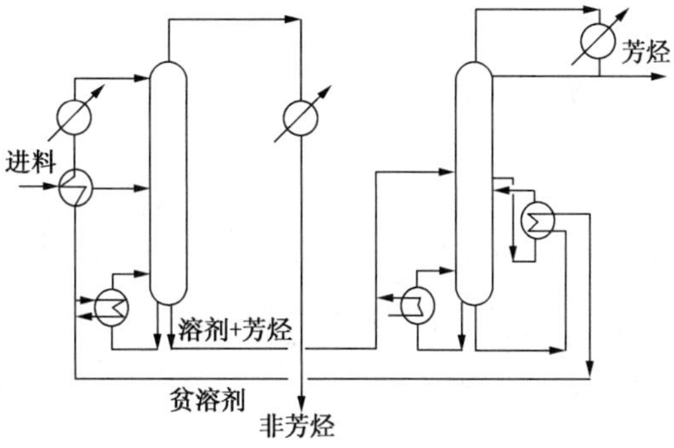

图 6－6　Morphylane 法工艺流程图

1—萃取蒸馏塔；2—汽提塔

三、芳烃的转化

不同来源的各种芳烃馏分组成不同，能得到的各种芳烃的产量也不同。在化学工业中，苯和对二甲苯的需求量是很大的，而催化重整、裂解汽油产品中苯和二甲苯含量有限，不能满足生产的需要，相反甲苯、间二甲苯及 C_9 芳烃却有所过剩。显然仅从这些来源来获得各种芳烃，必然会发生供需不平衡的矛盾。因此研究芳烃的转化工艺就显得非常必要，这样就可以依据市场的供求，调节各种芳烃的产量。

（一）芳烃转化过程的化学反应

芳烃的转化反应主要有异构化、歧化与烷基转移、烷基化和脱烷基化等几类反应。

（1）异构化反应

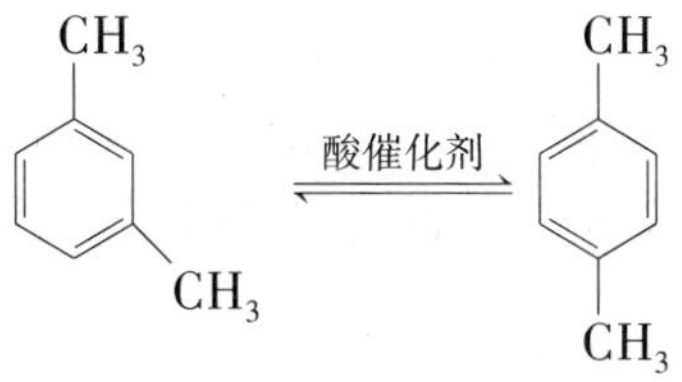

（6－1）

（6－2）

（2）歧化反应

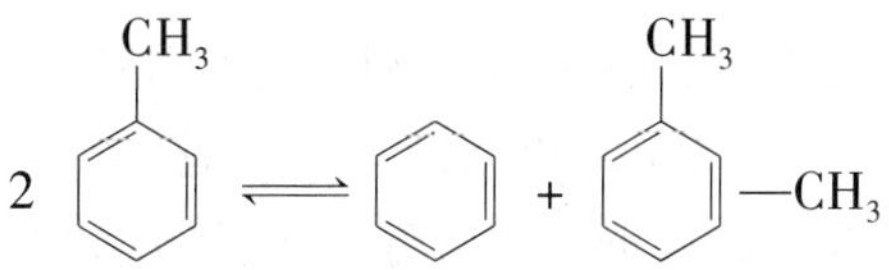

（6－3）

（3）烷基化反应

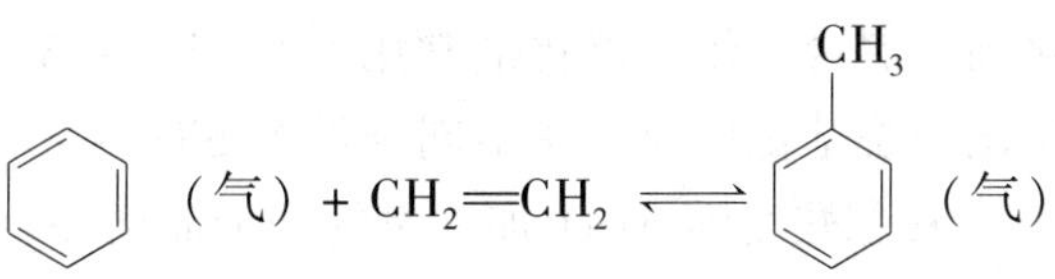

（6－4）

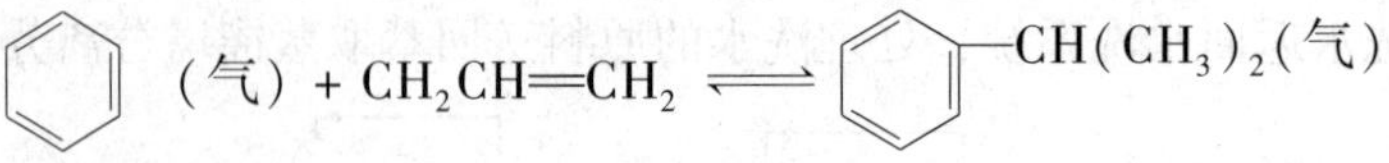

(6-5)

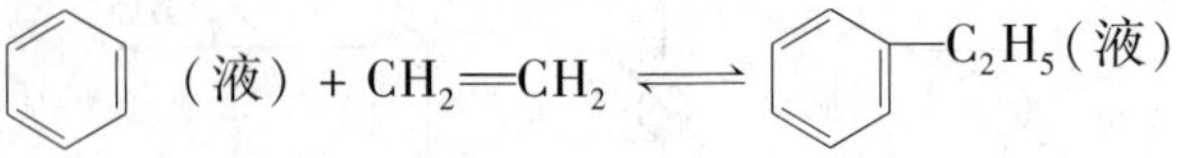

(6-6)

(4) 烷基转移反应

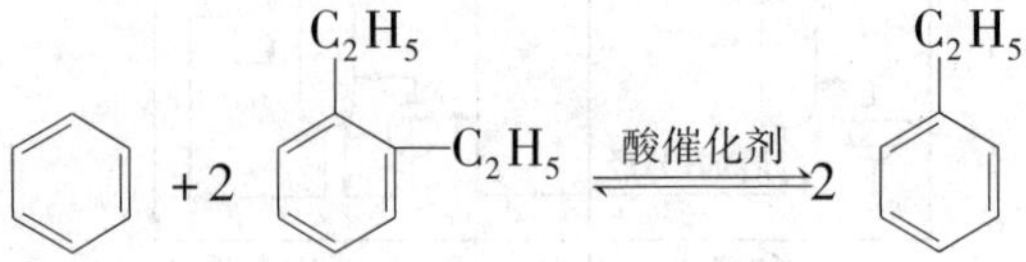

(6-7)

(5) 脱烷基化反应

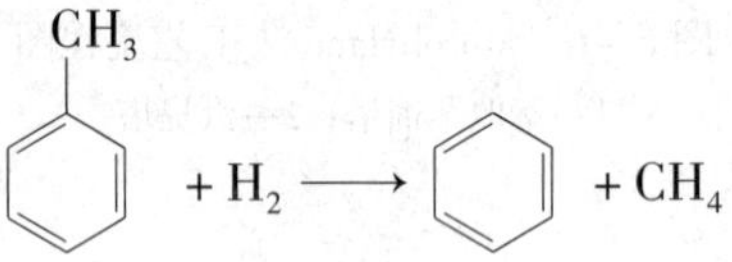

(6-8)

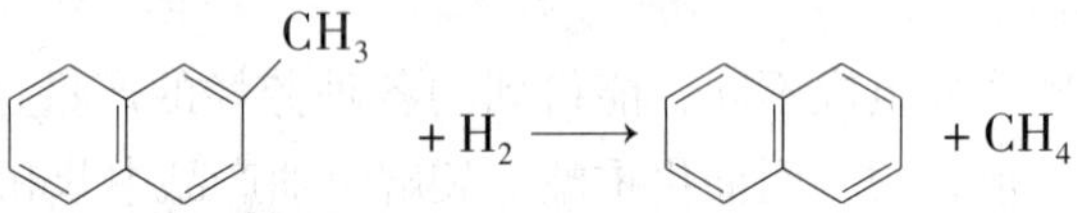

(6-9)

(二) 催化剂

芳烃转化反应主要是酸碱催化反应。其反应速度不仅与芳烃(和烯烃)的碱性有关，也与酸性催化剂的活性有关，而酸性催化剂的活性与其酸浓度、酸强度和酸的存在形态均有关。

芳烃转化反应所采用的催化剂主要有下面两类。

1. 酸性卤化物

酸性卤化物 $AlBr_3$、$AlCl_3$、BF_3是 Lewis 酸，但酸性较弱，故在绝大多数场合总是与 HX(氢卤酸)共同使用。使用这类催化剂时，由于是均相催化反应，反应是在较低的温度下进行，反应条件温和，反应充分，缺点主要是氢卤酸腐蚀性强，特别是 HF 毒性较大。

2. 固体酸

(1) 浸附在适当载体上的质子酸　将质子酸浸附在适当载体上，例如，载于载体上的 H_2SO_4、H_3PO_4、HF 等，常用的固体酸有磷酸/硅藻土，磷酸/硅胶催化剂等。这些酸在固体表面上和在溶液中一样能离解成氢离子，主要用于烷基化反应，但活性不如液体酸高。

(2) 浸附在适当载体上的酸性卤化物　将酸性卤化物浸附在适当载体上，例如，载于载体上的 $AlCl_3$、$AlBr_3$、BF_3、$FeCl_3$、$ZnCl_2$和 $TiCl_4$。应用这类催化剂时也必须在催化剂中或反应物中添加助催化剂氢卤酸。已用的有 $BF_3/\gamma-Al_2O_3$催化剂，用于苯烷基化生产乙苯过程。

(3) 混合氧化物催化剂　混合氧化物催化剂常用的是 $SiO_2-Al_2O_3$催化剂，亦称硅酸铝催化剂，主要应用于异构化和烷基化反应。在不同条件下 $SiO_2-Al_2O_3$催化剂表面存在有路易斯酸或(和)质子酸中心。其总酸度随 Al_2O_3加入量的增加而增加，而其中质子酸的量有一峰值，同时这两种酸的酸浓度与反应温度也有关。在较低温度下(<400℃)主要以质子酸的形式存在，在高温下(>400℃)主要以路易斯酸的形式存在。并且这两种形式的酸中心随温度可以相互转化，但是总酸量保持不变。这类催化剂活性较低，若进行芳烃转化反应需采用高温，不过价格便宜。

(4) 贵金属－氧化硅－氧化铝催化剂　贵金属－氧化硅－氧化铝催化剂主要是 $Pt/SiO_2-Al_2O_3$ 催化剂，这类催化剂不仅具有酸功能，而且由于负载了贵金属，同时具有加氢脱氢功能，主要用于异构化反应。

(5) 分子筛催化剂　经改性的 Y 型分子筛、丝光沸石和 ZSM 系列分子筛是广泛用作芳烃歧化与烷基转移、异构化和烷基化等反应的催化剂。尤以 ZSM－5 分子筛催化剂性能最好，因为它不仅具有酸功能，还具有热稳定性高和择形性等特殊功能。

第二节　芳烃转化

一、芳烃的脱烷基化

烷基芳烃分子中与苯环直接相连的烷基，在一定的条件下可以被脱去，此类反应称为芳烃的脱烷基化。其中甲苯脱甲基制苯、甲基萘脱甲基制萘等都在工业上得到广泛的应用。

(一) 脱烷基反应的化学过程——以甲苯加氢脱烷基制苯为例

国外苯的需要量很大，而甲苯则大量过剩。为满足苯的需要，在 20 世纪 60 年代初期，美国开始采取加氢脱烷基法由甲苯来生产苯。此后，欧洲及日本也相继建设了一些甲苯脱烷基制苯的装置。

该过程的主副反应和热力学分析如下：主反应见式(6－8)，副反应见式(6－10)、式(6－11)、式(6－12)。

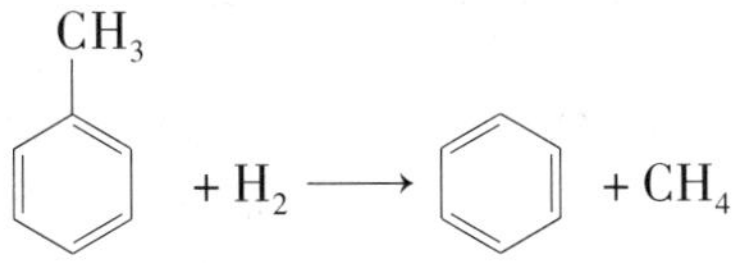

(6－8)

$$\Delta H^{\ominus}(800K) = -49.02kJ/mol$$

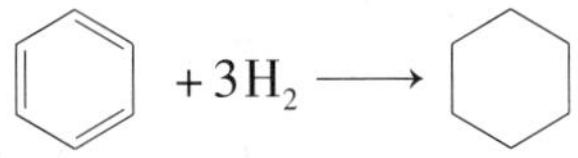

(6－10)

$$\Delta H^{\ominus}(800K) = -220.6kJ/mol$$

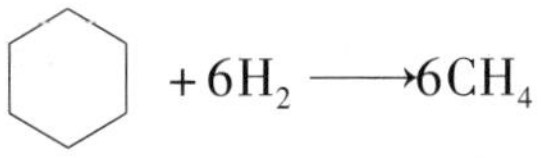

(6－11)

$$\Delta H^{\ominus}(800K) = -367.32kJ/mol$$

$$CH_4 \longrightarrow C + 2H_2 \qquad (6-12)$$

$$\Delta H^{\ominus}(800K) = 87.15kJ/mol$$

上述四个反应的平衡常数和温度的关系见表 6－2。

表 6-2 平衡常数和温度的关系

反应	平衡常数/μgK_p			
	700K	800K	900K	1000K
式(6-8)	3.17	2.72	2.36	2.07
式(6-10)	-4.26	-6.32	-7.92	-9.19
式(6-11)	25.02	21.65	18.96	16.70
式(6-12)	-0.95	-0.15	0.49	1.01

从表6-2中数据可以看出，主反应在热力学上是有利的。当温度不太高，氢分压较高时可以进行得比较完全。然而副反应中除芳烃加氢反应式(6-10)平衡常数很小外，环烷烃的加氢裂解反应式(6-11)在热力学上却十分有利，为不可逆反应，只要芳烃一经加氢成环烷烃，如有足够长的反应时间，就会深度加氢裂解成甲烷；虽然采用较高的反应温度、较低的氢分压，深度加氢裂解反应可以被抑制，但温度过高、氢分压过低同样对主反应不利，相反却有利于甲烷分解生成碳的副反应和芳烃脱氢缩合反应。所以这些副反应都很难从热力学上来加以抑制，因此只有从动力学角度来控制它们的反应速度，使它们尽量少发生。

从以上分析可知：加氢脱烷基的反应温度不宜太低也不宜太高；较大的氢分压和氢气/甲苯(摩尔比)对防止结焦和加氢脱烷基反应都比较有利，但对抑制一些加氢副反应的发生是不利的，而且也会使氢耗增加。

虽然加氢脱烷基是一种放热反应，高温对平衡转化不利，但由于该反应的活化能高，反应速度小，因此工业上为达到合理的反应速度，仍需一定的反应温度。增加氢烃比对转化有利，因此尽管理论上甲基芳烃加氢脱烷基所需的氢气不多，实际上却采用大量的氢气，目的在于提高转化率，减少甲烷分解生成碳的副反应和芳烃脱氢缩合反应。

(二) 脱烷基化方法

烷基苯的脱烷基工艺有加氢法和水蒸气法两类，后者处于中试阶段，尚未在工业上应用。加氢法又分为催化法和热法两种，各有特点见表6-3。

表 6-3 加氢催化脱烷基制苯和热脱烷基制苯比较

加氢热脱烷基法	加氢催化脱烷基法
1. 不需催化剂，操作简单	1. 需催化剂，增加了装卸、活化、再生、更换等操作
2. 运转周期可达一年	2. 运转周期一般为半年
3. 空速较高，反应器较小	3. 空速较低，反应器较大
4. 原料适应性较好，允许含非芳烃达30%，C_9^+芳烃达15%	4. 原料适应性较差，非芳烃和C_9^+芳烃含量不能太高
5. 补充氢的杂质含量不限制	5. 补充氢的杂质含量有一定要求
6. 生成的气态烃稍多，氢耗稍高	6. 生成的气态烃稍少，氢耗稍低
7. 反应温度高，反应器材质要求高	7. 反应温度较低，反应器材质要求低
8. 产品苯纯度达99.99%，含环烷烃稍少	8. 产品苯纯度99.9%~99.95%，含环烷烃稍多

催化法和热法两者相比，两法各有优缺点。由于热法不需催化剂，苯收率高和原料适应性较强等优点，所以采用加氢热脱烷基的装置日渐增多。

烷基苯的水蒸气脱烷基法早在20世纪40年代在美国就有人着手研究，60年代，日本、苏联也相继开展了这方面的工作。水蒸气法最突出的优点是以廉价的水蒸气代替氢气作为反应剂，反应过程不但不消耗氢气，还副产大量含氢气体。但此法与加氢法相比，苯收率较低，一般在90%～97%；需用贵金属铑作催化剂，成本较高。

（三）工业生产方法

甲苯脱烷基制苯是其最大的化工利用，也是苯的主要来源之一，但随着苯的使用受到限制，此类装置的发展趋于停滞，甚至有的已经关闭。

1. 催化脱烷基制苯

（1）Hydeal 法　本法是目前工业上采用较多的一种催化脱烷基制苯过程。其原料为催化重整油、裂解汽油、甲苯及煤焦油等。其工艺流程如图6－7所示。新鲜原料、循环物料、新鲜氢气与循环氢气经加热炉加热到所需温度后进入反应器，如果原料中含非芳烃较多时，需两台反应器，并控制不同的反应条件，在第一台反应器中进行烯烃和烷烃的加氢裂解反应，在第二台热反应器中进行加氢脱烷基反应。从反应器出来的气体产物经冷却器冷却、冷凝，气液混合物一起进入闪蒸分离器，分出的氢气一部分直接返回反应器；另一部分中除小部分排出作燃料外，其余送到纯化装置除去轻质烃，提高浓度后再返回到反应器使用。液体芳烃经稳定塔除去轻质烃，白土塔脱去烯烃后至苯精馏塔，塔顶产品为苯，塔釜重馏分送至再循环塔。再循环塔塔顶的未转化的甲苯再返回反应器使用，塔底的重质芳烃排出系统。

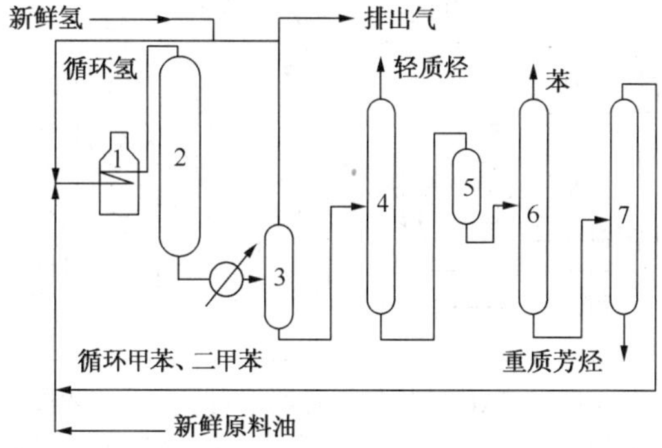

图6－7　Hydeal 法催化加氢脱烷基制苯工艺流程图

1—加热炉；2—反应器；3—分离器；4—稳定塔；5—白土塔；6—苯塔；7—再循环

（2）Pyrotol 法　本法的特点是将裂解汽油中的芳烃全部转化为苯。其工艺流程如图6－8所示。

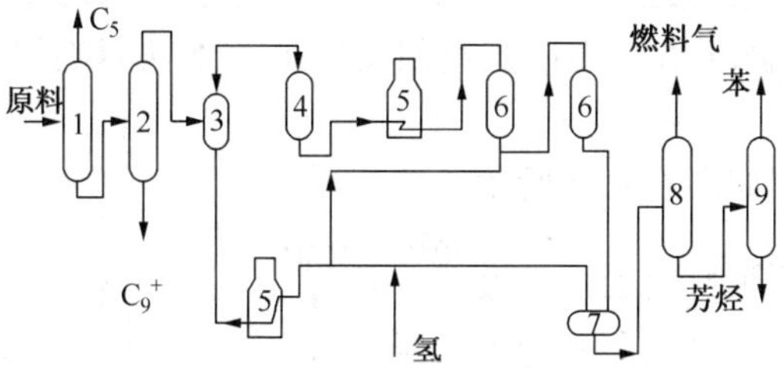

图6－8　Pyrotol 法催化加氢脱烷基制苯工艺流程图

1—脱 C_5 塔；2—脱 C_9^+ 塔；3—蒸发器；4—预加氢器；5—加热炉；6—反应器；7—高压分离器；8—稳定塔；9—重芳烃塔

此工艺采用绝热式固定床反应器，为避免反应剧烈而结焦，一般采用两台反应器。第一台反应器主要进行非芳烃裂解反应，生成甲烷、乙烷等低分子烃；第二台反应器主要进行烷基苯的脱烷基反应，因此第二台反应器的温度要比第一台反应器的温度高。原料裂解汽油首先进行预分馏，除去 C_5 以及 C_9 以上的烃类，得到的 $C_6 \sim C_8$ 馏分作为脱烷基的原料进入蒸发器。借热的循环氢使之汽化，未汽化的少量残液返回预分馏塔。汽化的 $C_6 \sim C_8$ 馏分和补加的氢气一起进入预加氢反应器加氢除去烯烃、二烯烃及苯乙烯。预加氢产物与蒸出苯后的未反应的芳烃馏分混合加热至550～650℃进入脱烷基反应器进行反应。脱烷基产物在高压分离器中分离，气体经过氢精制设备提浓后返回反应系统，液体经稳定塔及白土(脱去烯烃)处理后进入苯分馏塔，塔顶得到高纯度苯，塔底为未反应的甲苯等芳烃，返回反应器。

2. 甲苯热脱烷基制苯

甲苯在600℃以上，氢压4MPa以上时，可以发生热加氢脱甲基反应。反应温度、液空速、氢/甲苯摩尔比等操作参数对苯的收率有影响。较适宜的反应条件为：反应温度700～800℃，液空速3～6h^{-1}，氢/甲苯(摩尔比)3～5，压力3.98～5.0MPa和停留时间60s左右。

(1) HAD法　可用甲苯、混合芳烃及裂解汽油为原料。反应温度为600～760℃，反应压力为3.43～6.87MPa，氢/烃(摩尔比)为1～5，停留时间为5～30s。HAD过程的最大特点是在柱塞流式反应器的6个不同部位加入由分离塔闪蒸出来的氢，从而控制反应温度稳定。以甲苯为原料加氢热脱甲基制苯的工艺流程基本上与催化加氢脱甲基的流程相似，只是反应温度较高，热量需要合理利用。其流程如图6－9所示。

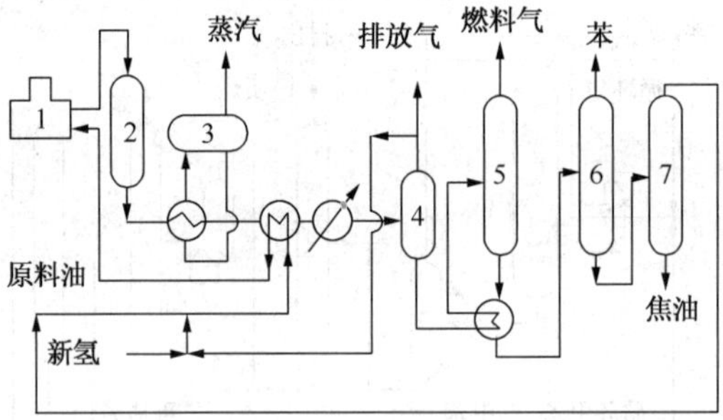

图6－9　HAD法加氢热脱烷基制苯工艺流程图

1—加热炉；2—反应器；3—汽包；4—分离器；5—稳定塔；6—苯塔；7—重芳烃塔

原料甲苯、循环芳烃和氢气混合，经换热后进入加热炉，加热到接近热脱烷基所需温度进入反应器，由于加氢及氢解副反应的发生，反应热很大，为了控制所需反应温度，可向反应区喷入冷氢和甲苯。反应产物能量回收后，再经冷却、分离、稳定和白土(脱去烯烃)处理，最后分馏得到产品苯，纯度大于99.9%(质量)，苯收率为理论值的96%～100%。未转化的甲苯和其他芳烃经再循环塔分出后，返回反应器。本法具有副反应少，重芳烃(蒽等)收率低等特点。

(2) MHC法　其流程如图6－10所示。

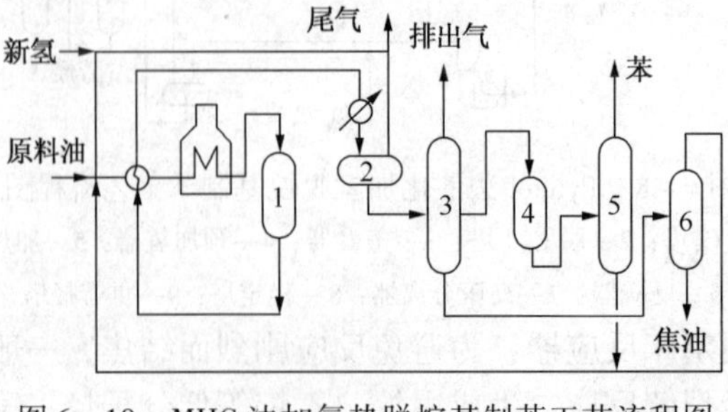

图6－10　MHC法加氢热脱烷基制苯工艺流程图

1—反应器；2—分离器；3—稳定塔；4—白土塔；5—苯塔；6—脱焦油塔

原料、循环物料(未转化的烷基苯与一部分缩合芳烃)与氢气混合，经加热炉预热后进入反应器。反应产物经冷却、分离，分离气大部分作为循环氢返回反应系统，其余经过芳烃回收装置回收苯后，送至制氢装置作原料，或送到深冷分离装置回收氢气。气液分离器流出的生成油进稳定塔脱除其中的气态烃和重芳烃，侧线抽出粗苯馏分经白土处理后，进入苯塔分离产品苯。苯塔塔底液为未转化的甲苯，返回反应器。稳定塔底流出的重芳烃在除焦油塔中脱除焦油，塔顶物循环到反应器，塔底焦油排出装置。当原料为裂解汽油时要先进行两段加氢精制，第一段于液相进行，温度约 100℃；第二段于气相进行，温度约 350℃。由于氢解作用，原料中含有的硫、氮化合物转化为硫化氢和氨等。在热脱烷基中，硫化氢和氨不影响脱烷基反应过程，第二段加氢产品不需冷却分离或稳定处理，即可直接进入脱烷基反应系统，因而降低了投资和成本。MHC 过程的单程转化率为 90% ~95%，苯的收率为 98% ~99%，苯的纯度可达 99.99%。

二、芳烃的歧化与烷基转移

芳烃的歧化是指两个相同的芳烃分子在酸性催化剂作用下，一个芳烃分子上的侧链烷基转移到另一个芳烃分子上的反应。烷基转移反应是指两个不同的芳烃分子之间发生烷基转移的过程。催化重整油和裂解汽油含有的各种芳烃中，苯和二甲苯是重要的化工基础原料，而甲苯和 C_9 芳烃用途不大，相对过剩。歧化和烷基转移正是利用过剩的甲苯和 C_9 芳烃增产二甲苯和苯的一种方法。与脱烷基制苯不同，歧化和烷基转移反应仅是甲基在芳烃间转移，所以芳烃质量收率高、氢耗少(甚至不用氢气)、反应条件缓和、设备材质和设计无特殊要求、设备费和消耗指标均低。

(一) 甲苯歧化的化学过程

1. 甲苯歧化的主、副反应

甲苯歧化的主反应见式(6-3)，是可逆吸热反应，但反应热效应甚小。

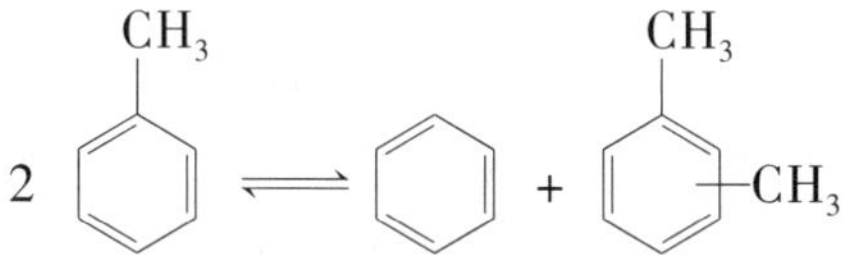
(6-3)

$\Delta H^{\ominus}(800\text{K}) = 0.84\text{kJ/mol}$

甲苯歧化反应的副反应如下。

(1) 产物二甲苯的二次歧化

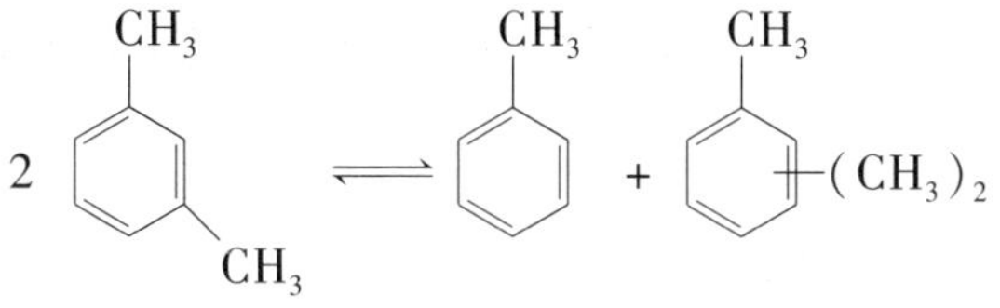
(6-13)

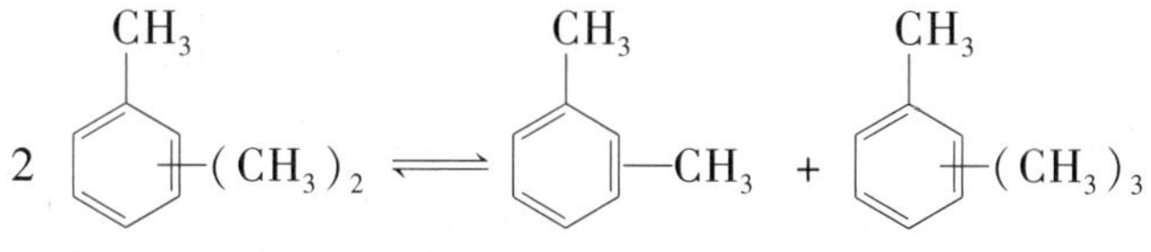
(6-14)

上述歧化产物还会发生异构化和歧化反应。

(2) 产物二甲苯与原料甲苯或副产物多甲苯之间的烷基转移反应

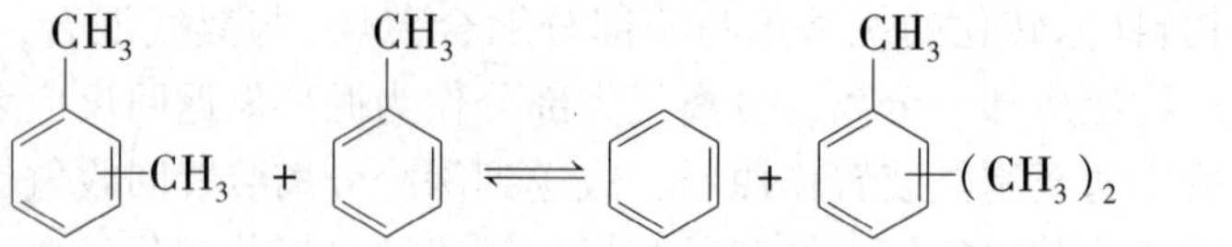
(6-15)

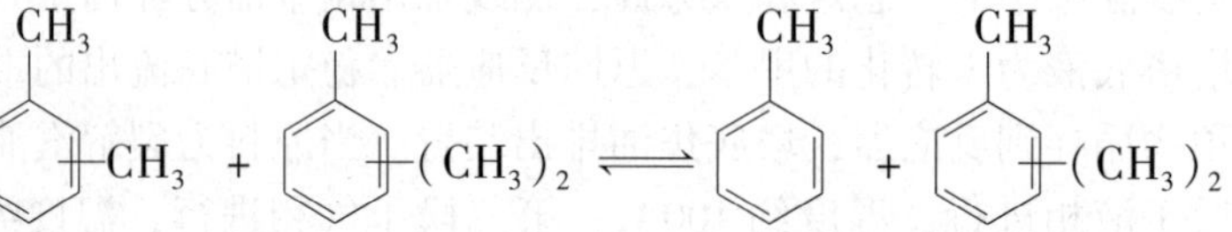
(6-16)

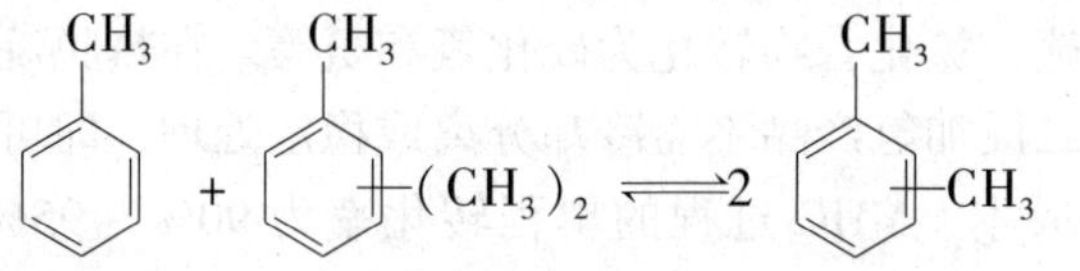
(6-17)

工业上常利用此类烷基转移反应，在原料甲苯中加入三甲苯以增产二甲苯。

(3) 甲苯的脱烷基反应

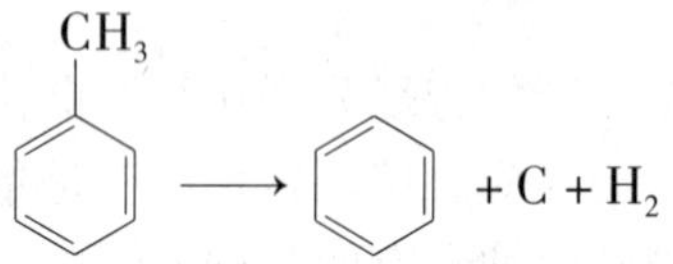
(6-18)

(4) 芳烃的脱氢缩合生成稠环芳烃和焦　在甲苯歧化过程中，此副反应的发生会使催化剂表面迅速结焦而活性下降，为了抑制焦的生成以延长催化剂的寿命，工业生产上常采用临氢歧化法。在氢存在下进行甲苯歧化反应，不仅可抑制焦的生成，也能阻抑副反应式(6-18)的进行，避免炭的沉积。但在临氢条件下也增加了甲苯加氢脱甲基转化为苯和甲烷以及苯环氢解为烷烃的副反应，后者会使芳烃的收率降低，应尽量减少发生。

2. 催化剂与动力学

烷基苯的歧化和烷基转移必须借助于催化剂。目前工业上使用的催化剂有Y型、M型(即丝光沸石)及ZSM系分子筛催化剂等。其中Y型沸石有很高的甲苯歧化活性和选择性，氢型丝光沸石不仅有很高的甲苯歧化催化活性，而且对于烷基转移也有很高的活性，ZSM系分子筛催化剂的化学组成、晶体结构以及物化性质具有很多独特的性质，对歧化具有很高的活性和选择性，它的开发研究尤为活跃。当前工业上广泛采用的是丝光沸石催化剂。

研究表明，在一定压力范围内，歧化速率是随甲苯分压增加而加快。但其加快的程度随甲苯分压的增加而渐趋缓慢，当甲苯分压大于0.304MPa时，对歧化速率的影响很小。适宜压力的选择与氢纯度和催化剂的活性有关，目前生产上选用总压为2.55~3.40MPa，循环氢气纯度为80%(mol)以上。不临氢时，因甲苯压力增加会加速芳烃的脱氢缩合成焦反应，故宜在常压下进行。

3. 工艺条件

(1) 原料成分

① 原料中杂质含量　原料中的水分对沸石催化剂的活性有影响，应在原料分馏过程中把水分脱除，以免影响催化剂。有机氮化物会严重影响催化剂的酸性功能，使活性下降，结焦加剧，运转周期缩短，它在原料中的含量应小于0.2μg/g。此外，重金属如砷、铅、铜等能促进芳烃脱氢，加速缩合反应，因此其含量应小于0.01μg/g。一般情况下，重整芳烃和经过两段加氢的裂解汽油中的芳烃，能符合烷基转移催化剂对有机氮和重金属含量的要求。

② C_9芳烃的含量和组成为了增加二甲苯的产量，常在甲苯原料中加入 C_9芳烃，以调节产物中二甲苯与苯的比例，图 6－11 为原料中三甲苯浓度对产物分布的影响。

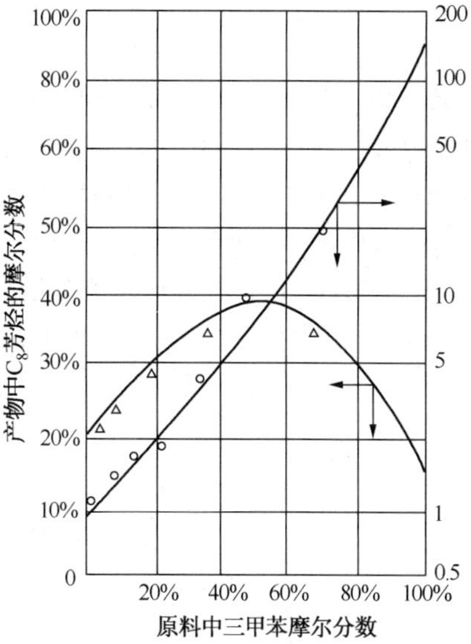

图 6－11　原料中三甲苯含量对产品分布的影响

由图 6－11 可见，产物中 C_8芳烃与苯的摩尔比可由原料中三甲苯摩尔分数来调节。当原料中三甲苯摩尔分数为 50% 左右时，反应生成液中 C_8芳烃的摩尔分数最高。但是 C_9芳烃组成中除了三个三甲苯异构体外，还有三个甲乙苯异构体以及丙苯。甲乙苯和丙苯除了发生甲基转移反应外，还要发生下面的氢解反应。

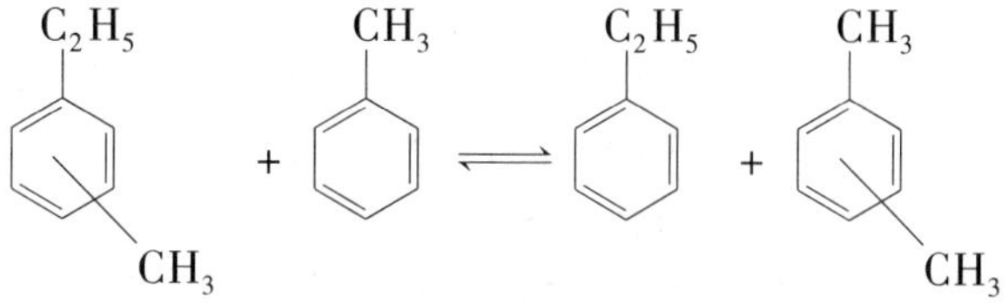

（6－19）

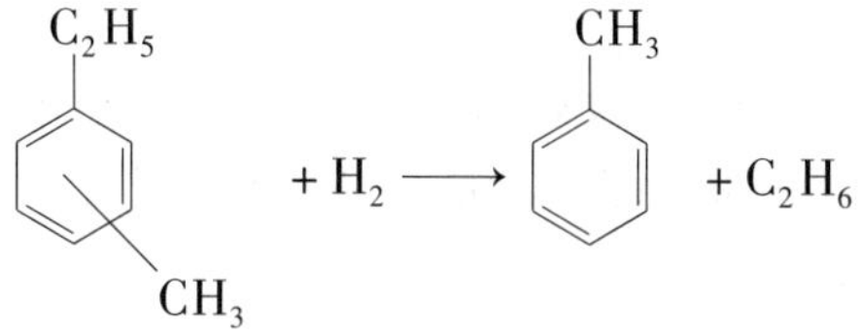

（6－20）

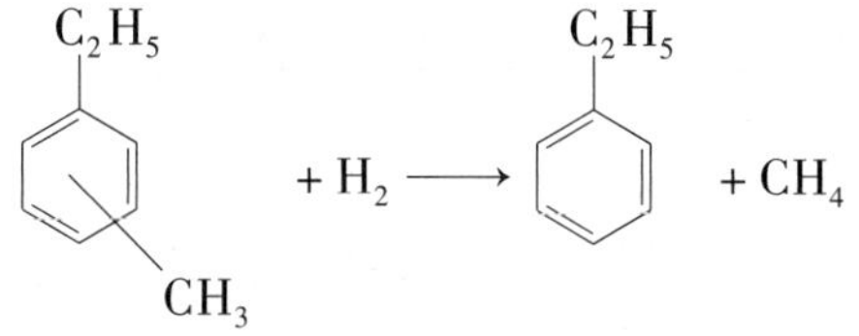

（6－21）

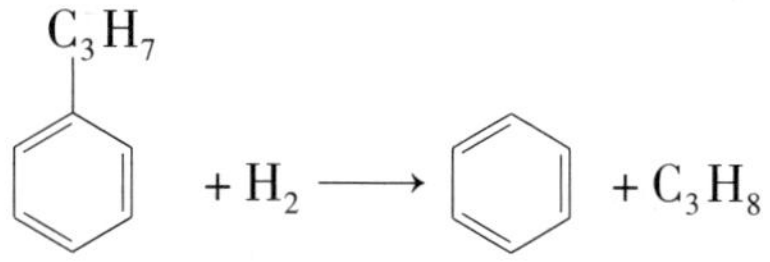

（6－22）

丙苯在烷基转移的反应条件下，几乎全部转化为苯和 C_3烃，造成芳烃损失，且生成的苯对甲苯系统的反应平衡有影响，在某种程度上阻碍了甲基苯的烷基转移反应。故 C_9 芳烃中有这些组分存在，不仅使乙苯含量增加，而且使氢气消耗量也增加。若在歧化过程中将未转化的 C_9 芳烃全部循环使用，必然会使甲乙苯的浓度积累，并使反应液中乙苯含量愈来愈高，直至达到平衡值。所以甲乙苯和丙苯在 C_9 芳烃中的含量应有一定的限量。

（2）氢烃比　虽然主反应不需要氢，但是氢气的存在对结焦生炭等反应的进行有抑制作用，能显著改善催化剂表面的积炭程度。故反应通常在临氢的条件下进行。但氢气量过大，不仅增加动力消耗，而且降低反应速度。工业生产上，一般选用氢与甲苯的摩尔比为 10 左右。另外氢烃比也与进料组成有关，当进料中 C_9 芳烃较多时，由于 C_9 芳烃比甲苯易发生氢解反应，要多耗氢，故需适当提高氢烃比；当 C_9 芳烃中甲乙苯和丙苯含量高时，所需氢烃比更高。

（3）液体空速　如图 6－12 所示，转化率随空速的减小而增大，随温度的升高而增大。但当转化率增大到 40% 以后，其变化趋于平缓。实际生产中可根据相应的反应温度来选择适宜的液体空速以满足转化率的要求。

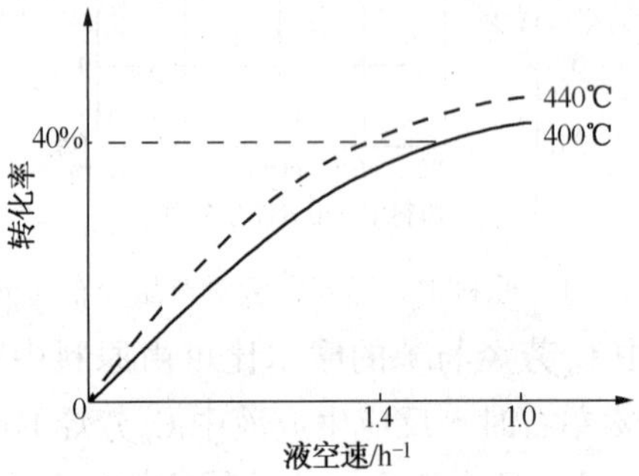

图 6－12　液体空速与转化率的关系

4. 工业生产方法

芳烃歧化的工业生产方法主要有美国 Atlantic Richlield 公司开发的二甲苯增产法（Xylene—Plus 法），日本东丽公司和美国 UOP 公司共同开发的 Tatoray 法，Mobil 公司的低温歧化法（LTD 法）。前两种方法既可用于歧化，又可用于烷基转移，后一种方法专用于歧化。

（1）低温歧化法（LTD 法）　此法采用 ZSM 系列沸石催化剂和固定床反应器于液相进行甲苯歧化反应，该过程不用氢气。

低温歧化法的流程示意图见图 6－13。原料甲苯和循环甲苯经预热后进入反应器，反应产物冷却后，经非芳烃塔分离出非芳烃，苯塔分离出产品苯，甲苯塔分离出未转化的甲苯，由甲苯塔底得二甲苯产品。

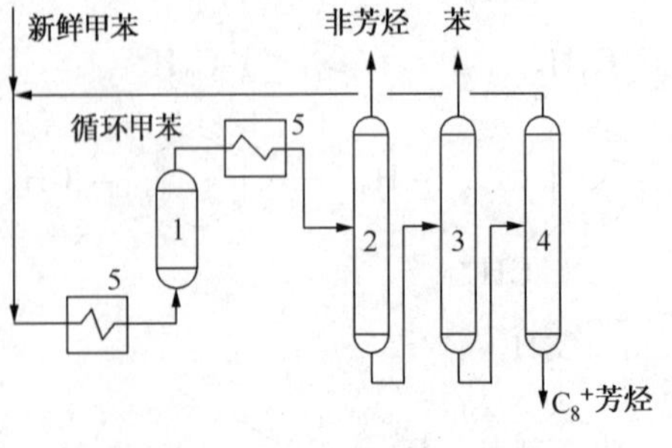

图 6－13　LTD 法工艺流程图

1—反应器；2—稳定塔；3—苯塔；4—甲苯塔；5—换热器

(2) 二甲苯增产法(Xylene—Plus 法)　二甲苯增产法采用含稀土 5%(质量)以下的 Y 型沸石催化剂，在移动床反应器中进行歧化或烷基转移反应。该过程在常压下进行，反应温度 540℃，空速 0.9h^{-1}，不用氢气。

二甲苯增产法流程示意图见图 6－14。

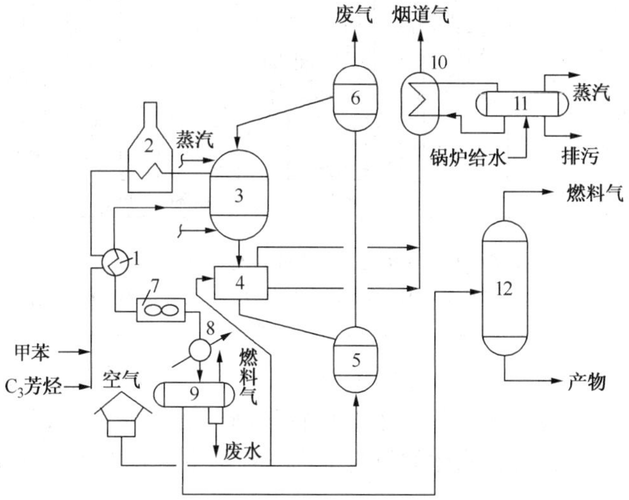

图 6－14　二甲苯增产法工艺流程图

1—换热器；2—加热炉；3—反应器；4—再生器；5—提升器；6—分离器；7—空冷；8—冷却器；9—分离器；10—废热锅炉；11—汽包；12—稳定塔

甲苯和 C_9 芳烃混合，经预热后从上部进入反应器，与自上而下移动的催化剂接触。反应产物从反应器下部引出，经冷却、分离后送去稳定和分馏。催化剂从反应器底部引出，在再生器中烧焦后，进入汽提罐，用空气提升至高处的分离罐，分出的催化剂流入反应器再次循环。从再生器顶部出来的烟道气，经废热锅炉回收热量后排入大气。

二甲苯增产法既可用于歧化反应，也可用于烷基转移反应。用于甲苯歧化反应时，反应条件较苛刻，设备投资稍大；用于烷基转移反应时，反应条件较缓和，装置投资稍低。

(3) Tatoray 法　此法采用固定床反应器，于一定的氢压下进行歧化反应或烷基转移反应。所用催化剂为氢型丝光沸石，再生周期 6～10 个月，催化剂寿命 3 年以上，流程示意图见图 6－15。

原料甲苯与芳烃及循环氢混合，在加热炉中加热到反应温度后进入反应器。反应产物冷却后在高压分离器进行分离。含氢气体通过循环压缩机再循环到原料中。液相经稳定和白土精制后去分馏塔，将苯、甲苯、C_9 芳烃分开，其中苯和二甲苯为产品，而甲苯、二甲苯和 C_9 芳烃则返回反应器。Tatoray 法催化剂的加氢活性较弱，故芳烃加氢极少。由于芳烃加氢极少，裂解反应也很少，故 Tatoray 法的化学氢耗很低。

三、C_8 芳烃的异构化与分离

20 世纪 50 年代后期，随着合成纤维和合成塑料工业的迅猛发展，出现了 C_8 芳烃异构化的技术。早期的异构化装置，采用黏土型催化剂，在常压下进行二甲苯的异构化反应，具有

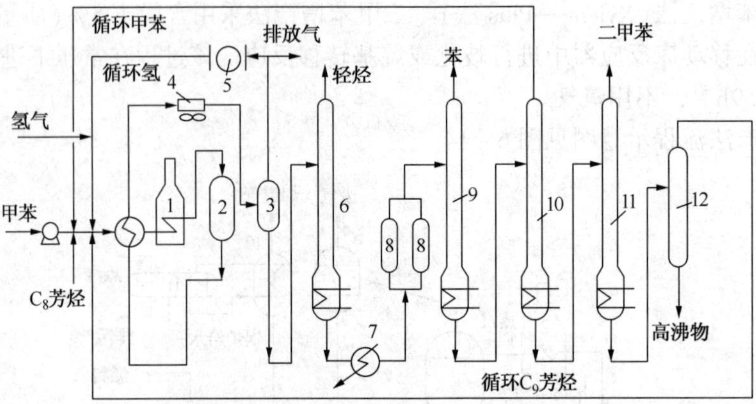

图 6－15　Tatoray 法烷基转移工艺流程图

1—加热炉；2—反应器；3—分离器；4—空冷；5—压缩机；6—稳定塔；
7—冷凝器；8—白土塔；9—苯塔；10—甲苯塔；11—二甲苯塔；12—C_8塔

目的产物产率高、过程不用氢气、催化剂价格便宜、生产成本低等特点，但因乙苯不能异构化，需先用精馏法将其分离出来，故装置的投资较高，近年来采用者较少。60 年代各种异构化工艺相继问世。目前，就异构化的研究工作，各国主要着重在改进催化剂的性能和研制新型催化剂。

从催化重整油、裂解汽油、甲苯歧化及其他来源得到的 C_8 芳烃，都是二甲苯异构体(对、邻、间)和乙苯混合物。工业上 C_8 芳烃的异构化是以不含或少含对二甲苯的 C_8 芳烃为原料，在催化剂的作用下，转化成浓度接近平衡浓度的 C_8 芳烃，从而达到增产对二甲苯的目的。

(一) C_8 芳烃异构化的化学过程

1. 主副反应及热力学分析

在 C_8 芳烃异构化的过程中，可能进行的主反应是三种二甲苯异构体之间的相互转化和乙苯与二甲苯之间的转化，反应方程式如下。

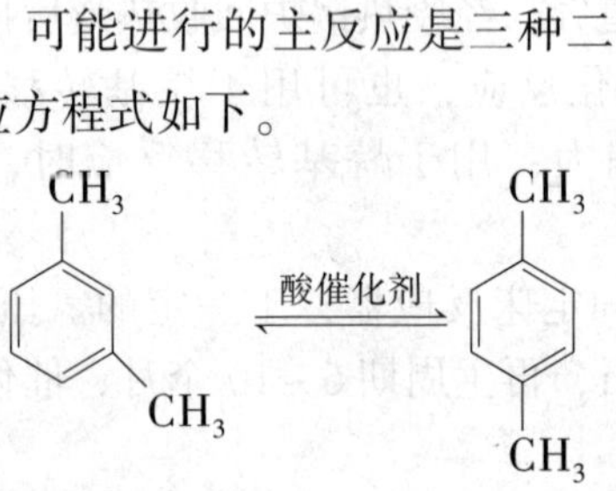

(6－1)

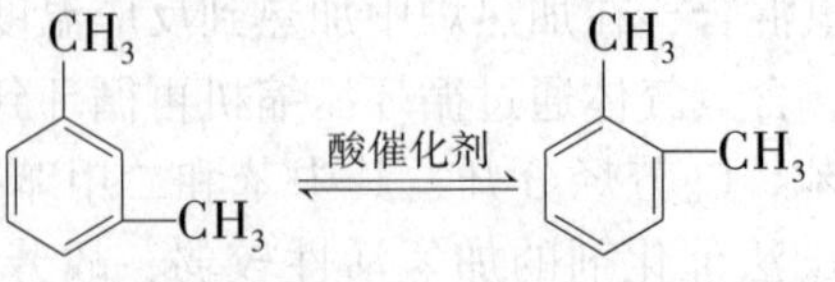

(6－2)

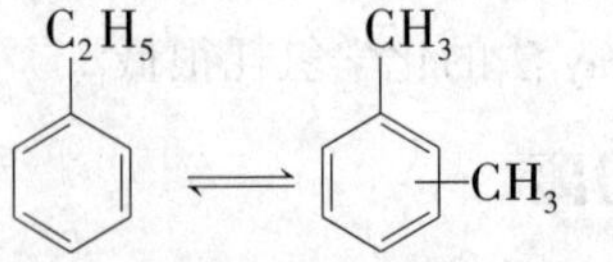

(6－23)

副反应是歧化反应和芳烃的加氢反应等。C_8 芳烃异构化反应的热效应是很小的，因此温度对平衡常数的影响不明显。表 6－4 为温度对与混合二甲苯平衡组成的影响。

表 6－4　温度与混合二甲苯平衡组成的关系

组分＼温度/K	500	700	800
对二甲苯	24	23.5	23
间二甲苯	55	52	51.5
邻二甲苯	21	24.5	25.5

由表6－4可以看出，在平衡混合物中，间二甲苯的含量总是最高。对二甲苯和间二甲苯的平衡浓度随着温度的升高逐渐降低，对二甲苯的组成最高只能达到24%；邻二甲苯的浓度随温度升高而增高。由于受到热力学平衡的限制，在C_8芳烃异构化过程中，对二甲苯在异构化产物中的浓度最高在24%左右。这也是尽管C_8芳烃来源不同，但其产物组成却相似的原因。为减少歧化和芳烃加氢等副反应的发生，工业上采用各种催化剂来提高异构化过程的选择性。有时还向原料中加入芳烃的副反应产物。例如，向C_8芳烃中加入甲苯以抑制歧化反应、加入C_8环烷烃以抑制加氢反应等。

2. 异构化过程

(1) 二甲苯的异构化过程　采用$SiO_2-Al_2O_3$催化剂，曾对二甲苯异构化的反应作了动力学规律研究。得到的实验结果是邻二甲苯异构化的主要产物是间二甲苯，对二甲苯异构化的主要产物也是间二甲苯，而间二甲苯异构化产物中邻二甲苯和对二甲苯的含量却非常接近。因此认为二甲苯在该催化剂上异构化的反应历程应是连串式异构化反应。反应过程见式(6－4)。

$$邻二甲苯 \rightleftharpoons 间二甲苯 \rightleftharpoons 对二甲苯 \qquad (6-24)$$

对于间二甲苯非均相催化异构化的研究表明，反应速率是由表面反应所控制，其动力学规律与单吸附位反应机理相符合，此处就不作介绍了。

(2) 乙苯的异构化过程　乙苯异构化的反应历程见式(6－25)。显然在乙苯异构化过程中，除了要进行异构化反应外，还要进行加氢和脱氢反应。低温对加氢反应有利，高温对异构和脱氢反应有利，因此只有协调好各种操作条件，才能使乙苯异构化得到满意的结果。

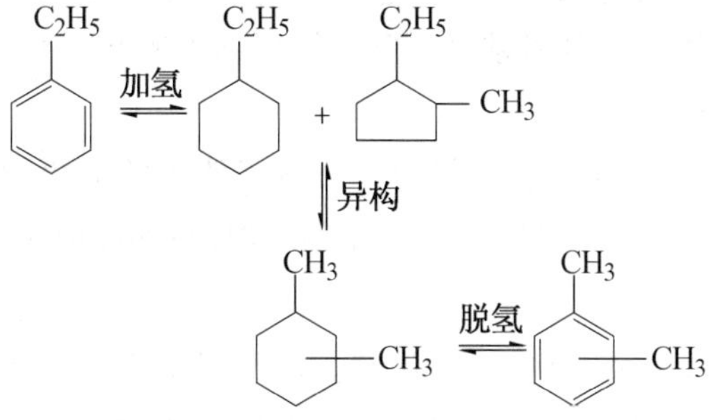

(6－25)

采用$Pt/A1_2O_3$催化剂，研究了乙苯的气相临氢异构化反应。结果表明乙苯异构化的反应速度比二甲苯的慢，而且受温度的影响较显著，温度越高，乙苯转化率越小，二甲苯收率也越小。

3. 催化剂

C_8芳烃异构化过程采用的催化剂主要有无定形$SiO_2-A1_2O_3$催化剂、负载型铂催化剂、

ZSM 分子筛催化剂和 $HF-BF_3$催化剂等。

（1）无定形 $SiO_2-Al_2O_3$催化剂　采用硅铝催化剂，在 350～500℃、常压的操作条件下，二甲苯发生显著的异构化反应。有机氯化物、氯化氢或水蒸气的存在会使其异构化活性进一步加强。但二甲苯在硅铝催化剂上的异构化过程常伴有歧化反应，为了抑制其发生，需向原料中加入水蒸气或氢气。硅铝催化剂无加氢、脱氢功能，不能使乙苯异构化，所以乙苯应先分离除去，否则会发生歧化和裂解等反应而使乙苯损失。此类催化剂价格低廉，操作方便，但选择性较差，结焦快，故需频繁再生。

（2）铂/酸性载体催化剂　这类催化剂有 $Pt/SiO_2-Al_2O_3$、Pt/Al_2O_3和铂/沸石等。因为金属铂具有加氢、脱氢功能，酸性载体具有异构化功能，所以不仅能使二甲苯之间发生异构化，而且可使乙苯异构化为二甲苯，并具有较好的活性和选择性。所得产物二甲苯异构体的组成接近于热力学平衡值。通过选择适宜的氢压和温度能促使乙苯异构化并提高其转化率，一般在 400～500℃和 0.98～2.45MPa 的氢压下进行异构化反应。

（3）ZSM 分子筛催化剂　ZSM－4 和经 Ni 交换的 NiHZSM－5 是这类催化剂的代表。ZSM－4 型沸石催化剂主要优点是：在不临氢的条件下仍能保持活性，因而不需使用铂、钯等贵金属组分，也就不会因加氢裂解造成芳烃损失，且在反应过程中几乎不生成气体和非芳烃产物，不需要气液分离，简化了产物的精馏分离。它的主要缺点是乙苯(乙苯含量低时)在过程中几乎不发生反应。因此为了防止乙苯在系统中积累，需要从原料和循环物料中将乙苯分离出来，从而增加了装置的投资。此外，为了抑制歧化反应，减少二甲苯损失，采用甲苯循环，也使投资和成本增加。用 Ni 改性后的 NiHZSM－5 催化剂，乙苯歧化速度远大于二甲苯歧化速度，因而可以在二甲苯损失不大的前提下，使乙苯达到大量转化。该催化剂在临氢的条件下对乙苯异构化具有较好的活性，试验表明在 332℃下，乙苯在 NiHZSM－5 催化剂上的转化率达 34.9%，二甲苯组成接近平衡值，其质量收率达 99.5%。

（4）$HF-BF_3$催化剂　$HF-BF_3$催化剂是液相催化剂，通常发生均相催化反应。该催化剂在间二甲苯为原料的异构化过程中具有较高的活性和选择性，转化率可达到 40% 左右，产物二甲苯异构体组成接近热力学平衡值，C_8芳烃的单程收率可达 99.6%(质量)，副产物单程收率仅 0.37%(质量)。此类催化剂还具有反应温度低、不用氢气等优点；但 $HF-BF_3$在水分存在下腐蚀性强，因此原料必须经过分子筛仔细干燥并除氧。

(二) 异构化工业方法

C_8芳烃的异构化工艺有临氢与非临氢两种，由于使用的催化剂不同，出现了多种异构化方法，但其工艺过程大同小异。下面介绍几种 C_8芳烃异构化的工业方法。

1. Octafining 法

Octafining 法，采用 $Pt/SiO_2-Al_2O_3$催化剂，对原料中乙苯的含量未作规定。在循环反应的过程中，约有 70% 的乙苯转化为二甲苯，其余转化为副产物。原料乙苯含量高，会造成氢耗和催化剂积炭量增大。其流程见图 6－16。

由于水分影响催化剂稳定性，原料 C_8芳烃必须先进行脱水处理。由于二甲苯与水会形成共沸混合物，故一般采用共沸蒸馏脱水，使其含量降到 10μg/g 以下。脱水以后的原料 C_8芳烃与稳定后的异构化产物混合，进入邻二甲苯分离设备，将邻二甲苯和 C_9芳烃(歧化产物)分离出来，其余物料进入对二甲苯分离装置。分离了对二甲苯后的母液与循环氢混合经加热炉加热后，进入反应器。反应产物经换热、冷却后进入分离器，部分气体于压缩后再次送入反应器。液相产物则进入稳定塔，塔顶分出裂解产物 $C_1 \sim C_5$烷烃；侧线为苯、甲苯以及芳烃加氢产物；塔底液返回邻二甲苯分离设备。当该方法仅制取对二甲苯时，用脱 C_9塔代替邻二甲苯分离设备，由塔顶引出 C_9芳烃与新鲜 C_8芳烃混合后送去分离对二甲苯。

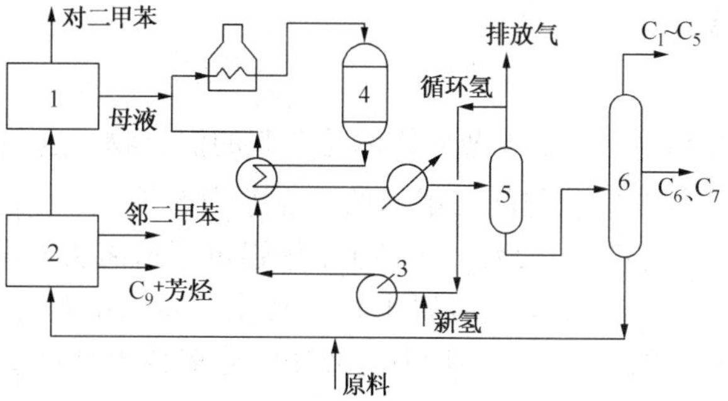

图 6-16　Octafining 法制对二甲苯、邻二甲苯流程图

1—对二甲苯分离装置；2—邻二甲苯分离装置；3—压缩机；
4—反应器；5—分离器；6—稳定塔

该工艺适宜的反应条件为：反应温度 520 ~ 485℃、反应压力 1.8 ~ 2.0MPa、循环氢与原料液的摩尔比一般为 10、原料液空速一般为 0.5 ~ 1.0h^{-1}。

2. MGCC 法

该法首先用溶剂抽提烃中的间二甲苯，然后在选定的条件下使间二甲苯催化转化为对二甲苯和邻二甲苯。

MGCC 法抽提和异构化工艺流程图见图 6-17。

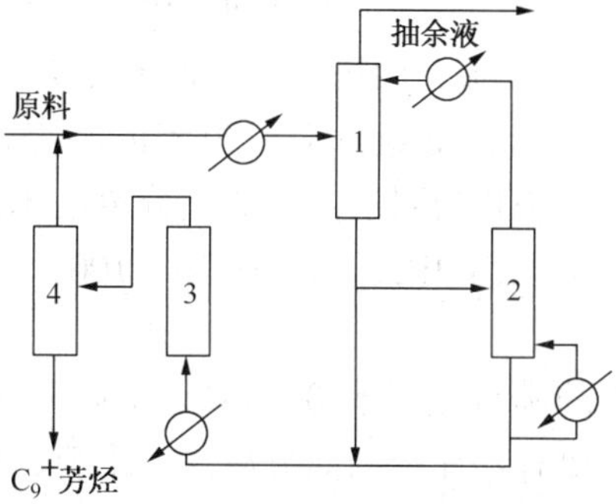

图 6-17　MGCC 法抽提和异构化工艺流程图

1—抽提塔；2—解络塔；3—反应器；4—C_8芳烃塔

C_8芳烃原料进入抽提塔的中部，溶剂 $HF-BF_3$进入抽提塔的上部。含 0.1% 间二甲苯的抽余液从塔顶引出，对其中的邻二甲苯、乙苯和对二甲苯进行分离。含 99% 间二甲苯的抽提液由塔底引出。一部分抽提液进入解络塔，经解络除去 $HF-BF_3$的解络液与其余的抽提液混合，进入异构化反应器。异构化产物进入 C_8芳烃塔，将其中的 C_9芳烃分离出来，塔顶产物与原料 C_8芳烃混合，返回抽提塔。

异构化反应的工艺条件：HF/原料(摩尔比)为 0.3 ~ 0.5；BF_3/原料(摩尔比)为 0.03 ~ 0.5，反应温度约为 100℃，反应压力约 3MPa，原料液空速为 2h^{-1}。

MGCC 法的抽提溶剂和异构化催化剂均用 HF - BF_3，不需其他催化剂和高温设备，不使用氢气，但 HF 和 BF_3 在水分存在下具有腐蚀性，故原料必须经过分子筛仔细干燥，并经除氧器除氧。与其他工艺不同，MGCC 法一开始就分离出间二甲苯，然后再使之异构化，因而能显著降低全套装置的物料循环量。

(三) C_8 芳烃的分离

1. C_8 芳烃的组成与性质

各种来源的 C_8 芳烃都是三种二甲苯异构体与乙苯的混合物。这些组分的某些性质见表 6 - 5。由表 6 - 5 可见，邻二甲苯与间二甲苯的沸点差为 5.3℃，工业上可以采用精馏法分离。乙苯与对二甲苯的沸点差为 2.2℃，在工业上勉强可用精馏法分离，但绝大多数的加工流程不能将它们分开，而是在异构化装置中将其转化。间二甲苯与对二甲苯沸点差仅为 0.75℃，用精馏法是难以进行分离的，所以 C_8 芳烃的分离技术难点主要在于间二甲苯与对二甲苯的分离。

表 6 - 5　C_8 芳烃的一些性质

组　分	性　质			
	沸点/℃	熔点/℃	相对碱度	与 HF - BF_3 生成配合物相对稳定性
邻二甲苯	144.41	-25.17	2	2
间二甲苯	139.10	-47.87	3 ~ 100	20
对二甲苯	138.35	13.26	1	1
乙苯	136.19	-94.97	0.1	—

2. 精馏法分离邻二甲苯和乙苯

C_8 芳烃中邻二甲苯的沸点最高，与关键组分间二甲苯的沸点相差 5.3℃，可以采用精馏法分离，精馏塔需要 150 ~ 200 块塔板，两塔串联，回流比 7 ~ 10，塔底出邻二甲苯。

C_8 芳烃中乙苯的沸点最低，与关键组分对二甲苯的沸点仅差 2.2℃，可以用精馏法分离，但较困难，也可用络合萃取法和吸附法。工业上分离乙苯的精馏塔实际塔板数达 300 ~ 400，三塔串联，塔釜压力 0.35 ~ 0.4MPa，回流比 50 ~ 100。

3. 对、间二甲苯的分离

由于对二甲苯与间二甲苯的沸点差只有 0.75℃，难以采用精馏的方法进行分离。目前工业上分离对二甲苯的方法主要有：深冷结晶分离法、络合分离法和模拟移动床吸附分离法三种。

(1) 深冷结晶分离法(低温结晶分离法)　C_8 芳烃异构体中对二甲苯和间二甲苯沸点十分接近，而熔点则差异较大(见表 6 - 5)，因而可用结晶法进行分离。

进入深冷结晶装置的原料含对二甲苯往往较稀，需较低的冷却温度才能达到要求的产率。若温度控制不当，就可能出现与其他异构体共析出的现象，影响对二甲苯纯度。同时，温度越低，对二甲苯结晶越细，母液黏度也越大，因而滤出物含液量大，进一步影响了对二甲苯纯度。为了解决纯度与产率之间的矛盾，工业上多采用二段结晶工艺。第一段结晶在低温下进行，温度控制在 -60 ~ -80℃，产率达到最大值。第一段对二甲苯纯度约为 85% ~ 90%，熔化后再进行第二段结晶。第二段冷冻温度为 -10 ~ 20℃，在这样的温度条件下，除对二甲苯外其他芳烃不能结晶。第二段结晶对二甲苯纯度可达 99.2% ~ 99.5%。

结晶分离的工业方法较多，他们之间主要差别是制冷方式与分离设备的不同。典型的工艺流程如图 6－18 所示。

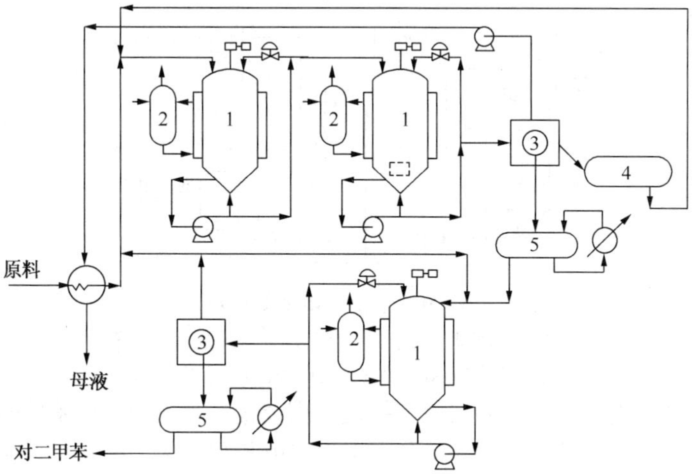

图 6－18　Amoco 对二甲苯结晶分离流程

1—结晶槽；2—分离器；3—离心机；4—滤液罐；5—熔化槽

原料先在换热器中预冷到比初始结晶温度略高几度(约 －30℃)，然后在第一结晶器中冷却到 －40 ～ －50℃，最后在第二结晶器冷却到 －62 ～ －78℃，使产率达到最大理论值的 90% 。浆料自结晶器进入连续式沉淀过滤离心机。离心机沉淀区的滤液含对二甲苯约 10% ，经换冷后送去异构化。含母液 30% ～40% 的滤饼在离心机的过滤区进一步脱除母液后，对二甲苯含量提高到 85% ，进入熔融槽。离心机过滤区母液对二甲苯含量约 50% ，返回与原料混合。

一段结晶熔化后进入第二段结晶器，在 －6 ~ 10℃ 的温度下生成浆料，于连续过滤式离心机中分成固液两相，液相约含 60% (质量) 的对二甲苯，送去与原料混合；固相为产品对二甲苯。

(2) 络合萃取分离法　C_8 芳烃中间二甲苯的碱性最高，与 HF－BF_3 形成的络合物远比其他异构体相应的络合物稳定，利用这一特性可从 C_8 芳烃中分离出间二甲苯，此法也是有效分离间二甲苯的唯一工业化方法，同时也能使其他 C_8 芳烃的分离过程大为简化。C_8 芳烃的四个异构体与 HF 共存于一个系统时，形成两个互相分离的液层，上层为烃层，下层为 HF 层。当向系统加入 BF_3 后，会发生下列反应而生成在 HF 中溶解度大的络合物。

$$X + HF + BF_3 \longrightarrow XHBF_4 \qquad (6-26)$$

式中 X 代表二甲苯。由于间二甲苯碱度最大，所形成的 $MXHBF_4$ 络合物的稳定性最大，故在系统中能发生如下置换反应。

$$MX + PXHBF_4 \longrightarrow PX + MXHBF_4 \qquad (6-27)$$

$$MX + OXHBF_4 \longrightarrow OX + MXHBF_4 \qquad (6-28)$$

式中 MX、PX、OX 分别代表间、对、邻二甲苯。络合物置换的结果，HF－BF_3 层中的间二甲苯浓度越来越高，烃层中的间二甲苯浓度越来越低，从而达到选择分离的目的。

工业上萃取间二甲苯是在 0℃ 和 0. 4MPa 的条件下进行。萃取液(酸层)与烃层分离后，在 40 ~ 170℃ 络合物分解，获得纯度为 98% 以上的间二甲苯。由于 HF－BF_3 也是二甲苯异构化催化剂，所以此分离法可与间二甲苯液相异构化过程联合，以获得更多的对二甲苯和邻二甲苯。其工艺过程如图 6－19 所示。

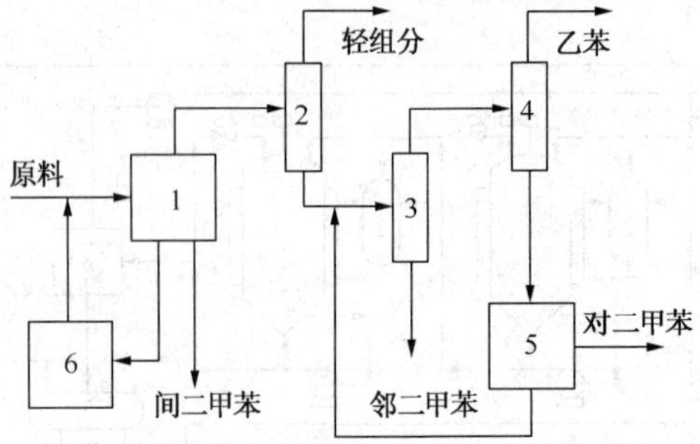

图 6－19 MGCC 法二甲苯分离示意图
1—间二甲苯抽提设备；2—轻组分塔；3—邻二甲苯塔；
4—乙苯塔；5—对二甲苯分离设备；6—异构化设备

原料与异构化产物混合，进入间二甲苯抽提分离装置。除去间二甲苯后的抽余液，先蒸掉其中的稀释剂等低沸物，然后进行精馏，分离出邻二甲苯和乙苯。产品乙苯纯度达 99.8%，邻二甲苯纯度达 98%。由于原料二甲苯已除去了含量达 40% 的间二甲苯，乙苯浓度提高了 0.6 倍，因而乙苯塔的回流比大幅度降低，大致会降到原来的 62%，使乙苯塔直径缩小，操作费用下降。同时，由于消除了间二甲苯的稀释作用，乙苯塔塔顶、塔底的目的组分浓度基本相同，分离的单程收率得以提高。该过程主要缺点是 HF 有毒，且有强腐蚀性。

（3）吸附分离法　吸附分离是利用固体吸附剂对二甲苯各异构体吸附能力的不同而进行的一种分离方法。吸附分离法工艺过程简单，单程回收率达 98%，生产成本较低，已取代深冷结晶成为一种广泛采用的二甲苯分离技术。

① 吸附剂　吸附分离是根据吸附剂对 C_8 芳烃对各异构体吸附能力的差别来实现分离的。选择性能良好的吸附剂是很重要的，优良的吸附剂吸附容量大，这样在一定的处理条件下吸附剂的用量就越少，并可缩小吸附塔的尺寸，从而减少设备投资和操作费用。吸附剂一般以选择吸附系数 β 来表示吸附剂的选择性，β 可表示如下。

$$\beta=\frac{\left(\frac{x}{y}\right)_A}{\left(\frac{x}{y}\right)_R}$$

式中　x——组分 1 的摩尔分数；

y——组分 2 的摩尔分数；

A——代表吸附相；

R——代表未被吸附相。

对于一种吸附剂来说，$\beta=1$ 是无法实现吸附分离的，β 越远离 1 越有利于吸附分离。β 的值取决于吸附温度和组分含量。

② 脱附剂　在吸附分离中，脱附和吸附同样重要。本工艺所用的脱附剂必须满足如下条件：与 C_8 芳烃中的任一组分均能互溶，与对二甲苯有尽可能相同的吸附亲和力，与对二甲苯进行反复的吸附交换，与 C_8 芳烃的沸点有较大差别至少差 15℃；脱附剂存在下，不影响吸附剂的选择性；价廉易得，性质稳定。

用于对二甲苯脱附的脱附剂一般是芳香烃。例如，甲苯、二乙苯和对二乙苯与正构烷烃的混合物等，在脱附剂中不能含有苯，否则将会降低吸附选择性。

原料和脱附剂中也不能含有化学结合力很强的极性化合物如水、醇等，因为它们会被牢固地吸附在吸附剂表面上，严重影响分子筛的吸附容量和相对吸附率。因此在进行吸附分离之前，必须进行脱水，要求水含量降至10μg/g以下。

③ 模拟移动床分离 C_8 芳烃的基本原理。

a. 移动床作用原理　图6－20为移动床连续吸附分离示意图。*A* 和 *B* 分别代表被分离的物质，*D* 代表脱附剂。

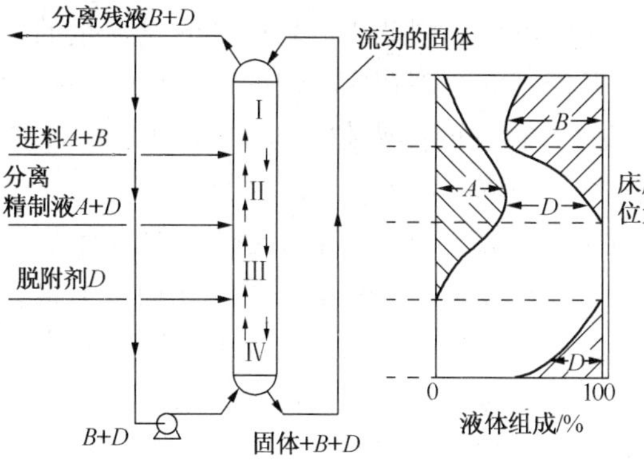

图6－20　移动床连续吸附分离示意图

在此移动床中固体吸附剂和液体作相对移动，并反复进行吸附和脱附的传质过程。*A* 比 *B* 有更强的吸附力，吸附剂自上而下移动，脱附剂 *D* 逆流而上，把被吸附的 *A* 与 *B* 可逆地置换出来，被脱附下来的 *D* 与 *A*，*D* 与 *B* 分别从吸附塔引出，经过蒸馏可将 *D* 与 *A*、*D* 与 *B* 分开。脱附剂再送回吸附塔循环使用。

b. 模拟移动床的作用原理　从移动床的作用原理和液相中各组分的浓度分布图可看出，如果固体吸附剂在床内固定不动，而将物料进出口连续向上移，其作用与保持进出口不动而连续自上而下移动固体吸附剂是一样的。根据此原理设计出的分离装置称摸拟移动床。

④ 模拟移动床吸附分离流程　图6－21是立式吸附塔模拟移动床分离 C_8 芳烃的流程示意图。

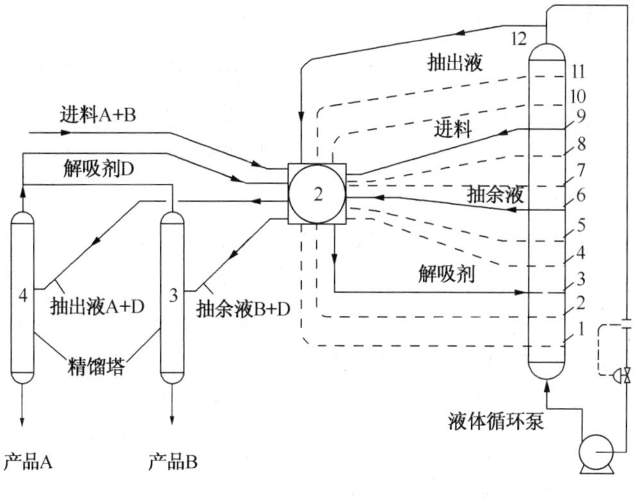

图6－21　模拟移动床分离流程示意图

1—吸附塔；2—旋转阀；3—抽余液精馏塔；4—抽出液精馏塔

整个吸附分离过程是在两个吸附塔中完成的，两个吸附塔借循环泵首尾相连如同一个。塔内有若干塔节，一般为24节，各塔节中装有固定的吸附剂，并用管线与旋转阀相连，通向物料的四个进出口控制阀。旋转阀的转动是根据原料处理量，原料组成，吸附剂的填充量等因素，依一定时间用计时开关来进行控制而完成吸附和脱附操作。

立式吸附分离的关键设备是循环泵和旋转阀。循环泵是保证模拟移动床两个吸附塔之间液体正常循环流动的设备，一般两台。随着旋转阀的转动周期性地切换通向诸进出口的管线，由于不同的区域需要不同的流量，因此当区域改变时其流量的设定值也相应地改变，故泵送循环液是由数控装置重点控制的。旋转阀（见图6－22）是依靠计时器的定时控制，通过旋转阀的转动使床层管线切换，实现固体吸附剂模拟移动上升的主要设备。它主要由固定盘、旋转盘、密封垫片和密封罩构成。从图6－22可见固定盘是一个阀座，圆周上平均分布24个圆孔。其下端分别通过24根管线与吸附塔相连接，中间有七条同心的环形沟槽，每个沟槽向下各有一个圆孔。七个圆孔分别与外部七根管线相通，七根管线分别通过七股不同的物料。从图6－22可见旋转盘是一个阀盖，其下端面上的圆孔和沟槽均与固定盘相重合。这样外部七根管线的物料通过旋转盘与固定盘间的沟槽，再通过七根跨接管接通到旋转盘圆周的七个孔。由于七个孔总是和固定盘的24个孔中的七个孔相接，所以物料能通过固定盘的七个孔通向相应的七根管线。

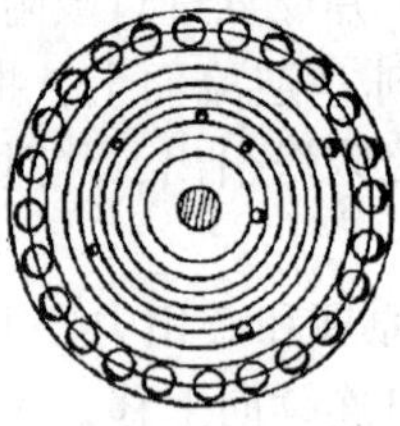

旋转阀固定盘示意图

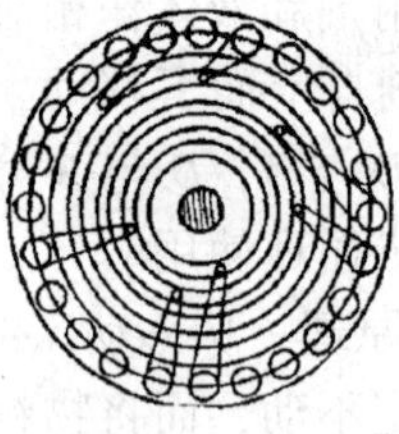

旋转阀旋转盘示意图

图6－22　旋转阀示意图

四、芳烃的烷基化

芳烃的烷基化是指在芳烃分子中，苯环上的一个或几个氢被烷基所取代而生成烷基芳烃的反应。在芳烃的烷基化反应中以苯的烷基化最为重要。这类反应在工业中主要用于生产乙苯、异丙苯和十二烷基苯等。能为烃的烷基化提供烷基的物质称为烷基化剂，可采用的烷基化剂有多种，工业上常用的有烯烃和卤代烷烃。

（1）烯烃　主要以乙烯、丙烯、十二烯为主。烯烃不仅具有较好的反应活性，而且比较容易得到。由于烯烃在烷基化过程中形成的正烃离子会发生骨架重排，取得最稳定的结构，所以碳数大于二的烯烃与苯进行烷基化反应时，只能得到异构烷基苯而不能得到正构烷基苯。烯烃的活性顺序为：异丁烯＞正丁烯＞丙烯＞乙烯。

（2）卤代烷烃　主要是氯代烷烃，如氯乙烷、氯代十二烷等。

同种卤素的卤代烷烃活性顺序为：叔卤烷＞仲卤烷＞伯卤烷。

不同卤素同种烷烃的卤代烷烃活性顺序为：碘代烷烃＞溴代烷烃＞氯代烷烃＞氟代烷烃。

（3）其他　如醇类、酯类、醚类等也可作为烷基化剂。

（一）苯烷基化反应的化学过程

1. 主反应

苯的烷基化反应见式（6－4）、式（6－5）和式（6－6），苯的烷基化反应是一放热反应，且反应热效应很大。

在较宽的温度范围内，苯的烷基化反应在热力学上都是很有利的。只有当温度较高时，才有较明显的逆反应发生。

2. 副反应

苯的烷基化主要包括多烷基苯的生成、二烷基苯的异构化反应、烷基转移反应、芳烃缩合和烯烃的聚合反应。

所以苯烷基化过程的产物是由单烷基苯、各种二烷基苯、多烷基苯异构体组成的复杂混合物。在适宜的乙烯和苯配比时反应达到热力学平衡。

3. 催化剂

工业上用于苯烷基化工艺的酸性催化剂主要有下面几类。

（1）酸性卤化物的络合物　如 $AlCl_3$、$AlBr_3$、BF_3、$ZnCl_2$、$FeCl_3$等的络合物，它们的活性次序为：$AlBr_3 > AlCl_3 > FeCl_3 > BF_3 > ZnCl_2$。工业上常用的是 $AlCl_3$络合物。纯的无水 $AlCl_3$无催化活性，必须有助催化剂如 HCl 同时存在。$AlCl_3$络合物的催化剂活性甚高，可使反应在 100℃左右进行，还具有使多烷基苯与苯发生烷基转移的功能。但其对设备、管道的腐蚀性较强。

（2）磷酸/硅藻土　该催化剂活性较低，需要采用较高的温度和压力；又因不能使多烷基苯发生烷基转移反应，故要求原料中的苯过量，以保证单烷基苯的收率。另外该催化剂对稀烃的聚合反应也有催化作用，会使催化剂表面积碳而活性下降。此催化剂在工业上主要应用于苯和丙烯气相烷基化生产异丙苯。

（3）$BF_3/\gamma-Al_2O_3$　这类催化剂的活性较好，并对多烷基苯的烷基转移也具有催化活性。用于乙苯生产时还可用稀乙烯为原料，乙烯的转化率接近 100%，但具有强腐蚀性和毒性。

（4）ZSM－5 分子筛催化剂　这类催化剂的活性和选择性均较好，用于乙苯生产时，可用 15%～20% 低浓度的乙烯作为烷基化剂，乙烯的转化率可达 100%，乙苯的选择性大于 99.5%。

（二）烷基化的工业生产方法

这里主要介绍苯烷基化制乙苯和异丙苯的生产工艺。

1. 乙苯生产工艺

按苯和乙烯烷基化的酸性催化剂来分类，烷基化工艺分为三氧化铝法、$BF_3-Al_2O_3$法和固体酸法。若按反应状态分，可分为液相法和气相法两种。液相三氯化铝法又可分为传统的两相工艺和单相高温工艺，前者的典型代表是 Dow 法、旧 Monsanto 法等，后者典型代表是新 Monsanto 法。而气相固体催化剂烷基化法的典型代表是 Mobil－Hadger 新工艺。

不论工艺流程上有何差异，其反应机理基本一致。苯和乙烯在催化剂存在下反应生成乙苯。最常用的催化剂是三氯化铝，如果在反应中加入氯化氢或氯乙烷助催化剂，将会提高催化剂的活性，使烷基化反应更有效地进行。

(1) 液相烷基化法

① 传统的无水三氯化铝法此法　是最悠久和应用最广泛的生产烷基苯的方法，如图6－23所示。

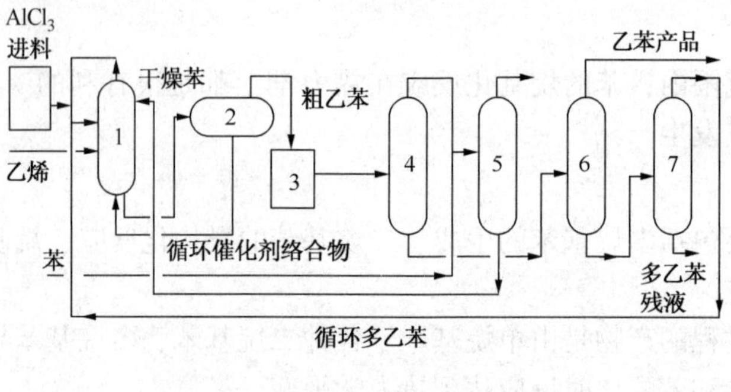

图6－23　Union Carbide－Badger 乙苯生产工艺流程图

1—反应器；2—澄清器；3—前处理装置；4—苯回收塔；5—苯脱水塔；6—乙苯回收塔；7—多乙苯塔

在低温(95℃)、低压(101.3～152.0kPa)下，在反应器中加入 $AlCl_3$ 催化剂络合物、苯和循环的多乙苯混合物，搅拌使催化剂络合物分散，向反应混合物通入乙烯，乙烯基本上能完全转化。由反应器出来的物流大概是由55%未转化的苯、35%～38%的乙苯、15%～20%的多乙苯混合的有机相和 $AlCl_3$ 络合物组成。经过冷却分层，$AlCl_3$ 循环返回反应器。少部分被水解成 $Al(OH)_3$ 废液。有机相经水洗和碱洗除去微量的 $AlCl_3$ 得到粗乙苯。最后经三个精馏塔分离得到纯乙苯。在上述工艺流程中，不同生产厂家可能在乙烯与苯的配比、多乙苯返回量、催化剂用量、反应操作条件等参数上有所差异，就精馏分离部分各生产厂家在降低能耗上也有不同程度的设计改进。迄今多数厂家通过改进已达到最佳操作，在原料和能量消耗上都有降低。

② 高温均相无水三氯化铝法　该流程与传统工艺基本无差别，不同的是烷基化反应器为有内外圆筒的反应器。乙烯、干燥的苯、三氯化铝络合物先在内筒反应，在此内筒里乙烯几乎全部反应完，然后物料折入外筒中使多乙苯发生烷基转移反应。改进后的工艺称高温均相无水三氯化铝法，其流程示意图见图6－24所示。

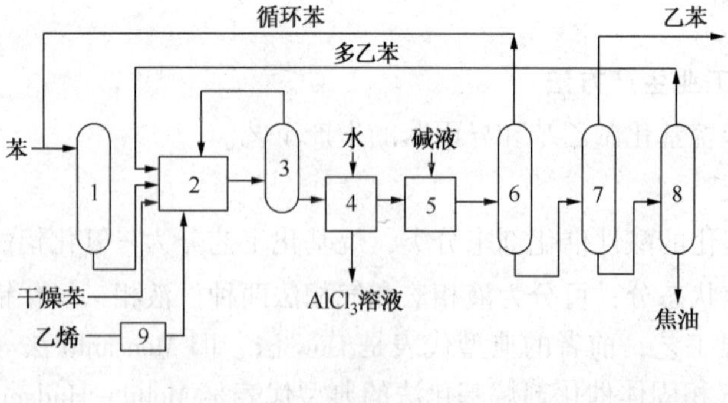

图6－24　Monsanto－Lummus 高温均相烃化生产乙苯流程图

1—苯干燥器；2—烷基化反应器；3—闪蒸塔；4—水洗涤器；5—减洗涤器；6—苯塔；7—乙苯塔；8—多乙苯塔；9—催化剂制备槽

新鲜的乙烯、干燥的苯以及配制的三氯化铝配合物连续加入烷基化反应器，在乙烯与苯的摩尔比为0.8、反应温度140～200℃、反应压力0.588～0.784MPa、三氯化铝用量为传统法的25%的条件下进行反应。反应产物经绝热闪蒸，蒸出气态轻组分和氯化氢返回反应器；液相产物经水洗、碱洗和三塔蒸馏系统，分离出苯、乙苯和多乙苯等。苯循环使用，多乙苯返回烷基化反应器。三氯化铝络合物不重复使用，经萃取，活性炭和活性氧化铝处理后，制得一种多三氯化铝溶液，可用作废水处理絮凝剂。

高温均相新工艺与传统三氯化铝工艺相比有以下优点：可采用较高的乙烯/苯(摩尔比)，并可使多乙苯的生成量控制在最低限度，乙苯收率达99.3%（传统法为97.5%）；副产焦油少，为0.6～0.9kg/t乙苯，而传统法为2.2kg/t乙苯；三氯化铝用量仅为传统法的25%，并且络合物不需循环使用，从而减少了对设备和管道的腐蚀及防腐要求；反应温度高有利于废热回收；废水排放量少。但高温均相烃化法的反应器材质必须在高温下耐腐蚀。

（2）气相烷基化法　气相烷基化法以固体酸为催化剂。最早采用的是以磷酸/硅藻土为催化剂的固体磷酸法，但只适用于异丙苯的生产。后来开发了 $BF_3/\gamma-Al_2O_3$ 为催化剂的Alkar法，可用于生产乙苯。20世纪70年代又成功开发了以ZSM－5分子筛为催化剂的Mobil－Badger法。该方法采用ZSM－5分子筛催化剂，气相烷基化所用反应器为多层固定床绝热反应器，其示意工艺流程图如图6－25所示。

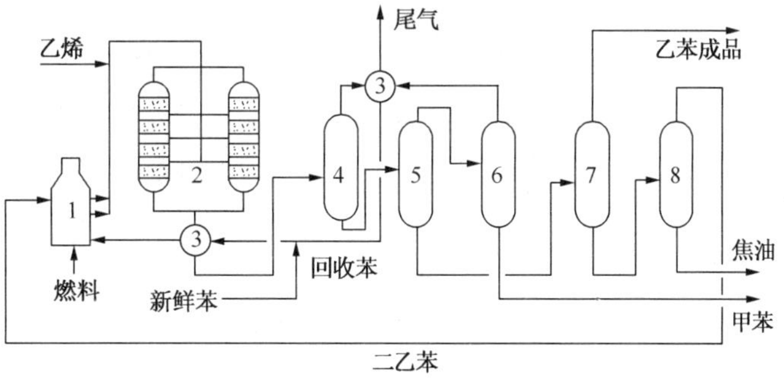

图6－25　Mobil－Badger法气相烷基化生产乙苯工艺流程图
1—加热炉；2—反应器；3—换热器；4—初馏塔；
5—苯回收塔；6—苯、甲苯塔；7—乙苯塔；8—多乙苯塔

新鲜苯和回收苯与反应产物换热后进入加热炉汽化并预热至400～420℃。先与已加热汽化的循环二乙苯混合，再与原料乙烯混合后进入烷基化反应器各床层，各床层的温升控制在70℃以下。由上一床层进入下一床层的反应物流经补加苯和乙烯后骤冷至进料温度，使每个反应床层的反应温度相接近。典型的操作条件为：温度370～425℃，压力1.37～2.74MPa，质量空速3～5kg乙烯/(kg催化剂·h)。烷基化产物由反应器底部引出，经换热后进入初馏塔，塔顶蒸出来的轻组分及少量苯，经换热后到尾气排出系统作燃料；塔釜物料进入苯回收塔，在该塔内将物料分割成两部分，塔顶蒸出苯和甲苯进入苯、甲苯塔；塔釜物料进入乙苯塔。在苯、甲苯塔分离得到的苯进行循环使用，甲苯作为副产品引出。在乙苯塔塔顶蒸出乙苯成品送至储罐。塔底馏分送入多乙苯塔，多乙苯塔在减压下操作，塔顶蒸出二乙苯、返回烷基化反应器，塔釜引出多乙苯残液送入储槽。该法的主要优点为：无腐蚀无污染，反应器可用低铬合金钢制造，尾气及蒸馏残渣可作燃料，乙苯收率高，以ZSM—5为催化剂时乙苯收率达98%，以HZSM－5为催化剂时乙苯收率达99.3%；烷基化反应温度高，有利于热量的回收；完善的废

热回收系统使装置的能耗少；催化剂消耗低，寿命2年以上，每千克乙苯耗用的催化剂费用是传统三氯化铝法的1/10～1/20；因此装置投资较低、生产成本低。但该法由于催化剂表面易积焦，催化剂的活性下降很快，需频繁进行烧焦再生。

2. 异丙苯生产工艺

固体磷酸法（UOP法）、非均相三氯化铝法（SD法）及均相三氯化铝法（Monsanto法）是目前工业上主要的异丙苯生产工艺。

由于苯和丙烯烷基化反应为放热反应，又是连续反应，其反应温度与产物精馏温度接近，可以利用反应热直接进行精馏。在苯/丙烯摩尔比为3的时候，反应放出的热量足够使苯汽化。之后在MTBE催化精馏设计的基础上已经开发出一种利用沸石作催化剂的催化精馏工艺（CD法），用于生产异丙苯。由于异丙苯及时地与苯分离，故减少了串联副反应的发生，使多异丙苯的生成量大为降低。苯和丙烯烷基化工艺流程如图6－26所示。

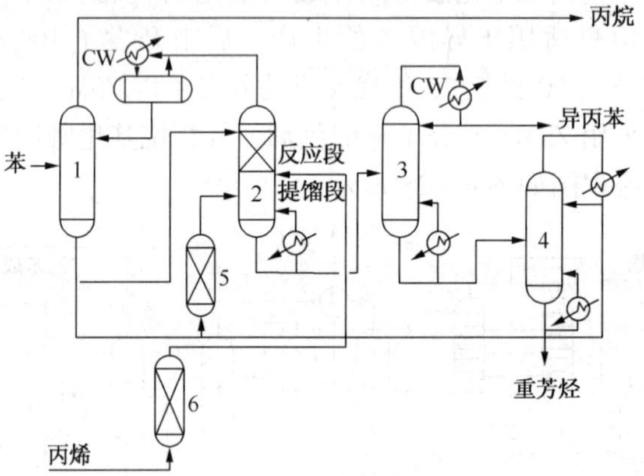

图6－26　催化精馏法合成异丙苯

1—苯塔；2—反应精馏塔；3—异丙苯精馏塔；4—多异丙苯塔；5—反应器；6—干燥器

该工艺关键设备是反应精馏塔。塔分为两部分，上段为反应段，采用沸石分子筛催化剂；下段为提馏段。由反应精馏塔的反应段顶部出来的苯蒸气经塔顶冷凝器冷凝，将其中的不凝气体分离出来，然后流入苯塔，与新鲜苯混合，返回反应精馏塔的反应段上部作为回流，在向下流动的过程中，通过床层时与从反应段下部进入的干燥丙烯接触进行反应生成异丙苯。反应段流下的液体中，部分未反应的苯由于吸收反应热而汽化，在反应精馏塔的提馏段被汽提出来进入反应段。反应精馏塔釜流出的液体产物中含有异丙苯、多异丙苯，经异丙苯精馏塔，从塔顶回收异丙苯产品，塔釜液送入多异丙苯塔，在多异丙苯塔釜排出烃化焦油，从塔顶分出的多异丙苯循环至烷基转移反应器（反烃化器），与苯塔来的部分苯反应转化为异丙苯后进入反应精馏塔的提馏段。在反应精馏塔中，反应段的苯浓度可以维持在很高水平，减少了丙烯自身聚合和异丙苯进一步烷基化反应，减少了重组分对床层的污染，有利于连续稳定操作。该工艺流程简单，可根据反应温度要求调节压力，压力一般控制在0.3～1.0MPa之间。

第三节　芳烃衍生物

以芳烃为原料可以生产很多化工产品，苯、甲苯、二甲苯主要衍生物和用途见图6－

27、图 6－28 和图 6－29，下面介绍几个典型产品。

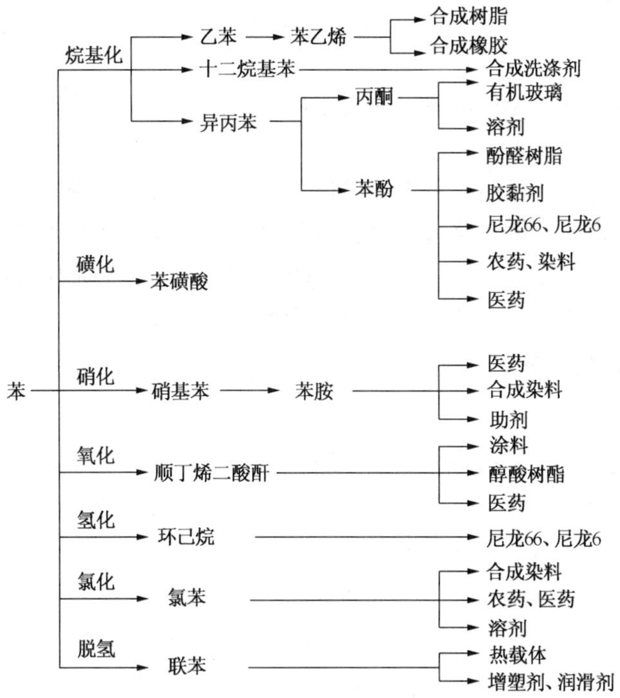

图 6－27　苯的主要衍生物及用途

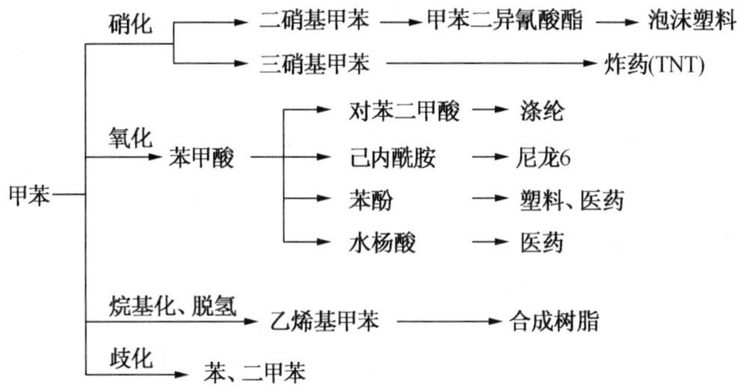

图 6－28　甲苯的主要衍生物及用途

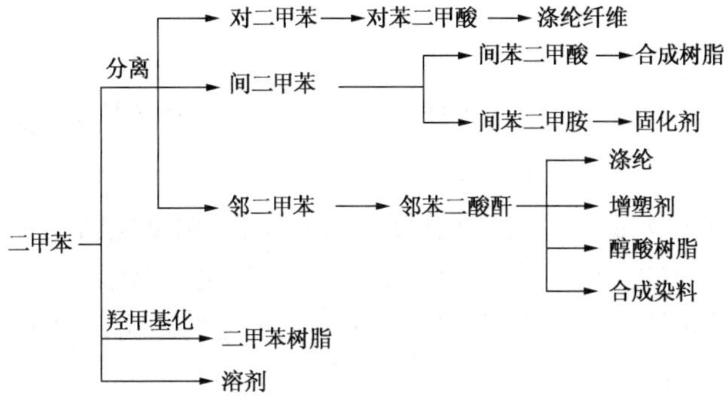

图 6－29　二甲苯的主要衍生物及用途

一、苯乙烯

（一）概述

苯乙烯是不饱和芳烃，无色液体，能溶于甲醇、乙醇、四氯化碳及乙醚等溶剂中，难溶于水，沸点145℃。

苯乙烯是高分子合成材料的一种重要单体，既可通过自身均聚制得聚苯乙烯树脂，其用途十分广泛，又可与其他单体共聚得到多种有价值的共聚物，如与丙烯腈共聚可制得色泽光亮的SAN树脂，与丙烯腈、丁二烯共聚制得ABS树脂，与丁二烯共聚可得丁苯橡胶及SBS塑性橡胶等。此外，苯乙烯还广泛用于医药、涂料、纺织等工业。

（二）制取苯乙烯的方法简介

1. 乙苯脱氢法

乙苯脱氢法是目前生产苯乙烯的主要方法。乙苯的获取在工业上主要采用烷基化法，即苯和乙烯在催化剂作用下生成，其次还可从炼油厂的重整油、烃类裂解过程中的裂解汽油及炼焦厂的煤焦油中通过精馏方法分离出来。

乙苯脱氢法分两步进行，第一步是苯和乙烯反应，生成乙苯，第二步是乙苯脱氢生成苯乙烯，其反应式为：

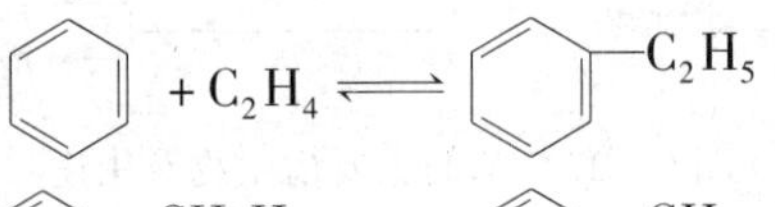

(6-29)

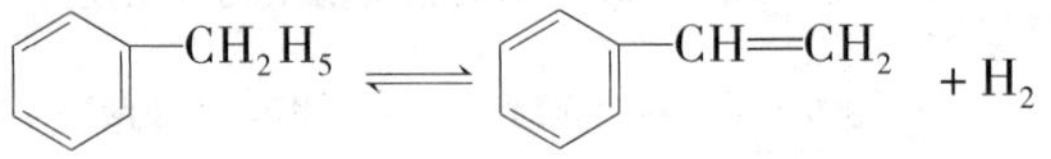

(6-30)

2. 乙苯共氧化法

乙苯共氧化法分三步进行，首先是生成乙苯过氧化氢，然后将乙苯过氧化氢与丙烯反应，生成 α-甲基苯甲醇和环氧丙烷，最后 α-甲基苯甲醇脱水生成苯乙烯，见式(6-31)~式(6-33)。

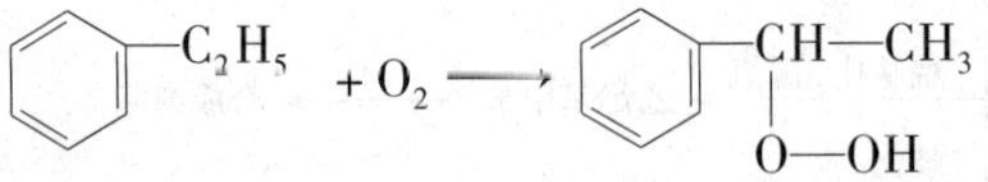

(6-31)

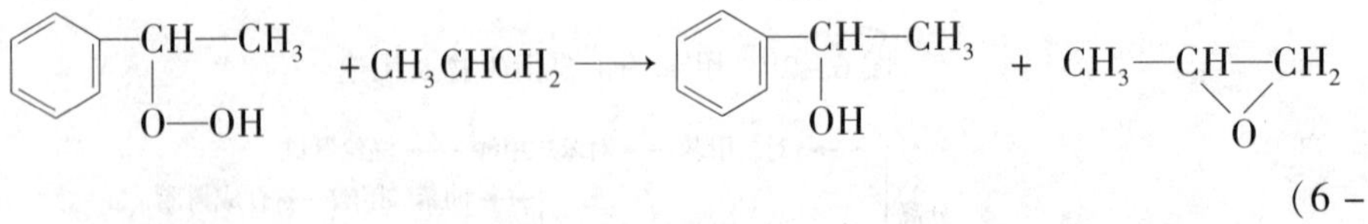

(6-32)

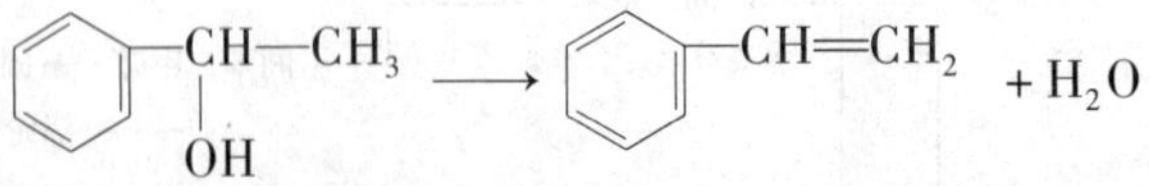

(6-33)

乙苯共氧化法又称哈尔康法，是液相反应，为了减少副反应的发生，反应可分段进行，每段的反应温度递减。该法于20世纪70年代开始工业化，现已建成多套大规模的生产装置，其优点是联产环氧丙烷，但环氧丙烷的产量受到销售的影响，同时投资费用较大。

3. 甲苯为原料合成苯乙烯

该方法分两步进行，第一步采用PbO·MgO/Al_2O_3催化剂，在水蒸气存在下使甲苯脱氢生成苯乙烯基苯；第二步将苯乙烯基苯与乙烯在 WO · K_2O/SiO_2催化剂作用下生成苯乙烯。

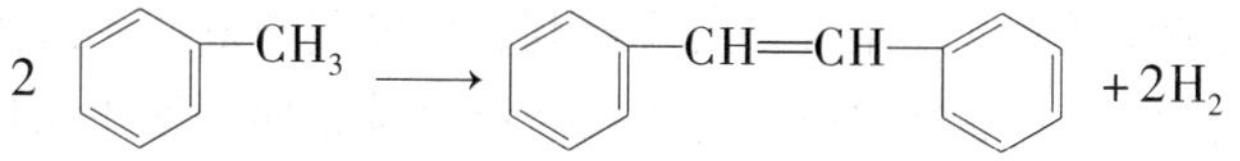

(6 - 34)

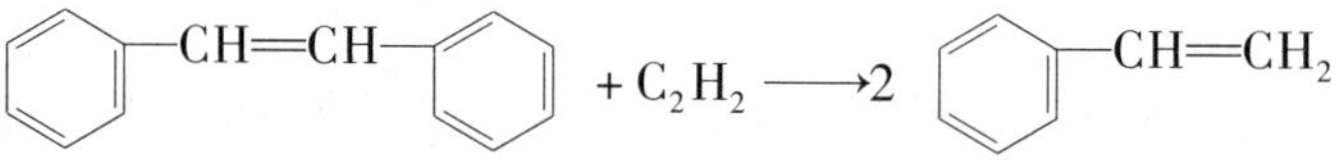

(6 - 35)

4. 乙烯和苯直接合成苯乙烯

该方法采用贵金属催化剂，可在液相也可在气相中进行反应，副产物有乙苯、乙醛、二氧化碳等。此项技术正处于研究之中，有一定的工业前景。反应式见式(6 - 36)。

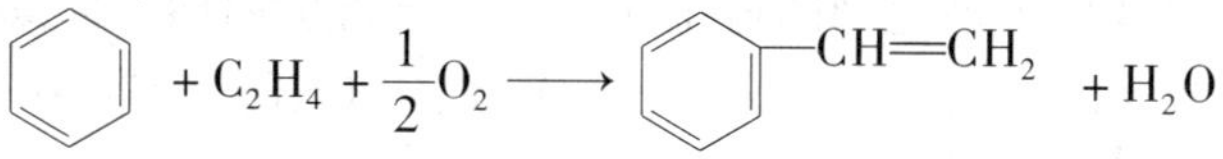

(6 - 36)

5. 乙苯氧化脱氢

该方法的特点是不受乙苯脱氢平衡限制，也不采用水蒸气。目前处在研究阶段。

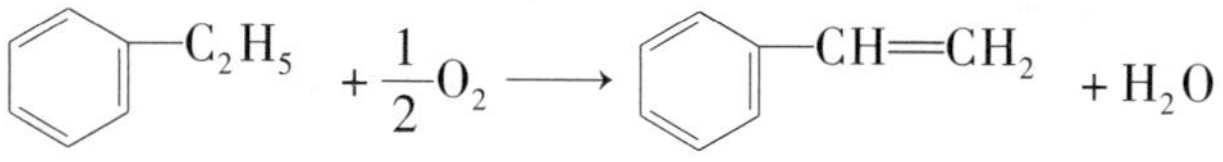

(6 - 37)

因为乙苯脱氢法是目前生产苯乙烯的主要方法，因此下面章节主要介绍的是乙苯催化脱氢生产苯乙烯。

(三) 乙苯催化脱氢制苯乙烯

1. 乙苯催化脱氢的基本原理

(1) 乙苯催化脱氢的主、副反应　主反应见式(6 - 30)，反应热如下：

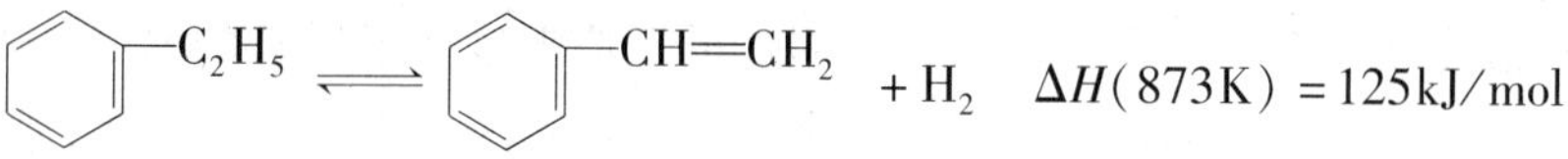

副反应主要有乙苯的裂解、加氢裂解、水蒸气转化、聚合和缩合反应等。

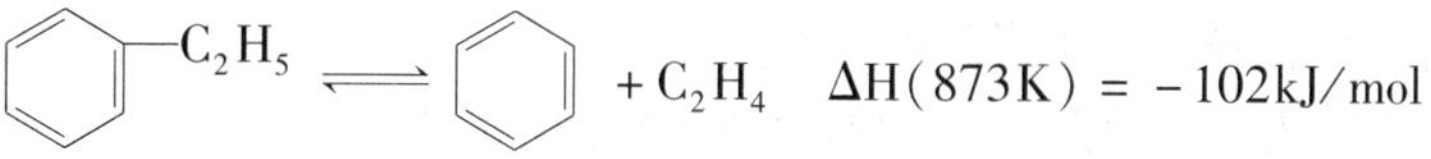

(6 - 38)

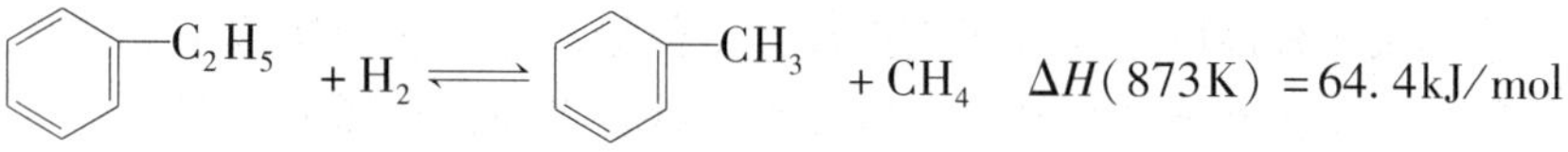

(6 - 39)

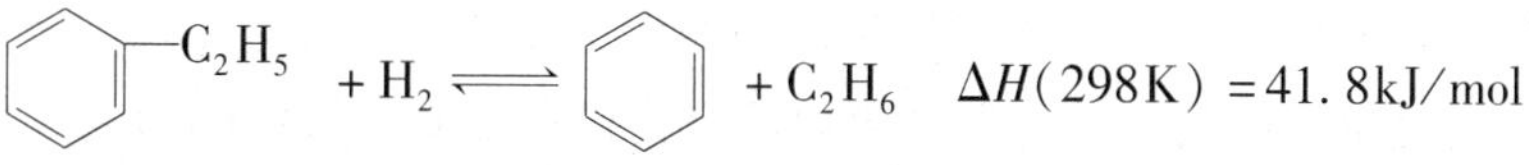

(6 - 40)

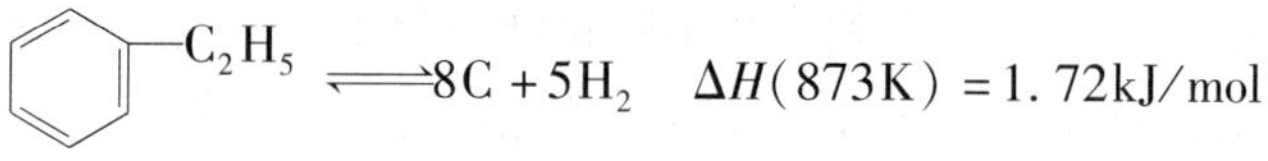

(6 - 41)

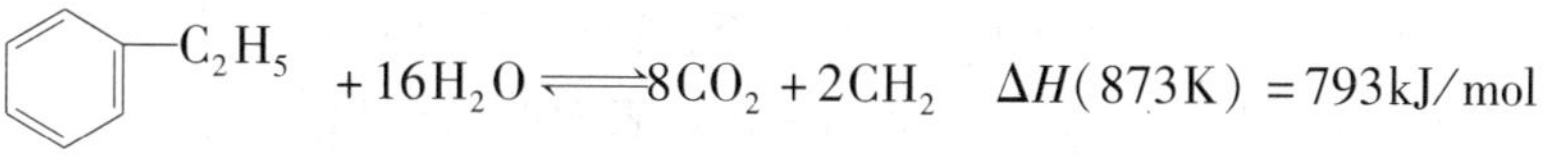

(6 - 42)

乙苯脱氢反应是个可逆吸热反应，在低温时平衡常数很小，平衡转化率也很低，从热力学分析可知，平衡常数随反应温度的升高而增大，而平衡产率则随压力的降低而升高。实验测定，当压力从 0.1MPa 降至 0.01MPa 时，达到相同平衡转化率所需的反应温度可降低100℃左右。但是在高温下进行负压操作是不安全的，因此，可采用加入惰性气体的方法以达到降低原料气分压的作用，其对平衡所产生的效应与降低总压相似。为此，工业上常采用水蒸气作惰性气体稀释剂。

(2) 乙苯脱氢催化剂　前面讲过乙苯脱氢反应是个复杂反应，从热力学上讲，裂解反应比脱氢反应有利，加氢裂解反应也比脱氢反应有利，即使是700℃下，加氢裂解的平衡常数仍然很大。因此乙苯在高温下进行脱氢时，主要产物是苯，而要使主反应进行顺利，必须采用高活性、高选择性的催化剂。

除了活性和选择性外，脱氢反应是在高温、氢气和大量水蒸气存在下进行的，也要求催化剂具有很好的热稳定性和化学稳定性，此外催化剂还能抗结焦和易于再生。

乙苯脱氢催化剂的活性组分是氧化铁，助催化剂有钾、钒、铂、钨、铈等氧化物。助催化剂的存在如 K_2O，能改变催化剂表面酸度，减少裂解反应的发生，并能提高催化剂的抗结焦性能和消炭作用，以及促进催化剂的再生能力，延长再生周期；而助催化剂 Cr_2O_3 可以提高催化剂的耐热性，稳定铁的价态。如采用 $Fe_2O_3 : K_2O : Cr_2O_3 = 87 : 10 : 3$ 组成的催化剂，乙苯的转化率可达60%，选择性为87%。

在有氢和水蒸气存在下，氧化铁体系中可能存在四价铁、三价铁、二价铁和金属铁之间的平衡。据研究 Fe_3O_4 可能起催化作用。在氢作用下，高价铁会还原成低价铁甚至是金属铁。低价铁会促使烃类的完全分解反应，而水蒸气的存在能阻止低价铁的出现。

2. 乙苯脱氢反应条件

(1) 反应温度　乙苯脱氢反应是可逆吸热反应，温度升高有利于提高平衡转化率，也有利于反应速率的提高。而温度升高也对乙苯的裂解和加氢裂解反应有利，结果是随着温度的升高，乙苯的转化率增加，而苯乙烯的选择性下降。而温度降低时，副反应虽然减少，有利于苯乙烯选择性的提高，但因反应速率下降，产率也不高，如采用氧化铁催化剂，500℃下进行乙苯脱氢反应，几乎没有裂解产物，选择性接近100%，而乙苯的转化率只有30%。故苯乙烯收率随温度变化存在一个最高点，其对应的反应温度为最适宜的温度。

(2) 压力　对反应速率而言，增加压力会加快反应速率，但对脱氢的平衡则不利。工业上采用水蒸气来稀释原料气，以降低乙苯的分压，提高乙苯的平衡转化率。如果水蒸气对催化剂性能有影响，只有采取降压操作的办法。

(3) 空速　乙苯脱氢反应是个复杂的反应，空速低，接触时间增加，副反应加剧，选择性显著下降，故需采用较高的空速以提高选择性；但较高的空速会使转化率较低，未反应的原料气循环使用，必然会造成能耗增加。因此需要综合考虑，选择最佳空速。

(4) 催化剂颗粒度的影响　研究表明催化剂颗粒的大小影响乙苯脱氢反应的反应速率，且随粒度的增大，脱氢反应的选择性降低。可以解释为内扩散对主反应的影响比较严重，而对副反应的影响较小。所以，工业上常采用较小颗粒度的催化剂，以减少催化剂的内扩散阻力。同时还可将催化剂进行高温焙烧改性，以减少催化剂的微孔结构。

(5) 水蒸气用量　用水蒸气作为脱氢反应的稀释剂具有下列优点：①降低了乙苯的分压，利于提高乙苯脱氢的平衡转化率；②可以抑制催化剂表面的结焦和消炭作用；③提供反应所需的热量，且易与产物分离。增加水蒸气用量对上述三点有利，但水蒸气用量不是愈多愈好，超过一定比值之后平衡转化率的提高就不明显了。水蒸气用量还与压力有关，一般常压下，水蒸气与乙苯摩尔比在12~20之间。

3. 乙苯脱氢工艺流程和反应器

乙苯脱氢反应是强吸热反应，需在高温下进行，必须向反应系统提供大量的热量，工业上采用两种供热方式：一种是燃烧燃料，产生高温烟道气传给反应体系，反应器采用列管式。另一种是采用过热蒸汽直接带入反应器内，这种反应器是绝热式的，与外界无热交换。绝热式反应器乙苯脱氢工艺流程如图 6－30 所示。

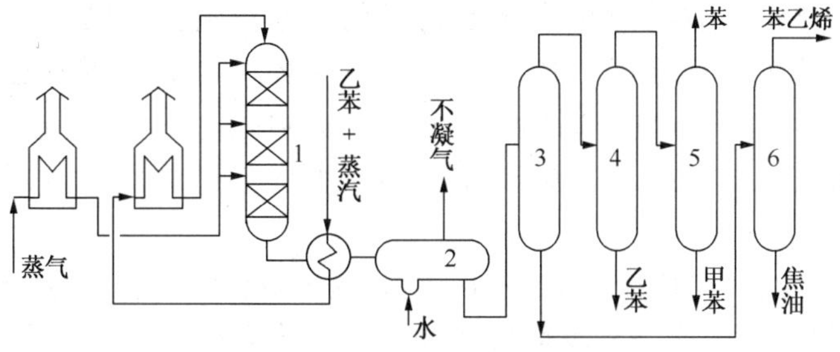

图 6－30　绝热式乙苯脱氢工艺流程图

1—反应器；2—油水分层器；3—乙苯精馏塔；

4—苯、甲苯精馏塔；5—苯、甲苯分离器；6—苯乙烯精馏塔

原料气与反应尾气经热量交换后，再经预热进入脱氢绝热反应器，热量靠过热蒸汽(720℃)带入，入口温度达 610～660℃，催化剂床层分三段，段与段之间加入过热蒸汽，全部蒸汽与乙苯的摩尔比为 14∶1。反应产物经冷凝器冷凝冷却后，分离为气液两相，气相产物中含有大量的 H_2 及少量的 CO、CO_2，可作燃料使用。冷凝液经一系列精馏后将其中的苯、甲苯、乙苯分离出来，在苯乙烯精馏塔中得到苯乙烯，塔底产物为焦油。该工艺过程苯乙烯的收率为 88%～91%。

二、环己烷

（一）环己烷的性质和用途

1. 环己烷的性质

环己烷(Cyclohexane)，又名六氢化苯。分子式 C_6H_{12}，相对分子质量 84.16，熔点 6.5℃，沸点 80.7℃，闪点－16.5℃，爆炸下限 1.2%，爆炸上限 8.4%，燃点 245℃，极易燃，其蒸气与空气可形成爆炸性混合物，遇明火、高热极易燃烧爆炸。与氧化剂接触发生强烈反应，甚至引起燃烧。不溶于水，可与乙醇、乙醚、丙酮、苯等多种有机溶剂混溶。是重要的石油化工中间产品之一，是生产尼龙纤维和树脂的基本原料，全世界生产的环己烷约 90% 用来生产尼龙 6 和尼龙 66。也是十分有用的有机溶剂。

环己烷和一切饱和烃一样，不容易和其他化合物反应，它只能在 150℃ 以上的温度下与非活泼的化合物反应，或者在较低的温度下，与那些已通过某种方法(如光的作用)活化了的化合物起反应。

环己烷的主要化学性质如下。

(1) 氧化　环己烷最重要的有工业用途的反应是氧化反应。根据所用催化剂的不同，有钴盐氧化、硼酸氧化和无催化氧化之分；根据所用氧化剂不同，又有空气氧化和贫氧氧化之别。氧化产物是环己醇、环己酮、己二酸和一些低级二元羧酸。不同的环己烷转化率使这些产物的比例区别很大。在转化率为 15%，反应温度和压力分别为 140℃ 和 1MPa 时，环己醇、环己酮和己二酸三者的量几乎相同。工业生产中为抑制副反应和深度氧化通常采用较低的单程转化率如(5% 左右)，选择性可达 70% 以上。环己醇和环己酮的混合物可用作生产己内酰胺或己二酸的原料。

（2）亚硝化　在紫外线辐射下，环己烷与亚硝酰氯反应，生成亚硝基环己烷，此反应称作光亚硝化反应，选择性很高，亚硝基环己烷同时重排成为环己酮肟。

（3）硝化　用35%硝酸在液相使环己烷硝化，得到硝基环己烷，选择性58%，主要副产物是己二酸及少量环己醇、环己酮、亚硝酸环己酯和硝酸环己酯。若在气相使环己烷硝化，生成硝基环己烷的选择性为65%，亦可用二氧化氮或四氧化二氮作硝化剂，氮可促进硝化反应。硝基环己烷经部分还原生成环己酮肟，可用作生产己内酰胺的原料。

（4）氯化　和其他类似的取代反应一样，环己烷的氯化是典型的饱和烃取代反应。其主要区别是环己烷氯化时只生成一种单取代产物，在低转化率下，生成单一产物，选择性很高。在30℃和光辐射下使环己烷氯化，生成氯化环己烷的选择性高达95%。

（5）脱氢　环己烷脱氢生成苯，这是苯加氢生成环己烷的逆反应，是催化重整过程中发生的重要化学反应之一。这是一个吸热反应，转化过程中体积增大，所以高温低压有利于脱氢反应的进行。

（6）异构化　以三氯化铝为催化剂，环己烷异构化为甲基环戊烷，收率可达96%。水、烯烃或其他质子接收剂的存在可提高异构化催化剂 $AlCl_3-HCl$ 的活性。

（7）磺化　在室温下，发烟硫酸对环己烷的影响甚微，用再强的硫酸和较长的反应时间，则生成环己烷磺酸和苯磺酸。

2. 环己烷的用途

环己烷大部分用于制造己二酸、己内酰胺及己二胺，小部分用于制造环己胺及其他，如用作纤维素醚类、脂肪类、油类、蜡、沥青、树脂及生胶的溶剂；萃取香精油；有机合成和结晶介质；涂料和清漆的去除剂等。

（二）环己烷的生产工艺

目前，工业上生产环己烷的方法主要是两种，一是蒸馏法，从石油馏分中蒸馏分离出环己烷。环己烷在原油中一般含有0.5%～1.0%，尤其是环烷基原油含有环己烷较多。但是从石油中制取环己烷是相当麻烦，不易得到高纯度产品，而且产量也有限。二是苯加氢法，目前极大部分环己烷都是通过纯苯加氢制得。苯加氢制环己烷的生产工艺，过程简单，成本低廉，而且得到的产品纯度极高，非常适用于合成纤维的生产。

在苯加氢中反应中有两个主要问题，一个是催化剂的选用和防止毒化，另一个是反应热的取出方式和温度控制。对于这两个问题的解决有各种不同方法和流程。因此工业上苯加氢制环己烷方法很多，其区别只在于催化剂性质、操作条件、反应器型式，移出反应热方式等的不同。通常分为液相法和气相法两大类。苯的氧化反应，要在催化剂的作用下才能进行。当温度低于350℃时不产生副反应，生成环己烷。当温度大于350℃则发生分解及异构化反应。常用的催化剂有Pt、Pd和Ni等。当使用Pt、Pd催化剂时，苯的氧化反应在室温下就能进行。若采用Ni催化剂时，必须在高温下才能进行反应。苯液相加氢法有IFP、Arosat和BP法；气相加氢法有Bexane、ARCO、UOP、Houdry和Hytoray法。

下面分别简述二个典型生产工艺。

1. 悬浮液相加氢法（IFP法）

悬浮液相加氢法在镍催化剂的存在下，生产高纯度的环己烷，反应式为：

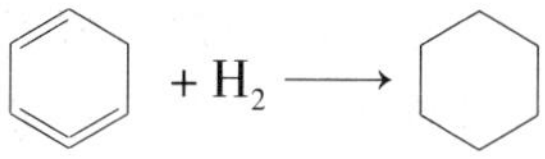

(6－43)

其工艺流程如图 6－31 所示。

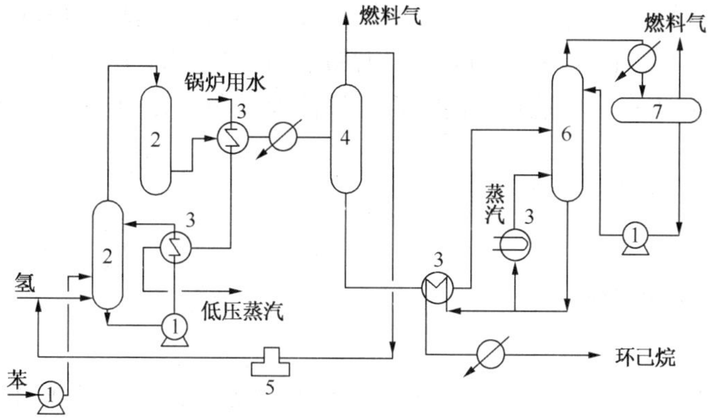

图 6－31　IFP 液相苯加氢工艺流程图

1—泵；2—反应器；3—换热器；4—分离器；5—压缩机；6—稳定塔；7—气液分离器

苯与氢在 2.5～3.0MPa 操作压力下不经预热直接进入反应器中进行反应生成环己烷，反应器内温度 220℃，催化剂以悬浮液的形式存在，反应过程放出的热由催化剂悬浮液与水在加压的条件下进行热交换，并副产低压蒸汽。生成的环己烷呈气态与惰性气体和稍微过量的氢气一同从反应器中排出，然后混合气体进入装有催化剂的固定床反应器，使其中未反应的苯完成最后的加氢作用。由于加氢过程是在严格控制的恒温下进行的，副反应甚少发生，因此得到的环己烷产物几乎不含苯。

从第二个反应器出来的反应气体，经与冷却水换热并冷凝后进分离塔，分出的溶解气体，由氢气及少量惰性气体组成，一部分放空，其余部分经压缩后返回反应系统循环使用。

分离塔底部出来的液体产物经换热后进入稳定塔，在此分出的气体送至气液分离器，液体返回稳定塔作回流，气体作燃料用。稳定塔中的釜液，一部分循环回到稳定塔，其余部分与分离塔釜液换热后，引出塔外作为环己烷产品。

2. 苯气相催化加氢法(Bexane 法)

Bexane 法是工艺流程图如图 6－32 所示。

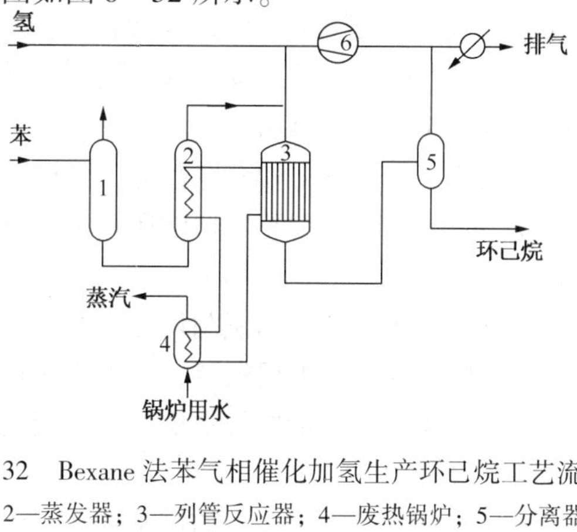

图 6－32　Bexane 法苯气相催化加氢生产环己烷工艺流程图

1—苯干燥塔；2—蒸发器；3—列管反应器；4—废热锅炉；5—分离器；6—压缩机

先将苯进行干燥脱水，在3MPa的压力下与反应产物换热而被汽化，然后与补充氢、循环氢混合后，进入一台装有铂催化剂的列管式反应器，催化剂铂以氧化铝为载体。反应压力2.6～3.0MPa，反应温度为370℃，为了防止环己烷异构化为甲基环戊烷，反应器出口温度须降至220℃。苯几乎完全转化为环己烷，甲苯，正庚烷及甲基环己烷的总质量含量不超过0.02%，产品环己烷不需要进一步精制。反应热用于副产1MPa的蒸汽。原料苯中硫含量应小于100mg/kg，以防止贵金属催化剂的中毒。该法要求氢气浓度最低75%，硫可以通过氧化锌罐吸附脱除。

三、苯酚

（一）苯酚的性质和用途

1. 苯酚的性质

苯酚分子式C_6H_6O，相对分子质量94.11。外观是无色针状结晶或白色结晶熔块。不纯品在光和空气作用下变为淡红色或红色，有特殊的臭味和燃烧味，极稀的溶液有甜味。苯酚吸收空气中的水分并液化，与大约8%的水混溶即可液化，苯酚和水可以任何比例混溶。苯酚易溶于乙醚、甲醇、乙醇、甘油、氯仿、四氯化碳、乙酸、二硫化碳、液态二氧化硫、苯、凡士林、挥发油、强碱水溶液，难溶于石蜡烃，与石油醚基本不溶。

苯酚的化学性质非常活泼，在50℃下暴露于空气中极易氧化，生成苯醌以至形成聚合物，外观上变成粉红色，最终变成棕褐色。

2. 苯酚的用途

苯酚是重要的有机化工原料，主要用于制造双酚A、酚醛树脂和己内酰胺，其次用于合成烷基酚、苯胺、二甲酚、己二酸等。它在合成塑料、合成纤维、合成橡胶、农药、医药、染料、香料等方面都有重要的用途。在国内，苯酚主要用于生产酚醛树脂、环氧树脂和医药品。

（1）双酚A　苯酚的最大用途是双酚A。它是由苯酚和丙酮在酸性催化剂的存在下反应而成的。双酚A是一种重要的有机中间体，主要用于生产聚碳酸酯和环氧树脂以及聚砜树脂、聚苯醚树脂，还可用作聚氯乙烯热稳定剂、阻燃剂、橡胶防老剂、农用杀菌剂、油漆油墨抗氧剂、塑料增塑剂和紫外线吸收剂等化工产品的原料。

（2）酚醛树脂　苯酚的第二大用途是酚醛树脂，特别是由苯酚和甲醛制成的树脂。苯酚-甲醛树脂工业投资少，工艺要求低，产品市场广阔，故生产厂家众多。由于运费占总成本一大部分，许多生产厂都只是面向地区性市场。

酚醛树脂具有较好的热稳定性、黏合能力和介电性能，价格又较便宜，故广泛用于制造纤维板、胶合板、抗水胶合板、防腐材料等。酚醛树脂还用于机械制造、电工和建筑工业等部门中。

（3）己内酰胺　苯酚的第三大用途是催化加氢制环己酮及环己醇，作为生产己内酰胺的原料。己内酰胺的主要用途是制尼龙6纤维工程塑料，此工程塑料耐磨、耐热、耐腐蚀、抗张强度优，在制造汽车和卡车零部件上，用量增长最快。其他用途是工业机械部件、电动器件、园艺机具、薄膜、电线电缆等。

（4）烷基酚　以苯酚为原料，可合成许许多多的烷基酚。其中，壬基酚和十二烷基酚是在工业上最重要的两个烷基酚产品，分别由三聚丙烯和四聚丙烯在酸性催化剂存在下与苯酚反应而合成。壬基酚是重要的精细化工原料。它与环氧乙烷缩合得到的壬基聚氧乙烯醚是一种用途广泛的非离子表面活性剂，可应用于纺织工业、采油工业、医药工业、农药工业、高分子材料工业、轻工、日化等工业部门。另外，以壬基酚为原料，还可以制备橡胶防老剂、塑料抗氧剂及酚醛树脂材料等。十二烷基酚一般是壬基酚装置中的联产品，在我国主要用于生产十二烷基酚聚氧乙烯醚，这种醚主要用于农药喷雾助剂，它能增加药雾细度及农药对作物或土壤表面的黏结力，这种醚也少量用作非离子表面活性剂。

（二）苯酚的生产方法

在第一次世界大战以前，苯酚主要从煤焦油中提炼获得，但随着苯酚需求量的增加，人们开始采用化学合成法生产苯酚，1923 年美国孟山都公司在世界上首次开发成功苯磺化法合成苯酚技术。经过多年的发展，苯酚的生产主要有七种方法，即异丙苯法、甲苯氧化法、苯直接氧化法、磺化法、氯苯水解法、拉西法、环已烷法等。除甲苯氧化法以甲苯为原料外，其余六种方法均以苯为原料。

1. 异丙苯法

异丙苯法是原料丙烯和苯在催化剂的作用下生成异丙苯，异丙苯经氧化生成过氧化异丙苯，再用硫酸分解，得到苯酚和丙酮。该法是目前世界上最重要的苯酚生产方法，其生产能力约占世界苯酚生产能力的 95% 以上。异丙苯法存在联产大量丙酮问题，该工艺今后的发展可能受到其副产物丙酮的制约；同时苯酚还需要精制，因此而消耗大量的能源；中间产物是一种不稳定的过氧化物，遇到酸、碱、热均能使其分解，在分解过程中还会放出大量的热，使系统的温度升高；该方法需要三步化学反应，对控制和安全技术要求较高，流程较长，使得苯酚产率较难提高。

类似异丙苯氧化法，曾研究用乙苯、仲丁基苯和环已基苯氧化来制造苯酚，但没有工业化，这些方法简介如下。

（1）乙苯氧化法　乙苯用空气在塔式反应器中氧化，得乙苯的过氧化物，提浓到 17% 后进行分解得到苯酚和乙醛。

（2）仲丁苯氧化法　纯丁烯与过量的苯在 $AlCl_3$ 催化下发生烷基化反应制得仲丁苯，提纯后的仲丁苯用类似于异丙苯的氧化过程，制得苯酚和甲乙酮。

（3）环已基苯氧化法　苯与氢在钌/沸石催化剂存在下反应制得环已基苯，环已基苯经过氧化、分解反应，制得等摩尔的环已酮和苯酚。

以上方法联产的不是丙酮，而是乙醛、甲乙酮或环已酮，一旦异丙苯法联产的丙酮失去其市场，这些方法也将成为供选择的苯酚生产工艺。

2. 甲苯氧化法

甲苯氧化法是甲苯在钴盐催化剂的作用下，用空气氧化生成苯甲酸，然后在铜催化剂的作用下苯甲酸再与空气和水蒸气作用转化为苯酚和二氧化碳。具体的化学反应方程式如下：

$$2C_6H_5CH_3 + 3O_2 \longrightarrow 2C_6H_5CO_2H + 2H_2O \qquad (6-44)$$

$$2C_6H_5CO_2H + O_2 \longrightarrow 2C_6H_5OH + 2CO_2 \qquad (6-45)$$

该法具有甲苯原料来源广泛，产品、原料、催化剂无毒等特点，不联产丙酮，因此在丙酮需求量不大的国家或地区可采用此法生产苯酚。该法工艺过程较为简单，能量得到了综合利用，建设投资和运行费用与异丙苯法相比要低，工艺对原料要求不高，反应产率和选择性均较高，无环保问题。根据市场需求，该路线还可生产苯甲酸和苯甲醛。由甲苯制苯甲酸一步工艺技术非常成熟，但在苯甲酸脱羧过程中产生一些焦油状物，给产品收率和催化剂的使用寿命带来一定的影响，但除焦油后催化剂可循环使用。甲苯氧化法生产苯酚的最大缺点是易生成焦油，从而导致原料消耗和产品成本较高。该法与异丙苯法生产苯酚的竞争能力取决于原料甲苯和苯的价格差异。

3. 苯直接氧化法

苯直接氧化法是以苯为原料，直接氧化制取苯酚的方法，也称苯羟基化法。目前，采用的氧化剂类型有氧气、过氧化氢、一氧化二氮等。苯与氧气直接氧化反应的化学反应方程式如下：

$$2C_6H_6 + O_2 \longrightarrow 2C_6H_5OH \qquad (6-46)$$

苯与一氧化二氮氧化反应的化学反应方程式如下：

$$C_6H_6 + N_2O \longrightarrow C_6H_5OH + N_2 \qquad (6-47)$$

苯直接氧化工艺过程采用氧气作氧化剂时，苯的转化率较低，而采用一氧化二氮或过氧化氢等氧化剂时，苯的转化率较高。该法具有工艺简单，产品收率高，环境污染小等特点，具有工业开发和应用前景。该法仅通过一步反应就得到最终产物，因此是一条经济的工艺路线。目前该方法的研究重点是开发高效催化剂。

4. 磺化法

其生产过程是先用硫酸将苯磺化得苯磺酸，再用氢氧化钠或亚硫酸钠使苯磺酸中和得苯磺酸钠，然后用碱熔法使苯磺酸钠转变成苯酚钠，最后通过二氧化碳中和苯酚钠得到苯酚。具体的化学反应方程式如下：

$$C_6H_6 + H_2SO_4 \longrightarrow C_6H_5SO_3H + H_2O \qquad (6-48)$$

$$2C_6H_5SO_3H + Na_2SO_3 \longrightarrow 2C_6H_5SO_3Na + SO_2 + H_2O \qquad (6-49)$$

$$C_6H_5SO_3Na + 2NaOH \longrightarrow C_6H_5ONa + Na_2SO_3 + H_2O \qquad (6-50)$$

$$2C_6H_5ONa + SO_2 + H_2O \longrightarrow 2C_6H_5OH + Na_2SO_3 \qquad (6-51)$$

磺化法生产苯酚反应复杂，工艺落后，原料消耗高，酸碱消耗量大，产品的生产成本较高，对设备腐蚀较严重，维修费用大，不能连续化生产，同时还要处理气体、液体和固体，对环境污染较大，并副产大量亚硫酸钠。

5. 氯苯水解法

氯苯水解法是苯和氯气反应生成氯苯，氯苯在高温高压下与苛性钠水溶液进行催化水解，生成苯酚钠，再用酸中和得到苯酚。具体的化学反应方程式如下：

$$C_6H_6 + Cl_2 \longrightarrow C_6H_5Cl + HCl \qquad (6-52)$$

$$C_6H_5Cl + 2NaOH \longrightarrow C_6H_5ONa + NaCl + H_2O \qquad (6-53)$$

$$C_6H_5ONa + HCl \longrightarrow C_6H_5OH + NaCl \qquad (6-54)$$

氯苯水解法的氯化过程比磺化法简便，副产物易分离，生产规模大，其缺点是对操作条件要求苛刻，生产设备材质需要耐酸、耐碱，由于需要电解装置(电解氯)，导致装置设备投资较高。

6. 拉西法

该法是苯在盐酸和氧的作用下生成氯苯，氯苯水解即得苯酚。具体的化学反应方程式如下：

$$2C_6H_6 + 2HCl + O_2 \longrightarrow 2C_6H_5Cl + 2H_2O \quad (6-55)$$

$$C_6H_5Cl + H_2O \longrightarrow C_6H_5OH + HCl \quad (6-56)$$

该法的原料是苯，氯化氢可循环使用，其缺点是装置建设投资较高，投产后公用工程费用也较高，在水解工序，操作温度较高，积炭严重，催化剂易老化变质。

7. 环己烷法

该法是苯加氢生成环己烷，环己烷可用气相氧化法，但更多用液相氧化法氧化得环己醇和环己酮的混合物。环己醇和环己酮的混合物再脱氢即得苯酚。具体的化学反应方程式如下：

$$C_6H_6 + 3H_2 \longrightarrow C_6H_{12} \quad (6-57)$$

$$4C_6H_{12} + 3O_2 \longrightarrow 2C_6H_{11}OH + 2C_6H_{10}O + 2H_2O \quad (6-58)$$

$$C_6H_{11}OH + C_6H_{10}O \longrightarrow 2C_6H_5OH + 5H_2 \quad (6-59)$$

该法的优点是投资低，产品质量好。但环己烷成本比苯高，副产物氢必须合理利用，环己烷氧化较难，氧化后产品不易分离，副产物也较难处理。

（三）异丙苯法生产苯酚

1. 主副反应

异丙苯氧化法制造工业苯酚是目前世界上最重要的苯酚生产方法，其生产能力约占世界苯酚生产能力的95%以上。异丙苯由苯与丙烯催化烷基化合成，反应方程式如下：

$$C_6H_6 + CH_3CHCH_2 \longrightarrow C_6H_5CH(CH_3)_2 \quad (6-60)$$

从异丙苯制苯酚的反应分两步进行，第一步，异丙苯过氧化生成异丙苯过氧化物（CHP）：

$$C_6H_5CH(CH_3)_2 + O_2 \longrightarrow C_6H_5C(CH_3)_2OOH \quad (6-61)$$

CHP在通常温度和条件下是稳定的，而在酸性条件和高温下则发生分解。该反应通常在碳酸钠存在下进行，碳酸钠能够将反应过程中形成的有机酸（甲酸、乙酸等）中和掉，起缓冲剂的作用，在酸性和中性介质中反应速率降低。

在氧化反应器中形成的主要副产物是二甲基苄基醇（DMPC）和苯乙酮，随CHP浓度和反应温度的增加，则副产物增加。因此，反应最好是在一组串联的塔中进行，这样，在CHP浓度增加时仍能保持较低的反应温度。为了防止生成过多的副产物，氧化反应器中CHP的浓度保持在20%～30%之间。

第二步，CHP在酸性催化剂的存在下分解生成苯酚和丙酮：

$$C_6H_5C(CH_3)_2OOH \longrightarrow C_6H_5OH + CH_3COCH_3 \quad (6-62)$$

此反应反应速度快，放热量大。因为分解反应是自催化的，必须精心控制以防反应失去控制。反应热通常由反应器内丙酮蒸发或物料外循环冷却来移出。在分解反应器内发生的副反应包括：二甲基苄基醇（DMPC）脱水生成α－甲基苯乙烯（AMS）；DMPC与苯酚反应生成枯基酚；丙酮脱水生成亚异丙基丙酮。α－甲基苯乙烯可以分离回收、出售，或者加氢形成异丙苯，返回氧化反应器。在分解反应中还形成一些焦油状高沸点物，如α－甲基苯乙烯的二聚物、聚合物等。

2. 工艺流程

目前世界上合成异丙苯的方法主要有以固体磷酸为催化剂的UOP工艺、以非均相三氯化铝为催化剂的 SD 工艺及以均相三氯化铝为催化剂的 Monsanto/Kellogg 工艺。UOP 工艺反应温度 250℃，反应压力 2.41MPa，苯单耗 0.765t/t，丙烯单耗 0.412t/t，操作中采取苯过量以抑制二异丙苯的生成，对丙烯计的收率为 94%。此法催化剂选择性高，寿命长，三废易处理，适合大型化生产，因而得到迅速发展，全世界异丙苯生产装置 80% 采用 UOP 工艺。

异丙苯氧化法合成苯酚，自 20 世纪 50 年代初期工业化以来，世界各国许多公司都对此进行了技术开发，建立了各自的异丙苯氧化工艺。如 KBR 工艺、GE 工艺、Sunoco/UOP 工艺、Rhone - Poulenc 工艺、Phenol 工艺、油化工艺等。

（1）KBR 工艺　图 6 - 33 为异丙苯氧化合成苯酚和丙酮的 KBR 工艺流程。

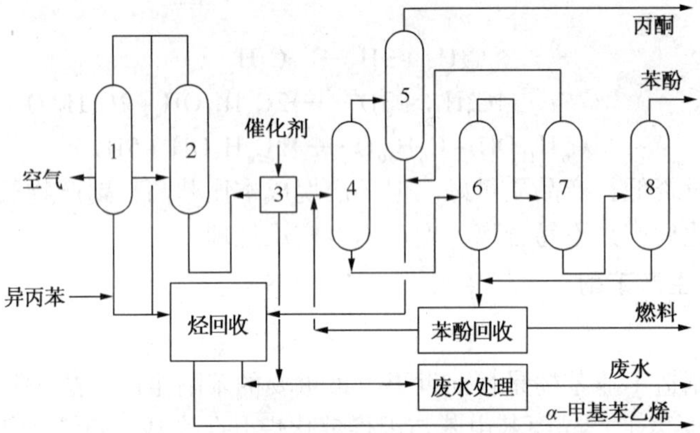

图 6 - 33　异丙苯氧化合成苯酚和丙酮的工艺流程图

1—氧化塔；2—浓缩塔；3—分解塔；4—粗分塔；5—精丙酮塔；
6—脱重组分塔；7—脱轻组分塔；8—精苯酚塔

① 异丙苯氧化与浓缩　异丙苯氧化用 3 ~ 4 级串联的反应塔，每塔实现的转化率大致相同。新鲜的和循环的异丙苯经预热从底部进入第一氧化塔，循环异丙苯源自氧化反应尾气冷凝液、CHP 浓缩塔塔顶气冷凝液和 AMS 加氢产物，入塔前需经碱性水溶液洗涤。压缩空气经碱洗除去酸性物质，以并联方式从塔下部的空气分布器进入每个氧化塔。空气用作氧化剂，从塔底鼓泡，也对反应物料起搅拌作用。氧化塔内反应温度维持在 90 ~ 120℃，反应压力 0.3 ~ 0.7MPa。随着 CHP 浓度增加反应温度下降，各氧化塔都配备有外循环水冷却器，以移走反应热，异丙苯的蒸发也带出一部分热量。氧化反应可以在加碱的稳定体系中进行，也可以在不加碱的稳定体系中进行。反应物料在氧化系统内停留一定时间，部分异丙苯转化，高选择性地生成 CHP，副产物为二甲基苄基甲醇和苯乙酮、甲醇、甲醛、甲酸等。氧化反应的选择性与转化率、温度、停留时间、压力等因素有关，一般工业上可达到 95%。

各氧化塔顶部排出的气体中，含有氮气、CO、O_2、异丙苯、水及甲基过氧化物（MHP）等，汇集起来通过换热器冷却，析出冷凝物。异丙苯返回第一氧化塔，水相进入 MHP 分解器。未冷凝气体通过活性炭吸附系统，回收残余的异丙苯后排放入大气。从末级氧化塔流出的氧化液中，CHP 浓度一般在 25%（质量）以下。氧化液经过冷却分层，水相去废水处理系统，有机相去浓缩系统。浓缩系统一般有两座真空蒸馏塔，用来回收氧化液中未反应异丙苯，提高 CHP 浓度，通常浓度提高到 80% ~ 90%（质量）的塔釜液进入 CHP 分解系统。两个真空蒸馏塔的塔顶馏出物主要是异丙苯，返回第一氧化塔。浓缩系统的加热介质浓度不宜太高，以防浓缩过程中 CHP 的分解。

② CHP 分解与中和　在酸性催化剂的存在下，CHP 进行分解。需控制分解温度(约 800℃)避免副反应的发生。物料在分解器内停留一定时间确保 CHP 分解率 100%，对苯酚的选择性 98% 以上。副产物量很少，有甲酸、乙酸、亚异丙基丙酮、α－甲基苯乙烯、枯基酚、α－甲基苯乙烯二聚物及一些高聚物。分解液中含有催化剂硫酸及副产物甲酸、乙酸，为避免其腐蚀设备应予以中和除去。

③ 产物回收　CHP 分解产物经过中和处理的有机物是粗制的丙酮和苯酚的混合物，其中含有水、烃类及微量有机杂质，进入粗分塔进行蒸馏。蒸出丙酮及其他一些轻质产物，去精丙酮塔精馏精制得产品丙酮。精丙酮塔塔底出料是异丙苯、AMS 等烃类及水，它与脱轻组分塔(粗酚塔)塔顶馏出物一起进烃回收系统。粗分塔塔底物是苯酚和一些重质产物，送苯酚提纯系统。苯酚提纯系统主要由脱重组分塔、脱轻组分塔和精苯酚塔等组成。脱重组分塔的塔底物是苯乙酮、枯基酚和焦油状物，与精苯酚塔的塔底物料一起经酚回收处理后，废油可作燃料用。

④ 水处理系统　MHP 分解器的水相，丙酮汽提塔底物，精丙酮塔塔底物分离的水相，同时还有从酚水槽、中和槽，精 AMS 碱洗槽、酚回收溶剂槽及放空洗涤器来的废水，这些废水经硫酸酸化，把所含的酚钠转化成苯酚，然后进入萃取塔回收苯酚。萃取剂采用从精丙酮塔和脱轻组分塔回收的有机相，其组成为异丙苯、AMS 及亚异丙基丙酮。萃取剂从萃取塔底部入塔，对含酚废水进行逆流萃取，萃取后的废水只含痕量苯酚，可送常规生化系统处理。从萃取塔塔顶流出的萃取液，先用碳酸钠溶液或者来自生产过程的碱性溶液处理。这时，苯酚又形成酚钠，进入水相，返回中和槽。含少量苯酚的有机相再用 20% 碱液反萃取，苯酚完全转入水相。萃取剂得以再生重复使用。

⑤ AMS 加氢系统　AMS 加氢反应采用固定床催化反应器，催化剂为 Pd/Al_2O_3。AMS 和氢气从顶部进入反应器，AMS 加氢生成异丙苯。AMS 加氢的单程转化率 100%，异丙苯选择性 98% 以上。加氢反应器流出物，经热交换器冷却冷凝，进入气液分离器，分离成富含氢气的气相和富含异丙苯的液相。为了避免 CO 等杂质在气体中积累，排放一部分气体后，其余气体经压缩后补充新鲜氢气，返回加氢反应器，液相经蒸馏回收异丙苯，返回氧化塔。蒸余物重质烃可作燃料使用。

三废处理与排放：

a. 废气　氧化反应尾气，经冷却冷冻冷凝，分离出异丙苯之后进入活性炭吸附器，回收微量异丙苯，使有机物含量降至 $50cm^3/m^3$ 以下，然后在常压下高空排放。

加氢反应弛放气，经冷凝分离出有机物后常压下高空排入大气。喷射器的尾气、精馏系统的所有放空气体，均需收集起来，经冷凝冷却，进一步回收有机物，洗涤，然后放空。

b. 废水　氧化工序碱洗废水、精丙酮塔塔釜废水、丙酮汽提塔废水等来自本装置净化系统的所有槽罐的排污，收集返回中和系统，用硫酸调节 pH 值至 5～6，然后送萃取塔，以 AMS 和异丙苯混合液为萃取剂，进行溶剂萃取脱酚，再进行油水分离，分出废水去生化处理。

氧化系统排出的废液中，含有 MHP，经 MHP 分解器分解后，气相进入活性炭吸附系统，经吸附后排放，液相进入酚回收系统。

c. 废渣　活性炭吸附器出来的废活性炭可用作燃料。酚处理器排出的废树脂可作燃料烧掉。废的加氢催化剂可送回催化剂制造厂回收其中的贵金属钯。

(2) GE 工艺　GE 工艺把改进的氧化技术与新型的 CHP 分解技术相结合，采用高效蒸馏和先进的控制系统，生产高质量的苯酚和丙酮。产品可供制造双酚 A 和聚碳酸酯。工艺流程示意图见图 6－34 所示。

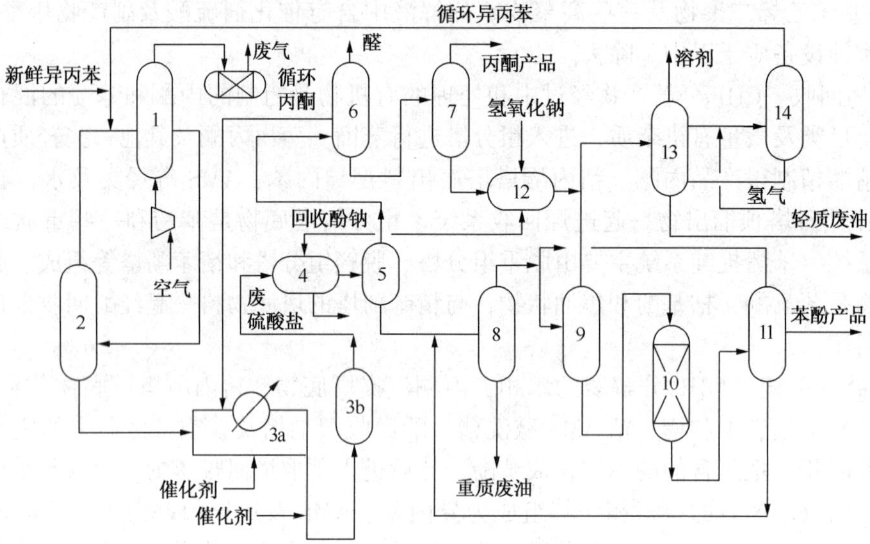

图 6－34　GE 工艺流程示意图

1—氧化器；2—浓缩系统；3—分解器；4—中和器；5—粗分塔；6—脱醛塔；7—精丙酮塔；8—脱重组分塔；9—脱轻组分塔；10—树脂床；11—精苯酚塔；12—碱洗器；13—AMS 浓缩塔；14—AMS 加氢和异丙苯回收系统

本工艺采用新的氧化技术，减少有机酸的形成，提高了选择性。新鲜的和循环的异丙苯进氧化器经空气氧化生成 CHP。氧化液在多级异丙苯气提系统内浓缩，异丙苯返回氧化器，浓缩液进入两段式分解装置。以硫酸为催化剂，反应在循环的管式反应器中进行，反应热由冷却水带出。CHP 在精确控制停留时间、反应温度以及酸和丙酮浓度的情况下分解，减少产生重质副产物。

分解物中所含的硫酸用碱性酚钠溶液在中和器中中和，硫酸盐溶液与烃分离后送去脱酚。烃经过先进的脱盐系统进一步脱除残留的硫酸盐，进粗分塔蒸馏。在粗分塔蒸馏出丙酮、异丙苯和水，去脱醛塔除去醛类，再去精丙酮塔精馏得无水丙酮，丙酮含量 $>99.7\%$ (质量)。在脱醛塔分出一股丙酮，返回两段分解装置。从精丙酮塔塔底排出的异丙苯、AMS 和水的混合物中尚含有少量苯酚，在碱洗器中萃取，含酚钠的碱液去中和器中和。脱酚后的异丙苯、AMS 和水的混合物经过浓缩塔浓缩，进入固定床低压加氢系统加氢，AMS 加氢转化为异丙苯。异丙苯经蒸馏提纯返回系统。本工艺也可生产精制的 AMS。

粗分塔塔底物(苯酚及重质烃)流入脱重组分塔，在真空下蒸出粗苯酚，残液重质废油供作燃料，粗苯酚经过临氢萃取蒸馏除去轻质烃类杂质，再经树脂床催化处理除去羰基杂质，最后经真空精馏塔提纯得高纯苯酚 $>99.99\%$ (质量)。真空精馏塔的塔底物含重质烃、苯乙酮及少量苯酚，返回脱重组分塔以回收苯酚。

各工艺部分产生的废液均收集于一封闭系统中进行处理，在废水脱酚装置中用溶剂萃取脱酚，然后废水送生化系统处理。含酚和酮的废气经吸收、洗涤，洗涤液去萃取脱酚系统回收苯酚。

四、己二酸

己二酸主要用于制造尼龙 66，其次用于制造增塑剂、润滑脂、聚氨酯泡沫塑料，少量用作食品的增酸剂和代替酒石酸用于发酵粉，也可用于制造杀虫剂和黏合剂。

1. 己二酸的生产方法和反应原理

目前，生产己二酸的路线主要是原油加工制取苯，苯加氢制环己烷，再制取己二酸。其方法有两种：

① 采用硝酸或乙酸钴为催化剂，直接通入空气将环己烷氧化成己二酸，但收率低、副产物高，并耗费大量硝酸；

② 环己烷在钴盐催化下，通入空气制成环己醇－环己酮混合物（KA 油），然后氧化成己二酸。当环己烷氧化时，采用空气氧化法，当 KA 油氧化时，采用硝酸氧化法，产品可达到纤维级，经济上有利。

下面重点介绍石油路线制取己二酸的工业方法。以铜、钒为催化剂，以 KA 油为原料，以硝酸为氧化剂制备己二酸。反应在液相中进行，用可溶性硝酸铜和硝酸钒作催化剂（通过铜和五氧化二钒与硝酸反应生成），硝酸与醇酮的摩尔比为（4.6～4.8）∶1。

2. 工艺流程

环己烷空气氧化与 KA 油硝酸氧化相结合的工艺流程见图 6－35。

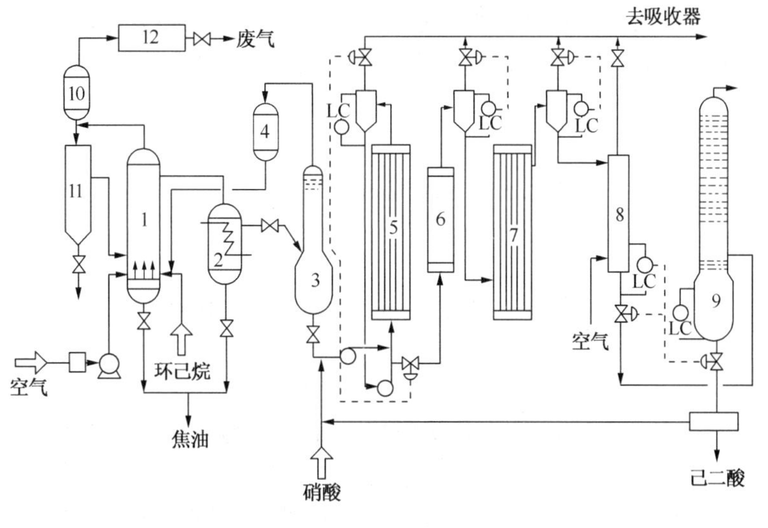

图 6－35　KA 油硝酸氧化法制己二酸工艺流程图

1—环己烷空气氧化塔；2—冷却器；3—粗馏塔；4—冷凝器；
5— KA 油第一氧化塔；6—预热器；7— KA 油第二氧化塔；
8—汽提塔；9—硝酸蒸馏塔；10—加压冷凝器；11—凝析器；12—汽水阀

将浓度为 60%（质量）的硝酸与从环己烷氧化车间送来的 KA 油按 3∶1，或更高的比例加入到第一级反应器中，同时加入铜和钒的化合物（一般为硝酸铜和钒酸铵）为催化剂，硝酸铜是用来阻止环己醇或其他中间体生成副产物，钒酸铵用来阻止由二酮类中间体生成副产物。该反应在 65～70℃ 和约 0.207MPa 下进行，时间为 45min 左右。在第一反应器中，KA

油的转化率为90%。第一氧化塔出来的反应液，经分离器分出的氧化氮气体，通过预热器预热后送入第二氧化塔，在90~110℃温度下继续反应45min，以达到完全的氧化。

反应液从第二氧化塔出来后进入汽提塔，用空气吹出溶解的氧化氮及其他气体，再在硝酸蒸馏塔中蒸出硝酸蒸汽，所有每个反应器及设备中收集到的气体都送去吸收，以便回收硝酸重新再用。经过脱气的己二酸粗制品送往结晶系统，进行纯化，第一级结晶可得到95%(质量)纯度的产品，经离心过滤后，使其溶解于水，并在第二结晶器中进行重结晶，即可制得纤维级的己二酸。

在某些引进装置中，为使KA油反应更彻底并减少副反应，反应部分改为6个带搅拌的反应器，反应温度分别为70℃、74℃、78℃、82℃、86℃、90℃。

此法的经济性与硝酸的用量密切相关。硝酸用量增加，一般可得到较多的己二酸，但同时增加了原料费用和操作费用，并将需要更高效的回收技术和设备。

五、对苯二甲酸

对苯二甲酸主要是用以生产聚酯树脂，进而制造聚酯纤维和薄膜等。此外，还可用作染料中间体和绝缘漆以及家禽饲料添加剂等。

目前，工业上制造对苯二甲酸的方法主要有：对二甲苯高温氧化法、对二甲苯分段氧化酯化法、对二甲苯低温氧化法、对二甲苯硝酸氧化法、亨格尔(又分为Ⅰ和Ⅱ)法等。

由于对二甲苯硝酸氧化法设备腐蚀严重，产品精制困难。亨格尔Ⅰ法和亨格尔Ⅱ法需要消耗价高的氢氧化钾，而且流程长，难于连续化生产，因此先后在60年代后期终止生产。目前，工业上大量采用的方法是以对二甲苯为原料的高温氧化法和分段氧化酯化法，以及低温氧化法。

1. 对二甲苯高温氧化法

(1) 反应原理　对二甲苯氧化法的主反应为：

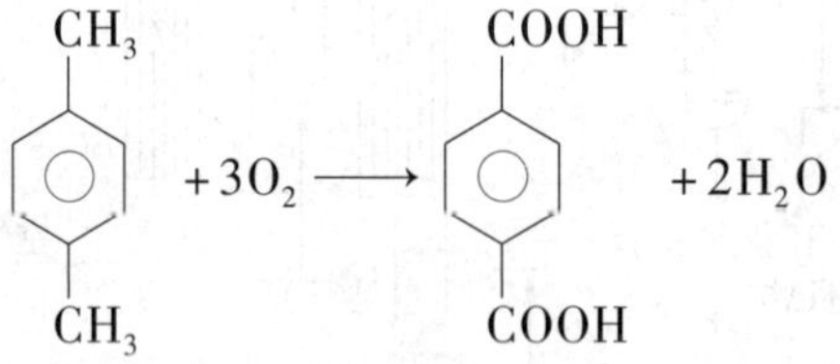

(6-63)

副产物主要是氧化中间产物对羧基苯甲醛，而在高温氧化时，会使酮类副产物大大增加。

(2) 工艺流程　对二甲苯高温氧化法采用钴、锰等重金属盐和溴化物为催化剂，以乙酸为溶剂，经液相空气氧化制取对苯二甲酸。其操作温度为200℃，压力为2.76MPa。每生产1t聚合级的对苯二甲酸，需对二甲苯680kg。其工艺流程如图6-36所示。

将预热的乙酸、对二甲苯和以溴化物为促进剂的重金属氧化物催化剂(如锰和钴)，以及经压缩的空气送入带有良好搅拌的反应器中，在规定的反应温度和压力条件下进行反应。反应流出物(呈热的浆状物)连续地从反应器导入结晶器。反应物在结晶器中被闪蒸的乙酸、末反应的二甲苯和水所冷却，经离心分离，除去附加的乙酸和二甲苯，再经进一步分离和干燥后，即可得到纯度高于99%的粗对苯二甲酸。反应收率为90%~95%。废反应液和结晶母液在蒸发器内经蒸馏除去水和副产物，并回收末反应的乙酸和二甲苯，乙酸循环使用。

此法的优点是工艺简单、反应速度快、设备利用率高、产品收率高、灵活性大，适用于生产多种产品的工厂。

此法的缺点是设备腐蚀较严重、产品精制较困难。

聚合级对苯二甲酸的纯度为99.9%，因此必须将粗对苯二甲酸进行精制。工业上精制对苯二甲酸的方法有湿法（分为还原精制法、氧化精制法、抽取或浸出精制法）和干法（升华法）两种。由于粗对苯二甲酸的制取方法不同，其所含的不纯物也有所不同，因此选用的精制方法也各异。在SD法（对二甲苯高温氧化法）所生产的粗对苯二甲酸中，所含的不纯物是4-羧基苯甲醛、苯甲酸和属于芴酮系化合物中的着色物，故采用阿莫柯（Amoco）精制法。其过程是先把粗对苯二甲酸用热水洗涤，以除去微量的催化剂和乙酸，热水浆状物进入到加氢反应器中进行加氢反应，使4-羧基苯甲醛及其他不纯物被还原而除去。加氢反应温度为225～275℃，催化剂为钯。产品经结晶和干燥，即可得到纤维级的对苯二甲酸，此法每吨纤维级对苯二甲酸约需要1.03t粗对苯二甲酸。随着对苯二甲酸和乙二醇直接酯化工艺的发展需要，不少公司开发了不经精制，而用SD法直接制取纤维级对苯二甲酸的方法。现已实现工业化的有日本的丸善法和三菱化成新法。

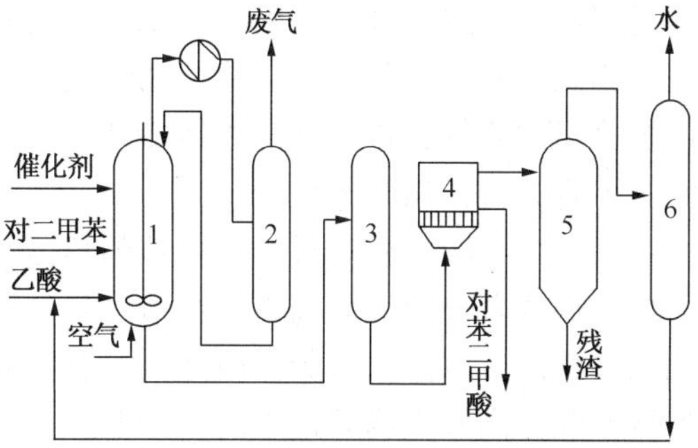

图6-36　二甲苯高温氧化法工艺流程图

1—反应器；2—气液分离器；3—结晶器；4—固液分离器（或过滤器或离心分离器）；5—蒸发器；6—乙酸回收塔

2. 对二甲苯低温氧化法

此法是采用某些羧酸、醇、酮以及环氧衍生物等，作为氧化促进剂进行氧化反应。目前已工业生产的有莫比尔法、伊斯曼法、东丽法。莫比尔法是以甲乙酮为氧化促进剂，反应温度为120～145℃，压力为1.47MPa，收率为98%左右。伊斯曼法是以乙醛为氧化促进剂，反应温度为80～150℃，压力为0.98MPa，收率为98%。东丽法是以三聚乙醛为氧化促进剂，反应温度为100～150℃，压力为1.96～2.94MPa。这些方法的共同特点是以乙酸为溶剂，钴为催化剂，在较低的温度下进行氧化反应，产品收率高，而且不用钛等特殊材质。东丽法工艺流程，如图6-37所示。

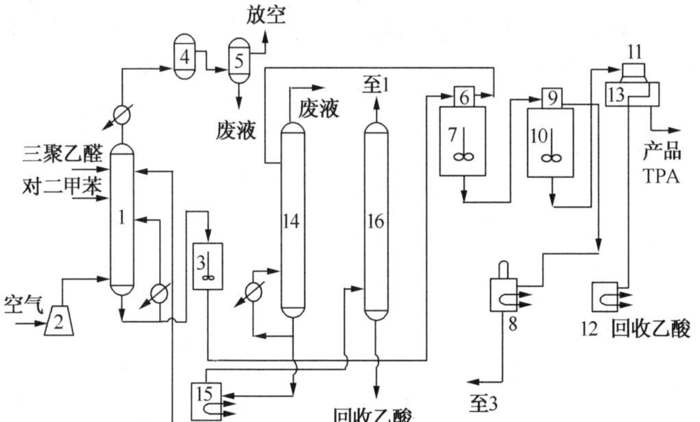

图6-37　东丽法生产对苯二甲酸工艺流程图

1—反应器；2—空气压缩机；3—闪蒸槽；4—第一高压洗涤器；5—第二高压洗涤器；6—第一倾析器；7—第一洗涤槽；8—第一闪蒸罐；9—第二倾析器；10—第二洗涤槽；11—第三倾析器；12—第二闪蒸罐；13—干燥器；14—脱水塔；15—循环液浓缩槽；16—乙酸回收塔

将对二甲苯、三聚乙醛（用量小于对二甲苯质量的50%）和含有乙酸钴催化剂的循环乙酸溶剂，分别导入反应器，再将作为氧化剂的压缩空气从反应器底部通入反应液内，边鼓泡搅拌边上升。反应温度维持在100～150℃之间，压力1.96～2.94MPa。反应生成的对苯二甲酸几乎不溶于乙酸中，而在反应液中析出微小颗粒，呈浆状物。

将此浆状物通过闪蒸槽送到对苯二甲酸精制工段。三聚乙醛随着反应转化成乙酸，经精制加工作为副产品。为除去反应热，用浆液泵将反应液循环通过温水冷却的反应液冷却器。从反应器排出的废气，首先经冷凝器冷却，再到第一高压洗涤器内回收乙酸，最后通过第二高压洗涤器将废气排出循环系统。

对苯二甲酸的精制过程是将从闪蒸槽送来的对苯二甲酸与乙酸混合浆状物，通过第一倾析器，使两者分离。分离出的乙酸送到乙酸精制工段，对苯二甲酸送到第一浆液洗涤槽内，用乙酸洗涤，以除去对苯二甲酸内含有的对甲基苯甲酸和催化剂(洗涤用的乙酸是从第一蒸发罐经除去高沸点物后送来的)。然后，再将对苯二甲酸和乙酸浆状物送到第二倾析器进行分离，分离出的乙酸送到第一蒸发罐，对苯二甲酸送到第二洗涤槽进一步洗涤。最后，再通过第三倾析器进行分离，将分离出的对苯二甲酸送到干燥器干燥，即可得到精制的对苯二甲酸。从第三倾析器分离出的乙酸溶液送到第二蒸发罐回收乙酸。

3. 对二甲苯分段氧化酯化法

由对苯二甲酸直接酯化制造聚酯，其方法比较经济，整个工艺过程不消耗甲醇，但必须使用高纯原料，而对苯二甲酸的精制是非常困难的，杂质种类也比较多。但如以对苯二甲酸二甲酯为原料，其纯化操作就容易进行，无论用精馏法精制，或用结晶法精制都容易获得纯品。因此，用后一种方法制造聚酯应用的更广泛些。

对二甲苯分段氧化酯化法最早工艺过程为两步氧化和两步酯化，称四步法。由于其工艺过程复杂，生产费用高，所以将两步氧化和两步酯化改成一步氧化和一步酯化，称两步方法。

德国胡尔斯(Hüls)公司与美国环球油品公司联合开发了一种新的生产对苯二甲酸和对苯二甲酸二甲酯的方法，称环球－胡尔斯(Uni－Hüls)法。此法采用对二甲苯在乙酸和催化剂存在下，在中等温度、压力下，进行液相氧化制得对苯二甲酸，再与甲醇酯化得对苯二甲酸二甲酯。其特点是产率高，公用工程费用低，目前已建成工业规模装置。

目前，还开发了以资源丰富，价格低廉的甲苯代替对二甲苯，合成对苯二甲酸的新方法。在工艺上比较成熟，可望成为工业方法的有日本三菱瓦斯公司开发的甲苯羰基氧化法制对苯二甲酸，称三菱瓦斯法。此法的成本比对二甲苯氧化法的成本可节约20%。另外，美国菲利浦公司和法国罗纳－普朗克公司共同开发的甲苯氧化歧化法，称PRP法，因解决了钾盐的回收和循环问题，使成本大大降低了，很有发展潜力。

思考题

6－1 简述芳烃的主要来源。

6－2 芳烃馏分有哪几种分离方法？

6－3 芳烃的转化反应有哪些？

6－4 简述脱烷基化的方法。

6－5 简述 C_8 芳烃分离的方法。

6－6 芳烃转化的催化剂有哪几类？

6－7 甲苯歧化的工艺条件有哪些？

6－8 乙苯的生产工艺有哪些？

6－9 制取苯乙烯的方法有哪些？

6－10 简述苯酚的主要用途与生产工艺。

第七章　碳一化学

随着煤液化新技术的开发，大型甲醇厂的建设和高效定向催化技术的发展，逐步形成了以煤直接液化、间接液化和甲醇为主要原料生产有机化工产品和合成燃料的新一代煤化工。以煤及天然气化工为主构成了新的化工领域即碳一化学。

笼统地说，用含一个碳的化合物合成化学品或燃料的化学称为碳一化学，作为一个在全世界大力发展的领域，给出一个科学的定义是必要的，我们把一个碳的化合物，例如，CO、CO_2或者与之等价的 CH_4、CH_3OH、HCHO 等作为起始原料，合成石油化学中间原料或产品的化学，叫作碳一化学。实现碳一化学的工业过程叫做碳一化工。显然，碳一化学所包含的内容很丰富，本章围绕合成气的生产、利用，煤的直接液化等内容展开讨论。

第一节　煤的化学组成和分子结构

一、煤的化学组成和分子结构

煤中有机物主要由碳、氢、氧和少量氮、硫、磷等元素构成，各种煤所含的主要元素组成见表 7－1。

表 7－1　煤的元素组成

组　成	种　　类			
	泥 炭	褐 煤	烟 煤	无烟煤
C/%	60 ~ 70	70 ~ 80	80 ~ 90	90 ~ 98
H/%	5 ~ 6	5 ~ 6	4 ~ 5	1 ~ 3
O/%	25 ~ 35	15 ~ 25	5 ~ 15	1 ~ 3

煤的分子结构相当复杂。尽管人们尚不了解煤中有机质大分子的确切结构，但可以将煤中有机质大分子的结构分为两大部分，即含有芳环和脂环的结构单元部分及连接结构单元的桥键部分。但以芳核结构为主，还具有烷基侧链和含氧、含氮、含硫基团，近似组成为$(C_{135}H_{97}O_9NS)_n$。图 7－1 示出了某些煤种可能的基本结构单元。由于煤中含有大量的芳核结构，以它为原料来制取芳烃、稠环和杂环类化合物（如苯类、酚类、喹啉、吡啶、咔唑等），要比以石油为原料方便。目前世界上由煤得到的苯约占苯总产量的 25%，萘约占 85%，蒽、苊、芘占 90% 以上，咔唑、喹啉占 100%，炭黑占 25%。

二、煤化程度与煤的分类

煤化程度，指煤化作用的程度。煤化作用指由泥炭向褐煤、烟煤和无烟煤转化的地球化学过程。广义地亦可理解为由植物经泥炭转变为煤的过程。根据煤化程度，将所有煤分为褐煤、烟煤和无烟煤。从我国煤炭生产的品种来看，无烟煤约占总产量地 20%，烟煤约占

75%，褐煤只有5%。我国煤炭产量和消耗量每年大体1200Mt。

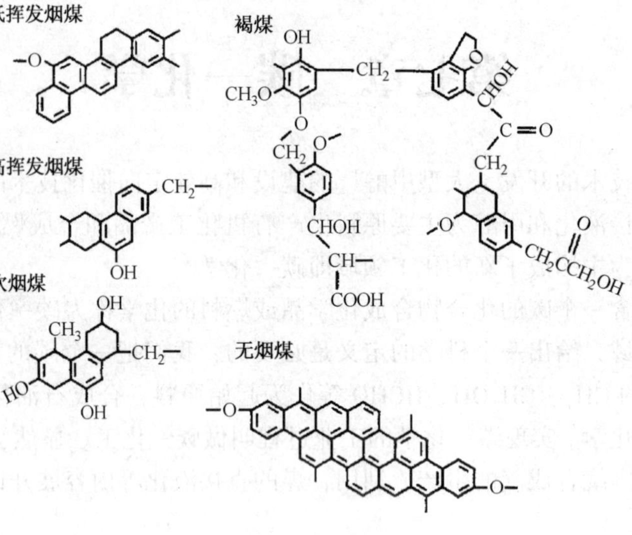

图7-1 不同类型煤的基础结构单元示意图

① 褐煤　褐煤是煤化程度最低的煤，外貌多呈褐色或褐黑色、水分高。元素组成中碳含量低，氧含量高，氢含量变化大。褐煤主要作为燃料及气化原料用，优质褐煤可作化工原料。

② 烟煤　多呈黑色，具沥青光泽至金刚光泽，条带状结构较明显，没有原生腐植酸。按其用途，可分为炼焦煤和非炼焦用煤两部分。炼焦煤包括气煤、肥煤、焦煤、瘦煤和部分弱黏煤。非炼焦用煤包括长焰煤、不黏煤、大部分弱黏煤和贫煤。不黏煤和弱黏煤是成煤作用初期受不同程度氧化。而惰性组分、过渡组分含量较高的低、中煤化程度的烟煤，可作为动力用煤，也可作气化用煤。

③ 无烟煤　无烟煤的煤化程度最高。碳含量高，通常在90%以上，可达98%；氢含量低于4%。外貌呈钢灰色或古铜色，金属状光泽；硬度高，密度大，燃点高，化学反应性弱。反应性能好、热稳定性高的无烟煤用作制造氮肥的原料，某些优质无烟煤还可用于制造碳电极、碳化硅、碳纤维、单晶石墨以及制造电石等。

煤中有机质是复杂的高分子有机化合物，主要由碳、氢、氧、氮、硫和磷等元素组成，而碳、氢、氧三者总和约占有机质的95%以上；煤中的无机质也含有少量的碳、氢、氧、硫等元素。碳是煤中最重要的组分，其含量随煤化程度的加深而增高。煤中硫是最有害的化学成分。煤燃烧时，其中硫生成SO_2，腐蚀金属设备，污染环境。煤中硫的含量可分为5级：高硫煤大于4%；富硫煤为2.5%～4%；中硫煤为1.5%～2.5%；低硫煤为1.0%～1.5%；特低硫煤小于或等于1%。煤的化学组成和分类对其化学加工有着重要的意义。

第二节　洁净煤技术

一、洁净煤技术的提出

洁净煤技术(简称CCT)的含义是：旨在减少污染和提高效率的煤炭加工、燃烧、转化和污染控制等新技术的总称。当前已成为世界各国解决环境问题主导技术之一，也是高技术国际竞争的一个重要领域。

二、我国洁净煤技术的内容

由于中国煤炭开采和利用的特点决定，中国洁净煤技术领域与国外洁净煤技术领域重点放在燃烧发电技术上有所不同，涵盖从煤炭开采到利用全过程，是煤炭开发和利用中旨在减少污染和提高效率的煤炭加工、燃烧、转化和污染控制等新技术的总称。

按照国务院1997年批准的《中国洁净煤技术九五计划和2010年发展规划》，中国洁净煤技术包含四个领域、十四项技术：

① 煤炭加工领域：选煤、型煤、水煤浆；

② 煤炭高效燃烧与先进发电技术领域：CFBC、PFBC、IGCC；

③ 煤炭转化领域：气化、液化和燃料电池；

④ 污染排放控制与废弃物处理领域：烟气净化、电厂粉煤灰综合利用、煤层气的开发利用、煤矸石和煤泥水的综合利用。

第三节 合成气的生产

利用石油特别是利用轻质油以外的资源重渣油、天然气(甲烷)、煤、焦油、沥青、油母页岩或炼铁厂副产气直接制取石油化学产品目前还存在一定的困难。首先，要把上述原料变为合成目的产物所必需的原料－合成气，合成气是由 CO 与 H_2 组成的混合物，英文缩写是 Syngas。再以合成气为中间原料制成甲醇、乙烯、丙烯或者直接合成各种石油化学产品。

由合成气出发制造石油化学产品技术开发的重要性勿容置疑。合成气的生产方法有多种，目前天然气法和煤的气化法被较多的采用。

一、天然气法

石油、天然气和煤炭是当今世界一次能源的三大支柱。天然气作为重要的清洁燃料和化工原料，已广泛用于民用燃料、工业燃料、燃气发电、合成液体燃料和化工原料等领域。世界天然气资源十分丰富，据国际能源专家预测，世界常规天然气资源量为 $436\times10^{12}\ m^3$，可开采资源量为 $330\times10^{12}\ m^3$，按目前的开采速度可供开采 120 年，而石油储量仅可开采 40 年。

我国天然气资源比较丰富，加快开发利用天然气资源，已成为世界制定能源发展战略时必须考虑的重要内容。以天然气为原料形成的产品链见图 7－2。

1. 合成方法和基本原理

以天然气为原料生产合成气，无论从工程投资、能量消耗、生产成本看都有优势。主要方法有水蒸气转化法、部分氧化法，以前者为主。水蒸气转化法(steam reforming)是在加压、800℃左右将原料烃类与水蒸气用催化剂进行反应的方法。

水蒸气转化法是一个复杂的反应体系，其主要反应是：

$$CH_4 + H_2O \rightleftharpoons CO + 3H_2 \qquad (7-1)$$

$$\Delta H_{298K} = 206.3\ kJ/mol$$

- 天然气
  - 直接转化
    - 乙炔——PVC、1,4-丁二醇、丁二醇、氯丁橡胶、四氢呋喃
    - 氢——航空燃料、加 H_2 产品、燃料电池
    - 炭黑——橡胶补强剂、填充剂、着色剂、人造石墨、干电池、火药
    - 甲烷氯化物——四乙基铅、甲基纤维素、发泡剂、脱脂剂、四氟乙烯、一氯二氟甲烷、氟利昂-22、气溶胶推进剂
    - 氢氰酸——乙醇、乙醚、甘油、苯、氯仿、氰化钠
    - 二硫化碳——人造丝、玻璃纸、四氯化碳、再生纤维素
    - 硝基甲烷——溶剂、硝基醇、氯化苦、羟胺盐、杀虫剂、烈性炸药
  - 间接转化
    - 甲醇——甲醛、醋酸、MTBE、DME、汽油、甲胺、染料、医药、涂料、烯烃、乙二醇、乙醇、乙醛、甲酸甲酯
    - 合成氨——氮肥、硝酸、纯碱、氨基酸、乙内酰胺、乙二胺、人造丝、维生素、酚醛树脂、制冷剂
    - 二甲醚——气雾剂、发泡剂、清洁燃料、冷冻剂、二甲基硫醚、烯烃
    - 乙二醇——涤纶、聚酯、不饱和树脂、表面活性剂、防冻剂、增塑剂、炸药
    - 低碳烯烃——乙烯、丙烯、丁烯、PE、PP、脂类、丙烯酸
    - 低碳混合醇
    - 液体燃料(汽油、柴油)
  - 正在研究开发的转化技术
    - 氧化偶联制乙烯
    - 直接制甲醇
    - 无氧芳构化
    - 直接制甲醛
    - 无氧低温制乙烷

图7-2 天然气产品链图

$$CH_4 + 2H_2O \rightleftharpoons CO_2 + 4H_2 \qquad (7-2)$$

$$\Delta H_{298K} = 165.3kJ/mol$$

水煤气变换反应：

$$CO + H_2O \rightleftharpoons CO_2 + H_2 \qquad (7-3)$$

$$\Delta H_{298K} = -41.19kJ/mol$$

完全燃烧反应：

$$CH_4 + 2O_2 \longrightarrow CO_2 + 2H_2O \qquad (7-4)$$

$$\Delta H_{298K} = -879kJ/mol$$

部分氧化反应：

$$CH_4 + 1/2O_2 \rightleftharpoons CO + 2H_2 \qquad (7-5)$$

$$\Delta H_{298K} = -36kJ/mol$$

天然气中所含的少量低分子烷烃乙烷、丙烷和丁烷发生以下反应：

$$C_nH_{2n+2} + nH_2O \rightleftharpoons nCO + (2n+1)H_2 + Q \qquad (7-6)$$

$$C_nH_{2n+2} + 2nH_2O \rightleftharpoons nCO_2 + (3n+1)H_2 + Q \qquad (7-7)$$

在一定的条件下，反应过程可能进行生成积炭的反应。反应式(7-8)、式(7-9)和式(7-10)是天然气蒸汽转化过程中必须防止的副反应。

$$2CO \rightleftharpoons CO_2 + C \qquad (7-8)$$

$$\Delta H_{298K} = -172.5kJ/mol$$

$$CH_4 \rightleftharpoons 2H_2 + C \qquad (7-9)$$

$$\Delta H_{298K} = 74.9kJ/mol$$

$$CO + H_2 \rightleftharpoons H_2O + C \quad (7-10)$$

$$\Delta H_{298K} = -131.47kJ/mol$$

上述反应均为可逆反应。对于天然气水蒸气转化，主要利用的反应为式(7－1)、式(7－2)和式(7－3)，前两式均为强吸热反应，后者放热，起着调节热量和 H_2 与 CO 摩尔比的作用。但总的过程是强吸热的，工业上采用管式炉从外部提供热量。

从上述反应原理可知，采用低压和高温对甲烷蒸气转化是有利的，但从能耗和投资综合来看，工业上均采用加压转化。

2. 催化剂和工艺条件

甲烷转化催化剂由主催化剂、助剂和载体组成。

(1) 主催化剂　目前一段转化催化剂均以镍为主催化剂；二段转化催化剂和自热式纯氧部分氧化催化剂中的耐热催化剂是以铬为主催化剂，同时具有耐热保护和转化功能，通常放在转化炉催化剂床层的顶部。也有不少催化剂研究者添加钯、钌等贵金属，来提高转化催化剂的活性。通常催化剂中镍的含量越高，转化的活性越好。参见表7－2。

表7－2　镍含量与转化活性的关系

镍含量/%(质量)	10.6	13.9	17.9	20.8	25.8
甲烷转化率	10.3	13.4	19.8	20.1	20.6

注：试验条件为 $CH_4/H_2O=3$，入口450℃，出口600℃，压力 26×10^5 Pa，湿气空速 35000^{-1}。

转化催化剂的制备通常有浸渍型和沉淀型，采用不同方法制备的催化剂活性是不相同的，其最佳镍含量也不相同。例如，浸渍型转化催化剂含 NiO 10%～14%时已相当于沉淀型(黏结型)转化催化剂含 NiO 30%～35%时的活性。

(2) 助催化剂　加入助催化剂将有效地抑制熔结过程中镍晶粒长大，其目的是：①提高催化剂的活性和稳定性；②抑制转化过程中的析炭；③提高抗毒能力；④改善还原性能；⑤延长催化剂的寿命。

由于转化催化剂使用温度高，所以通常采用难还原、难挥发的金属氧化物作助催化剂(如 Al_2O_3、MgO、Cr_2O_3、TiO_2等)。有许多助催化剂对提高转化催化剂的活性有明显作用，表2－8列举了一些助催化剂及不同添加量对活性的影响。同样，助催化剂也会影响转化催化剂的强度和耐热性能。综合对各方面性能的影响，Al_2O_3、MgO 和 CaO 是最常用的效果较好的助催化剂。

所有转化催化剂设计中为抑制危害最大的析炭反应，常常添加能够减少催化剂表面酸度的碱金属或碱土金属，最常用的有 K_2O、MgO、CaO 和稀土氧化物等。

(3) 载体　转化催化剂都是在高温和高压下使用，载体在使用条件下应当有利于活性镍的分散，所以转化催化剂的载体通常使用难熔的耐火氧化物，如 Al_2O_3、MgO、CaO、ZrO_2、TiO_2等。目前，在工业上通常使用的载体是铝酸钙型和低表面积的耐火材料型。

合成气可用于多种合成。但用于生产甲醇合成气的转化工艺操作参数与合成氨厂有较大的差别。蒸汽转化过程中的主要工艺操作参数是压力、温度、水碳比、空速、气氧比、二氧化碳加入量等。对于合成甲醇来讲，希望合成气中 CO 的含量高些，CO_2 含量低些，CH_4 的含量越低越好；合成气的压力越高，能耗越低。工艺操作条件不能孤立考虑，不能只顾及它们本身对反应的影响，还要考虑到炉型、原料、炉管材料、催化剂等对这些参数的影响。而且参数的合理确定，不仅要考虑对本工序的影响，也要考虑对压缩、合成工艺的影响，合理的工艺操作条件最终应在总能耗及投资上表现出来。由于以天然气为原料制备合成气的工艺多种多样，工艺条件不再分述，转化工艺指标对照见表 7－3。

表 7－3　天然气转化制合成气工艺指标对照表

工　艺	一段转化		二段转化		部分氧化
	传统	补 CO_2	传统	换热式	
转化压力/MPa	2.0～2.5	2.0～2.5	3.0～4.5	3.0～4.5	3.5～5.0
出一段温度/℃	890～920	890～920	700～750	660～720	
出二段温度/℃			950～990	950～990	9500～1050
残余甲烷/%	2.5～3.2	2.5～3.2	0.5～1.2	0.5～1.2	1～2
空分装置	不要	不要	较小	较小	大
天然气消耗/m^3	950	920	900	880	940
综合能耗/GJ	31～32	31～32	29.5～31.5	29.5～31.5	32～34
补 CO_2	不要	约 200 m^3	不要	不要	需脱 CO_2
蒸汽平衡	自身平衡	自身平衡	需外供较少	需外供较多	需外供较多
操作难易	最易	最易	容易	较容易	较难
投资以 2500t/d 为例	1.05	1.05	1	0.95	1.02
适宜装置规模/(t/d)	≤2500	≤3000	2500～6000	2500～6000	5000～10000

3. 天然气转化的工艺流程

现以换热式转化工艺流程为例简要介绍。换热式转化工艺流程也是纯氧二段转化工艺的一种，是由二段转化发展而来的，其区别是将传统的二段转化的一段转化炉改为一台换热式转化炉。这台转化炉就是一台热交换器，热流体为出二段转化炉的高温转化气，列管即是转化管，转化管内装填一段镍催化剂。冷流体就是进一段转化炉的天然气和蒸汽。可见一段转化所需的热量不是由烧嘴来提供，而是由高温二段转化气的冷却来提供。由于没有一段箱式炉，也就没有对流段，所以天然气的预热与天然气和蒸汽的加热必须由另外的加热炉来完成；另外由于高温二段转化气的热量绝大部分用来供一段炉的天然气转化用，因此换热式转化工艺蒸汽必须要外供。换热式转化的工艺流程见图 7－3。

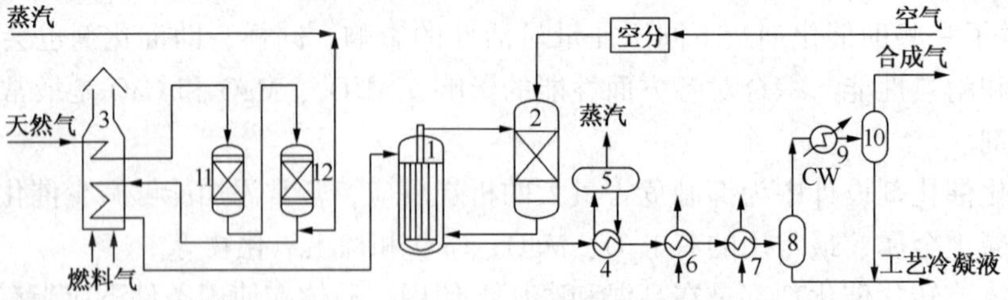

图 7－3　换热式两段转化工艺流程

1—换热式转化炉；2—二段炉；3—加热炉；4—废热锅炉；5—高压汽包；6—锅炉给水加热器；7－换热器；8—分离器；9—水冷器；10—分离器；11—加氢反应器；12—脱硫槽

换热式转化流程与传统的二段转化流程基本相同。压力约 4.0～4.5MPa 的天然气经脱硫净化后补入蒸汽，在加热炉中加热到480～520℃进入换热式转化炉，使约有25%～30%的甲烷进行蒸汽转化反应，在650～680℃出换热式转化炉进入二段转化炉，在二段转化炉进一步转化，二段转化炉是一个绝热的部分氧化炉，由空分来的纯氧(99.5%)先经蒸汽预热再送入二段转化炉。出二段转化炉的转化气温约为1000℃，在一段转化炉壳程冷却后为600～650℃后再去转化气废热锅炉，再经热回收冷却分离工艺冷凝液后即为合成气。与传统二段转化炉相比，换热式转化炉系统没有转化炉燃料系统，却增加了加热炉；进转化气废热锅炉的气体温度也下降约350℃(即从1000℃降到650℃左右)，因而副产高压蒸汽也减少了一半。由于换热式转化炉不是直接用火加热，因此，炉子的操作条件要温和得多。又由于换热式转化炉只承受压差，压差一般是0.4～0.7MPa，也要较普通转化管低很多，所以炉管的壁厚只有4～5mm，也可以用轧制合金钢管，不一定用离心混铸炉管。

换热式转化工艺的特点：燃料天然气消耗少，投资较省；转化炉的操作条件温和。但蒸汽不能自身平衡，而综合能耗与传统的二段转化相差较少，每吨甲醇的能耗均在30GJ左右。

二、煤气化法

所谓的煤气化法是指用干馏热裂解、部分氧化、水煤气化、发生炉煤气反应等各种反应，把煤转换成合成气。

1. 基本原理

在气化炉中发生的煤气化反应，是一个十分复杂的反应体系，由于煤的分子结构复杂，又含有碳、氢、氧和其他元素，但碳是其最主要的元素，因而在讨论煤的气化反应时，仅考虑煤中的主要元素碳。

气化反应按反应物的相态不同而划分为两种类型的反应，即非均相反应和均相反应。前者是气化剂或气态反应产物与固体煤或煤焦的反应；后者是气态反应产物之间反应及与气化剂的反应。在气化装置中，由于气化剂的不同而发生不同的气化反应。

气化反应分为以下几种主要类型。

(1) 碳一氧间的反应　称为碳的氧化反应。以空气或纯氧为气化剂时，碳的氧化反应：

$$C + O_2 = CO_2 + 409.07kJ \tag{7-11}$$

$$2C + O_2 = 2CO + 246.61kJ \tag{7-12}$$

$$C + CO_2 = 2CO - 172.50kJ \tag{7-13}$$

$$C + 1/2\ O_2 = CO + 236.62kJ \tag{7-14}$$

上述反应中，式(7-13)常称为二氧化碳的还原反应，其逆反应也叫CO歧化反应。该反应是一较强的吸热反应，需在高温条件下才能进行反应。其他3个反应均为放热反应，且认为是不可逆反应。

(2) 碳与水蒸气的反应　在一定温度下，碳与水蒸气之间发生下列反应：

$$C + H_2O = CO + H_2 - 118.91kJ \tag{7-15}$$

$$C + 2H_2O = CO_2 + 2H_2 - 75.37kJ \tag{7-16}$$

这是制造水煤气的主要反应，也称为水蒸气分解反应。反应生成的一氧化碳可进一步和水蒸气发生如下反应：

$$CO + H_2O = CO_2 + H_2 + 41.03kJ \tag{7-17}$$

该反应称为一氧化碳变换反应，也称为均相水煤气反应或水煤气平衡反应。在有关工艺过程中，为了把一氧化碳全部或部分转变为氢气，往往在气化炉外增加一个变换炉。目前所有的合成氨厂和煤气厂制氢装置均设有变换工序，采用专门变换催化剂。

(3) 甲烷生成反应　煤气中的甲烷，一部分来自煤中挥发物的热分解，另一部分则是气化炉内的碳与煤气中的氢气反应以及气体产物之间反应的结果。

$$C + 2H_2 = CH_4 + 76.2kJ \quad (7-18)$$

$$CO + 3H_2 = CH_4 + H_2O + 206.2kJ \quad (7-19)$$

$$2CO + 2H_2 = CH_4 + CO_2 + 247.49kJ \quad (7-20)$$

$$CO_2 + 4H_2 = CH_4 + 2H_2O + 165.1kJ \quad (7-21)$$

(4) 煤中其他元素与气化剂的反应　煤炭中还含有少量元素氮(N)和硫(S)。它们与气化剂 O_2、H_2O、H_2以及反应中生成的气态反应产物之间可能进行一系列反应。由此产生了煤气中的含硫和含氮产物。这些产物有可能产生腐蚀和污染，在气体净化时必须除去。

2. 煤种选择与煤的气化

近年来，新的煤气化技术有了飞速发展，出现一大批新型煤气化炉，见表 7－4。它们的特点：提高气化炉的操作压力和温度，扩大原料煤的品种来源和大小粒度范围，增加单炉生产能力，降低消耗和生产成本，减少环境污染，满足环保要求。

表 7－4　现代主要煤气化技术分类汇总表

床层	煤气化炉名称	排灰			进料			气化压力			适应煤种
		干灰	熔聚	液态	干块	干粉	浆态	低压	中压	高压	
固定床	间歇式气化炉(UGI)	○			○			○			焦炭、无烟煤
	连续富氧气化炉(T-UGI 中国天辰公司)	○			○			○			焦炭、无烟煤
	变压气化炉(中国煤化所)	○			○			○			焦炭、无烟煤
	鲁奇加压炉(Lurgi)	○			○			○			烟煤
	液态排渣加压炉(BGCL)			○	○				○		烟煤
	两段气化炉	○			○			○			烟煤
流化床	HTW(高温温克勒)	○				○			○		烟煤、褐煤
	循环流化床炉(CFBC 炉德国鲁奇公司)	○				○		○			烟煤、褐煤
	Hygas(美国煤气研究所)	○					○	○			(无烟煤)烟煤、褐煤
	Bigas(美国烟煤研究公司)	○					○	○	○	○	(无烟煤)烟煤、褐煤
	恩德炉(中国恩德煤气公司)	○				○		○			烟煤、褐煤
	U-Gas(美国芝加哥煤气技术研究所 I. G. T)		○			○		○			烟煤、褐煤
	山西煤化所灰熔聚炉		○			○		○			焦炭、无烟煤、褐煤
气流床	柯柏斯－托切克(Koppers-Totzck，K-T 炉)			○		○		○			(白煤)、烟煤、褐煤
	Texaco(德士古水煤浆炉)			○			○		○	○	(白煤)、烟煤
	Prenflo(德国)			○		○			○		(白煤)、烟煤、褐煤
	GSP(未来能源公司水冷壁炉)			○		○				○	无烟煤、煤、烟煤、褐煤
	SCGP(壳牌水冷壁炉)			○		○			○		无烟煤、煤、烟煤、褐煤
	新型气化炉(华东理工大学)			○		○	○		○	○	无烟煤、煤、烟煤、褐煤

本章第二节讨论了煤的分类，显然，不同气化技术对煤的种类都有具体要求。

① 干块煤 制造甲醇合成气采用干块煤又分为无烟块煤(包括焦炭块)和烟煤块煤。无烟块煤适用于常压固定层气化炉：间歇式气化炉、富氧连续气化炉和变压间歇气化炉。烟煤干块适用于加压 Lurgi 炉、BGCL 炉及两段炉。

② 干煤粉 对于加压气化，采用小颗粒粉煤提高反应温度，从而大大强化反应速度。目前推广的第二代加压粉煤气化技术都是出于此目的。采用干煤粉的气化技术主要有：温克勒气化炉、鲁奇循环流化床炉、美国 U－gas 炉、中国煤化所灰熔聚炉、K－T 炉、德国 Pren－flo和 GSP 水冷壁炉及荷兰壳牌(Shell)SCGP 水冷壁炉。

③ 水煤浆 新型多喷嘴水煤浆气化等都是采用水煤浆气流床气化。

另外，煤灰中的元素组成、溶渣的高温流动性以及煤的可磨性及成浆性均对气化有影响，因此这些特性也是对煤的选择条件。

3. 煤气化工艺流程

从表 7－4 可见，由于煤气化炉种类繁多，由此产生了适应不同原料各具特点的气化工艺流程。这里，介绍德国 Lurgi 典型加压气化工艺流程和荷兰 Shell SCGP 煤气化工艺流程。

(1) 德国 Lurgi 碎煤移动床加压气化工艺流程 目前，在工业应用中较为成熟的技术为德国 Lurgi 公司所开发的碎煤移动床加压气化工艺。

碎煤加压气化有以下特点。

① 原料适应性：a. 原料适应范围广，除黏结性较强的烟煤外，从褐煤到无烟煤均可气化；b. 由于气化压力较高，气流速度低，可气化较小粒度的碎煤；c. 可气化水分、灰分较高的劣质煤。

② 生产过程：a. 单炉生产能力大，最高可达 75000m^3/h；b. 气化过程是连续进行的，有利于实现自动控制；c. 气化压力高，可缩小设备和管道尺寸，利用气化后的余压可以进行长距离输送；d. 气化较年轻的煤时，可以得到各种有价值的焦油、轻质油及粗酚等多种副产品；e. 通过改变压力和后续工艺流程，可以制得 H_2/CO 各种不同比例的合成气，拓宽了加压气化的应用范围。

③ 碎煤加压气化的缺点：a. 蒸汽分解率低。对于固态排渣气化炉，一般蒸汽分解率约为 40%，蒸汽消耗较大，未分解的蒸汽在后序工段冷却，造成气化废水较多，废水处理工序流程长，投资高；b. 需要配套相应的制氧装置，一次性投资较大。

典型的碎煤移动床加压气化工艺流程如图 7－4 所示。

气化过程是原料煤从炉上煤斗进入，在炉内经过干燥、干馏、气化、燃烧、灰渣(固态或液态)排出五个步骤。煤斗和灰斗通过各自的上下锁斗阀，用煤气/蒸汽充压，进料/下灰利用可编程控制器(PLC)。煤锁是常压进煤，然后用冷煤气充压、炉上部热煤气二次充压平衡后打开煤锁阀向炉内加煤，然后煤锁泄压，泄压煤气进入煤锁气柜循环使用。灰锁是用高压过热蒸汽充压，一步充平气化压力，开动炉箅向灰锁排灰，灰满后关闭上灰锁阀，灰锁泄压，排出蒸汽经膨胀冷凝器冷凝后送入灰水系统。

气化炉从炉底通入气化剂(O_2 + 水蒸气)，经燃烧层，气化层干馏层和干燥层经炉顶室层引出炉外，出口煤气一般在 230～700℃之间。煤气再经废锅、洗涤器回收工艺余热、冷却煤气、洗涤灰尘后送后工序继续加工。

(2) Shell 加压气流床干煤粉气化工艺流程 Shell 煤气化工艺简称 SCGP，是一种加压气

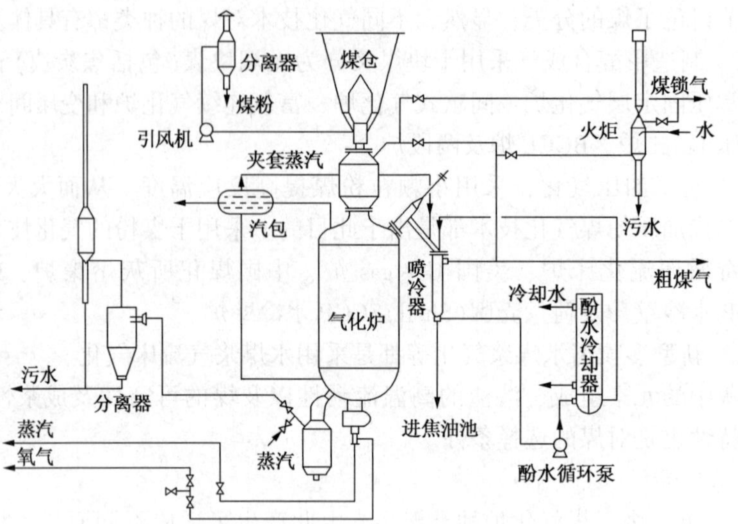

图 7－4 Lurgi 典型加压气化工艺流程

流床粉煤气化技术。

Shell 煤气化工艺属加压气流床粉煤气化，是以干煤粉进料，纯氧作气化剂，液态排渣。干煤粉由少量的氮气(或二氧化碳)吹入气化炉，对煤粉的粒度要求也比较灵活，一般不需要过分细磨，但需要经热风干燥，以免粉煤结团，尤其对含水量高的煤种更需要干燥。气化火焰中心温度随煤种不同约在 1600～2200℃之间，内炉煤气温度约为 1400～1600℃。产生的高温煤气夹带的细灰尚有一定的黏结性，所以出炉需与一部分冷的循环煤气混合，将其激冷至 900℃左右后再导入废热锅炉，产生高压过热蒸汽。干煤气中的有效成分($CO + H_2$)可高达 90% 以上，甲烷含量很低。煤中约有 83% 以上的热能转化为有效气，大约有 15% 左右的热能以高压蒸汽的形式回收。

Shell 加压气流床粉煤气化是 20 世纪末实现工业化的新型煤气化技术，是 21 世纪煤炭气化的主要发展途径之一。其主要工艺技术特点如下。

① 对煤种适应广，可使任何煤种完全转化。

② 能源利用率高，在典型的操作条件下，Shell 气化工艺的碳转化率高达 99%。合成气对原料煤的能源转化率为 80%～83%。此外尚有 16%～17% 的能量可以利用而转化为过热蒸汽。

③ 设备单位产气能力高。

④ 环境效益好。干法粉煤加压气流床工艺属于“洁净煤”工艺。Shell 煤气化工艺脱硫率可达 95% 以上，并生产出纯净的硫黄副产品，产品气的含尘量低于 $2mg/m^3$(标)。气化产生的熔渣和飞灰是非活性的，对环境无危害。工艺废水易净化处理和循环使用，少量污水处理可实现达标排放。

⑤ 气化炉采用水冷壁设计，寿命超过 25 年，解决了其他气化炉内衬耐火耐高温熔蚀造成衬里寿命短的问题。

SCGP Shell 干煤粉气化工艺流程见图 7－5，装置采用废锅流程。

来自制粉系统的干燥粉煤由氮气或二氧化碳气体经浓相输送至炉前煤粉储仓及煤锁斗，再经由加压氮气或二氧化碳气加压将细煤粒子由煤锁斗送入周向相对布置的气化烧嘴。气化

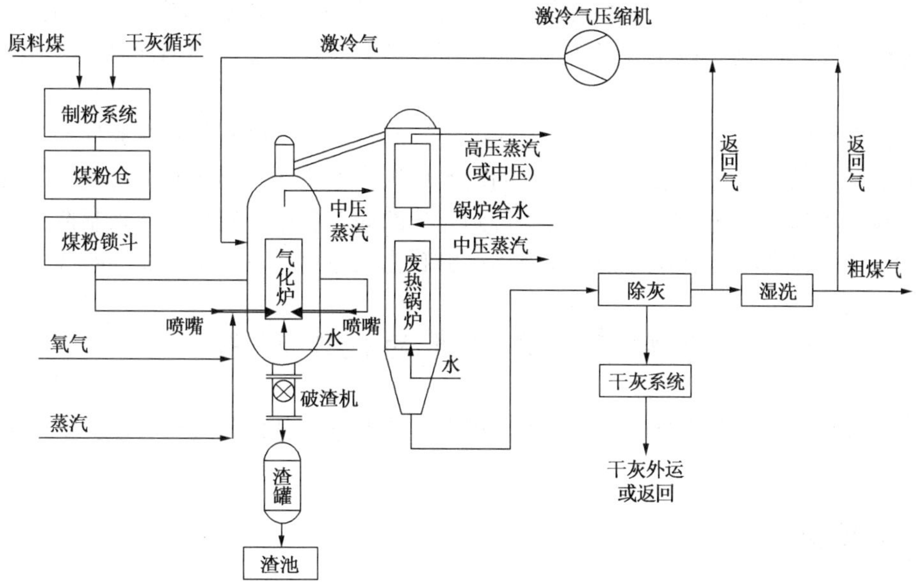

图 7-5　SCGP Shell 干煤粉气化工艺流程

需要的氧气和水蒸气也送入烧嘴。通过控制加煤量，调节氧量和蒸汽量，使气化炉在1400～1700℃范围内运行。气化炉操作压力为 2～4MPa。在气化炉内煤中的灰分以熔渣形式排出。绝大部分熔渣从炉底离开气化炉，用水激冷，再经破渣机进入渣锁系统，最终泄压排出系统。熔渣为一种惰性玻璃状物质。

出气化炉的粗煤气挟带着飞散的熔渣粒子被循环冷却煤气激冷，使熔渣固化而不致粘在合成气冷却器壁上，然后再从煤气中脱除。合成气冷却器采用水管式废热锅炉，用来产生中压饱和蒸汽或过热蒸汽。粗煤气经省煤器进一步回收热量后进入陶瓷过滤器除去细灰（$<20mg/m^3$）。部分煤气加压循环用于出炉煤气的激冷。粗煤气经脱除氯化物、氨、氰化物和硫（H_2S、COS），HCN 转化为 N_2 或 NH_3，硫化物转化为单质硫。工艺过程大部分水循环使用。少量废水在排放前需经生化处理。如果要将废水排放量减少到零，可用低位热将水蒸发。剩下的残渣只是无害的盐类。

三、生产合成气的其他方法

1. 以重油或渣油为原料的生产方法

以重油或渣油为原料的生产方法主要采用部分氧化法，即在反应器中通入适量的氧和水蒸气，使氧与原料油中的部分烃类燃烧放出热量并产生高温，另一部分烃类则与水蒸气发生吸热反应而生成 CO 和 H_2，调节原料中油、H_2O 与 O_2 的相互比例，可达到自热平衡而不需外供热。

2. 以焦炉气为原料的生产方法

我国煤资源丰富，又是焦炭的主要出口国，利用焦炉气为原料生产合成气即可增加生产甲醇的原料又可改善环境污染，是一举两得的好事。

在炼焦中出焦炉的焦炉气常称为荒煤气。含杂质很多，如水蒸气、焦油气、粗苯、氨、硫化氢、氰化物、吡啶和萘等，这些杂质不仅会使下游的催化剂中毒结炭，也会腐蚀管道和设备。要经过一系列复杂的处理才能成为制造合成气的原料。因此用焦炉气来生产合成气，第一步是焦炉气的净化，最主要的是脱硫，第二步是将含约25% CH_4的焦炉气转化为合成气。

生产合成气的方法还有天然气生产乙炔的尾气制合成气、电石气制合成气等。

目前来看，以天然气为原料制合成气的成本最低；重质油与煤炭制造合成气的成本差不多，重油和渣油制合成气可以使石油资源得到充分的综合利用；用轻质油来制造合成气的成本较高，而它很容易经其他方法加工成液体燃料和化工原料，不必走合成气路线。

第四节　合成气的化工利用

无论以何种方法获得的合成气，都可以根据需要调整组分比例进行合成，生产出一系列化工产品。

一、合成氨

氨是目前世界上产量最大的化工产品之一，是重要的化工原料，用途十分广泛。

氨在农业上主要用于制取化肥。农业上使用的所有氮肥，除石灰氮之外，例如，尿素、硝酸铵、磷酸铵、硫酸铵、氯化铵、碳铵、氨水以及各种含氮混肥和复肥，都以氨为原料。液氨也可直接作为肥料施用。

氨在工业上主要用来制造炸药。在化纤和塑料工业中，则以氨、硝酸和尿素等作为氨源，生产己内酰胺、尼龙6单体、己二胺、人造丝、丙烯腈、酚醛树脂、脲醛树脂和蜜胺等产品。

氨还广泛作为制冷、空调、冷藏等压缩和吸收系统的制冷剂；在冶金工业中，用于废金属脱锡；在粉末冶金中，氨用作烧结过程的保护气氛；在原子氢焊中用氨气金属氧化物还原；在炼油厂和天然气加工中，氨可以作为缓蚀剂，中和石油馏分中的酸性组分，保护炼厂设备；在橡胶工业中，氨用来稳定天然橡胶和合成橡胶，以防储藏和运输过程中发生混凝；在食品和饮料工业中，氨为培养酵母和微生物的氮源，用来控制酵母生产中的pH值；在医药工业中，氨用于生产磺胺类药物；在水质处理中，氨和氯一起用来净化工业和城市用水等。

近年来，合成氨工艺过程经不断的改进和发展，已可在催化剂存在下，400～450℃、8～15MPa条件下进行。反应式为：

$$N_2 + 3H_2 \longrightarrow 2NH_3 + Q \qquad (7-22)$$

由于氮在空气中大量存在，合成氨原料气生产的主要工艺本质上是制氢。合成氨的生产工艺过程主要由原料气的制备、变换、净化、合成气的压缩、合成气中微量杂质的脱除、氨合成及余热回收等过程组成。

原料气的生产工艺因原料不同而有所差异，以天然气或石脑油为原料多采用蒸汽转化工艺；以重油为原料则采用部分氧化法工艺；以煤(焦)为原料则有多种气化工艺。

世界上早期建设的合成氨厂均采用煤(焦)为原料，后来逐步为轻质烃(天然气、石脑油)所替代。20世纪70年代以后，合成氨生产中天然气和石脑油为原料已占统治地位。天然气为原料已占合成氨生产能力的80%以上。

二、合成甲醇

（一）甲醇的用途

甲醇不仅是重要的基础化工原料，而且是重要的液体清洁燃料和二次能源产品，应用范围不断扩大。广泛应用于有机合成、染料、医药、农药、涂料、交通和国防等工业中。甲醇是除合成氨之外，唯一由煤和天然气制合成气为原料大规模合成的化学品，是重要的碳一化学基础产品。甲醇便于储存和运输，是重要的能源载体。由于既可作为车用替代燃料的能源产品，又可作为高附加值化工产品的特点，甲醇成为近年来煤化工和天然气化工发展的主要产品，其合成和应用技术得到前所未有的发展。甲醇不但可以用来生产一系列深度加工的化学产品，而且随着能源结构的优化，作为一种清洁、高效的液体燃料，其需求量将十分可观。可以说，甲醇化学和甲醇化工已成为化学工业与能源工业的一个重要领域。

传统的甲醇应用主要是生产甲醛，其次是作为甲基化试剂生产甲胺、甲烷氯化物、丙烯酸甲酯、甲基丙烯酸甲酯、对苯二甲酸甲酯和硫酸二甲酯等。新的甲醇应用主要是用于生产二甲醚、醋酸、醋酐、碳酸二甲酯、甲酸甲酯等。由甲醇催化合成烃类化合物加甲醇制乙烯、丙烯和汽油等技术正在进行工业化示范，有望取得突破，实现工业化生产。甲醇汽油混合燃料和甲醇燃料电池的日益受到重视和发展，已成为甲醇的新的重要应用领域。

（二）合成甲醇的反应原理

以合成气为原料在一定的条件下生产甲醇，合成反应很复杂。

主反应为：

$$CO + 2H_2 \longrightarrow CH_3OH \tag{7-23}$$

$$CO_2 + 3H_2 \longrightarrow CH_3OH + H_2O \tag{7-24}$$

可能发生的副反应为：

$$CO + 3H_2 \longrightarrow CH_4 + H_2O \tag{7-25}$$

$$2CO + 2H_2 \longrightarrow CO_2 + CH_4 \tag{7-26}$$

$$CO_2 + H_2 \longrightarrow CO + H_2O \tag{7-27}$$

$$2CO + 4H_2 \longrightarrow (CH_3)_2O + H_2O \tag{7-28}$$

$$2CH_3OH \longrightarrow (CH_3)_2O + H_2O \tag{7-29}$$

这些副反应的产物还可能进一步反应，生成微量醛、酮、酯等副产物。

前已述及，工业上合成甲醇有高压法、低压法和中压法，所用催化剂和反应条件有区别。表7－5是不同合成方法的反应条件。

表7－5　甲醇不同合成法的催化剂和反应条件

方　法	催　化　剂	压力/MPa	温度/℃
高压法	$ZnO-Cr_2O_3$	30～32	360～420
低压法	$CuO-ZnO-Cr_2O_3$或$CuO-ZnO-Al_2O_3$	5	240～270
中压法	$CuO-ZnO-Al_2O_3$	10～15	240～270

（三）高压法甲醇合成工艺流程

高压法是指压力在30～32MPa下进行的甲醇合成反应，反应温度为360～420℃，使用锌铬催化剂。出口气体中甲醇含量为3%左右。1923年高压合成甲醇成功，随后的50多年内，世界上合成甲醇生产都沿用高压法。

新鲜合成气与循环气在油分离器中汇合，进入内冷管型甲醇合成塔下部换热器，再经催化床层中冷管加热，预热至床层入口温度后进入催化剂床层。先在绝热段中进行绝热反应，再在冷却段中边反应边换热。出床层气体在塔下部换热器中与进塔气换热降温。出合成塔的气体进入水冷器，甲醇冷凝，在分离器中分离出粗甲醇、未反应气体则进入循环机，提高压力后与新鲜气汇合，见图7-6。

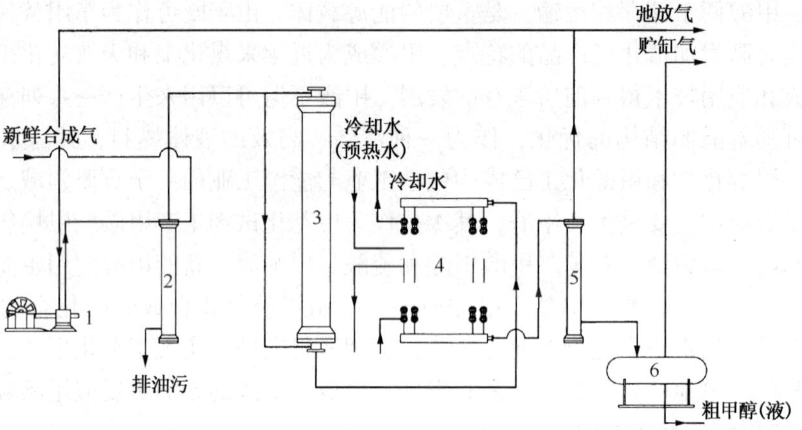

图7-6　高压法甲醇合成工艺流程

1—循环压缩机；2—油过滤器；3—甲醇合成塔；4—水冷却器；5—分离器；6—中间储槽

（四）低压法甲醇合成工艺流程

低压法甲醇合成工艺典型的有英国ICI公司1966年开发成功的工艺和德国Lurgi公司开发的工艺。Lurgi低压工艺甲醇合成塔采用管壳型反应器。催化剂装在管内，反应热由管间的沸腾水移走，并副产高压蒸汽。过热蒸汽驱动离心式压缩机，背压低压蒸汽用作蒸馏热源，全系统热能利用合理。操作温度250～260℃，压力5～6MPa；反应过程温和，副反应少，时空收率高。目前，全世界已有近40套装置采用Lurgi低压甲醇合成技术。

Lurgi低压法甲醇合成工艺流程见图7-7。合成气在离心式透平压缩机内加压至5.8MPa与循环气以1∶5的比例混合。混合气在进反应器前先与反应后气体换热，升温壳程的锅炉给水是自然循环的，通过控制蒸汽压力，保持恒定的反应温度。出塔气温度约250℃，含甲醇7%左右，经换热冷却至85℃，然后空气和水分别冷却，温度降至40℃，冷凝的粗甲醇经分离器分离。分离粗甲醇后的气体适当放空，以控制系统中惰性气体的含量。这部分放空气体用作燃料，大部分气体进入透平压缩机加压后返回合成塔。合成塔副产的蒸汽及外部补充的高压蒸汽一起进入过热器，过热至500℃左右，带动透平机。透平用后的低压蒸汽作为甲醇精制工段所需的热源。

甲醇工段还设有开工加热炉，开工时直接将蒸汽送入甲醇合成塔将催化剂加热升温。

Lurgi低压法合成甲醇的主要特点是采用管束式合成塔，管内装填催化剂，管间沸腾水移走反应热，并副产蒸汽。这种合成塔温度易控制，同时，由于换热方式好，催化剂层温度分布均匀，可以防止铜催化剂过热，对催化剂寿命有利，且副反应大大减少，时空收率高达0.72t甲醇/($m^3\cdot h$)。可以允许含CO高的新鲜气进入合成系统，因而单程转化率较高，反

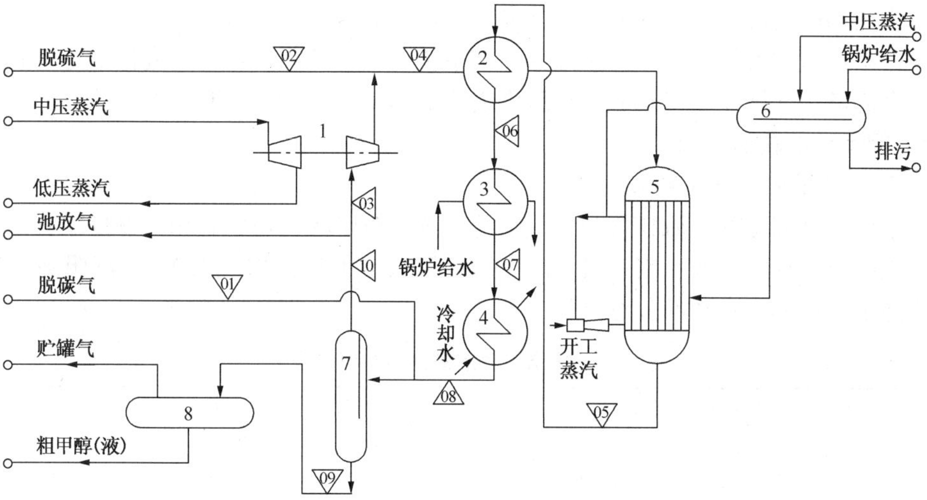

图7－7　Lurgi低压法甲醇合成工艺流程

1—透平循环压缩机；2—热交换器；3—锅炉水预热器；4—水冷却器；5—甲醇合成塔；6—汽包；7－甲醇分离器；8—粗甲醇储槽

应器出口甲醇含量7%左右，循环气量较少，其结果是设备、管道尺寸小、动力消耗低。合成塔不需要开工炉，开工简便。在Lurgi系统中即使循环机发生故障，系统的升温同样是允许的，只要将蒸汽通过一个喷射泵加入到合成塔的水侧，保持合成塔的温度。合成塔可以副产中压蒸汽。流程中的设备和管线的材料都经过仔细选择，反应器材料不含铁，换热器的列管是不锈钢的，以防止合成气中达到露点的CO_2腐蚀；另一方面是防止气体在110～130℃范围内与铁形成羰基铁，高于此温度又分解，使催化剂活性下降，并使生成高级烃的反应加剧。系统的管道由合成塔出口管一直到粗甲醇分离器均采用不锈钢。从分离器出口到合成塔入口的管道均采用低合金钢管，防止氢腐蚀。低合金钢内主要含Cr和Mo。由于Lurgi法粗甲醇质量高，所以大约有70%直接用于甲醛生产而不经过蒸馏。总之，Lurgi低压法合成甲醇投资和操作费用低，操作简便。但反应器结构复杂，制造难度大。

（五）中压法甲醇合成工艺流程

低压法甲醇合成工艺操作压力低，但设备体积庞大，不利于甲醇生产的大型化。因此在低压法研究基础上进一步发展了压力为10MPa左右的甲醇合成中压法。它能更有效地降低建厂费用和甲醇生产成本。

图7－18为日本三菱瓦斯化学公司的中压法甲醇合成工艺流程。合成气加压到14.5MPa，与循环气混合，在循环段增压至15.5MPa送入合成部分。合成塔为四层冷激式，塔体内径2000mm，内填低温高活性铜基催化剂(主要成分为铜、锌，还有极少量硼)，共装30t，操作温度为250～280℃，反应后的

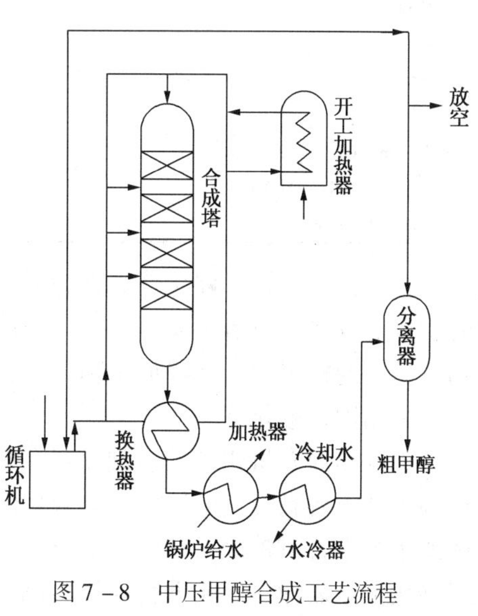

图7－8　中压甲醇合成工艺流程

出塔气经换热、冷凝后至甲醇分离器，分离出的粗甲醇送往精馏部分。

分离器出口气体大部分循环，少部分排出系统 供转化炉燃料用，流程中还设有开工加热器。出合成塔的气体经热交换器换热后进废热锅炉副产 0.3MPa 低压蒸汽。

（六）粗甲醇的精馏分离

1. 粗甲醇的组成与分离要求

无论采用何种催化剂、原料气和合成工艺制得的粗甲醇，均含有相当数量的有机杂质和水分，有机杂质包括醇、醛、酮、醚、酸、烷烃等数十种有机物。表 7－6 按照沸点顺序列出了粗甲醇中的甲醇、水和部分有机物。

表 7－6　按沸点顺序排列的粗甲醇组分

组　分	沸点/℃	组　分	沸点/℃	组　分	沸点/℃
二甲醚	－23.7	甲醇	64.7	异丁醇	107.0
乙醛	20.2	异丙烯醚	67.5	正丁醇	117.7
甲酸甲酯	31.8	正己烷	69.0	正丁醚	122.3
二乙醚	34.6	乙醇	78.4	二异丙基酮	123.7
正戊烷	36.4	甲乙酮	79.6	正辛烷	125.0
丙醛	48.0	正戊醇	97.0	异戊醇	130.0
丙烯醛	52.5	正庚烷	98.0	4－甲基戊醇	131.0
醋酸甲酯	54.1	水	100.0	正戊醇	138.0
丙酮	56.5	甲基异丙酮	101.7	正壬烷	150.7
异丁醛	64.5	醋酐	103.0	正癸烷	174.0

采用不同的原料和不同工艺方法得到的粗甲醇组成也有很大差异。表 7－7 为石脑油为原料，不同方法合成粗甲醇的组成。

表 7－7　不同催化剂、不同合成方法制得粗甲醇的组成

合成方法	高压法 锌铬催化剂	中压法 铜系催化剂	低压法 铜系催化剂
组成(有机物)/%			
甲醇	85～90	99.85	99.85
二甲醚	2～4	0.002～0.2	≤0.002
醛酮	＜0.1	0.002～0.2	≤0.002
高级醇	0.5～1.5	＜0.1	＜0.1
羰基铁/(mg/L)	＜1.0	＜0.5	＜0.5
酸值/(mgKOH/gCH_3OH)	0.004～0.2	0.02～0.1	0.02～0.1
酯值/(mgKOH/gCH_3OH)	0.004～0.2	0.1～0.5	0.1～0.5
高锰酸钾值/min	0.5～5	5～40	5～40

目前，使用铜系催化剂大多为低、中压法合成甲醇，粗甲醇的质量较锌铬催化剂高压法的质量好得多。有机杂质含量与种类减少，增加了甲醇的产率，减少了精制的难度，容易得到高质量的精甲醇，又降低了精馏过程的热负荷。因此，近年新发展的甲醇厂均为中、低压法，采用铜系催化剂。

甲醇作为有机化工的基础原料和碳一化学的核心产品，用以合成的产品种类繁多，有些产品生产需要高纯度的原料。如果甲醇纯度不够，就会出现各种问题。如：用于生产甲醛时甲醇中如果含有烷烃，在甲醇氧化、脱氢反应时由于没有过量的空气，使生成的炭黑覆盖于银催化剂的表面，影响催化作用；高级醇可使生产甲醛产品中酸值过高；即使是性质稳定的杂质——水，由于在甲醇蒸发汽化时不易挥发，在蒸发器中浓缩积累，使甲醇浓度降低，引起原料配比失调而发生爆炸。此外，甲醇还被用作生产塑料、涂料、香料、农药、医药、人造纤维等甲基化的原料，都可能由于杂质的存在而影响产品的纯度和性能。所以必须对粗甲醇进行提纯，以获得满足生产需要的精甲醇。我国甲醇产品的质量标准见表 7－8。优质甲醇的指标集中体现在沸程短、纯度高、稳定性好并含有机杂质量极少。

表 7－8　GB 338—2004 中国甲醇质量指标

项　目		指　标		
		优等品	一等品	合格品
色度/Hazen（铂－钴色号）	≤	5	5	10
密度(20℃)/(g/cm^{-3})		0.791～0.792	0.791～0.793	0.791～0.793
沸程[0℃，101.3kPa，在 64.0～65.5℃范围内，包括(64.6±0.1)℃]/℃	≤	0.8	1.0	1.5
高锰酸钾试验/min	≥	50	30	20
水混溶性试验		通过试验(1+3)	通过试验(1+9)	
水的质量分数/%		0.10	0.15	
酸的质量分数(以 HCOOH 计)/%	≤	0.0015	0.0030	0.0050
碱的质量分数(以 HCHO 计)/%	≤	0.0002	0.0008	0.0015
羰基化合物的质量分数/%	≤	0.002	0.005	0.010
蒸发残渣的质量分数/%	≤	0.001	0.003	0.005
硫酸洗涤试验/Hazen 单位(铂－钴色号)		50	50	
乙醇的质量分数/%		供需双方协商		

2. 精制甲醇的方法

将粗甲醇精制成精甲醇，主要采用精馏的方法，同时在精制过程中，也需要采用化学法与吸附法。

(1) 精馏方法　利用甲醇、水、有机杂质的挥发度不同、沸点不同，通过精馏的方法将杂质、水与甲醇分离。将混合物精馏为纯组分，需要一个或几个串联的精馏塔。

粗甲醇中的关键组分是甲醇与水，其余杂质根据其沸点可分为轻组分与重组分，这里轻组分和重组分是按照甲醇的沸点为界划分的。常压下，甲醇的沸点为 64.7℃，通常把沸点低于 64.7℃的组分叫作轻组分，沸点高于 64.7℃的组分叫作重组分。一般可以在预精馏塔中加水进行萃取精馏，脱除轻组分。再于主精馏塔中，脱除重组分和水。

(2) 化学方法　如采用蒸馏的方法不能将杂质降低至精甲醇所要求的指标，则需用化学净化的方法破坏掉这些杂质。如粗甲醇中的还原性杂质，虽采取萃取蒸馏的方法，但残留在甲醇中的部分仍将影响其高锰酸钾值，若继续采用蒸馏的方法，势必造成精馏设备的复杂性和增加甲醇的损失和能耗。为了保证精甲醇的稳定性，一般要求其中还原性杂质降至 40μg/g以下。因此，当粗甲醇中还原性杂质较多时，还需借助于化学氧化方法处理。氧化方法一般采用高锰酸钾进行氧化，将还原性物质氧化成二氧化碳逸出，或生成酸并结合成钾盐与高锰酸钾泥渣一同滤去。

为减少精制过程中的腐蚀，粗甲醇在进入精制设备前，要加入苛性钠中和其酸，这也是化学净化方法。有时，为有效清除粗甲醇中的某些杂质，或降低其电导率，也可采用加入其他化学物质或离子交换的方法进行化学处理的。

至于选择何种精制方法，一般以蒸馏法为主，除去粗甲醇中的绝大部分的有机物和水分。至于化学净化方法，要取决于粗甲醇的质量是否需要。工业上，采用精制粗甲醇方法的原则是：精馏过程是必要的，粗甲醇呈酸性，需要用碱中和，根据粗甲醇中还原性杂质的含量决定是否需用化学方法进行处理。一般用锌铬催化剂以水煤气为原料合成的粗甲醇，含还原性杂质较多，可能需要用高锰酸钾进行氧化，方能获得稳定性较好的精甲醇。而铜系催化剂在较低压力和温度下合成的甲醇，含还原性杂质较少，无需化学净化，也能获得高稳定性的精甲醇。

3. 甲醇精馏工艺流程

粗甲醇是甲醇、水及有机杂质组成的互溶液体混合物，将其分离为纯组分，最常用的方法是蒸馏和精馏。甲醇精馏工艺流程，因粗甲醇的合成方法不同而有差异，精制过程的复杂程度也存在差别，但基本原理是一致的。先以精馏的方法在精馏塔的顶部，脱出较甲醇沸点低的轻组分，再以精馏的方法在塔的底部或底侧脱出水和重组分，从而获得纯净的甲醇组分。随着甲醇合成工艺的不断改进，采取低压和中压法合成甲醇已成为世界甲醇生产的主流，因此适应由此获得的粗甲醇的精制工艺研究开发较为活跃。相继出现了甲醇精馏的单塔工艺、双塔工艺和三塔工艺，根据粗甲醇的组成和对精甲醇的指标要求选择工艺。双塔流程是最为普遍应用的甲醇精馏方式。第一塔为预精馏塔，第二塔为主精馏塔，二塔再沸器的热源均来自循环气压缩机驱动透平排出的低压蒸气。

预精馏塔用以分离轻组分和溶解的气体，如 H_2、CO、CO_2等，塔顶取出的气体包括不凝性气体、轻组分、水蒸气以及甲醇，经过冷凝，大部分水和甲醇回流入塔。同时从冷凝器抽一小部分冷凝液以减少挥发性较低的轻组分。为了减少塔顶排放气中甲醇的损失，塔顶冷凝器可做成二级冷凝。

主精馏塔主要除去重组分包括乙醇、水以及高级醇，同时获得产品精甲醇。含水和高沸点组分的甲醇从该塔中部进入，高级醇从加料板以下侧线引出，含微量甲醇的水从塔底排出，产品从近塔顶处取出。

图 7-9 是双塔精制流程图。脱醚和预精馏合并在预精馏塔中同时进行，有效的进行二甲醚和轻组分与甲醇的分离。预精馏塔可为常压塔操作，二甲醚、轻组分（或称初馏分）和甲醇及水由塔顶逸出，经冷凝后大部分甲醇和水及少量杂质被冷凝返回塔内，有时从回流液中采出少量的馏出物。二甲醚（气相）及不凝性气体经塔顶水封后，送至锅炉燃烧，或对二甲醚进行综合利用。为了提高预精馏后甲醇的稳定性及精制二甲醚，可在预精馏塔顶部采用两级或者多级冷凝。第一级冷凝温度较高，减少返回塔内的轻组分，以提高预精馏后甲醇的稳定性；第二级则为常温，尽可能地回收甲醇；第三级要以冷冻剂冷至更低的温度以净化二甲醚，同时又进一步回收了甲醇。

经预精馏塔后的含水甲醇，直接由泵输送至热交换器再至主精馏塔。最终在主精馏塔将甲醇与水、重组分及残余轻组分进行有效分离，得到精甲醇产品。

三、甲醇羰化合成乙酸

（一）甲醇羰基化反应原理

工业上生产乙酸的方法有三种：乙醛法、丁烷或轻油氧化法以及甲醇羰化法。乙醛法是比较古老的生产方法。丁烷或轻油氧化法 20 世纪 50 年代初在美国首先实现工业化，由于此法反应产物多、分离困难、对设备腐蚀性强，推广应用受到限制。甲醇羰化法不但原料易

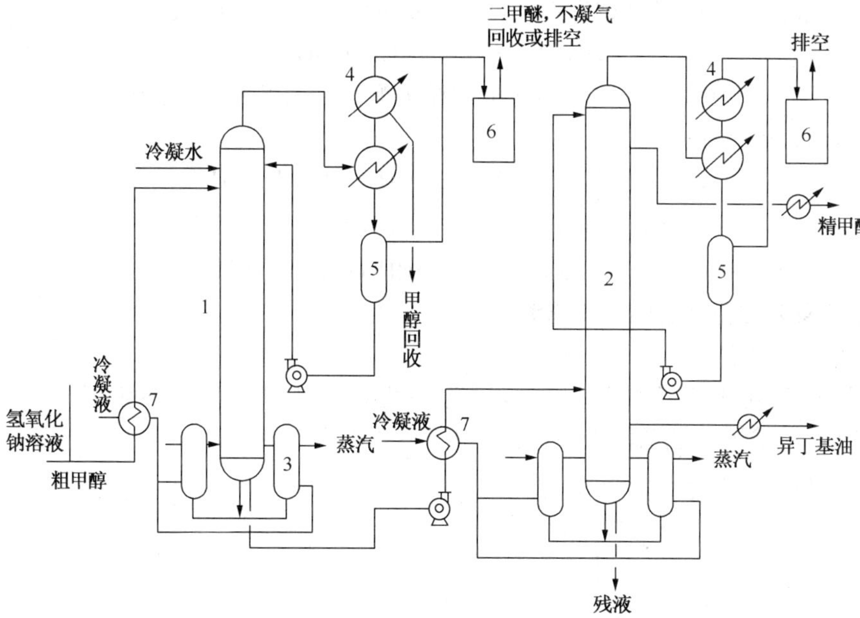

图 7－9　双塔粗甲醇精馏工艺流程图

1—预精馏塔；2—主精馏塔；3—再沸器；4—冷凝器；5—回流罐；6—液封；7—热交换器

得，而且生产乙酸的选择性高达 99% 以上，基本上无副产物，现在世界上半数以上的乙酸用该法生产。新建装置多考虑采用这一方法。

利用甲醇碳基化反应合成乙酸的可能性，早在 1913 年就有文献发表。该法的初期一直采用三氟化硼、磷酸等作催化剂，反应压力为 70MPa，温度在 300℃ 以上，反应条件苛刻，而且腐蚀严重，选择性低难以工业化。1914 年雷珀等人在卤素存在下，以金属（铁、钴、镍等）羰基化合物为催化剂，成功地使上述反应条件变得明显缓和。使用该催化剂系列，反应压力为 20～45MPa、温度为 250～280℃。1960 年，德国的 BASF 公司将甲醇羰基化合成酯酸的工艺工业化，此法比正丁烷氧化法和乙醛氧化法工艺更经济。BASF 公司的工艺需要 70MPa 高压，乙酸收率 90%。1968 年美国 Monsanto 公司的鲍利克（Paulik）等推出了低压法工艺，开发出一种新型催化剂（碘化物促进的铑络合物）使甲醇羰基化反应能在 180℃ 和 3～4MPa 的温和条件下进行。后经进一步改进，使反应在更温和的条件下进行，1970 年实现了工业化，乙酸收率高于 99%，现已成为生产工业乙酸的主要方法，占乙酸总生产能力的 65%。并且，带动了有关羰基过渡金属络合物催化作用的基础研究，促进了合成气化学和碳一化学的发展。受到各国的普遍重视，采用低压法甲醇碳化合成乙酸工艺技术的国家越来越多。表 7－9 为高压法和低压法合成乙酸的消耗定额，可以清楚地看出低压法的优越性。

表 7－9　每吨乙酸消耗定额的比较

项　　目	高压法	低压法	项　　目	高压法	低压法
原料			能耗		
甲醇/kg	610	560	电/kW·h	350	29
一氧化碳/kg	780	544	冷却水/kg	1850	1560
			蒸汽/kg	2750	2200

甲醇羰基化的主反应：在 CO 存在下，甲醇发生羰基化反应生成乙酸。

$$CH_3OH + CO \longrightarrow CH_3COOH \quad (7-30)$$

副反应：乙酸可以和甲醇继续反应生成乙酸甲酯，乙酸甲酯继续发生羰基化反应生成乙酐，甲醇脱水为二甲醚等。

$$CH_3COOH + CH_3OH \longrightarrow CH_3COOCH_3 + H_2O \quad (7-31)$$

$$CH_3COOH + CO \longrightarrow (CH_3CO)_2O \quad (7-32)$$

$$2CH_3OH \longrightarrow CH_3OCH_3 + H_2O \quad (7-33)$$

(二) 甲醇羰基化生产乙酸的工艺流程

1. 甲醇高压羰基化生产乙酸的工艺流程

甲醇高压羰基化生产乙酸是以羰基钴为催化剂，碘甲烷为助催化剂，反应条件为250℃、70MPa，在含水的乙酸溶液中进行，生产工艺流程见图 7－10。

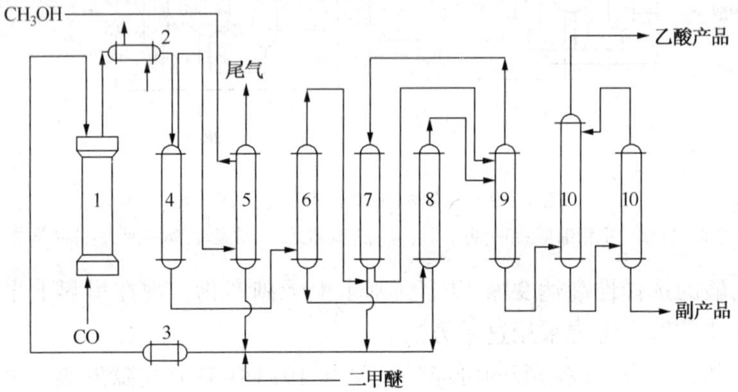

图 7－10 甲醇高压羰基化生产乙酸的工艺流程

1—反应器；2—冷却器；3—预热器；4—低压分离器；5—尾气洗涤塔；6—脱气塔；7—分离塔；8—催化剂分离器；9—共沸蒸馏塔；10—精馏塔

甲醇和二甲醚与催化剂混合进入反应器中，并通入一氧化碳进行反应。反应器温度和压力控制在 250℃和 70MPa 左右。羰基化反应放出的热量用于预热反应原料，其余部分随反应物料带出。反应物料经换热器冷却后进入高压分离器进行气液分离。液体进入中压分离和膨胀器后进一步释放其中的气体后，进入闪蒸塔。上述工序中释放的气体经过甲醇洗涤回收碘甲烷及其他含碘化合物后，进行处理回收 CO 气。

由闪蒸塔出来的液体产物通过催化剂分离塔回收催化剂后进入干燥塔，塔顶轻组分和塔底物与回收的催化剂一起返回到反应器中进一步反应。干燥塔侧线出料为粗乙酸，进一步蒸馏后制得纯乙酸。

高压羰基化过程中生成一系列的副产物，约占乙酸生成量的 4.5%，其中主要是丙酸，可回收利用。二甲醚可以和甲醇一起作为原料与一氧化碳反应生成乙酸。

2. 甲醇低压羰基化生产乙酸的工艺流程

甲醇低压羰基化生产乙酸以碘化铑为催化剂，碘甲烷为助催化剂，反应条件为 175～200℃、CO 分压为 1.01～1.52MPa，甲醇和 CO 在含水的乙酸溶液中进行反应生成乙酸，生产工艺流程见图 7－11。

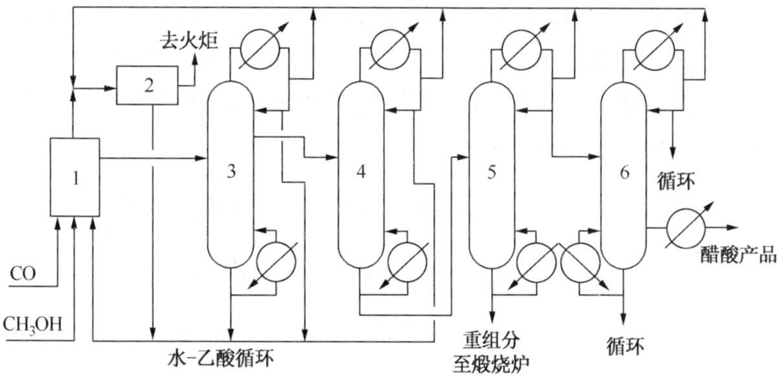

图 7-11　甲醇低压羰基化生产乙酸的工艺流程

1—反应系统；2—洗涤系统；3—脱轻组分塔；4—脱水塔；5—脱重组分塔；6—精制塔

甲醇预热后返回的催化剂溶液等一起进入反应器，与通入的 CO 反应。反应后于上部侧线引出反应器，闪蒸减压至 200kPa 左右，产物与含催化剂的母液分离后返回反应器。含有 CO、碘甲烷、氢和甲烷的反应器排出气送入洗气塔。含粗乙酸、轻馏分的反应混合液以气相送入脱轻组分塔，在 80℃左右脱出轻溜分，塔顶气含碘甲烷、乙酸甲酯、少量甲醇进入洗气塔。脱轻塔釜液为含水精乙酸送脱水塔。塔底无水精乙酸送入脱重塔进行精馏，于塔上部侧线引出成品乙酸。塔釜液含丙酸 40% 及其他高级羧酸进入废酸蒸馏塔以回收脱重塔底部馏分中的乙酸。塔底排出重质废酸为产量的 0.2% 回收或焚烧。4 个塔与反应器排出的气体汇总后的组成为 CO40% ~80%，其余 20% ~60% 为 H_2、CO_2、N_2、O_2 以及微量的乙酸、碘甲烷，一起在洗气塔用冷甲醇洗涤回收碘后焚烧放空。

四、羰基合成

随着碳一化学的发展，有一氧化碳参与反应的类型不断增多。一般来说，在催化剂存在下，有机化合物分子中引入碳基(C═O)的反应都属于羰基合成化学的范畴。例如，罗兰反应(Otto Rolen)又称氢甲酰化反应，应用于制备比原烯烃多一个碳原子的醛。合成气与不同烯烃可以合成不同产品。例如，丙烯与合成气反应生成正丁醛，它除可作溶剂外，大部分用于醇醛缩合和加氢生产 2—乙基己醇，后者用来制造聚乙烯的增塑剂邻苯二甲酸酯；乙烯与合成气反应生成丙醛，可制正丙醇或丙酸；长链端烯与合成气反应生成长链醇，其中 C_{13} ~ C_{15} 直链脂肪醇用于生产易被生物降解的洗涤剂。

烯烃氢甲酰化反应需要采用过渡金属的羰基配合物催化剂，过渡金属一般用钴和铑，反应在液相中进行，属于均相催化反应。使用钴催化剂 $HCo(CO)_4$ 时，要求温度约 120 ~ 140℃，压力约 20 MPa；使用膦改性的铑催化剂[例如 $HRh(CO)(Ph_3P)_3$，其中 Ph 代表苯基]时，活性很高，约在 100℃和 1 ~2MPa 条件下反应，而且生成直链醛的选择性很高。

$$CH_2=CH_2 + CO + H_2 \longrightarrow CH_3CH_2CHO \tag{7-34}$$

不饱和烃在水存在下的羰基化：

$$CH_2=CH_2 + CO + H_2O \xrightleftharpoons{Cat.} CH_3CH_2COOH \tag{7-35}$$

$$CH=CH + CO + H_2O \xrightleftharpoons{Cat.} CH_2=CHCOOH \tag{7-36}$$

在钴{催化剂开始主要采用八羰基二钴 $Co_2(CO)_8$，后来改用有机膦配位形成的 $Co_2(CO)_6[P(n-C_4H_9)_3]_2$络合物，以提高正构产物的选择性}或铑 $HRh(CO)\cdot[P(C_6H_5)_3]_3$催化剂作用下，烯烃与合成气($H_2$和 CO)进行氢甲酰化生成两种异构醛，经分离出催化剂后，在另一反应器中再催化加氢成醇：

$$RCH=CH_2+CO+H_2\begin{cases}RCH_2CH_2CHO\xrightarrow{H_2}RCH_2CH_2CH_2OH\\ \underset{\displaystyle CHO}{\underset{|}{RCHCH_3}}\xrightarrow{H_2}\underset{\displaystyle CH_2OH}{\underset{|}{RCHCH_3}}\end{cases}\tag{7-37}$$

五、合成天然气、汽油和柴油

在镍催化剂作用下 CO 和 H_2进行甲烷化反应生成甲烷，称之为合成天然气(SNG)，热值比 CO 和 H_2高。缺乏天然气的地区，可以以煤为原料用甲烷化法生产高热值的城市煤气替代天然气；由煤制造合成气，然后通过费托(Fischer - Tropsch)合成可生产液体烃燃料。例如，在 200 ~240℃、2.5 MPa 以及铁催化剂作用下合成烃类(即 SASOL 工艺)，生成的烃类主要是由许多链长不一的烷烃组成的混合物，主要反应式为：

$$nCO+(2n+1)H_2\longrightarrow C_nH_{2n+2}+nH_2O\tag{7-38}$$

$$CO+H_2O\longrightarrow CO_2+H_2\tag{7-39}$$

然后将这些烃类产物分离，再加工为汽油、柴油和蜡。近年来，出现了改良费托合成二段法，用钴基催化剂高选择性地合成直链烷烃馏分，然后用分子筛裂化制取高辛烷值汽油，或加氢裂化制取高十六烷值的优质柴油，国内外均有一定规模的装置新建或投产。

六、F-T 合成油

1923 年，德国科学家 Fischer 和 Trospch 就发现了在铁催化剂上 CO 和 H_2可以合成液态烃燃料(简称 F-T 合成)。是指合成气在固体催化剂作用下，非均相氢化生成不同链长的烃类(C_1 ~ C_{25})混合物和含氧化合物的反应。产物包括各种烷烃和烯烃以及醇、醛、酮、酸、酯等有机含氧化合物，并副产 CO_2和 H_2O，产品经深加工可得优质液体燃料如汽油、柴油、喷气燃料等。由煤或天然气获得的合成气制合成油的工艺流程示意见图 7-12。

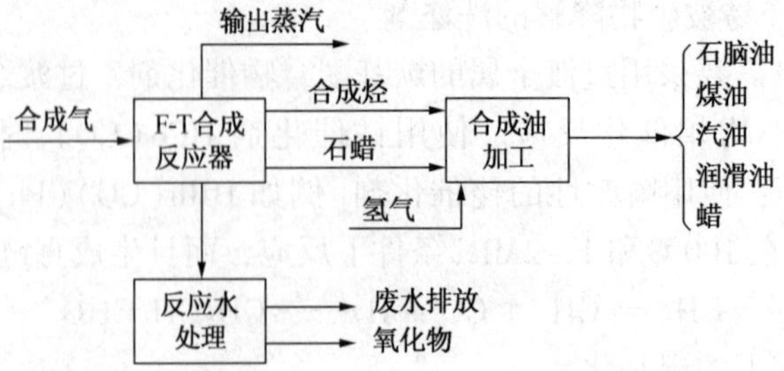

图 7-12 F-T 合成示意流程

七、合成气应用新途径

在合成气基础上制备化工产品的新途径有：将合成气转化为乙烯或其他烃类，然后再进一步加工成化工产品；先合成为甲醇，然后再将其转化为其他产品；直接将合成气转化为化工产品。这些新应用中，有的正在研究，有的已进入工业开发阶段，有的已具一定生产规模。

（1）直接合成乙烯等低碳烯烃 近年来的研究致力于将合成气一步转化为乙烯等低碳烯烃。

$$2CO + 4H_2 \longrightarrow C_2H_4 + 2H_2O \qquad (7-40)$$

因副反应多尚未达到实用要求，需要研制活性及选择性均较高的催化剂以提高烯烃的收率。

（2）合成气经甲醇再转化成烃类 近年来开发了一类新型催化剂，对甲醇选择性转化成芳基汽油具有高活性，这是一种名为 ZSM－5 的择形分子筛，在 370℃ 和大约 1.5MPa 下能使甲醇选择性转化，生成沸点大部分在汽油范围（$C_5 \sim C_{10}$）的烷烃和芳烃混合物，此法称为 Mobil 工艺。其中芳烃占汽油的 38.6%，辛烷值为 90～95，在质量和产量方面均高于 SASOL 法生产的汽油。Mobil 工艺已在新西兰工业化，将甲醇转化为汽油的过程首先在两个反应器内进行，第一反应器中装有脱水催化剂，使甲醇脱水生成二甲醚；第二反应器中装有 ZSM－5催化剂，将二甲醚转化为烯烃。然后，这些烯烃进行烷基化和脱氢环化生成 $C_5 \sim C_{10}$ 链烷烃、环烷烃和芳烃的混合物，即为汽油。

（3）甲醇同系化制乙烯 在均相羰基金属配合物催化剂存在和 200℃、20MPa 条件下，甲醇与合成气反应主要产物是乙醇。该反应称为甲醇的同系化，也可称为氢羰基化。乙醇催化脱水生成乙烯是已经成熟的技术。

乙烯是重要的有机化工原料，传统上由石油馏分热裂解制取，用合成气制取可扩大乙烯的来源。

（4）合成低碳醇 将合成甲醇的铜基催化剂加钾盐及助催化剂进行改性后，可以于 250℃和 6 MPa 下将合成气转化为 $C_1 \sim C_4$单醇，称为低碳混合醇，可作汽油的掺烧燃料，也可以经脱水生成低碳烯烃。该过程目前即将工业化。

（5）合成乙二醇 乙二醇是合成聚酯树脂、聚酯纤维、表面活性剂、增塑剂、聚乙二醇、乙醇胺等的主要原料，它还作为防冻剂，用量相当大。目前工业上生产乙二醇的方法是乙烯环氧化生成环氧乙烷，然后水合为乙二醇。由合成气直接合成乙二醇的方法现处于研究阶段。

（6）合成气与烯烃、醛或酸的胺羰基化产物 在羰基钴或铑的配合物催化剂作用下，一些烯烃、醛和酸类能与合成气及胺化物反应，生成氨基酸、表面活性剂和食品添加剂等。

第五节 煤的直接液化

煤炭液化技术是把煤经过一系列的化学转化及提纯生成发动机燃料油和化工产品的技术，包括煤直接液化和间接液化技术。该技术是缓解世界石油严重短缺的重要技术途径之一。以上讨论的把煤先进行气化制成合成气，再通过净化并调整成分比例进行甲醇等产品合成，再进行一系列加工生产燃料及其他化工产品属于煤间接液化。

煤直接液化是将煤于17～30MPa高压和约450℃的较高温度条件下，通过溶剂及催化剂的作用，直接加氢生成液体油，进而提质加工生产高品质汽油、柴油、喷气燃料及芳烃类化工产品。

一、煤直接液化的基本原理

与石油相比由于煤的H/C比低，氧含量高；煤的主体是高分子聚合物故而不挥发、不熔化、不溶解、具有黏弹性；煤中有较多的矿物质。因此，煤的液化需要加氢、裂解和脱灰。

煤的加氢液化与热解有着直接的关系。煤在热解温度以下一般不发生明显的加氢液化反应，而在煤热解温度以上加氢时，结焦反应大大加剧。在煤的加氢液化中，不是氢分子攻击煤分子而使其裂解，而是煤首先发生热解反应，生成自由基"碎片"，后者在有氢供应的条件下与氢结合形成共价键而得以稳定。热解和供氢在煤的液化过程中是两个十分重要的反应。

1. 煤的热解

煤在隔绝空气的条件下加热到一定温度，就会发生一系列复杂反应，析出煤气、热解水和焦油等产物，剩下煤焦。由于煤中的桥键和交联键有不同类型，如$—CH_2—CH_2—$、$—CH_2—O—$、$—CH_2—$、—O—和芳环间的C—C键等，其稳定性也各不相同。这样，煤的热解必然有一个较大的温度范围。当煤达到开始热解的温度时，只有最弱的键裂解；随着温度的升高，较稳定的键相继断开，所以热解速度随温度升高而明显加快。对于褐煤和烟煤，焦油和煤气析出速度最快或胶质体生成量最大的温度范围大致在400～450℃左右，这与煤加氢液化的适宜温度区间基本一致。说明煤的热解是加氢的先决条件。

2. 对自由基"碎片"的供氢

自由基"碎片"是不稳定的。它能与氢结合变得稳定，成为相对分子质量比原来的煤要低得多的初级加氢产物。不能与氢结合时，自由基"碎片"则以彼此结合的方式实现稳定，相对分子质量增加，变为煤焦或类似的重质产物。用化学方程式表示如下：

$$R—CH_2—CH_2—R' \longrightarrow RCH_2\cdot + R'CH_2\cdot$$

$$RCH_2\cdot + R'CH_2\cdot + 2H \longrightarrow RCH_3 + R'CH_3$$

或

$$RCH_2\cdot + R'CH_2\cdot \longrightarrow RCH_2—CH_2R'$$

$$2\,RCH_2\cdot \longrightarrow RCH_2—CH_2R$$

$$2R'CH_2\cdot \longrightarrow R'CH_2—CH_2R'$$

提供给反应需要的氢的来源有几个方面：①溶解于溶剂油中的氢在催化剂作用下变为活性氢；②溶剂油可供给的或传递的氢；③煤本身可供应的氢；④化学反应生成的氢（如$CO + H_2O \longrightarrow CO_2 + H_2$）。它们之间的相对比例随液化条件的不同而不同。

采取以下措施对供氢有利：①使用有供氢性能的溶剂；②提高系统氢气压力；③提高催化剂活性；④保持一定的H_2S浓度等。

3. 脱杂原子

煤的有机质中除碳和氢元素以外，还含有一定量的氧、氮和硫。煤中含有的上述杂原子在煤的分子结构中以羧基、羟基、醚键、杂环等形式存在，在煤加热液化过程中，大部分含杂原子基团受热分解，逐步生成 CO_2、CO、H_2O、H_2S 和 NH_3 等。它们的脱除反应既和煤液化深度有直接关系，又影响产品质量和对环境造成污染，故应引起重视。

4. 结焦反应

热解生成的自由基“碎片”，当反应温度升高或供氢不足时，就会彼此结合，发生结焦反应：

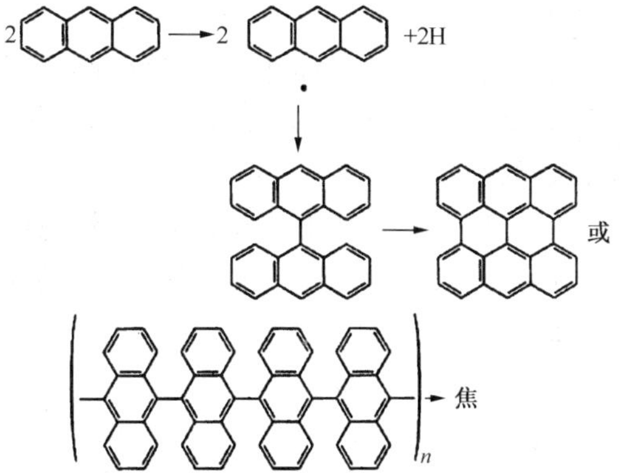

这是煤加氢液化中的副反应。焦的形成轻则使催化剂表面积炭，重则使反应器和管道堵塞。采取以下措施可防止结焦：①提高系统的氢分压；②提高供氢溶剂的浓度；③反应温度不要太高；④降低循环油中沥青烯含量；⑤缩短反应时间。

二、煤加氢液化的反应产物

由于煤结构的复杂性和液化反应类型的不同，煤加氢液化得到的产物，而是组成十分复杂，为气、液、固三相的混合物。按照在不同溶剂中的溶解度不同，对液固部分进行分离，其流程示意如图 7－13。

- 煤加氢液化产物
  - 气体
  - 液固相 —苯抽提→
    - 苯可溶物 —加环己烷或正己烷→
      - 可溶物(油)
      - 不溶物(沥青烯)
    - 苯不溶物 —吡啶或四氢呋喃抽提→
      - 可溶物(前沥青烯)
      - 不溶物(残渣)

图 7－13　煤加氢液化产物分离流程示意图

残渣不溶于吡啶或四氢呋喃，由尚未完全转化的煤、矿物质和外加的催化剂构成。由于惰性组分反应活性最差，故富集在残渣中。

前沥青烯是指不溶于苯但可溶于吡啶或四氢呋喃的重质煤液化产物，平均相对分子质量约为 1000，杂原子含量较高。沥青烯是指可溶于苯但不溶于正己烷或环己烷的、类似于石油沥青质的重质煤液化产物，与前者一样也是混合物，平均相对分子质量约为 500。

油是指可溶于正己烷或环己烷的轻质煤液化产物，除少量树脂外，一般可以蒸馏分离，沸点有高有低，相对分子质量大致在 300 以下。

希望得到轻质油品时则用蒸馏法分离，沸点 <200℃者为轻油或称石脑油，沸点 200～325℃者为中间馏分油(相对与轻油和重油，在煤液化领域习惯上称为中油)，轻油中含有较多的酚类，中油中苯族烃含量较高，经过重整可以得到比从原油获得的石脑油更多的苯类；中油含有较多的萘系和蒽系化合物，酚类和喹啉类化合物也较多。

煤液化中还生成一定量的气体，它包括两部分：①含杂原子的气体，如 H_2S、H_2O、CO_2、CO 和 NH_3 等；②C_1 ~ C_4 的气态烃。气态烃的产率与煤种和工艺条件有关。生成气态烃要消耗大量的氢，所以气态烃产率增加将导致氢耗量提高。

三、煤直接液化工艺流程

1. 德国煤直接液化新工艺

德国是世界上实现煤直接液化工业化最早的国家。德国鲁尔煤矿公司和威巴石油公司合作，把第二次世界大战前的 IG 老工艺发展为 IG 新工艺，1981 年建立了工业试验装置，试验于 1987 年结束，取得了较好的结果。

新工艺简化流程见图 7－14。磨细的煤(粒度 <0.2mm)和铁系催化剂与过程自产油按质量比 1∶1.2 比例混合，加入氢气后在管式炉中加热，在一台大容积的加氢反应器或三台串联反应器中，于压力 30 MPa 和温度 485℃下进行加氢裂化，反应产物在热分离器中分离为塔顶产物和塔底产物。塔底产物(包括所有固体物——即未转化煤、灰和催化剂以及高沸点组分)进入减压塔蒸馏。减压塔顶产物用作过程循环油，塔底残渣油送气化炉气化生产氢气。热分离器的顶部产物进一步在冷分离器分成气体和液体，气体经油洗净化后返回液相加氢，而液体烃通过常压蒸馏分为轻油(≤185℃)、中馏分油(185 ~ 325℃)和高沸点塔底产物，常压塔的塔底产物作为混合油也在过程中循环，轻油与中馏分油可以进一步精制为汽油、柴油和家庭炉用油。由煤生产油的热效率在 60% 以上，油产率(按无水无灰基煤为基准)在 50 % 以上。

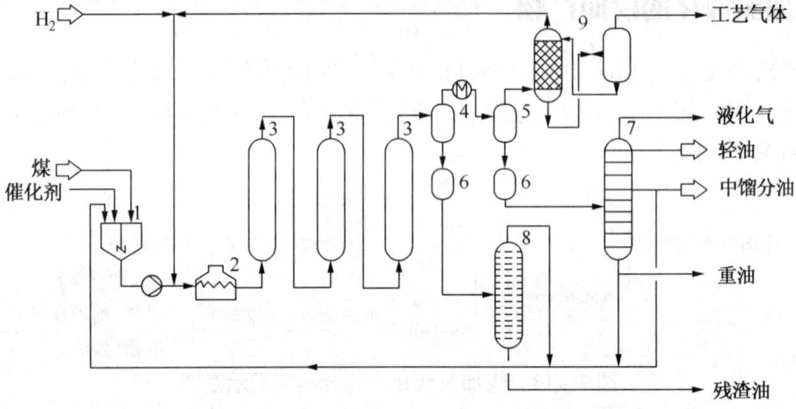

图 7－14　德国 IG 煤直接液化新工艺工艺流程图

1—混合器；2—预加热炉；3—加氢反应器；4—热分离器；5—冷分离器；
6—闪蒸罐；7—常压蒸馏塔；8—减压蒸馏塔；9—气体净化(洗涤)塔

与 IG 此前的工艺比较新工艺的特点是：①液固分离采用闪蒸塔，生产能力大，效率高；②循环油不含固体，还基本上排除了沥青烯；③煤糊相加氢和油的加氢精制一体化，使油收率增加，质量提高。

2. 美国煤加氢液化的中间试验

第二次世界大战后，特别是 1973 年第一次石油危机爆发后，美国对煤的液化格外重视，做了大量的工作，开发了多种新工艺。溶剂精炼煤法、氢煤法、供氢溶剂法和两段液化法等相继投入中试，取得了举世瞩目的成就。

溶剂精炼煤法与德国 IG 原工艺相似。由于这些方法仍处于中试阶段，这里仅以氢煤法为例介绍其工艺流程。

氢 - 煤(H - Coal)法是美国碳氢化合物研究公司(HRI)开发的，它以石油重油催化加氢的氢 - 油(H - Oil)法为基础，已完成煤处理量 200 ~ 600t/d 的中间试验。

H - Coal 工艺流程示于图 7 - 15。

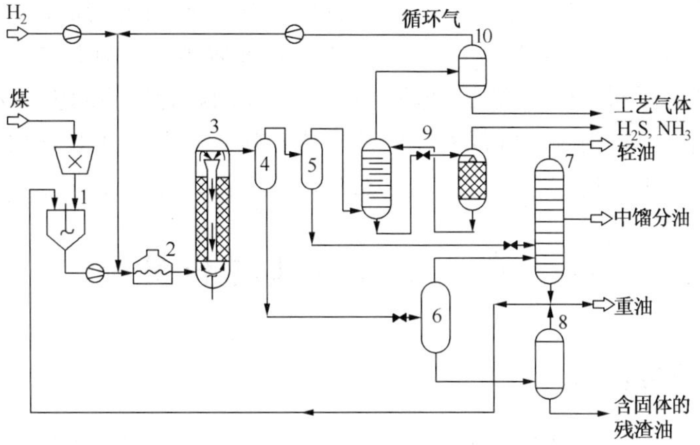

图 7 - 15　H - Coal 法煤直接液化工艺流程图

1—煤浆制备；2—管式加热炉；3—加氢反应器；4—热分离器；5—冷分离器；6—闪蒸罐；7—常压蒸馏塔；8—减压蒸馏塔；9—气体净化塔；10—气体分离器

干煤粉碎到 40 目以下与自产油按油煤质量比 1.5∶1 混合制成煤浆，煤浆与氢气混合后经预热进入流化床反应器。床内装有颗粒状 Co - Mo/Al_2O_3催化剂，反应温度 450℃，压力 16 ~ 19MPa。反应器底部设有高温油循环泵，使循环油向上流动以保证催化剂处于流化状态。由于催化剂的密度比煤高，催化剂可保留在反应器内，而未反应的粉煤随液体从反应器排出。反应产物的分离方法与 IG 新工艺相近。用此法合成原油时，煤转化率 94.8%，氢耗 4.9%；合成燃料油时转化率为 93.2%，氢耗为 3.2 %。

思　考　题

7 - 1　“石油危机”的实质是什么？

7 - 2　什么是碳一化学？什么是碳一化工？

7 - 3　煤化作用指的是什么过程？煤是如何分类的？

7 - 4　洁净煤技术(Clean Coal Technology，简称 CCT)的含义是什么？

7 - 5　我国洁净煤技术包括哪些领域和技术？

7 - 6　什么是合成气？有哪些制备合成气的主要方法？分述其主要工艺技术特点。

7 - 7　简述合成气化工利用的途径。

7 - 8　试比较由合成气生产甲醇的高压法、低压法和中压法的工艺特点。

7 - 9　什么是羰基合成反应？

7 - 10　什么是煤炭液化技术？分述煤的直接液化和间接液化。

7 - 11　简述煤直接液化的基本原理。

7 - 12　简述你对碳一化学的认识。

第八章　乙炔及其系列产品

乙炔是重要的石油化工原料之一，有相当数量的石油化工产品都可以由它合成出来，早期它被称为“有机合成工业之母”。由于石油化工的迅速发展，特别是乙烯工业的快速发展，好多在过去以乙炔为原料的生产方法逐渐被由以乙烯、丙烯为原料的生产方法所取代，使得世界乙炔产量逐渐下降。但是，烯烃不能全部取代乙炔，有些产品必须由乙炔为原料生产，因而乙炔在石油化工中，仍占有独特地位，乙炔的生产仍具有重要的意义。

第一节　乙炔的性质和用途

一、乙炔的物理性质

乙炔为无色气体，化学纯乙炔有轻微的醚味，工业乙炔因含有硫化氢、磷化氢等杂质，具有特殊的刺激性气味。

乙炔的主要物理性质见表 8－1。

表 8－1　乙炔的主要物理性质

凝固点/℃	沸点/℃	临界温度/℃	临界压力/MPa	生成热/(kJ/kmol)
189.4	191.2	308.9	6.24	226.09

乙炔是一种易燃、易爆的不稳定的化合物，易分解放出大量的热而发生爆炸，压力对乙炔的分解具有特殊意义。压力增加时，乙炔气体分子间变密聚，因此，一旦某处乙炔分解，就能迅速扩展到全部气体中。如工业气体乙炔的压力在 0.147MPa(表)以上，温度超过 773～823K 时，便会全部分解，发生爆炸。当温度低于 723K 并有接触物质存在时，也可能发生爆炸。例如，在生产和使用乙炔时，如遇到氧化铝、铜屑、铁屑、氧化铁、活性炭等物质，这些物质就会将乙炔吸附在自己的表面上，使乙炔的局部浓度增高，加速乙炔分解而发生爆炸。

乙炔与空气混合，其爆炸范围为 2.3%～81%(体积)，其中含乙炔 30% 时，危险性最大。乙炔与氧形成的混合物，在常压下就会爆炸，其爆炸范围在 2.3%～91%(体积)。

湿乙炔的爆炸能力低于干乙炔气，且随湿度的增加而降低。气体温度越高，爆炸范围越宽。当乙炔与水蒸气的体积比为 15:1 时，通常不会发生爆炸。

乙炔气被一些惰性气体如 CH_4、N_2、CO_2、CO、H_2 等气体稀释后，也可以降低爆炸能力。如 N_2: C_2H_2 = 1:1 时，一般不会发生爆炸。最好的稀释剂是甲烷，其次是氮气。

乙炔的爆炸能力，也可以采用溶剂稀释的方法使之降低。如溶于丙酮的乙炔，在压力低于 0.98MPa(表)时，与明火接触也不会发生爆炸。因此，在乙炔装瓶时，常以丙酮作溶剂。

乙炔能溶于多种液体中，如水、丙酮及其他有机溶剂，溶解度随温度的升高而降低，见表 8－2、表 8－3、表 8－4。

表 8-2　乙炔在水中溶解度与温度的关系

温度/K	溶解度/($V_{乙炔}/V_{水}$)	温度/K	溶解度/($V_{乙炔}/V_{水}$)
273	1.73	313	0.65
278	1.49	323	0.50
283	1.31	333	0.37
288	1.15	343	0.25
293	1.03	353	0.15
298	0.93	363	0.05
303	0.84		

表 8-3　乙炔在丙酮中溶解度与温度的关系

温度/K	溶解度/($V_{乙炔}/V_{丙酮}$)	温度/K	溶解度/($V_{乙炔}/V_{丙酮}$)
253	52	288	23
258	47	293	20
263	42	298	18
268	37	303	16
273	33	308	14.5
278	29	313	13
283	26		

表 8-4　乙炔在各种溶剂中的溶解度

温度/K	溶剂	溶解度/($V_{乙炔}/V_{溶剂}$)	温度/K	溶剂	溶解度/($V_{乙炔}/V_{溶剂}$)
298	水	0.93	291	乙醇	6.0
298	饱和食盐水	0.32	293	二甲基甲酰胺	33~37
288	石灰乳	0.75	288	乙酸甲酯	14.8
288	汽油	5.70	288	苯	4.0

乙炔气的密度随温度的变化而变化，乙炔压力为 0.10MPa 时，不同温度下的密度见表 8-5。

表 8-5　乙炔密度与温度的关系

温度/K	密度/(kg/m^3)	温度/K	密度/(kg/m^3)
253	1.263	283	1.130
258	1.239	288	1.110
263	1.215	293	1.091
268	1.193	298	1.073
273	1.171	303	1.055
278	1.150	313	1.022

二、乙炔的化学性质

由乙炔的结构式 HC≡CH 可以看出，乙炔分子中含有碳碳三键，可以看出其化学性质非常活泼。它易于发生加成、聚合和成盐等反应，因此，在有机化工生产中占有很重要地位。乙炔的加成反应是多种多样的，它可以和水、氢、卤化氢、氰氢酸等物质进行加成，分别获得乙醛、乙烯、氯乙烯和丙烯腈等化工产品。

乙炔与乙烯相似，也能发生聚合反应。在含有少量盐酸的氯化亚铜－氯化铵的溶液中，通入乙炔，于357～369K下，两分子乙炔聚合生成乙烯基乙炔，乙烯基乙炔还可以再与一分子乙炔反应，生成二乙烯基乙炔等。乙炔具有弱酸性，其分子中的氢能被某些金属取代而成盐。例如，含有水或氨的工业乙炔与氯化亚铜作用，生成具有爆炸性的乙炔铜。所以工业上乙炔发生系统不能使用铜制的旋塞及管件。

乙炔除上述性质外，还能与很多的有机物进行反应，生成各种化工产品，详细情况见第三节表8－8。

三、乙炔的用途

乙炔作为石油化工生产的重要原料，其应用范围是较广泛的。从乙炔出发可以制成多种有机化工产品和单体，举例如下：

（1）塑料与树脂的重要单体——氯乙烯、乙烯基醚、乙酸乙烯酯、丙烯酸酯等；

（2）合成橡胶单体——丁二烯、2－氯丁二烯、异戊二烯等；

（3）合成纤维单体——丙烯腈、己二胺等；

（4）有机化工的重要产品及溶剂——乙醛、乙酸、乙酐、丙酮、四氯乙烷等。

另外，乙炔在氧气中燃烧，能产生高温，故工业上广泛使用氧炔焰来切割与焊接金属。

第二节　乙炔的主要生产方法

一、乙炔生产方法简介

乙炔的生产方法主要分为碳化钙法（电石法）和烷烃裂解法两种，又称煤炭路线和石油路线。

1. 碳化钙法（电石法）

由石灰石和焦炭在高温电弧的作用下生产碳化钙，进而生产乙炔。

碳化钙法的主要缺点是电能消耗高（1kg乙炔约消耗电11kW·h），装置笨重而且生成的副产物难以处理。但该法所得的乙炔纯度高（经净化脱除杂质后纯度可达99.9%），故仍被广泛应用，乙炔产量的60%左右是通过此法生产的。

2. 烷烃裂解法

由烃类裂解合成乙炔的关键是向反应系统中引入大量的热量，由于乙炔在1200℃下不稳定，易发生分解反应，所以必须将反应产物迅速冷却或及时引出反应区降温。

根据给热方式的不同，其所用反应器的结构也不同，在工业生产中经常采用蓄热炉裂解法、电弧裂解法、烃类氧化裂解法等几种方式生产乙炔。

① 蓄热炉裂解法　烃类裂解所需的热量多、温度高，一般为1400～1500℃的高温，在工业生产中只能在间歇式蓄热炉中进行。这种方法的传热效率较差，很难达到1400℃以上的温度，且热量难以回收，热效率低，主要用于原油、渣油等重质原料的裂解。

② 电弧裂解法　此法是气体通过电弧被迅速加热的方法。生产中使用的电弧反应器，是由铁制成的阳极和阴极垂直安装而组成。电弧在两电极之间产生，阳极室下部中空并接地。原料气以切线方向高速送进反应器，然后沿电弧进入阳极室，经下部空心部分从反应器

出来。电弧长度约 1m，温度达 2000℃，气体加热温度为 1600℃左右。裂解产物应立即用冷原料气急冷，同时该部分热量也使部分原料气裂解产生少许乙炔。电弧室壁面有积炭产生，可借助夹套水的冷却加以抑制。

电弧室的尺寸可根据接触时间的长短来确定，从天然气到石脑油，都可作为裂解原料。当以天然气为原料时，甲烷变成乙炔的转化率达 50%，裂解气中含乙炔 13% ~14%（包括少量高级同系物）。此外，本法中还副产较多的炭黑，每生成 1 吨乙炔约得炭黑 50kg，其性能与乙炔炭黑相类似，可作为商品出售。当用高级烃类作原料时，乙炔浓度稍有增加可达 16%，能量消耗则有所下降。

③ 烃类氧化裂解法　工业上大规模应用的方法是烃类氧化裂解法，又称部分燃烧法。该法是利用气态烃和可控数量的氧，在反应区内使原料烃部分燃烧产生的热量，作为其余原料裂解反应所需要的热量。在反应器内，即有原料烃的氧化反应又有裂解和缩合反应发生。

甲烷裂解发生的反应为：

$$CH_4 + 0.5O_2 \longrightarrow CO + 2H_2 \qquad \Delta H = -25.5\text{kJ}$$

$$2CH_4 \longrightarrow C_2H_2 + 3H_2 \qquad \Delta H = 376\text{kJ}$$

$$CH_4 + 2O_2 \longrightarrow CO_2 + 2H_2O \qquad \Delta H = -800\text{kJ}$$

$$CO + H_2O \longrightarrow CO_2 + H_2 \qquad \Delta H = -41.9\text{kJ}$$

在反应产物中除乙炔和氢外，还含有相当数量的 CO、CO_2 和 H_2O，还有二次反应生成的乙烷、高级炔烃和炭黑等，其大概组成见表 8 -6。

表 8 -6　甲烷氧化裂解气体组成　　%（体积）

H_2	CO	C_2H_2	CO_2	CH_4
≤55	≤28	8 ~10	3 ~4	5 ~6

氧化裂解原料除甲烷外，也可使用较重的烃、石脑油等。石脑油裂解时能同时得到乙烯和乙炔。

该过程的主要特点是当部分燃烧时，在很小反应体积内放出大量热量。这些热量应当迅速而均匀地分布于整个反应区内，因此燃烧应当非常均匀地在整个反应器内进行。原料和氧气必须预先充分混合，原料混合物在进到反应区之前不应当发生燃烧。氧与烃原料的比例通常接近燃烧下限，因此反应器结构应当保证火焰的稳定性，并沿反应器断面均匀分布。提出过许多反应器结构，但都是根据同样的原理。

用部分燃烧法制取乙快时，最好用氧作为燃烧剂，如果在空气中进行燃烧，会浪费大量的热量，并使裂解气中的乙炔浓度降低，增浓这样的产物是很困难的。冷却工艺近年来已多改用高沸点油作急冷剂，这样可大大降低炭和一氧化碳的生成，同时还能在急冷中洗掉大部分的炭，简化了后处理的过程。

部分燃烧法能量消耗低，容易产生 1500℃以上的高温，适于裂解天然气，能使天燃气得到合理的综合利用，因为乙炔经分出后，其剩余气体中约含 $H_2$58.5%、CO 28%，接近合成气的组成，是优良的合成原料。部分燃烧法的缺点是氧的消耗量较多，裂解气中的乙炔浓度较低，需要较庞大的和较复杂的分离系统。

④ 高温水蒸气裂解法　用高温水蒸气裂解烃类，是以高温过热水蒸气作为热载体将原料加热到反应温度并提供给裂解所需的热量。连续生产时，采用文丘里型甲烷燃烧器，燃烧

后的高温烟气与水蒸气混合得到2030℃左右的气体，再与预热至410℃左右的原油混合，在0.01～0.02s内升温至900℃进行裂解。裂解气中乙烯与乙炔的比例在8:1～20:1，最高达50:1。此法能使原油的60%～70%转化为乙烯、乙炔及其他联产物。

除了上述在工业上已实施的制取乙炔的方法之外，还有一直处于研究阶段的低温等离子流裂解技术。该技术实质上是烃原料进到作为热载体的低温等离子体流中，在高温和离子化气体作用下，烃发生分解。甲烷在等离子流中裂解可以达到高乙炔收率。甲烷在氩等离子体中生成乙炔的转化率达87%，在氢等离子体中生成乙炔的转化率达73%，甲烷总转化率分别可达到99%和94%，除生成乙炔外，还生成氢、乙烯、乙烷和丙烷等。

二、热力学和动力学分析

烃类裂解生成乙炔是一强吸热反应

$$2CH_4 \longrightarrow C_2H_2 + 3H_2 \qquad \Delta H = 376\text{kJ/mol}C_2H_2$$

$$\text{烃类} \longrightarrow C_2H_4 \longrightarrow C_2H_2$$

但乙炔在热力学上很不稳定的，易分解为碳和氢。

$$C_2H_2 \longrightarrow 2C + H_2 \qquad \Delta H = 226.7\text{kJ/mol}$$

烃类裂解制乙块，乙炔的收率主要决定于生成乙炔和乙炔分解两种反应在热力学和动力学上的竞争。

在热力学上，一般化合物的标准生成吉布斯函数变由下列关系确定。

$$\Delta G^{\theta} = (\sum \nu_i \Delta G_{\text{f}}^{\theta})_{\text{生成物}} - (\sum \nu_i \Delta G_f^{\theta})_{\text{反应物}}$$

甲烷、乙烯和乙炔的标准生成吉布斯函数变 ΔG^{θ} 与温度的关系见图8－1。

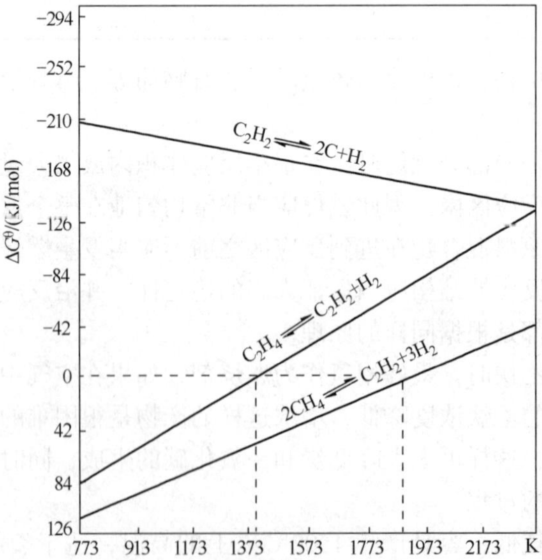

图8－1 几个反应的 ΔG^{θ} 与温度的关系

从图8－1可看到，当甲烷裂解、乙烯裂解制乙炔时，在低温区，标准生成吉布斯函数变都是很大的正值，随着温度的升高，标准生成吉布斯函数变逐渐变小，高温时才有较大的负值。甲烷需在1800K以上时，标准生成吉布斯函数变才小于零；乙烯需在1375K以上时，标准生成吉布斯函数变方小于零，说明上述裂解制乙炔的反应才有可能有较高的转化率。这说明从热力学看，甲烷、乙烯等裂解制乙炔的反应提高反应温度是有利的。

上述三个反应都是一级反应，从反应速度常数与温度的关系图 8－2 可以看出，当温度低于 1800K 时，生成的乙炔很快分解，只有当温度高于 1800K 时，才有可能获得高收率的乙炔。这说明从动力学看，甲烷裂解制乙炔的反应提高反应温度也是有利的。

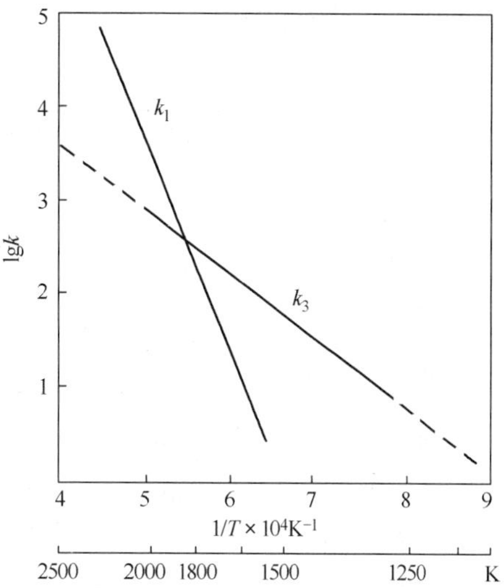

图 8－2　甲烷生成乙炔的反应速度常数 k_1 与乙炔分解的反应速度常数 k_3 对比图

因此，烃类裂解制乙炔，无沦是从热力学还是从动力学分析，都要求一定区域的高温。但乙炔绝对分解速度在高温下也是加快的，只是不如乙炔生成速度来得更快而已。因此，要求已生成的乙炔尽快离开高温反应区，缩短停留时间。烃类裂解生产乙炔必须满足以下三项条件，即：

① 迅速提供大量的反应热量；

② 反应区的温度必须达到 1500～1800K；

③ 反应时间极短(在 0.01～0.001s 之间)，同时产物离开反应区立即急冷，防止乙炔发生二次反应。

三、乙炔的分离与提浓

乙炔可以从甲烷裂解气中或从较重原料裂解联产乙烯和乙炔的裂解气中分离出来。

由于制取乙炔的方法不同，其裂解气的组分与组成也不相同。在裂解气的组成中，除乙炔外，一般还含有氢气、甲烷、一氧化碳、二氧化碳、乙烯、乙炔同系物、芳烃混合物、氮和炭黑微粒等。乙炔在裂解气中浓度在 5%～30%(体积)范围内，但通常不超过 15%(体积)。

由于乙炔在低温下，可不经过液态就从气态变成固态，因此无法用低温精馏的方法从裂解气中分离乙炔。乙炔的分离方法只能用吸收或吸附，工业上从裂解气中分离与提浓乙炔几乎全部采用溶剂吸收法。

吸收法是根据裂解气体中各组分在液体吸收剂中溶解度不同，而将乙炔分离出来。一般要求吸收剂应具备：

① 对乙炔的溶解度要大，吸收剂的溶解能力决定了与乙炔的比率，同时也决定了分离过程中能量的消耗和设备尺寸等；

② 对乙炔的选择性要高，选择性大小决定了乙炔纯度；

③ 解吸性能要好，挥发性低；

④ 化学稳定性要好，热稳定性高；

⑤ 结晶温度要低；

⑥ 溶剂廉价、易得。

乙块在一些有机溶剂中的溶解度见表8－7。

表8－7 乙炔在某些溶剂中的溶解度

溶剂	温度/℃	乙炔/溶剂/(体积比)	总压力/MPa
丙酮	－80	2000	0.1
丙酮	15	25	0.1
丙酮	15	300	1.2
二甲基甲酰胺	20	33～37	0.1
乙醇	18	6	0.1
N－甲基吡咯烷酮	20	44.2	0.1

最简单的吸收剂是水，除水以外，为分离乙炔采用许多选择性好的溶剂，如丙酮、二甲基甲酰胺、*N*－甲基吡咯烷酮、γ－丁内酯、甲醇和液氨等。

按吸收原理，温度愈低、压力愈高，乙快的溶解度愈大。水的溶解能力最低，乙炔在其他溶剂中的溶解度足够高，并随温度降低而升高。但是，乙炔在抽提过程中，温度降低受溶剂熔点的限制。

通常，裂解气经急冷和冷却之后进入净化工序，用油洗、过滤(焦炭过滤器或滤袋过滤器)除去炭黑，脱除炭黑的裂解气被压缩到0.6～3MPa压力，然后去分离乙炔。

吸收法分离乙炔首先是乙炔与其他组分溶于吸收剂中，但其他组分的溶解度比乙炔小得多，未被吸收的组分(废气)从吸收器中排出。当废气中氢和一氧化碳含量高时，可作为生产其他产品的合成气分离出来。吸收剂达到饱和状态时送至下一工序去解吸，先释放出溶解性低的气体，其次释放出乙炔和炔的高级同系物，为制取纯净的乙炔，一般需要采用两级解吸。

乙炔吸收可以用水作吸收剂，但水对乙炔溶解能力低，水消耗量大，同时还需专门净化除去二氧化碳和硫化氢，并需用油或溶剂洗涤除去重质烃，所以水作吸收剂没有得到广泛应用。

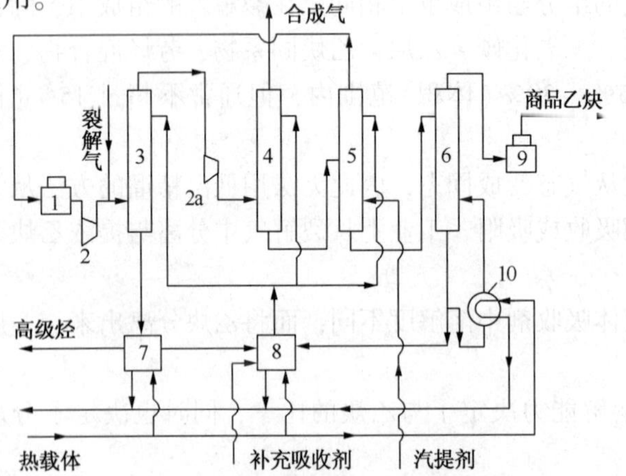

图8－3 甲醇分离乙炔流程示意图
1、9—气柜；2、2a—压缩机；
3—吸收高级炔烃和芳烃的洗涤塔；
4—乙炔吸收塔；5、6—汽提塔；
7、8—高级炔烃抽提系统；10—再沸器

乙炔吸收可以在常温或低温下进行，常温吸收采用挥发性低的吸收剂如二甲基甲酰胺、*N*－甲基吡咯烷酮、γ－丁内酯；低温吸收采用熔点低的挥发性吸收剂如氨、甲醇和丙酮。其依据是温度低时，乙炔的溶解度大，并且在溶液熔点时达到最大。应用最广的吸收剂是甲醇，用甲醇从裂解气分离乙炔的工艺流程见图8－3。

把脱除炭黑的裂解气通入洗涤塔，其塔压约0.4MPa，用少量甲醇喷淋将乙炔高级同系物和芳烃吸收。在压缩之前将稳定性最差的烃除去，以防止在压缩系统中生成聚合物。从洗涤塔出来的饱和吸收剂进到高级炔烃抽提系统，分离出乙炔高级同系物。洗涤塔出来的气体用压缩机压缩到2MPa，然后进到吸收塔用－80℃的甲醇喷淋，吸收乙炔、二氧化碳和一些在甲醇中少量溶解的气体(一氧化碳、甲烷、乙烯等)。吸收热借助塔内专门冷却装置除去，合成气从吸收塔上部送出。吸收塔出来的饱和吸收剂，节流到0.13MPa进入汽提塔(5)，分离出来的二氧化碳和溶解性差的气体，从汽提塔顶经气柜(1)和压缩机(2)返回系统。吸收剂节流到0.01MPa进入汽提塔(6)，以分离出乙炔。从裂解装置来的热水，加热汽提塔的再沸器。从汽提塔和高级炔烃抽提系统(7)来的汽提过的吸收剂，通过高级炔烃抽提系统(8)进行冷却，然后进到喷淋洗涤塔和吸收塔。因为采用低温，所以汽提塔上部甲醇蒸发量极少，故送出气体可不必洗涤脱甲醇。

分离得到的乙炔浓度高达99%以上，但文献中提到，乙炔应当用氨进一步脱除二氧化碳，使其浓度不大于0.1%(体积)。

乙炔分离过程的费用占乙炔生产过程中投资费用和操作费用的70%左右，因此分离过程的经济效果应给予足够的重视。

第三节　乙炔系列产品生产

乙炔具有不饱和的叁键，化学性质非常活泼，最早许多重要的有机产品，大部分都是以乙炔为原料制得的，乙炔主要系列产品见图8－4。

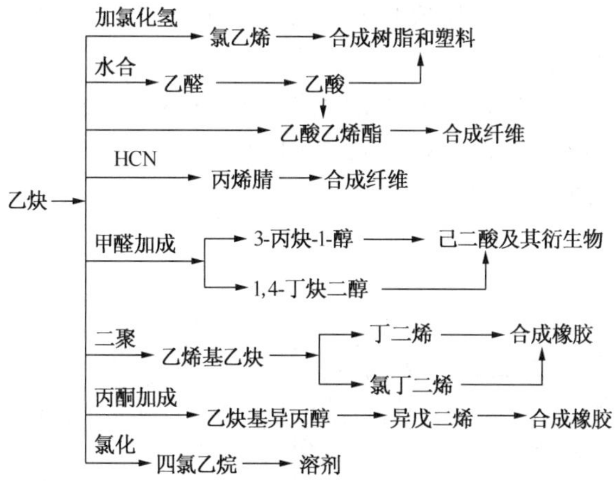

图8－4　乙炔的主要系列产品

从图8－4可知，以乙炔为原料可发生加成反应，生成的氯乙烯用作溶剂，并可用于聚氯乙烯的生产；乙炔水合可制乙醛，用作合成纤维等的原料；乙炔二聚生成乙烯基乙炔，可用于氯丁橡胶的生产；乙炔氯化生成四氯乙烷，用作溶剂等。

一、乙炔与氯化氢合成氯乙烯

氯乙烯通常为无色的液体，具有微弱的芳香气味，能在空气中燃烧，可溶于水和多数有机溶剂，空气中的爆炸范围为4%～22%(体积)。氯乙烯具有较四氯化碳弱的麻醉作用，长期接触高浓度的氯乙烯可引起肝脾肿大、肝血管肉瘤、指尖动脉痉挛症以及神经系统和消化系统不适等病症。

氯乙烯是高分子材料工业的重要单体，它可以和许多具有不饱和键的有机物单体共聚制成各种性能的树脂，进而加工成管材、薄膜、塑料地板、各种制品、建筑材料、涂料和合成纤维等。

氯乙烯的生产方法主要有以乙炔为原料的乙炔加成氯化法和以乙烯为原料的乙烯氧氯化法等。

1. 乙炔加成氯化法

乙炔与氯化氢加成得氯乙烯。

$$C_2H_2 + HCl \longrightarrow CH_2CHCl \qquad \Delta H = -124.8kJ$$

该反应在气相中进行，是一放热反应，从热力学上分析此反应很有利，但由于反应速度慢，因此必须借助催比剂来完成。

工业上常采用的催比剂为 $HgCl_2$/活性炭，其活性随 $HgCl_2$ 含量的增高而增大，一般 $HgCl_2$ 含量为10%～20%。该催化剂的活性稳定性较差，温度高时造成 $HgCl_2$ 升华而活性下降。因此，反应温度控制很重要，工业上一般控制在160～180℃范围内。

工业上也有使用氯化汞－氧化钡/活性炭作催化剂的，这种复合催化剂可以减少 $HgCl_2$ 的升华，使稳定性得到改善。

C_2H_2/HCl 的摩尔比对催化剂的活性和反应选择性有影响。当乙炔过量时，它会与催化剂活性组分 $HgCl_2$ 作用，生成1，2－二氯乙烯，使 $HgCl_2$ 转化为无催化作用的 Hg_2Cl_2 和汞。当HCl过量时，会与氯乙烯发生加成反应生成1，1－二氯乙烷。一般HCl略为过量，C_2H_2∶HCl＝(1∶1.05)～1.1。

工业上常用氯化汞载于活性炭上作为催化剂，反应温度为130～180℃，乙炔与氯化氢的摩尔比为1∶(1.05～1.1)，乙炔空速为30～$60h^{-1}$。

乙炔法生产氯乙烯的工艺流程，如图8－5所示。

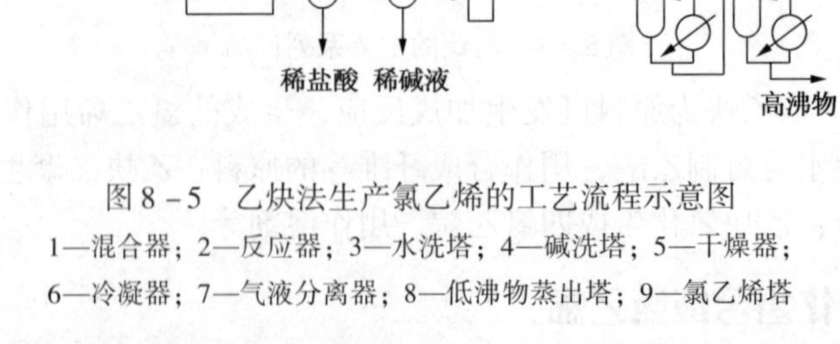

图8－5 乙炔法生产氯乙烯的工艺流程示意图

1—混合器；2—反应器；3—水洗塔；4—碱洗塔；5—干燥器；
6—冷凝器；7—气液分离器；8—低沸物蒸出塔；9—氯乙烯塔

纯净的乙炔和干燥的氯化氢在混合器中混合后，进入管内装有催化剂的列管式固定床反应器；反应后气体进入水洗塔、碱洗塔，洗去未反应的氯化氢和少量的二氧化碳等；所得粗氯乙烯加压至0.686MPa左右进入低沸塔，除去乙炔等低沸物，然后进入高沸塔，塔顶得纯度99.9%左右的成品氯乙烯。乙炔转化率可达99%左右，副产物1，1－二氧乙烷的生成量约为1%左右。

2. 生产氯乙烯的其他方法

乙炔法应用最早，是以煤、电石为基础发展起来的技术路线，它具有副反应少，产品纯度高，设备简单、技术成熟等优点，曾是50年代生产氯乙烯的主要方法。但该法以电石为原料，而生产电石需要消耗大量的焦炭和电，成本较高。同时催化剂汞有毒，不利于工人的健康。自1965年以来，由于石油化工的发展，几种以乙烯为原料的氯乙烯生产路线逐渐代替了乙炔法。

乙烯法是以石油乙烯为原料经氯化加成制得中间产物二氯乙烷，二氯乙烷再热解脱氯化氢而得氯乙烯，其反应式为：

$$C_2H_4 + Cl_2 \longrightarrow CH_2ClCH_2Cl$$

$$CH_2ClCH_2Cl \longrightarrow CH_2CHCl + HCl$$

该法存在着副产物氯化氢的利用问题，从反应式可看到，氯的利用率只有50%，即一半变成氯化氢被浪费掉了，而氯化氢的腐蚀又很严重，故采用此法生产的工厂并不多。氧氯化法解决了氯化氢的处理问题，为此生产路线奠定了有利的基础。

氧氯化法具有原料价廉易得，工艺简单紧凑，基建费用低，产品纯度高等优点，特别适用于大规模生产。这个方法是建立在“平衡氧氯化反应”的基础上，即副产的氯化氢能借助于氧氯化反应完全用于乙烯的氯化。它的工艺流程包括以下三部分。

① 直接氯化部分　乙烯与氯气直接反应得到二氯乙烷，反应方程式为：

$$C_2H_4 + Cl_2 \longrightarrow CH_2ClCH_2Cl$$

② 热解部分　二氯乙烷经精制后，送热解炉进行热解得到氯乙烯和氯化氢。反应方程式为：

$$CH_2ClCH_2Cl \longrightarrow CH_2CHCl + HCl$$

反应温度保持在500～550℃之间，不应超过600℃；反应压力有采用低压法(0.6MPa)、中压法(1MPa)和高压法(1.5MPa)几种。

③ 氧氯化部分　乙烯、氯化氢和氧(或空气)在催化剂存在下发生氧氯化反应，使其再生成二氯乙烷，经净化后送去热解。

$$C_2H_4 + HCl + 0.5O_2 \longrightarrow CH_2ClCH_2Cl + H_2O$$

氧氯化法是目前氯乙烯生产中较先进合理的方法，是目前各国普遍采用的方法。

以上生产氯乙烯的方法，多以乙烯为基础原料，热能消耗比较大。以乙烷为基础原料的生产路线，是将乙烷、氯、空气和氯化氢导入熔盐浴中，在450～650℃、1～3.5MPa和熔融态氯化钾－氯化铜－氯化亚铜的催化作用下，同时发生氯化、热解和氧氯化三个反应。氯乙烯的产率按氯为基准计算可以达到95%，以乙烷为基准的产率则为80%。这个方法直接以乙烷为基础原料，越过了乙烯的制备过程，同时将氧氯化反应放出的大量热量，应用于乙烷和二氯乙烷的热解上，达到了热量合理利用、过程一步完成的效果，可使生产成本大大降低。

二、乙炔水合生产乙醛

乙醛为易挥发有辛辣臭味的液体，可与水、乙醇、乙醚等以任何比例互溶。乙醛对眼及皮肤有刺激作用，其液体能将皮肤灼成焦黑。在厂房空气中乙醛最大允许浓度为0.1mg/L，爆炸极限为1.5%～6.1%(体积)。

乙醛主要用于生产醋酸、醋酐及高级醇类，也用于医药工业。

根据所用原料的不同，乙醛的生产方法可分为乙炔法、乙醇法(乙醇脱氢法和乙醇氧化法)、饱和烃类氧化法、乙炔直接氧化法(一步法和两步法)等方法。

其中，乙炔水合法工艺成熟，产品收率高，但乙炔价格昂贵，所用催化剂中含贵重的汞有毒，存在着污染问题。

乙醇法中乙醇脱氢法的反应温度较低，反应容易控制，一般不产生深度氧化的产物，所得乙醛也不易分解，同时该过程以大量纯氢为副产物，每生产1t乙醛可得550Nm^3的纯氢。而乙醇氧化法的技术成熟、不需特殊设备，催化剂亦比较普遍，投资少，建厂快，原料乙醇储运方便安全，乙醛收率高。

饱和烃类氧化法氧化产物多，产品分离提纯流程过长，投资也高。

乙烯直接氧化法克服了乙炔水合法的许多缺点，而且成本比乙炔法低，所以逐渐取代了乙炔法，成为当今生产乙醛的主要方法。

由于乙炔水合法一度曾是生产乙醛非常有效的方法，而且目前尚在运行的装置也很多，所以本节将此生产方法进行简单的介绍。

1. 反应原理

乙炔和水蒸气在高价汞盐(硫酸汞)的硫酸溶液催化作用下水合，反应生成乙醛，反应式如下：

$$HC\equiv CH + H_2O \longrightarrow CH_3CHO + 141.5kJ/mol$$

由反应式可见1mol的乙炔和1mol的水生成1mol乙醛，没有其他产物生成，这是很理想的，是完全原子经济性反应。

在上述条件下，除主反应外，还伴有下列副反应发生：

$$HC\equiv CH + 2H_2O \longrightarrow CH_3COOH + H_2$$

$$2HC\equiv CH + H_2O \longrightarrow CH_3—CH = CH—CHO$$

若在反应过程中降低反应液中乙醛的浓度，就能够在很大程度上减少这些副反应的发生。

2. 影响因素

乙炔水合生产乙醛的催化剂主要成分是硫酸汞的硫酸溶液，但由于在系统内可通过还原反应生成金属汞使催化剂失去活性，为了降低汞盐被还原成金属汞的可能性，延长催化剂的使用寿命，可在催化剂溶液中加入一些弱氧化剂。在很快使乙醛从催化剂溶液中分出的条件下，这些氧化剂不会使乙炔和乙醛氧化，而只能使一价汞氧化成二价汞。研究表明铁、锰、钒等的高价盐都可作氧化剂，比较好的是硫酸铁。但在催化剂中加入$Fe_2(SO_4)_3$的量必须适宜，若$Fe_2(SO_4)_3$加入量太多，则使催化剂溶液密度及黏度增大，因而使生成的乙醛不易被排出，反而造成汞盐被还原。加入量太少，不能充分地将金属汞及一价汞氧化成二价汞。

以铁盐作氧化剂的反应式为：

$$2Hg + Fe_2(SO_4)_3 \longrightarrow Hg_2SO_4 + 2FeSO_4$$

$$Hg_2SO_4 + Fe_2(SO_4)_3 \longrightarrow 2HgSO_4 + 2FeSO_4$$

为了不使铁盐耗尽，需经常将催化剂溶液从水合器中引出，用硝酸将亚铁盐氧化后，重新送回水合器，这样就可使铁盐浓度维持不变。其反应式为：

$$6FeSO_4 + 2HNO_3 + 3H_2SO_4 \longrightarrow 3Fe_2(SO_4)_3 + 4H_2O + 2NO$$

生成的一氧化氮很容易被空气中的氧所氧化，生成二氧化氮，然后被水吸收。

在催化剂溶液中，酸可以是磷酸、硫酸、盐酸、醋酸以及其他的酸，但以硫酸为最好。在硫酸溶液中乙炔吸收最快，乙醛收率最高，可以保证最大的反应速度。

硫酸的浓度对反应有很大的影响，硫酸浓度愈高，乙炔吸收愈快，乙醛收率愈高。但硫酸浓度过高时，乙醛缩合和树脂反应会加速，乙醛收率会降低，催化剂寿命会缩短，汞的消耗量也将增加。综上所述，工业用催化剂溶液为硫酸浓度 200～250kg/m^3；铁浓度50kg/m^3；$Fe^{2+}/Fe^{3+}=7:1$；汞浓度 1～2kg/m^3。

除催化剂溶液中各组分对反应有影响外，反应温度、空速、原料气纯度等对反应也有影响。

反应温度与催化剂的组成、接触时间等有密切的关系。在一定的催化剂组成和接触时间下，就有一定的反应温度，生产中采用的温度为 267～370K。

前文提及，及时移走生成的乙醛可以抑制副反应的发生，乙醛的吹出是依赖于过剩的乙炔。空速越大，接触时间越短，过剩乙炔越多，则反应液中乙醛越少，反应选择性越高。但从另一个角度分析，空速大，未转化的乙炔增多，加大了乙炔的循环量，增加了操作费用。相反，空速小，接触时间长，乙醛不易被吹出，易造成树脂化和催化剂汞盐被还原，这将提高消费定额，生产中一般控制乙炔转化率在 30%～50%之间。

原料气乙炔中含有硫化氢、磷化氢等杂质，循环乙炔中则可能含乙醛，这些都是催化剂的毒物，必须除去。原料气中不能含氧，若有氧气则可能发生深度氧化反应，严重时可引起爆炸。生产中要求乙炔浓度在 90% 以上。

3. 工艺流程

乙炔液相水合工艺流程如图 8－6 所示。

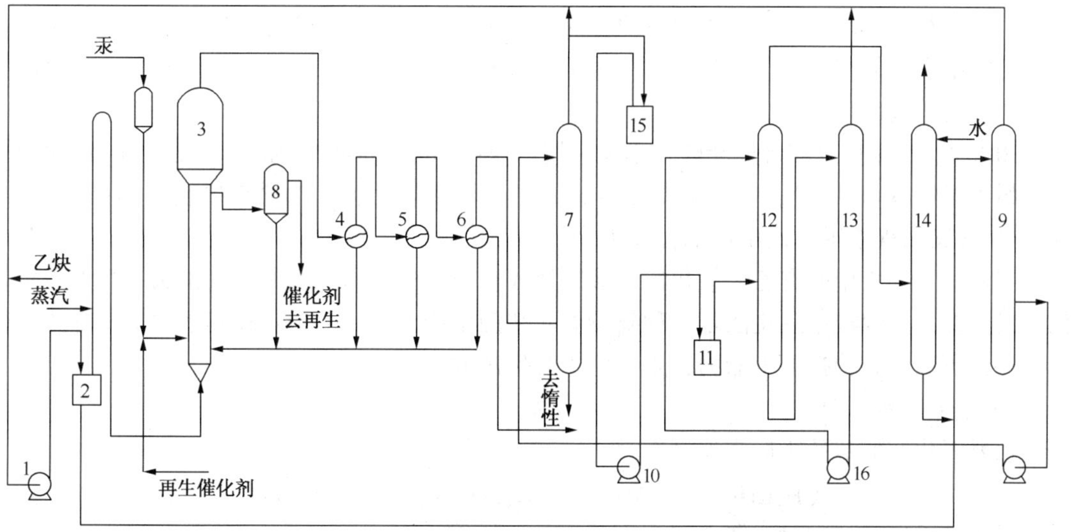

图 8－6　乙炔液相水合工艺流程示意图

1—压缩机；2—缓冲器；3—水合反应器；4，5，6—冷凝器；7—洗涤塔；
8—催化剂溶液缓冲器；9—水解吸塔；10—压缩机；11—缓冲器；
12—碱洗塔；13—碱洗解吸塔；14—水洗塔；15—水封闭器；16—泵

新鲜乙炔和循环乙炔与水蒸气的混合物，由压缩机压缩经缓冲器进入水合器的锥型底部，此混合物经分布器分散成气泡穿过填于锥型部分的汞层和汞层之上的催化剂溶液。从水合器中上部出来的催化剂溶液经缓冲器连续的送去再生，同时将等量的再生催化剂溶液送入水合器的下部。

水合器下部温度维持在370K，上部维持在367K。乙炔水合生成乙醛，通入的乙炔有60%左右参加反应，乙炔收率在90%～95%。含有乙醛、水蒸气和未反应乙炔的气体混合物，在水合器扩径部分与催化剂分离，然后进入冷凝器(4、5、6)中进行冷却，冷凝器4中冷凝下来的是少量乙醛，冷凝物重新送回水合器。在冷凝器5与冷凝器6中，水和乙醛被冷凝下来。从冷凝器6出来的未凝气体进入洗涤塔，用水吸收乙醛。冷凝器5与冷凝器6的冷凝液与洗涤塔的水洗液并在一起，送去精馏装置以分离出乙醛。

冷凝器5与冷凝器6的底部收集被蒸汽带出的汞，使之重新回到反应器中。

从洗涤塔上部出来的乙炔，其中通常含有15%左右的惰性气体，全部循环将导致惰性气体的积累，一般只将洗涤塔逸出乙炔气的90%用于循环，其余部分进入再生系统中。将这部分气体压缩到1.5×10^5 Pa(绝压)，进入缓冲器，分出冷凝的水蒸气，然后将此气体通入碱洗塔中。塔内充有0.1%的稀苛性钠溶液，被乙炔所饱和的溶液进入碱洗解吸塔，在这里压力降至常压，重新放出吸收的乙炔，这部分乙炔再参加循环。未被吸收的乙炔再经水洗以回收乙炔，使之也回到循环系统，未被吸收的气体则放空，这部分气体约含乙炔4%左右。

三、乙醛氧化生产醋酸

醋酸为无色透明液体，有特殊刺激性嗅味，具有腐蚀性。可与水以任何比例互溶，亦可与醇、苯等有机溶剂互溶，卫生允许浓度为0.005mg/L。爆炸范围为4%～17%(体积)。

乙酸是重要的有机化工原料，广泛用于制造醋酸乙烯、醋酸纤维、醋酸酯等，同时用于医药、染料、食品等工业。

20世纪50年代以前合成醋酸基本上采用乙炔或乙醇为原料的乙醛氧化法，50年代中期又开始了丁烷液相氧化法，60年代又相继出现了轻油氧化法、乙烯直接制取乙醛等方法，到70年代又出现了甲醇低压羰基合成法。

工业上主要应用的有乙醛氧化法、液态烃或轻油氧化法和甲醇羰基氧化法。其中乙醛氧化法最重要，甲醇羰基氧化法是一种新发展起来的生产方法，由于它较其他的生产方法有很多优点，所以具有较强的生命力，是目前主要生产方法。

1. 反应原理

乙醛氧化制醋酸的主反应如下：

$$CH_3CHO + 0.5O_2 \longrightarrow CH_3COOH + 343.4kJ/mol$$

在主反应进行的同时，还有下列副反应：

$$2CH_3COOH \longrightarrow CH_3COCH_3 + CO_2 + H_2O$$

$$CH_3COOH + CHOH \longrightarrow CH_3COOCH_3 + H_2O$$

$$CH_3COOOH \longrightarrow CH_3OH + CO_2$$

$$CH_3OH + 0.5O_2 \longrightarrow HCHO + H_2O$$

$$HCHO + 0.5O_2 \longrightarrow HCOOH$$

$$3CH_3CHO + O_2 \longrightarrow CH_3CH(OCOCH_3)_2 + H_2O$$

$$2CH_3CHO + 5O_2 \longrightarrow 4CO_2 + 4H_2O$$

常温下乙醛就可自动吸收空气中的氧而被氧化，但反应有一诱导期，乙醛只能以很慢的速度吸收氧而生成过氧醋酸，生成的过氧醋酸可发生分解产生自由基，之后经过一系列的连锁反应生成目的产物醋酸。由于生成过氧醋酸以及过氧醋酸的分解反应速度均较慢，而后一反应的反应活化能较大，在常温下反应进行的很慢，导致过氧醋酸的积累。过氧醋酸是一种不安定的具有爆炸性的化合物，积累到一定程度，就会发生突发性分解引起爆炸。在工业生产过程中常常加入催化剂来改变上述状况，可用的催化剂有钴盐、锰盐、铁盐等，而工业生产中最常用的是醋酸锰。

2. 影响因素

由于反应过程的复杂性，在反应中有可能发生过氧醋酸的积累，因此，必须认真考虑对过程有重要影响的因素，如物系的相态、氧的扩散与吸收、乙醛氧化速度等。

（1）物系的相态　氧化过程可以在气相中进行，也可以在液相中进行。气相较液相容易进行，不必使用催化剂，但它有一系列的缺点。首先是不能保证均匀地排出反应时所放出的热量，这样易引起局部过热，从而造成乙醛的深度氧化。此外，在气相中进行氧化爆炸危险性较液相中大，因乙醛与空气在很大的浓度范围内均会形成爆炸性混合物。由于这些缺点，气相氧化过程没有得到实际应用。

液相氧化是通入反应器的氧或空气先扩散到乙醛的醋酸溶液中，然后再被乙醛吸收，借助催化剂的作用，使乙醛转化为醋酸。

（2）氧的扩散与吸收

① 氧的扩散与吸收　氧的扩散与吸收对过程对反应有很大的影响，它与通入氧的速度有关。通氧速度愈快，气液接触面积愈大。但通氧速度并非是可以无限增加的，因氧的吸收率与通入氧的速度不是简单的线性关系。当通氧速度达到一定值后，氧的吸收率反而会降低。此外，通氧速度过大将会带出大量乙醛和醋酸，破坏正常操作。

② 分布板的孔径　分布板的孔径大小与氧的吸收率有关。一般孔径越小，气体的表面积越大，氧的吸收率越大；但过小将使阻力增加，使氧的压力升高。如果孔径过大，不仅会造成气液接触不良，还会加剧酸液的带出。

③ 氧的吸收率　氧的吸收率一般和氧通过液柱的高度成正比。液柱越高，接触时间越长，氧的吸收率也越高。另外，气体的溶解也与压力有关，液柱高，静压高，可促进氧气的溶解。

当液柱超过4m时，氧的吸收率达到97%～98%以上，液柱再增加，吸收率无明显变化。因此氧气通入的位置一般在液柱下4m处或更深，否则氧的吸收率会降低。

（3）乙醛的氧化速度　乙醛的氧化速度与接触剂的性质及用量、氧化液成分、原料组成、温度及压力等因素有关。

① 接触剂　选择接触剂应考虑其氧化溶液中的溶解性，因为乙醛氧化是在液相中进行的，接触剂充分溶解于氧化液中能充分发挥其接触作用。衡量接触剂的优劣，可以用氧化液中过氧醋酸的含量和氧的吸收率来评价。如氧化液中过氧醋酸的含量越低，而且氧的吸收率越高，则可认为接触剂的选择和用量越合理。可用于氧化的接触剂很多，使用较多的是锰、

钴、铬的醋酸盐。

如用醋酸锰为接触剂，其用量不同，氧的吸收率也不同，当醋酸锰用量为原料用量的0.05% ~0.06%时，氧的吸收率仅达到93% ~94%，故醋酸锰的用量至少应为原料量的0.06%以上，最合适的加入量为0.08% ~0.1%。如果再继续增加醋酸锰的用量，则会给生产带来额外的麻烦，如增加蒸发器的清洗次数等。

醋酸锰最好先溶解在醋酸中，经充分溶解后再通入氧化液，这样可使醋酸锰在反应器内分布均匀。

② 氧化液的成分　氧化液的主要成分是醋酸、醋酸锰、乙醛、氧、过氧醋酸，此外还有原料带入的水分，副反应产生的醋酸甲酯、甲酸、二氧化碳等。

醋酸的含量愈高，则乙醛、水分的含量相对越低。醋酸的含量增加，能降低气相中乙醛的浓度，从而减少爆炸的危险性和乙醛的损失。醋酸的浓度增加，氧的吸收率也会发生变化，当醋酸浓度为82% ~95%时，氧的吸收率为98%左右，如浓度再高则氧的吸收率反而下降。一般以醋酸浓度在95%左右，水分不超过2% ~3%为宜。水与接触剂能生成不活泼的过氧化锰水和物，而使接触剂失活。为了减少水分含量，必须对接触剂、氧气、乙醛等所含水分加以控制。

③ 反应温度　在乙醛氧化过程中反应温度是一个非常重要的因素。升高温度对乙醛氧化成过氧醋酸及过氧醋酸的分解这两个反应都有利，特别对过氧醋酸的分解反应更为有利。但温度不宜太高，过高的温度会使副反应加剧，同时为使乙醛保持液相，必须提高系统压力，在氧化塔顶部空间乙醛和氧的浓度会增加，增加了爆炸的危险，因此，温度不宜太高。但温度亦不宜过低，温度过低会产生过氧醋酸的积聚，当温度升高时，过氧醋酸就将剧烈分解而引起爆炸。此外，温度低反应速度也低。正常情况下温度控制在328 ~358K。

④ 压力　在氧化反应中，压力的大小也将影响氧化速度，由氧化反应式：

$$2CH_3CHO + O_2 \longrightarrow 2CH_3COOH$$

可以看出，增大压力有利于向正反应方向进行，同时对氧的扩散、吸收也是有利的。但也应注意到，随着压力的增加，设备费用也会增加。实际生产中压力控制在 1.5×10^5 Pa(表压)左右。

3. 工艺流程

氧化反应器的结构必须满足氧化反应的工艺要求，即保证有效的移去氧化反应所放出的热量，保证氧气与氧化液的接触均匀，保证安全防爆。一般生产上采用的氧化器为鼓泡式反应塔，通常称为氧化塔。氧化塔根据换热方式不同可分为内冷却型和外冷却型两种型式。以上两种型式均有应用，此处以外冷却型反应器为例，说明其工艺过程。

采用外冷却型氧化塔生产醋酸的工艺流程如图8 -7所示。

氧化塔上部连续定量地通入乙醛及醋酸锰溶液，并分别自塔的上、中、下部三处通入氧气。乙醛与氧气在接触剂的作用下，于348 K及塔顶压力为 1.5×10^5 Pa(表压)的条件下，反应生成醋酸。由循环泵将氧化液自塔底抽出，经冷却器中的循环冷却水将氧化反应所放出的热量带走，降温后的氧化液再返回氧化塔。

反应产物由塔顶溢出，送去精制过程。塔顶连续通入保护氮气，以降低乙醛与氧气在气相中的浓度，防止爆炸。尾气由塔顶排出，经冷凝冷却后，凝液进入氧化液中间槽，用水吸收未凝气体中未反应的乙醛，然后放空。

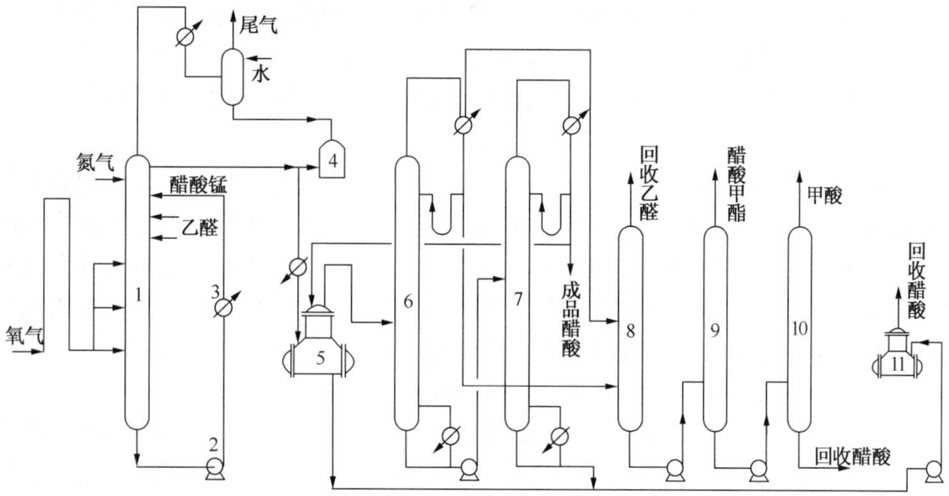

图 8－7　外冷却乙醛氧化生产醋酸的工艺流程

1—氧化塔；2—氧化液循环泵；3—氧化液冷却器；4—氧化液中间储槽；5—蒸发器；6—低沸塔；7—高沸塔；8—乙醛塔；9—醋酸甲酯塔；10—甲酸塔；11—回收醋酸蒸发器

自氧化塔溢流出来的氧化液经预热后进入蒸发器。蒸发器的作用主要是除去一些不挥发的物质，如接触剂及多聚物；蒸发器的另一作用是使醋酸气化。在蒸发器上部装有除液滴筛板，并用少量醋酸自蒸发器顶喷淋洗涤，除去蒸发气体中夹带的醋酸锰、多聚物等杂质，以避免阻塞蒸发器顶的蒸汽管道。顶部出来的蒸汽进入低沸塔，底部残留的不挥发杂质送去回收醋酸蒸发器以回收醋酸及醋酸锰。

从蒸发器顶部出来的气体进入低沸塔，除去沸点低于醋酸的一些低沸物，如乙醛、醋酸甲酯、甲酸、水等。塔顶蒸出的低沸物，经冷凝后大部分回流，其余送入乙醛塔，未凝气体亦送入乙醛塔。塔釜物用泵送入高沸塔。

高沸塔是将醋酸中的高沸物分离出来，除去高沸物杂质后的醋酸由高沸塔塔顶蒸出，经冷凝冷却后，部分送入塔顶回流，其余则为成品醋酸采出。塔釜液内还含有部分醋酸，与蒸发器釜液合并，一起送去回收醋酸蒸发器回收醋酸。

由低沸塔塔顶冷凝器出来的未凝气体及部分凝液，同时送入乙醛塔回收未参加反应的部分乙醛，在乙醛塔顶蒸出合格的乙醛，再作为原料循环回氧化塔，塔釜液用泵送入醋酸甲酯塔。

醋酸甲酯塔使醋酸甲酯与甲酸、醋酸分离，从塔顶回收副产物醋酸甲酯，含甲酸、醋酸的塔釜液再用泵送入甲酸塔。在甲酸塔中，甲酸与醋酸得到分离，塔顶甲酸与塔底醋酸均作副产物回收。

四、乙炔与醋酸合成醋酸乙烯

醋酸乙烯为无色可燃性液体，具有醚的特殊嗅味，微溶于水，能溶于大多数有机溶剂，可与水、甲醇、异丙醇、环己烷等形成共沸物。在空气中的爆炸范围为 2.6% ~13.4%（体积）。可发生聚合与共聚反应，醋酸乙烯的蒸气对眼睛有刺激性。

醋酸乙烯的主要用途是制造聚醋酸乙烯和聚乙烯醇，聚醋酸乙烯还用于黏合剂，聚乙烯醇可用来生产维尼纶纤维、黏合剂、土壤改良剂等。醋酸乙烯与乙烯共聚的产物用于织物和纸张涂层，也可用于书籍的装订及热熔黏合剂，醋酸乙烯和氯乙烯的共聚物用于密纹唱片、织物涂层等。

醋酸乙烯于1912年发现20年代开始生产的。最早采用的是乙炔法，即在液相或气相下使乙炔和醋酸反应生成，工业上以气相为主。20世纪60年代初开始了由乙烯制取醋酸乙烯的研究，并于60年代末实现了工业化。目前世界上有70%的醋酸乙烯是由乙烯合成的。就我国的国情来看，以乙炔和醋酸为原料生产醋酸乙烯，生产历史悠久，技术路线成熟，因此，在某些水电和煤资源比较丰富的地区，这种方法仍具有一定的现实意义。

乙炔法合成醋酸乙烯分为液相法和气相法两种。

液相法是以气体乙炔与液体醋酸在分散于醋酸中的催化剂作用下进行的。催化剂可用各种酸(硫酸、乙基硫酸、磷酸等)的汞盐。该法生产醋酸乙烯过程与乙炔水合生产乙醛相似，但存在一系列缺点，如催化剂汞盐有毒，催化剂消耗量大，对反应设备有强烈的腐蚀性，同时还生成大量的二醋酸亚乙酯等，所以在近代工业生产中，液相法早已被气相法所取代。

气相法是醋酸蒸气和乙炔气的混合物在高温下通过相应的催化剂合成醋酸乙烯。气相法比液相法有较大的优点，主要是醋酸乙烯的收率高，使用价廉而无毒的催化剂，在系统中没有无机酸(如硫酸)，对设备腐蚀性小。但是气相法对乙炔精制要求严格，需要纯度较高的乙炔。另外，反应过程需要在较高的温度下进行。

1. 反应原理

(1) 主、副反应　气相法合成醋酸乙烯是利用乙炔分子中叁键的活泼性与醋酸在催化剂作用下进行加成反应而实现的，这个反应也称为乙烯基反应。当用载体活性炭吸附的醋酸锌为催化剂时，其主反应为：

$$HC\equiv CH + CH_3COOH \longrightarrow CH_2=CH-OCOCH_3 + 118.3\ kJ/mol$$

伴随着醋酸乙烯的生成，同时有下列副反应发生：

① 乙醛的生成

乙炔水解：

$$HC\equiv CH + H_2O \longrightarrow CH_3CHO$$

醋酸乙烯的水解：

$$CH_2CHOCOCH_3 + H_2O \longrightarrow CH_3COOH + CH_3CHO$$

二醋酸亚乙酯的分解：

$$CH_2CH(OCOCH_3)_2 \longrightarrow (CH_3CO)_2O + CH_3CHO$$

② 巴豆醛的生成

由乙醛生成：

$$2CH_3CHO \longrightarrow CH_3-CH=CH-CHO + H_2O$$

乙炔与乙醛作用：

$$C_2H_2 + CH_3CHO \longrightarrow CH_3-CH=CH-CHO$$

③ 丙酮的生成

由醋酸生成：

$$2CH_3COOH \longrightarrow CH_3COCH_3 + CO_2 + H_2O$$

醋酸锌分解：

$$Zn(OCOCH_3)_2 \longrightarrow CH_3COCH_3 + CO_2 + ZnO$$

④ 二醋酸亚乙酯的生成：

由乙炔与过量醋酸作用：

$$C_2H_2 + 2CH_3COOH \longrightarrow CH_3CH(OCOCH_3)_2$$

⑤ 醋酸酐的生成：

醋酸脱水：

$$2CH_3COOH \longrightarrow (CH_3CO)_2O + H_2O$$

二醋酸亚乙酯的分解：

$$CH_3CH(OCOCH_3)_2 \longrightarrow (CH_3CO)_2O + CH_3CHO$$

醋酸锌分解：

$$Zn(OCOCH_3)_2 \longrightarrow (CH_3CO)_2O + ZnO$$

随着温度的升高，副反应加剧，因此，有效控制反应温度、避免局部过热是抑制副反应发生的主要途径。

(2) 催化剂　对于合成醋酸乙烯反应，锌、镉、汞等化合物均能起催化作用。由于镉的化合物价格太高，一般不采用，而汞的化合物又有毒性，因此，工业上采用醋酸锌为主催化剂。实验证明，单独使用醋酸锌时，对乙炔与醋酸反应合成醋酸乙烯没有催化作用，必须与活性炭联合使用才有催化效果。因此，该催化剂常用活性炭为载体。若用醋酸锰和醋酸铅作助催化剂，可减少催化剂表面积炭，延长催化剂寿命，达到更好效果。

醋酸锌在活性炭上的载量对反应速度有很大的影响，开始，随着醋酸锌在活性炭上的载量增加，醋酸转化率也增加，表明催化剂活性增加；但当载量超过 0.3g 醋酸锌/g 活性炭时，醋酸转化率随醋酸锌载量升高而下降，活性降低，这是因为原来在醋酸锌载量低时，它没有完全覆盖活性炭的微孔表面，使一部分表面无催化作用，催化剂活性不高，当载量达到 0.3g 左右时，微孔的表面上完全覆盖了醋酸锌，此时活性出现最大值；若再增加载量，微孔或者被堵死，或者使微孔直径太小，反应气体不能在其中自由扩散，致使催化剂活性降低。

在合成醋酸乙烯的反应中，应严格控制铜、磷化氢和硫化氢等的含量，这是因为微量铜可以使乙炔和醋酸乙烯聚合，而少量磷化氢和硫化氢即可使催化剂中毒。另外，在操作过程中应严格控制反应温度，避免高温现象出现，以防醋酸锌的升华。

醋酸锌/活性炭催化剂，虽然目前仍用于乙炔和醋酸气相合成醋酸乙烯中，但它却有许多缺点，如随着反应进行，活性下降得较快，为了提高活性，只有提高反应温度。但随着反应温度的提高，副产物巴豆醛增加，巴豆醛与醋酸乙烯的相对挥发度较小，使得分离精制变得困难。另外，该催化剂对载体活性炭要求较高，产品产量低，生产成本高。

由于以上原因，近年来开展了新催化剂的研究工作。发现以氧化锌为主体的多元催化剂，在活性、寿命和选择性等方面，均比醋酸锌催化剂好。例如，$16ZnO \cdot 32Fe_2O_3 \cdot V_2O_3$ 的活性比醋酸锌活性炭催化剂的活性高 5 倍。为了不使该催化剂的活性下降，常加入稳定剂氯化锌。在反应过程中，醋酸化生成的醋酸锌，首先与氯化锌形成分子化合物 $Zn(Ac)_2ZnCl_2$，它再与过剩的醋酸锌共融，显著地降低了醋酸锌的蒸气压，抑制了醋酸锌的升华和热分解，结果使催化剂的活性下降变慢。这种催化剂的选择性较好，产物中巴豆醛含量也较低。当加入活性炭后，乙醛和丙酮的含量也大大降低。

2. 工艺影响因素

(1) 反应温度　由反应动力学方程可知，随着反应温度的升高，速率常数增大。温度升高不仅对主反应有影响，而且对副反应也有影响。实践证明，巴豆醛和丙酮的含量均随反应温度的升高而增加，乙醛的含量，当温度较低时，随反应温度增加而增大，其极限温度为488K，超过此值，温度再增加，乙醛含量将下降。

在反应产物中，巴豆醛的含量增加是极为不利的。这是因为巴豆醛与醋酸乙烯的相对挥发度很小，分离非常困难。而醋酸乙烯中含有巴豆醛，对聚合物性能有很大影响，未反应的醋酸中若含有巴豆醛，当它重新返回反应器时，一方面加剧了副产物的生成，另一方面造成了醋酸蒸发器的腐蚀和堵塞。因此，最适宜的反应温度应控制在443～483K之间。在正常生产中，开车初期，催化剂活性高，反应温度应当控制得低一些。反应中期，催化剂的活性和选择性较好，反应温度应增加得较缓慢，这样可以最大限度地利用催化剂。后期，催化剂的活性较差，为了维持反应器的生产能力，一般采用较高的反应温度。生产醋酸乙烯是一放热过程，因此，在反应过程中应及时排出反应热。

(2) 空间速度　当催化剂装载量不变时，接触时间与空速成反比。空速越小，接触时间越长，乙炔与醋酸的转化率越高，但由于单位时间通过催化剂的气量减少，所以生产能力降低。同时，由于接触时间增长，二次反应加快，副产物增多，产品质量变差。随着空速的增加，接触时间缩短，副产物少，虽然乙炔和醋酸的单程转化率低，但生产能力增加。但空速也不能太大，过大的空速导致转化率过低，物料循环量过大，成本上升。工业生产中通常控制醋酸转化率在60%～70%时的空速为宜。

(3) 摩尔比　乙炔和醋酸的摩尔比对反应有很大的影响。由反应速率方程得出，反应速率与乙炔的分压成正比，与醋酸的分压无关，所以，增加乙炔与醋酸的摩尔比，有利于加速反应的进行。但过大的摩尔比，乙炔循环量过大，操作费用也相应增加。实际生产中采用乙炔:醋酸=(3～4):1(摩尔)。

(4) 原料纯度　为了减少乙炔水合的副反应发生，乙炔和醋酸中应尽可能不含有水分，同时，为了防止催化剂中毒，应尽可能去除原料中的硫、磷、砷等催化剂毒物。

3. 工艺流程

固定床生产醋酸乙烯工艺流程如图8－8所示。

新鲜乙炔和循环乙炔用鼓风机升压后，进入醋酸蒸发器下部，醋酸加入蒸发器中部。两者配料比为(3～4):1(摩尔)。乙炔鼓泡穿过醋酸液层，被醋酸饱和后，进入第一预热器与反应后的气体进行热交换，之后进入第二预热器，用反应器管间来的高温水加热到接近反应温度，加热后的混合气送入反应器顶部。

反应器采用列管式固定床反应器，管内装填催化剂，为了使气体分布均匀，在反应器入口处设有气体分布器，管间通高压水，以带出反应热。反应温度控制在443～488K范围内，空速200～270h^{-1}。

反应后的气体，含有醋酸乙烯、乙炔、醋酸和副产物乙醛等物质经多级冷凝到273 K左右，冷凝后的液体汇合后送往醋酸乙烯精制工段。最后未凝气体乙炔浓度在80%左右，几乎不含有醋酸和醋酸乙烯，大部分循环，少量放空，以防惰性气体在系统中累积。

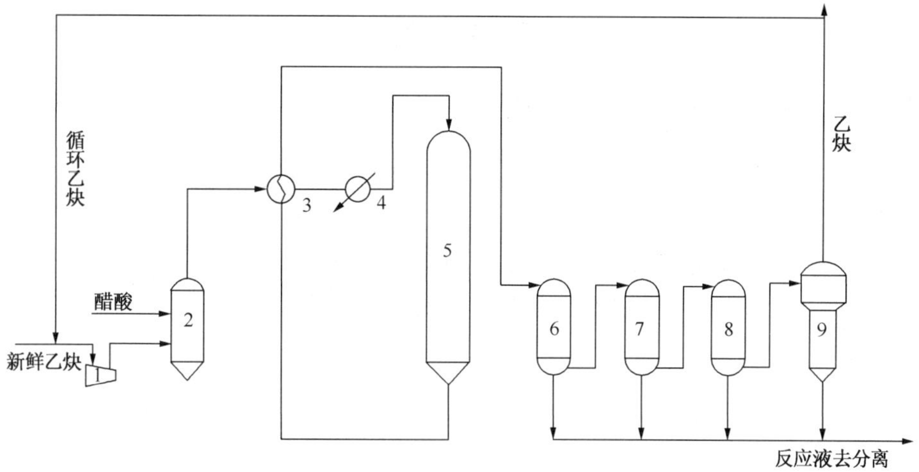

图 8-8　固定床生产醋酸乙烯工艺流程图

1—鼓风机；2—醋酸蒸发器；3—第一预热器；

4—第二预热器；5—反应器；6，7，8—冷凝器；9—气液分离器

五、乙炔的其他用途

乙炔的一个特殊的发展领域，是它在高压下与醛、酮、醇和二氧化碳之间的反应，可获得许多可贵的有机化合物。这个领域主要由德国化学家雷珀(Reppe)研究发展起来的，也称为里培化学。丙烯酸盐合成方法，即属于这个领域。

$$CH\equiv CH+2HCHO\longrightarrow \underset{\text{1,4-丁炔二醇}}{HOCH_2—C\equiv C—CH_2OH}\xrightarrow{H_2}$$

$$\underset{\text{1,4-丁烯二醇}}{HOCH_2—CH=CH—CH_2OH}\xrightarrow{H_2}\underset{\text{1,4-丁二醇}}{HOCH_2—CH_2—CH_2—CH_2OH}\xrightarrow{-2H_2}$$

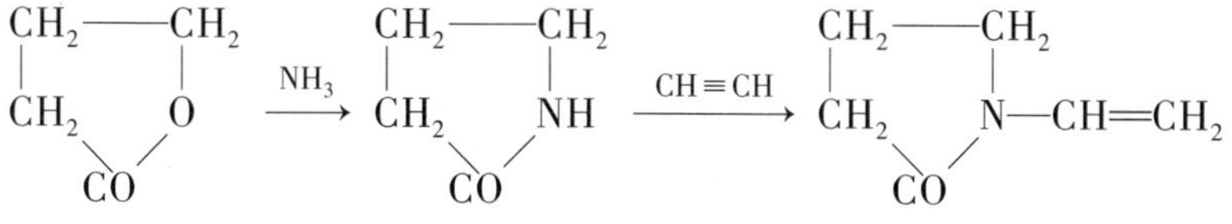

丁酸内酯　　　吡咯烷酮　　　*N*-乙烯基吡咯烷酮

乙炔与甲醛反应得到1,4-丁炔二醇，这是典型的里培化学。1,4-丁炔二醇分段加氢即得到丁烯二醇和丁二醇。后一个化合物在制造聚酯方面有特殊的意义，它也可以由糠醛制得。

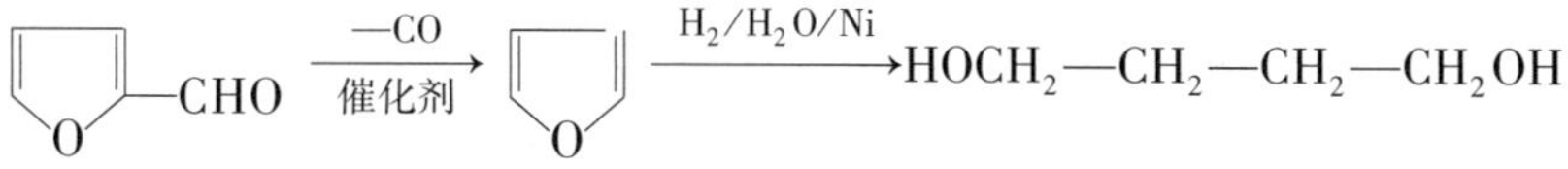

1,4-丁二醇脱氢得到丁酸内酯，它与氨反应生成吡咯烷酮，再与乙炔作用得到*N*-乙烯基吡咯烷酮。后者可聚合生成聚乙烯吡咯烷酮，它是一种水溶性的聚合物，应用很广。

思 考 题

8－1　简述乙炔的主要化学性质及用途。

8－2　简述采用石油路线生产乙炔的主要方法。

8－3　乙炔为何不能用低温精馏方法来分离？吸收剂应具备哪些条件？

8－4　试比较氯乙烯生产方法的优、缺点。

8－5　说出乙炔水和生产乙醛的主、副反应和影响因素。

8－6　写出乙炔与醋酸合成醋酸乙烯的主要副反应。

第九章　高分子化工基础

第一节　概　　述

一、高分子的基本概念

天然的、合成的和复合的高分子材料已经遍及人们的衣、食、住、行乃至信息、能源、航空航天以及国防等各个领域，其重要性是不言而喻的。

1. 什么是高分子

什么是高分子？高分子即高分子化合物，是指相对分子质量很高并由共价键连接的一类化合物。高分子化合物、大分子化合物、高分子、大分子、高聚物、聚合物，这些术语一般可以通用 Macromolecules，High Polymer，Polymer 表述。

由几个或几十个原子组成的分子，我们称其为“小分子”，其相对分子质量在几十到几百之间。如水的相对分子质量为 18，乙醇的相对分子质量为 46。高分子则不同，其分子一般由几千、几万甚至几十万个原子组成，其相对分子质量通常以几万、几十万甚至百万来计算。高分子的“高”就是指它的相对分子质量高。

一般来说，相对分子质量低于 1000 的称为低分子，相对分子质量高于 10000 的称为高分子，相对分子质量介于高分子与低分子之间的称为低聚物，又称齐聚物，一般高分子的相对分子质量为 $10^4 \sim 10^6$，大于这个范围的又称为超高分子聚合物。

通常将生成高分子的那些低分子原料称为“单体”(monomer)。

高分子是链式结构。以化学键结合的原子集合构成的高分子骨架结构，叫“主链”。最常见的是碳原子以化学键结合构成的链，习惯上称碳链。也有非碳原子 O、S、N 和 Si 等杂原子连接到主链的高分子化合物。

高分子主链的周围连接的原子或原子团称为“支链”或“侧基”、“侧链”。

我们接触的很多天然材料通常是高分子材料组成的，如天然橡胶、棉花、人体器官等。人工合成的化学纤维、塑料和橡胶等也是如此。一般称在生活中大量采用的，已经形成工业化生产规模的高分子为通用高分子材料，称具有特殊用途与功能的为功能高分子。

2. 高分子化合物的重复单元和聚合度

高分子化合物共同的结构特性都是由简单的基本单元以重复的方式连接而成。将高分子链上化学组成和结构均可重复的最小单位称为“重复结构单元”或简称“重复单元”，也被称为“链节”，高分子的结构式常用 n 个链节的简单形式表示，n 就是链节的个数。一种单体分子通过聚合反应形成的“重复单元”又称“结构单元”或“单体单元”。由两种或三种单体聚合而成的聚合物(共聚物)的重复单元则由两个或三个结构单元构成。

在高分子化合物分子链上，“重复单元”的数目叫“聚合度”，常用符号 DP(degree of polymerization)表示。聚合度 $DP = n$。

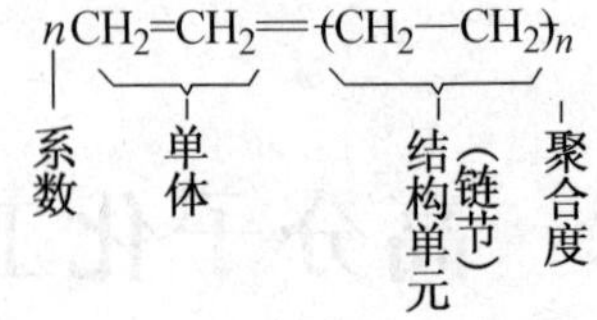

相对分子质量、链节数和聚合度都可以作为表征高分子化合物分子大小的参数。

3. 高分子化合物的命名

（1）系统命名法　1972 年国际纯粹化学和应用化学联合会（IUPAC）对线型有机聚合物提出系统命名法。先确定高分子化合物的重复结构单元，再排好其中取代基的次序；对取代基按由小到大、由简单到复杂的排列顺序进行书写；命名重复结构单元，并在前面加“聚”字，即完成命名。

重复单元的写法有规定。对乙烯基聚合物应先写有取代基的部分，如

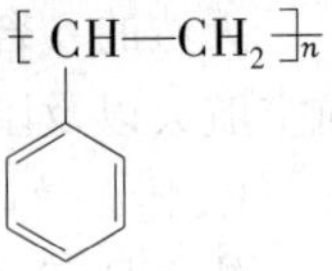

命名为聚(1－苯代乙烯)。

另一原则是与其他元素连接最少的元素先写，例如，用 $CH_2=CH-CH=CH_2$ 合成的橡胶，根据习惯一般都写成 $-[CH_2-CH=CH-CH_2]-_n$，就不符合规定，而应写成 $-[CH=CH-CH_2-CH_2]-_n$，命名为聚(1－次丁烯基)。

系统命名法的缺点是聚合物名称往往显得冗长繁琐。一般用于新聚合物的命名和在学术交流中使用。

（2）习惯命名法　又称通俗命名法，原则如下：

① 以单体或假想单体前加一个“聚”字，这是最常见的，也是用得最多的命名法。如：

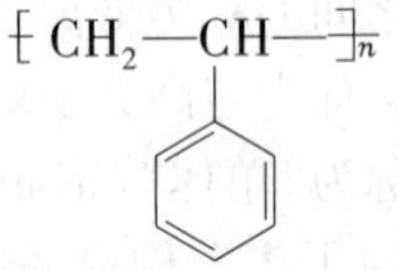
聚苯乙烯

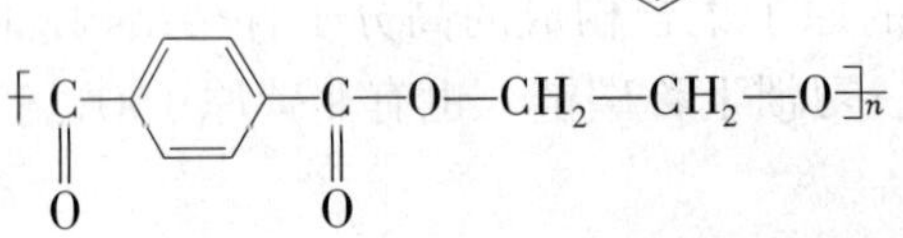
聚对苯二甲酸乙二(醇)酯

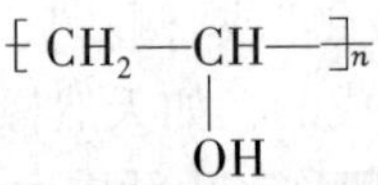
聚乙烯醇(这是假想单体)

② 单独或两种以上不同单体聚合，常取单体名称于前、后缀上“树脂”、“橡胶”等词，不用“聚”字，如醇酸树脂、脲醛树脂、酚醛树脂、氯丁橡胶、丁苯橡胶、三元乙丙橡胶。

③ 以高分子的结构特征命名。常常是一大类聚合物的统称，如聚酯、聚醚、聚酰胺、聚氨酯、环氧树脂、聚砜等，若加以区别，可以在这些词汇之前或之后缀上一些单体的特征名称。

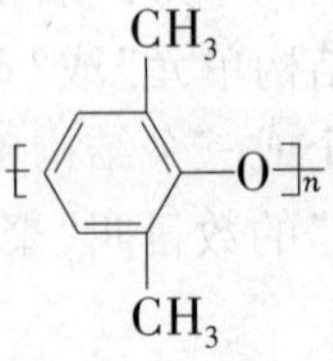
聚苯醚

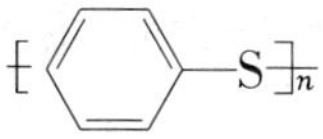 聚苯硫醚

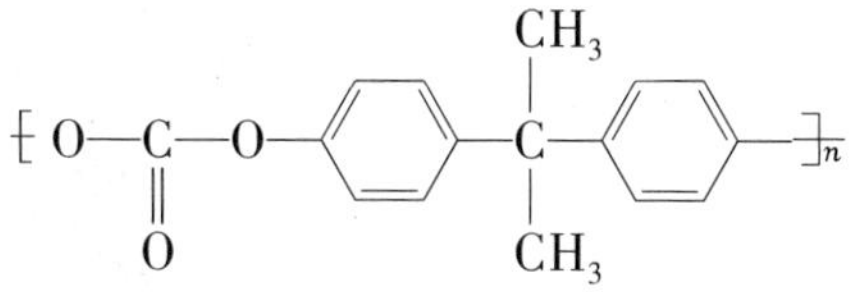 聚碳酸酯或聚双酚 A 碳酸酯

$H\left[O-R-O-\underset{\underset{O}{\|}}{C}\right]_n O-R-OH$　聚碳酸酯

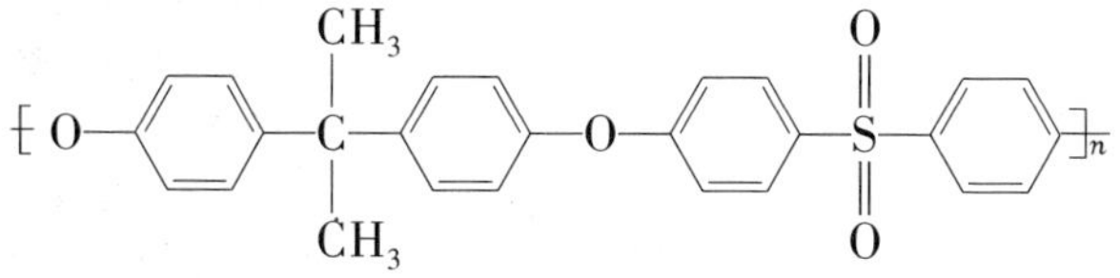 聚砜或双酚 A 型聚砜

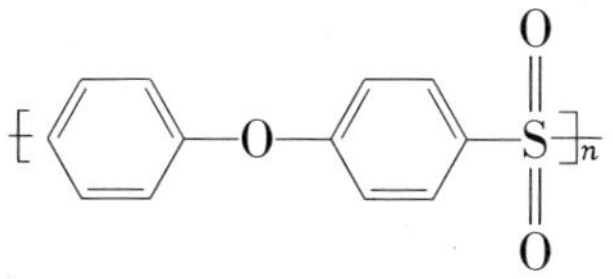 聚砜或聚二苯醚砜

$\left[O-(CH_2)_4-O-\underset{\underset{O}{\|}}{C}-NH-(CH_2)_6-NH-\underset{\underset{O}{\|}}{C}\right]_n$　聚氨酯

$\left[NH-(CH_2)_9NH-\underset{\underset{O}{\|}}{C}-(CH_2)_8-\underset{\underset{O}{\|}}{C}\right]_n$　聚酰胺或聚酰胺 910

$\left[R-NH-\underset{\underset{O}{\|}}{C}-NH\right]_n$　聚脲

$\left[NH-\underset{\underset{O}{\|}}{C}-NH-\underset{\underset{O}{\|}}{C}(CH_2)_x\underset{\underset{O}{\|}}{C}\right]_n$　聚酰胺脲

④ 用商业习惯命名。聚酰胺在商业上习惯称“尼龙”，后面加上数字，表示二元胺的碳数和二元酸的碳原子数，如尼龙 66 表示聚己二胺己二酸酰胺，尼龙 910 表示聚壬二胺癸二酸酰胺，尼龙 11 表示聚十一酰胺。

我国习惯在合成纤维商品名后缀一个“纶”字（来自英文后缀 lon 音译），如氯纶表示聚氯乙烯纤维；腈纶表示聚丙烯腈纤维；氨纶表示聚氨基甲酸酯纤维；丙纶表示聚丙烯纤维等。

天然高聚物都有其专门的名称，如纤维素、淀粉、蛋白质、多糖等。

（3）商品俗名　有许多高分子，在日常使用中有商品俗名，如有机玻璃，实际上是聚甲基丙烯酸甲酯，还有赛璐珞、电木、电玉（脲醛树脂）、塑料王（聚四氟乙烯）、太空塑料（聚碳酸酯）等。

还有一些介于商品俗名和习惯命名之间的，如尼龙 6 纤维又叫锦纶、卡普纶（译名），聚乙烯醇缩甲醛纤维叫维尼纶，聚四氟乙烯纤维叫特氟纶（译名）。

（4）英文缩写法　英文缩写法简单明了，尤其对于名称太长、太繁的高分子化合物，使用英文缩写一般比较简单，在行业中也易掌握，常用的英文缩写见表 9－1。

表 9－1　英文缩写与对应的聚合物

英文缩写	对应聚合物	英文缩写	对应聚合物
AAS	丙烯腈－丙烯酸酯－苯乙烯共聚物	ABS	丙烯腈－丁二烯－苯乙烯共聚物
APK	乙丙橡胶	APT	三元乙丙橡胶
BR	聚丁二烯橡胶	CA	醋酸纤维素
CFM	聚三氟氯乙烯	CPE	氯化聚乙烯
CPVC	氯化聚氯乙烯	CSPR	氯磺化聚乙烯
CR	氯丁橡胶	ER	环氧树脂
E/P	乙烯－丙烯共聚物	EPM	乙烯丙烯共聚弹性体
EVA	乙烯－醋酸乙烯酯共聚物	HDPE	高密度聚乙烯
IR	异戊二烯橡胶	LDPE	低密度聚乙烯
MDPE	中密度聚乙烯	MF	三聚氰胺－甲醛树脂
NBR	丁腈橡胶	NR	天然橡胶
NIR	丙烯腈－异戊二烯橡胶	PA	聚酰胺
PA66	尼龙 66	PA810	尼龙 8 1 0
PAA	聚丙烯酸	PAM	聚丙烯酰胺
PAN	聚丙烯腈	PAS	聚芳砜
PBI	聚苯并咪唑	PBD	聚丁二烯
PB	聚丁烯	PBS	聚丁二烯－苯乙烯
PBT	聚对苯二甲酸丁二醇酯	PBTP	聚对苯二甲酸丁二醇酯
PC	聚碳酸酯	PCP	聚氯丁二烯
PCTFE	聚二氟氯乙烯	PDMS	聚二甲基硅氧烷
PE	聚乙烯	PEEK	聚醚醚酮
PEG	聚乙二醇	PEK	聚醚酮
PES	聚酯纤维	PESU	聚醚砜
PET	聚对苯二甲酸乙二醇酯	PF	酚醛树脂
PFEP	四氟乙烯/全氟丙烷共聚物	PI	聚酰亚胺
PIB	聚异丁烯	PMA	聚丙烯酸甲酯
PMAN	聚甲基丙烯腈	PMMA	聚甲基丙烯酸甲酯
POM	聚甲醛	POP，PPO	聚苯醚
PP	聚丙烯	PPS	聚苯硫醚
PPSU	聚苯砜	PS	聚苯乙烯
PSB	苯乙烯－丁二烯共聚物	PSO	聚砜
PTFE	聚四氟乙烯	PU	聚氨酯
PVA	聚乙烯醇	PVAC	聚醋酸乙烯酯
PVB	聚乙烯醇缩丁醛	PVC	聚氯乙烯
PVCA	氯乙烯－醋酸乙烯酯共聚物	PVDC	聚偏氯乙烯
PVF	聚氟乙烯	PVFO	聚乙烯醇缩甲醛
PVP	聚乙烯吡咯烷酮	SBR	丁苯橡胶
SI	有机硅	SIR	硅橡胶
TM	聚硫橡胶	UF	脲醛树脂
UHMPE	超高相对分子质量聚乙烯	UP	不饱和聚酯
VAE	醋酸乙烯—乙烯共聚物	VF	聚偏氟乙烯
VC/E	氯乙烯/乙烯共聚物	VC/MMA	氯乙烯/甲基丙烯酸甲酯共聚物
VC/VDC	氯乙烯/偏氯乙烯共聚物	VC/E/VAC	氯乙烯/乙烯/醋酸乙烯酯共聚物

二、高分子材料的应用

高分子材料的功能很多，而且应用十分广泛。就结构高分子而言，大家知道最多的当属塑料、橡胶和纤维。其中，塑料产量最大，主要用于包装材料、结构材料、建筑材料以及交通运输材料；橡胶的主要用途为制造轮胎，纤维的主要用途为衣着用料。此外高分子还包括涂料、黏合剂、工程塑料、耐高温高分子以及液温高分子等。高分子材料的分类与应用见图9-1。

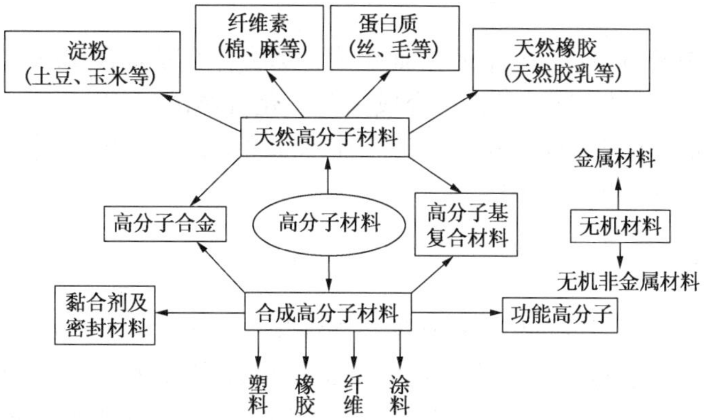

图9-1 高分子材料分类

1. 塑料

塑料根据加热后的情况可分为热塑性塑料和热固性塑料。加热后软化，形成高分子熔体的塑料成为热塑性塑料，主要的热塑性塑料有：聚乙烯(PE)、聚丙烯(PP)、聚苯乙烯(PS)、聚甲基丙烯酸甲酯(PMMA，俗称有机玻璃)、聚氯乙烯(PVC)、尼龙(Nylon)、聚碳酸酯(PC)、聚氨酯(PU)、聚四氟乙烯(特富龙，PTFE)、聚对苯二甲酸乙二醇酯(PET，PETE)；加热后固化，形成交联的不熔结构的塑料称为热固性塑料，常见的有：环氧树脂、酚醛塑料、聚酰亚胺、三聚氰氨甲醛树脂等。

塑料的加工方法包括：注射、挤出、膜压、热压、吹塑等。

2. 橡胶

橡胶可以分为天然橡胶和合成橡胶。天然橡胶的主要成分是聚异戊二烯。合成橡胶的主要品种有：丁基橡胶、顺丁橡胶、氯丁橡胶、三元乙丙橡胶、丙烯酸酯橡胶、聚氨酯橡胶、硅橡胶、氟橡胶等。

3. 纤维

合成纤维是高分子材料的另外一个重要应用。常见的合成纤维包括：尼龙、涤纶、腈纶、芳纶纤维等。

4. 涂料

涂料是涂附在工业或日用产品表面起美观或者保护作用的一层高分子材料。常用的工业涂料有环氧树脂，聚氨酯等。

5. 黏合剂

黏合剂是另外一类重要的高分子材料。人类在很久以前就开始使用淀粉，树胶等天然高分子材料作黏合剂。

现代黏合剂通过其使用方式可以分为聚合型，如环氧树脂；热融型，如尼龙、聚乙烯；加压型，如天然橡胶；水溶型，如淀粉。

看看我们周围的世界，人们穿的是棉、毛、涤纶等制成的衣服，吃的是富含淀粉和蛋白质的米、面、肉、蛋等食物，家里用的是由各种聚乙烯、聚氯乙烯等塑料制成的器皿，出门坐的是装有橡胶轮胎的汽车，所有这些都是高分子在生活中生动的体现。

第二节　聚合原理

高分子化合物是通过单体经聚合反应而生成，那么什么是聚合反应？聚合反应就是相对分子质量小的化合物(单体)分子互相结合成高分子化合物的反应。聚合反应按照结构变化可分为加成聚合(简称加聚)反应和缩合聚合(简称缩聚)反应两类；按照聚合反应机理则可分为连锁聚合反应和逐步聚合反应。

一、加聚反应

小分子的烯烃或烯烃的取代衍生物在加热和催化剂作用下，通过加成反应结合成高分子化合物的反应，也就是单体加成而聚合起来的反应称为加聚反应(Addition Polymerization)，反应产物称为加聚物。其特征是：加聚反应往往是烯类单体双键加成的聚合反应，无官能团结构特征，多是碳链聚合物；加聚物的元素组成与其单体相同，仅电子结构有所改变；加聚物相对分子质量是单体相对分子质量的整数倍。

二、缩聚反应

一种或多种较简单的化合物通过共同缩去一些小分子(如水、氨、卤化氢等)，而彼此结合成高分子化合物的反应是缩合反应，兼有缩合出低分子和聚合成高分子的双重含义，反应产物称为缩聚物。其特征是：缩聚反应通常是官能团间的聚合反应；反应中有低分子副产物产生，如水、醇、胺等；缩聚物中往往留有官能团的结构特征，如—OCO—、—NH-CO—，故大部分缩聚物都是杂链聚合物。缩聚物的结构单元比其单体少若干原子，故相对分子质量不再是单体相对分子质量的整数倍。

三、连锁聚合

连锁聚合反应也称链式反应，聚合过程由链引发、链增长和链终止几步基元反应组成，反应体系中只存在单体、聚合物和微量引发剂；进行连锁聚合反应的单体主要是烯类、二烯类化合物。

在适当的条件下，化合物的价键有均裂和异裂两种形式。均裂时，共价键上一对电子分属于两个基团，这种带独电子的基团呈中性，称作自由基或游离基。异裂结果是共价键上一对电子全部归属于某一基团，形成阴离子或负离子，另一缺电子的基团称作阳离子或正离子。

根据引发活性中心的不同，连锁聚合反应分为自由基聚合、阳离子聚合、阴离子聚合等。配位聚合也属于离子聚合的范畴。

连锁聚合反应具有以下特征：

① 聚合过程一般由多个基元反应组成，各基元反应的反应速率和活化能差别大。

② 单体只能与活性中心反应生成新的活性中心，单体之间不能反应。

③ 连锁聚合反应一般都是放热反应。烯类单体的加聚反应中，从键能变化看，每一次加成都是打开一个双键即 π 键，同时形成两个 σ 单键。打开 π 键需供给 264kJ/mol 的能量，而形成两个 σ 键放出 348kJ/mol 的能量，因而是放热反应。由于其他因素的影响，不同聚合物的聚合热有所不同。

④ 虽然连锁聚合反应是放热反应，但首先要给予单体打开 π 键的活化能，否则反应无法启动。所以连锁聚合反应一般必须由引发剂引发后才能聚合，引发剂(或其一部分)成为所得聚合物分子的组成部分。

⑤ 聚合过程中瞬间生成高分子。一旦活性中心生成，在极短的时间内，许多单体加成上去，生成高相对分子质量的聚合物。延长反应时间只能提高单体转化率，却不能增加聚合物的相对分子质量(活性聚合除外)。反应一旦开始，体系中就只有单体和聚合物，而无各种低聚合物，反应体系始终是由单体、聚合产物和微量引发剂及含活性中心的增长链所组成。

四、逐步聚合

在低分子转变成聚合物的过程中反应是逐步进行的，无活性中心，单体官能团之间相互反应而逐步增长称为逐步聚合反应，绝大多数缩聚反应都属于逐步聚合。其特点是反应早期，单体很快转变成二聚体、三聚体、四聚体等中间产物，以后反应在这些低聚体之间进行，聚合体系由单体和相对分子质量递增的中间产物所组成，大部分的缩聚反应(反应中有低分子副产物生成)都属于逐步聚合，单体通常是含有官能团的化合物。

第三节 聚合反应实施方法

常用的聚合方法有本体聚合、悬浮聚合、溶液聚合和乳液聚合四种。自由基聚合可选用其中之一进行；离子型或配位聚合，一般采用溶液聚合，例如，乙烯、丙烯采用钛催化剂聚合，由于催化剂与聚合物均不溶于溶剂，常称淤浆聚合；缩聚反应一般在本体或溶液中进行，分别称为本体(熔融)缩聚和溶液缩聚，在两相界面上的缩聚称为界面缩聚。在聚合温度和压力下为气态或固态的单体也能聚合，分别称为气相聚合和固相聚合。气相、固相和熔融聚合均可归于本体聚合范畴。

一、本体聚合

不加其他介质，只有单体本身，在引发剂、热、光等作用下进行的聚合反应成为本体聚合。其优点是组分简单，通常只含单体和少量引发剂，所以操作简便，产物纯净；缺点是聚合热不易排除。工业上用自由基本体聚合生产的聚合物主要品种有聚甲基丙烯酸甲酯、高压聚乙烯和聚苯乙烯。

二、溶液聚合

溶液聚合是将单体和引发剂溶于适当溶剂中进行的聚合反应。优点是体系黏度低，传热、混合容易，温度易于控制；缺点是聚合度较低，产物常含少量溶剂，使用和回收溶剂需增加设备投资和生产成本。溶液聚合在工业上主要用于聚合物溶液直接使用的场合，如醋酸乙烯酯在甲醇中的溶液聚合，丙烯腈溶液聚合直接作纺丝液，丙烯酸酯溶液聚合液直接作涂料和胶黏剂等。

三、悬浮聚合

是将不溶于水的单体以小液滴状悬浮在水中进行的聚合，这是自由基聚合一种特有的聚合方法。通常是在大量的水介质中进行，散热容易，产物是0.05～2mm左右的小颗粒，容易洗涤、分离，产物纯度较高；缺点是产物容易黏壁，影响聚合釜传热和生产周期。悬浮聚合主要用于聚氯乙烯、聚苯乙烯和聚甲基丙烯酸甲酯的工业生产。

四、乳液聚合

单体在乳化剂作用和机械搅拌下，在水中分散成乳液状态进行的聚合反应称为乳液聚合。由于使用了乳化剂而具有特殊机理，单体在胶束中引发、聚合是在单体－聚合物乳胶粒中进行。其特点是速度快、产物相对分子质量大、体系黏度低、易于散热；缺点是乳化剂等不易除净，影响产物性能，特别是电性能较差，在工业上乳液聚合主要用于合成橡胶的生产，如丁苯橡胶、丁腈橡胶和氯丁橡胶生产。

本体聚合和溶液聚合一般为均相反应，但也有因聚合物不溶于单体或溶剂而沉淀出来；悬浮聚合和乳液聚合均属非均相反应。均相体系往往属非牛顿流体，可直接使用，若要制得固体聚合物，则需进行沉淀分离；非均相体系固体物含量可高达30%～50%（最高达约60%），除胶乳可直接使用外，其他均需经分离、提纯等后处理。

第四节　高分子合成实例

高分子材料的加工成型不是单纯的物理过程，而是决定高分子材料最终结构和性能的重要环节。除胶黏剂、涂料一般无需加工成形而可直接使用外，橡胶、纤维、塑料等通常需用相应的成形方法加工成制品。一般塑料制品常用的成形方法有挤出、注射、压延、吹塑、模压或传递模塑等。橡胶制品有塑炼、混炼、压延或挤出等成形工序。纤维有纺丝溶体制备、纤维成形和卷绕、后处理、初生纤维的拉伸和热定型等。

在成型过程中，聚合物有可能受温度、压强、应力及作用时间等变化的影响，导致高分子降解、交联以及其他化学反应，使聚合物的聚集态结构和化学结构发生变化。因此，加工过程不仅决定高分子材料制品的外观形状和质量，而且对材料超分子结构和织态结构甚至链结构有重要影响。典型共聚物见表9－2。

表9－2　典型共聚物

主单体	第二单体	改进的性能及用途
乙烯	醋酸乙烯酯	增加柔性，软塑料，用作聚氯乙烯共混料
乙烯	丙烯	破坏结晶性，增加柔性和弹性，乙丙橡胶
异丁烯	异戊二烯	引入双键供交联用，丁基橡胶
丁二烯	苯乙烯	增加强度，通用丁苯橡胶
丁二烯	丙烯腈	增加耐油性，丁腈橡胶

续表

主单体	第二单体	改进的性能及用途
苯乙烯	丙烯腈	提高缓冲强度，增韧塑料
氯乙烯	醋酸乙烯酯	增加塑性和溶解性能，塑料和涂料
四氟乙烯	全氟丙烯	破坏结构规整性，增加柔性，特种橡胶
甲基丙烯酸甲酯	苯乙烯	改善流动性能和加工性能，塑料
丙烯腈	丙烯酸甲酯衣康酸	改善柔软性和染色性能，合成纤维
马来酸酐	醋酸乙烯酯或苯乙烯	改善聚合性能，作分散剂和织物处理剂

一、聚烯烃

1. 聚烯烃生产概况

聚烯烃是重要的通用塑料，价格便宜，性能优良，应用广泛。聚烯烃又称烯烃聚合物，是世界上聚合物中产量最大的一类产品。一般认为，聚烯烃是脂肪族单烯烃的均聚物与其他烯烃的共聚物的一个总称。通常还将它局限在固体聚合物内而不包括液体或蜡状聚合物。聚烯烃也可再细分为聚烯烃树脂(或聚烯烃塑料)和聚烯烃弹性体，但是通常所说的“聚烯烃”仅指聚烯烃树脂(或聚烯烃塑料)。

根据相关统计，1995 年世界塑料产量为 129×10^8t，2000 年世界塑料产量达 1.78×10^8t，到 2004 年为 2.12×10^8t，年均增长率为 6%。在五大通用塑料中，高压低密度聚乙烯和线型低密度聚乙烯的产量居第一位，聚氯乙烯第二，高密度聚乙烯和聚丙烯居第三，再者是聚苯乙烯。聚乙烯和聚丙烯不仅在整个塑料的生产中遥遥领先，而且在整个石油化工下游产品中占举足轻重的份额。

2. 聚乙烯生产简介

聚乙烯(PE)是结构最简单的高分子化合物，也是应用最广泛的高分子材料，它由重复的—CH_2—单元连接而成。聚乙烯是通过乙烯(CH_2═CH_2)的加成聚合得到的聚合物。

聚乙烯的性能取决于它的聚合方式。聚乙烯有三大类，即低密度聚乙烯又称高压聚乙烯(LDPE)、高密度聚乙烯又称低压聚乙烯(HDPE)和线型低密度聚乙烯(LLDPE)。将乙烯压缩到 100 ~ 300MPa 的高压条件下，用氧或过氧化物作催化剂、190 ~ 210℃ 的反应温度下，乙烯发生自由基聚合反应生成聚乙烯。所得聚乙烯的密度为 0.91 ~ 0.93g/cm^3，工业上称为高压聚乙烯或低密度聚乙烯(LDPE)。如果在几个兆帕的压力下，采用 Ziegler - Natta 催化剂，乙烯在一定温度下发生离子聚合和配位聚合，生成的聚乙烯密度为 0.94 ~ 0.96g/cm^3，称为低压聚乙烯或高密度聚乙烯(HDPE)。密度不同的原因在于结晶度不同，结晶度越高其密度越大。聚乙烯结晶度的高低取决于分子中支链的多少，支链多则结晶度低，因而密度低。高温聚合易发生链转移反应。经分子间转移形成长支链；经分子内转移则形成短支链。众多支链阻碍了聚乙烯分子的紧密堆砌，致使其结晶度低，密度也低。采用 Ziegler - Natta 催化剂，在比较温和的条件下，乙烯与少量 C_4 ~ C_8 α - 烯烃共聚得到共聚物，引入少量侧基，这类共聚物基本保持线型结构，密度也较低为 0.91 ~ 0.94g/cm^3，故称为线型低密度聚乙烯(LLDPE)，其性能与高压低密度聚乙烯相当，但聚合条件比较温和，基建投资和生产成本均较低，因此 LLDPE 发展迅速，虽然在三种聚乙烯生产方法中最后出现，但其生产能力已超过聚乙烯总量的 1/3。

聚乙烯的生产方法主要有液相法(又分为溶液法和淤浆法)和气相法(物料在反应器中的相态类型)。我国主要采用 Ziegler – Natta 催化剂的淤浆法。其主要过程描述如下：纯度 99% 以上的乙烯在催化剂四氯化钛和一氯二乙基铝存在下，在压力 0.1 ~ 0.5MPa 和温度 65 ~ 75℃的汽油中聚合得到 HDPE 的淤浆。经醇解破坏残余的催化剂、中和、水洗，并回收汽油和未聚合的乙烯，经干燥、造粒得到产品。

工业上采用气相本体聚合生产高压低密度聚乙烯。将乙烯加压到 108 ~ 245MPa，系统中 O_2 严格控制在乙烯量的 0.003% ~ 0.007%，以防止高压时发生爆炸，引发剂过氧化二苯甲酰双体石蜡中泵入反应器，反应温度控制在 160 ~ 280℃，产品相对分子质量为 $10^4 \sim 5 \times 10^4$。流程示意见图 9 – 2。

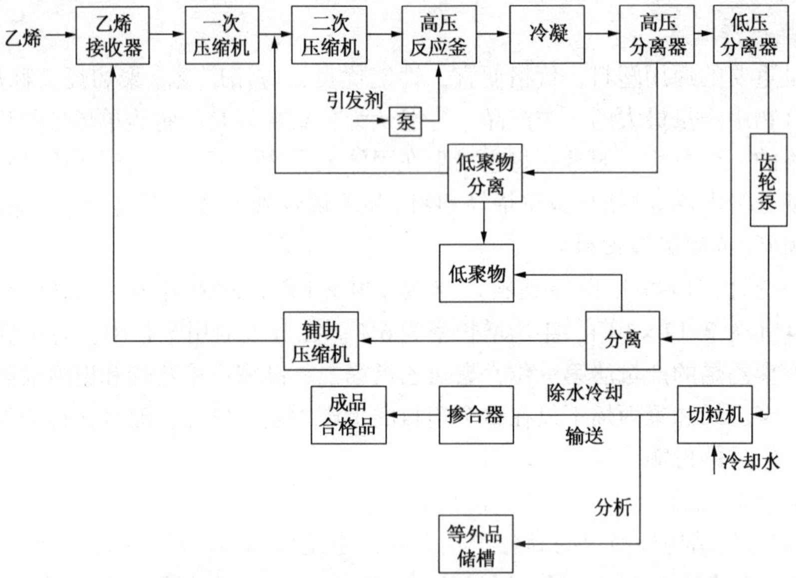

图 9 – 2　气相本体聚合生产高压低密度聚乙烯工艺流程示意图

乙烯的纯度要求高，在本体聚合中，链转移的主要对象是杂质，链转移降低聚合度，而一些杂质如乙炔、CO 等参与乙烯的聚合反应，容易产生交联或在链中存在双链降低聚乙烯的抗氧能力，CO 的参与聚合将使抗氧能力和介电性能均下降。

聚合温度升高，链增长和链转移速率加快，但使聚合度下降。因此，用 O_2 引发时，温度高于 230℃；而用过氧化物(有机)引发时，温度可以降至 160℃。

压力增大等于提高了单体的浓度，其产率和相对分子质量均增大。

乙烯的单程转化率为 20% ~ 25%，未反应的乙烯经两次减压分离。第一次减压到 24.5 ~ 29.4MPa，分离出大部分未反应的乙烯，返回二次压缩机进口；第二次减压到 49kPa 分离出残余乙烯。控制低转化率主要是控制反应热，使其不致太大。压力的依据是压缩机进口压力要求。

熔融聚乙烯经挤压齿轮泵，送至切粒机，在水中冷却并切粒，切成的粒子用冷却水一起进入脱水槽脱水，输送至掺合器，掺合之前取样分析，不合格产品作等外品。掺合器掺合均匀后的合格品包装出厂。

采用同一种工艺又在同一套装置上，可以生产出全密度范围的各种聚乙烯，因此聚乙烯有不同的分类和命名，见表9－3。各种聚乙烯的结构不尽相同，主要的区别是支链的数目、类别和分布。高压低密度聚乙烯是既有长支链又有短支链的聚乙烯；高密度聚乙烯没有长支链，只有很少的短支链；线型低密度聚乙烯与高密度聚乙烯均没有长支链，但它的短支链比高密度聚乙烯的既多又长。影响聚乙烯性能的主要因素是支链的数目、类别和分布，以及相对分子质量和相对分子质量的分布。其中尤以支链的数目和类别对性能的影响更甚。

表9－3 聚乙烯的分类和命名

分类方法	聚乙烯类别和命名
按聚合压力分类	高压法、中压法、低压法
按聚合实施方法分类	淤浆法、溶液法、气相法
按产品相对分子质量分类	低相对分子质量、普通相对分子质量、超高相对分子质量产品
按分子结构分类	线型、非线型
按密度分类	极低密度、低密度、中密度、高密度

聚乙烯在我国应用相当广泛，薄膜是其最大的用户，约消耗低密度聚乙烯77%，高密度聚乙烯的18%，另外，注塑制品、电线电缆、中空制品等都在其消费结构中占有较大的比例。

3. 技术进展

聚烯烃大约占合成树脂总消费量的45%，聚烯烃的发展动向对合成树脂工业发展影响极大。进入20世纪90年代，世界各地特别是亚太地区建设了一大批新的聚烯烃装置。

我国聚乙烯和聚丙烯用催化剂都具有一定的研究基础，研制的催化剂水平与国外先进水平接近或相当，有些甚至超过国外的进口催化剂。我国聚烯烃催化剂的研制开发工作包括继续提高Z/N催化剂和铬基催化剂的水平，提高产品灵活性的催化剂，研制可在聚合反应器中同时使乙烯齐聚生成α－烯烃共聚单体的双功能催化剂，在一个反应器中聚合生产相对分子质量双峰分布的高相对分子质量聚乙烯的双金属催化剂及生产高结晶度聚丙烯的催化剂等。

我国冷凝态进料技术已有工业化的实践，“双峰”技术、球形粒子树脂技术等其他第二代聚烯烃技术也应成为我们今后研究开发的重点。我国近一半聚乙烯树脂用于制薄膜，生产适宜作薄膜的树脂，提高薄膜级数值的性能有较大的现实意义。从这一点看，着重开发“双峰”树脂和宽相对分子质量分布的树脂更适合我国国情。

二、聚酯

聚酯是由二元或多元醇和二元或多元酸（或酸酐）缩聚而成的高分子化合物的总称。聚酯的主要用途是制备聚酯纤维，在聚酯的应用分配中约占60%。按用途可分为聚酯树脂、聚酯纤维、聚酯橡胶等。按所用酸的不同（饱和酸和不饱和酸），又可分为饱和聚酯和不饱和聚酯。

1. 聚酯的制备方法

聚酯的制备方法很多，目前聚酯的起始原料是对二甲苯，由对二甲苯生产对苯二甲酸（PTA），然后再与多元醇（常用乙二醇）缩聚。具体的生产方法有精对苯二甲酸直接酯化缩聚法（简称直缩法）和对苯二甲酸二甲酯（DMT）先经酯交换再进行缩聚的间接酯交换缩聚法

(简称间缩法)，目前前者已占绝对优势。这两种方法按生产过程划分又有连续法、间歇法及介于连续法和间歇法之间的半连续法。

直缩法(PTA 法)与间缩法(DMT 法)相比有如下优点：

① PTA 法单耗低、成本低。因 DMT 分子中有两个甲酯基在酯交换过程中析出，因此 PTA 单耗比 DMT 低近 15%，而 PTA 价格通常比 DMT 低，因而聚酯的原料成本比较低。

② PTA 法无甲醇生成，因而可省去甲醇回收工序，流程简短并节省投资，而且不存在甲醇的防爆问题，可降低消防和安全要求。

③ PTA 法的乙二醇(EG)/ PTA 配比通常低于 EG/DMT 配比，因而乙二醇精制工序处理量小，有利于减少投资。近年已解决 PTA 法中 EG 的直接循环利用问题，省去了 EG 精制工序。

④ PTA 法可利用 PTA 酸性自催化，省去了酯化剂，不会有催化剂沉积等问题。

直缩法的连续工艺有如下优点：

① 在自控条件下，过程和设备长期处于稳定运行状态，产品质量好，没有工艺各批产品的差别问题。

② 产品聚酯熔体可直接纺丝，省去了熔体冷却、切粒以及再干燥、熔融等工序，保证质量、降低成本，特别适用于高强工业丝的生产。

③ 适用于大品种大批量生产。随着柔性生产体系的建立和完善，近年大型连续工艺已解决了多品种生产问题。

④ 可节省投资。日产 30t 和 60t 的连续装置，投资比间歇法节省 30% 和 60%。

因而目前直接缩法工艺中，连续工艺中占了明显优势，间歇法的优点是可随时改变品种以适应市场要求，切片易储存和远程运输，开停车影响较小等，因而仍占有一定地位。

2. 聚酯工艺进展

德国 Aquafil 公司在杜邦的“三釜”连续酯化缩聚工艺的基础上开发了一种低成本连续缩聚工艺简称 LCCP 工艺。该工艺采用了高效多功能酯化和缩聚连续反应器，简化了生产流程并强化了工艺，适用于日产 100t 的 PET 中型生产装置。LCCP 工艺仅有酯化、预缩聚和缩聚反应器三台主体设备，流程短、设备少。酯化釜为双室反应器，酯化率可达 96%。双室酯化反应器可避免返混现象，酯化产物借助压力差导入缩聚釜。LCCP 工艺较好地解决了传统工艺中低聚物堵塞和 EG 直接返回利用等问题。由于它使用了低聚物粉尘控制器，预缩聚和缩聚系统的真空条件可利用液环泵和机械泵来完成，既可降低能耗，又可减少环境污染。

意大利 NOY 公司最近又推出两釜流程——预反应器和终聚釜。预反应器分隔成下、中、上三部分，分别相当于第一酯化釜、第二酯化釜和预缩聚釜。物料完全靠压差传递，从下釜进、上釜底出。这种装置流程短、设备少、节能、占地小，节省了建设投资。但反应器之间完全是刚性连接，没有缓冲余地，若某个环节不正常就会涉及到全装置。

聚酯生产的大型化连续化生产线与产品多品种差别化需求的矛盾，促进了聚酯柔性生产体系的发展。柔性生产体系，通常是在最后的终缩聚釜后增加小型容器，用以混入各种改性剂和添加剂，或者在釜的出口进行分流。分流线可根据需要生产改性、增黏等聚酯品种。柔性生产体系的开发缩短了聚酯生产线改换品种的时间，减少了设备清洗和过度料等问题，适应性很强。

三、合成橡胶

合成橡胶是人工合成的高弹性聚合物，以煤、石油、天然气为原料，价廉易得，而且品种很多，并可按工业、公交运输的需要合成各种具有特殊性能(如耐热、耐寒、耐磨、耐油、耐腐蚀等)的橡胶，因此目前世界上合成橡胶的总产量已远远超过了天然橡胶。

合成橡胶主要有顺丁橡胶、丁苯橡胶、氯丁橡胶、丁腈橡胶等。按橡胶制品形成过程可分热塑性橡胶和硫化型橡胶；按成品状态可分为液体橡胶、固体橡胶、粉末橡胶和胶乳。合成的生胶具有良好的弹性，但强度不够，必须经过加工才能使用，其加工过程包括塑炼、混炼、成型、硫化等步骤。

橡胶是制造飞机、军舰、汽车、拖拉机、收割机、水利排灌机械、医疗器械等所必需的材料。合成橡胶一般在性能上不如天然橡胶全面，但它具有高弹性、绝缘性、气密性、耐油、耐高温或低温等性能，因而广泛应用于工农业、国防、交通及日常生活中。

第五节　功能高分子材料

功能高分子材料是材料科学和高分子科学中的重要研究领域。自20世纪30年代中期离子交换树脂问世以来，功能高分子材料的设计、合成、结构与性能特征等方面均获得了长足的发展，至今不仅有大量功能高分子材料实现了大规模生产，形成了若干产业，而且在诸多工业领域(如化工、制药、医学、环保、石油钻采与加工、建筑与装饰、光电信息等)获得广泛应用。

通用高分子材料(如塑料、橡胶、纤维)的应用主要利用其机械性能，它们往往被称为结构材料。与此相对应的是另有形形色色的高分子材料的应用是利用其某种特殊功能，例如，离子交换、吸附、渗透、黏度、导电、发光、对环境因素(光、电、磁、热、pH值)的敏感性、催化活性等，这些结构上差异很大的高分子材料统称为功能高分子材料。

一、功能高分子的制备方法

特种与功能高分子材料的特点在于他们特殊的“性能”和“功能”，因此在制备这些高分子材料的时候，分子设计成为十分关键的研究内容。

设计一种能满足一定需要的功能高分子材料是高分子化学研究的一项主要目标。具有良好性质与功能的高分子材料的制备成功与否，在很大程度上取决于设计方法和制备路线的制定。

功能高分子材料的制备是通过化学或者物理的方法按照材料的设计要求将功能基与高分子骨架相结合，从而实现预定功能的。

从20世纪50年代起，活性聚合等一大批高分子合成新方法的出现，为高分子的分子结构设计提供了强有力的手段，功能高分子的制备越来越“随心所欲”。

1. 传统制备方法

目前采用的制备方法来看，功能高分子材料的制备可归纳为以下三种类型：

(1) 功能性小分子材料的高分子化；

(2) 已有高分子材料的功能化；

(3) 多功能材料的复合以及已有功能高分子材料的功能扩展。

2. 合成新技术

(1) 活性与可控聚合的概念　活性聚合最典型的特征是引发速度远远大于增长速度，并且在特定条件下不存在链终止反应和链转移反应，亦即活性中心不会自己消失。这些特点导致了聚合产物的相对分子质量可控、相对分子质量分布很窄，并且可利用活性端基制备含有特殊官能团的高分子材料。

(2) 阴离子活性聚合　基本特点：聚合反应速度极快，通常在几分钟内即告完成，单体对引发剂有强烈的选择性，无链终止反应，多种活性种共存，相对分子质量分布很窄，目前已知通过阴离子活性聚合得到的最窄相对分子质量分布指数为1.04。

(3) 阳离子活性聚合　典型工业产品有聚异丁烯和丁基橡胶，阳离子活性中心的稳定性极差，聚合过程不易控制。多年来阳离子活性聚合的探索研究一直在艰难地进行。此后，阳离子活性聚合在聚合机理、引发体系、单体和合成应用等方面都取得了重要进展。目前，烷基乙烯基醚、异丁烯、苯乙烯及其衍生物、1,3-戊二烯、茚和α-蒎烯等都已经实现了阳离子活性聚合。

(4) 活性离子型开环聚合　活性开环聚合是正在发展的一个研究领域，与烯类活性聚合一样具有重要的意义。

(5) 基团转移聚合　作为一种新的活性聚合技术是除自由基、阳离子、阴离子和配位阴离子型聚合外的第五种连锁聚合技术。

二、功能高分子的应用

1. 具有压电或热电效应的功能性高分子材料

凡是用外力或热量作用于一物质而产生电的现象就简称为压电或热电效应。研究表明，聚氯乙烯、有机玻璃、聚碳酸酯等高聚物均有压电效应产生，但很微弱，无实际意义。聚偏氟乙烯有较强的压电效应同时具有较优良的热电效应。由于聚偏氟乙烯(PVDF)的这些性能，由它做出的话筒结构与耳机相同，失真小、音质好、稳定性高。近年又开发了PVDF水声换能器。其应用还在不断扩大，利用PVDF的热电效应可做成各种不同的热电换能器，如：制作红外摄像管的靶材及红外探测管、传感器等；制作激光辐射探测器，用以测量激光脉冲及其他光辐射。

2. 具有导电、导磁效应的功能性高分子材料

一般的高分子材料不导电也不具有磁性，但为了某种用途，需要使这些高分子材料变成导电体和具有磁性等功能，这就需对高分子材料进行改性。最常用的方法就是在高分子材料中加入导电物质或带磁性的铁粉或稀土类物质或其他一些添加剂，从而使之成为高分子导体或半导体甚至超导体，或者带磁性的高分子材料。这些导电材料可广泛应用于电极、电池、防静电、屏蔽材料、发热材料、电子器件以及受控聚变反应堆、超导发动机、核磁共振成像技术等方面，而磁性复合材料可大量应用于冰箱的门密封条、文具的磁性板、电机的磁性元件，以及仪器、仪表、音响器械中的磁性材料；在医疗领域中可用作磁疗器械，还可用于步进电机、扬声器、传感器等。

3. 具有光电、光热效应的功能高分子材料

作为光电效应最常见的就是光电池，它已在广泛领域中得到应用，而作为具光电效应的

功能高分子材料目前研究最多的就是太阳能电池。为了制作太阳能电池，前提条件是高分子化合物要成为半导体，经研究，已发现较好的有机半导体是聚丙烯和聚乙炔。这是两种最有可能作为太阳能电池的有机高分子材料。这类聚合物将是继单晶硅、多晶硅和无定形硅之后的第三代太阳能电池材料。

作为光热转换材料，最常见的就是在高分子材料(常用的是聚氯乙烯和聚乙烯)中添加对太阳光有较强吸收能力的炭黑或硫化铅半导体等无机物，从而使其转化为热能以制作平板热水器，也可在金属底板吸收器上涂上吸热性高分子涂料，以制成热水器。还有一种感光树脂也是在光作用下产生反应，从而在印刷业中得到应用。这也是一种光功能性高分子材料。

4. 具化学反应的功能高分子材料

这是一类由高分子链与骨架并连接上具有化学活性基团而构成的功能性高分子材料。其主要代表性化合物有三大类，一类是大家所熟悉的离子交换树脂，第二类是在人类生命活动中具有十分重要意义的有机高分子催化剂——生物酶，第三类就是高吸水性树脂。

5. 医用高分子材料

随着时代的发展，在医学领域中越来越迫切地需要开发出能应用于医疗的各种新型材料，经多年的研究已发现有多种高分子化合物可以符合医用要求，我们也把它归属于功能性高分子材料。

一般归纳起来医用高分子材料应符合下列要求：

① 化学稳定性好，在人体接触部分不能发生影响而变化；

② 组织相容性好，在人体内不发生炎症和排异反应；

③ 不会致癌变；

④ 耐生物老化，在人体内材料长期性能无变化；

⑤ 耐煮沸，灭菌、药液消毒等处理方法；

⑥ 材料来源广、易于加工成型。

经多年研究，能较好符合上述要求的高分子化合物主要有两大类，一类是有机硅化合物，第二类是有机氟化物，最主要的两种产品是硅橡胶和聚四氟乙烯。

总之，功能高分子材料在国民经济建设和日常生活中将发挥越来越重要的作用，发展前景不可估量。当然，目前的成就尚处于十分初级的阶段，有待于进一步研究和探索。

思考题

9-1　试说明高分子化合物的定义及基本特征。

9-2　试论述高分子材料的应用。

9-3　聚合反应有哪些类型？简述各种聚合反应的聚合机理及特征。

9-4　聚合反应的实施方法有哪些？试述各自的特点？

9-5　试论述聚乙烯的生产方法的分类和命名？

9-6　聚酯生产中直缩法(PTA 法)与间缩法(DMT 法)的特点是什么？

9-7　试论述我国合成橡胶的生产现状和发展趋势。

9-8　试说明功能高分子的特征及应用。

9-9　试论述功能高分子的制备方法。

第十章　精细化工概论

第一节　概　　述

一、精细化工的定义及特点

精细化工是当今化学工业中最具活力的新兴领域之一，是新材料的重要组成部分，是发展高新技术的重要基础，也是衡量一个国家的科学技术发展水平和综合实力的重要标志之一。因此，世界各国都把精细化工作为化学工业优先发展的重点行业之一。精细化工产品是化学工业中用来与基本化工产品相区分的一个专用术语。

“精细化工”是精细化学工业的简称，是生产精细化工产品工业的通称。“精细化学品”一词国外沿用已久，但迄今尚无统一确切的科学定义。

通用化学品：指大量生产的无差别化学品，例如，无机物中的酸、碱、盐以及有机物中的甲醇、乙醇、乙醛、丙酮、乙酸、氯苯、硝基苯、苯胺和苯酚等。

准通用化学品：指较大量生产的差别化学品，例如，塑料、合成纤维、合成橡胶等。

精细化学品：指小量生产的无差别化学品，例如，中间体、医药和农药以及香精的原料等。

专用化学品：指小量生产的差别化学品，例如，医药成药、农药配剂、各种香精、水处理剂、商品染料等。

精细化学品虽然有时也以化学名称及分子式表示，而且规格有时也是以其主要物质的含量为基础，但其往往有较明确的功能指向，商品性强，生产工艺精细。专用化学品是化工产品精细化后的最终产品，其功能性更强，一种精细化学品可以制成多种专用化学品，例如，铜酞菁有机颜料，同一种分子结构，由于加工成晶型不同、粒径不同、表面处理不同或添加剂不同，可以制成纺织品着色用、汽车上漆用、建筑涂料中用或作催化剂用等。专用化学品的附加值要比精细化学品高得多。制造专用化学品的专用化技术多种多样，例如，分离纯化、复配增效或剂型改造等技术。

我国化工界目前得到多数人认可的定义是：凡能增进或赋予一种(类)产品以特定功能，或本身拥有特定功能的多品种、技术含量高的化学品，称为精细化工产品，有时称为专用化学品或精细化学品。按照国家自然科学技术学科分类标准，精细化工的全称应为“精细化学工程”，属化学工程学科范畴。

当今，精细化工原料及中间体覆盖面已经非常广泛，精细化工产品的种类繁多，其分类方法根据每个国家各自的工业生产体制而有所不同，但差别不大，只是划分的范围宽窄不同。随着科学技术的进步，精细化工行业会越来越细。国内外目前的精细化工行业或种类，主要包括：医药、农药、合成染料、有机颜料、涂料、胶黏剂、香料、化妆品与盥洗卫生用品、表面活性剂、合成洗涤剂、肥皂、印刷用油墨、塑料增塑剂和塑料添加剂、橡胶添加剂、成像材料、电子用化学品与电子材料、饲料添加剂与兽药、催化剂、合成沸石、试剂、燃料油添加剂、润滑剂、润滑油添加剂、保健食品、金属表面处理剂、食品添加剂、混凝土外加剂、水处理剂、高分子絮凝剂、工业杀菌防霉剂、芳香除臭剂、造纸用化学品、纤维用化学品、溶剂与中间体、皮革用化学品、油田用化学品、汽车用化学品、炭黑、脂肪酸及其衍生物、稀有气体、稀有金属、精细陶瓷、无机纤维、储氢合金、非晶态合金、火药与推进剂、酶、生物技术产品、功能高分子材料与智能材料等。

根据我国相关文件的界定及近十年来精细化工业发展的实践，中国精细化工的涵义是国际上通用的精细化学品和专用化学品的总和。包括：农药、染料、涂料(包括油漆和油墨)及颜料、试剂和高纯物、信息用化学品(包括感光材料、磁性材料等)、食品和饲料添加剂、胶黏剂、催化剂和各种助剂、化学药品、日用化学品、功能高分子材料等11个门类；在催化剂和各种助剂中可分为：催化剂、印染助剂、塑料助剂、橡胶助剂、水处理剂、纤维抽丝用油剂、有机抽提剂、高分子聚合物添加剂、表面活性剂、皮革助剂、农药用助剂、油田用化学品、混凝土添加剂、机械和冶金用助剂、油品添加剂、炭黑、吸附剂、电子工业专用化学品、纸张用添加剂、其他助剂等20个小类。

因此，精细化工的定义概括起来就是，对原料进行深度加工，使其成为具有功能性的或最终使用性的、品种多、产量小、附加产值高的化工产品的工业。

开发精细化工产品，可显著提高经济效益，进而提高产品在国际市场上的竞争能力，并增加外汇收入实现国民经济的良性循环，加速现代化建设的速度。近几年来，中国的精细化工发展很快，但与发达国家相比，还存在一定的距离。发展精细化工已成为当务之急。

近几十年来，“化学工业精细化”已成为发达国家科技和生产发展的一个重要特征。

二、精细化工的特点

多品种、系列化和特定功能、专用性质构成了精细化工产品量与质的两大基本特征。精细化工产品生产的全过程不同于一般化学品，它是由化学合成或复配、剂型(制剂)加工和商品化(标准化)三个生产部分组成的。在每一个生产过程中又派生出各种化学的、物理的、生理的、技术的、经济的要求和考虑，这就导致精细化工必然是高技术密集的产业。与传统大化工(无机、有机、高分子化工等)相比，精细化工的综合特点主要表现在以下多个方面。

1. 精细化工产品的生产特点

(1) 品种多 从精细化工产品的分类可以看出，精细化工产品必然具有品种多的特点。随着科学技术的进步，精细化工产品的分类越来越多，专用性越来越强，应用范围越来越窄。由于产品应用面窄，针对性强，特别是专用化学品，往往是一种类型的产品可以有多种牌号，因而新品种和新剂型不断出现。例如，表面活性剂的基本作用是改变不同两相界面的界面张力，根据其所具有的润湿、洗涤、浸渗、乳化、分散、增溶、起泡、消泡、凝聚、平滑、柔软、减摩、杀菌、抗静电、匀染等表面性能，制造出多种多样的洗涤剂、渗透剂、扩散剂、起泡剂、消泡剂、乳化剂、破乳剂、分散剂、杀菌剂、润湿剂、柔软剂、抗静电剂、抑制剂、防锈剂、防结块剂、防雾剂、脱皮剂、增溶剂、精炼剂等。品种多也是为了满足应用对象对性能的多种需要，如染料应有各种不同的颜色，每种染料又有不同的性能以适应不同的工艺。食品添加剂可分为：食用色素、食用香精、甜味剂、营养强化剂、防腐抗氧保鲜剂、乳化增稠品质改良剂及发酵制品等7大类，约1000余个品种。

随着精细化工产品的应用领域不断扩大和商品的创新，除通用型精细化工产品外，专用品种和定制品种越来越多，这是商品应用功能效应和商品经济效益共同对精细化工产品功能和性质反馈的自然结果。不断地开发新品种、新剂型或配方及提高开发新品种的创新能力是当前国际上精细化工发展的总趋势。因此，品种多不仅是精细化工生产的一个特征，也是评价精细化工综合水平的一个重要标志。

（2）采用综合生产流程和多功能生产装置　精细化工品种多的特点在生产上反映是：需要经常更换和更新品种，采用综合生产流程和多功能生产装置。生产精细化工产品的化学反应多为液相并联反应，生产流程长、工序多，主要采用的是间歇式的生产装置。为了适应以上生产特点，必须增强企业随市场调整生产能力和品种的灵活性。近年来广泛地采用了多品种综合生产流程和多用途多功能生产装置，取得了很好的经济效益。

（3）技术密集度高　高技术密集度由以下两个基本因素形成：① 在实际应用中，精细化工产品是以商品的综合功能出现的，这就需要在化学合成中筛选不同的化学结构，在剂型（制剂）生产中充分发挥精细化学品自身功能与其他配合物质的协同作用。这就形成了精细化工产品高技术密集度的一个重要因素；②精细化工技术开发的成功概率低，时间长，费用高。医药、农药和染料等新品种的开发成功率低，耗资高。产品更新换代快、市场寿命短、技术专利性强、市场竞争激烈等因素必然导致技术垄断性强，销售利润率高。

技术密集还表现在情报密集、信息量大而快。由于精细化学品常根据市场需求和用户不断提出应用上的新要求改进工艺过程，或是对原化学结构进行修饰，或是修改更新配方和设计，其结果必然产生新产品或新牌号。另一方面，大量的基础研究工作产生的新化学品，也需要不断地寻找新的用途。为此，必须建立各种数据库和专家系统，进行计算机仿真模拟和设计。因此，精细化工生产技术保密性强，专利垄断性强，世界各精细化工公司通过自己的技术开发拥有的技术进行生产，在国际市场上进行激烈地竞争。

（4）大量采用复配和剂型加工技术　复配和剂型加工技术是精细化工生产技术的重要组成部分。精细化工产品由于应用对象的专一性和特定功能，很难用一种原料来满足需要，常常必须加入其他原料进行复配，于是配方的研究便成为一个很重要的问题。例如，香精常常由几十种甚至上百种香料复配而成，除了有主香剂之外，还有辅助剂、头香剂和定香剂等组分，这样制得的香精才香气和谐、圆润、柔和。在合成纤维纺织用的油剂中，除润滑油以外，还必须加入表面活性剂、抗静电剂等多种其他助剂，而且还要根据高速纺或低速纺等不同的应用要求，采用不同的配方，有时配方中会涉及十多种组分。又如金属清洗剂，组分中要求有溶剂、防锈剂等。医药、农药、表面活性剂等门类的产品，情况也类似，可以说绝大部分的专用化学品都是复配产品。为了满足专用化学品特殊的功能、便于使用和储存的稳定性，常常要将专用化学品制成适当的剂型。在精细化工中，剂型是指将专用化学品加工制成适合使用的物理形态或分散形式，如制成液剂、混悬液、乳状液、可湿剂、半固体、粉剂、颗粒等。为了使用方便，香精常制成溶液；为了使印染工业避免粉尘污染和便于自动化计量，液体染料也制备成溶液；根据使用对象不同，洗涤剂可以制成溶液、颗粒和半固体；牙膏和肤用化妆品则制成半固体；为了缓释和保护敏感成分，有些专用化学品制成微胶囊。因此，加工成适当剂型也是精细化工的重要特点之一。

应当指出，经过剂型加工和复配技术所制成的商品数目，往往远远超过由合成得到的单一产品数目。采用复配技术和剂型加工技术所推出的商品，具有增效、改性和扩大应用范围等功能，其性能往往超过结构单一的产品。因此，掌握复配技术和剂型加工技术是使精细化工产品具有市场竞争能力的一个极为重要的方面，这些也是我国精细化工发展的一个薄弱环节。

2. 精细化工产品的商业特点

（1）技术保密、专利垄断　精细化工公司通过技术开发拥有的技术进行生产，并以此为手段在国内及国际市场上进行激烈竞争，在激烈竞争的形势下，专利权的保护是十分重要的。尤其是专用化学品多数是复配型的，配方和剂型加工技术带有很高的保密性。例如，许多特种精细化工产品，其分装销售网可能遍布世界各地，但工艺或配方仅为极少数技术人员掌握，严格控制，以保证独家经营，独占市场，不断扩大生产销售额，获得更多的利润。

（2）重视市场调研、适应市场需求　精细化工产品的市场寿命不仅取决于它的质量和性能，而且取决于它对市场需求变化的适应性。因此，做好市场调研和预测，不断研究消费者的心理需求，不断了解科学技术发展所提出的新课题，不断调查国内外同行的新动向，不断创新，才能在同行强手面前赢得市场竞争的胜利。

（3）重视应用技术和技术服务　精细化工属于开发经营性工业，用户对商品的选择性高，因而应用技术和技术服务是组织精细化工生产的两个重要环节。为此，精细化工的生产单位应在技术开发的同时，积极开发应用技术和开展技术服务工作，不断开拓市场，提高市场信誉；还要特别注意及时把市场信息反馈到生产计划中去，从而增强企业的经济效益。

第二节　精细化工产品

一、无机精细化学品

无机精细化工属于精细化工范畴，但又与精细化工有所区别。无机精细化学品很少作为产品直接供应给最终用户。无机精细化工属高科技范畴。它虽不直接为国民经济、人民生活服务，推进国民经济各领域，国防和科学研究进步，但它可以改变下游产品的性能，提高其品质，增加产品的附加值，降低其生产成本。

无机精细化工在产量大幅度提高的同时，产品的品种、档次也发生了很大的变化，较大程度地满足了国内外市场的需要。如造纸工业用的专用碳酸钙、氯酸钠、低铁硫酸铝，水处理用的聚合硫酸铝、聚合硫酸铁、聚合氯化铝、二氧化氯，电子配套用的高纯过氧化氢、六氟磷酸锂、钴酸锂、锰酸锂、镍酸锂、高纯碳酸钡、碳酸锶、氧化铅、硅酸铅、碳酸钾、氧化锌、高纯氧化铁、球型高活性氢氧化镍，与精细陶瓷配套的氧化锆、碳化硼、氮化硼、氧化钴、氧化铋、高纯纳米级氧化铝、二氧化硅，以及一大批为食品、饲料、医药、农药、染料等精细化工配套的产品，成为近年我国无机盐行业发展的新热点。

二、表面活性剂

表面活性剂分四大类：阴离子表面活性剂、非离子表面活性剂、阳离子表面活性剂和两性离子表面活性剂。主要有三大用途、家用、个人保护、公共事业和工业。

1. 阴离子表面活性剂

阴离子表面活性剂以磺酸盐型和硫酸(酯)盐型产量最大，应用最广。直链烷基苯磺酸盐仍然是世界上产量和消费量最大、最重要的阴离子表面活性剂，预计未来也是如此。脂肪醇硫酸盐(AS)和脂肪醇醚硫酸盐(AES)是两种重要的醇系表面活性剂中用得最多的表面活性剂。甲酯磺酸盐(MES)已引起工业界的极大关注，它来源于天然油脂，由于其突出性能使其应用范围涉及众多领域，其环境友好性及逐渐增强的价格竞争力，C_{16}/C_{18} MES 有可能会部分取代以石油为原料的烷基苯磺酸盐，目前 MES 因生产工艺难，还未被大量生产和使用。α-烯烃磺酸盐(AOS)主要用于洗涤剂中，美国和西欧发展较慢，日本较快。仲烷基磺酸盐(SAS)因性能优异，环境友好，已在民用和工业中应用，而且它是乙烯聚合中最重要的乳化剂之一，其潜在的应用领域十分广泛，但因价格贵难以推广，国外已转向工业应用。

2. 非离子表面活性剂

非离子表面活性剂按分子结构可分为聚氧乙烯衍生物、聚醚、烷基醇酰胺、脂肪酸多元醇酯和烷基多苷等类。聚氧乙烯衍生物又可按疏水基原料不同分为：烷基酚聚氧乙烯醚、脂肪醇聚氧乙烯醚、脂肪酸聚氧乙烯酯、聚氧乙烯酰胺、聚氧乙烯脂肪胺、吐温和其他聚氧乙烯系非离子表面活性剂等系列。多元醇酯可根据亲水基不同而分为：脂肪酸乙二醇酯、单脂肪酸甘油酯(单甘酯)、季戊四醇(和丁四醇)的脂肪酸酯、失水山梨醇(或称山梨酐)的脂肪酸酯、蔗糖脂肪酸酯和其他多元醇的脂肪酸酯等。但无论从生产规模和品种数量看，聚氧乙烯衍生物都占主导地位，其主要生产技术是乙氧基化技术。

脂肪醇聚氧乙烯醚仍是非离子表面活性剂中的大品种，窄分布脂肪醇乙氧基化物(NRE)、脂肪酸甲酯乙氧基化物(FMEO)、烷基多糖苷(APG)和 *N*-烷基-2-吡咯烷酮(AP1)是新型非离子表面活性剂。NRE 具有高的增稠能力，FMEO 具有快速溶解性和良好的洗涤性能，APG 具有优异的生态学和毒理学性能、最佳的增效协同效应，是温和的绿色表面活性剂。这些表面活性剂虽然不可能完全替代廉价的传统表面活性剂，但它们肯定会被用于满足消费者日益增长需求的新配方中。最近 ARD 公司开发了用副产物麦麸、麦秆以及甜菜渣和柑橘皮得来的葡萄糖等生产 APG 的新工艺路线，原料成本进一步下降，其用量将会快速增长。AP1 与各类表面活性剂具有良好协同效应，特别是与阴离子和非离子表面活性剂共存时，可以几倍甚至十几倍地缩短润湿时间，同时能保护表面，用于清洗剂、农药、纤维及个人保护用品等是国际特品公司力荐新品。

3. 阳离子表面活性剂

阳离子表面活性剂目前绝大多数仍为含氮化合物，基本原料仍为脂肪胺(同时也是两性表面活性剂的主要原料)，脂肪胺的产量视为衡量阳离子表面活性剂发展的依据。阳离子表面活性剂或脂肪胺衍生物主要以天然油脂为原料，其次约 10%~15% 由石油化工原料制得。

4. 两性表面活性剂

这是具有两种离子性质的表面活性剂，按化学结构可分为：①甜菜碱型；②咪唑啉型；③氨基酸型；④磷酸酯型；⑤其他，如高分子、杂原子类等两性表面活性剂。两性表面活性剂近年来发展速度最快(年增长率约 7%~8%)，远远超过阴离子表面活性剂(2%~3%)、非离子表面活性剂(4%~5%)及阳离子表面活性剂(5%)。两性表面活性剂以其独特的多功能性著称，主要特性有：低毒性和对皮肤、眼睛的低刺激性；极好的耐硬水性和耐高浓度电解质性，甚至在海水中也可以有效地使用；良好的生物降解性；对织物有优异的柔软平滑性和抗静电性；有一定的杀菌性和抑霉性，良好的乳化性和分散性；可与几乎所有其他类型表面活性剂的配伍性，通常会有增效的协同效应；可以吸附在带负电荷或正电荷的物质表面上，而不生成憎水薄层，因此有很好的润湿性和发泡性。

5. 表面活性剂发展方向

表面活性剂的发展方向将表现在以下方面：①回归大自然；②代替有害化学品；③室温下洗涤用表面活性剂；④不用助剂可在硬水中使用；⑤能为环保有效地处理废液废水、粉尘等的表面活性剂；⑥能有效提高矿物、燃料、生产利用率的表面活性剂；⑦多功能表面活性剂；⑧以生物工程为基础，利用工业或城市废弃物制表面活性剂；⑨用复配技术产生协合效应，达应用目的的高效表面活性剂。

三、食品添加剂

食品添加剂是用于改善食品品质、延长食品保存期、便于食品加工和增加食品营养成分的一类化学合成或天然物质。目前，我国有 20 多类、近 1000 种食品添加剂，如酸度调节剂、甜味剂、漂白剂、着色剂、乳化剂、增稠剂、防腐剂、营养强化剂等。

可以说所有的加工食品都含有食品添加剂。而且合理使用添加剂对人体健康以及食品都是有益无害的，在食品生产中只要按国家标准添加食品添加剂，消费者就可以放心食用。食品添加剂可以起到提高食品质量和营养价值，改善食品感观性质，防止食品腐败变质，延长食品保藏期，便于食品加工和提高原料利用率等作用。

食品添加剂是食品工业中研发最活跃、发展最快的内容之一，许多食品添加剂在纯度、使用功效方面提高很快，例如酶制剂，许多产品的活力、使用功效等年年甚至每季度都有新的进展。所以绿色食品的加工企业应时刻注意食品添加剂行业发展的新动向，不断提高产品加工中食品添加剂的使用水平。

第三节 其他精细化工产品

一、胶黏剂

胶黏剂是一种可以用于胶接的主要材料。胶接(黏合、黏接、胶结、胶黏)是指同质或异质物体表面用胶黏剂连接在一起的技术，具有应力分布连续，重量轻，或密封，多数工艺温度低等特点。用胶黏剂进行胶接特别适用于不同材质、不同厚度、超薄规格和复杂构件的连接。胶接近代发展最快，应用行业极广，并对高新科学技术进步和人民日常生活改善有重大影响。

胶黏剂根据用途主要分为以下七大类：第一，壁纸、墙布用胶黏剂，这种胶黏剂主要用于壁纸、墙布的裱糊，它的形态有液状的，也有粉末状的。例如，聚乙烯醇胶黏剂，聚乙烯醇缩甲醛胶，聚醋酸乙烯胶黏剂，801 胶，墙纸专用胶粉(粉末壁纸胶)等。第二塑料地板胶黏剂，属非结构型胶黏剂，具有一定的黏结力，能将塑料地板牢固地黏结在各类基层上，施工方便。它对塑料地板无溶解或溶胀作用，能保证塑料地板黏结后的平整程度，并有一定的耐热性、耐水性和储存稳定性。常用的塑料地板胶黏剂有聚醋酸乙烯类、合成橡胶类、聚氨酯类、环氧树脂类等。第三瓷砖、大理石胶黏剂，主要包括大理石胶黏剂，TAM 型通用瓷砖胶黏剂，TAG 型瓷砖勾缝剂，TAS 型高强度耐水瓷砖胶黏剂，另外还有一种 SG－8407 胶黏剂，可改善水泥砂浆的黏结力，提高水泥砂浆的防水性能，适用于在水泥砂浆、混凝土等基层表面上粘贴瓷砖、马赛克等材料。第四玻璃、有机玻璃类专用胶黏剂，主要包括 AE 丙烯酸酯胶，聚乙烯醇缩丁醛胶黏剂，玻璃胶等。第五塑料薄膜胶黏剂，主要包括 BH－415 胶黏剂，641 软质聚氯乙烯胶黏剂、920 胶黏剂等。第六竹木类专用胶黏剂。脲醛树脂类胶黏剂是竹木类胶黏剂中使用较多的一类，它是由尿素与甲醛经缩聚而成的。脲醛树脂类胶黏剂具有无色、耐光性好、毒性小、价格低廉等特点，广泛用于木材、竹材、胶合板及其他木质材料的黏结。第七多用途胶黏剂。主要包括建筑胶黏剂、室温快速固化环氧胶黏剂、压敏胶等。

二、染料和颜料

染料是有颜色的物质，但有颜色的物质并不一定是染料。作为染料必须能够使一定颜色附着在纤维上，且不易脱落、变色。按化学结构可分为：亚硝基染料、硝基染料、偶氮染料、芳基甲烷染料、含硫染料、蒽醌染料、含杂环染料、咕吨染料、靛系染料、喹啉染料、噻嗪染料、酞菁染料。按性能与特征可分为：酸性染料、碱性染料、冰染染料、媒染染料、还原染料、氧化染料、硫化染料、分散染料、直接染料、活性染料等。

颜料就是能使物体染上颜色的物质。颜料有可溶性的和不可溶性的，有无机的和有机的区别。无机颜料一般是矿物性物质，人类很早就知道使用无机颜料，利用有色的土和矿石，在岩壁上作画和涂抹身体。有机颜料一般取自植物和海洋动物，如茜蓝、藤黄和古罗马从贝类中提炼的紫色。可溶性颜料也叫染料，可以用溶液直接印染织物。不溶性颜料要磨细加入介质中，如油、水等，然后涂布到需要染色的物体表面形成覆盖层。现代有许多人工合成的化学物质作成的颜料，可以满足人类对需要详细划分色相时的应用，如绘画就需要许多不同的相差很细微的颜料。

染料多用于工业“装潢”，颜料目前通常指美术上的颜料。

三、农药

按《中国农业百科全书·农药卷》的定义，农药主要是指用来防治危害农林牧业生产的有害生物(害虫、害螨、线虫、病原菌、杂草及鼠类)和调节植物生长的化学药品，但通常也把改善有效成分物理、化学性状的各种助剂包括在内。需要指出的是对于农药的含义和范围，不同的时代、不同的国家和地区有所差异。如美国，早期将农药称之为“经济毒剂”，欧洲则称之为“农业化学品”，还有的书刊将农药定义为“除化肥以外的一切农用化学品”。

农药的主要用途集中在以下几个方面：①用于预防、消灭或者控制危害农、林、牧、渔业中的种植业的病、虫、草、鼠和软体动物等有害生物。②调节植物、昆虫生长。③防治仓储病、虫、鼠及其他有害生物。④用于农林业产品的防腐、保鲜。⑤用于防治动物生活环境中的蚊、蝇、蟑螂、虻、蠓、蚋、跳蚤等卫生害虫和害鼠、用于防治细菌、病毒等有害微生物的消毒剂。⑥预防、消灭或者控制危害河流堤坝、铁路、机场、建筑物、高尔夫球场、草场和其他场所的有害生物，主要是指防治杂草、危害堤坝和建筑物的白蚁和蛀虫，以及衣物、文物、图书等的蛀虫。

农药行业的发展不能以牺牲环境为代价，更不能允许以转移污染的方式维持农药行业的利润。应该加强环保要求，严格执法，避免单纯为谋求出口而出现的污染转移问题。

第四节　几种新型精细化工中间体开发与应用

一、2－正己基乙酰乙酸甲酯

将乙酰乙酸甲酯与正丁醛在碱存在下加热，脱水缩合成2－亚己基乙酰乙酸甲酯，然后低压催化加氢得到2－正己基乙酰乙酸甲酯产品。2－正己基乙酰乙酸甲酯主要用于合成瑞士罗氏公司开发的减肥降血脂药物奥利司他，该药物与其他减肥药物抑制食欲不同，奥利司是胰脏脂肪酶抑制剂，能阻止脂肪吸收，减轻体重，降低血液中胆固醇含量，基本没有副作用，奥利司是目前全球性非常畅销的减肥药物。

二、3－乙酰氨基吡咯烷

3－乙酰氨基吡咯烷是以苄胺为起始原料，经过烷基化、加成、环合、脱羧、成肟、催化加氢、乙酰化，再经过加氢脱苄而得。3－乙酰氨基吡咯烷主要用于合成第三代氟喹诺酮类药物托氟沙星。

三、方形酸

方形酸化学名称3,4－二羟基－3－环丁烯－1,2－酮，具有很强酸性。其合成路线众多，按原料分主要有串珠镰刀菌素法、丁二烯衍生物法、一氧化碳电解还原法和三烯酮法等。

四、3,5－二羟基苯甲醇

3,5－二羟基苯甲醇主要合成工艺是以3,5－二羟基苯甲酸为起始原料，经过酯化，形成保护基后，在三氯化铝、氯化铝和溶剂四氢呋喃存在下还原得到。3,5－二羟基苯甲醇主要用于合成治疗胆囊疾病的优异药物假密环菌甲素(该药物我国拥有知识产权)以及博尼康里、溴莫普林等，另外还可以合成多种重要医药中间体3,5－二羟基苯甲醛、3,5－二羟基苯乙酮等。

五、2,6－二氯喹啉

2,6－二氯喹啉合成路线主要有两条，一是国内普遍采用方法，2－硝基－4－氯苯胺在惰性溶剂中与双烯酮缩合，然后在氢氧化钠水溶液中进行环合，生成物经选择性加氢，进一步氯化得到，该法产品质量不太好；二是日本采用的以2－羟基喹啉氯化得到6－氯－2－羟基喹啉，进一步氯化得到，产品质量好，目前国内开始研究，其中天津化工研究院精化所研究技术相对比较成熟，原料2－羟基喹啉由乙醛酸制备。2,6－二氯喹啉主要用于合成高效、低毒和低残留芳基苯氧基丙酸酯类优秀除草剂喹禾灵。

思 考 题

10－1　什么是精细化工？其特点是什么？

10－2　什么是精细化学品？其特点是什么？

10－3　试论述我国精细化工发展现状与趋势？

10－4　试说明精细化工范畴？

10－5　什么是表面活性剂？其种类有哪些？

10－6　列举一些主要的精细化工产品？说明其用途？

第十一章　绿色化工导论

第一节　概　　述

一、绿色化学与化工的定义及特点

绿色化学又称为环境友好化学，是将整体预防的环境战略应用于化工生产过程、产品和服务中，以增加生态效率和减少人类社会及环境的风险。其研究目的是：通过利用一系列的原理与方法来降低或除去化学产品设计、制造与应用中有害物质的使用与产生，使化学产品或过程的设计更加环保化。绿色化学包括所有可以降低对人类健康与环境产生负面影响的化学方法和技术，在此基础上产生的环境友好化工过程，被称为绿色化工。

绿色化学与化工是解决全球污染问题的一种方法。与传统的污染处理不同，绿色化学与化工通过改变化学产品的结构与性质或产生工艺过程，来减少或消除有害物质的产生与使用。这种方法是非常科学的，因为物质的化学结构同其毒性具有内在的联系，由于这个联系，绿色化学家可以设计或重新设计化学物质的分子结构，使其具备所需的特性又避免或减少有毒基团的产生与使用。同时，绿色化学追求高选择性化学反应，副产品极少，甚至达到原子经济性，实现零排放。因此，绿色化学与化工不仅可以防止环境污染，亦可提高资源与能源的利用率，提高化工过程的经济效益，对化工过程的可持续发展具有巨大的推动作用。

二、绿色化学的产生与发展

传统上，化学家在开发化学物质的合成方法时主要考虑效率，因为效率不仅反映一个合成方法的质量，也是实际应用及经济方面的首要考虑因素。于是经济考虑在开发与设计合成方法中曾一度起主要的作用。另外，合成化学家由于处于一个化工过程的始端，在开发与设计如何合成所需化学产品的方法时，往往忽略处于过程末端的废物处理问题。因此，许多已存在的化工过程，虽然具有满意的经济效益，却对人类健康及环境造成了极大的负面影响(见图 11－1)，有的甚至到了必须被关闭的程度，化学工作者对环境保护负有很大的责任。同时，人们应认识到，处于“上游”的合成化学家对处于“末端”的污染问题起到的主导作用。

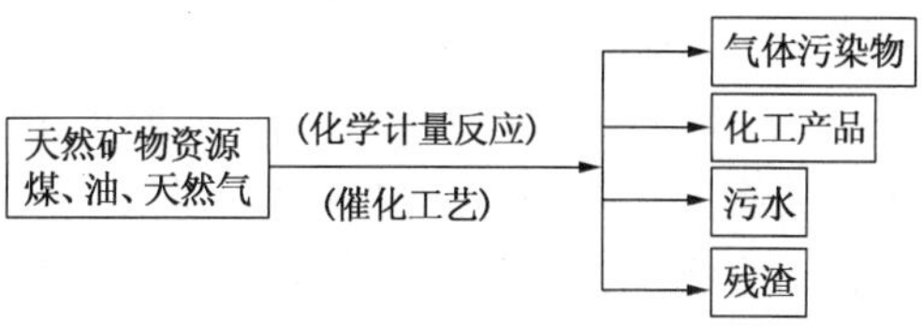

图 11－1　污染型生产

因此，目前一个化工过程不仅仅要考虑原料及设备消耗，还应考虑后续的废物处理，而后者往往可以使整个化工过程的污染问题得到大大解决，充分利用了原料(见图 11－2)。因此，绿色化学与化工不仅可以直接减轻化工过程对人类健康与环境的负面影响，还有利于降低化工过程的整体成本，是推动化工过程可持续发展的唯一途径。

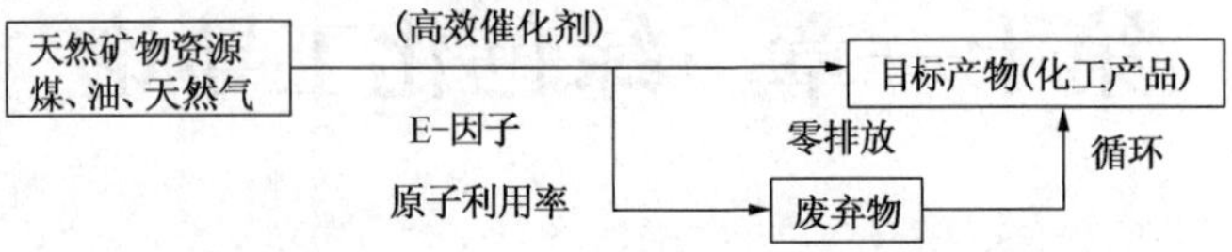

$$E\text{-因子}=\frac{\text{副产物量}}{\text{目标产物}}\qquad \begin{matrix}\text{原子利用率}\\(\text{选择性})\end{matrix}=\frac{\text{所有产物分子量}}{\text{目标产物分子量}}$$

图 11－2 环境友好型生产

三、绿色化工的目标和任务

绿色化学与化工的研究目标为：利用可持续的方法来降低维持人类生活水平及科技进步所需化学产品与过程所使用与产生的有害物质。一种物质的危险性是其本身固有的危害性与其可同环境接触的暴露性的函数，可以简单地表示为二者的乘积：

$$\text{危险性}=\text{危害性}\times\text{暴露性}=H\cdot E$$

传统上，人们通过环保条例与法规来控制有害物质的暴露性以降低危险性。如制定标准来控制某一化学物质在水中的安全浓度，为操作人员采取保护措施等。目前，已开发出许多方法与技术来控制有害化学物质对人类及环境的暴露。但暴露控制不仅耗费了大量的资金，而且这种控制有失败的可能，对人类健康与环境具有较大的潜在危险。因此不是一个理想的危害防止与处理方法。

与以上传统方法所不同的是，绿色化学与化工是通过降低有害物质内在的危害性来减小危险性。因此，不仅可以避免有害物质的暴露，还可以预防由于意外事故而造成的环境污染，是从源头防止环境污染的科学方法。

第二节　绿色化工的应用

绿色化工生产不采用有毒、有害的原料、催化剂和溶剂，生产环境友好的产品，并使原料尽可能都转移到产品中。绿色化学又称环境友好化学，在其基础上发展的化工技术和化工生产实践，即绿色化工，其应用主要从以下几个方面进行介绍。

一、原料绿色化

150 年前，大多数工业有机化学物品都是来自植物提供的生物质，少数来自动物物质，后来煤被用作化学原料。20 世纪 40 年代以后，石油又逐渐成为主要的化学原料。今天 95%以上的有机化学品来自石油，随着人类逐渐认识到煤和石油化学工业对环境的负面影响，科学家已经开始考虑如何重新利用生物质代替煤和石油来生产人类所需要的化学物质。

利用生物质代替广泛使用的石油，是保护环境的一个长远发展方向，1996 年美国“总统绿色化学挑战奖”的学术奖授予 M. Holtzapple 教授，就是由于其开发了一套用石灰处理和细菌发酵技术，把废生物质转化为动物饲料、工业化学品和燃料。

生物质主要是由淀粉及纤维素组成，前者易于转化为葡萄糖，而后者则由于结晶及与木质共生等原因，通过纤维酶转化为葡萄糖，难度较大。Draths 等报道以葡萄糖为原料，通过酶反应可制得已二酸、邻苯二酚等，尤其是不需要从传统的开始来制造作为尼龙原料的己二酸取得了显著进展。由于苯是已知的致癌物质，以经济和技术上可行的方式，从合成大量的有机原料中去除苯是具有竞争力的绿色化学目标。

另外，Gross 首创了利用生物质或农业废物如多糖类制造新型聚合物的工作。由于其同时解决了多个环保问题，因此，引起了人们的特别兴趣，其优越性在于聚合物原料单体实现了无害化；生物催化转化方法优于常规的聚合方法，Gross 的聚合物还具有生物降解功能。

二、原子经济性

绿色化学的核心是利用化学原理从源头上消除化工过程对环境的污染，其理想是采用“原子经济”反应，即原料中的每一原子都转化成产品，不产生任何废物和副产品，实现废物的零排放。但目前还不可能将所有的化学反应的原子经济性都提高到 100%。因此，不断寻求新的反应途径或不断提高现有化学反应过程的选择性，以提高合成反应的原子利用率，仍然是十分重要的目标。国家重点实验室致力于从新合成原料、新催化材料，到新合成加工途径、新反应器设计等化学工程的研究以及各学科交叉结合，提高反应选择性，以上始终是重要的研究方向。

三、催化剂绿色化

绿色化学和化工将给化学工业和环境工程带来革命性变化，要实现环境友好的绿色化工，研究开发新的催化剂及催化方法成为当前关注的重要课题。在现代化工生产中，绝大多数化学反应都必须有催化剂的参与，因此，必须使催化剂绿色化，传统的催化剂应进行以下几个方面的改进：

① 催化反应选择性进一步提高，其目标是达到“原子经济性”；

② 既要与反应体系有良好的相溶性，又容易从反应体系中分离出来，以实现催化剂的循环使用；

③ 催化剂本身对设备无腐蚀性，不对环境产生污染。绿色化工催化剂主要包括仿酶催化剂、固体酸催化剂、固体碱催化剂、金属催化剂等，这些催化剂不仅具有较高活性和选择性，而且催化剂和反应体系易于分离，新型绿色化工催化已成为实现化学工业从低污染向阻止污染方向转变的关键。目前，围绕催化剂的绿色化展开的研究中仿酶催化剂、固体酸催化剂等是值得注意的。

酶催化反应具有高效性、专一性及条件温和的特点，是较理想的绿色催化剂，但天然酶来源有限、难以纯制，对环境敏感、易变性失活，开发与酶具有相似功能甚至更优越的人工酶已成为绿色化学研究的重要课题之一。

酸催化反应是化学工业中重要的生产工艺，目前普遍使用的氢氟酸、硫酸、三氯化铝等液体酸催化剂，它们的共同特点是，对设备的腐蚀严重，对人体危害大，产生废渣，污染环境，而固体酸催化剂如分子筛、杂多酸、固体超强酸则可以最大限度减少环境的污染。

虽然绿色化工催化剂理论发展逐渐得到完善，但大多数催化剂仍停留在实验阶段，催化剂性能不稳定，制备过程复杂，性价比低是制约其工业化应用的主要原因，但从长远角度考虑，采用绿色化工催化剂是实现生产零污染的一个必然趋势，也是当前催化领域研究的重点。绿色化工催化剂的深入研究，必将促进催化科学的发展，具有重要的社会效益和环保效益。

四、化工过程绿色化

化工过程绿色化是指：

① 在化学反应过程中尽可能采取无毒无害的原料、催化剂和溶剂；

② 设计、生产的产品在其加工、应用及生命周期内各个阶段均不会对人类健康和生态环境产生危害；

③ 化工过程强化，即在生产和加工过程中运用新技术和新设备，极大地减小设备体积或极大地提升设备生产能力，显著地提高能量效率，同时极大地减少废弃物的排放；

④ 另外，发展化工新结构材料，对反应设备或反应器进行“模块化”设计，建立理想的“芯片”化工厂，也是化工过程绿色化研究领域的重要内容和目标。

五、产品绿色化

“绿色”象征着自然、生命、健康、舒适和活力，使人回归自然的颜色，在面对环境污染时，是无污染 、无公害和环境保护的代名词，其一般含义无需多作解释，即可为公众所认识和接受。

那么，怎样的化工产品才算是绿色化工产品呢？或者说，绿色化工产品具有哪些特征呢？

一般地绿色化工产品应该具有两个特征：①产品本身必须不会引起环境污染或健康问题，包括不会对野生生物、有益昆虫或植物造成损害；②当产品被使用后，应该能再循环或易于在环境中降解为无害物质。

以上的两个特征对绿色化工产品本身以及使用后的最终产物的性质都提出了要求。首先，产品本身对人类健康和环境应该无毒害，这是对一个绿色化工产品最起码的要求；其次，当一个产品的原始功能完成后，它不应该原封不动地留在环境中，而是以降解产物的形式，或是作为产品的原料循环，或是作为无毒的物质留在环境中。这就要求产品本身必须具有降解性能。

在传统的功能性化工产品的设计中，只重视功能的设计，而忽略了对环境及人类危害的考虑，然而在绿色化学品的设计中，要求产品功能与环境影响并重。

事实上，对于最早暴露出来的某些化学产品的污染问题，通过人们的努力已经找到了解决的方案。例如，为了对付塑料的“白色污染”，人们研究了可生物降解的塑料；为了消除农药对社会和人类的危害，人们研究了高选择性的、不含氯的新型杀虫剂。

以美国为首的发达国家，对绿色化工产品的研究开发非常重视，投入了大量的人力与物力，在解决化工产品的污染研究方面已经走在了世界的前列。他们对于许多化学产品的污染问题都进行了研究，并在一定程度上找到了解决问题的方法。为了彻底改变化学工业对环境造成的污染，必须彻底改变“先生产，后治理”的传统观念，代之以可持续发展的新理念。美国1996年美国设立“总统绿色化学挑战奖”，以表彰在绿色化学与技术研究领域取得卓越成就的美国环境科学家。1998年，美国成立绿色化学研究所，专门从事化学工业绿色化的研究。近二十年，有关绿色化学与技术的国际会议召开了近20余次，更体现世界对这一领域的重视。

第三节　典型绿色化工生产

一、清洁汽油

国民经济的持续发展，带动了汽车工业和交通运输业的快速发展，同时汽车尾气排放的有害物质已成为城市空气严重污染的最大公害。随着人们环保意识的不断增强，保护人类赖以生存的地球生态环境，营造蓝色天空的呼声愈来愈高。

清洁汽车离不开清洁燃料，减少尾气污染必须通过改进汽车设计、使用清洁燃料及设置汽车尾气转化器这三条途径共同作用来实现。为了加强对汽车尾气有害排放物的控制，世界各国尤其是发达国家，对汽油、柴油产品的质量要求愈来愈高。对汽油中的硫含量、芳烃含量、苯含量和烯烃含量及对柴油中的硫含量、芳烃含量(包括多环芳烃含量)及十六烷值指标的要求更加严格。因此生产满足新规格的清洁燃料就成为关系燃料生产企业生存和发展的重要条件，更严格的要求既是艰巨的挑战，也是发展的机遇。由于我国催化裂化装置加工的原料硫含量高、掺渣量高，因此在提高了企业经济效益的同时也造成了我国 FCC 汽油硫含量、烯烃含量高的后果。目前在 FCC 装置上通过采用一些新的技术，可以解决汽油产品烯烃含量高的问题，但硫含量高的问题还得依靠原料预处理和产品加氢精制来解决。限于较高的投资，FCC 原料的加氢预处理在大多数中小炼油厂难以实施，而常规的加氢精制技术在减低汽油的硫含量的同时不可避免地会导致烯烃的大量饱和而使辛烷值损失，因此迫切需要开发一种专用技术，在保证辛烷值损失不大的前提下用以选择性脱除汽油中的硫化物。这就是清洁汽油生产技术。

二、生物柴油

生物柴油的生产也属于生物化工技术，前述章节已探讨过。本章提及生物柴油，主要在于其低污染性及原料高利用率。

生物柴油的油脂原料可以是植物油脂，如蓖麻油、菜籽油、大豆油、花生油、玉米油、棉籽油等和棕榈油等，也可以是动物油脂，如鱼油、猪油、牛油和羊油等，这些都是绿色的化工生物资源。

生物柴油的制备方法有物理法和化学法。物理法包括直接使用法、混合法和微乳液法；化学法包括高温热裂解法和酯交换法。其中，酯交换法是生产生物柴油的主要方法。酯交换法的基本原理是：利用原料中所含的脂肪酸和甘油三酸脂与一定量的甲醇等低碳一元醇，在催化剂(酸、碱或生物酶)和一定的工艺技术条件(温度、压力、时间、超临界)下，进行酯化或转酯化反应，生成相应的脂肪酸低碳烷基酯，再经过分离甘油、水洗、干燥等后处理便得到了生物柴油。化学反应方程式见式(11－1)和式(11－2)。从中可以看出反应物的高利用率。

酯化反应：

$$R{-}COOH + CH_3OH \xrightarrow{\text{催化剂}} RCOOCH_3 + H_2O \tag{11-1}$$

转酯化反应：

$$\begin{array}{l} CH_2OCO—R \\ | \\ CHOCO—R \\ | \\ CH_2OCO—R \end{array} + 3CH_3OH \xrightarrow{催化剂} 3RCOOCH + \begin{array}{l} CH_2OH \\ | \\ CHOH \\ | \\ CH_2OH \end{array} \qquad (11-2)$$

总之，生物柴油以其原料来源广泛，生产应用过程对环境污染小等优点已经受到人们的重视。生物柴油属可再生能源，对缓解我国对进口石油的依赖，实现经济可持续发展具有重要意义。

三、燃料电池

早在20世纪60年代，燃料电池技术就在人类登月计划中扮演过重要的角色。除了在人类宇航探索中做出杰出贡献外，燃料电池技术将越来越多地走进我们的生活，发挥其重要的作用。

燃料电池是一套电化学设备，它将氢和氧化合，把化学能转化为电能，同时产生水。由于燃料电池没有普通发动机的燃烧过程，不产生对环境的污染，因此它是一种清洁、可靠的能源。

在燃料电池工作时，燃料电池的阳极是位于质子交换膜有氢一侧的电极。在阳极上，氢气被分解成带正电的质子和带负电的电子。质子通过很薄的质子交换膜到达阴极，电子在外部电路的移动产生电能。在被称作阴极的空气电极中，质子与空气和电子的结合形成唯一的产物——水。燃料电池需要的氧广泛地存在于空气之中；而氢作为世界上存量最丰富物质，可以利用太阳能、风能等可再生能源，以及从石油、生物物质和天然气中获取。燃料电池使用的氢为液态或气态。为燃料电池供氢可有两种方式：一种是通过使用重整器，从诸如汽油之类的碳氢燃料中重整制取高质量的氢，再提供给燃料电池组使用；另一种是把氢储存在汽车上直接供燃料电池使用。

作为未来交通可持续发展的解决方案，燃料电池汽车技术已成为世界各国关注的问题。在我国"863"计划和"十一五"计划中，也都明确将替代动力汽车技术列为重点发展项目。世界上许多发达国家都与汽车制造商联合开发燃料电池。这似乎意味着，此种以氢为原料的燃料电池最终将取代汽油，成为下一代汽车的动力来源，从而降低环境污染和对石油的依赖。

四、固体酸催化的石油化工生产过程

酸催化反应在石油化工生产过程中应用非常广泛。酸催化反应和酸催化剂是包括烃类裂化、重整、异构化等石油炼制以及包括烯烃水合、芳烃烷基化、醚化及酯化等石油化工在内的一系列重要工业的基础。从酸催化反应和酸催化剂研究的发展历史看，最早是从利用如硫酸、磷酸、三氯化铝等一些无机酸类为催化剂开始的。但使用这类催化剂时存在一系列问题，如产生大量的废液废渣，设备腐蚀严重及催化剂与原料和产物不易分离，在工艺上难以实现连续生产等缺点。若这些液体酸催化剂能以无毒无害的固体酸催化剂来代替，则上述诸多问题就可得到解决。因此，以固体酸代替液体酸作催化剂是实现环境友好催化新工艺的一条重要途径。目前，已有多个固体酸代替液体酸作催化剂的反应过程在石油化工生产中实现了工业化，包括烷基化、酯化、聚合、缩合和异构化等反应，参见表11-1。

一般而言，固体酸可理解为凡能使碱性指示剂改变颜色的固体，或是凡能化学吸附碱性物质的固体。严格地讲，固体酸分为两种类型，一种是 Bronsted 酸(简称 B 酸或质子酸)，一种是 Lewis 酸(简称 L 酸)。

Bronsted 酸：能够给出质子的物质称为 Bronsted 酸。

Lewis 酸：能够接受电子对的物质称为 Lewis 酸。

表 11－1 固体酸代替液体酸催化的部分工业化生产过程

产 物	反应过程	液体酸	固体酸
乙苯	苯与乙烯烷基化	$AlCl_3$	ZSM－5、Y 沸石
异丙苯	苯与丙烯烷基化	$AlCl_3/HCl$	丝光沸石、Y 沸石、β沸石、MCM－22
直链烷基苯	苯和 $C_{10}\sim C_{14}$ 烯烃烷基化	HF	含氟的 $SiO_2-Al_2O_3$
异辛烷	2－甲基丙烷与 2－甲基丙烯烷基化	浓 H_2SO_4、HF	酸性黏土
壬基酚	丙烯三聚体与苯酚烷基化	H_2SO_4、BF_3	离子交换树脂
聚丁基醚	四氢呋喃开环聚合	发烟 H_2SO_4	$H_3PW_{12}O_{40}$
双酚 A	苯酚与丙酮缩合	H_2SO_4、HCl	离子交换树脂
苯二甲酸二丙基酯	邻苯二甲酸酐与丙烯醇酯化	浓 H_2SO_4	Nafion－H
丙二醇醚	环氧乙烷与低级脂肪醇加成	BF_3	改性γ－ Al_2O_3
仲丁醇	丁烯水合	H_2SO_4	磺化离子交换树脂
对二甲苯	邻二甲苯异构化	HF/ BF_3	ZSM－5

固体酸催化的化工生产过程很多，在石油化工生产中的应用也非常普遍，以下选取几个实例简要介绍。苯分别与乙烯、丙烯、高碳烯烃发生烷基化反应，生产乙苯、异丙苯和直链烷基苯，苯酚与丙酮缩合制双酚 A，环氧乙烷与低级脂肪醇加成制丙二醇醚等新工艺的催化过程如下。

1. 乙苯合成

乙烯和苯烷基化合成乙苯的传统工艺有以 $AlCl_3$ 为催化剂的液相法工艺和以 BF_3/Al_2O_3 为催化剂的气相法工艺。液相法工艺由 Dow 化学公司于 1935 年最先开发成功，由于 $AlCl_3$ 催化剂的活性很高，烷基化反应的速度很快，故乙烯转化率接近 100%，乙苯收率高达 97.5%。但因 $AlCl_3$ 用量大，对环境污染和设备腐蚀相当严重。为此，Monsanto 公司于 1979 年开发成功改良 $AlCl_3$ 法，由于制得一种能与苯混合物迅速互溶形成一种均匀溶液的 $AlCl_3$ 络合体系，有利于乙烯与溶解于 $AlCl_3$ 络合物中的苯进行瞬间反应，从而大幅度减少了 $AlCl_3$ 的用量(仅为传统方法的 1/4)。气相法工艺由 UOP 公司在 1958 年开发成功，1960 年实现工业化，其优点是可用质量分数为 8% ~10% 的稀乙烯为原料，从而有利于炼厂催化裂化干气的综合利用。

为了保护环境，20 世纪 70 年代 Mobil 公司和 Badger 工程公司共同开发了以 ZSM －5 分子筛为催化剂的气相烷基化生产乙苯新工艺，该工艺具有如下优点：①催化剂无腐蚀性，反应过程中无残渣和废气污染环境；②催化剂稳定性好，失活速度慢，再生周期达 1 个月，而且其失活后可通过烧炭而多次再生，故最终的使用寿命长达几年；③催化剂活性高、选择性好，乙烯转化率和乙苯收率均达到 99%，可充分提高生产能力；④原料苯不需干燥，可用低浓度乙烯，生产成本低。目前，世界上有 35 套装置采用了该工艺，总生产能力约为 10Mt/a。

最近，由 Mobil/Bagder 公司开发的以 MCM－22 沸石为催化剂的 Ebmax 乙苯生产技术已在日本千叶苯乙烯单体公司实现工业化。MCM － 22 沸石具有由两种独立的、互不内联的孔道体系组成的独特结构。该催化剂用于乙苯生产，乙苯纯度和收率大为提高，且催化剂寿命可超过3年。

而由Lummus Unocal和UOP公司共同开发的液相烷基化工艺代表了乙苯生产的最高水平，它采用超稳Y沸石为催化剂。该催化剂的结构有大孔三维通道，具有良好的烷基化和烷基转移活性，乙苯总收率可达99%，生产的乙苯中二甲苯的含量为20～40μg/g，大大低于气相法的2g/kg，而且催化剂再生周期长，寿命可达4年。该工艺于1990年首先在日本250kt/a乙苯装置上应用，目前在日本还有3套采用该技术的装置正在运行。另外还有13套采用该工艺技术的乙苯生产装置正在建设中。

2. 异丙苯的合成

异丙苯的生产方法与乙苯相似，即由苯和丙烯进行烷基化反应制得，生产工艺分为气相法和液相法两种。气相法是UOP公司于第二次世界大战时开发的，当时主要为了提供高辛烷值汽油。该法至今仍一直采用50年前开发的固体磷酸作催化剂，缺点是产品收率低、生产成本高。液相法由Monsanto公司于80年代中期实现工业化，它采用$AlCl_3$/HCl为催化剂，生产成本低于UOP气相法，经济性能较好。但该工艺存在催化剂对反应设备腐蚀严重和废催化剂处理难等问题，如80 kt/a异丙苯的生产装置，排放含氯废水800kt/a、$Al(OH)_3$废渣1kt/a。上述问题促进了固体酸催化剂新工艺的发展。分别由Dow/Kellog、CD Tech、Mobil、UOP和EniChem等公司开发的以固体酸为催化剂的液相烃化合成异丙苯新工艺均已实现了工业化，各种工艺所采用的催化剂见表11－2。

表11－2 异丙苯合成新工艺

工艺名称	开发公司	催化剂	工艺名称	开发公司	催化剂
3－DDM	Dow/Kelog	脱铝丝光沸石	Q Max	UOP	Mg－APSO－31
CD Cumene	CD Tech	Y沸石	EniChem	EniChem	β沸石
Mobil－Badger	Mobil	MCM－22			

Dow/Kellog开发的工艺采用特制的丝光沸石为催化剂，普通的丝光沸石因具有一维孔结构，很容易因结焦而失活(在孔入口处的少量结焦可阻塞整个孔)。为此，Dow化学公司进行了脱铝改性，使产生的酸中心强度高且密度低。酸强度高可以使反应在温和的条件下进行，并减少副产物(如正丙苯)的生成。酸中心密度低能阻止齐聚和氢转移反应(它们需要几个相邻的酸中心)，这些反应易造成结焦。脱铝还可使丝光沸石的一维孔结构转换成准三维孔结构，从而有利于反应物进入活性中心，甚至进入由结焦阻塞的孔中。该工艺于1992年首次在荷兰的340kt/a装置上应用。到目前为止，已有8套异丙苯装置采用该工艺，总生产能力达2Mt/a以上。

CD Cumene工艺使用催化蒸馏技术，催化剂为Y沸石。反应器中有过量的苯，可以使丙烯完全转化，而且催化剂表面的丙烯浓度低，可以减少结焦和延长催化剂的寿命，无需对催化剂进行周期性再生。异丙苯和苯一起从反应器中连续排出，从而使反应完全，并抑制副产物的生成，异丙苯纯度达99.95%，产品收率为99.6%，比传统方法高5%～6%。该工艺于1995年首次在台湾化纤公司270 kt/a装置上应用，另外在俄罗斯也有一套170kt/a的装置采用了该技术。

Mobil－Badger工艺采用一种新型的MCM－22沸石为催化剂，其酸性满足了尽量减少丙烯齐聚和结焦的要求。MCM－22沸石所具有的独特孔结构，对苯烷基化反应具有特别高的活性。该工艺首先于1996年用于Georgia Gulf公司的异丙苯装置，产品纯度超过99.97%，估计催化剂的运转周期为2年，寿命达5年。到目前为止，已有10套装置采用该技术，总生产能力超过3Mt/a。

Mobil公司正在开发的下一代烷基化催化剂是与MCM－22沸石有关的MCM－56沸石，它是一种独特结构的硅铝酸盐，用于异丙苯生产的活性高于MCM－22沸石(选择性相当)。在高空速下，它对丙烯仍具有较高的转化率，两种催化剂的性能示于表11－3。

表11－3　生产异丙苯的催化剂性能

指标	催化剂		指标	催化剂	
	MCM－22	MCM－56		MCM－22	MCM－56
反应温度/℃	112	113	二异丙苯	11.30	13.20
丙烯空速/h^{-1}	1.3	10.0	三异丙苯	2.06	1.28
丙烯转化率/%	98.0	95.4	C_3齐聚物	1.80	0.52
选择性/%			正丙苯	0.006	0.008
异丙苯	84.85	84.98			

UOP公司开发的Q－Max工艺使用一种骨架中带有少量镁的大孔硅磷酸铝分子筛作催化剂，通过调节骨架中的镁含量，可把分子筛的酸性调节到最佳值。催化剂的再生周期为18个月，总寿命超过5年。JLM化学公司采用Q－Max工艺的一套66kt/a异丙苯装置已成功投入运转，生产的异丙苯纯度为99.95%。在美国德州还有一套45 kt/a的装置也采用了该技术。

EniChem工艺以β沸石为催化剂，丙烯转化率接近100%，催化剂可通过空气加热再生，经过5个再生周期，仅比新鲜催化剂活性降低5%。该工艺于1998年在Porto Torres的265kt/a装置上应用。

3. 直链烷基苯的合成

烷基链中具有10～14个碳原子的直链烷基苯(LAB)是生产阴离子洗涤剂的重要原料。据统计，1995年全世界LAB的产量约为215Mt。LAB主要由苯和C_{10}～C_{14}烯烃(少量用卤代烃)在液相中烷基化而制得，传统的催化剂为HF。HF不仅具有潜在的危害(高毒性和强腐蚀性)，而且装置需要专用的合金材料。由UOP公司和Petresa公司开发的固体酸工艺DE－TAL最近实现了工业化。它所采用的催化剂是含氟的SiO_2－Al_2O_3。与传统工艺相比，该工艺具有如下优点：①安全无污染：由于采用了无毒害的固体酸催化剂，消除了HF带来的危害和环境污染问题；②生产成本低：由于不需要专用的合金材料，所以装置的建设费用比用HF作催化剂低，而且无需酸洗和氟化钙废渣处理，降低了操作费用；③产品质量好：DE－TAL工艺的产品中LAB(其生物降解的速度比非直链异构体更快)的质量分数为95%，高于HF工艺的93%，而且在所生成的LAB中，DE－TAL工艺的2－苯基异构体(它在液体洗涤剂产品中具有更好的溶解性能，是希望得到的产品)的选择性也高于HF工艺，两者分别为>2%和15%～18%。首套采用DE－TAL工艺的100kt/a生产装置自1995年起在加拿大运转。

4. 双酚A的合成

2,2－双(对羟基苯基)丙烷简称双酚A，是一种重要的有机化工原料，主要用于合成环氧树脂和聚碳酸酯塑料。工业上双酚 A 由苯酚和丙酮在酸催化剂作用下经醇醛缩合反应制取。传统工业生产一直沿用 H_2SO_4、HCl 作催化剂，存在环境污染严重、副产物多和分离提纯步骤复杂等缺点。采用磺酸型离子交换树脂作催化剂、巯基化合物为助催化剂的固体酸工艺首先由美国联碳公司于 20 世纪 60 年代实现工业化，并逐渐取代了先前采用的液体酸工艺，丙酮转化率接近 100%，同时具有很高的选择性。高的转化率和选择性减少了反应物的循环，并允许采用一步结晶产物，从而使投资和操作费用降低。现该工艺已成为生产双酚 A 的主要方法。

虽然人们在研究开发以无毒无害的固体酸代替 H_2SO_4、HF、$AlCl_3$ 等液体酸催化剂方面做了大量工作，也取得了较好的经济效益和社会效益，但目前仍有许多酸催化工艺不得不沿用液体酸催化剂，因此，应根据每个反应的特点尽早开发出可以取代液体酸的新型固体酸催化剂，以满足人们对清洁环境不断增长的要求。

思 考 题

11－1 简述绿色化学与化工的定义及特点。

11－2 绿色化学与化工的研究目标是什么？

11－3 绿色化工的内容主要包括哪些方面？

11－4 绿色化工产品应该具有哪些特征？

11－5 列举你所了解的绿色化工生产的实例。分析其绿色化生产的特点。

第十二章　化工过程的物料与热量计算

化工生产过程常分为间歇操作和连续操作两类，这两类生产过程的物料衡算，采用的计算基准各不相同。对于间歇反应过程，以计算每批进出物料量较为恰当，热量衡算可折算为单位时间的负荷(例如 kJ/h)；对连续反应过程，由于操作条件不随时间而改变，以单位时间(h)作计算基准较方便。

物料衡算和热量衡算的准备工作，大致分为如下三步。

(1) 收集计算所需基础数据　搜集并收集运算所用的各项数据，单位应使用国际单位制。有些参数(例如密度、热容等是随温度、压力等条件而变化的)在计算时应该换算到计算条件下的数值或平均值。

(2) 写出各化学反应式　按反应写出包括主反应和各副反应在内的化学反应式并配平。要注明各反应物料的状态、反应条件、反应热大小及已知的反应转化率。由此计算出生成物料的组成、数量和总的热效应。如果实际反应条件不按化学计量系数进行时，应注意其附加的系数值。

(3) 选择合适的计算基准　基准选择得当有利于计算，注意要与已收集到的数值基准一致或进行相应的转换，具体有以下几种基准。

① 时间基准　对于连续操作过程，选用单位时间作为基准是很自然的，单位时间可取 1d、1h 或 1s 等。此时得到的物料流量可以直接与设备或管道尺寸相联系；

② 批量基准　对于间歇操作过程，按投入一批物料的数量为基准最为方便；

③ 质量基准　根据具体情况可取某一基准物流的质量为 100kg 或 1kg，然后计算其他物流的质量。至于取哪一个物流为基准，可以是产品，可以是原料，也可以是任何一个中间物流，一般情况下，取某一已知变量最多(或未知变量最少)的物流作为基准最为合适；

④ 物质的摩尔量基准　对于有化学反应的过程，由于化学反应是按摩尔进行的，因此用物质的摩尔量基准最为方便；

⑤ 标准体积基准　对于气体物料，可采用标准体积基准，其实质与物质的摩尔量基准相同，因为在标准状态下，1mol 气体相当于 $22.4\times10^{-3}m^3$ 标准体积的气体；

⑥ 温度基准　温度基准可取 0℃、25℃或取某个图表的基准。在热量衡算中，特别要注意温度基准，基准不同，物料的焓值不同，计算结果可能不同。

以上三点是互相关联的，没有准确和必需的数据以及确定的反应式，就不可能进行准确的物料衡算和热量衡算，而数据收集的范围又与反应系统的状况密切相关，选择方便的计算基准又给收集数据提出要求。当然，三者之中最重要的还是数据的准确性。当某些数据不能精确测定或欠缺时，可在工程计算所允许的误差范围内借用，推算或假设。从现场收集的数据要注意有无遗漏和矛盾，经过分析比较，去粗取精，去伪存真。

在进行物料衡算和热量衡算时，应先将计算对象绘出流程方框图(或简图)，还可以标示出各股物料的进出量、温度、压力和组成等条件，并取统一基准，符号前后相同。计算的最后结果，最好整理成表格，使人易于看出明确的结论。

第一节　一般过程的物料衡算

物料衡算可以对稳态物系，也可以对非稳态物系作计算。稳态是指整个系统处于连续稳定的状态。稳态过程的特征是过程各点或设备的某一断面的物况和工艺参数不随时间而变化。

对于一个指定系统，物料衡算的通式可写成式(12－1)形式。

[输入系统中物料]＋[系统中生成物料]＝[输出系统中物料]＋[系统中消耗物料]＋[系统中积累物料]　(12－1)

针对不同情况，式(12－1)可作如下简化：

① 在稳态条件下，系统中没有物料积累，式(12－1)可简化为式(12－2)：

[输入系统中物料]＋[系统中生成物料]＝[输出系统中物料]＋[系统中消耗物料]　(12－2)

② 若系统内无化学反应，式(12－1)可简化为式(12－3)：

[输入系统中物料]＝[输出系统中物料]＋[系统中积累物料]　(12－3)

③ 对于系统内无化学反应的稳态操作过程，式(12－1)可简化为式(12－4)：

[输入系统中物料]＝[输出系统中物料]　(12－4)

物料衡算可以对物系的总量，也可以对物系中各组分作衡算。

应注意到，物料衡算是依据质量的守恒，并不是体积或是对物质的量(摩尔)的守恒。有化学反应的过程中，即使反应前后温度和压力这类工艺条件没有变化，但由于化学反应的化学计量关系，反应前后物系的体积或其物质的摩尔量可以改变，但质量不会变化，元素的量(原子的量)也不会有变化。对于只有相际质量交换而没有化学反应的过程，可以对质量、也可以对物质的摩尔量来进行物系的物料衡算。化工过程中的物流系统可以有多种方式，如直流、循环、旁路、弛放等。

衡算的原理是相同的，但衡算所包括的项目、衡算的方法和程序会有所不同。根据衡算的要求和对象，采用适当的程序和方法可以使计算变简单。

一般说来，物料衡算的基本步骤包括：

① 画出衡算对象的简单方框流程图或示意图，简单的可以省略，明确计算对象；

② 在该简图上分别注上要用到的数据，如输入和输出的物料及组成、简要的物性数据(如密度)、与衡算有关的工艺条件(如温度)等；

③ 写出主副反应式并配平；

④ 说明计算任务，如年产量、生产时间、纯度等、转化率或收率等；

⑤ 选择合适的计算基准和单位制，最好用国际单位制；

⑥ 确定计算程序，进行物料计算；

⑦ 列出物料衡算表。

物料衡算式包括有物料总量的衡算式和各组分分量的衡算式，有时也用到各元素的物质量的衡算式。当对各组分作衡算时，如组分的含量用分率表示，计算时可适当利用同一物系中各组分的分率之和等于1这一限制条件。

当列出联立方程求解时，列出的独立方程数应与未知数相等。计算的结果应给以校核，校核最好用不同于计算程序的另一种方式或方法来检验，以便发现疏漏或错误，衡算的输入与输出应相等并合理。

工艺计算中要选取恰当的有效数字，应根据已知的物理量数据的准确度和计算要求的精确度来确定，不要从计算机或计算器录下过多的不必要的位数。

工艺计算讲究顺序，分步计算，程序既要简洁明了又要便于校核。应该想到，所做的工艺计算是为有关方面提供信息和资料，阐明技术意图和依据，要让他人易于理解和审阅。

物料衡算一般有直接求算法(包括单个反应和几个反应的物料衡算)、以结点作计算、利用联系物料作衡算和解析方法(方程组法)等几种。在具体计算过程中，根据情况选择合适的计算方法，选择的准则是根据所给已知条件找出一个计算简捷正确的方法，具体情况具体分析。

一、直接求算法

该法一目了然，只有一个化学反应的大部分都采用此法，主要是通过化学计量系数来计算。

例 12－1　邻二甲苯空气氧化制苯酐，已知邻二甲苯的转化率为70%，氧的用量为理论用量的150%，每小时投入反应器的邻二甲苯为250kg，试进行物料衡算。

解：取每小时为计算基准。

反应式　$C_8H_{10}+3O_2 \longrightarrow C_8H_4O_3+3H_2O$

进料：

邻二甲苯 = 250kg/h = 2.358kmol/h(邻二甲苯的相对分子质量 $M=106$)；

氧气 = 2.358 × 70% × 3 × 150% = 7.43 kmol/h = 237.76kg/h；

氮气 = 7.43 × 0.79/0.21 = 27.95kmol/h = 782.63kg/h；

出料：

苯酐 = 2.358 × 70% × 148 = 244.29kg/h；

水 = 2.358 × 70% × 18 × 3 = 89.13kg/h；

氧气 = (7.43 − 2.358 × 70% × 3) × 32 = 79.36kg/h；

氮气 = 782.63kg/h；

未反应的邻二甲苯 = 250 × (1 − 70%) = 75kg/h。计算结果见表 12－1。

表 12－1　例 12－1 计算结果

物料名称	进口处　物料量/(kg/h)	出口处　物料量/(kg/h)
邻二甲苯	250	75
氧气	237.76	79.36
氮气	782.63	782.63
水	0	89.13
苯酐	0	244.29
Σ	1270.39	1270.41

例 12－2　年产聚氯乙烯3000t，年生产时间为8400h，单体合成树脂的总收率为92%，原料纯度如下：

HCl/%(质量)：HCl95%、$H_2$3%、$N_2$2%

C_2H_2/%(质量)：$C_2H_2$99%、$N_2$1%

乙炔转化率为70%，乙炔与氯化氢的摩尔比为1∶1.05(纯)，副反应和过程损失不计，试作物料衡算。

解：反应式为：$C_2H_2 + HCl \longrightarrow CH_2{=}CHCl$

每小时应生产氯乙烯 = 3000 × 1000 ÷ 8400 ÷ 0.92 = 388.2(kg/h)

每小时需纯乙炔 = 388.2 × 26 ÷ 62.5 ÷ 0.7 = 230.7(kg/h)

需99%的乙炔 = 230.7 ÷ 0.99 = 233(kg/h)

产物中乙炔 = 230.7 × 0.3 = 69.2(kg/h)

带入的 N_2 = 233 × 0.01 = 2.3(kg/h)

每小时需纯 HCl = 230.7 × 36.5 ÷ 26 × 1.05 = 340.1(kg/h)

产物中的 HCl = 340.1 − 388.2 × 36.5 ÷ 62.5 = 113.4(kg/h)

每小时需95% 的 HCl = 340.1 ÷ 0.95 = 358.0(kg/h)

带入的 N_2 = 358.0 × 0.02 = 7.2(kg/h)

带入的 H_2 = 358.0 × 0.03 = 10.7(kg/h)

带入的总 N_2 = 2.3 + 7.2 = 9.5(kg/h)

计算结果见表12−2。

表12−2 例12−2物料衡算表

物料名称	入方/(kg/h)	出方/(kg/h)	物料名称	入方/(kg/h)	出方/(kg/h)
C_2H_2	230.7	69.2	N_2	9.5	9.5
HCl	340.1	113.4	$CH_2=CHCl$	0	388.2
H_2	10.7	10.7	Σ	591	591

例12−3 利用乙烯部分氧化法制取环氧乙烷，将乙烯在过量空气条件下通过银催化剂进行如下反应，进料物质流量为1000mol/h，进料中含乙烯10%(mol)，乙烯转化率为25%，生成产物环氧乙烷的选择性为80%，计算反应器出口物料量及质量组成。

主反应： $2C_2H_4 + O_2 \longrightarrow 2C_2H_4O$

副反应： $C_2H_4 + 3O_2 \longrightarrow 2CO_2 + 2H_2O$

解：以每小时为计算基准。

进料：乙烯 = 1000 × 10% = 100(mol/h)

空气 = 1000 × 90% = 900(mol/h)

其中：氮气 = 900 × 0.79 = 711(mol/h)

氧气 = 900 × 0.21 = 189(mol/h)

转化掉乙烯 = 100 × 25% = 25(mol/h)

生成环氧乙烷所消耗乙烯 = 25 × 80% = 20(mol/h)

生成二氧化碳所消耗乙烯 = 25 × 20% = 5(mol/h)

则产物中：

未反应的乙烯 = 75(mol/h)

生成环氧乙烷 = 20(mol/h)

生成二氧化碳 = 5 × 2 = 10(mol/h)

生成水 =5 ×2 =10(mol/h)

消耗氧气 =20 ×0.5 +5 ×3 =25(mol/h)

剩余氧气 =189 -25 =164(mol/h)

氮气 =711(mol/h)

则反应器出口物料量及质量组成见表 12 -3。

表 12 -3　例 12 -3 反应器出口物料量及质量组成表

物料名称	进口处			出口处		
	物料量/(mol/h)	相对分子质量	物料量/(kg/h)	物料量/(mol/h)	物料量/(kg/h)	物料质量分数
乙烯	100	28	2.800	75	2.1	7.3
氧气	189	32	6.048	164	5.248	18.25
氮气	711	28	19.908	711	19.908	69.23
环氧乙烷	0	44	0	20	0.88	3.06
二氧化碳	0	44	0	10	0.44	1.53
水	0	18	0	10	0.18	0.63
Σ	1000		28.756	990	28.756	100

例 12 -4　乙苯脱氢制苯乙烯，通入纯乙苯为 250kg/h，乙苯与水蒸气质量比为 1∶1.3，乙苯转化率为 55%，其中，在转化掉的乙苯中有 90% 转化成苯乙烯，5% 转化成苯；5% 转化成甲苯，反应式如下。试计算反应器出口物料量及质量组成。

转化成苯乙烯的反应：　$C_8H_{10} \longrightarrow C_8H_8 + H_2$

转化成苯的反应：　$C_8H_{10} \longrightarrow C_6H_6 + C_2H_4$

转化成甲苯的反应：　$C_8H_{10} + H_2 \longrightarrow C_7H_8 + CH_4$

解：以每小时为计算基准。

每小时通入乙苯 =250kg/h =2.358kmol/h

参加反应的乙苯 2.358 ×55% =1.297kmol/h

剩余乙苯 =2.358 ×45% =1.061kmol/h =112.48kg/h

配入水蒸气 =250 ×1.3 =325kg/h；

在反应掉的 1.297 kmol/h 乙苯中

转化成苯乙烯 =1.297 ×90% =1.167kmol/h；

转化成苯 =1.297 ×5% =0.065kmol/h

转化成甲苯 =1.297 ×5% =0.065kmol/h

则反应生成：

苯乙烯 =1.167 ×104 =121.4(kg/h)

氢气 =1.167 ×2 =2.33(kg/h)

苯 =0.065 ×78 =5.07(kg/h)

乙烯 =0.065 ×28 =1.82(kg/h)

甲苯 =0.065 ×92 =5.98(kg/h)

甲烷 =0.065 ×16 =1.04(kg/h)

消耗氢气 =0.065 ×2 =0.13(kg/h)

产物中氢气 =2.33 -0.13 =2.20(kg/h)

产物中水蒸气 = 325(kg/h)

则反应器出口物料量及质量组成见表 12 - 4 所示。

表 12 - 4 例 12 - 4 反应器出口物料量及质量组成表

物料名称	进口处	出口处	
	物料量/(kg/h)	物料量/(kg/h)	物料质量分数
乙苯	250	112.48	19.56
水蒸气	325	325	56.52
苯乙烯	0	121.4	21.11
苯	0	5.07	0.88
甲苯	0	5.98	1.04
乙烯	0	1.82	0.32
甲烷	0	1.04	0.18
氢气	0	2.20	0.38
Σ	575	574.99	99.99

例 12 - 5 某天然气中含有 $CH_4$80%、$C_2H_6$5%、$CO_2$10%、$N_2$5%，用过量 50% 的空气完全燃烧。天然气中的 C 有 95% 生成 CO_2，其余生成 CO；H 全部生成 H_2O。求燃烧后烟气成分。

解：燃烧反应为：

$$CH_4 + 2O_2 \longrightarrow CO_2 + 2H_2O$$

$$CH_4 + 3/2O_2 \longrightarrow CO + 2H_2O$$

$$C_2H_6 + 7/2O_2 \longrightarrow 2CO_2 + 3H_2O$$

$$C_2H_6 + 5/2O_2 \longrightarrow 2CO + 3H_2O$$

燃烧过程的示意框图见图 12 - 1 所示。

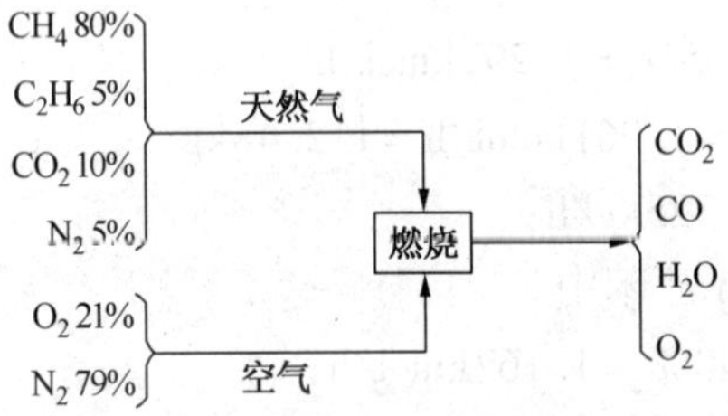

图 12 - 1 天然气燃烧过程示意图

因为已知气体的组分含量为体积分率即摩尔分率，故取 100mol 天然气为基准。其中含 $CH_4$80mol、$CO_2$10mol、$C_2H_6$5mol、N_2 5mol。

过量是以可燃物完全燃烧为准的。CH_4和 C_2H_6完全燃烧所需氧量为：

$$80 \times 2 + 5 \times 7 \div 2 = 177.5(\text{mol})$$

因 50% 过量，燃烧时引入的空气中的总 O_2量为：

$$177.5 \times (1 + 50\%) = 266.25(\text{mol})$$

引入的空气所带入的 N_2量为：

$$266.25 \times 79 \div 21 = 1001.61(\text{mol})$$

对 CH_4实际燃烧所耗用的 O_2量：

$$80\times95\%\times2+80\times5\%\times3\div2=158(mol)$$

燃烧生成 CO_2：$80\times95\% = 76(mol)$

燃烧生成 CO：$80\times5\% = 4(mol)$

燃烧生成 H_2O：$80\times2 = 160(mol)$

对 C_2H_6，实际燃烧所耗用的 O_2 量：

$$5\times95\%\times7\div2+5\times5\%\times5\div2 = 17.25(mol)$$

燃烧生成 CO_2：$5\times95\%\times2 = 9.5(mol)$

燃烧生成 CO：$5\times5\%\times2 = 0.5(mol)$

燃烧生成 H_2O：$5\times3 = 15(mol)$

烟气中残余的 O_2 量：$266.25-158-17.25 = 91.0(mol)$

烟气中 N_2 量：$1001.61+5 = 1006.61(mol)$

烟气中 CO_2 量：$76+9.5+10=95.5(mol)$

烟气中 CO 量：$4+0.5=4.5(mol)$

烟气中 H_2O 量：$160+15=175(mol)$

衡算的结果列于表 12－5 中。由于发生了化学反应，输入和输出项中物质的量并不相等，求出输入和输出的总质量相等，证实衡算可信。

表 12－5　天然气燃烧的物料衡算(基准为 100mol 天然气)

物料名称	入方		出方	
	物质的量/mol	质量/kg	物质的量/mol	质量/kg
CH_4	80	1.28	0	0
C_2H_6	5	0.15	0	0
CO_2	10	0.44	95.5	4.202
CO	0	0	4.5	0.126
H_2O	0	0	175	3.15
O_2	266.25	8.52	91	2.912
N_2	1006.61	28.185	1006.61	28.185
Σ	1367.85	38.575	1372.61	38.575

例 12－6　试作乙醛氧化生产醋酸的物料衡算。

已知：(1) 原料乙醛量为 2600 kg/h，其组成(质量)为：

CH_3CHO	CH_3COOH	$(CH_3CHO)_3$	H_2O
99.5	0.1	0.1	0.3

(2) 氧化过程中乙醛总转化率为 99.3%；

(3) 氧化过程中主副反应转化率分配为：

① $CH_3CHO + 0.5O_2 \longrightarrow CH_3COOH$　　96%

② $3CH_3CHO + 3O_2 \longrightarrow HCOOH + 2CH_3COOH + H_2O + CO_2$　　1.4%

③ $3CH_3CHO + O_2 \longrightarrow CH_3CH(OCOCH_3)_2 + H_2O$　　0.25%

④ $2CH_3CHO + 1.5O_2 \longrightarrow CH_3COOCH_3 + H_2O + CO_2$　　0.95%

⑤ $2CH_3CHO + 5O_2 \longrightarrow 4CO_2 + 4H_2O$　　1.4%

(4) 转化过程中氧的利用率为 98.4%；

(5) 工业氧的含氧量为95%(质量), N_2 5%(质量)。

解: 以1h为计算基准:

消耗总 CH_3CHO 量: 2600×0.995×0.993 = 2568.9(kg/h)

按①计算: 消耗 CH_3CHO 量 = 2568.9×0.96 = 2466.1(kg/h)

需 O_2 = (2466.1×16)÷44 = 896.8(kg/h)

生成 CH_3COOH = (2466.1×60)÷44 = 3362.9(kg/h)

按②计算: 消耗 CH_3CHO 量 = 2568.9×0.014 = 36.0(kg/h)

需 O_2 = (36.0×32×3)÷(44×3) = 26.2(kg/h)

生成 HCOOH = (36.0×46)÷(44×3) = 12.5(kg/h)

生成 CH_3COOH = (36.0×120)÷(44×3) = 32.7(kg/h)

生成 H_2O = (36.0×18)÷(44×3) = 4.9(kg/h)

生成 CO_2 = (36.0×44)÷(44×3) = 12.0(kg/h)

按③计算: 消耗 CH_3CHO 量 = 2568.9×0.0025 = 6.4(kg/h)

需 O_2 = (6.4×32)÷(44×3) = 1.6(kg/h)

生成 $CH_3CH(OCOCH_3)_2$ = (6.4×146)÷(44×3) = 7.1(kg/h)

生成 H_2O = (6.4×18)÷(44×3) = 0.9(kg/h)

按④计算: 消耗 CH_3CHO 量 = 2568.9×0.0095 = 24.4(kg/h)

需 O_2 = (24.4×48)÷(44×2) = 13.3(kg/h)

生成 CO_2 = (24.4×44)÷(44×2) = 12.2(kg/h)

生成 H_2O = (24.4×18)÷(44×2) = 5.0(kg/h)

生成 CH_3COOCH_3 = (24.4×74)÷(44×2) = 20.5(kg/h)

按⑤计算: 消耗 CH_3CHO 量 = 2568.9×0.014 = 36.0(kg/h)

需 O_2 = (36.0×160×3)÷(44×2) = 65.5(kg/h)

生成 H_2O = (36.0×72)÷(44×2) = 29.5(kg/h)

生成 CO_2 = (36.0×176)÷(44×2) = 72.0(kg/h)

根据①~⑤: 未转化 CH_3CHO 量 = 2568.9×0.007 = 18.1(kg/h)

进入的 CH_3CHO 量 = 2600×0.995 = 2587(kg/h)

反应需 O_2 = 896.8 + 26.2 + 1.6 + 13.3 + 65.5 = 1003.4(kg/h)

实际需 O_2 = 1003.4÷0.984 = 1019.7(kg/h)

剩余 O_2 = 1019.7 − 1003.4 = 16.3(kg/h)

工业 O_2 = 1019.7÷0.95 = 1073.4(kg/h)

其中 N_2 = 1073.4 − 1019.7 = 53.7(kg/h)

原料带入 CH_3CHO 量 = 2.6(kg/h)

原料带入 H_2O = 7.8(kg/h)

原料带入 $(CH_3CHO)_3$ 量 = 2.6(kg/h)

反应生成 CH_3COOH = 3362.9 + 32.7 = 3395.6(kg/h)

出料中: CH_3COOH = 3395.6 + 2.6 = 3398.2(kg/h)

CO_2 = 12.0 + 12.2 + 72 = 96.2(kg/h)

H_2O = 4.9 + 0.9 + 5.0 + 29.5 + 7.8 = 48.1 (kg/h)

$HCOOH = 12.5(kg/h)$

$CH_3CH(OCOCH_3)_2 = 7.1(kg/h)$

$CH_3COOCH_3 = 20.5(kg/h)$

将物料衡算结果列于表 12－6 中。

表 12－6　例 12－6 乙醛氧化生产醋酸的物料衡算表

物料名称	入方/（kg/h）	出方/(kg/h)	物料名称	入方/（kg/h）	出方/(kg/h)
CH_3CHO	2587	18.1	$HCOOH$	0	12.5
CH_3COOH	2.6	3398.2	$CH_3CH(OCOCH_3)_2$	0	7.1
$(CH_3CHO)_3$	2.6	2.6	CH_3COOCH_3	0	20.5
H_2O	7.8	48.1	CO_2	0	96.2
O_2	1019.7	16.3	Σ	3673.4	3673.3
N_2	53.7	53.7			

二、联系物解法

生产过程中常有些不参加反应的物料(惰性物料)，由于其数量在反应器进出口处不发生变化，可以用它和另一些物料在组成中的比例关系去计算另一些未知物料的数量，可使计算简化，这些惰性物料称为衡算联系物。在过程中若有多个惰性物可联合采用以减少误差。当某些惰性物量很少、组分分析误差较大时不宜采用。

例 12－7　甲烷和氢气混合用空气完全燃烧来加热锅炉，烟道气分析体积组成为 N_2 72.28%、CO_2 8.12%、O_2 2.44%、H_2O 17.15%。

问：(1) 燃料中甲烷和氢气的比例是多少?

(2) 空气/(甲烷和氢气)是多少?

(3) 空气过剩系数是多少?

解：以烟道气 100mol 为计算基准，

则 N_2 72.28mol、CO_2 8.12mol、O_2 2.44mol、H_2O 17.15mol。

反应式为：$H_2 + 1/2O_2 \longrightarrow H_2O$

$$CH_4 + 2O_2 \longrightarrow CO_2 + 2H_2O$$

由 CO_2 量和反应式计算出甲烷量为 8.12mol

燃烧需氧量为 $8.12 \times 2 = 16.24$mol

以氮气为联系物，计算进料中的空气量和氧量：

空气为 $72.28 \div 0.79 = 91.49$mol

氧气为 $91.49 \times 0.21 = 19.21$mol

计算进料中的氢：

氢燃烧耗氧量为 $19.21 - 16.24 - 2.44 = 0.53$mol

氢为 $0.53 \times 2 = 1.06$mol

通过以上计算得：

(1) 燃料中甲烷和氢气的比例为 $8.12 \div 1.06 = 7.66$(摩尔比)；

(2) 空气/(甲烷和氢气)为 $91.49 \div 9.18 = 9.97$(摩尔比)；

(3) 空气过剩系数为 $91.49 \div (19.21 - 2.44) \div 0.21 = 1.146$。

例 12-8 试计算年产 15000t 福尔马林(甲醛溶液)所需的工业甲醇原料消耗量，并求甲醇转化率和甲醛收率。已知条件：

(1) 氧化剂为空气，用银催化剂固定床气相氧化；

(2) 过程损失为甲醛总量的 2%(质量)，年开工 8000h；

(3) 有关数据：

① 工业甲醇组成%(质量)：CH_3OH 98%、H_2O 2%。

② 反应尾气组成%(体积)：CH_4 0.8%、O_2 0.5%、N_2 73.7%、CO_2 4.0%、H_2 21%。

③ 福尔马林组成%(质量)；HCHO 36.22%、CH_3OH 7.9%、H_2O 55.83%。

主、副反应式如下：

主反应 $$CH_3OH + 1/2O_2 \longrightarrow HCHO + H_2O \quad (a)$$

$$CH_3OH \longrightarrow HCHO + H_2 \quad (b)$$

副反应 $$CH_3OH + 3/2O_2 \longrightarrow CO_2 + 2H_2O \quad (c)$$

$$CH_3OH + H_2 \longrightarrow CH_4 + H_2O \quad (d)$$

解： 流程示意图如图 12-2 所示，物料衡算范围包括反应器和吸收塔。

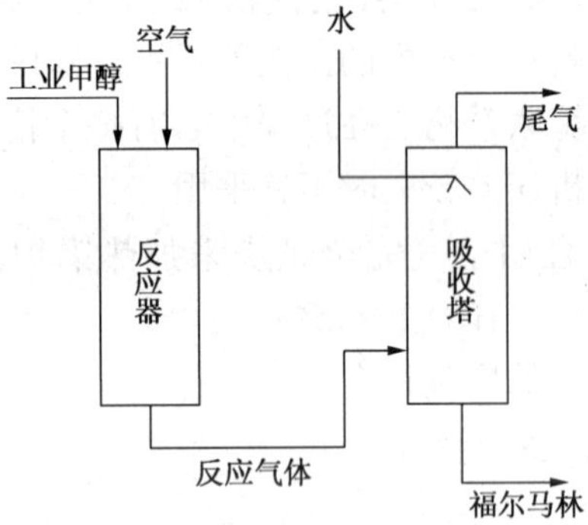

图 12-2 福尔马林生产流程示意图

主、副反应的比例未知，但尾气中所含的甲烷和二氧化碳可以认为是由副反应生成，氢是既有生成也有消耗，由此推算主、副反应的比例。

(1) 反应消耗氧量：

取尾气 100Nm^3为计算基准，氮作为联系物，则进料空气量：

$$V_{空} = 73.7 \div 0.79 = 93.3(Nm^3)$$

其中氧量 $$V_{氧} = 93.3 - 73.7 = 19.6(Nm^3)$$

换算为摩尔数 $$n_{氧} = 19.6 \times 10^3 \div 22.4 = 875(mol)$$

同理：N_2的摩尔数为 3290(mol)

空气的摩尔数为 4165(mol)

反应耗氧量为：$875 - 0.5 \times 10^3 \div 22.4 = 852.7(mol)$

(2) 甲醇消耗量：

① 生成 CO_2反应消耗甲醇量为：$4 \times 10^3 \div 22.4 = 178.6(mol)$

② 生成 CH_4反应消耗甲醇量为：$0.8 \times 10^3 \div 22.4 = 35.7(mol)$

③ 反应(b)生成的氢，部分消耗于副反应(d)，现尾气中 $H_2 = 21\%$，

则氢摩尔数为：　　$21 \times 10^3 \div 22.4 = 937.5$(mol)

由此可以知道主反应消耗甲醇量为：$937.5 + 35.7 = 973.2$(mol)

④ 从氧消耗量计算主反应(a)甲醇的消耗量：

反应(d)消耗氧为：$178.6 \times 1.5 = 267.9$(mol)

由此可见，反应(a)消耗量为：$852.7 - 267.9 = 584.8$(mol)

反应生成甲醛和水消耗甲醇量为：$584.8 \div 0.5 = 1169.6$(mol)

每生成 100Nm^{3}尾气时消耗甲醇量为：

$$178.6 + 35.7 + 973.2 + 1169.6 = 2357.1\text{(mol)}$$

$$2357.1 \times 32 = 75.4\text{(kg)}$$

(3) 计算甲醇总消耗量：

每消耗 2357.1mol 甲醇生成甲醛的量为：

$$1169.6 + 973.2 = 2142.8\text{(mol)}$$

$$2142.8 \times 30 = 64.28\text{(kg)}$$

过程损失为 2%，实得：$64.28 \times 0.98 = 63.0$(kg)

得工业福尔马林：$63.0 \div 0.3622 = 174$(kg)

其中含未反应的甲醇：$174 \times 7.9\% = 13.74$(kg)

每生成 174kg 福尔马林共耗工业甲醇：$75.4 + 13.74 \div 0.98 = 91$(kg)

由此得甲醇转化率为：

$$75.4 \div (75.4 + 13.74) \times 100\% = 84.6\%$$

甲醛的质量收率：

$$63.0 \div (75.4 + 13.74) \times 100\% = 70.7\%$$

(4) 工业甲醇年耗量：

每小时福尔马林产量 $15000 \div 8000 = 1.875$(t/h)

考虑到设计裕量，设福尔马林产量为 2t/h

消耗工业甲醇量：$2000 \div 174 \times 91 = 1046$kg/h $= 8368$(t/a)

所需空气量：$2000 \div 174 \times 93.3 = 1072.4$(Nm^3/h)

(5) 用水量计算：

工业福尔马林含水 $174 \times 0.558 = 97.1$(kg)

工业甲醇含水 $91 \times 0.02 = 1.82$(kg)

由反应生成的水为：

按反应生成甲醛和水生成的水量 1169.6mol

按反应生成 CO_2和 H_2O 生成的水量 $2 \times 178 = 356$(mol)

按反应生成甲烷和水生成的水量 35.7mol

共计生成水：

$$1169.6 + 356 + 35.7 = 1561.1\text{(mol)}$$

$$1561.1 \times 18 \div 1000 = 28.1\text{(kg)}$$

为制取 174kg 福尔马林需补充水：

$$97.1 - 1.82 - 28.1 = 67.18\text{(kg)}$$

按产量为 2t/h 需补充水量为：

$$2000 \div 174 \times 67.18 = 772(kg/h)$$

要注意在吸收塔操作条件下，尾气要带走一部分水蒸气，在决定吸收塔进水量时，应把这部分水蒸气考虑进去。

通过以上计算得出物料衡算结果并载于图 12 - 3 中。

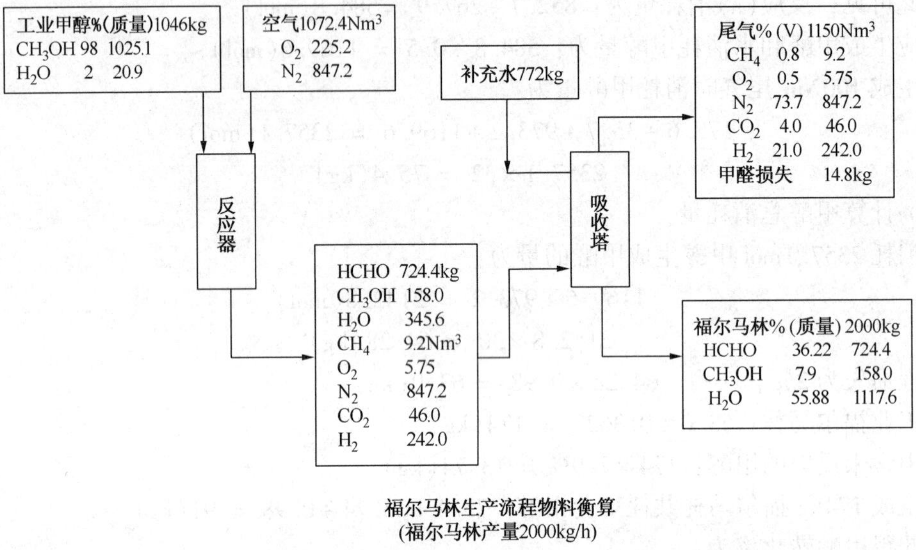

图 12 - 3　甲醇生产福尔马林结果示意图

说明：

(1) 原料工业甲醇进料量已算出为 1046kg/h，从给定组成算出各组分含量。

(2) 所需空气量 1072.4Nm³/h，即可算出 O_2、N_2数量。补充水量已算出为 772kg/h。

(3) 产品福尔马林为 2000 kg/h，从给定组成算得各组分数量。

(4) 以 $2000 \div 174 = 11.4942$ 为系数，得尾气 $100 \times 11.4942 \approx 1150Nm^3$，从尾气给定组成得出各成分数量，并计算出甲醛损失为：

$$64.28 \times 0.02 \times 11.4942 - 14.8\ kg$$

(5) 由于吸收塔不吸收不凝气体(设 CO_2也不被吸收)，故尾气中各组分的数量与反应气中相应组分的数量相同，反应气中 HCHO、CH_3OH 与成品中相应组分数量相同，水量为 $1117.6 - 772 = 345.6$kg。

三、以结点作衡算

在生产实际中常有的情况是某些产品的组成需要采用旁路调节送往下一工序，此时以结点作物料衡算更方便。

例 12 - 9　某工厂用烃类气体制合成气生产甲醇，合成气体量为 2321Nm³/h，CO/H_2为 1/2.4(摩尔比)。但转化后的气体体积组成为 CO 43.12%、H_2 54.20%，不符合要求。为此需将部分转化气送去 CO 变化反应器，变换后气体体积组成为 CO 8.76%、H_2 89.75%，气体体积减少 2%。用此变换气去调节转化气以便达到 CO/H_2为 1/2.4(摩尔比)的要求。求转化气、变换气各为多少?

解：按题意给出流程见图 12 - 4。V_2从 A 点分流，V_3在 B 点合并，合并时无化学反应和体积变化。令 y_i 为 i 组分的摩尔百分数，则：

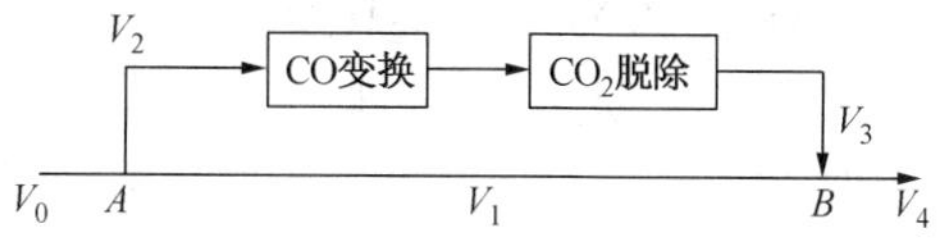

图 12－4　合成气转化流程示意图

对结点 B 有：　$V_1+V_3=V_4=2321(\text{Nm}^3/\text{h})$　(1)

CO 衡算：　$0.4312V_1+0.0876V_2=2321y_{CO}$　(2)

H_2衡算：　$0.5420V_1+0.8975V_2=2321y_{H_2}$　(3)

$$y_{H_2}=2.4\ y_{CO} \quad (4)$$

联解式(1)～式(4)得：

$$V_1=1352(\text{Nm}^3/\text{h})$$

$$V_3=969(\text{Nm}^3/\text{h})$$

对结点 A 有：$V_2=V_3\div(1-0.02)=989(\text{Nm}^3/\text{h})$

$V_0=V_1+V_2=2341(\text{Nm}^3/\text{h})$

体积减少量 $=V_2-V_3=20(\text{Nm}^3/\text{h})$

四、解析方法(方程组法)

对于一个连续过程，即可以是一个物理加工过程(非反应过程)，也可以是一个化学加工过程(反应过程)。无论是物理过程还是化学过程，总可运用系统过程的解析方法列出一组数量等于未知量的独立方程组，从而解出。对于连续过程，在正常操作条件下一般是稳态过程，体系内无物料积累。将稳态过程以各物流的总流量 F_i 及组成 x_{ij} 表示，则有：

$$\sum_{i=1}^{N_s}F_ix_{ij}+\sum_{m=1}^{N_r}v_{jm}r_m=0 \quad (j=1,2,\cdots,N_c) \qquad (12-5)$$

式中　F_i——第 i 股物流物质量流量，流入系统时取“＋”，流出系统时取“－”；

x_{ij}——第 j 组分在第 i 股物流中的摩尔分数；

v_{jm}——第 j 组分在第 m 个化学反应中的化学计量系数，对生成物取“＋”，对反应物取“－”，对惰性组分为零；

r_m——第 m 个化学反应的反应速率；

N_s——物流股数；

N_r——过程中所包含的化学反应个数。

例 12－10　在化学反应器中，利用乙烯部分氧化制取环氧乙烷，将乙烯在过量空气存在条件下通过银催化剂进行反应。其主、副反应为：

主反应：　$2C_2H_4+O_2\longrightarrow 2C_2H_4O$

副反应：　$C_2H_4+3O_2\longrightarrow 2CO_2+2H_2O$

如果进料物质的流量为 1000mol/h，进料中含 C_2H_4 摩尔分数 10%，乙烯的转化率为 25%，生成产物 C_2H_4O 的选择性为 80%，计算反应器出口物流的流量与组成。

解：利用解析法求解。

(1) 组分编号：

组分	C_2H_4	O_2	N_2	C_2H_4O	CO_2	H_2O
编号	1	2	3	4	5	6

(2) 计算简图见图 12－5 所示。

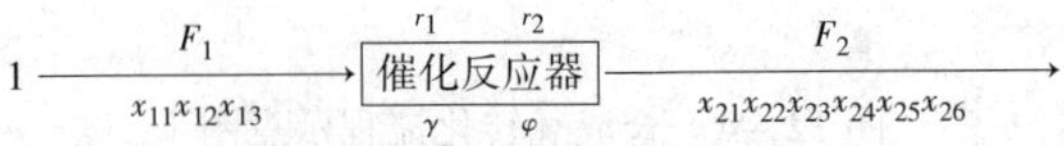

图 12－5　例 12－10 过程示意图

(3) 方程与约束式：

① 物料平衡方程　根据(12－5)得：

$$F_1x_{11} - F_2x_{21} - 2r_1 - r_2 = 0 \tag{1}$$

$$F_1x_{12} - F_2x_{22} - r_1 - 3r_2 = 0 \tag{2}$$

$$F_1x_{13} - F_2x_{23} = 0 \tag{3}$$

$$- F_2x_{24} + 2r_1 = 0 \tag{4}$$

$$- F_2x_{25} + 2r_2 = 0 \tag{5}$$

$$- F_2x_{26} + 2r_2 = 0 \tag{6}$$

② 摩尔分数约束式：

$$x_{11} + x_{12} + x_{13} = 1 \tag{7}$$

$$x_{21} + x_{22} + x_{23} + x_{24} + x_{25} + x_{26} = 1 \tag{8}$$

③ 设备约束式：

转化率表达式为：

$$\gamma = (F_1x_{11} - F_2x_{21}) / F_1x_{11} \tag{9}$$

选择性表达式为：

$$\varphi = F_2x_{24}/(F_1x_{11} - F_2x_{21}) \tag{10}$$

此外空气中氧气与氮气具有固定的比例：

$$\alpha = x_{11}/x_{12} \tag{11}$$

(4) 变量分析：

$N_v = 16$(2 个流量、9 个摩尔分数、2 个反应速度、3 个设备参数)

$N_e = 11$(约数式)

$$N_d = N_v - N_e = 16 - 11 = 5$$

由题意知以下 5 个已知条件：

$F_1 = 1000\text{mol/h}$、$x_{11} = 0.1$、$\gamma = 0.25$、$\varphi = 0.8$、$\alpha = 0.21/0.79 = 0.2658$

可以求解(约数式必须线性无关)。

(5) 求解方程组：

通过对式(1)～式(11)求解，得出：

$F_2 = 990\text{mol/h}$；

$x_{21} = 0.076$、$x_{22} = 0.166$、$x_{23} = 0.718$、$x_{24} = 0.020$、$x_{25} = 0.010$、$x_{26} = 0.010$

进出口进料量及出口组成见表 12 -7。

表 12 -7　反应器出口物料量及出口质量组成表

物料名称	进口处			出口处			
	物料量/(mol/h)	相对分子质量	物料量/(kg/h)	物料量/(mo/h)	物料摩尔百分数	物料量/(kg/h)	物料质量百分数
乙烯	100	28	2.800	75	7.6	2.1	7.3
氧气	189	32	6.048	164	16.6	5.248	18.25
氮气	711	28	19.91	711	71.8	19.91	69.23
环氧乙烷	0	44	0	20	2.0	0.88	3.06
二氧化碳	0	44	0	10	1.0	0.44	1.53
水	0	18	0	10	1.0	0.18	0.63
Σ	1000		28.756	990	100	28.756	100

需要说明的是，利用解析法进行化学反应器的物料衡算，当过程涉及两个及两个以上个化学反应时，这些化学反应方程式是否线性无关是需要检验的。就是说，用于物料衡算的化学反应必须是全部的线性无关反应。通过分析由各组分与各反应所构成的原子矩阵与反应矩阵进行检验，详细过程参照相关书籍，此处就不作介绍了。

第二节　具有循环过程的物料衡算

在石油化工生产过程中，有些反应过程由于受热力学因素限制，转化率很低，例如，乙烯直接水合制乙醇的过程，乙烯的单程转化率只有 4% ~5%。有些反应则由于副反应竞争剧烈，必须采用高空速以提高选择性，因此转化率也较低，例如，乙烯氧化制环氧乙烷的过程，乙烯的单程转化率一般控制在 30% 左右。上述情况都会有大量原料未参加反应。为了提高原料的利用率，必须循环利用这部分未反应的原料以提高总的转化率，从而可改善技术经济指标。图 12 -6 为具有循环操作的物流图。

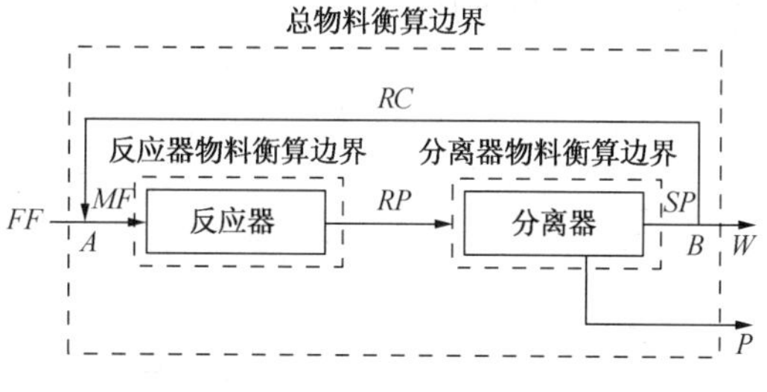

图 12 -6　有循环过程的物料衡算框图

在稳定状态下，循环物料 RC 始终以不变的组成和数量在反应系统中循环。依据质量守恒定律，各物流的关系式是：

$$MF = FF + RC$$

$$MF = RP$$

$$RP = RC + P + W$$

$$FF = W + P$$

其中，*SP*、*RC* 和 *W* 的组成是相同的。

在有循环的反应系统中，循环比是一个重要参数，循环比的大小与单程转化率控制有关。一般循环比是指循环物料对新鲜原料的用量比，即 *RC/FF*，但也有其他的表示方法，例如，*RC/MF*、*RC/W*、*RC/P* 等。由于表示方法不同，循环比的数值也不同，在计算时必须注意。

例如，$RC/FF = 9$ 时，$RC/MF = 9/10$。当 $P \approx 0$（如开工或操作不稳定的情况下）时，$RC/FF = RC/W$；当 $W \rightarrow 0$ 时，$RC/FF = RC/P$。

对于大多数有循环的反应过程，因为使用的原料纯度不可能是100%，或多或少地会带入一些惰性杂质，或者在反应过程中有副反应发生，生成了一些不易与原料分离的惰性副产物，在这种情况下，必须将循环物料放空一部分，以避免反应系统中惰性物质的积累。

例 12－11 乙烯直接水合制乙醇，已知原料乙烯中乙烯为96%（体积），惰性物I为4%（体积）。进入反应器的混合气（循环气和原料乙烯及水蒸气的混合物）组成为［干基，%（体积）］：C_2H_4 85、H_2 1.02、I 13.98。乙烯与水蒸气的摩尔比为1∶0.6，乙烯的单程转化率为5%（mol），其中：

生成乙醇	$C_2H_4 + H_2O \longrightarrow C_2H_5OH$	95%
生成乙醚	$2C_2H_4 + H_2O \longrightarrow (C_2H_5)_2O$	2%
生成聚合物	$nC_2H_4 \longrightarrow$ 聚合物	2%
生成乙醛	$C_2H_4 + H_2O \longrightarrow CH_3CHO + H_2$	1%

自反应器出来的反应气经冷凝和洗涤，得到产物粗乙醇溶液，洗涤塔出口气部分排出系统，其余循环。在冷凝洗涤过程中，反应气中的乙烯溶解5%，然后在常压分离器中释出，释出乙烯的95%作别用，5%循环入循环气中。

试作过程的物料衡算，求出循环物流组成、循环量、放空气体量，乙烯的总转化率和乙醇的总收率，生产1t乙醇原料乙烯的消耗量［乙醇水溶液蒸馏时乙醇损失2%（mol）］。

解： 按题意作出如下图12－7流程简图。

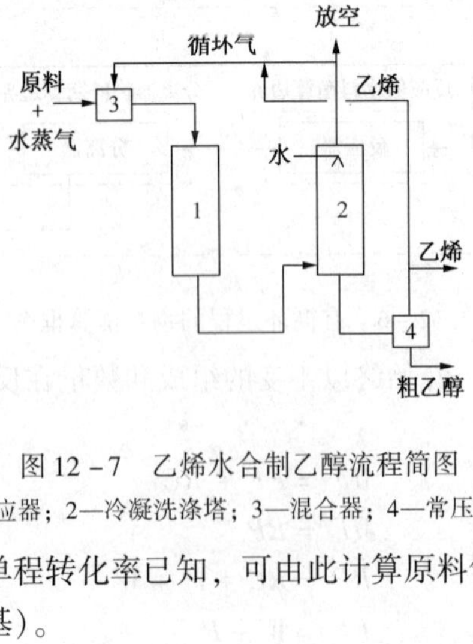

图12－7 乙烯水合制乙醇流程简图

1—反应器；2—冷凝洗涤塔；3—混合器；4—常压分离器

由于混合气组成及乙烯单程转化率已知，可由此计算原料气用量。现以进入反应器的混合气100mol为计算基准（干基）。

混合气中乙烯转化量 $85\times5\% = 4.25(mol)$

其中：

转化为乙醇　　$4.25\times95\% = 4.04(mol)$

转化为乙醚　　$4.25\times2\% = 0.085(mol)$

转化为聚合物　　$4.25\times2\% = 0.085(mol)$

转化为乙醛　　$4.25\times1\% = 0.043(mol)$

反应气经冷凝洗涤后，各组分的量为：

余下乙烯量　　$85\times(1-5\%)\times(1-5\%) = 76.7(mol)$

（未反应乙烯）（未溶解乙烯）

惰性物 I　13.98 mol

氢　　$0.043+1.02 = 1.063mol$

洗涤塔出口气体量 $76.1+13.98+1.063 = 91.75(mol)$

组成%（mol）：C_2H_4 83.6%、H_2 1.16%、I 15.24%

设 $\eta_{放}$ 为冷凝洗涤塔出口气体排出系统的量。自常压分离器释出的溶解乙烯量已知为 4.04mol，其中的5%回收入循环气中，外循环气中各组分的量分别为

乙烯　　$76.71+4.04\times5\%-\eta_{放}\times83.6\%$

氢　　$1.063-\eta_{放}\times1.16\%$

惰性物 I　$13.98-\eta_{放}\times15.24\%$

设新鲜原料气加入量为 $\eta_{原料}$，如进入反应器的混合气体量仍为100mol，则：

$$76.71+4.04\times5-\eta_{放}\times83.6\%+\eta_{原料}\times96\% = 85$$

$$13.98-\eta_{放}\times15.24\%+\eta_{原料}\times4\% = 13.98$$

解上述二方程式得：

$$\eta_{放}=2.87(mol)$$

$$\eta_{原料}=10.93(mol)$$

于是得到循环量 $\eta_{循}$ 为：$76.91+13.98+1.063-2.87 = 89.08(mol)$

循环比　　$89.08\div10.93 = 8.15$

原料气中乙烯　　$10.93\times96\% = 10.49(mol)$

放空乙烯＋溶解乙烯的95%：

$$2.87\times83.6\%+4.04\times95\% = 6.236(mol)$$

乙烯总转化率：

$$(10.49-6.236)\div10.49\times100\% = 40.1\%$$

乙醇总收率：

$$40.1\%\times95\% = 38.5\%$$

生产1t乙醇原料乙烯的消耗量：

$$1000\div0.98\div46\div38.5\%\div96\% = 60(kmol/t\ 乙醇)=1344(Nm^3/t\ 乙醇)$$

物料衡算结果见图12－8所示。

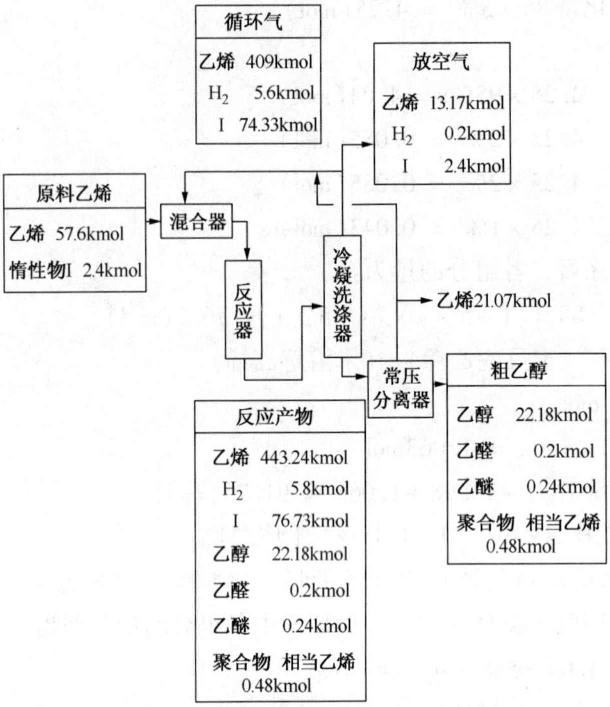

图 12－8　乙烯水合制乙醇物料衡算简图(不包括水的衡算)

例 12－12　乙烯催化氧化可以生产多种重要的有机化工原料，如络合催化氧化可以制备乙醛，催化环氧化可以生产环氧乙烷。下面是一种用空气氧化生产乙烯氧化物的流程，其简图如图 12－9 所示。

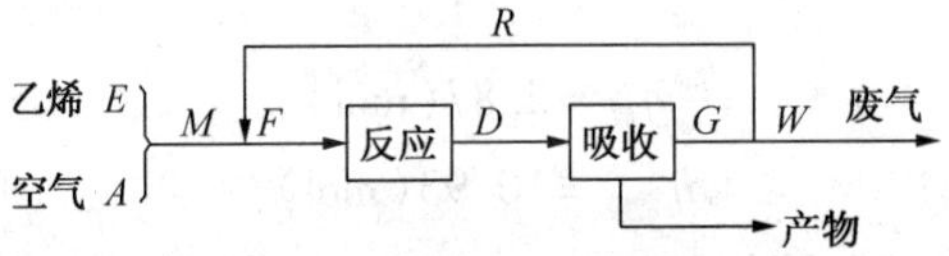

图 12－9　乙烯空气氧化过程示意图

为使反应物的浓度在爆炸范围以外，新鲜原料气中 C_2H_4∶空气 ＝ 1∶20。空气是掺氮气的，O_2的含量只有 8%，其余为 N_2。反应的化学计量比为 C_2H_4∶O_2＝2∶1。乙烯的单程转化率为 35%。吸收后的废气有 90% 循环，其余释放。乙烯氧化物可以认为完全被水吸收。试计算各股气流的量及组成。

解：本例是既有化学反应又有循环的过程，计算项目较多，依顺序计算，最后列表综合。

基准：新鲜的乙烯量 E＝100mol。

计算时应注意到涉及气体时，所指的含量或比率均为摩尔含量或摩尔比。

① 在流程各点作乙烯的物料衡算，求出各物流中乙烯的量。

对物流 E 和 M：

$$E_e = M_e = 100\text{mol}C_2H_4$$

对物流 F 和 R：通过反应器时，物流 F 中的 C_2H_4 有 35% 转化，未反应的有 65%，其中有 90% 在过程中循环得：

$$R_e = F_e \times 65\% \times 90\% = 0.585F_e$$

$$M_e + R_e = F_e$$

$$100 + 0.585F_e = F_e$$

解得：

$F_e = 241\text{mol } C_2H_4$

$R_e = 141\text{mol } C_2H_4$

对物流 D：

转化率为 35%，D 中残留的 C_2H_4 量为：

$$D_e = F_e(1-35\%) = 241(1-35\%) = 156.7(\text{mol } C_2H_4)$$

对物流 G：

因 G 有 90% 循环得：

$$W_e = G_e(1-90\%) = 156.7(1-90\%) = 15.7(\text{mol } C_2H_4)$$

并可求出乙烯总转化率为：

（进料中乙烯－废气带走乙烯）÷进料中乙烯＝（100－15.7）÷100＝84.3%

② 在流程各点作氧的物料衡算，求出各物流中氧的量。对物流 A 和 M：

$$A_o = M_o = 100 \times 20 \times 8\% = 160(\text{mol}O_2)$$

对物流 F 和 R：

$$M_o + R_o = F_o$$

通过反应器时，F 中的 C_2H_4 有 35% 转化，转化的乙烯量为 241×35%＝84.4mol，按反应的化学计量比，消耗的氧量为 84.4÷2＝42.2(mol)。可得：

$$D_o = G_o = F_o - 42.2$$

$$R_o = (F_o - 42.2) \times 90\%$$

因 $M_o = 160\text{mol}$，综合得

$$160 + (F_o - 42.2) \times 90\% = F_o$$

$$F_o = 1220.2(\text{mol}O_2)$$

并解得：

$$R_o = F_o - M_o = 1060.2(\text{mol}O_2)$$

对物流 D 和 G：

$$D_o = G_o = F_o - 42.2 = 1178(\text{mol}O_2)$$

对物流 W：

$$W_o = G_o(1-90\%) = 117.8(\text{mol}O_2)$$

③ 在流程各点作氮的物料衡算，可求出各气流中的氮量，其中掺氮空气 A 中带入的氮量为：

$$A_n = A_o \times 92 \div 8 = 20E_o \times 92\% = 1840\ (\text{mol}N_2)$$

顺序计算，结果列于表 12 - 8 中。

表 12 - 8 乙烯氧化过程中各气流的组成(基准为 100mol 新鲜乙烯)

气流	物质的量/mol					物质含量/%(mol)				
	乙烯	氧气	氮气	氧化物	总量	乙烯	氧气	氮气	氧化物	总量
乙烯气 E	100	0	0	0	100	100	0	0	0	100
空气 A	0	160	1840	0	2000	0	8	92	0	100
混合气 M	100	160	1840	0	2100	4. 8	7. 6	87. 6	0	100
循环气 R	141	1060	16560	0	19761	0. 8	6	93. 2	0	100
进口气 F	241	1220	18400	0	19861	1. 2	6. 1	92. 7	0	100
生成气 D	157	1178	18400	84	19819	0. 8	6	92. 8	0. 4	100
吸余气 G	157	1178	18400	0	19735	0. 8	6	93. 2	0	100
弛放气 W	16	118	1840	0	1974	0. 8	6	93. 2	0	100

第三节 热量衡算

能量衡算是在物料衡算的基础上进行的，主要任务是计算出反应热、加热剂、冷却剂用量为其他工程提供主要设计依据，计算热负荷以确定传热设备及传热面积等，分析能量利用是否合理，以提高能量的综合利用水平。

一、热量衡算的方法与步骤

① 列出衡算：

$$输入系统中的能量 - 输出系统的能量 = 系统中积累的能量 \quad (12-6)$$

对一个稳定的连续反应过程来说，系统中能量的积累为零。在不考虑能量转换而只计算热量的变化时，热量衡算也就是计算在指定的条件下此反应过程的焓变，据热力学原理，有化学反应过程的焓变可通过图 12 - 10 途径求取。

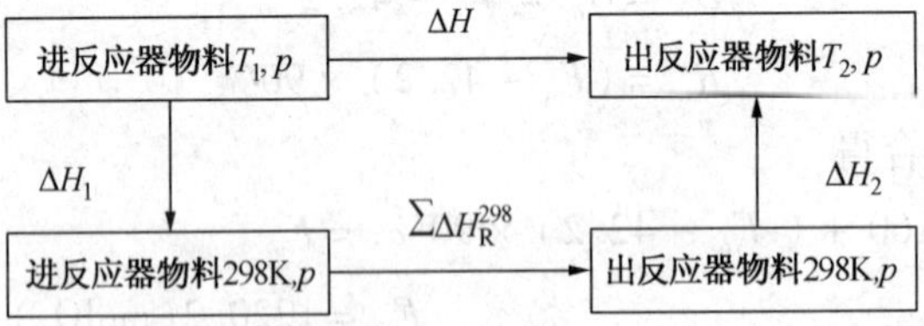

图 12 - 10 具有化学反应过程的焓变计算示意图

ΔH—过程总焓变；

ΔH_1—进反应器物料在等压变温过程中的焓变 + 相变化时的焓变；

ΔH_2—出反应器物料在等压变温过程中的焓变 + 相变化时的焓变；

H_R^{298}—标准态下反应热总和(含主、副反应)

ΔH_1、ΔH_2 可用比热容、热焓计算，注意各种潜热(蒸发热、溶解热、结晶热)及反应热计算。

② 搜集数据：首先了解物料量、工艺条件和有关物性数据如比热、潜热等；

③ 确定计算基准温度和基准状态：基准温度不同，所得热值也不同。基准温度可取 298K 或 273K。因为从文献上查到的热力学数据大多数是 298K 时的数据，故选 298K 为基准

温度在计算时比较方便。其次，还要确定基准相态。

④ 应注意的问题：

a. 掌握物料之间的热量关系及物料走向、变化、吸热、放热、加热剂、冷却剂、热损失等；

b. 收集必要的数据：比热容、潜热、溶解热、结晶热等；

c. 确定数据的可靠性：深入实际调查研究；

d. 确定计算基准：连续、间歇。

二、各种热量的计算

1. 比热容

① 气体的比热容(恒压比热容 C_p、恒容比热容 C_v，$C_p = C_v + R$)，可用经验公式或查图查表；

② 液体的比热容，一般在[1.7 ~ 2.5kJ/(kg · K)]范围内，也可用经验公式或查图查表；

③ 固体的比热容，可用经验公式或查图查表。

2. 状态热

① 汽化热，可用经验公式计算或查图查表；

② 熔融热，可用经验公式计算或查图查表；

③ 溶解热，可用经验公式计算或查图查表。

3. 化学反应热

① 用生成热计算；

② 用燃烧热计算；

③ 利用 GESS 定律进行校正。

三、物理变化过程焓变的计算举例

例 12－13　有一苯汽化器，每小时把 100kg、293K 液体苯加热为 353K 气体苯，压力为 0.1MPa，求所需热量。

解：由于 ΔH 计算只由初终状态决定而与过程无关，例如，液体苯加热至 298K 蒸发为气体再加热至 353K，或者液体苯加热至 353K 再在此温度下(刚好是苯的常压沸点)汽化，或者直接查手册上已作好的图表数值都可以，这要看哪些数据取用方便和计算能否简化而定。本例用下列几种方法计算。

① 利用苯的 $H-T$ 图。从苯的 $H-T$ 图查得 353K、0.1MPa 下的气体苯的焓为 548.1kJ/kg，293K 液体苯的焓为 34.73 kJ/kg，需热：

$$\Delta H = (548.1 - 34.73) \times 100 = 51340\text{kJ/h}$$

② 用热容计算。苯在 293K 下汽化，气体加热到 353K。

从手册上查得苯在 293K 的汽化潜热为 $\Delta H_{汽化} = 436.1$ kJ/ kg，

苯气相的比热容为

$$C_{p,气} = (-0.409 + 0.077621T - 0.26429 \times 10^{-4}T^2) \times 4.184\text{J/(mol · K)}$$

$$\Delta H_2 = \int_{293}^{353} (-0.409 + 0.077621T - 0.26429 \times 10^{-4} T^2) \times 4.184 dT$$

$$= 5506.1 kJ/kmol = 70.6 kJ/kg$$

$$\Delta H = (\Delta H_{汽化} + \Delta H_2) \times 100 = (436.1 + 70.6) \times 100 = 50670 \ kJ/h$$

③ 查得液体苯在353K的汽化热 $\Delta H_{汽化} = 30.765 kJ/mol$，在293～353K温度区间的平均比热容 $C_{p,液} = 140.42 \ J/(mol \cdot K)$

$$\Delta H_1 = 140.42 \times (353 - 293) = 8425 kJ/kmol$$

而100kg苯等于1.282kmol(苯的相对分子质量为78)，

$\Delta H_1 = 8425 \times 1.282 = 10801 kJ/h$

$\Delta H_2 = 30.765 \times 1282 = 39440 \ kJ/h$

$\Delta H = \Delta H_1 + \Delta H_2 = 50241 \ kJ/h$

④ 利用苯气体的 $H_T - H_{298}$ 表。这方法是直接从 $H_T - H_{298}$ 表上查得 ΔH_2。

苯气体在下列三个温度下的 $H_T - H_{298}$ 值见表12-9。

表12-9 苯气体在不同温度下的 $H_T - H_{298}$ 值

温度/K	298	300	400
$H_T - H_{298}$/(kJ/mol)	0	0.1674	9.9161

用外推法求293K的焓差：

$$(298 - 293) \div x_1 = (300 - 298) \div (0.1674 - 0)$$

$$x_1 = 0.4185$$

所以 $H_{293} - H_{298} = 0 - 0.4185 = -0.4185$

在内插求353K下的 $H_{353} - H_{298}$ 值 x_2：

$$(400 - 300) \div (9.9161 - 0.1674) = (353 - 300) \div (x_2 - 0.1674)$$

$$x_2 = 5.3342$$

$$\Delta H_2 = (H_{353} - H_{298}) - (H_{293} - H_{298}) = 5.3342 - (-0.4185)$$

$$= 5.7527 kJ/mol = 73.75 kJ/kg$$

$$\Delta H = (\Delta H_{汽化} + \Delta H_2) \times 100$$

$$= (436.1 + 73.75) \times 100 = 50985 kJ/h$$

上面四种计算方法数值略有差异，主要是由于查图查表所致，按四者的平均值50809计，第一法误差+1%，第二法为-0.27%，第三法为-1.1%，第四法为+0.35%，这些误差在工程上都是允许的，四种方法中，第一、第三法较为方便，但查图所得数值常因视差而欠精确。

四、反应过程的能量衡算

当有化学反应时，应将反应热列入热量衡算式中。反应体系能量衡算的方法按计算焓时的基准划分有以下两种。

1. 以反应热效应为基准的计算方法

第一种基准：如果已知标准反应热，则可选298K、101.3kPa为反应物及产物的计算基准。对非反应物质另选适当的温度为基准(如反应器的进口温度等)。选好基准后为了计算过程的焓变，可以画一张表，将进出口流股中组分的流率 n_i 和焓 H_i 填入表内，然后按式(12－7)计算过程的 ΔH。

$$\Delta H = \frac{n_{AR}\Delta H_r^\theta}{\mu_A} + \left(\sum n_i H_i\right)_{输出} - \left(\sum n_i H_i\right)_{输入} \qquad (12-7)$$

式中　A——任意一种反应物或产物；

n_{AR}——过程中生成或消耗 A 的物质的量(注意此数不一定是 A 在进料或产物中的物质的量)，mol；

μ_A——A 的化学计量系数。

n_{AR} 和 μ_A 均为正值。

例 12－14　氨氧化反应器的能量衡算。

氨氧化反应式为：$4NH_3$(气)＋$5O_2$(气)$\longrightarrow$$4NO$(气)＋$6H_2O$(气)

此反应在 25℃，101.3kPa 下的反应热为 $\Delta H_r^\theta = -904.6$kJ。现有 25℃的 100mol$NH_3$/h 和 200mol$O_2$/h 连续进入反应器，氨在反应器内全部反应，产物以 300℃呈气态离开反应器。如操作压力为 101.3kPa，计算反应器应输入或输出的热量。

解：基准取 298K、101.3kPa 的反应物及产物。

题给的进料量，由物料衡算得到的各组分的摩尔流量见图 12－11。

算焓时的参考态：25℃、101.3kPa，NH_3(气)、O_2(气)、NO(气)、H_2O(气)，因此进口的两股物料的焓均为零。

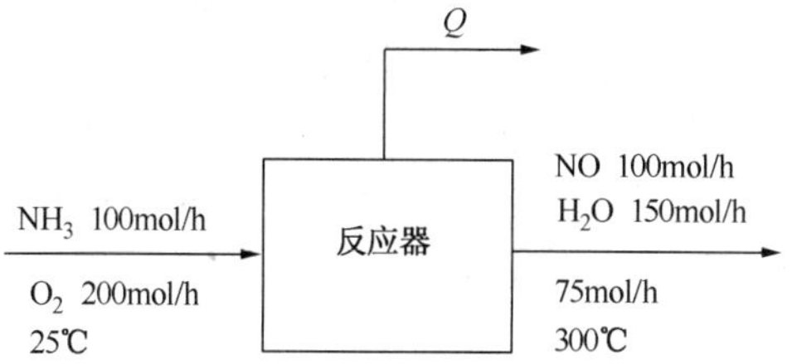

图 12－11　例 12－19 物料计算示意图

计算出口物料的焓：

$$C_p(NO) = 29.50 + 0.8188\times10^{-2}T - 0.2925\times10^{-5}T^2 + 0.3652\times10^{-9}T^3$$

$$H(O_2) = n\,\overline{C_p}(300-25) = 75\times30.80\times275 = 635.25\text{kJ/h}$$

由手册查得 300℃时 O_2 和 H_2O 的 $\overline{C_p}$ 值：

$$\overline{C_p}(O_2) = 30.80\text{J/(mol·℃)}$$

$$\overline{C_p}(H_2O) = 34.80\text{J/(mol·℃)}$$

$$H(NO) = n\int_{25}^{300} C_p\,dT$$

$$= 100\int_{25}^{300}(29.50 + 0.8188\times10^{-2}T - 0.2925\times10^{-5}T^2 + 0.3652\times10^{-9}T^3)\,dT$$

$$= 845.2\text{kJ/h}$$

$$H(H_2O,气) = n\overline{C_P}(300-25) = 150 \times 34.80 \times 275 = 1435.5\text{kJ/h}$$

将计算出的焓值填入进、出口焓表，见表12－10。

表12－10 例12－14计算结果

物料	$n_{进}$	$H_{进}$	$n_{出}$	$H_{出}$
NH_3	100	0	0	0
O_2	200	0	75	635.25
NO	0	0	100	845.3
H_2O(气)	0	0	150	1435.5

注：① n 的单位为 mol/h，H 的单位为 kJ/h。

② 物料参考态：NH_3(气)、O_2(气)、NO(气)、H_2O(气)均为25℃，101.3kPa。

已知氨的消耗量为100mol/h：

$$\frac{n_{AR}\Delta H_r^\theta}{\mu_A} = 100 \times (-904.6) \div 4 = -22615\text{kJ/h}$$

由此算出过程的 Q 为：

$$Q = \Delta H_r^\theta + (\sum n_i H_i)_{输出} - (\sum n_i H_i)_{输入}$$
$$= -22615 + (635.25 + 845.3 + 1435.5) - 0$$
$$= -19700\text{kJ/h}$$

即为了维持产物的温度为300℃，每小时应从反应器移走19700 kJ的热量。

如果一个过程的反应很复杂，难以写出平行反应的化学反应式，或难以确定一种原料参加不同反应的量的比例，就是说对反应过程的详情不清楚，例如，石油的催化裂解、烃类的热裂解等，反应如此之多，以致无法判别每个单独的反应，更谈不上各反应的比例关系，标准反应热也无法知道，因此用第一种基准来算这类问题就显得有困难。此时，可以用下面介绍的第二种基准。

2. 以生成热为计算基准的计算方法

第二种基准：以组成反应物及产物的元素，在25℃、101.3kPa时的焓为零，非反应分子以任意适当的温度为基准，也要画　张填有流股组分 n_i 和 H_i 的表，只是在这张表中反应物或产物的 H_i 是各物质25℃的生成热与物质由25℃变到它进口或出口状态所需显热和潜热之和。过程的总焓变可由式(12－8)计算。

$$\Delta H = (\sum n_i H_i)_{输出} - (\sum n_i H_i)_{输入} \qquad (12-8)$$

所以第二种基准中的物质，是组成反应物和产物的、以自然形态存在的原子。

例12－15 甲烷在连续式反应器中用空气氧化生产甲醛，副反应是甲烷完全氧化生成 CO_2 和 H_2O。

① 主反应　CH_4(气)$+O_2$(气)$\longrightarrow$HCHO(气)$+H_2O$(气)

② 副反应　CH_4(气)$+2O_2$(气)$\longrightarrow CO_2+2H_2O$(气)

以100mol进反应器的甲烷为基准，物料流程图如图12－12所示。

假定反应在足够低的压力下进行，气体便可看作理想气体。甲烷于25℃进反应器，空气于100℃进反应器，如要保持出口产物为150℃，需从反应器取走多少热量？

解：物料基准：100mol进料中 CH_4 因进出口流股中各组分量均已知，故可直接进行能

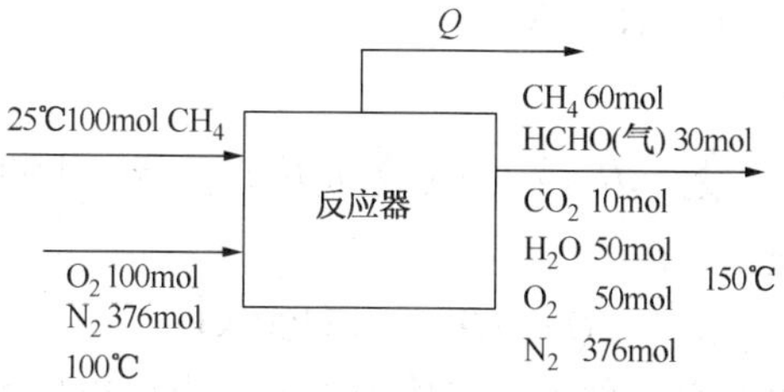

图 12-12　例 12-15 物料计算简图附图

量衡算。取 25℃时生成各个反应物和产物的各种原子（即 C、O_2、H_2）为基准，非反应物质 N_2 也取 25℃为基准（因 25℃是气体平均摩尔热容的参考温度）。

现将各个焓值计算如下。

O_2(100℃)：$H(O_2)=\overline{C_P}_{(100℃)}(100-25)$

由手册查 $\overline{C_P}$，得 $H_{进}(O_2)=2.235\text{kJ/mol}$

O_2(150℃)：$H(O_2)=\overline{C_P}_{(150℃)}(150-25)$

查手册得 $H_{出}(O_2)=3.758\text{kJ/mol}$

N_2(100℃)：$H(N_2)=\overline{C_P}_{(100℃)}(100-25)$

查手册得 $H_{进}(N_2)=2.187\text{kJ/mol}$

N_2(150℃)：$H(N_2)=\overline{C_P}_{(150℃)}(150-25)$

查手册得 $H_{出}(N_2)=3.655\text{kJ/mol}$

CH_4(25℃)：CH_4 由元素在 25℃组成，$H_{进}(CH_4)=(\Delta H_f^{\theta})_{CH_4}$

查手册生成热 $H_{进}(CH_4)=-74.85\ \text{kJ/mol}$

CH_4(150℃)：$H_{出}(CH_4)=(\Delta H_f^{\theta})_{CH_4}+\int_{25}^{150}C_P(CH_4)\mathrm{d}T=-74.85+4.27=-69.95\ \text{kJ/mol}$

HCHO(气，150℃)：$H=(\Delta H_f^{\theta})_{HCHO(g)}+\int_{25}^{150}C_P(HCHO)\mathrm{d}T=-115.90+1.14=-114.7\text{kJ/mol}$

CO_2(150℃)：$H=(\Delta H_f^{\theta})_{CO_2(g)}+[\overline{C_P}(150℃)\times 125]$

分别查 ΔH_f^{θ} 和 $\overline{C_P}$ 得 $H_{出}(CO_2)=-393.5+4.94=-388.4\ \text{kJ/mol}$

H_2O(150℃，汽)：$H=(\Delta H_f^{\theta})_{H_2O(g)}+[\overline{C_P}(150℃)\times 125]=-241.83+4.27=-237.56\ \text{kJ/mol}$

将以上结果填入如下进出口焓表 12-11 中。

表 12-11　例 12-15 进出口焓值计算结果

物料	$n_{进}$/mol	$H_{进}$/(kJ/mol)	$n_{出}$/mol	$H_{出}$/(kJ/mol)
CH_4	100	-74.85	60	-69.95
O_2	100	2.235	50	3.758
N_2	376	2.187	376	3.655
HCHO	0	0	30	-114.74
CO_2	0	0	10	-388.4
H_2O	0	0	50	-237.56

表中参考态：25℃，C、O_2、H_2、N_2。

由式(12－7)计算 ΔH：

$$\Delta H = (\sum n_i H_i)_{输出} - (\sum n_i H_i)_{输入} = -15400 \text{ kJ}$$

能量衡算不计动能变化，所以：

$$Q = \Delta H = -15400 \text{ kJ}$$

本题的计算格式除了用上面这种进出口焓表以外，也可以用表12－12的形式列表计算，这种表把整个计算过程都表示出来，简单明了，便于检查核对。

表12－12 例12－15的列表计算结果

物质	输入 CH_4 25℃；O_2、N_2 100℃					
	ΔH_f^θ/(kJ/mol)	n/mol	$n\Delta H_f^\theta$/kJ	$\overline{C_P}$/(kJ/mol·℃)	$n\overline{C_P}$/(kJ/℃)	$n\overline{C_P}\Delta T$/kJ
CH_4	－74.85	100	－7485	0	0	0
O_2	0	100	0	0.0298	2.98	223.5
N_2	0	376	0	0.02916	10.964	822.3
HCHO	－115.90	0	0	0	0	0
CO_2	－393.5	0	0	0	0	0
H_2O	－241.83	0	0	0	0	0
总输入＝－7488＋223.5＋822.3＝－6439.2kJ						

物质	输出（皆为150℃）					
	ΔH_f^θ/(kJ/mol)	n/mol	$n\Delta H_f^\theta$/kJ	$\overline{C_P}$/(kJ/mol·℃)	$n\overline{C_P}$/(kJ/℃)	$n\overline{C_P}\Delta T$/kJ
CH_4	－74.85	60	－4491	0	0	(294)
O_2	0	50	0	0.03006	15.03	187.9
N_2	0	376	0	0.02924	10.994	1374
HCHO	－115.90	30	－3477	0	0	(34.2)
CO_2	－393.5	10	－3935	0.03952	0.395	49.4
H_2O	－241.83	50	－12091.5	0.0340	1.7	212.5
总输出－－(4491＋3477＋3935＋12091.5)＋(294＋187.9＋1374＋34.2＋49.4＋212.5)＝－21842.5kJ						
总焓变＝Q＝－21842.5－(－6439.2)＝－15400kJ						

注：带括号的数字不是由平均摩尔热容计算的，而是用积分式 $n\int_{T_1}^{T_2} C_P \mathrm{d}T$ 算得的。

参 考 文 献

1 王延荻．中型乙烯发展专题研讨会论文集．国外乙烯生产现状和技术进展．天津：中国石油化工集团公司，1999
2 王松汉．中型乙烯发展专题研讨会论文集．我国乙烯工业存在的问题和建议．天津：中国石油化工集团公司，1999
3 魏文德．有机化工原料大全(上)．第二版．北京：化学工业出版社，1999
4 陈滨．乙烯工学．北京：化学工业出版社，1997
5 吴指南．基本有机化工工艺学．修订版．北京：化学工业出版杜，2000
6 米镇涛．化学工艺学．北京：化学工业出版社，2006
7 宋芙等．世界乙烯工业发展述评．石油化工，2004，(12)：1117～1123
8 胡杰等．天然气化工技术及应用．北京：化学工业出版社，2006
9 李淑芬．现代化工导论．北京：化学工业出版社，2004
10 C. B. 阿杰尔松等．石油化工工艺学．北京：中国石化出版社，1990
11 杨宝忠．浅议我国石油石化工业的发展战略．世界石油石化工业发展趋势，2006，(3)：1～2
12 邹仁鋆．石油化工裂解原理与技术．北京：化学工业出版社，1982
13 王松汉．乙烯装置技术．北京：中国石化出版社，1994
14 邹仁鋆等．石油化工分离原理与技术．北京：化学工业出版社，1988
15 黄仲九，房鼎业．化学工艺学．北京：高等教育出版社，2001
16 陈声宗．化工设计．北京：化学工业出版社，2005
17 王松汉等．乙烯工艺与技术．中国石化出版社，2000
18 陈光进等．化工热力学．北京：石油工业出版社，2006
19 钱家麟等．管式加热炉．北京：中国石化出版社，2003
20 林世雄．石油炼制工程．北京：石油工业出版社，2000
21 夏清等．化工原理(上册)．天津：天津大学出版社，2005
22 王焕梅．石油化工工艺基础．北京：中国石化出版社，2007
23 侯祥麟．中国炼油技术(第二版)．北京：中国石化出版社，2001
24 北京石油设计院．石油化工工艺计算图表．北京：烃加工出版社，1985
25 李淑培．石油加工工艺学(上册、中册和下册)(第二版)．北京：石油工业出版社，1988
26 程之光．重油加工技术．北京：中国石化出版社，1994
27 张建芳，山红红．炼油工艺基础知识(第二版)．北京：中国石化出版社，2006
28 程丽华．石油炼制工艺学．北京：中国石化出版社，2005
29 寿德清，山红红．石油加工概论．北京：石油大学出版社，1996
30 陈绍洲，常可怡．石油加工工艺学．上海：华东理工大学出版社，1997
31 梁文杰．石油化学．山东：石油大学出版社，1995
32 汪文虎，秦延龙．烃类物理化学数据手册．北京：烃加工出版社，1990
33 卢焕章．石油化工基础数据手册．北京：化学工业出版社，1982
34 陈俊武，曹汝昌．催化裂化工艺与工程．中国石化出版社，1995
35 黄正武．液体燃料的性质和应用．北京：烃加工出版社，1985
36 殷长龙，夏道宏．汽油辛烷值改进剂研究进展．石油大学学报(自然科学版)，1998，(6)：129～133
37 杨劲．基本有机原料生产工艺学．东营：石油大学出版社，1994
38 李作政等．乙烯生产与管理．中国石化出版社，1992
39 楼坚炯等．有机化工工艺学习题集．中国石油大学出版社，2008

40 张旭之等．乙烯衍生物工学．北京：化学工业出版社，2001
41 张旭之等．丙烯衍生物工学．北京：化学工业出版社，2001
42 吴指南等．基本有机化工工艺学．修订版．北京：化学工业出版社，1990
43 周敬思等．环氧乙烷与乙二醇生产．北京：化学工业出版社，1980
44 王俐．二氯乙烷/氯乙烯生产技术进展．化学工业，2007，(4)：31～35
45 张濂，朱海东．二氯乙烷裂解过程研究．化学反应工程与工艺，1995，(2)：160～166
46 赵新来．直接氯化法生产氯乙烯的新工艺．齐鲁石油化工，2003，(1)：37～40
47 吴光华．乙醛生产工艺研究进展．精细化工原料及中间体，2009，(6)：8～9
48 陈欣．丙烯腈生产技术进展．金山油化纤，1999，(3)：34～38
49 郭辉．丙烯腈的生产与市场分析．现代化工，1994，(5)：43～44
50 洪璋传．丙烯腈生产工艺进展及开发对策．现代化工．1990，(4)：27～31
51 孙玉声．丙烯腈生产及副产品综合利用技术途径．兰化科技，1995，(1)：55～57
52 王凤荣，尤丽梅，张志翔．丙烷氨氧化制丙烯腈工艺以及催化剂研究进展．化工中间体，2008，(8)：1～3
53 杨杏生．制备丙烯腈的新工艺－丙烷氨氧化．合成纤维工业，1994，(3)：41～48
54 赵仁殿等．芳烃工学．北京：化学工业出版社，2001
55 孙宗海，瞿国华，张溱芳．石油芳烃生产工艺与技术．北京：化学工业出版社，1986
56 周立芝，王杰．化工百科全书．第3卷．北京：化学工业出版社，1993
57 库咸熙等．炼焦化工产品回收与加工．北京：冶金工业出版社，1985
58 王兆熊等．炼焦产品的精制和利用．北京：化学工业出版社，1989
59 戴王杰，白庚辛译．甲苯、二甲苯及其工业衍生物．北京：化学工业出版社，1987
60 肖瑞华，白金锋．煤化学产品工艺学．第2版．北京：冶金工业出版社，2008
61 黄仲九．化学工艺学概论．浙江：浙江大学出版社，2006
62 孙兆林．催化重整．北京：中国石化出版社，2006
63 梁仁杰等．化工工艺学．重庆：重庆大学出版社，1998
64 安钢．乙烯及其部分衍生物工业基础．北京：化学工业出版社，2008
65 李斯琴．裂解汽油分馏试验及加氢工艺研究．兰化科技，1995，(4)：242～246
66 张春雷，巢华庆，肖致亮．芳烃化学与芳烃生产．长春：吉林大学出版社，2000
67 米多，王玉辉，王广胜．甲苯歧化与烷基转移技术进展．化工技术经济，2006，(2)：13～16
68 许杰．2，6－二甲基生产技术进展．精细石油化工进展，2003，(2)：44～46
69 陈庆龄，孔德金，杨卫胜．对二甲苯增产技术发展趋向．石油化工，2004，(10)：909～915
70 李燕秋，白尔铮，段启伟．芳烃生产技术的新进展．石油化工，2005，(4)：309～315
71 廖宝星．轻烃芳构化生产芳烃技术进展．化学世界，2009，(6)：373～376
72 邱江．芳烃生产技术现状及研究进展．当代化工，2006，(5)：313～317
73 周晓沧．芳烃生产技术的进展．合成技术及应用，2003，(4)：31～35
74 崔小明，李明．苯乙烯生产技术及国内外市场前景．弹性体，2005，(3)：53～59
75 崔小明．苯乙烯生产技术及国内外市场分析．精细化工原料及中间体，2005，(5)：3～7
76 张瑾，刘漫红．苯加氢制备环己烷的催化剂研究进展．化工进展，2009，(4)：634～637
77 松文．苯酚生产技术进展与市场分析．精细化工原料及中间体，2010，(4)：37～39
78 松文．苯酚生产技术进展与市场分析．精细化工原料及中间体，2010，(5)：35～41
79 谢克昌，房鼎业．甲醇工艺学．北京：化学工业出版社，2010
80 李峰．甲醇及下游产品．北京：化学工业出版社，2008
81 贺永德．天然气应用技术手册．北京：化学工业出版社，2010

82 郭树才. 煤化工工艺学. 北京：化学工业出版社，2007
83 贺永德. 现代煤化工技术手册. 北京：化学工业出版社，2004
84 魏贤勇，宗志敏，秦志宏等. 煤液化化学. 北京：科学出版社，2002
85 姚强. 洁净煤技术. 北京：化学工业出版社，2006
86 陈性永，姚贵汉. 基本有机化工生产及工艺. 北京：化学工业出版社，1991
87 崔小明. 2006 年世界合成橡胶生产能力概况. 世界橡胶工业，2007，(5)：38 ~ 43
88 李玉芳. 国内外丁二烯的供需现状及发展前景. 化工文摘，2007，(2)：21 ~ 23
89 洪浩群，何慧，贾德民. 聚烯烃功能化的研究进展. 高分子材料科学与工程，2006，(6)：23 ~ 27
90 徐喜民，王冀敏. 21 世纪的功能高分子材料. 内蒙古石油化工，2004，(4)：25 ~ 27
91 薛福连. 功能高分子材料及其应用. 材料开发与应用，2005，(4)：33 ~ 35
92 周其凤，胡汉杰. 高分子化学. 北京：化学工业出版社，2001
93 赵德仁. 高聚物合成工艺学. 北京：化学工业出版社，2004
94 潘祖仁. 高分子化学. 北京：化学工业出版社，1997
95 曹同玉，刘庆普，胡金生. 聚合物乳液合成原理性能及应用(第二版). 北京：化学工业出版社，2007
96 韩冬冰. 高分子科学与工艺学基础. 北京：中国石化出版社，2009
97 熊联明. 高分子化学简明教程. 北京：化学工业出版社，2010
98 伍嘉亮. 生物技术在精细化工中的应用与发展. 科技信息，2006，(10)：55 ~ 57
99 李和平，葛虹. 精细化工工艺学. 北京：科学出版社，2006
100 丁志平. 精细化工概论. 北京：化学工业出版社，2005
101 刘德峥. 精细化工生产工艺学. 北京：化学工业出版社，2005
102 沈一丁. 精细化工导论. 北京：中国轻工出版社，2005
103 陈金龙. 精细有机合成原理与工艺. 北京：中国轻工业出版社，1992
104 任友直. 涂料工业用原材料技术手册. 北京：化学工业出版社，2002
105 仓理. 精细化工工艺. 北京：化学工业出版社，2005
106 李和平. 精细化工工艺学. 北京：科学出版社，2007
107 朱宪，张彰，王勇. 绿色化工工艺导论. 北京：中国石化出版社，2009
108 元炯亮. 清洁生产基础. 北京：化学工业出版社，2009
109 熊文强，郭孝菊，洪卫. 绿色环保与清洁生产概论. 北京：化学工业出版社，2002
110 刘国辉，章文. 绿色化工发展综述. 中国环保产业，2009，(12)：19 ~ 25
111 宋一平. “绿色”化工魅力彰显，各大跨国公司争“深绿”. 中国石油和化工，2007，(23)：44 ~ 48
112 胡常伟，李贤均. 绿色化学原理和应用. 北京：中国石化出版社，2006
113 Kirk - Othmer. EncyclopediaOfChemical Technology. Vol. 20，4thed. New York：JohnWiley&Sons，Inc.，1994：877 ~ 915
114 John，J. Mckitta. Encyclopedia of Chemical Processing and Design. Vol. 20，New York and Basel：Marcel Dekker. Inc.，1987：88 ~ 159
115 石油化工规划参数资料. 基本有机原料. 北京：中国石化总公司发展部，1992. 1 ~ 36
116 武向红等. 石油化工设计手册. 北京：化学工业出版社，2001
117 石油化工科学院研究发展部. 炼油工艺计算图表集. 北京：石油化工科学研究院，1982
118 王松汉. 石油化工设计手册第 1 卷. 北京：化学工业出版社，2001
119 陆士庆. 炼油工艺学. 北京：中国石油化工出版社，2003
120 张衍品，李国荣，程剑锋. 裂解炉的操作优化与维护. 裂解炉的操作优化与维护，2006，(3)：15 ~ 17
121 张春华，程广慧. 乙烯装置裂解炉系统节能改造总结. 齐鲁石油化工，2008，(35)：186 ~ 188

122 程志强，王艳秋，黄明丽．空气预热器在乙烯裂解炉中的应用．化工科技，2008，(1)：44～45
123 蓝兴英，高金森，徐春明．乙烯裂解炉反应管数学模拟新方法．计算机与应用化学，2003，(5)：672～676
124 蔡世干，王尔菲，李锐．石油化工工艺学．北京：中国石化出版社，1993
125 薛荣书，谭世语．化工工艺学．重庆：重庆大学出版社，2001
126 赖光愚．炼厂气体加工．北京：中国石化出版社，2006